MATLAB® & Simulink® 工程师系列丛书

Simulink 仿真及代码生成技术入门到精通

（第 2 版）

孙忠潇（Hyowinner） 编著

北京航空航天大学出版社

内 容 简 介

工业数字化时代已经到来,基于模型的系统工程和设计已经成为工业"智"造的必备手段。数字化设计在汽车行业的需求体现得尤为明显,模型作为数字化设计的主线索已经贯穿于从产品概念、系统需求、软件架构、软件实现到软件组件测试、软件集成验证、系统集成验证、产品交付的各个环节。本书既从广度上重点介绍了 Simulink 工具平台在各个工业领域上的广泛应用,又从深度上剖析了 Simulink 从架构、建模、仿真、代码生成、自动化测试与验证到硬件生态建设这样一条完整的产品建设思路。

本书是面向汽车电子、航空电子、工业控制、智能家电、无人机系统、机器人控制、电力电子等多个工业领域而撰写的专业著作,可供相关行业的公司、研发团队、工程师以及高校师生参考。

图书在版编目(CIP)数据

Simulink 仿真及代码生成技术入门到精通 / 孙忠潇编著. ‒‒ 2 版. ‒‒ 北京：北京航空航天大学出版社，2023.11

ISBN 978‒7‒5124‒4214‒6

Ⅰ.①S… Ⅱ.①孙… Ⅲ.①自动控制系统－系统仿真－Matlab 软件 Ⅳ.①TP273

中国国家版本馆 CIP 数据核字(2023)第 212362 号

版权所有，侵权必究。

Simulink 仿真及代码生成技术入门到精通(第 2 版)

孙忠潇(Hyowinner)　编著

策划编辑　陈守平　　责任编辑　孙兴芳

*

北京航空航天大学出版社出版发行

北京市海淀区学院路 37 号(邮编 100191)　http://www.buaapress.com.cn

发行部电话:(010)82317024　传真:(010)82328026

读者信箱: goodtextbook@126.com　邮购电话:(010)82316936

北京雅图新世纪印刷科技有限公司印装　各地书店经销

*

开本:787×1 092　1/16　印张:33.5　字数:879 千字
2023 年 11 月第 2 版　2024 年 12 月第 2 次印刷　印数:3 001~6 000 册
ISBN 978‒7‒5124‒4214‒6　定价:109.00 元

若本书有倒页、脱页、缺页等印装质量问题,请与本社发行部联系调换。联系电话:(010)82317024

第 2 版前言

其实我并不知道有多少读者会阅读前言,因为有时我读书也会直接从第 1 章开始阅读,而忽略前言等部分内容。但是这次我希望读者能够从此处开始,因为这里不仅为读者介绍了我编写本书的背景,而且还对自己近几年的成长历程做了一个总结,希望能够帮助到读者。

几年前我很荣幸受北京航空航天大学出版社邀请编写了《Simulink 仿真及代码生成技术入门到精通》,将我在学生时代使用 Simulink 仿真建模以及生成嵌入式 C 代码部署硬件的一些笔记整理成册,于 2015 年 10 月出版,并在出版后不久这一消息便不胫而走,成为当时国内 MBD 电控软件工程师所喜爱的书籍,也使得"Hyowinner 校长"成为了我在国内 MBD 工程圈内的一个称呼。

我很幸运,我的书对很多人都有所帮助。通过阅读第 1 版,有的读者解决了学习、工作中的实际问题;有的读者完成了从技术细节"点"到技术体系"面"的思维方式转换,实现其在职场上的迅速提升;还有的读者从学生成为了高校教师走上讲台,将自己所学所感向更多莘莘学子进行传播……一想到我的书对这么多有思想有技术的人产生了积极影响,就不禁感觉自己很幸运,而这种幸运,会促使我更加持续地去学习和了解行业以及技术的进步,以使我能够继续跟大家交流并提供有效的帮助。有很多读者通过出版社、微博、B 站、网易云课堂等社交工具找到我的联系方式,他们表达了对本书第 1 版的认可,也跟我分享了他们自己专注的领域以及所做的工作和成果。我结识了非常多的优秀读者,他们在不断学习,从而也迫使我不能停下学习的步伐。

在技术革新日益加速的今天,我们所掌握的技术总会过时,那么在被新技术取代之前,不如细致地将其总结出来、明快地分享出来,帮助别人,结识朋友,成就自我。我在编写第 1 版的过程中已经深深体会到,这本书我会再优化一遍。

第 2 版是对第 1 版读者心声的积极反馈,读者说第 1 版所使用的 MATLAB 版本太老了,于是我在第 2 版中从头到尾均使用了 MATLAB 2021b 版;读者说第 1 版没有状态机的建模讲解,所以在第 2 版增加了一整章来讲解 Stateflow 状态机建模及案例(见第 9 章);读者说集成手写 C 代码为模块时使用 S 函数和 LCT 工具都不是很方便,于是在第 2 版中添加了 C Caller 模块的使用方法及案例(见第 3 章);读者说希望能了解基于模型进行 CAN 报文的解析与打包，于是在第 2 版中添加了 CAN Pack/CAN Unpack 模块的使用方法和案例（见第 3 章）；读者说希望了解模型架构设计方案，于是在第 2 版中添加了模型的架构（见第 6 章）；读者说希望能读到一个完整的 MBD 案例，于是在第 2 版中添加了 VTOL 的设计与验证过程（见第 16 章）。此外，我还在本书中添加了很多更新的细节，等待细心的读者细细斟酌。持续学习，未来有你！

作　者
2023 年 8 月于独墅湖畔

本书为读者免费提供书中示例的程序源代码及模型，请关注"北航科技图书"微信公众号→回复"4214"获得其在百度网盘的下载链接。

代码下载时遇到问题请发送电子邮件至 bhrhfs@126.com，或致电 010 - 82317738 咨询处理。

第 1 版前言

2010 年,我研一,当 Math(MATLAB 中文论坛独立创始人)大哥首次倡导 MATLAB 中文论坛版主们合力出书时,我怦然心动,出书!？第一个念头是兴奋,从未想到还在读书的自己竟能有机会出书;第二个念头是惶恐,自己的知识储备还很不足,写书需要厚积薄发,我的积累足够吗？明明很多技术点还不清楚呢,能够写出对得起自己对得起读者的书吗？在这两个念头的碰撞与纠缠中,我选择了退出,我告诉自己,我还没有准备好,我应该以学业为重,以导师的研究方向为重。

如今,MATLAB 中文论坛已经发展成为有近百万注册会员的国内超重量级专业学术讨论基地,也成为了 MathWorks 官方中文社区。我呢,还是那个我吗？当然是,这五年来我虽然走出校园走上了工作岗位,但是始终都不曾忘记 Math 大哥的鼓励,无时无刻不期待着今天这样一个时刻,因为五年前没能坚持下去我是心有不甘的。感谢 MATLAB 中文论坛,感谢 Math 大哥的引荐,感谢北京航空航天大学出版社陈守平编辑的指导,也感谢我这些年来不曾间断过的积累。此刻的我不仅是在写书,也是在书写我自己的成长记录。

我使用 Simulink 已经五年了,虽然接触它的时间相对 MATLAB 要晚两年,但是使用频率绝不比 MATLAB 低。抛开工作不说,最早接触它是在写本科毕业论文时——使用 Simulink 对乙醇发酵过程进行建模和仿真,相信很多朋友都看过我的那篇论文,里面真实地反映了我首次接触 Simulink 时的摸索和成长记录。从那之后,我遇到问题多了一个思路,学会了像 Simulink 建模那样将问题分类归总,理出步骤,进行模块化之后再根据优先度一个一个解决。这本书的编写也是这样一个思路,从入门,到进阶,打好了足够的基础之后,再来攻克代码生成的难题。

本书主体是 Simulink 的基础技术及代码生成技术,但是由于它跟 MATLAB 是密不可分的,所以很多章节会使用 M 语言来自动控制模型,以减轻用户的操作负担,提高效率。如果读者拥有一定的 MATLAB 基础,那么相信学习起来一定得心应手;如果对 MATLAB 不熟悉也没有关系,可以跟着这本书一步一步实践起来,慢慢学习新的函数,积累各种用法。

下面概述本书内容：

第 1 章介绍 Simulink 的基本操作方法，教会读者如何启动 Simulink，如何拖曳出第一个模块，如何建立并保存第一个模型。

第 2～4 章分别介绍 Simulink 的模块、信号和子系统，讲解了三者的分类、特性及属性等。这三者互相依赖、相辅相成，共同构成 Simulink 模型。

第 5 章讲解 Simulink 模型的仿真，包括仿真的启动方法、模型仿真的调试方法、数据记录及绘图方法，以及如何提高模型仿真的速度。

第 6 章解决一个常见的问题——如何将模型框图保存为高清晰图片，使读者在发表论文或制作 PPT 时能将成果展示得更加明了。

第 7 章介绍 Simulink 中所有的回调函数，包括模型仿真过程中的回调函数、模块动作（尺寸变化、复制、删除等）的回调函数、端口连接的回调函数及模块 GUI 上各个控件的回调函数。

第 8 章重点讲解 MATLAB 的 M 语言是如何控制 Simulink 的，能够解决读者关于如何在仿真过程中改变参数、如何自动配置模型等问题。

第 9 章讲解如何使用 Simulink 模型实现高级编程语言中经常使用的流控制，使读者能够更好地发挥想象，更好地将既有的编程经验发挥到 Simulink 建模中去。

第 10 章是绝对的 Simulink 核心——S 函数，此部分从 S 函数的功能、分类、构成要素及原理等方面进行深刻、全面的讲解，让读者在深刻理解 Simulink 运行机制的基础上能够使用 M 语言和 C 语言构建自定义模块，而且更深入地教会读者掌握 S 函数的编写模式，通过配置 S-Function Builder 和 Legacy Code Tool 来自动生成 S 函数。

第 11 章重点教会读者封装子系统或 S 函数模块，包括手动封装及编程自动封装，深入讲解 Simulink 模块参数对话框 GUI 的控件构成和 Simulink.Mask 类的使用。

第 12 章介绍 M 语言注释的书写方式及自动生成 html 文件的方法，通过该章节的学习使读者能够学会编写开发自定义模块的 Help 文档的方法。

第 13 章介绍 Simulink 中自定义模块库的方法。

第 14 章介绍 Simulink 中自定义环境的方法，包括菜单栏的自定义、目标硬件的自定义及 Configuration Parameter 控件属性的编辑方法。

第 15 章通过乙醇连续发酵工业流程的建模和仿真，介绍基于发酵动力学理论微分方程组的建模及数值求解方法、Simulink 与 GUI 结合仿真的方法以及通过将 Simulink 模型编译为 C 代码去执行，从而加速仿真的方法。

第 16 章带领读者进入一个全新的篇章——基于模型的设计，介绍世界各地各公司或学校使用 MATLAB/Simulink 进行基于模型的设计的成功实例。

第 17 章重点教会读者关于嵌入式 C 代码的生成技术、基于模型设计的开发流程及模型生成代码时的配置方法与技巧。核心内容包括代码生成的流程、模型系统目标文件的工作原理、模型生成代码的结构和优化方法、自定义存储类型和数据对象的使用方法以及实时任务调度的原理及代码实现。

第 18 章讲解目标语言编译器 TLC 语言的语法和编写方法，有了它，读者可以给自己的模块编写代码生成规则,让自定义模块也能支持代码生成功能。

第19章重点讲解目标支持包 Target Support Package(简称 TSP)的构成和功能,通过实例讲述如何在 TSP 的协助下快速实现应用层与驱动层的结合,并自动实现工程的生成、编译和下载,从而加速嵌入式控制应用的开发。

写书的过程艰苦而漫长,离不开家人的支持、领导的培养、朋友们的鼓励。在漫长的9个月里,每晚能静下心来心无旁骛地撰写书稿,全依靠家人给我创造的美好环境,他们是我一生最重要的人。

最后感谢读者朋友们,希望这本书能够为你们在学业或工作中贡献一些力量。

2017 年 5 月 22 日
于江苏省苏州市斜塘老街

目 录

第 1 章 引 言 ··· 1

第 2 章 Simulink 界面介绍 ··· 5
  2.1 Simulink 是什么 ·· 5
  2.2 Simulink 的启动及 Simulink Library Browser 的介绍 ······························ 6
  2.3 模型的建立 ·· 9
  2.4 打开既存模型 ··· 10
  2.5 向模型中添加模块 ··· 11

第 3 章 Simulink 模块 ·· 13
  3.1 Simulink 模块的组成要素 ·· 13
    3.1.1 模块概述 ·· 13
    3.1.2 Simulink 模块的数据元素构成 ··· 14
    3.1.3 Simulink 模块的朝向 ··· 15
    3.1.4 Simulink 模块的属性及参数 ·· 15
    3.1.5 Simulink 模块的注解 ··· 22
    3.1.6 Simulink 模块的虚拟性 ·· 23
    3.1.7 Simulink 模块的采样时间 ··· 23
  3.2 Simulink 常用模块库 ·· 26
    3.2.1 In/Out 模块 ·· 26
    3.2.2 Constant 模块 ··· 30
    3.2.3 Scope 模块 ··· 30
    3.2.4 四则运算模块 ·· 36
    3.2.5 延时模块 ·· 42
    3.2.6 Relational Operator 模块 ·· 46
    3.2.7 Logical Operator 模块 ··· 47
    3.2.8 Switch 模块 ·· 49
    3.2.9 积分模块 ·· 52
    3.2.10 Saturation 模块 ·· 63
    3.2.11 Ground 模块 ··· 64
    3.2.12 Terminator 模块 ·· 65

3.2.13　信号合并与分解模块 · 65
  3.2.14　Bus Creator 模块和 Bus Selector 模块 · 70
  3.2.15　Vector Concatenate 模块 · 72
  3.2.16　Data Type Conversion 模块 · 73
  3.2.17　Subsystem 模块 · 75
 3.3　其他常用模块 · 76
  3.3.1　信号源模块 · 77
  3.3.2　信号接收模块 · 88
  3.3.3　查找表模块 · 93
  3.3.4　其他模块 · 97
  3.3.5　用户自定义模块 · 102
  3.3.6　不同速率的转换模块——Rate Transition 模块 · 107
  3.3.7　String 模块库 · 109
  3.3.8　Merge 模块 · 115
  3.3.9　C 语言调用 C Caller 模块 · 116
  3.3.10　CAN 报文处理模块——CAN Pack/CAN Unpack 模块 · 121

第 4 章　Simulink 信号 · 128

 4.1　Simulink 信号概述 · 128
 4.2　Simulink 信号的操作 · 128
  4.2.1　信号的创建与连接 · 128
  4.2.2　信号的命名 · 129
  4.2.3　信号的分支 · 129
  4.2.4　信号的删除 · 130
 4.3　Simulink 信号的分类 · 130
  4.3.1　Scalar 信号 · 130
  4.3.2　Vector 信号 · 131
  4.3.3　Matrix 信号 · 131
  4.3.4　Bus 信号 · 131
  4.3.5　Function-Call 信号 · 132
  4.3.6　尺寸可变信号 · 132
  4.3.7　未连接信号 · 133
 4.4　Simulink 信号的属性 · 133
 4.5　Simulink 信号的传播 · 139

第 5 章　Simulink 子系统 · 142

 5.1　Simulink 子系统详解 · 142
  5.1.1　子系统概述 · 142
  5.1.2　Simulink 模型的运行顺序 · 143
  5.1.3　各种子系统的特点与功能 · 145

5.2 Simulink 子系统实例 ··· 147
　5.2.1 虚拟子系统与非虚拟子系统 ·· 147
　5.2.2 触发使能子系统（条件子系统） ··· 148
　5.2.3 函数调用子系统（条件子系统） ··· 153
　5.2.4 While Iterator 子系统（动作子系统） ·· 157
　5.2.5 变体子系统（选择子系统） ··· 160
　5.2.6 可配置子系统（选择子系统） ·· 162

第 6 章　Simulink 模型的仿真 ··· 165

6.1 模型的配置仿真 ·· 165
　6.1.1 求解器 ··· 165
　6.1.2 参数的配置 ·· 169
6.2 模型仿真数据记录 ·· 178
　6.2.1 信号日志 ··· 179
　6.2.2 仿真数据观察器 ··· 181
6.3 仿真的调试 ·· 184
　6.3.1 Debugger 的启动 ·· 184
　6.3.2 Debugger 的单步方法 ·· 186
　6.3.3 Debugger 的断点设置方法 ·· 190
6.4 仿真的加速 ·· 195
6.5 模型的架构 ·· 195
　6.5.1 顶　层 ··· 196
　6.5.2 触发层 ··· 196
　6.5.3 结构层 ··· 197
　6.5.4 数据流层 ··· 198

第 7 章　Simulink 的回调函数 ··· 199

7.1 什么是回调函数 ·· 199
7.2 回调跟踪 ··· 199
7.3 模型回调函数 ··· 200
7.4 模块回调函数 ··· 202
7.5 端口回调函数 ··· 205
7.6 参数回调函数 ··· 206
7.7 回调函数使用例程 ·· 207
　7.7.1 打开模型时自动加载变量 ·· 207
　7.7.2 双击一个模块来执行 MATLAB 脚本 ··· 207
　7.7.3 开始仿真前执行命令 ··· 208
　7.7.4 提示模块端口的连线情况 ·· 209
　7.7.5 统计模型中所有模块的信息 ·· 209

第 8 章　Simulink 模型操作自动化 ... 212

8.1　M 语言控制模型的仿真 ... 212
8.1.1　sim 控制模型进行仿真及参数配置 ... 212
8.1.2　set_param 控制模型仿真过程 ... 216
8.2　M 语言修改模块属性 ... 218
8.3　M 语言自动建立模型 ... 220
8.3.1　模型的建立及打开 ... 220
8.3.2　模块的添加、删除及替换 ... 221
8.3.3　信号线的添加及删除 ... 223
8.3.4　M 语言自动创建模型 ... 223

第 9 章　Stateflow 建模 ... 226

9.1　状态机建模要素 ... 226
9.2　Stateflow 状态与迁移——电梯控制实例 ... 229
9.3　Stateflow 之 Simulink State 和 Simulink Function ... 236
9.4　Stateflow 转移与节点应用案例——用状态机逐个处理字符 ... 240
9.5　Graphical Function＋并行状态机实现无人机遥控状态设计 ... 244
9.6　Entry 与 Exit 使跨层次转移避免接触父层状态边界 ... 253
9.7　状态机事件应用——RT-Thread 线程状态管理实例 ... 256
9.7.1　实时操作系统原理简介 ... 257
9.7.2　RT-Thread 线程管理状态机案例 ... 258
9.8　选择/循环语句建模方式 ... 261
9.8.1　选择语句 ... 261
9.8.2　循环语句 ... 264

第 10 章　S 函数 ... 268

10.1　S 函数概述 ... 268
10.2　S 函数的类型 ... 268
10.3　S 函数的要素 ... 269
10.4　S 函数的组成及执行顺序 ... 270
10.5　不同语言编写的 S 函数 ... 272
10.5.1　Level 1 M S 函数 ... 273
10.5.2　Level 2 M S 函数 ... 278
10.5.3　C MEX S 函数 ... 286

第 11 章　模块的封装 ... 313

11.1　Mask Editor 封装模块 ... 313
11.1.1　封装模块构成的子系统 ... 314
11.1.2　封装 S 函数编写的模块 ... 327

11.2 编程自动封装模块 ·· 329
    11.2.1 模块的属性 ··· 329
    11.2.2 使用 set_param 和 get_param 封装模块 ······································ 332
    11.2.3 使用 Simulink.Mask 类封装模块 ··· 336
11.3 使用 GUIDE 封装模块 ·· 345

第 12 章 Simulink 创建自定义库 ·· 350

第 13 章 Simulink 自定义环境 ·· 354

13.1 Simulink 环境自定义功能 ··· 354
13.2 Simulink 工具栏菜单自定义 ·· 354
13.3 Simulink Library Browser 菜单栏自定义 ··· 357
13.4 Simulink 目标硬件自定义 ··· 359
13.5 Simulink 参数对话框控制 ··· 362

第 14 章 Simulink 代码生成技术详解 ·· 364

14.1 模型生成代码技术基础 ·· 364
    14.1.1 Simulink 模型的 C 代码生成 ··· 364
    14.1.2 模型生成代码的优化 ·· 365
    14.1.3 代码的有效性验证 ··· 365
    14.1.4 其他验证方法 ··· 367
14.2 Simulink 代码生成流程及技巧 ··· 367
    14.2.1 传统代码生成配置方法 ··· 368
    14.2.2 新版本代码生成配置方法 ·· 381
    14.2.3 代码生成的流程 ·· 392
    14.2.4 代码生成方法与技巧 ·· 398

第 15 章 TLC 语言 ··· 444

15.1 TLC 的作用 ·· 444
15.2 TLC 的语法 ·· 445
    15.2.1 基本语法 ··· 445
    15.2.2 常用指令 ··· 446
    15.2.3 注释 ··· 446
    15.2.4 变量值扩展符 ··· 446
    15.2.5 条件分支 ··· 446
    15.2.6 开关分支 ··· 447
    15.2.7 循环 ··· 448
    15.2.8 文件流 ·· 451
    15.2.9 记录 ··· 451
    15.2.10 变量清除 ·· 454

15.2.11	语句换行连接	454
15.2.12	访问范围	455
15.2.13	输入文件控制	455
15.2.14	输出格式控制	456
15.2.15	指定模块生成代码的语言种类	456
15.2.16	断言	457
15.2.17	函数	457
15.2.18	变量类型	458
15.2.19	操作符和表达式	459
15.2.20	TLC 内建函数	461
15.2.21	TLC 命令行	464
15.2.22	TLC 调试方法	465
15.2.23	tlc 文件的覆盖度	468
15.2.24	TLC Profiler	469

15.3 为 S 函数编写 tlc 文件 ... 471
　15.3.1 支持代码生成的 S 函数 ... 472
　15.3.2 模块 tlc 文件的构成 ... 474
　15.3.3 模块 TLC 函数实例 ... 481

第 16 章　基于模型设计 ... 487

16.1 垂直起降飞行器 ... 488
　16.1.1 特点概述 ... 488
　16.1.2 案例飞行器介绍 ... 489
16.2 需求分析 ... 491
16.3 架构设计 ... 493
16.4 功能设计 ... 495
16.5 代码生成 ... 496
16.6 功能验证 ... 498
　16.6.1 设置测试模型 ... 498
　16.6.2 设置测试文件 ... 500
　16.6.3 测试结果分析 ... 504
16.7 集成验证 ... 507
　16.7.1 MIL 仿真 ... 507
　16.7.2 SIL 仿真 ... 511
　16.7.3 PIL 仿真 ... 513
　16.7.4 HIL 仿真 ... 517
16.8 试飞验证 ... 517

写在最后的话 ... 519

参考文献 ... 520

第 1 章 引 言

基于模型的设计（Model Based Design，MBD）在国内的普及是从 2013 年开始的，跟随我国新能源汽车的快速发展而开始迅速普及。最早的一批 MBD 工程师，几乎都出自美国大牌汽车电子供应商——德尔福。而从世界范围内看，ECU 产品基于 MBD 进行研发和验证的国家主要是日本和美国，早在 20 世纪，他们的工程师就已经使用模型进行概念设计与早期验证，甚至在部分车型上开始了量产的尝试。

10 年时间的积累，已经使得我国汽车行业几乎全面采用了 MBD 的研发方式来做 ECU 软件的设计与验证，掌握 MBD 常用工具链的工程师也被这一波行情培养出来了，估计规模在 10 万上下。即使我国汽车行业已经孕育了 6 位数字的 MBD 工程师，也无法满足当前持续扩大的专业人才需求。诸多自主品牌车厂的崛起、软件定义汽车的发展、ADAS 的渗透以及传统关键零部件的国产化替代，都在呼唤着基于模型设计的人才。

一提起 MBD，行内人士想到的肯定是 Simulink，因为它是中国整个汽车行业内 ECU 研发工具平台的不二选择，这个工具是经历了几十年时间的发展以及基于用户的反馈，一点一点改进出来的产品，好用且相对稳定，中国的汽车电子行业绝对为它导入了大量的实用需求。所谓的好用，并不是容易用，如此复杂的 ECU 研发过程助力软件，不可能抽象到让非专业人士也可以简单上手的程度，因为这里头包含太多的技术细节和产业规范以及经验。它的好用是对专业工程师来说的易用性，举一个例子，通过按下左键执行一个从某模块输出端口拖曳出连线的动作，Simulink 就已经能够预判工程师的预判，提前将目标端口的连接线以最优化的方式呈现出虚拟链接示意，而工程师只需要释放左键即可实现端口到目的端口的连接。这就是基于需求的设计优化，不是从主观的角度，而是从客户需求的角度。对于建模仿真软件工具，其最终用户就是一线的工程师们，预判他们的预判能够帮助该工具实现业界统领的地位。

MathWorks 公司在产品力上无疑是极强的，从教育方面渗透所有高校，培养的学生走上社会之后拥有并传播着工具的使用技能，要说它是工程师（非指程序员）必会工具也毫不夸张。它打造的 MATLAB/Simulink 产品是基于合理的产品架构逻辑的。MATLAB/Simulink 产品架构逻辑如图 1-1 所示。

MATLAB/Simulink 这个庞大产品的最核心技术是一系列的技术核心点，它们共同构成了一个坚实的技术平台。MATLAB 为 M 语言创造了一个完整的集成编译环境。M 语言是一门独特的解释型语言，它的解释器闭源，但是从用户的角度，其易学易用，学习资料容易获取，并且提供数据可视化和数据传递的方案，它是 MathWorks 最早的一个产品平台。随后在

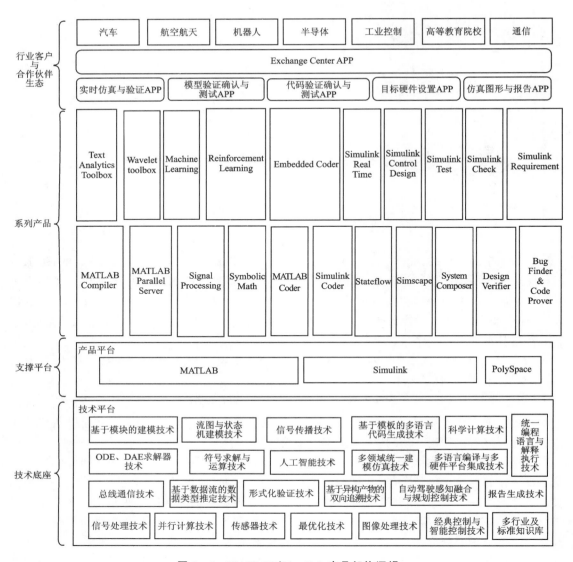

图 1-1　MATLAB/Simulink 产品架构逻辑

"内外兼修"地兼容 M 语言的基础上，逐步发展出基于模块的建模技术、流图与状态机建模技术、信号传播技术、基于数据流的数据类型推定技术、基于模板的多语言代码生成技术以及 ODE、DAE 求解器技术，更是凝聚出了 Simulink 这样一个如今大红大紫的第二个平台及产品。框图式的表现形式，让长期在繁杂的代码中疲于奔命的工程师有了更高层次的设计方式，在 Top Model 层次有着一览众山小的视野，在 DataFlow/FlowChart 层次能够将相同模式的建模逻辑进行抽象，形成模型库或设计模式（Pattern），为今后遇到相同需求时复用做好准备，成倍地提高了软件的设计效率。在面向目标硬件的代码生成技术加持下，模型可以直接将生成代码在目标编译环境下转为可执行文件，并且迅速将其部署在硬件上执行，这就打通了从设计到产品的自动化通路，为整个产品支撑平台开拓出了崭新的领域。而且，在设计早期就将 Simulink 的所有元素和操作都设计成了 M 语言的应用程序接口，可以共享工作区，还提供了一系列的模块进行数据互传和相互渗透式建模，将 M 与 SL 两个核心平台无缝衔接起来。

再在人工智能、优化、通信、图像、控制等领域技术的加持下,分别根据其特点选择性地累积到这两个平台上,纯科研和仿真所使用的函数库和脚本偏重于通过 M 函数库的方式在 MATLAB 侧生长,偏工程的讲究规模化产品化设计的模块则在 Simulink 侧累积,经过数十年地迭代和完善,已经形成了"两手抓两手都硬"的局面。Polyspace 是一种购入的形式化验证工具,虽然是外来者,但它能够很快提供 M 语言的应用编程接口,并且可以对 Simulink 生成的 C/C++代码进行可靠性验证,还能为设计验证工具提供底层支持。现在,姑且将其放在支撑平台内,至于今后其是否能扩展出更多的系列产品,成为第三大产品培养皿,可能性不是很大,今后更多的可能还是要依靠 Simulink 去发展产品生态。

立足 M 与 SL 这两个支撑平台,在网上衍生各种技术系列产品,如基于 M 的符号工具箱、优化工具箱、深度学习等。源于瀑布模型的 V 模型则发展出基于模型的设计理念,将产品需求开始的工作过程与模型架构、模型设计、模型仿真、代码生成、模型验证、代码验证、集成验证以及实时仿真结合起来,分拆出基于模型的一系列产品,包括 Simulink Requirement、System Composer、Simulink Real Time、Simulink Check、Simulink Coder、Embedded Coder、Polyspace bug finder、Polyspace code prover、Simulink Design Verifier、Simulink Test 和 Simulink Report Generator 等,构筑起全方位的产品壁垒。从设计到验证,严防死守,其他工业软件虽然有些在求解器方面做的更强,有些在仿真速度方面更快,有些在编程语言运行速度上更快,但是要说做整个控制器产品的设计到验证的工具链,暂时还没有谁家可以与 MATLAB/Simulink 匹敌。

MATLAB/Simulink 具有丰富的产品线、健壮的产品支撑平台以及深厚坚实的技术底座,形成了一套开发平台,用户既可以直接使用 MATLAB/Simulink 提供的现成的函数、模块或工具箱,也可以自定义设计,基于 MATLAB/Simulink 二次开发出新的函数库、模块或工具箱满足更有针对性的应用场景。这吸引了汽车、航空航天、通信、工业控制等诸多的产业用户,纷纷在 M 语言体系下设计和验证算法,在基于模型的产业平台上部署产品研发流程。这很强但是还不够,因为需求的种类是无穷无尽的,MathWorks 一家公司纵使有数千名工程师,也不能完全实现所有客户的需求,于是 GUIDE 升级为 APP Designer。在可发布为 APP 的途径出现之后,很多核心 IP 在 UI 的封装下得以保护,却又能够让客户有条件地使用,这使得加入开发的人员越来越多,形成了需求生态和开发者生态的动态平衡。久而久之,MATLAB/Simulink 为行业提供了大量的基础工具支撑并提高了效率,行业也为它提供了大量的落地案例和过程自动化工具,工具与产品相辅相成,互相成就,双向奔赴,造就了新的工具产品生态蓬勃发展,无论谁开发出来的产物,都离不开 MATLAB/Simulink 这个支撑平台,离开了就根本运行不起来。高校学生需要一个强大的科学计算与系统仿真平台,来帮助他们完成课程作业,设计和验证算法,发表论文,以及发布软件成果等,而 MATLAB/Simulink 几乎在所有的工科学科中都能满足学生的上述需求,因此,它成了广大师生所钟爱的科研利器。高校培养了大量的用户,这些用户在走上工作岗位后,进一步提升了对工具的应用熟练度,然后再开发出更多的 APP 分发给行业里需要的人使用,从而真正实现 MathWorks、产业客户、教育后备军三川汇聚的态势,这在产品力和产品潜力上都实现了一定程度的垄断。

作为行业从业者,不应该认为会用几个 M 函数,会绘制一些图像,能建立一些控制策略模型,就感觉自己掌握了有价值的技术,就自我满足了。其实,我们之中有人应该也必须去做的是深刻地思考这些易学易用的软件工具背后是怎样的一种产品逻辑,这些思考将带给我们更深刻的理解,这样才能算作我们真实的价值。我们能做的也许不仅仅是为国外的工具软件积累需求以及知识产物(模型),也许我们能够深挖其设计内涵,设计出一种具有更大格局的架构,应用到我们国家自主研发的产品中去。希望大家一起努力,先做到知己知彼,掌握核心技术和底层逻辑,避免浮于表面,为工业强基、科技强国创造条件和成果。

  在信息化、数字化、网络化技术如此便利的今天,纸质书籍的出版更新变得相对较慢,为了能够给更多新老读者提供更加快捷的技术文章推送服务,作者开通了知识星球,欢迎各位新朋友关注。

第 2 章 Simulink 界面介绍

　　Simulink 是 MATLAB 最重要的组件之一,提供一个动态系统建模、仿真和综合分析的集成环境,能够描述线性系统、非线性系统,能够支持单速率或多速率任务,并可以对连续系统、离散系统或者混合系统进行建模和仿真。Simulink 以模块为功能单位,通过信号线进行连接,每个模块的参数通过 GUI 提供给用户调配,并且仿真的结果能够以数值和图像等形象化方式具现出来。Simulink 是一个模块图形化环境,其特点在于提供了一个图形化的模块搭建界面、一个用户可以自定制的标准模型库,以及提供了应用于生物、图像、音频、航空航天、嵌入式设计等各个方面的通用模块。这些模块的运行依托于 Simulink 的求解器,融合了多种经典的数值分析思想和算法。更令人满意的是,Simulink 能够完全无缝地融合到 MATLAB 大环境中,使用 M 语言即可进行模型的创建、模型的仿真、属性的设置、不同工作区之间的数据传递并进行绘图与分析,读者朋友可以尽情地将二者结合起来共同开发应用程序。Simulink 不仅可以用于学术研究,还可以对抽象的数学系统、具体的物理对象进行模型化表示;另外,基于模型设计的控制系统模型还能够应用于嵌入式硬件,通常的流程是:系统及功能设计→仿真→代码自动生成→连续测试→实机运行等。本书将逐一展示 Simulink 的魅力和风采,并以 MATLAB 2021b 为对象,集中对 Simulink 的基础技术和代码生成技术进行介绍和应用讲解。

2.1 Simulink 是什么

　　Simulink 是什么?它是一个动态系统建模工具,不仅可以进行数学模型和物理模型的仿真、综合性能分析,还可以针对嵌入式硬件生成产品级代码并提供给用户自定义工具链的接口,功能十分强大。然而在 MATLAB 产品自带的 help 文档中,却查询不到关于 Simulink 定义的说明与解释。当在 MATLAB 的搜索框中搜索 Simulink 关键字时,虽然可以找到一个命令 simulink,但是 help 文档的解释却是:它是一个启动 Simulink Library Browser 的命令。那么,作为 Simulink 的用户,到底应该如何理解 Simulink 呢?作者认为,Simulink＝Simu＋link,Simu 即 Simulation,是 Simulink 的前半部分,表示仿真的意思,通过模型可以将数学思想具现化,并作为可以运行的规格书直接给出仿真数据或图像;而后半部分的 link 则是连接的意思,在 Simulink 中连接无处不在,如模型中的模块与 Simulink 库相连接,需求文档与设计模型相连接,模型的模块又与模型生成的代码相连接,MATLAB 甚至还可以跟目标硬件相连接共同构成嵌入式开发工具链……可以说,这种 link 无处不在。正如此时此刻阅读此书的你,也跟作者通过 Simulink 联系到一起,通过这种 link 让我们好好就 Simulink 探讨一番吧。

2.2 Simulink 的启动及 Simulink Library Browser 的介绍

Simulink 是 MATLAB 2021b 的 106 个产品工具箱中的一个,它跟 MATLAB 一样,为众多其他产品提供基础的平台环境,使得很多强大的功能能够快速应用到该环境中来。启动 Simulink 的方式有两种:一种是在 Command Window 中运行 Simulink 命令,另一种是单击 MATLAB 菜单栏中的 Simulink 图标,如图 2-1 所示,将弹出如图 2-2 所示的"Simulink 起始页"对话框。

图 2-1 Simulink 的启动方式

图 2-2 "Simulink 起始页"对话框

打开名为 Simulink Library Browser 的 Simulink 库浏览器的方式也有两种:一种是单击如图 2-2 所示的"空白模型"图标创建一个空白模型,然后从图 2-3 所示的界面中单击 Library Browser 图标,或者使用快捷键 Ctrl+Shift+L;另一种是在 Command Window(见

图 2-4)中运行"slLibraryBrowser"命令。

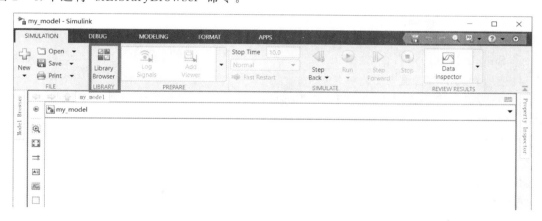

图 2-3 在模型中打开库浏览器

图 2-4 利用 slLibraryBrowser 命令打开库浏览器

启动后的 Simulink Library Browser 界面如图 2-5 所示。

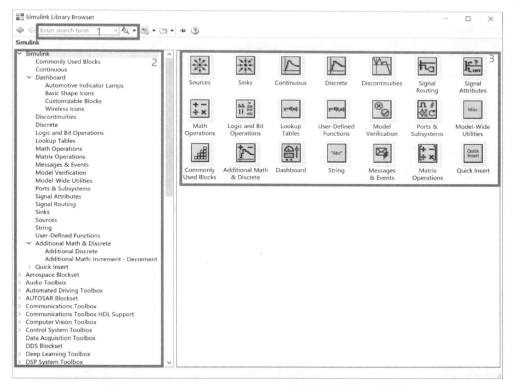

图 2-5 Simulink Library Browser 界面及其功能区域划分

Simulink Library Browser 界面由图 2-5 中的方框划分为 3 个模块：

① 搜索框(方框 1)：用户可以在其中输入关键字以查找对应的模块。另外，还可以在方框 2 中对应的类型里面挑选模块。

② Simulink 工具箱列表(方框 2)：将同一类别的功能模块作为一个工具箱管理，并将各个工具箱列表集中在这里列出。

③ 工具箱内容显示(方框 3)：当选中 Simulink 工具箱列表中的某一个工具箱或其子工具箱时，在这里将显示内部所有模块的外观与名称。

在建模过程中，桌面上往往会打开好多层的模型文件，此时寻找 Simulink Library Browser 会显得不那么容易，我们可以通过选择工具栏中的 图标将 Simulink Library Browser 固定在最前方，以便于使用。

搜索框提供了 3 种关键字的匹配方式，如图 2-6 所示，其中，Regular expression 为根据关键字使用正则表达式查找，Match case 为区分大小写查找，Match whole word 为全字符匹配查找。

图 2-6 搜索框关键字的匹配方式

通过搜索框搜索到的模块结果将展示到 Search Results 页面中，例如搜索 Simulink 中与关键词 transfer 相关的内容，如图 2-7 所示。

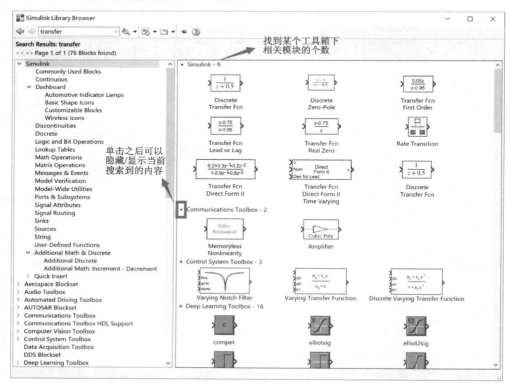

图 2-7 搜索出结果后的 Simulink Library Browser

搜索结果按照所属工具箱的不同进行分组并显示到 Search Results 页面中,同时在工具箱显示条的左侧显示相关模块的个数。右侧结果栏内,每个工具箱标题的左侧均有一个三角形折叠按钮,单击该按钮可以隐藏工具箱对应的内容,再次单击则将工具箱对应的内容显示出来。另外,被选中模块的背景显示为浅蓝色(Win 7 OS 下),当将光标停留在某一个模块图标上一小段时间时,会显示出该模块在 Simulink 标准库中的存放路径,如图 2-8 所示。

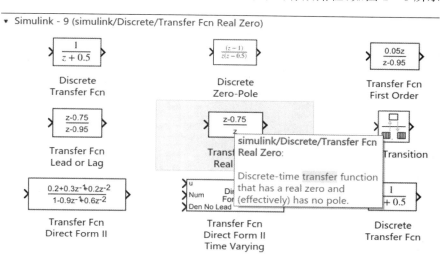

图 2-8 搜索出模块显示路径

对于图 2-8 中的模块,可以进行下列操作:
➢ 双击或在相应快捷菜单中选择 Block parameters:打开模块专属的参数对话框。
➢ 在相应快捷菜单中选择 help:打开自带的 help 说明文档。
➢ 在相应快捷菜单中选择 Select in library view:跳转到该模块所属工具箱的位置并显示。
➢ 在相应快捷菜单中选择 Go to Parent:将显示层次向上一层,显示选中模块的父层文件夹。

对于整个 Simulink 标准库来讲,模块种类和个数都比较多,那么通过单层文件夹来管理数量庞大的模块群是不合适的,这时就需要通过多层文件夹层层分类,将细化分类后的模块放置在一个文件夹中,例如,Simulink 工具箱下设子工具箱名为 Commonly Used Blocks,其中放置的是用户建模最常用的模块,用户可以非常方便地找到使用频率较高的模块。对于这些模块来说,它们的父层文件夹就是 Commonly Used Blocks。

所选工具箱中模块的显示大小可以通过快捷键 Ctrl+Plus(+)及 Ctrl+Minus(-)进行调整,而快捷键 Alt+1 将会把模块显示恢复到默认大小。

2.3 模型的建立

在 Simulink Library Browser 界面中单击工具栏中的 图标可以建立一个新的空白模型,也可以使用快捷键 Ctrl+N 来创建一个新的空白模型。

打开的空白模型也称为模型编辑器,它是一个可以添加模块并组织模块之间逻辑关系的编辑环境,如图 2-9 所示。

另外,MATLAB 为 Simulink 提供了丰富的内建函数,在建立和打开 Simulink 模型时可

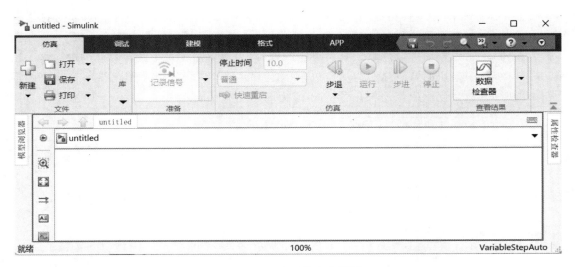

图 2-9 一个新的空白模型

以使用 new_system 和 open_system 两个函数。在 Command Window 中运行以下语句,可以省去在图形界面上单击按钮,在弹出的对话框中输入模型名称的步骤,而直接得到名为 mymodel 的模型。

```
new_system('mymodel')
open_system('mymodel');
```

2.4 打开既存模型

对于已经保存在本地的模型,可以通过模型的菜单 open 来启动 Windows 文件打开窗口,然后选择所需要打开的模型即可。如图 2-10 所示,单击菜单栏中的 Open 按钮。

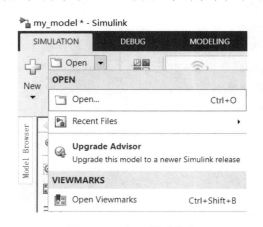

图 2-10 打开模型菜单

另外一种方法是通过 Simulink Library Browser 工具栏中的 图标来启动对话框,然后在该对话框选择相应的模型。

除此之外,也可以通过 MATLAB 内建函数 open_system 来启动模型,其参数为模型名,

省略后缀名.mdl 或者.slx,如下:

```
open_system('mymodel');
```

2.5 向模型中添加模块

Simulink 中提供的工具箱种类繁多,其中最常用的模块都集中在称为 Common Used Blocks 的工具箱里,如图 2-11 所示。

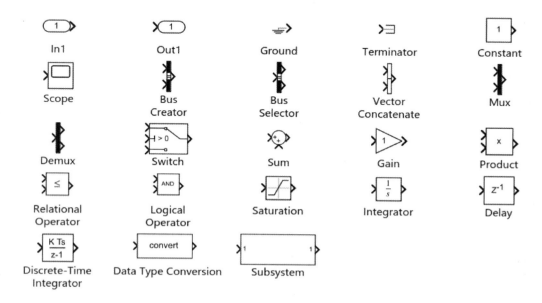

图 2-11 Simulink 常用模块

此库中包括模型输入端口(In1)、输出端口(Out1)、常数模块(Constant)、四则运算模块(Product)、信号组合模块(Mux,Bus Creator)、信号拆分模块(Demux,Bus Selector)、关系比较模块(Relational Operator)、逻辑操作模块(Logical Operator)、延时模块(Delay)、积分模块(Integrator,Discrete-Time Integrator)、信号观察模型(Scope)以及子系统模块(Subsystem)等。

将模块放入模型中的方法有 3 种:用鼠标拖曳、用快捷菜单添加以及用编程实现。这里以常用模块库中的 Constant 模块为例来说明以上 3 种方法。

鼠标拖曳:在 Simulink 常用模块库中选择 Constant 模块,按住左键拖曳到模型编辑框范围内释放左键,模块便会被拖曳到模型里。

快捷菜单添加:右击 Simulink 常用模块库中的 Constant 模块,如图 2-12 所示,在弹出的快捷菜单中选择 Add block to model my_model 或者使用快捷键 Ctrl+I,此模块便会出现在一个新创建的模型里。

编程实现:需要使用 add_block 函数,该函数的功能是从常用模块库中复制模块到用户模型中。"add_block('src', 'dest')"包含两个参数,其中,src 表示源路径,即 Constant 模块在常用模块库中的位置;dest 为目的路径,即复制到模型中的路径。下面的语句实现自动添加 Constant 模块到名为 my_model 模型中的功能。

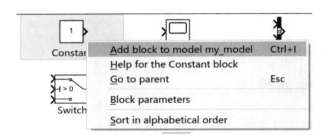

图 2-12　利用快捷菜单添加模块

```
add_block('simulink/Commonly Used Blocks/Constant','my_model/Constant')
```

运行上述语句之后,模型中会自动添加 Constant 模块,如图 2-13 所示。

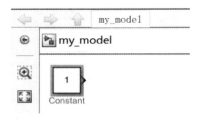

图 2-13　模块添加到模型中

追加多个模块之后,可以通过信号线建立模块之间的逻辑关系,可以通过子系统将模块分组进行模块化。按照功能分类建立子系统之后的模型具有更好的可读性。具体实现方法将在后续章节中讲解。

第 3 章 Simulink 模块

Simulink 自带功能强大的模块库,这些模块库按照使用频率可以分为常用模块库及其他模块库;按照工具箱可以分为控制工具箱、DSP 系统工具箱、定点工具箱、Simulink Coder 工具箱、Embedded Coder 工具箱等;Simulink 提供的模块按照基本功能可以分为逻辑与位操作模块、数学计算模块、端口模块、信号源与信号显示模块;按照系统性质可以分为离散模块、连续模块、非离散模块;按照仿真及代码生成时是否有效果可以分为虚拟模块和非虚拟模块。学习 Simulink 首先要掌握 Commonly Used Blocks,它们是 Simulink 面向电子控制器控制策略建模最常用的模块,能够反映离散控制系统的基本构成元素,也能够通过组合设计表达出控制策略软件中常用的软件模式。

3.1 Simulink 模块的组成要素

3.1.1 模块概述

模块是构成 Simulink 模型的元素,将各种模块彼此穿针引线般将信号相连,不同的组合可以实现不同的逻辑连接以表现不同的功能。Simulink 的强大之处就在于它提供了丰富的标准模块库,能够表征各种数学逻辑、物理对象、电气元件及电路等。打开 Simulink Library Browser 就可以看到林林总总的工具箱,"物以类聚",每个工具箱都包罗一类具有相同应用领域或相似特性的模块,仿佛一桌饕餮大餐呈现在我们面前,令人望之钦羡,希望能够尽快使用这些模块来创建自己的模型并进行仿真;然而有时又会望而却步,因为模块的分类和个数很多,不知从哪个入手。模块众多,如何应用呢? 这往往是一个困扰新手的问题。"Simulink 库浏览器"界面如图 3-1 所示。

图 3-1 展示的模块工具箱种类繁多,图中方框部分包括 Simulink 和 Embedded Coder 两个工具箱,它们是本书重点关注和使用的工具箱。本书以 Simulink 工具箱为主,它作为 Simulink 最基础的工具箱,提供了最基本的模块功能,故以此阐述本章内容。Embedded Coder 工具箱作为嵌入式代码生成及优化的工具箱,将在第 14 章阐述其基本功能和使用方法,并在第 16 章通过 MBD 全流程实操来讲解其在项目中的应用案例。

Simulink 库提供的模块能够使用户将常用的算法逻辑通过框图方式表现出来,这既是示意图也是执行规范,它具有以下便利之处:

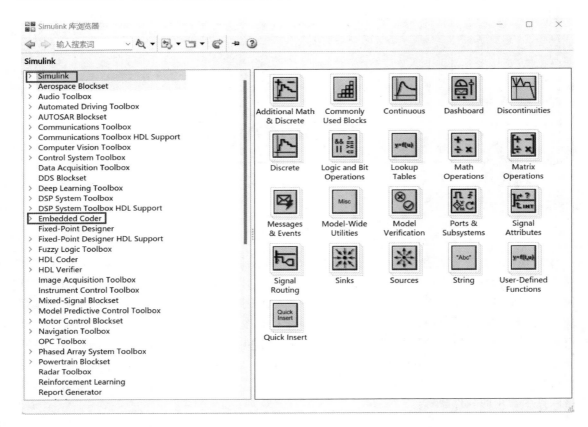

图 3-1 "Simulink 库浏览器"界面

① 用户构建系统时无须直接面对成千上万行的代码,而是通过模块化图形界面以模块化方式构建,能够使理解变得容易,让大脑减负。通过层次化模块分布将系统功能模块化,从而将每个功能的细节隐藏在模块内部。

② 每个模块都有明确的输入/输出个数,同时它还提供一个 GUI 对话框,并配有 help 文档来详细说明其自身功能,提供参数编辑和选择功能。另外,灵活的配置方式使模块变得通用易用。

虽然 Simulink 模块是构成模型的单位,但它也是一个具有众多元素的结合体,下面将讲解模块的构成。

3.1.2 Simulink 模块的数据元素构成

Simulink 模块作为模型的构成元素,本身包含 5 个元素:

① 输入/输出端口:作为模块之间传递数据的纽带,连接输入信号和输出信号。

② 参数:模块背后都有固定/可变的计算表达式来支持仿真和代码生成,参数是计算表达式中约定输入/输出数值关系重要的元素,有些简单模块不带有参数,大部分模块都具有单个/多个参数,通常通过参数对话框为用户提供。

③ 状态:用于存储输入或输入/输出共同计算得到的中间变量,在后续时刻影响模块输出。状态分为连续状态和离散状态,如积分器(连续)和 Unit Delay(离散)模块。状态量在求解器对应的采样时刻,参与计算得到输出。

④ 模块外观:通常为矩形或圆形,有黑色边框或无边框,中央带有图标,图标上带有说明

文字或图像并显示输入/输出端口名;用户可以通过改变前景颜色、背景颜色、输入/输出端口名、图标、模块显示文本等属性来定制模块外观。

⑤ 模块对话框:双击模块外观后弹出的参数对话框,可以在参数控件上进行参数设置。

图3-2中使用图像和标号给出了Product模块的3个构成部分,该模块具有两个输入端口,一个输出端口;矩形外观中间显示一个乘号,简洁地标明了其作用;右侧是该模块的GUI对话框,上面既有模块的功能说明,又有模块的参数,用户通过该对话框既可以阅读说明又可以调整参数。

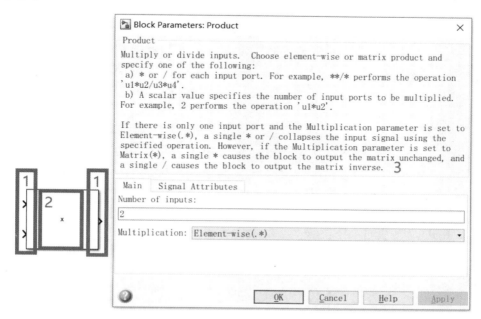

图3-2　Product模块的3个构成部分及"Block Parameters:Product"对话框

3.1.3　Simulink模块的朝向

默认情况下,模块的方向与图3-3中左边的Product模块一样,左边是输入端口,右边是输出端口,当选中模块时,按下Ctrl+R组合键,模块会顺时针旋转90°,连续旋转4次则恢复原来的朝向。Product模块旋转后的不同的朝向如图3-3所示。

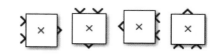

图3-3　模块旋转后的不同的朝向

当需要在模型中使用多个Product模块时,可以多次从Simulink Library Browser中拖曳出,也可以通过复制、粘贴(Ctrl+C、Ctrl+V)模型中既存的模块得到。

3.1.4　Simulink模块的属性及参数

虽然Simulink中的模块非常好,但是它们所具有的数据结构是一样的。这就像我们人一样,人与人之间虽然长相、姓名、年龄、性别等各不相同,但是每个人身上都有人的特性,除了上述的几种属性之外,还有如性格、职业等特性。人们都有这些特性,只不过特性的内容彼此不同。在详细分析Simulink模块的属性之前,首先要介绍几个常用的命令,如下:

gcb:获取当前被选中的模块。

gcbh：获取当前被选中的模块的句柄。
get(handle)：获取模块的属性信息，其中 handle 表示模块的句柄。
inspect(handle)：通过属性观察器方式罗列模块的属性信息，其中 handle 表示模块的句柄。
get_param(block，prop_string)：获取 block 模块的 prop_string 属性值。
set_param(block，prop_string，prop_value)：将 block 模块的 prop_string 属性的值设为 prop_value。prop_string 和 prop_value 可以多组成对出现，其形式为

```
set_param(object,param1,value1,…,paramN,valueN)
```

```
>> get(gcbh)
                      Path: 'untitled'
                      Name: 'Constant'
                       Tag: ''
               Description: ''
                      Type: 'block'
                    Parent: 'untitled'
                    Handle: 1.8310e+03
           HiliteAncestors: 'none'
           RequirementInfo: ''
                  FontName: 'auto'
                  FontSize: -1
                FontWeight: 'auto'
                 FontAngle: 'auto'
                  Selected: 'on'
                  MaskType: ''
           MaskDescription: ''
                  MaskHelp: ''
          MaskPromptString: ''
           MaskStyleString: ''
             MaskVariables: ''
    MaskTunableValueString: ''
        MaskCallbackString: ''
          MaskEnableString: ''
      MaskVisibilityString: ''
         MaskToolTipString: ''
        MaskVarAliasString: ''
        MaskInitialization: ''
         MaskSelfModifiable: 'off'
               MaskDisplay: ''
          MaskBlockDVGIcon: ''
             MaskIconFrame: 'on'
            MaskIconOpaque: 'opaque'
            MaskIconRotate: 'none'
            MaskPortRotate: 'default'
```

图 3-4 Constant 模块属性的部分信息

gcbh 是基于 Simulink 模型的编程中非常常用的函数，它短小精悍，直接返回当前选中模块的句柄。所谓句柄，是整个 Windows 编程的基础，在 MATLAB/Simulink 中也是一个经常使用到的概念。一个句柄是指使用一个唯一的数值（在 MATLAB/Simulink 中以 double 型数据来表示）来标识 MATLAB/Simulink 中各种对象或者同种对象中的不同的实例，诸如，GUI 中的一个 figure、pushbutton、slider，Simulink 中的信号、模块、模块端口和模块参数 GUI 控件等。可以将它视为一种智能指针，MATLAB/Simulink 能够通过它访问相应对象的属性信息。以一个 Constant 模块为例，选中之后在 Command Window 中输入"get(gcbh)"，会得到如图 3-4 所示的信息。

图 3-4 中冒号左边是模块的属性名，右边是对应属性的值。如果通过 inspect(gcbh)来获取模块属性，则会弹出一个对话框，该对话框将列出各个属性清单，如图 3-5 所示。

属性的项目较多，限于篇幅仅对常用的属性进行说明，其他属性在本书涉及时根据需要再作说明。模块常用属性见表 3.1.1。

模块属性列表中的属性又可以分为两种：一种是所有模块共同具有的属性，如字体、前景/背景颜色以及各种 Callback 等；另一种是每一种模块自己的 GUI 对话框独有的属性，又称为模块的参数，不同的模块拥有不同的参数。对于模块的共同属性，可以通过 set_param 进行设置，如以下两行代码，设置模块的背景颜色为黄色，前景颜色为红色：

```
set_param(gcbh,'BackgroundColor','yellow');
set_param(gcbh, 'ForegroundColor', 'red');
```

第 3 章　Simulink 模块

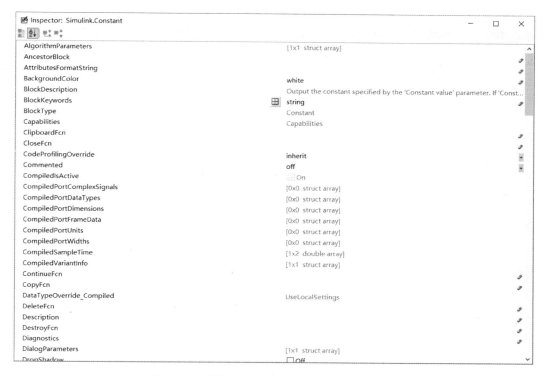

图 3-5　属性观察器显示 Constant 模块的属性

表 3.1.1　模块常用属性

属性名	作用说明
Path	模块在模型中的路径，如 untitled/subsystem1
Name	模块的名字，如 Constant1
ShowName	模块名字是否显示出来
BlockType	模块的类型名，如 Gain、Constant
Handle	模块的句柄，使用 double 类型数据存储
Position	模块的边框在当前模型中的位置（单位：像素），一个模块用矩形的左上角和右下角两个点的坐标表示，其中，left 表示左上角定点的 x 轴坐标，top 表示左上角定点的 y 轴坐标，right 表示右下角定点的 x 轴坐标，bottom 表示右下角定点的 y 轴坐标，即 [left top right bottom]
ForegroundColor	模块的前景颜色，即模块边框及外观显示线条的颜色
BackgroundColor	模块的背景颜色
SampleTime	模块的采样时间
FontAngle	字体斜度
FontName	字体名
FontSize	字体大小
FontWeight	字体粗度

续表 3.1.1

属性名	作用说明
Priority	模块的优先度,表示模型执行的前后顺序
InitFcn	模型初始化时模块所执行的回调函数
StartFcn	模型开始仿真时模块所执行的回调函数
PauseFcn	模块仿真暂停时所执行的回调函数
Value	Constant 模块表示的数值,是其特有的参数
xxxFcn	其他条件触发的回调函数,xxx 代表 Init、Copy、Open、Start、Close 和 Move 等
Mask 系列	Mask 开头的属性,见第 11 章

或者两个属性合并为一行代码实现：

```
set_param(gcbh,'BackgroundColor','yellow', 'ForegroundColor', 'red');
```

在一个模块的参数对话框里,参数设置框前有一个名称提示标签,英语为 Prompt,用来提示该参数的作用。而使用 set_param/get_param 函数对模块的这个参数进行设置时,作为第二个参数使用的则是这个参数的变量名,与 Prompt 不是一个变量,内容一般不完全相同。参数的 Prompt 与变量名分别参考表 3.1.2 的前两列。对于 Constant 模块,其对话框中的参数见表 3.1.2。

表 3.1.2 Constant 模块对话框中的参数

参数的 Prompt	参数的变量名	对话框中的形式	作用说明
Constant value	Value	Constant value:	模块输出的数值,可以是标量、向量或矩阵
Interpret vector parameters as 1-D	VectorParams1D	☑ Interpret vector parameters as 1-D	当选中此复选框时,输出维度等于输出值参数维度,除非参数维度为 $N \times 1$ 或 $1 \times N$。如果是后一种情况,则模块将输出宽度为 N 的向量信号
Sample time	SampleTime	Sample time: inf	采样时间,模块更新输出的时间间隔。跟 S 函数的采样时间一致。默认值设置为无穷大 inf,即不进行输出值更新,输出一直是模块的初始值

双击 Constant 模块之后即可打开参数对话框(见图 3-6),可以直接编辑参数,也可以通过 M 语言编程设置参数值,如将 Constant 模块中的 Value 值设置为一个 3×5 的随机矩阵,代码如下：

```
set_param(gcbh, 'Value', 'rand(3,5)');
```

在 Command Window 中输入上条语句,按回车键后,显示如图 3-7 所示。

"Block Parameters:Constant"对话框中有两个选项卡：Main 选项卡和 Signal Attributes 选项卡。Signal Attributes 不是每个模块都具有的属性,对于 Constant 模块,加、减、乘、除四则运算

和增益模块以及输入/输出端口等都拥有 Signal Attributes 属性配置页面。这里以 Constant 模块为例,说明其功能和用法。双击 Constant 模块,打开其参数对话框,如图 3-8 所示。

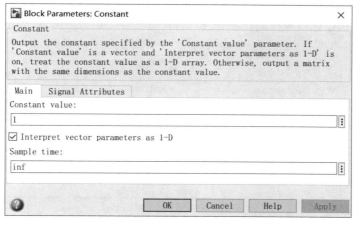

图 3-6 "Block Parameters:Constant"对话框

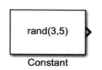

图 3-7 将 Constant 模块的 Value 值设置为随机矩阵

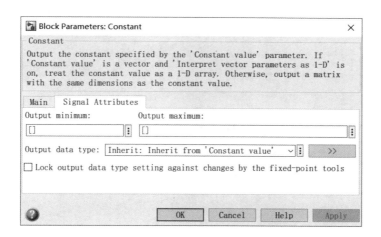

图 3-8 "Block Parameters:Constant"- Signal Attributes 选项卡

Signal Attributes 选项卡中的属性主要包括数据上下限的限定和数据类型的设定,详见表 3.1.3。

表 3.1.3 Signal Attributes 选项卡中的属性

属性名	作用说明
Output minimum	限定输出最小值
Output maximum	限定输出最大值
Output data type	模块输出类型的设置,其中内建类型与用户自定义类型都会显示在下拉列表框中
Lock output data type setting against changes by the fixed-point tools	选中后可以锁定输出数据类型,使模型在被 fixed-point 工具优化时不修改该输出数据类型

Output minimum 和 Output maximum 默认为空,不对数据输出进行任何检测。一旦设

置了数值,在模型静态设计检查过程中就会对输出值进行范围检查,当数值小于 Output minimum 或大于 Output maximum 时就会给出错误提示,提醒用户设置的数值不在预定范围内。例如设定 Constant 模块的 Output maximum 为 5,Output minimum 为 1,而在 Constant value 文本框中输入"19",按下 Ctrl+D 快捷键对模型进行静态设计检查时就会出现报错信息,如图 3-9 所示。对于 Output data type,这里默认提供了一些选项,如表 3.1.4 所列。

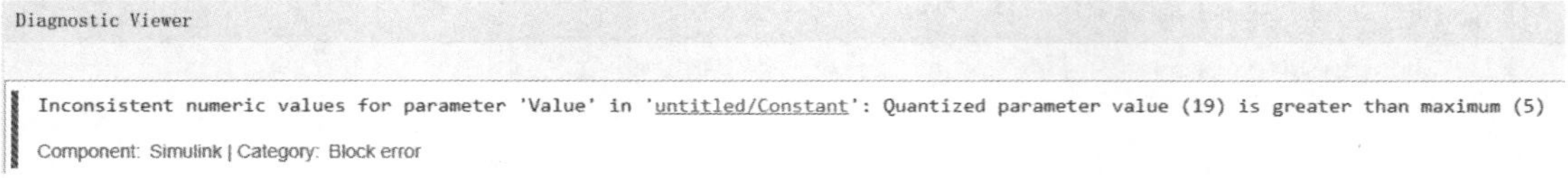

```
Diagnostic Viewer

Inconsistent numeric values for parameter 'Value' in 'untitled/Constant': Quantized parameter value (19) is greater than maximum (5)
Component: Simulink | Category: Block error
```

图 3-9 数据输出监测功能

表 3.1.4 输出数据可以选择的数据类型

选 项	所对应的数据类型
Inherit: Inherit from 'Constant value'	普通继承,输出数据直接使用所填参数本身的数据类型
Inherit: Inherit via back propagation	反向继承,使用输出端口后面连接着的模块的数据类型
double	使用与标号选项相同的数据类型
single	
int8	
uint8	
int16	
uint16	
int32	
uint32	
int64	
uint64	
boolean	
fixdt(1,16)	由有无符号和字长规定的定点数据类型
fixdt(1,16,0)	通过有无符号、字长以及表示小数部分的整数位来表示的定点数据类型
fixdt(1,16,2^0,0))	通过有无符号、字长、斜率和偏移量来表示的定点数据类型
Enum: < class name >	枚举类型
Bus: < object name >	Bus 数据类型

fixdt 是一个 MATLAB 提供的函数,它能够返回一个 Simulink.NumericType 类型的变量,通过该变量描述一种定点数据类型。使用定点数据类型配置的模型生成的代码相对于浮点数据类型使用的内存空间较少,并且能够以更快的速度执行,这对于嵌入式产品的开发很有帮助,一方面提高了计算性能,另一方面节约了硬件成本。毕竟带有浮点运算单元 FPU 的 MCU 和 DSP 价格较高,在嵌入式产品价格竞争中,些许的成本差距就可以拉开市场差距。

定点数据类型

通常所说的定点数据类型是用整数表示浮点数。这里有两种常用表达方式,一种是对基于二进制形式的整数进行人为小数点的指定,指定小数点左侧的整数位均为物理值的整数部分,小数点右侧的整数位表示物理值的小数位,所以其最低有效位(Least Significant Bit,LSB)是 2 的整数次幂(包括负整数);另一种则是针对数据的精度进行整百整千倍的扩大,使其精度变换在整数个位上体现,经过内部值运算,需要显示物理值时,再反向换算回小数值。基于人为指定小数点的定点数据类型,有 3 个基本参数:

① 符号:数据的首位是 1 还是 0 表示有符号或无符号。

② 字长:存储单元的数据共由多少二进制位构成,一般由 MCU 存储字长确定,常见的 MCU 有 32 位、16 位和 8 位。

③ 表示小数的数据位:字长范围内的一部分或全部数据位用来表示数的小数部分,这部分数据位于数据的最右端。

一般将定点数表示为以下形式,如图 3-10 所示。

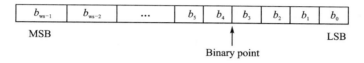

图 3-10 二进制定点数表示图

ws:表示字长。

MSB(Most Significant Bit):最高有效位,b_{ws-1}。

LSB:b_0,代表当前数据类型的分辨率(resolution)。

Binary point:二进制小数点的位置,一旦决定了数据类型,小数点的位置就是固定的,小数点右边的位数即为表示小数的数据。

例:将 -2.75 用字长为 8、小数位为 3 的有符号定点类型表示,可描述为 fixdt(1,8,3)。由于使用 3 位二进制表示小数部分,所以该数据类型的分辨率就是 $1/2^3=1/8$,也就是说,当这个数据类型的最低位增减 1 时,其实际表示的物理值变化为 0.125,这个 LSB 就是联系真实世界物理值与硬件内部存储值的纽带。

转换方法说明:首先最高位为 1 说明是有符号数,MSB 首位 b_7 为 1;最低 3 位($b_0 \sim b_2$)用来表示小数部分的 0.75,二进制数据为 110;第 3~6 位 4 位数据表示整数部分的值 2,二进制数据为 0010;整个数字拼接起来为 10010110。最后,用二进制表示负数时使用补码,需要在对该结果保留符号位的情况下对其余位的值取反后 +1,结果为 11101010。使用 Constant 模块结合 Display 模块建立如图 3-11 所示的模型来验证。

在 "Block Parameters:Constant" 对话框中的 Signal Attributes 选项卡中的 Output data type 下拉列表框中输入 "fixdt(1,8,3)",在 Main 选项卡中的 Constant value 文本框中输入 "−2.75";在 "Block Parameters:Display" 对话框中的 Numeric display format 下拉列表框中选择 binary(Stored Integer)(见图 3-11),单击上述各个模块的参数对话框的 OK 按钮或 Apply 按钮后,再单击模型的仿真按钮,将得到与上面分析一样的结果。

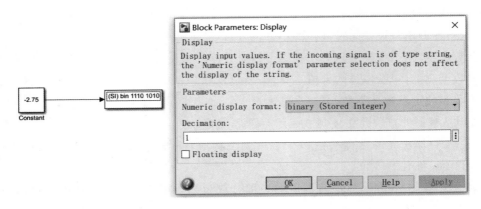

图 3-11 定点数的转换

3.1.5 Simulink 模块的注解

在建模时,由于一些模块的参数内容较多,部分参数不显示在模块图标上,所以不打开参数对话框就不知道其关键参数的内容。因此,在包含模块众多的复杂模型中,对于建模者来说,依次确认每个模块的参数无疑是一件麻烦事。例如,一个模型中若包含多个带有 reset 功能的积分器,其初始值可能不同,那么如何能够方便简洁地知道其值呢? Simulink 模块都具有注解(annotation)显示功能,只不过默认情况下全部都没有使用。以 Integrator 模块为例,右击模块图标,在弹出的快捷菜单中选择 properties,将弹出"Block Properties:Integrator"对话框,如图 3-12 所示。

图 3-12 "Block Properties:Integrator"对话框

切换到 Block Annotation 选项卡，左下方的 Block property tokens 列表框中提供了很多以"％＜＞"标示的变量，它们表示模块的属性符号，双击可以将选中的某一项转入到右边的列表框中，从而以悬浮文字的方式显示到模型中去。比如双击 Integrator 模块的初始值后，"％＜InitialCondition＞"将自动复制到右侧的列表框中。其实，"％＜InitialCondition＞"这种格式是目标语言编译器 TLC 的一种语法格式，它表示将 TLC 变量 InitialCondition 的值执行并计算出结果。其中，"％＜＞"类似于 M 语言中的 eval() 函数的作用。另外，TLC 语言中直接编写字符串与 TLC 变量进行拼接，如图 3-12 所示，在 Enter text and tokens for annotation 文本框中输入"InitVal=％＜InitialCondition＞"，其中，"％＜＞"的内容可以通过在 Block property tokens 列表框中双击自动填充，然后单击 OK 按钮关闭对话框，即可看到模块上注解部分的内容显示在模块下方，如图 3-13 所示。

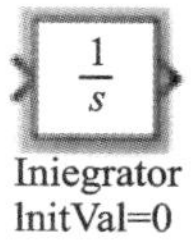

图 3-13 模块注解显示

合理使用模块注解功能能够使所建立的模型具有更好的可读性，便于不同的开发者之间协作。

3.1.6 Simulink 模块的虚拟性

Simulink 基本模块按照仿真特性划分为两种类型：虚拟模块和非虚拟模块。二者的区别在于：非虚拟模块在仿真过程中是起实际作用的，对其进行编辑或者增加、删除操作，会影响模型的运行和改变模型的结果；而虚拟模块在仿真的过程中是不起实际作用的，主要是为了从模型框图上改善视觉感受，明确模型结构的层次划分以及保持模型图形界面的整洁性等，如 mux 模块、虚拟 bus 模块、非原子子系统模块等。还有一些模块在某些特定条件下为非虚拟模块，在有些条件下为虚拟模块，被称为条件虚拟模块。了解虚拟模块和非虚拟模块是非常必要的，这两者的区别在生成代码时可以直观地看到（虚拟模块不会按照用户的设定生成函数）。

3.1.7 Simulink 模块的采样时间

Simulink 是一个支持多速率的建模平台工具，是一种基于数据有向流动的计算机制。多速率是相对单速率而言的，单速率是指一个模型中的所有模块都采用统一的采样时间，这个采样时间就是求解器的定步长；而多速率是指模型中存在不同采样时间的模块或者子系统。通常将实现同一个功能的模块按照相同的采样时间归类，统一形成一个原子子系统，该子系统指定采样时间，其内部所有模块就按照该采样时间进行更新。无论单速率模型还是多速率模型，其采样时间都应该是求解器步长的整数倍（可以相同），但不能小于求解器步长。模块的采样时间采用向量[Ts,To]表示，其中 Ts 表示采样间隔，To 表示初始时间偏移量。通常建模人员仅使用 Ts 表示采样时间，To 默认为 0。模块设置采样时间的位置在参数面板上，如图 3-14 所示。

在单速率模型中，在每个求解器步长下，数据从输入端口开始更新，沿着信号线的方向对模块逐个进行更新。如果模块是直通（direct feed through）的，则根据模块的输入和模块的算法更新输出；如果模块是非直通的，即带有状态量，则先根据状态量更新输出，再根据输入更新状态量，然后继续沿着信号线的方向更新下一个模块。

在多速率模型中，与单速率模型的不同之处在于，某些采样时间为求解器步长数倍的原子子系统，并非在每个时刻都会进行计算，它们不计算更新时，其输出端口的值直接输出使用。

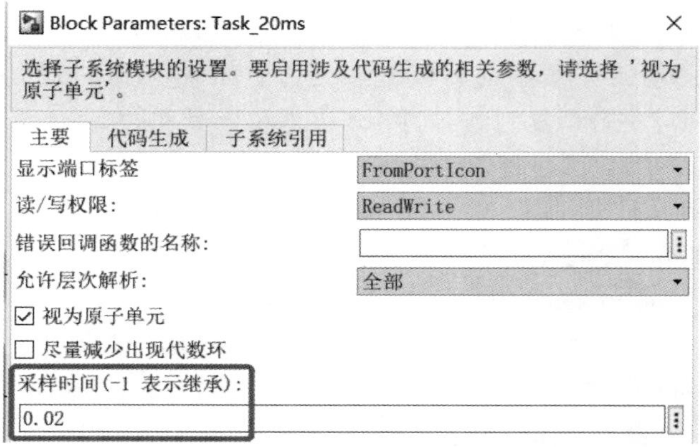

图 3-14 设置模块采样时间

如图 3-15 所示的示例,模型求解器步长为 1 ms,模型中存在两个子系统,采样时间分别是 1 ms 和 20 ms,那么在求解器时间为 3 ms 时,只有采样时间为 1 ms 的子系统会被激活进行计算,采样时间为 20 ms 的子系统不会进行计算,将输出上一次它计算出的结果。

当模型中存在具有不同采样时间的子系统时,为了让建模人员可以直观地把握各个信号和模块的更新时间,可以通过标记不同的颜色来实现。这里无须手动操作模块的前景和背景颜色,Simulink 提供了一套自动标记模型不同采样时间的功能按钮,它就放置在建模环境条的左侧,如图 3-16 所示的双箭头按钮。

此按钮是一个 toggle 按钮,单数次按下会开启自动根据不同采样时间标记模块为不同前景颜色的功能,偶数次按下会关闭此功能,自动恢复为标记前颜色。建模工程师可以根据用途和分类来标记模块的背景颜色,并且不会发生冲突,因为此功能仅改变前景颜色。

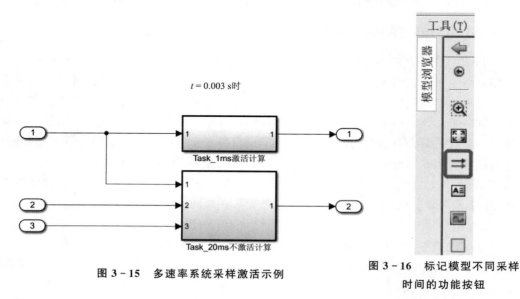

图 3-15 多速率系统采样激活示例

图 3-16 标记模型不同采样时间的功能按钮

模型标记采样时间颜色后,每种颜色代表一种采样时间,并设置分组代号 D1、D2 等;模型右侧也会打开时间图例,对 D1、D2 所对应的颜色以及代表的采样时间进行罗列,如图 3-17 所示。具体采样时间的标记颜色如何安排可以通过帮助文档查询,此处不再赘述。

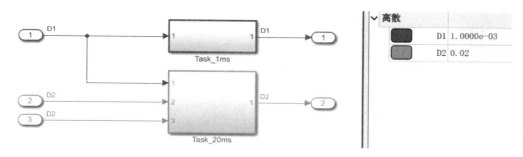

图 3-17 两个不同采样时间开启自动标记功能并展示时间图例

设置采样时间的推荐做法是，在需要明确指定采样时间的子系统或模块的 Sample time 参数处设置明确数值，其他的模块则输入"-1"，表示继承采样时间。在模型编译阶段，可以通过模型信号的传播特性自动确定下游未明确定义采样时间的子系统的采样时间。图 3-18 所示为新增两个设置采样时间为-1 的 Unit Delay 模块。

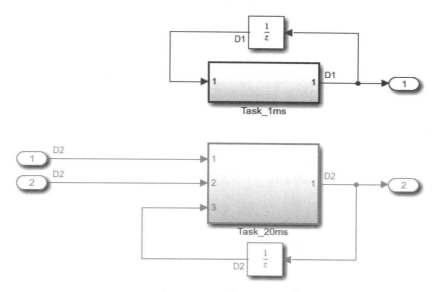

图 3-18 新增两个设置采样时间为-1 的 Unit Delay 模块

最后需要说明的一点是，在过去老版本的 Simulink 中，明确指定了不同采样时间的模块/子系统通过端口相连时，中间需要 Rate Transition 模块进行采样时间的转换，否则仿真和刷新模型时会报错。但是在 R2021b 版本中，诊断系统已经将"单任务数据传输"设置为"无"（见图 3-19），当上述场景出现时，默认情况下不会报错。

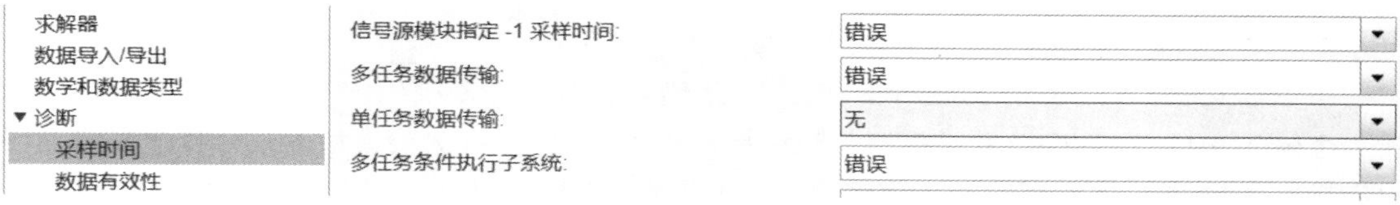

图 3-19 诊断系统中"采样时间"的"单任务数据传输"设置为"无"

3.2 Simulink 常用模块库

Commonly Used Blocks 是 Simulink Library Browser 中提供的一组模块库，这组模块库是用户在建立模型时使用的最基本最常用的模块组，包括输入/输出端口、常数与数据波形显示模块、基本数学运算模块、关系操作模块和逻辑操作模块，另外还包括积分、延时、子系统和数据类型转换模块。Commonly Used Blocks 内的模块如图 3-20 所示。

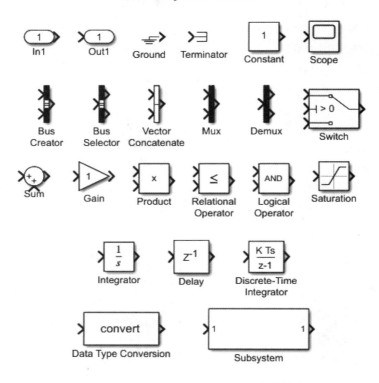

图 3-20 Commonly Used Blocks 内的模块

这些模块不仅存在于 Commonly Used Blocks 中，还分别存在于各自所属的类别库中。它们被抽调在 Commonly Used Blocks 中是为了方便用户使用，建模时可以避免从各个分类库繁多的模块中搜寻这些常用模块。

3.2.1 In/Out 模块

3.2.1.1 In 模块

In 模块（见图 3-21）作为信号的输入端口，当它存放于子系统模块中时，为子系统模块增加一个输入端口，它是连接上层模型与当前层次模型的接口，将父层模型的信号传递到当前层次模型中。In 模块也可以存在于模型最顶层，这时由于没有父层，不用为父层提供信号接口，它的功能类似一个默认输出值为 0 的 Constant 模块；另外，结合 Configuration Parameters 对话框中的数据导入功能，还可以在 Configuration Parameters 对话框中预设 In 模块的输出值。

In 模块的外观默认是椭圆形,右侧的箭头表示信号的输出端口。当光标停留在模块的四角时,模块会出现一个矩形框,表示此时可以通过拖曳改变模块的大小,可以拖曳四角将其变为圆形,如图 3-22 所示。

图 3-21　In 模块的图标　　　　图 3-22　In 模块图标被拖曳为圆形

当同一层模型中存在多个 In 模块时,Simulink 会自动给它们进行编号。默认的首个出现在模型中的 In 模块,其编号为 1。当连续增加 In 模块时,新增加的模块编号会按照升序依次编号;每当从多个 In 模块中删除一个时,编号大于被删除 In 编号的模块会自动将编号减 1。读者也可以通过双击 In 模块,在弹出的参数对话框中修改端口的编号,但是输入的编号字符必须是正整数。

注意:当子系统中存在 In 模块时,子系统模块框图将按照 In 模块的编号生成端口,故为了端口数正确,尽量不要填写与总端口数不符的端口编号。

In 模块的参数对话框("Block Parameters:In1"对话框)如图 3-23 所示。

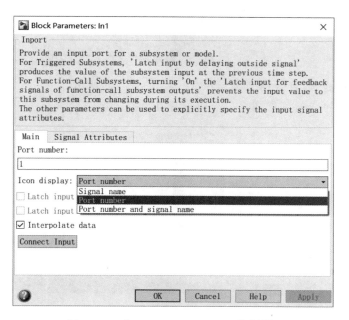

图 3-23　"Block Parameters:In1"对话框

Port number:In 模块的端口编号。

Icon display:In 模块外观上显示的内容,共有 3 个选项,分别为 Signal name、Port number 和 Port number and signal name。

Interpolate data:当将 Workspace 的数据导入模型时,对没有对应数据点的采样时刻进行线性插值的开关选项。

对于数据导入，它需要 In 模块结合 Configuration Parameters 对话框中提供的 Data Import/Export 功能共同实现（见图 3-24）。在 Data Import/Export 中的 Load from workspace 选项组中存在一个 Input 复选框，其右侧文本框中的 [t, u] 为定义在 Base Workspace 中的数据向量组合，其中，t 表示时间的列向量，u 表示对应时间点的数据列向量。定义之后，可以通过 In 模块将 u 的数据列导入模型中。首先在 Configuration Parameters 对话框中的 Data Import/Export 中开启数据导入功能，如图 3-24 所示。

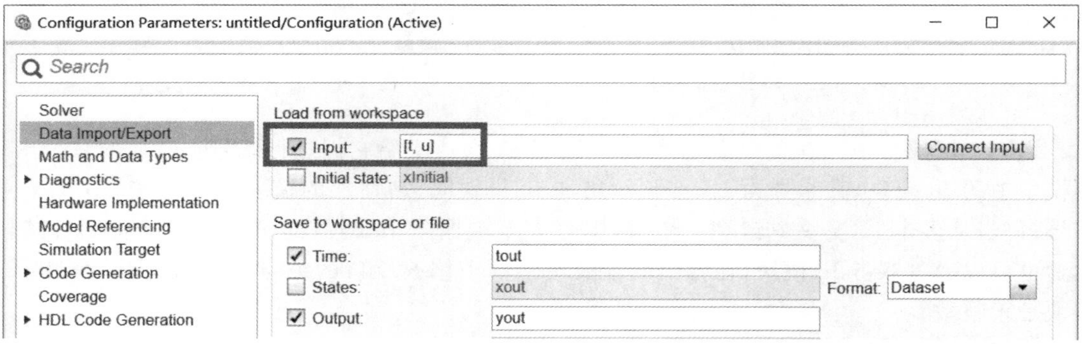

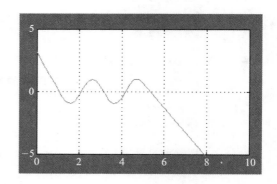

图 3-24 开启数据导入功能

在 Base Workspace 中定义 t 和 u 的数据，例如，将 t 定义为从 1 到 5、采样间隔为 0.1 s 的时间列向量，将 u 定义为这段时间内的正弦波形，代码如下：

```
t = [1:0.1:5]';
u = sin(3 * t);
```

再建立一个 In 输入，直接连接 Scope 模型，如图 3-25 所示。

运行仿真之后，可以看到如图 3-26 所示的波形。

图 3-25 导入数据直连 Scope 模型　　　　图 3-26 导入数据后的仿真波形

由图 3-26 可以看出，1~5 s 之间都是正弦波形，而在 1 s 之前和 5 s 之后显示的都是一条直线。这条直线就是选中 Interpolate data 复选框时，对未定义的采样时间范围内的值进行线性插值得到的结果。线性插值的计算公式如图 3-27 所示。

公式中的 x_0, x_1, x, y_0, y_1, y 变量如图 3-28 所示。

$$y = y_0 + \frac{y_0 - y_1}{x_0 - x_1}(x - x_0)$$

图 3-27 线性插值计算公式

A,B 为 Simulink 仿真出来的两个相邻的采样点,坐标分别为 (x_0,y_0),(x_1,y_1),其 x_0,x_1 的间隔是 0.1 s。由于 In 模块导入的数据中没有给定很细致的采样步长,所以在 A,B 之间的数据没有办法直接从输入数据中获得,因为对应采样时间输入没有采样值。当 Simulink 的求解器采样时间小于 0.1 s 时,就会使用 Interpolate data 功能,通过 A,B 的坐标 (x_0,y_0),(x_1,y_1) 进行线性插值,计算得到时间点 x 对应的 y 值。对于处于 A,B 外部的数据,也可以采用同样的计算方法获得。

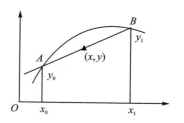

图 3-28 线性插值算法图

"Block Parameters:In"对话框与"Block Parameters:Constant"对话框一样,除了 Main 选项卡之外也有一个 Signal Attributes 选项卡,主要用于设定输出信号数据类型等属性。相对于 Constant 模块,In 模块的 Signal Attributes 选项卡中多了一些参数,如 Unit、Port dimensions 和 Variable-size signal,如图 3-29 所示。

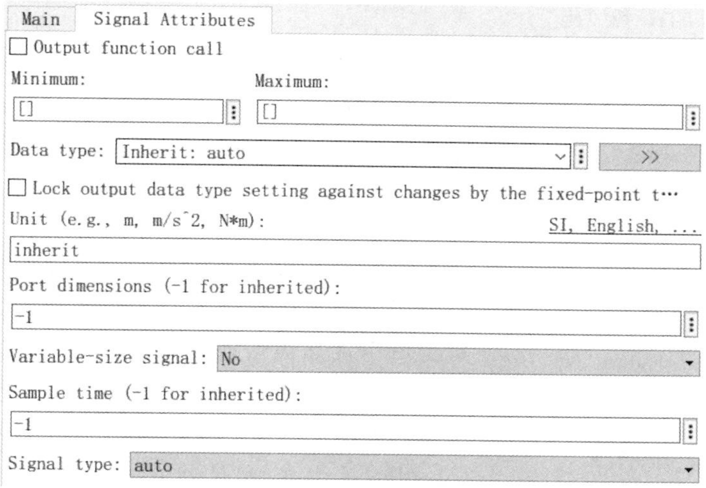

图 3-29 "Block Parameters:In"- Signal Attributes 选项卡

Unit:用于指定模块输入信号的物理单位,默认值为 inherit,表示继承输入信号的单位。如果使用 SI 单位制里规定的单位,则开启显示端口单位功能后,设置过单位的模块端口将显示出单位。但是,由于没有单位推算功能,所以未设置的模块端口不会自动刷新出单位。

Port dimensions:默认参数"-1"表示继承输入信号的尺寸;输入具体整数 n 表示输入为 n 维向量;输入二元整数 $[m,n]$ 表示输入为 $m \times n$ 的矩阵。

Variable-size signal:表示数据维数是可变的,共有 3 个选项,分别为 Inherited、Yes 和 No。其中,Inherited 表示继承输入信号的选择,Yes 表示是,No 表示否。当使用变大小信号维数时,Port dimensions 文本框中要输入接收信号中维数最大的。

3.2.1.2 Out 模块

Out 模块的图标如图 3-30 所示。此模块作为信号的输出端口,当它存放于子系统模块中时,会为子系统模块增加一个输出端口。它是连接上层模型与当前层次模型的桥梁,将当前层次模型的信号传递到父层模型中去。Out 模块也可以存放于模型最顶层,这时由于没有父层,所以不传递信号到父层,也不显示出波形,仅作为一个默认输出,必要时可以设置将接收的数据存储到工作区的变量中。

Out 模块的外观默认是椭圆形,左侧的箭头表示信号的输入端口。当光标停留在模块的四角时,模块会出现一个矩形框,表示此时可以通过拖曳改变模块的大小,也可以通过拖曳四角将其变为圆形。其编号规则与 In 模块相同。

"Block Parameters:Out1"对话框与"Block Parameters:Constant"对话框一样,除了 Main 选项卡之外,也有一个 Signal Attribute 选项卡,主要用于设定输出信号数据类型等属性。一个简单的 SISO 直通系统可以通过 In 模块与 Out 模块构成,如图 3-31 所示。

图 3-30　Out 模块的图标　　　　　图 3-31　简单的 SISO 直通系统

3.2.2　Constant 模块

Constant 模块在仿真过程中通常输出恒定的数值。Constant 模块不仅支持标量数据作为参数输入,也支持向量、矩阵等多维数据的信号输出。它的模块外观和参数功能以及使用实例请参考图 3-6~图 3-8,此处不再赘述。

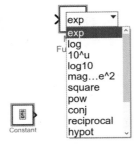

图 3-32　在模块图标上可以编辑和选择参数

比起较早期的 Simulink 版本,本书所采用的 Simulink 10.4 版本提供了更加方便设置模块参数的方式,用户可以直接单击模块图标中央的数字,然后在弹出的下拉菜单中选择数值或直接在下拉列表框中编辑数值,在不打开参数对话框的前提下即可设置参数,如图 3-32 所示。支持此功能的模块包括 Constant、Logical Operator、Math Function、Relational Operator 等。

3.2.3　Scope 模块

Scope 模块,顾名思义,它是模型中的示波器,它将求解器的采样时间作为横轴,指定信号对应每个采样时间的值作为纵轴,绘制波形,方便仿真过程或仿真结束后,进行分析、保存等仿真后处理。Scope 模块的图标如图 3-33 所示。

图 3-33　Scope 模块的图标　　　　Scope 模块默认有一个输入,可以连接任何类型的实数信号线(不支持复数),将图 3-31 中的 Out1 模块替换为 Scope 模块,双击 Scope 模块之后就可以看到 Scope 界面,如图 3-34 所示。

Scope 界面主要包括 3 个部分,即菜单栏、工具栏以及波形显示区域。Scope 模块显示波形的界面默认是黑色背景,当有单个信号输入时,信号线是黄色的。那么问题是,当需要输入多个信号分别进行观察时,必须使用多个 Scope 模块吗?在书籍出版或论文发表时如果使用黑白打印,黑色背景和黄色信号线在视觉上难以分辨,那么可以更换背景色吗?如果仿真时需要经过很长时间才能得到波形,那么能否将该波形保存到硬盘,以免每次观察都需要花费很长时间呢？针对这些问题，其实是有解决方法的。首先介绍一下通过 Scope 工具栏中的参数按钮  打开的"Configuration Properties：Scope"对话框，如图 3-35 所示。

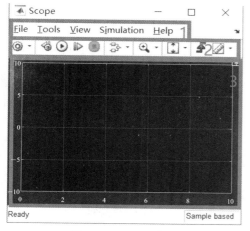

图 3-34　Scope 界面

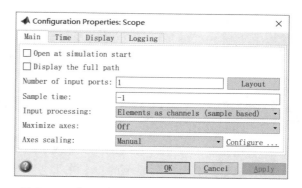

图 3-35　"Configuration Properties：Scope"对话框

由图 3-35 可知，该对话框中有 4 个选项卡，分别是：Main、Time、Display 和 Logging。

1. Main 选项卡

Main 选项卡中最常使用的是 Number of input ports，其中，默认值 1 表示仅有一个输入端口，输入其他正整数 N 表示可以产生对应个数的输入端口。Layout 用于指定显示画面的数量和排列方式，如果画面数等于端口数，那么每个端口的信号将单独显示；如果画面数小于端口数，那么多出的端口信号将显示在最后一个画面上。对于具有多列和多行的布局，端口先从上到下再从左到右进行映射，如图 3-36 所示。

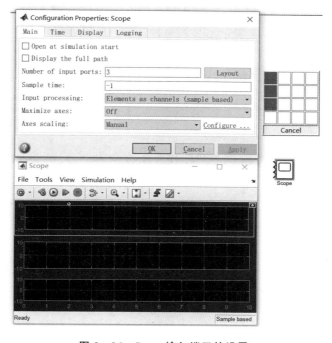

图 3-36　Scope 输入端口的设置

Open at simulation start：在仿真开始时打开 Scope 窗口。

Display the full path：在示波器标题栏上显示模块名称及模块路径。

Input processing：模块执行的处理类型，其包含两个选项，即 Elements as channels (sample based) 和 Columns as channels (frame based)。当选择 Elements as channels(sample based)时，会基于样本处理输入信号，模块每处理输入信号的一个样本，输入信号的每个元素就代表不同通道中的一个样本。当选择 Columns as channels (frame based)时，会基于帧的处理，模块每处理一帧数据，则该帧数据将包含来自独立通道的连续样本。使用基于帧的处理对于许多信号处理应用程序都是有利的，因为可以一次处理多个样本，通过将数据缓冲到帧中并处理多样本数据帧可以缩短信号处理算法的计算时间。

Axes scaling：坐标区的缩放属性，控制 Scope 的坐标区范围。

2. Time 选项卡

Time 选项卡中包含时间跨度的长度、单位以及偏移量等内容。

Time span：设置要显示的 x 轴的长度。设置为 Auto 时，时间跨度显示的长度是仿真停止时间与开始时间的时间差；设置为 User defined 时，表示用户可自定义小于总仿真时间的任意值；设置为 One frame period 时，表示当且仅当模块执行的处理类型选择基于帧的形式处理输入信号时该项选择才生效，时间跨度显示的长度等于输入信号的帧周期。

Time span overrun action：当时间跨度的显示范围小于总的仿真时间时，可通过设置 Time span overrun action 指定如何显示超出时间跨度可见范围的数据，其包含 Wrap 和 Scroll 两个选项。当选择 Wrap 时，首先是从左到右全屏绘制数据，当达到设置的显示范围后会擦除原先屏幕上显示的数据，然后再从左到右重新开始绘制数据；当选择 Scroll 时，在右端绘制新数据时，旧数据逐步向左移动，使得整体波形可以显示在坐标轴上。当模型较大或者仿真步长较小时，Scope 的绘图速度较慢，该效果的显示比较明显。

Time units：显示时间跨度的单位，其中，Metric 表示基于 Time span 的长度显示时间单位，Seconds 表示单位为秒，None 表示不显示单位。

Time display offset：可以将时间跨度偏移指定的时间值。对于多个信道的输入信号，可以将偏移值设置为一个标量，使输入信号的所有通道按相同的时间值偏移，也可以将偏移值设置为向量分别偏移每个通道。如图 3-37 所示，将偏移值设置为"2,3"，使两个通道分别偏移 2 s 和 3 s。

Time-axis labels：指定如何显示时间跨度标签。

Show time-axis label：显示或隐藏时间跨度标签选项。

3. Display 选项卡

Display 选项卡中包含一些对 Scope 画面显示的一些设置，如图 3-38 所示。

Active display：用于选择相应的画面来更改该画面下的样式属性以及特定于坐标区的属性。

Title：设置画面的标题名称。当存在多个坐标轴时，给每个坐标轴添加标题名称以区分波形的信号不同。

Show legend：选中该复选框后，会在画面中显示信号图例。信号名称的前面用直线标记连续信号，用阶梯状的线条标记离散信号。对于多通道的信号，信号名称后面会添加一个通道索引。

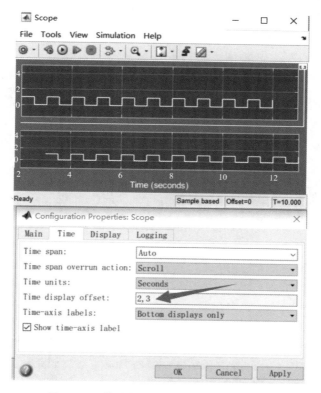

图 3-37 偏移值设置为向量偏移每个通道

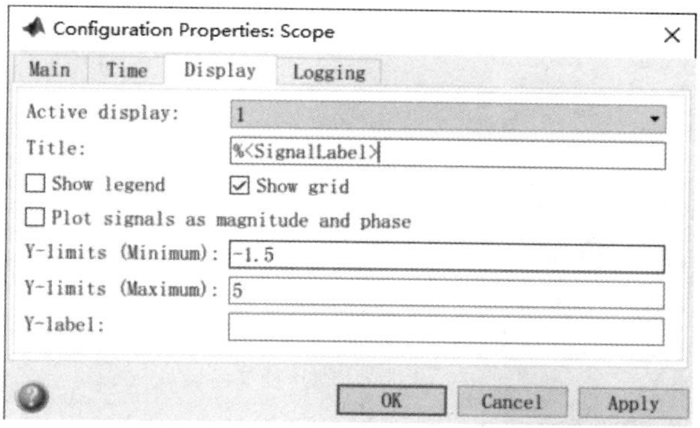

图 3-38 Scope 画面显示设置

Show grid：选中该复选框后，会在画面上显示内部网格。

Plot signals as magnitude and phase：选中该复选框后会将画面拆分为幅值图和相位图。如图 3-39 所示，将正弦波信号图拆分后，幅值图中的幅值为信号的绝对值，相位图中正值的相位为 0°，负值的相位为 180°。

Y-limits(Minimum) 和 Y-limits(Maximum)：用于分别设置 y 轴的最小值和最大值。

Y-label：指定要在 y 轴上显示的文本。

4. Logging 选项卡

Logging 选项卡中包含三类参数，即 Limit data points to last、Decimation 和 Log data to

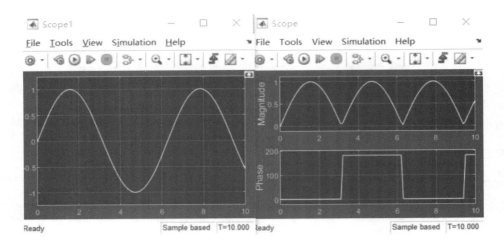

图 3-39　信号图拆分为幅值图和相位图

workspace。

Limit data points to last：选中该复选框后，可以设置一个正整数（默认为 5 000），表示 Scope 显示缓存所能存储的采样点个数。在模型仿真时间长或者步长小的情况下，经常会出现仿真结束后波形只显示中间到结尾的一段，0 s 开始到中间部分没有波形的情况，如图 3-40 所示。

这时只需要取消选中 Limit data points to last 复选框，然后重新仿真一下，即可在 Scope 中得到完整的波形。

Log data to workspace：可以将 Scope 中获取的数据点存储到工作区，默认取消选中该复选框。选中该复选框后，可以定义变量名和存储方式，如图 3-41 所示。

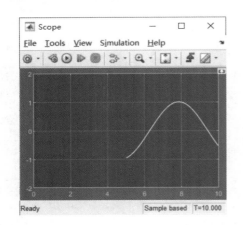
图 3-40　采样点超出 5 000 个时导致波形不完整

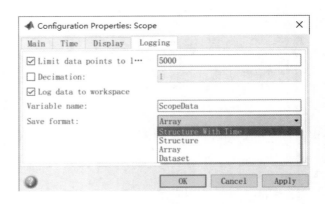
图 3-41　定义变量名和存储方式

Variable name：用于设置变量名，可以编辑。

Save format：有 4 种选择，即 Structure With Time、Structure、Array 和 Dataset。其中，Structure With Time 将 Scope 获取到的采样信号存储在结构体中，该结构体包括 3 个成员变量：

① 存储时间序列的 time；

② 存储对应采样时间点的采样数据及相关信息的结构体 signals；

③ 存储模块全路径及名字的变量 blockName。

signals 是一个结构体，它的成员变量 values 也是结构体，time 是另外一个成员变量。两个变量都是向量，values 存储对应时刻信号的值，time 存储求解器的采样时间序列。默认变量名为 ScopeData，访问采样数据的方式为 ScopeData.signals.values，采样数据按列排布。若要获取 time 序列，则需要使用 ScopeData.time，返回的值是此次仿真过程中求解器的采样时刻向量，也按列排布。当 Scope 有多个输入端口时，每个端口的数据存储到不同的 signals 里，访问时使用索引来区分每个端口的 signals 成员，如 ScopeData.signals(2)。

Structure 存储方式相对于 Structure With Time 少了 time 这个时间序列的存储，其他成员存储方式是相同的。

Array 存储方式通过列向量方式存储仿真过程的采样时间和数据。ScopeData 的首列为时间列，第二列为数据列。Array 存储方式不支持 Scope 有多个输入端口的情况，如果需要有多个输入，则需要将多个输入通过 mux 模块汇总成一条多维信号线再输入到 Scope 的端口中使用。

Dataset 是将数据保存为数据集对象。

另外，通过选择 View→Style 菜单项可对波形显示界面的颜色和字体等进行设置，如图 3-42 所示。

图 3-42 调整波形显示参数

Figure color：显示波形界面的背景色。

Plot type：选择绘图类型，包括线图、阶梯图和针状图。

Axes colors：包括两个部分，从左到右依次是波形显示界面坐标轴的背景颜色与坐标轴边框文字以及 grid 的颜色。

Preserve colors for copy to clipboard：复制波形而不更改颜色，指定复制时是否使用显示的 Scope 颜色。

Properties for line：该下拉列表框中包括 channel 1～channel 7 七个选项，表示 Scope 显示多维信号时依次绘制信号线每个维度数值时所使用的预设定。

Visible：在图上显示或隐藏线条。

Line：包括 3 个部分，从左到右依次是当前 Properties for line 序号的线条类型、线条粗细和线条颜色。

Marker：该下拉列表框中包括信号绘制时对采样点所标注的符号，可以采用三角号、实心圈和空心圈等。默认值 none 表示不标注信号的采样点。

注意：本书为了读者阅读方便，Scope 都采样黑色背景，信号线 1 使用黄色线条绘制仿真波形，即采用默认颜色配置。

当观察波形时感觉显示范围不合适或不完全时，可以单击 Scope 菜单栏的 Autoscale 按钮 调整到全波形范围显示。另外，当显示波形范围较大，希望观察局部波形时，可以选中 按钮并按住鼠标左键在坐标轴上选定一个矩形范围，然后释放鼠标左键，此矩形范围就会自动放大显示到坐标轴中，如图 3-43 所示。

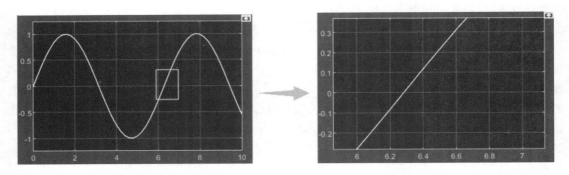

图 3-43 拖动范围以扩大显示

大家很容易发现，Scope 的菜单栏里缺少 Figure 窗口菜单栏里的打印、编辑窗口等快捷菜单按钮，无法进行一些常规的操作，如保存图像、复制 Figure 范围内的图像等，十分不方便。其实，Scope 模块也有菜单栏，只不过默认将其句柄和显示都隐藏了起来，用户可以通过下面语句进行设置：

```
set(0,'showHiddenHandles','On');    % 首先将隐藏起来的句柄设置为可以设置属性
set(gcf,'menubar','figure');         % 使用 gcf 可以获取当前选中的 Scope 界面，并将菜单栏
                                     % 显示出来，如图 3-44 所示
```

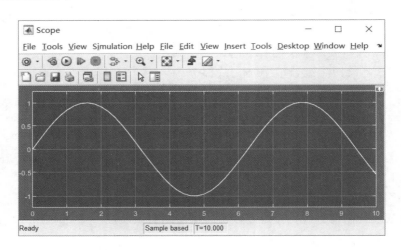

图 3-44 显示出菜单栏的 Scope 界面

通过这个菜单栏提供的丰富的菜单功能，就可以对 Scope 实现所有如同普通 Figure 一样的操作了。

3.2.4 四则运算模块

Simulink Library Browser 提供的四则运算模块包括 Sum、Product、Divide 和 Gain 模块，分别能实现多个数的加减乘除和单个数的增益运算。

1. Sum 模块

图 3-45 Sum 模块的图标

Sum 模块的图标如图 3-45 所示。Sum 模块是加减法运算模块，它默认是一个圆形模块，具有两个输入端口，在每一个采样步长

进行两个输入数据的加法运算,并将其值输出。双击 Sum 模块后将弹出"Block Parameters:Sum"对话框,如图 3-46 所示。

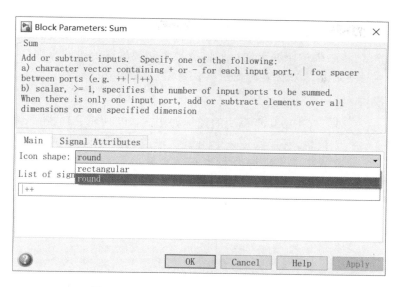

图 3-46 "Block Parameters:Sum"对话框

(1) Main 选项卡

Main 选项卡中提供了两个参数,即 Icon shape 和 List of signs。

Icon shape:可以选择是圆形还是矩形外观,选择矩形外观后的效果为: 。

List of signs:通过"|""+""−"三个符号进行输入端口的位置和符号配置,其中,"|"表示空白,占用一个符号显示位置;"+"表示加法端口;"−"表示减法端口。根据 List of signs 文本框中输入的符号总个数决定输入端口的总个数,根据模块大小平均分配每个输入端口占用的长度。模块的左侧从上到下依次排布下来,当总共有 N 个符号时,每个符号占据 $1/N$ 个模块高度。"|"对应的位置不设置输入端口。当设置 Icon shape 为 round 时,输入"++−"之后,模块图标变为: 。

推荐用法:当 Sum 模块的输入都是同一个时刻的输入时,使用矩形图标;当输入有来自输出的延时反馈时,采用圆形图标。这样绘制的模型整洁美观。

(2) Signal Attributes 选项卡

"Block Parameters:Sum"对话框中的 Signal Attributes 选项卡拥有与"Block Parameters:Constant"对话框中的 Signal Attributes 选项卡相类似的参数功能,并多出四个参数,即 Require all inputs to have the same data type、Accumulator data type、Interger rounding mode 和 Saturate on integer overflow,它们分别表示是否要求输入端口的数据类型保持一致,对定点数的取整方式,当数据超出数据类型所表示的范围时是否保持该数据类型的上下限值,以及模块内部累加器的数据类型。Saturate on integer overflow 的作用是设定当输出数据的范围超出当前所选用数据类型的范围时是否进行范围限定,例如,当数据类型为 int8 的输出值被计算为 129 时,选中 Saturate on integer overflow 复选框则输出 uint8 上限值 127,取消选中则将溢出值计算为 −127。Accumulator data type 与 Output data type 一样,支持 Simulink 内建数据类型和定点数据类型。Accumulator 计算出各个输入端口的累加值之后,再赋值给

Sum 模块的输出端口。它的工作流程如下:
① Accumulator 导入第一个输入端口的值作为初始值;
② Accumulator 与第二个输入端口根据符号进行加减法运算,将得到的结果存入 Accumulator;
③ 如果还有更多的输入端口,则重复执行计算步骤②,Accumulator 每次都会将结果更新;
④ Accumulator 将结果按照输出端口的数据类型转换后赋值给输出端口。

推荐用法:在进行普通算法仿真时使用默认数据类型 double 即可。

2. Product 模块

图 3-47 Product 模块的图标

Product 模块的图标如图 3-47 所示。Product 模块是乘法运算模块,它默认是一个矩形模块,具有两个输入端口和一个输出端口,在每一个采样步长进行两个输入数据的乘法运算,并将其值输出。Product 模块的参数对话框("Block Parameters:Product"对话框)如图 3-48 所示。

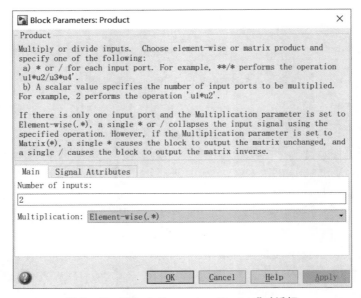

图 3-48 "Block Parameters:Product"对话框

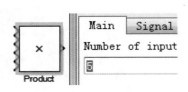

图 3-49 Product 模块输入端口设置为 5 个

Number of inputs:此参数设置 Product 的输入端口个数,默认是 2,可以接受其他正整数。例如,当设置为 5 时,图像如图 3-49 所示。

Multiplication:提供了两种乘法,其中,Element-wise 表示点乘(.*),Matrix 表示矩阵乘法。当选择点乘时,模块图标上显示"×";当选择矩阵乘法时,模块图标上显示"Matrix Multiply"的字样。

以两个 2×2 的矩阵相乘为例,当设置 Multiplication 为 Element-wise 时,按照矩阵对应元素进行乘法,模型及仿真结果如图 3-50 所示。

当设置 Multiplication 为 Matrix 时,仿真结果如图 3-51 所示。

注意:读者使用矩阵计算时可以根据需要设置乘法方式。

Display 模块虽然不在 Commonly Used Blocks 中,但也是一个不得不说的常用模块。它

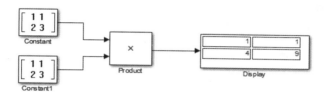

图 3-50　Product 模块按照矩阵对应元素进行乘法计算

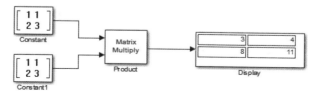

图 3-51　Product 模块按照矩阵乘法进行计算

与 Scope 模块不同,不记录整个过程的时间序列,只将当前时刻的信号值显示到界面上。一般情况下,模型的仿真过程一瞬就结束了,所以在 Display 模块上观察到的就是仿真最后一个采样时刻的结果值。

"Block Parameters:Product"对话框中的 Signal Attributes 选项卡与"Block Parameters:Sum"对话框中的基本一样,读者可以参考 Sum 模块部分的说明。

3. Divide 模块

Divide 模块虽然不属于 Commonly Used Blocks,但是也较为常用,可以实现两个以上数据的乘除法运算。它的参数对话框内通过"*""/"字符的输入个数来动态更改模块的输入端口个数。Divide 模块的图标如图 3-52 所示。

该模块默认有两个输入端口和一个输出端口,输入为一个乘法端口和一个除法端口,输出为乘除法计算结果。它的参数相对简单,其参数对话框包括 Main 和 Signal Attributes 两个选项卡,其中 Main 选项卡如图 3-53 所示。

图 3-52　Divide 模块的图标

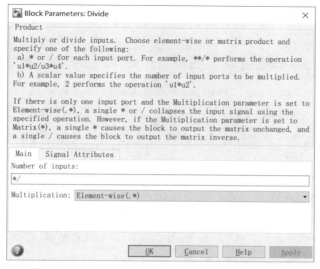

图 3-53　"Block Parameters:Divide"-Main 选项卡

Number of inputs：输入个数不是直接输入数字，而是输入乘号（*）和除号（/），个数由"*/"自动决定。端口的乘除法运算根据"*/"的顺序从上到下依次排布，如输入"*//"，则Divide 模块拥有 3 个输入端口，第一个是乘法，第二个和第三个都是除法，3 个端口分别给定常数 20、5、4，如图 3-54 所示。

Multiplication：提供两种乘法方式，即点乘 Element-wise(.*)或矩阵乘法 Matrix(*)。

4. Gain 模块

Gain 模块是具有一个输入端口和一个输出端口的增益模块，模块图标是一个三角形，如图 3-55 所示。

Gain 模块的参数对话框（"Block Parameters:Gain"对话框）中的 Main 选项卡如图 3-56 所示。

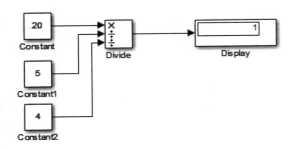

图 3-54　Divide 模块构成的连续除法模型 　　　图 3-55　Gain 模块的图标

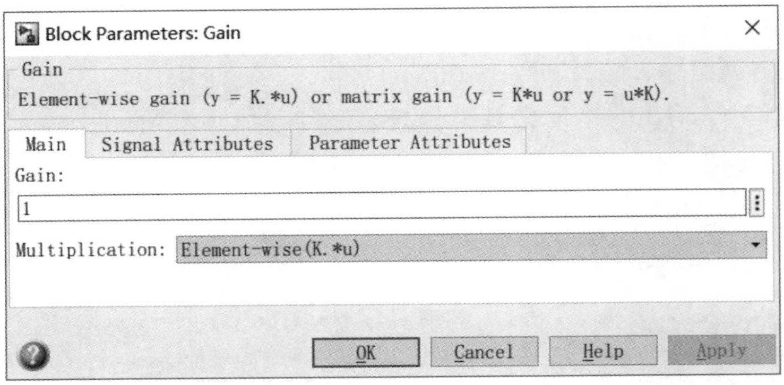

图 3-56　"Block Parameters:Gain"- Main 选项卡

Gain：增益数值，支持标量、向量或矩阵形式的输入。

Multiplication：该下拉列表框提供 4 种乘法模式，即一种点乘 Element-wise(K.*u)以及三种矩阵相乘 Matrix(K*u)、Matrix(u*K)、Matrix(K*u) u vector。其中，K 表示 Gain 的参数值，u 表示输入端口的数值。当选择点乘时，模块图标上显示 Gain 的数值；当选择矩阵相乘时，模块图标上显示所选择的矩阵乘法形式。

点乘无须多说，即操作数必须是同型矩阵；对于矩阵相乘，则要求矩阵的内维要一致。以"Matrix(K*u) u vector"为例，"K"为 $m×n$ 的矩阵，则"u"需要是 $n×q$ 的矩阵，输出结果则是 $m×q$ 矩阵。

"Block Parameters:Gain"对话框中的 Signal Attributes 选项卡中的参数是"Block

Parameters:Product"对话框中的 Signal Attributes 选项卡中参数的子集,此处不再赘述。

与前面介绍过的常用模块相比,Gain 模块的参数对话框中多了一个 Parameter Attributes 选项卡,如图 3-57 所示。

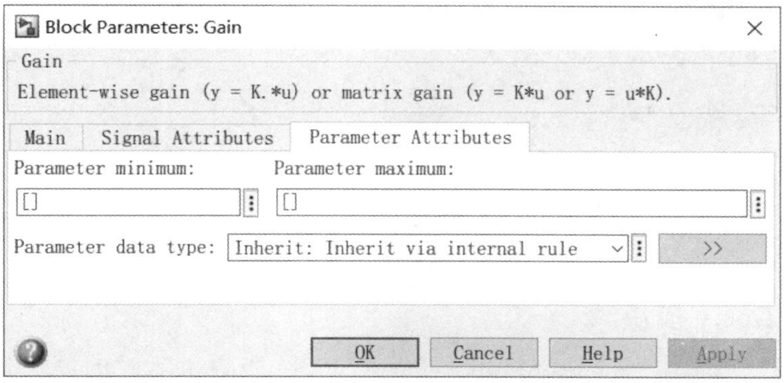

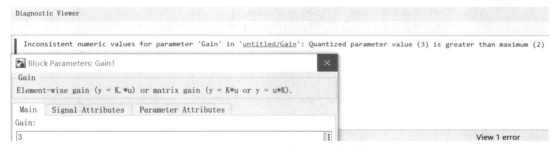

图 3-57 "Block Parameters:Gain"- Parameter Attributes 选项卡

Parameter minimun 和 Parameter maximum:这两个参数是用来限定 Gain 的上下限的,默认[]表示不设定上下限。如果输入相应的最大值和最小值,则当 Gain 的值超出这两个值的范围时就会报出错误提醒。例如,最小值输入 0,最大值输入 2,当 Main 选项卡中的 Gain 文本框中输入"3"时,就会报出错误提醒,如图 3-58 所示。

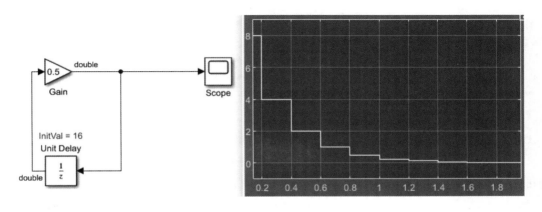

图 3-58 Gain 超出上下限设定时报错

Parameter data type:用来设定 Main 选项卡中参数 Gain 的数据类型。仿真时无特别要求可以不设定。

Gain 的使用实例:通过模型仿真等比数列 $y_n = y_{n-1} \times 0.5$,模型和仿真图像如图 3-59 所示。

图 3-59 利用 Gain 和 Unit Delay 模块计算等比数列

该例中使用了 Unit Delay 模块,它不是直通模块,输出跟当前采样时刻的输入值无关,能够将输入的值延迟一个采样时间再输出。Unit Delay 模块的存在可以避免闭环模型出现"代数环"。

推荐用法:在离散系统建模仿真时,如果遇到代数环错误,则可以在反馈闭环回路上尝试增加一个 Unit Delay 模块来消除该错误。

3.2.5 延时模块

延时模块与之前的模块都不同,它的输出信号与输入信号之间具有间接的关系,输出并不直接反映输入信号的变化,而是延迟一个或多个采样时间再将输入信号输出到输出端口。对于当前采样时刻的输出,则是一个或几个采样时刻之前获取的输入。

3.2.5.1 Delay 模块

Commonly Used Blocks 中提供延时的模块是 Delay,它具有一个输入端口和一个输出端口,如图 3-60 所示。

Delay 模块的输入信号可以是标量、向量及矩阵。双击 Delay 模块弹出"Block Parameters:Delay"对话框,如图 3-61 所示。

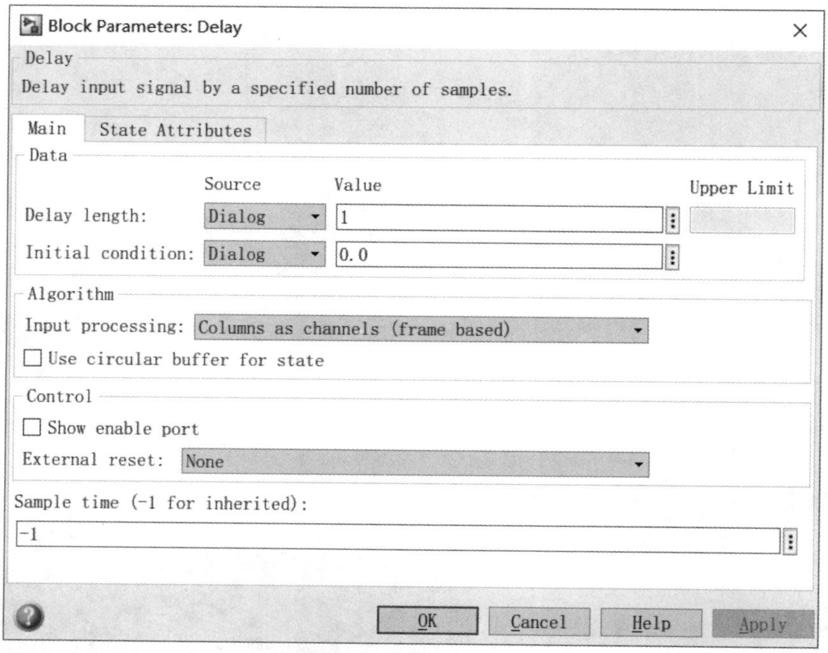

图 3-60 Delay 模块的图标

图 3-61 "Block Parameters:Delay"对话框

"Block Parameters:Delay"对话框中的 Main 选项卡包括 Data 选项组、Algorithm 选项组、Control 选项组以及 Sample time 文本框。

1. Data 选项组

Data 选项组中包括两个参数,即 Delay length 和 Initial condition,分别表示延时的采样点数和输出的初始值。模块的总延时时间长度由 Delay length 的数值和模块采样时间的乘积来决定。例如,将 Delay length 设置为 3,Sample time 设置为 0.6,那么 Delay 模块的输出将在

1.8 s 时开始更新,在 0～1.8 s 之间,Delay 模块的输出值由 Initial condition 中输入的初始值决定。此外,这两个参数都拥有一个 Source 下拉列表框,其包括 Dialog 和 Input port 两个选项,其中,Dialog 表示参数在对话框里输入,而 Input port 则表示模块增加一个输入端口,在模型中通过信号线传递数值来设定。当 Delay length 和 Initial condition 均设为 Input port 时,模块图标将变成如图 3 - 62 所示的样子。输入端口 d 的输入此时由外部输入,同时可以在图 3 - 61 所示的对话框中的 Upper limit 文本框内设定延时采样点数的上限。

图 3 - 62　带有延时和初始值输入端口的 Delay 模块的图标

Delay 模块根据设定不同提供不同的输入端口数目,最少 1 个,最多 4 个。

2. Algorithm 选项组

Algorithm 选项组中有两个参数,即 Input processing 和 Use circular buffer for state。

Input processing:包括 Elements as channels(sample based)、Columns as channels(frame based)和 Inherited 三个选项,其中,Inherited 是指继承输入信号的处理方式,另外两个的区别在于采样数据的组织方式。所谓基于采样(sample based),是指 Simulink 模块在每个采样时刻都处理一组采样数据(标量或矩阵),每一个元素都使用一个独立通道。例如 $t=0$ 时刻对一个 3×2 的矩阵采样,就需要 6 个不同的通道来解释数据,如图 3 - 63 所示。

所谓基于帧(frame based),是指 Simulink 模块在每个采样时刻都处理一个帧数据,每个帧数据都包含来自一个或多个独立通道的连续采样,每个通道都包含一列输入数据。例如,对一个 3×2 的矩阵进行采样,由于是两列数据,所以需要使用两个通道,每个通道连续采样得到 3 个数据,两个通道共得到 6 个数据,然后将它们组合起来形成一帧数据。某一时刻采用帧方式进行采样,并且设置 2 个通道,每个通道采样 3 次得到 3×2 的矩阵数据,如图 3 - 64 所示。

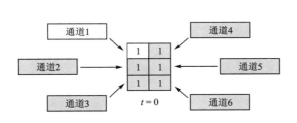

图 3 - 63　基于采样的数据中每个元素都占据一个独立通道

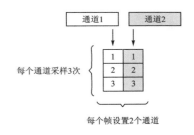

图 3 - 64　基于帧的采样方式

使用帧方式可以在同一个时刻使用较少的通道处理多个数据元素,在一些通信算法以及信号处理建模中具有较突出的优势,因为这样可以提高代码运行效率,降低模型仿真运行的时间。

Use circular buffer for state:选中该复选框,将使用环形缓存存储状态变量。其优势在于,环形缓存使用固定内存,没有隐式或者非期望的内存分配,能够快速地在 circular_buffer 头或者尾部插入、删除元素,并且环形缓存时间复杂度是常量,适合耗时要求短的应用。

对于以下情况,建议使用线性缓存区域,因为此时环形区域并不能提高运行效率。

① 采用 Elements as channels(sample based)的方式对信号进行采样,Delay length 为 1 的情况;

② 采用 Columns as channels(frame based)的方式对信号进行采样,Delay length 小于或

等于每帧的信号长度的情况。

3. Control 选项组

Control 选项组包括两个参数,即 Show enable port 和 External reset。

Show enable port:创建使能端口,并使用使能端口来控制延迟模块的执行。当此端口的输入不为 0 时,Delay 模块将会被启用。

External reset:当其设置为 None 以外的选项时,Delay 模块将增加一个输入端口,通过此端口的输入信号达到某种条件而将 Delay 模块的输出值复位。所谓复位,即将 Delay 模块的状态值恢复为初始状态值。在仿真过程中,Delay 的状态值首先输出初始状态值,然后经过 Delay length 的延时后更新为之前采样时刻的输入值,一旦接收到复位信号,状态值就恢复为初始状态值。复位动作是否执行取决于外部触发条件,在 External reset 下拉列表框中选择触发条件,其包括 None、Rising(上升沿)、Falling(下降沿)、Either、Level 和 Level hold。其中,Either 表示上升沿和下降沿均进行复位;Level hold 表示当前采样时刻的值非零时复位;Level 包含 Level hold 的情况,另外还包括信号从非零跳变到零的采样点。

Sample time:设置模块两次运行仿真之间的时间长度。

注意:Delay 模块不支持连续采样时间,可以输入离散采样时间或者-1。

"Block Parameters:Delay"对话框中的另一个选项卡是 State Attributes,如图 3-65 所示,这里设定一个合法标识符作为 State name,它表示 Delay 模块内部所存储的状态变量名,正是这个状态变量实现了输入到输出延时的效果。

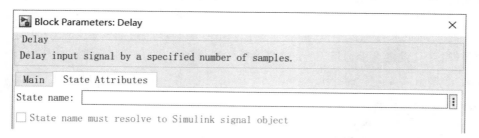

图 3-65 Delay 模块的状态设置

3.2.5.2 Unit Delay 模块

图 3-66 Unit Delay 模块的图标

跟 Delay 模块同样实现延时的模块还有 Unite Delay 模块,虽然它不是 Commonly Used Blocks 里的模块,但它可以说是 Delay 模块的一种特例,即只延时一个采样时间。它的参数对话框相对也较简单,不需要设置 Delay length,也不需要考虑缓存区使用环形还是线性区域,并且没有复位功能。其模块图标如图 3-66 所示,"Block Parameters:Delay1"对话框如图 3-67 所示。

根据应用场景的不同,建模时可以选择使用 Delay 模块或者 Unit Delay 模块。这里使用 Delay 模块(读者可以自己更改为 Unit Delay 模块)实现了一个自动复位计数器,使它计数到 10 之后自动复位,复位之后再重新计时,周而复始;另外,还需要使用已经介绍过的 Constant、Sum 和 Scope 等模块,如图 3-68 所示。

模型采用固定步长求解器,解算方法采用离散方法(discrete),步长使用 0.5,仿真时间为 10 s。模型中 Delay1 模块的初始值为 0,采用 Level 复位方式,复位端口输入非零值时会复

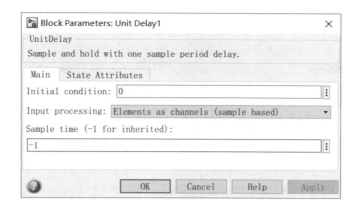

图 3-67 "Block Parameters:Unit Delay1"对话框

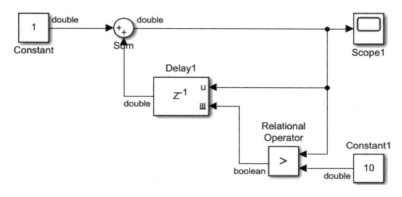

图 3-68 自动复位计数器模型

位。在无复位信号时,每个采样时刻均加 1 并将值作为状态变量缓存在 Delay 模块内部。复位信号是由常数 10 与计数器的输出比较得到的,当计数器的输出值大于 10 时,这里的 Relational Operator 模块实现一个大于的比较功能,当上面的输入端口的信号值大于下面的输入端口的信号值时,输出 boolean 型的数值 1 到 Delay1 模块的复位端口,使 Delay1 模块的状态变量复位为初始值;当计数器的输出值小于 10 时,Delay1 模块不会收到复位电平,故保持状态值不变。仿真之后,得到的结果如图 3-69 所示。

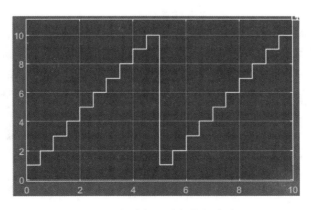

图 3-69 自动复位计数器仿真波形

3.2.6 Relational Operator 模块

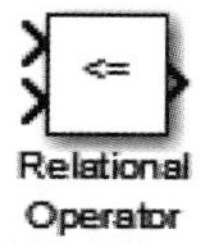

图 3-70 Relational Operator
模块的图标

图 3-68 中使用到的具有大于功能的模块就是关系操作(Relational Operator)模块的一个应用。Relational Operator 模块集合了"大于""等于""小于""大于或等于""小于或等于""不等于""isNan""isInf""isFinite"功能于一体。根据用户指定模块比较关系的不同显示为一个或两个输入端口,一个输出端口。Relational Operator 模块的图标如图 3-70 所示。

双击该模块,打开"Block Parameters:Relational Operator"对话框,该对话框中有 Main 和 Data Type 两个选项卡(见图 3-71),其中 Main 选项卡中包括 Relational operator 和 Enable zero-crossing detection 两个参数。

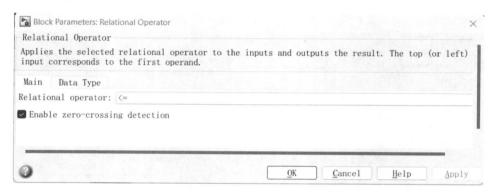

图 3-71 "Block Parameters:Relational Operator"- Main 选项卡

图 3-72 Relational operator 下拉
列表框中的 9 种关系操作符

Relational operator:该下拉列表框中给出了 9 种关系操作符(见图 3-72),前面 6 种是比较大小等于关系的组合,需要两个输入信号;后面 3 个是判断操作符,仅需要一个输入信号。根据所选择的符号,模块的图标上将显示对应的关系操作符,并自动调整输入端口的个数。

Enable zero-crossing detection:选中该复选框将启用过零检测功能,取消选中则不启用。

★ 过零检测

变步长求解算法会动态地评估计算下一个采样时刻所使用的步长,当前后两个采样点的状态值变化大时,缩小采样步长;反之,当前后两个采样点的值变化小时,增大步长。这种做法使得求解器在计算不连续邻近区域时使用较小的步长,因为不连续点邻近区域值的变化幅度大。这种做法能保证计算的精确度,但是却有可能因为采样过于密集、步长过小而导致仿真时间太长。Simulink 使用过零检测技术来精确定位不连续点,以免仿真步长过小而导致仿真时间太长,一般情况下能够提高仿真速度,但有可能会使仿真在到达规定时间长度之前就停止。

"Block Parameters:Relational Operator"对话框中的另一个选项卡 DataType 如图 3-73 所示。

Require all inputs to have the same data type:选中该复选框时要求输入端口的信号数据类型要一致。仅对 Relational operator 下拉列表框中的前 6 个关系操作符有效,因为后 3 个

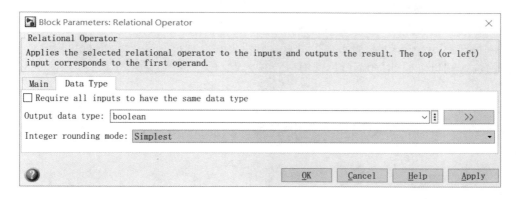

图 3-73 "Block Parameters：Relational Operator"-Data Type 选项卡

关系操作符仅一个输入端口。选择后 3 个关系操作符时该复选框将变为不可选中的形式。

Output data type：可以选择布尔型或者数据对象定义的数据类型作为此模块的输出信号数据类型。"Inherit：Logical"（见"Configuration Parameters：Optimization"）选项的存在是为了支持老版本模型，因为一些老版本中没有提供 boolean 数据类型，此时请选择此项进行数据类型优化。在 MATLAB 2021b 版本中推荐使用 boolean 作为此模块的输出。当然，如果此结果不是用于逻辑判断，而是用于计数或其他应用场合，则可以选用相应的数据类型。

Integer rounding mode：对定点数的取整方式。

关系操作符的应用实例请参考图 3-68。

3.2.7 Logical Operator 模块

Logical Operator 模块集合了常用逻辑操作功能，根据用户选择的逻辑关系的不同将显示一个或多个输入端口，而输出端口却总是一个。Logical Operator 模块的图标如图 3-74 所示。

图 3-74 Logical Operator 模块的图标

双击该模块，打开"Block Parameters：Logical Operator"对话框，该对话框中有 Main 和 Data Type 两个选项卡，Main 选项卡中包括 Operator、Number of input ports 和 Icon shape 三个参数，如图 3-75 所示。

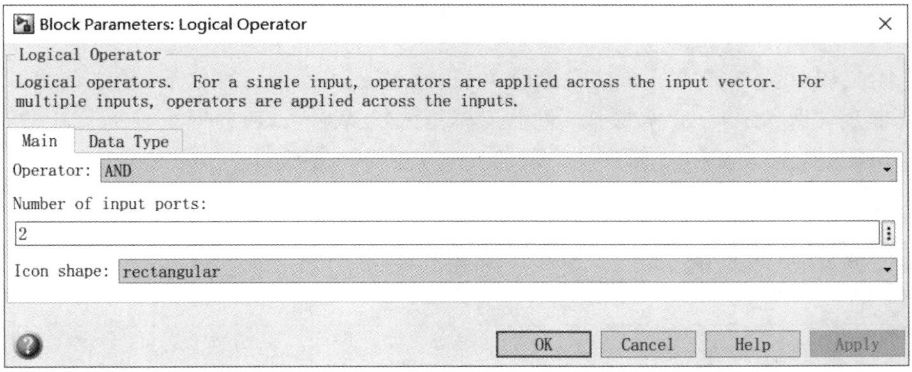

图 3-75 "Block Parameters：Logical Operator"-Main 选项卡

Operator：该下拉列表框中包括7种逻辑操作：AND(与)、OR(或)、NAND(与非)、NOR(或非)、XOR(异或)、NXOR(异或非)、NOT(非)，如图3-76所示。

Number of input ports：输入端口个数。对于上述7种逻辑操作，前6种可以由此选项输入期待的输入端口个数；对于NOT，只有一个输入端口。当将Operator设置为NOT时，此选项不可输入。

Icon Shape：用于选择模块图标的形状。当选择rectangular(矩形)时，模块形状不变，只是在框图中央显示当前所选择的逻辑操作；当选择为distinctive(不同)时，模块会以IEEE图像符号标准所规定的形式展现出来，具体如图3-77所示。

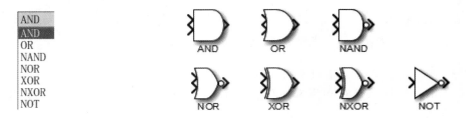

图3-76　Operator下拉列表框中的7种选项　　图3-77　7种逻辑操作符号在**distinctive**下的显示

"Block Parameters:Logical Operator"对话框中的另一个选项卡Data Type与"Block Parameters:Relational Operator"对话框中的完全相同，此处不再赘述。

有了Logical Operator模块，Simulink就可以进行数字门电路的逻辑仿真。比如通过非门和与非门共同构成异或运算电路，如图3-78所示。

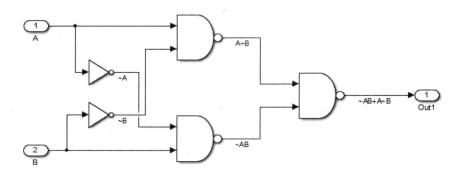

图3-78　由非门和与非门构成的异或模型

模型中A和B为0或1的布尔类型输入值，经过上述逻辑运算之后，最终输出到Out1的逻辑为A非B+非AB = A异或B。将上述模型的输入端A，B分别更换为0,1之后的4种全排列仿真结果如表3.2.1所列。

表3.2.1　异或数字逻辑模型仿真结果

输入A	输入B	输出Out1	输入A	输入B	输出Out1
0	0	0	1	0	1
0	1	1	1	1	0

3.2.8 Switch 模块

　　Switch 模块是一个选择开关模块,它能根据判断条件的成立与否选择多个输入端口中的某个进行输出。该模块具有三个输入端口和一个输出端口,模块的图标如图 3-79 所示。

　　模块的三个输入端口中,第一个和第三个输入端口为输出端口提供输出值,输出端口输出第一个输入端口的值还是第三个输入端口的值是根据第二个输入端口的值和条件关系共同决定的。Switch 模块的参数对话框("Block Parameters:Switch"对话框)中的条件关系选择对第二个输入端口进行条件判断,如果判断为真,则输出端口输出第一个输入端口的信号,否则输出第三个输入端口的信号。对第二个输入端口进行判断的条件关系有三种选择:

图 3-79　Switch 模块的图标

① 第二个输入端口的值大于或等于某个阈值;
② 第二个输入端口的值大于某个阈值;
③ 第二个输入端口的值不等于 0。

　　阈值(Threshold)也将在"Block Parameters:Switch"对话框中设置。当用户选择条件关系后,该判断条件会显示到模块图标上。"Block Parameters:Switch"对话框也包括 Main 和 Signal Attributes 选项卡,其中 Main 选项卡如图 3-80 所示。

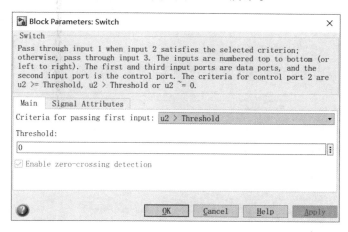

图 3-80　"Block Parameters:Switch"- Main 选项卡

Main 选项卡中有三个参数:
Criteria for passing first input:设置条件关系,用于对第二个输入端口进行判断。
Threshold:设置阈值。
Enable zero-crossing detection:是否使能过零检测。

　　例如,使用 Switch 模块仿真一个 sign 功能,即获取输入信号的正负号,那么可以设置 Criteria for passing first input 为"u2 >= threshold",并将 Threshold 设置为 0,模型建立如图 3-81 所示。

　　将输入/输出端口分别替换为正弦信号源模块和两个输入的 Scope 模块进行仿真验证,同时观察正弦波信号及其信号的正负性,模型及其仿真图像得到的结果如图 3-82 所示。

　　"Block Parameters:Switch"对话框中的 Signal Attributes 选项卡中的参数比"Block Parameters:Constant"对话框中的多了一些参数,具体如图 3-83 所示。

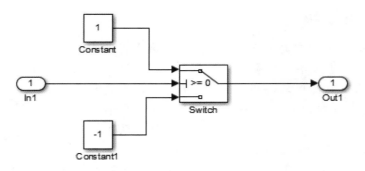

图 3-81　获取输入信号正负号的仿真模型

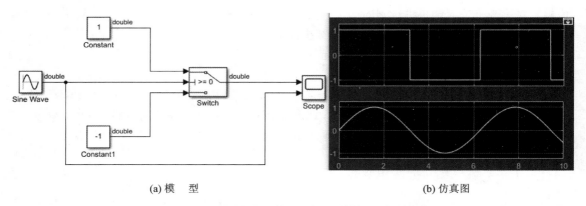

(a) 模　型　　　　　　　　　　　　　　　(b) 仿真图

图 3-82　对正弦信号判断正负号的模型及其仿真图

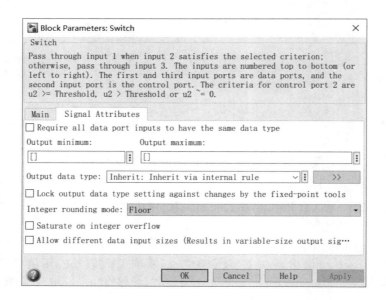

图 3-83　"Block Parameters:Switch"- Signal Attributes 选项卡

比"Block Parameters:Congtant"对话框中的 Signal Attributes 选项卡多出来的四个参数依次是 Require all data port inputs to have the same data type、Integer rounding mode、Saturate on integer overflow 和 Allow different data input sizes，其作用分别是要求所有数据端口

具有相同的数据类型,供用户选择定点数的四舍五入方式,数据超出上下界时是否保持上下界的值,以及是否允许输入信号的维数不同(输出信号的维数必须是可变的)。

Switch 模块能够解决很多读者朋友的一个问题,即分段函数仿真。多个 Switch 模块的级联使用能够对分段多的函数进行仿真,例如下面一个分段函数:

$$y = \begin{cases} 3, & 2 \leqslant t < 3 \\ 2, & 3 \leqslant t < 6 \\ 1, & t \geqslant 6 \\ 4, & 其他 \end{cases}$$

该分段函数的自变量是 t,它被 2,3,6 三个点分隔为四段区间,可以通过三个级联的 Switch 模块来实现它的建模。用于建模的 Switch 模块的第二个输入端口都要跟输入信号连接,全部选择大于或等于模式。6 是阈值中最大的一个值,可以直接决定 Switch 模块的第一个输入端口连接常数 1;2 是最小的阈值,可以直接决定 Switch 模块的第三个输入端口连接常数 4;大于或等于 3 小于 6 的分支由阈值为 3 的第一个输入端口跟阈值为 6 的第三个输出端口共同决定,常数 2 作为阈值为 3 的 Switch 模块的第一个输入端口;同理,大于或等于 2 小于 3 的部分,由常数 3 连接阈值为 2 的 Switch 模块的第一个输入端口,再将阈值为 2 的 Switch 模块的输出端口跟阈值为 3 的第三个输出端口连接构成。以 0:10 递增信号作为输入便于验证模型计算结果,分段函数的模型如图 3-84 所示。

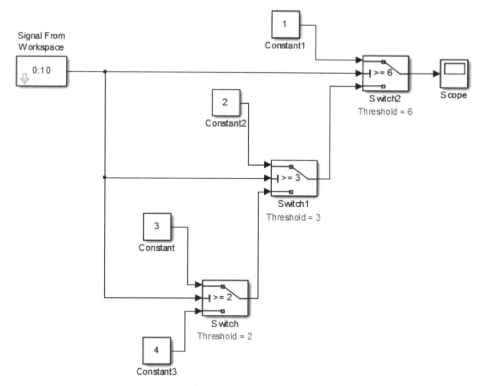

图 3-84 级联 Switch 模块对分段函数的建模

通过 Signal From Workspace 模块输入 0:10 信号,每个采样时刻输入信号递增一次,仿真结果如图 3-85 所示。

图 3-85 中的横轴表示输入数据 0:10,纵轴表示分段函数的输出值,能够完全反映分段

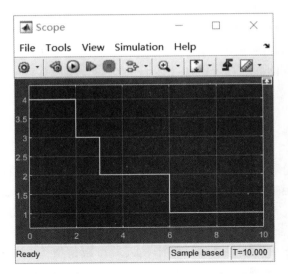

图 3-85 级联 Switch 模块对分段函数的仿真图

函数的 4 个分支情况。

除了 Commonly Used Blocks 之外,Simulink 还提供一个多端口 Switch 模块——Multiport Switch 模块,它跟 C 语言中的 switch-case 语句功能类似,根据输入端口的值进行判断,若跟某个分支的值相同,则输出该分支端口的输入值。其模块图标如图 3-86 所示。

Multiport Switch 模块默认有四个输入端口和一个输出端口。输入端口最上边的一个是判断信号输入端,除此之外的端口称为数据端口,可以通过该模块的参数对话框设定其个数。当判断信号为 1 时,输出标注为 1 的端口的输入;当判断信号为 2 时,输出标注为 2 的端口的输入,依次类推。最下方的输入端口标识 *.3 表示当第一个输入端口值为 1 或者其他值时,输出端口的值为该输入端口的值。

Multiport Switch 模块可以指定其端口标注是从 1 开始或从 0 开始,再结合端口个数,可以自动从这个端口的标注起点开始自动标注上连续整数,最后一个整数会加上"*."符号以兼容 otherwise 的情况。当选择 zero-based,设置 5 个输入端口时,模块图标如图 3-87 所示。

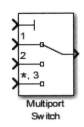

图 3-86 Multiport Switch 模块的图标

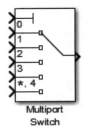

图 3-87 调整为 zero-based 的 5 个输入端口的 Multiport Switch 模块的图标

3.2.9 积分模块

3.2.9.1 Integrator 模块

Integrator 模块是 Simulink 中一个常用的典型连续模块,对输入信号进行连续时间积分。

Integrator 模块默认有一个输入端口和一个输出端口,输出端口的值是此模块输入端口的值在求解器对应的积分算法下计算得到的值。输入/输出端口的个数根据模块参数设置的不同会发生变化。Integrator 模块的图标如图 3-88 所示。

Simulink 将它视作一个带有一个连续状态变量的状态空间方程,方程形式如图 3-89 所示。

$$\begin{cases}\dot{x}(t)=u(t)\\y(t)=x(t)\end{cases}, \quad x(t_0)=x_0$$

图 3-88 Integrator 模块的图标　　　图 3-89 Integrator 模块的状态空间方程

在图 3-89 中,$u(t)$ 表示模块的输入,$x(t)$ 表示状态变量,$x(t_0)$ 表示仿真开始时刻的初始状态值,$y(t)$ 表示模型的输出。输出值是使用当前时刻的输入值和上一个时刻的状态值共同计算得到的。

利用 Simulink 计算积分时将根据 Configuration Parameters 对话框中选择的求解器类型和求解器方法的不同采用不同的数值积分算法,从而得到不同的数值精度。有关求解器请参考 6.1.1 小节的相关内容,读者可以根据不同的应用场景选择合适的解算方法。Integrator 模块的参数对话框("Block Parameters:Integrator"对话框)如图 3-90 所示。

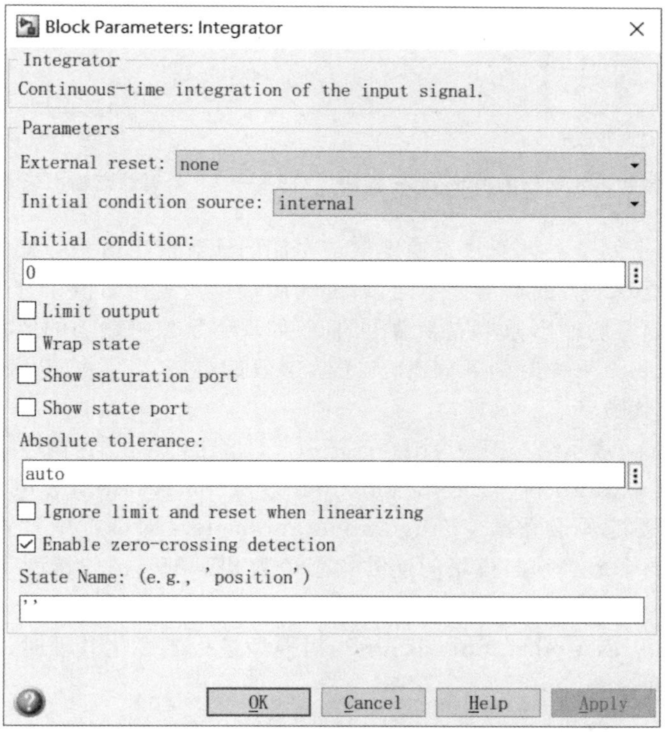

图 3-90 "Block Parameters:Integrator"对话框

"Block Parameters:Integrator"对话框中的参数较多,具体如下:

External reset:与"Block Parameters:Delay"对话框中的 External reset 参数一样,Integrator 模块增加一个输入端口,通过外部输入信号的电平或输入信号的脉冲上下边沿进行状态变量的复位。

Initial condition source：设置初始值的获取方式。其包括 internal（内部）和 external（外部）两种方式，选择 internal，则通过 Initial condition 设定积分器状态变量的初始值；选择 external，则在模块上增加一个输入端口，其名称为 x0，通过其连接的信号线的值获取初始值。

Initial condition：在 Initial condition source 设置为 internal 时才可编辑，用于设定模块的初始值。

Limit output：用于设置是否对输出值进行上下限的限定。若选中，则输出值不会超出 Upper saturation limit 与 Lower saturation limit 所限定的区间；若取消选中，则 Upper saturation limit 与 Lower saturation limit 均不可编辑，对输出值不进行约束。

Wrap state：用于设置是否启用状态绕回。若选中，则在 Wrapped state upper value 和 Wrapped state lower value 参数之间启用状态绕回。

Show saturation port：用于使能饱和输出端口。选中该复选框后，模块将增加一个输出端口，它将输出 1，0，−1 三种值来表示饱和（saturation）限定的使用状态。其中，1 表示输出值超出上限但被上限饱和值限制了，0 表示上下限均未到达，−1 表示输出超出下限但被下限饱和值限制了。选中该复选框的 Integrator 模块如图 3−91 所示。这时处于上方的输出端口是积分器的计算输出值，下方的输出端口是饱和限制标志的输出。

Show state port：用于使能状态输出端口。选中该复选框后，模块将增加一个输出端口，将状态变量的值从模块上方输出，此时模块如图 3−92 所示。

图 3−91　带有饱和限定输出的 Integrator 模块 　　图 3−92　带有状态输出的 Integrator 模块

一般情况下，这个处于上方的状态输出值与右侧的计算输出值是一样的。但是，当模块在当前采样时刻被复位时二者的输出值不同，右侧输出端口输出初始值，上方状态输出端口输出的值是此次采样时刻右侧输出原本应该输出的值（如果不复位将输出的值）。输出值是上一个采样时刻的状态量，每个采样时刻下输出，先于状态值的更新，如果输出信号直接反馈连接到触发信号，则会形成代数环。

Absolute tolerance：表示绝对误差容限。这是一个数值迭代终止的门限值，可以输入 auto、−1、其他数字或向量。其中，auto 和 −1 表示继承 Configuration Parameters 对话框中设置的绝对误差容限；具体一个数字则会覆盖 Configuration Parameters 对话框中设置的绝对误差容限；而输入向量时向量的个数必须与模块的连续状态个数相匹配。一般情况下，该参数无须用户调整。

Ignore limit and reset when linearizing：当对模型进行线性化处理时，通过该复选框决定是否忽略复位和饱和设置。

Enable zero-crossing detection：是否使能过零检测功能。对于 Integrator 模块，过零检测用于复位时以及进入或离开上下限区域时。

State Name：用于给状态量命名。

3.2.9.2　代数环

所谓代数环，是指模型的输出反馈到模块或子系统的某个输入端，如果是直接馈入，那么模块的输入和输出在同一个采样点内需要得到求解,但是二者又互相依赖,哪一方都不能得到求解,从而使求解器无法求解导致错误。图3-93展示了一个包含代数环的累乘模型。

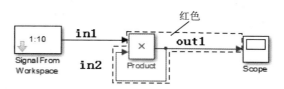

图3-93 乘法器输出反馈到输入导致的代数环

从定义上讲,由于Product模块的输入是直接馈入的,所以输出与输入之间直通,没有时间延时,当该输入信号需要由输出得到时,通常会出现代数环。简单地讲,代数环就是一个方程等号两边出现了同一个变量。例如,图3-93中表示的方程为out1=in1×in2,而in2=out1,所以模型方程实际上变为out1=in1×out1,这个方程从数学的角度得出的解有两种情况,out1不为0时,解为in1=1;out1为0时,输出则一直为0,但这明显与仿真模型希望求得的仿真结果相悖。

一旦Simulink遇到代数环,它将根据Configuration Parameters对话框中的诊断设定来执行动作,是警告或报错。如图3-94所示,在Configuration Parameters对话框中选择Diagnostics,当在右侧的Algebraic loop下拉列表框中选择none时,Simulink遇到代数环尝试继续求解,如无法求解则报错;当选择warning时,Simulink遇到代数环时报警,尝试求解无果时报错;当选择error时,Simulink遇到代数环时直接报错,并将代数环部分标红(见图3-93中虚线框中的内容)。为了明确代数环的存在,在本章之后的内容中,模型中的Algebraic loop均设置为error。读者也可以通过M代码在Command Window中实现该设置。

```
set_param(gcs,'AlgebraicLoopMsg', 'error');
```

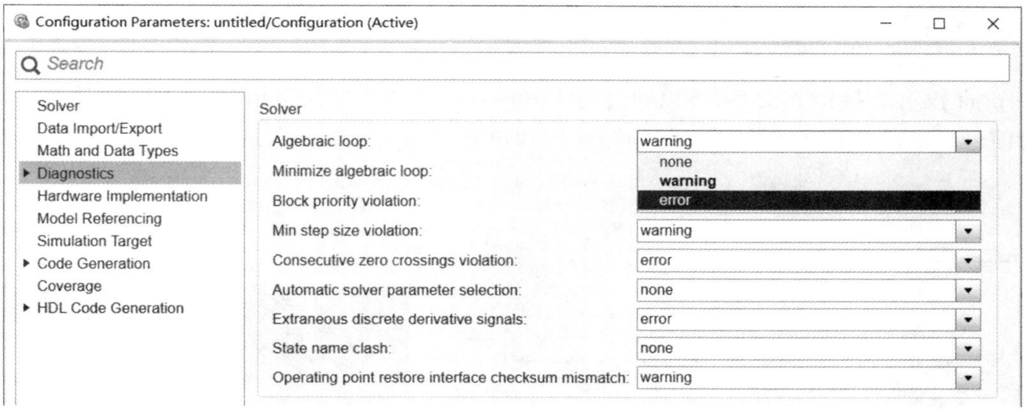

图3-94 Configuration Parameters对话框中关于代数环的设定

要实现累乘的模型,需要在out1反馈给in2的信号线上增加一个Delay模块以消除代数环,因为直接馈入是代数环出现的必要条件,增加Delay模块可以将反馈信号变为非直接馈入的信号。修改后的模型如图3-95所示。

了解了代数环原理之后,再来看利用Integrator模块的state port消除代数环的方法。使用积分器创建一个自清零积分器,使积分器对仿真时间进行积分,当积分结果达到2时产生下

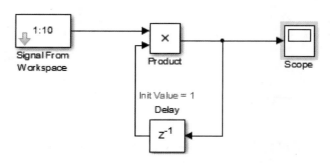

图 3-95 增加 Delay 模块以消除代数环

降沿信号(下降沿是指从非零值下降到 0,但是由于 2 变为 1 时,变化前后两个数字都是非零值,所以不触发复位)以复位积分器,建立模型如图 3-96 所示。

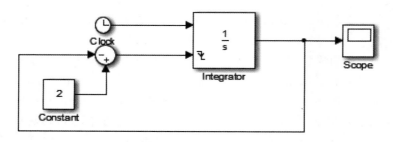

图 3-96 带有代数环的自清零积分器模型

仔细分析后即可发现,虽然积分器的积分值输入端口不是直接馈入的,但是复位信号端口是一个直接馈入的输入信号,它直接影响当前时刻的输出值,而复位信号又依赖于输出值的反馈,因此形成了代数环,一旦运行仿真,就会报出代数环错误。为了消除代数环,可以增加一个 Delay 模块来延时一个采样时刻。但是,对于 Integrator 模块,它提供了 state port,不仅可以输出此次采样时刻不复位情况下输出端口的输出,而且不受复位信号的控制,即复位信号与 state port 没有直接馈入关系,可以通过将 Integrator 模块反馈状态值赋给 Add 模块以输出下降沿信号。消除代数环的自清零积分器模型和仿真图如图 3-97 所示。

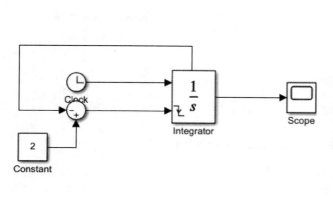

(a) 消除代数环的自清零积分器模型

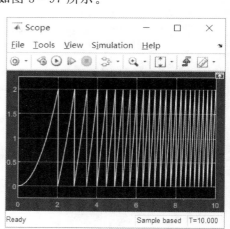

(b) 仿真图

图 3-97 消除代数环的自清零积分器模型及其仿真图

仿真正确进行，每次输出值达到2时，下一采样时刻就会复位到0重新开始积分，并且随着仿真时间的增长，积分值达到2所需要的时间越来越短。

Integrator 模块常用于求解微分方程，当模块输入为 y' 时，输出就是 y，且模块的初始值就是微分方程的初始值 $y(0)$。当微分方程中存在高阶微分量时（如二阶微分变量 y''），可以通过多个 Integrator 模块级联来求解。当首个模块的输入为 y''，输出为 y' 时，接入下一个 Integrator 模块后才能输出 y。通常微分方程的阶数是多少，建模时就使用多少个 Integrator 模块。例如，系统的微分方程为 $y''(t)+5y'(t)+6y(t)=2x'(t)+8x(t)$，输入信号为 $x(t)=e^{-t} \times u(t)$，输出的初始值为 $y(0-)=5, y'(0-)=-4$，试用 Simulink 建立模型求解系统的阶跃响应。

建模前将微分方程最高阶微分量留在等号左侧，其他项都移到等号右侧：$y''(t)=-5y'(t)-6y(t)+2x'(t)+8x(t)$，然后使用四则运算模块构建每一个加项，并最终用 Sum 模块求和以表示 $y''(t)$。对于 $x(t)=e^{-t} \times u(t)$，可以使用 fcn 模块调用 M 函数 exp 实现指数运算后，再与使用 Product 模块和 Step 模块产生的阶跃信号相乘。模型建立并仿真，其模型和仿真图如图 3-98 所示。

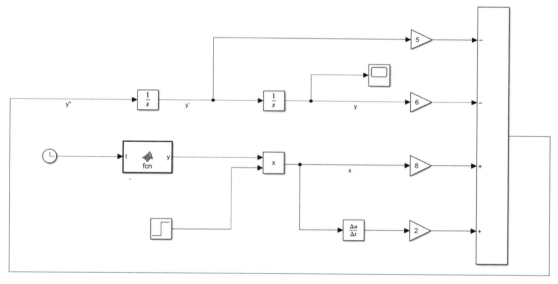

(a) 模　型

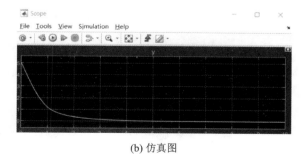

(b) 仿真图

图 3-98　$y''(t)+5y'(t)+6y(t)=2x'(t)+8x(t)$ 的模型和仿真图

仿真图像的波动情况不仅与微分方程的形式有关，还与初始值息息相关，读者可以通过两个 Integrator 模块相应对应框中的 Initial condition 改变输入 $y'(0)$ 和 $y(0)$ 的值来观察波形的变化。

3.2.9.3　Discrete-Time Integrator 模块

Integrator 模块是连续时间积分器模块，相对地，Commonly Used Blocks 里还提供了一个离散时间积分器模块——Discrete-Time Integrator 模块，它默认有一个输入端口和一个输出端口，主要实现离散时间的积分（使用累加计算近似）功能，模块图标如图 3-99 所示。

图 3-99　Discrete-Time Integrator 模块的图标

该模块的参数对话框（"Block Parameters:Discrete-Time Integrator"对话框）如图 3-100 所示，其包括 Main、Signal Attributes、State Attributes 三个选项卡，其中 Main 选项卡集中了 Discrete-Time Integrator 模块的主要功能参数。

Integrator method：提供了三种算法和两种工作模式供用户选择。其中，算法包括 Forward Euler、Backward Euler 和 Trapezoidal；而工作模式包括 Integration 和 Accumulation。［工作模式：算法］的组合共有 6 种，可在该下拉列表框中选择。

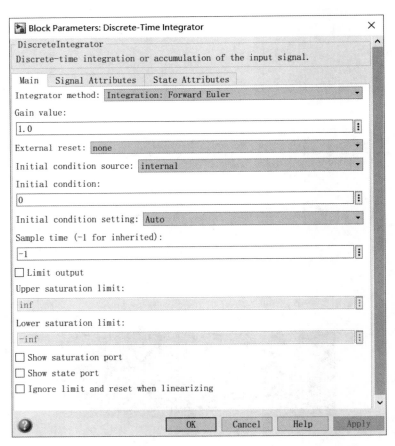

图 3-100　"Block Parameters:Discrete-Time Integrator"对话框

该模块的积分信号输入用 u 表示，输出用 y 表示，状态量用 x 表示。在某一个采样时刻的计算过程中,此模块会更新 $y(n)$ 和 $x(n+1)$,这一点与 Integrator 模块一致,同一个时刻状态变量的更新优先于输出值。在 Integration 工作模式下 Ts 表示采样时间间隔,而在 Accumulation 工作模式下 Ts 被固定为 1,这是两种工作模式的区别,即累加的频度不同。K 表示输入信号的增益值。K 和 Ts 正如图 3-99 所示的那样,在离散时间积分计算过程中都作为输入信号的乘法因子。此参数默认选择的算法是 Forward Euler,它使用 $Ts(z-1)$ 来近似计算积分算子 $1/s$。此算法输出信号 y 的离散差分公式为:$y(n)=y(n-1)+K\times Ts\times u(n-1)$,由于 $y(n)=x(n+1)$,$y(n-1)=x(n)$,所以离散状态变量 x 的差分公式为:$x(n+1)=x(n)+K\times Ts\times u(n)$,其每个采样时刻的计算过程可以表述如下:

初始化(step 0):$y(0)=x(0)=$ 模块初始值,$x(1)=y(0)+K\times Ts\times u(0)$。

第 1 步(step 1):$y(1)=x(1),x(2)=y(1)+K\times Ts\times u(1)$。

⋮

第 n 步(step n):$y(n)=x(n),x(n+1)=x(n)+K\times Ts\times u(n)$。

通过差分递推表达式可知,输入信号并非直接馈入,输入信号与输出信号之间存在延时。Backward Euler 算法的递推公式是:$y(n)=y(n-1)+K\times Ts\times u(n)$,令 $x(n)=y(n-1)$,那么其每个采样点的计算过程可以表述如下:

初始化(step 0):$y(0)=x(0)=$ 模块初始值,$x(1)=y(0)=K\times Ts\times u(0)$。

第 1 步(step 1):$y(1)=x(1)+K\times Ts\times u(1),x(2)=y(1)$。

⋮

第 n 步(step n):$y(n)=x(n)+K\times Ts\times u(n),x(n+1)=y(n)$。

由上述推导可知,使用 Backward Euler 算法进行基于离散时间的累加计算时,输入信号是直接馈入的。

Trapezoidal 方法即梯形法,在这个算法中,积分算子 $1/s$ 通过 $Ts/2\times(z+1)/(z-1)$ 近似计算,其迭代公式为 $x(n)=y(n-1)+K\times Ts/2\times u(n-1)$ 和 $y(n)=x(n)+K\times Ts/2\times u(n)$,这里的 $x(n)$ 是输出值的近似值,并不等于输出值,即 $y(n)\neq x(n)$。那么其在每个采样点的迭代过程可以表述如下:

初始化(step 0):$y(0)=x(0)=$ 模块初始值,$x(1)=y(0)+K\times Ts/2\times u(0)$。

第 1 步(step 1):$y(1)=x(1)+K\times Ts/2\times u(1),x(2)=y(1)+K\times Ts/2\times u(1)$。

⋮

第 n 步(step n):$y(n)=x(n)+K\times Ts/2\times u(n),x(n+1)=y(n)+K\times Ts/2\times u(n)$。

使用此种算法时,输入端口是直接馈入的。

Gain value:默认值为 1.0,它的作用等效于在输入信号上追加一个 Gain 模块,Gain 模块的增益值即为此值。

External reset:选择触发复位的信号类型,包括 none、rising、falling、either、level 和 sampled level 六个选项。除了 none 以外,其他选项都会使模块增加一个输入端口来连接外部复位信号,且该信号的输入端口是直接馈入的。none 以外的五种复位信号示意图如图 3-101~图 3-105 所示,其中 No Integration 表示复位触发后输出值变为初始值。

这里举例说明 sampled level 方式。离散时间积分器的积分信号输入为常数 1,系统求解器设置为固定步长 1 s,复位信号使用周期为 6、占空比为 50% 的方波信号。仿真后,只有在方波信号为 0 时的采样时刻才进行离散积分运算。仿真图如图 3-106 所示。

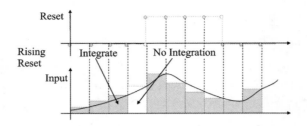

图 3-101 在上升沿所在采样时刻复位状态变量

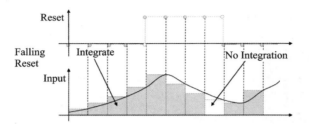

图 3-102 在下降沿所在采样时刻复位状态变量

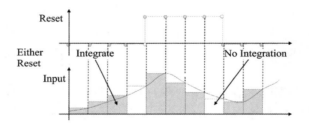

图 3-103 在上升沿和下降沿所在采样时刻复位状态变量

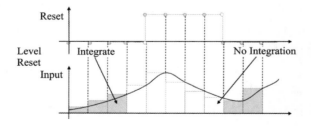

图 3-104 Reset 信号非零时复位并保持初始值直到复位信号回复到零

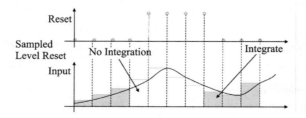

图 3-105 Reset 信号非零时积分器复位

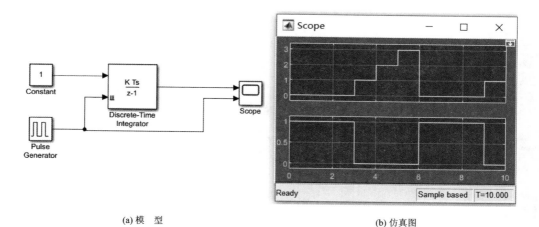

(a) 模　型　　　　　　　　　　　　　　　(b) 仿真图

图 3-106　选择 sampled level 方式的离散时间积分器模型及其仿真图

　　Initial condition source：初始值的设定选择内部或外部(internal/external)来实现。选择 internal 时，通过参数 Initial condition 设定积分器状态变量初始值；选择 external 时，将在模块上增加一个输入端口，其名称为 x0，将其连接的信号线的值作为初始值。

　　Initial condition：在 Initial condition source 设置为 internal 时才可编辑。

　　Initial condition setting：该下拉列表框提供了三个选项，即 Auto、Output 和 Compatibility，选择是将模块的状态变量设置为初始值还是将模块的输出值设置为初始值。在 Integrator method 设置为积分方法的前提下，当选择 Auto 时，如果模块位于非触发子系统中，则将模块的状态变量设置为初始值；如果模块位于触发子系统或函数调用子系统中，则将模块的输出设置为初始值。当选择 Output 时，如果模块位于触发子系统或函数调用子系统中，则将模块的输出设置为初始值。Compatibility 选项是为了兼容 R2014a 之前的版本，如果 Underspecified initialization detection 设置为 Classic，则相当于将 Initial condition setting 设置为 Auto；如果 Underspecified initialization detection 设置为 Simplified，则相当于将 Initial condition setting 设置为 Output。

　　Sample time：设置模块的采样时间。

　　Limit output：设置是否对输出值进行上下限限定。若选中，则输出值不会超出 Upper saturation limit 和 Lower saturation limit 所限定的取值区间；若取消选中，则 Upper saturation limit 和 Lower saturation limit 均不可编辑。

　　Upper saturation limit/Lower saturation limit：在 Limit output 复选框被选中时才可用，用来设定输出值的上下限。

　　Show saturation port：设置使能饱和输出端口。选中该复选框后，模块将增加一个输出端口，它将输出 1，0，−1 三种值来表示饱和限定的使用状态。其中，1 表示输出值超出上限但被上限饱和值限制住，0 表示上下限均未到达，−1 表示输出超出下限但被下限饱和限制住。选中该复选框的 Discrete-Time Integrator 模块的图标如图 3-107 所示。

　　Show state port：设置使能状态输出端口。选中该复选框后，模块将增加一个输出端口，将状态变量的值从模块上方输出，如图 3-108 所示。

　　状态输出端口与输出端口的信号产生时间是不同的，它主要用来在以下情况中代替输出信号使用：

　　当输出信号需要反馈到外部初始值信号输入端口或复位信号输入端口时，由于这两个输入端口均为直接馈入，使用输出信号反馈会形成代数环(见图 3-109)，所以此时使用状态输出端口反馈。

图 3-107　开启了饱和输出端口
的 Discrete-Time Integrator 模块的图标 
　　图 3-108　开启了状态输出端口
的 Discrete-Time Integrator 模块的图标

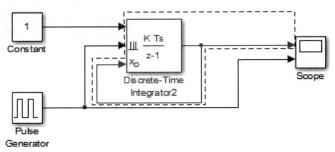

图 3-109　输出端口的信号反馈到外部初始值信号输入端口的
Discrete-Time Integrator 模块构成的模型(形成代数环)

　　图中模型的本意是创建一个即使被 level 类型信号复位也能够保持积分值不清零的积分器模型,每个采样时刻将输出值保存到 x0,作为下一个采样时刻的初始状态值。虚线框中的部分由于外部输入初始值端口是直接馈入的,所以与输出端口反馈构成了代数环。此时可以采用状态输出端口反馈代替输出信号反馈,再进行仿真。可以看出,即使复位信号为高电平,输出值仍可以以状态初始值 x0 为基础继续积分,状态初始值 x0 记录了被复位的状态值,即使执行了复位操作,下一步计算的初始值仍然是上一个步长的状态值,从而使积分值持续上升,如图 3-110 所示。

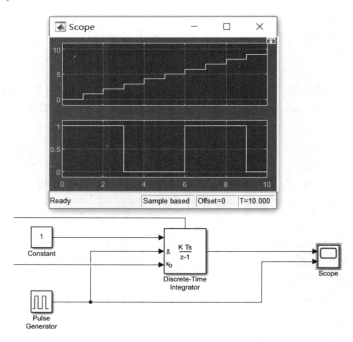

图 3-110　状态输出端口的信号反馈到外部初始值信号输入端口的 Discrete-Time Integrator 模块构成的模型

Ignore limit and reset when linearizing：当对模型进行线性化处理时，通过该复选框决定是否忽略复位和饱和设置。

Signal Attributes 选项卡中的参数是 Sum 模块对应对话框中的 Signal Attributes 选项卡中参数的一个子集，相应参数的功能可以参考 sum 模块，此处不再重复说明。

State Attributes 选项卡中的参数与 Delay 模块对应对话框中的 State Attributes 选项卡中的参数一致，此处不再重复说明。

3.2.10 Saturation 模块

上述模块中包括对输出值的上下限限定，当输出值大于上限值时，数值限定在上限值输出；当输出值小于下限值时，数值限定在下限值输出；当输出值在上下限值之间时，保持原输出。Commonly Used Blocks 提供了一个模块来完成这样的工作，该模块名为 Saturation，默认包含一个输入端口和一个输出端口，模块图标上绘制着上下限受到约束保持上下限值的图像，如图 3-111 所示。

图 3-111 Saturation 模块的图标

该模块对输入信号进行限幅之后再输出。双击该模块图标打开"Block Parameters：Saturation"对话框，其包含两个选项卡，即 Main 和 Signal Attributes，如图 3-112 所示。

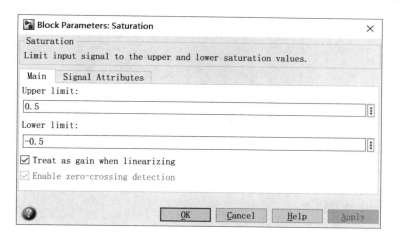

图 3-112 "Block Parameters：Saturation"对话框

Upper limit/Lower limit：分别用于输入上下限值的文本框。注意，上限值一定要大于或等于下限值，否则在单击 OK 和 Apply 按钮时会报错，如图 3-113 所示。

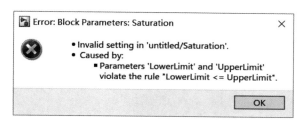

图 3-113 上下限值大小关系不符时报错

Treat as gain when linearizing：设置在线性化时是否将 Saturation 模块作为增益为 1 的直通模块进行处理的复选框。

Enable zero-crossing detection：设置是否使能过零检测功能的复选框。

Saturation 模块的应用实例：正弦波信号的半波整流。半波整流利用二极管单向导通特性，在输入为标准正弦波的情况下，输出获得正弦波的正半部分，负半部分则损失掉。在"Block Parameters：Saturation"对话框中的 Main 选项卡中将 Lower limit 设置为 0，这样当输入的波形小于 0 时按照限幅下限 0 进行输出，上限则无须限定。当输入表示无穷大的 inf 时，不进行上限限幅。正弦波信号的半波整流模型及其仿真图如图 3－114 所示。

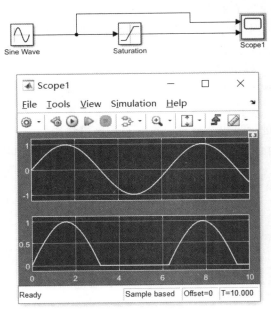

图 3－114　由 Saturation 模块构成的正弦波信号的半波整流模型及其仿真图

3.2.11　Ground 模块

图 3－115　Ground 模块的图标

Ground 模块是将输入端口接地的模块，避免仿真时出现输入端口未连接的警告。它有一个输出端口，输出值为 0。模型图标如图 3－115 所示。

此模块没有参数，其参数对话框中只是对功能进行了说明，如图 3－116 所示。

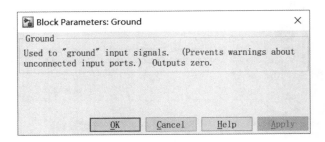

图 3－116　"Block Parameters：Ground"对话框

Ground 模块输出的信号数据类型是继承性的,可由其所连接的下游端口的数据类型决定,如图 3-117 所示。由于 Constant 模块输出的数据类型为 uint8,通过信号传递,Sum 模块也继承了这个数据类型。Sum 模块一般认为两个输入端口使用同样的数据类型,所以 Ground 模块的信号就自动变成了 uint8 类型。Constant 模块输出端口数据类型的设置如图 3-117 所示。

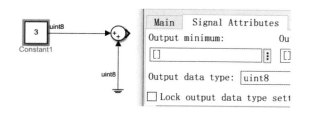

图 3-117 Ground 模块输出的信号数据类型由所连接的不游端口决定

3.2.12 Terminator 模块

当模型中的某个层次中有的输出端口不连接任何其他模块时仿真会报警:

`Warning: Output port 1 of 'untitled/In1' is not connected.`

如果将这些未连接的模块连接 Terminator 模块,那么警告将被消除。Terminator 模块就是用来接收未使用的输出信号的,它只有一个输入端口,模块图标如图 3-118 所示。

此模块没有可调参数,其参数对话框中只是对模块功能进行了说明,如图 3-119 所示。

图 3-118 Terminator 模块的图标

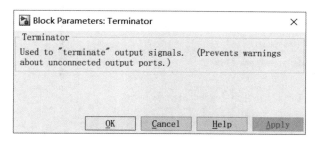

图 3-119 "Block Parameters:Terminator"对话框

Terminator 模块可以接受任何 Simulink 支持的数据类型,如实数、复数以及定点数据类型。

3.2.13 信号合并与分解模块

Simulink 的信号线可以通过信号合并模块 Mux 组成多维信号线,也就是说,两个传递尺寸为 1×1 数据的信号线通过 Mux 模块合并之后,可以变为传递尺寸为 2×1 数据的信号线。Mux 模块默认有两个输入端口和一个输出端口,如图 3-120 所示。

图 3-120 Mux 模块的图标

将两条信号线合并为一条的模型,可以通过选择 DEBUG→Information Overlays→Signal Dimensions 菜单项显示信号线的维数,维数即每个采样时刻传输的数据维数,如图 3-121 所示。

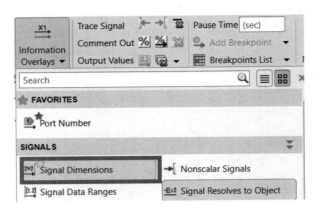

图 3-121 利用模型工具栏显示信号线的维数

合并之后的信号线上将会显示出维数(非一维时显示维数),如图 3-122 所示。

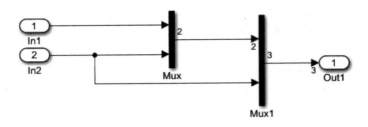

图 3-122 多维信号线上显示维数

Mux 模块的参数对话框("Block Parameters:Mux"对话框)如图 3-123 所示,其包含两个参数,如下:

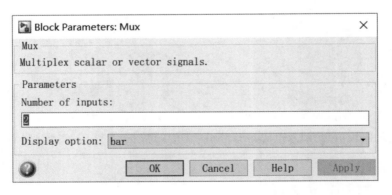

图 3-123 "Block Parameters:Mux"对话框

Number of inputs:编辑输入端口的个数。

Display option:设置 Mux 模块的图标显示类型,除了默认值 bar 以外,还有 none 和 signals 两种,三种类型的模块图标如图 3-124 所示。

Mux 模块是一个虚拟模块,虽然视觉上将多条信号线合并为一条信号线,但实际上并没有改变其内部数据结构,只是视觉上看起来线的条数减少了并可以统一管理。这就与将办公室里连接到每一台终端的网线使用胶带捆绑起来之后统一走线一样,每根线仍然保持自己的独立性。Mux模块输出的向量信号是虚拟的,它在仿真和代码生成时与不使用Mux模块时没有区别。在仿真模型中,往往可以使用Mux模块将多个信号汇聚之后显示到同一个Scope模块的同一个坐标轴中,这样Scope模块就不需要提供多个输入端口了。图3-125所示的模型中使用Mux模块将二阶导数、一阶导数和y本身的信号线合并为一条信号线,然后再接到Scope模块中。

图3-124　**Mux模块的三种显示类型**

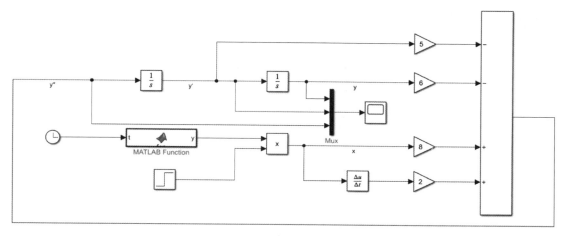

图3-125　Mux模块将二阶导数、一阶导数和y本身的信号线合并为一条信号线

运行仿真之后,二阶导数、一阶导数和y本身的图像显示到同一个坐标轴上,如图3-126所示。

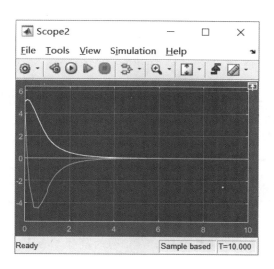

图3-126　二阶导数、一阶导数和y本身的图像显示在同一个坐标轴上

Mux模块的各个输入端口信号是按照一定顺序排布的,根据Mux模块摆放位置的不同,信号线的顺序分别是从上到下,从左到右。

相对于用于合并的Mux模块,Demux模块能将多维信号分解为单维或维数较少的多维信号。它默认有一个输入端口和两个输出端口,其中输出端口的个数可以由用户设定。Demux模块的默认图标如图3-127所示。该模块正好用于Mux模块或某些模块输出的多维信号,如图3-128所示。

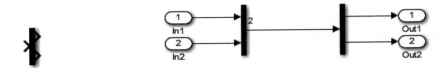

图 3-127　Demux 模块的默认图标　　图 3-128　Mux 模块与 Demux 模块分别合并及分解信号

Demux模块的参数对话框("Block Parameters:Demux"对话框)如图3-129所示。

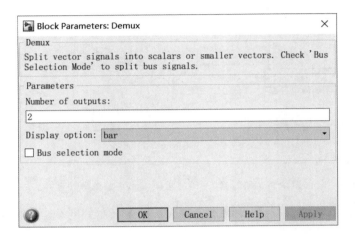

图 3-129　"Block Parameters:Demux"对话框

Number of outputs:输出端口的个数,不能多于Demux模块所接收的输入信号的个数。

Display option:与Mux模块相比少了signal显示类型。显示方式有两种,如图3-130所示。

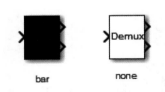

图 3-130　Demux 模块的两种显示方式

Bus selection mode:使能Bus选择模式以支持从Bus信号中抽取分离信号。Bus Creator模块创建了Bus信号之后,可以使用使能了Bus selection mode的Demux模块进行信号分离,但是分离的数量必须遵从Bus Creator模块创建信号时的总数量,如图3-131所示,将原始的三个Bus信号分离出来。

使能了Bus selection mode的Demux模块进行信号分离时,不一定必须按照原有的Bus信号个数进行分离,只要Demux模块分解Bus信号时确保Bus各个成员信号的完整性,就可以不必与原来成员的个数一致。也就是说,Demux模块输出信号的个数可以小于或等于Bus的成员个数。

为了在Demux模块的Number of outputs中使能输入cell类型的功能,必须选中Bus selection mode复选框。图3-131中Demux模块接收9维数据,通过输入元胞数组{5,{3,1}}将9维数组分为两组输出。第二组可以再次通过Demux模块进行分拆,如图3-132所示。

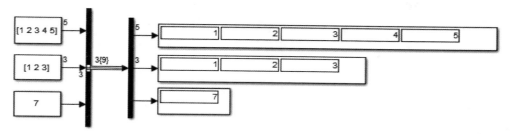

图 3-131　Demux 模块在 Bus selection mode 下分离 Bus 信号

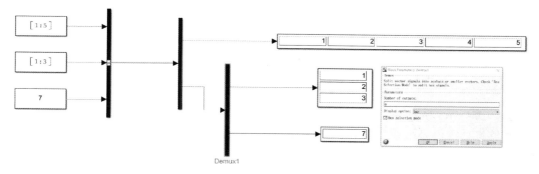

图 3-132　Demux 模块在 Bus selection mode 下以 cell 数组方式指定的维数分离 Bus 信号

注：Cell 类型称为元胞类型，是 MATLAB 中提供的一种特殊数据类型。MATLAB 中使用 {} 容纳元胞类型的元素，元胞类型类似一个超级数组，可以支持每个元素具备不同的数据类型，如"cell_var = {1,2 'str'};"；元胞数组可以支持嵌套，如"cell_var = {1,2,{3,5}};"；在访问元胞数组的元素时，使用小括号()访问元素则返回元胞类型，使用花括号{}访问元素返回的数据类型就是元胞内部的数据类型，如"cell_var(1)"返回{[1]}，"cell_var{1}"返回 1。

3 个 Bus 信号共 9 维数据，按照 {5,{3,1}} 分离为两个信号，第一个输出端口输出 5 维，第二个输出端口输出 4 维(3 维和 1 维的 Bus 信号合并输出)。第二个维数为 4 的分支可以再次分解为维数为 3 和维数为 1 的两个 Bus 信号。分解必须遵从原 Bus 信号的维数。如果分解时没有遵从原来 Bus 信号的维数进行设置，那么仿真时会报错，如图 3-133 所示。

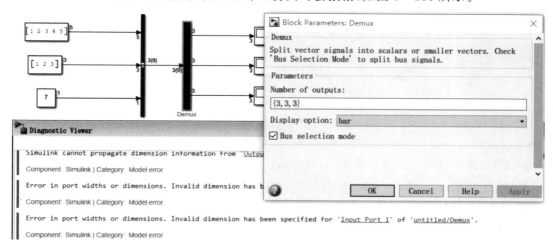

图 3-133　Demux 模块尝试将 {5,{3,1}} 的信号按照 {3,3,3} 来分解时报错

3.2.14 Bus Creator 模块和 Bus Selector 模块

Bus Creator 模块将输入的一系列信号合并为一个总线，默认有两个输入端口和一个输出端口，如图 3-134 所示。

Bus Creator 模块的图标与 Mux 模块的类似，功能也类似，可以由用户指定其输入端口的个数，但是 Bus Creator 模块输出端口的信号线会以总线的形式显示出来，这一点与输出保持不变的 Mux 模块相比是不同的，如图 3-135 所示。

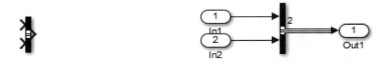

图 3-134　Bus Creator 模块的图标　　图 3-135　Bus Creator 模块的输出信号线以总线形式显示

另外，Bus Creator 模块可以作为虚拟模块使用，也可以设置为非虚拟模块。作为非虚拟模块时，它能够将总线信号生成 C 代码的结构体。Bus Creator 模块的参数对话框（"Block Parameters：Bus Creator"对话框）如图 3-136 所示。

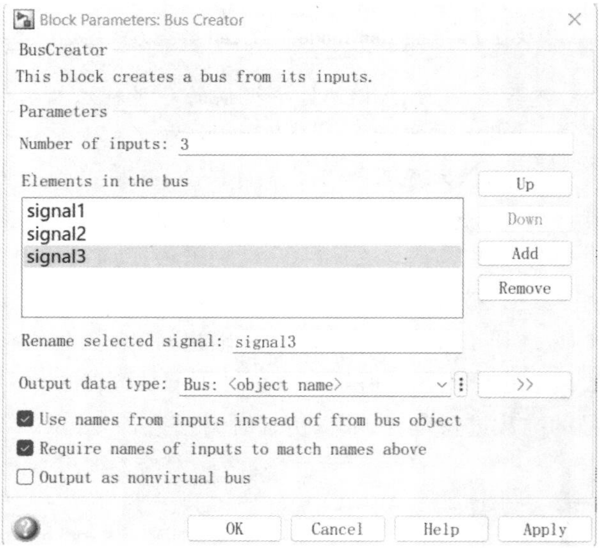

图 3-136　"Block Parameters：Bus Creator"对话框

Number of inputs：设置输入信号的个数。

Elements in the bus：通过一个列表框显示输出的 Bus 信号中已经存在的成员信号。列表框中信号的上下顺序对应于模块输入端口的信号名顺序且可通过右侧的 Up、Down、Remove 等按钮来调整各个信号的排列顺序以及进行删除操作。

Require names of inputs to match names above：需要在列表框中选中信号，此时会在界面上多出一个以此信号名命名的文本框，用户可以在该文本框中编辑信号的名字。

Output data type：规定输出信号的数据类型，共有三个选项，即"Inherit：auto""Bus：<object name>""<data type expression>"。如果希望输出一个虚拟 Bus 信号，则选择"Inherit:auto"或"Bus:<object name>";如果希望输出一个非虚拟 Bus 信号,则在选择"Bus:<object name>"的同时还要选中 Output as nonvirtual bus 复选框。

通过 Bus Creator 模块构成的 Bus 信号中各个信号的采样时间必须一致,并且 Bus 信号作为非虚拟信号时必须在 Base Workspace 里创建包含非空成员的 Bus 对象,将 Output data type 设置为"Bus:<object name>",并将 object name 替换为该 Bus 对象的名字之后,才能成功地配置 Bus Creator 模块。通过下面的 M 代码可以创建 Bus 对象,并为 Bus 对象添加成员:

```
a = Simulink.Bus                    % 创建 Bus 对象
a.DataScope = 'Exported';           % 生成代码时数据变量定义由模型负责
a1 = Simulink.BusElement;           % 创建 Bus 成员变量
a2 = Simulink.BusElement;
a1.Name = 'a1';                     % Bus 成员变量名称必须唯一,不可相同
a2.Name = 'a2';                     % Name 属性用于生成 C 结构体的成员名
a.Elements = [a1,a2];               % 将成员添加到 Bus 对象的 Elements 属性中
```

建立如图 3-137 所示的模型,为了生成嵌入式用 C 代码,将其系统文件设置为 ert.tlc,求解器选择固定步长以生成代码,并取消模型的 data logging(data logging 功能详述参见 6.2 节)相关的选项,因为对于 a 这个自定义 Bus 信号,Simulink 不支持记录仿真过程数据的功能。

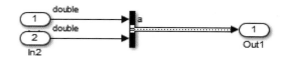

图 3-137 Bus Creator 模块输出非虚拟 Bus 信号 a

按下 Ctrl+B 快捷键启动模型代码生成,在得到的代码文件中存在一个 a.h 文件,其内容如图 3-138 所示。

相对于 Bus Creator 模块,Bus Selector 模块则是从总线中选出某一个或一组成员的模块,这个总线信号可以来自 Bus Creator 模块、Bus Selector 模块或其他输出 Bus object 的模块。Bus Selector 模块的输入信号必须是 Bus 信号。该模块默认有一个输入端口和两个输出端口,模块图标如图 3-139 所示。

```
#ifndef RTW_HEADER_a_h_
#define RTW_HEADER_a_h_
#include "rtwtypes.h"

typedef struct {
    real_T a1;
    real_T a2;
} a;

#endif
```

图 3-138 Bus 对象 a 生成的结构体定义　　　图 3-139 Bus Selector 模块的图标

此模块的参数对话框("Block Parameters:Bus Selector"对话框)主要由一个文本框(用于搜索)、两个列表框(用于选择)、一个复选框(用于设置是否虚拟总线)以及数个按钮构成,如图 3-140 所示。

左侧的列表框中显示输入的 Bus 信号中包含的成员信号名,使用 Select 按钮选择希望输

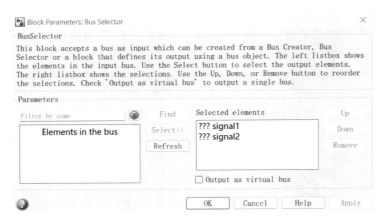

图 3-140 "Block Parameters: Bus Selector"对话框

出的信号名。通过右侧的 Up、Down、Remove 按钮调整各个信号的排列顺序以及进行删除操作，同一个信号可以被多次选择到 Selected elements 列表框中。输出端口的个数由 Selected elements 列表框中信号的个数决定，当选中 Output as virtual bus 复选框时，输出端口变为一个 Bus 信号。

3.2.15　Vector Concatenate 模块

Vector Concatenate 模块是将多个输入信号组合成一个非虚拟输出信号，该输出信号的各个元素存储在内存中的连续单元。此模块默认有两个输入端口和一个输出端口，根据选择模式[Vector(向量)模式或 Multidimensional array(矩阵)模式]的不同和模块尺寸大小的不同，模块图标上绘制的图案也有所不同。第一行的两个模块通过鼠标拖曳扩大后分别变为第二行竖直对应的模块，如图 3-141 所示。

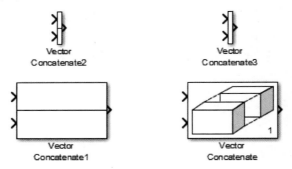

图 3-141　Vector Concatenate 模块的图标

此模块的参数对话框("Block Parameters: Vector Concatenate"对话框)提供的参数根据工作模式(Mode)的选择会有变化。Vector 模式下仅有两个参数：Number of inputs(输入端口的个数)及 Mode(模式选择)，如图 3-142 所示。

Vector 模式下，该模块的使用方法类似 Mux 模块，使用时需注意不同朝向下模块输入端口的排序是从左到右，从上到下。Multidimensional array 模式下则多出一个参数 Concatenate dimension，如图 3-143 所示。

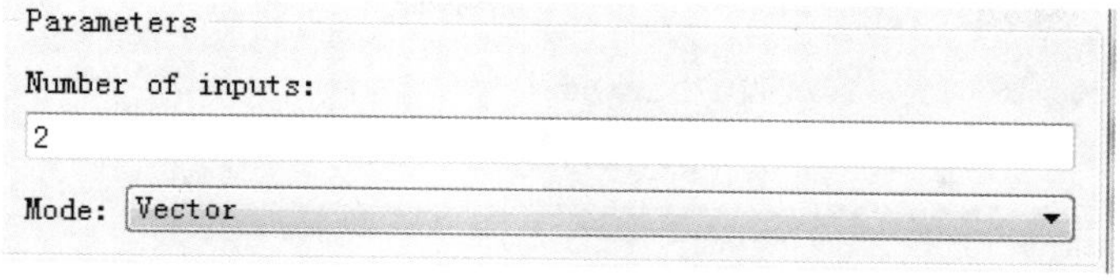

图 3-142　Vector 模式下的"Block Parameters:Vector Concatenate"对话框

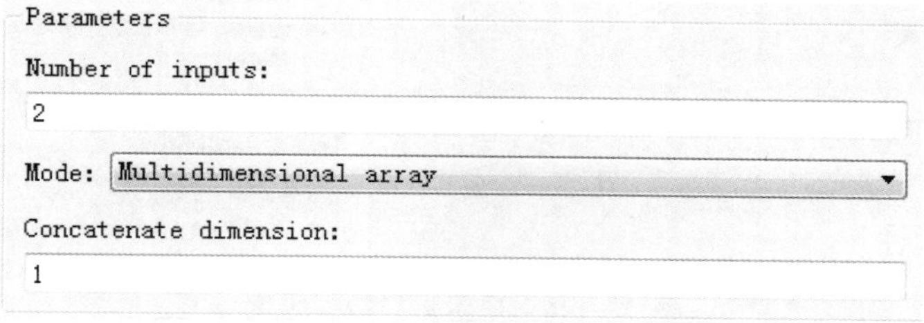

图 3-143　Multidimensional array 模式下的"Block Parameters:Vector Concatenate"对话框

Concatenate dimension：设置合并矩阵所用的维数。1 表示输入矩阵列数相同，按照竖直方向合并；2 表示输入矩阵行数相同，按照水平方向合并。

图 3-144 展示了两个同型矩阵在竖直方向上的合并来实现，图 3-145 展示了两个同型矩阵在水平方向上的合并。

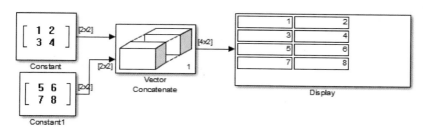

图 3-144　矩阵在竖直方向上合并

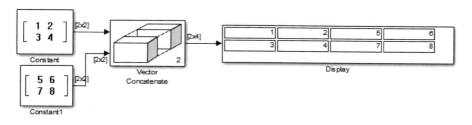

图 3-145　矩阵在水平方向上合并

如果读者希望在模型中的模块间连线上显示端口的数据维度，则可以右击模型空白处，在弹出的快捷菜单中选择"其他显示"→"信号和端口"→"信号维度"来实现，如图 3-146 所示。

3.2.16　Data Type Conversion 模块

Simulink 支持多种数据类型，包括浮点数、定点数和枚举型数据，当前一个模块的输出信号与后面连接模块的输入端口支持的数据类型不一致时，Simulink 会报错。这时可以使用数据类型转换模块 Data Type Conversion 进行数据转换以使模型能够顺利通过仿真或进行代码

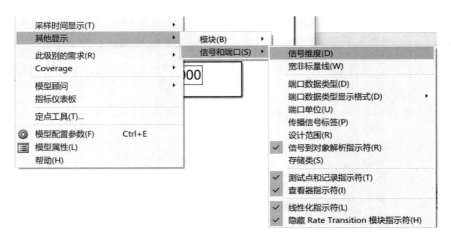

图 3-146 显示端口数据维度

图 3-147 Data Type Conversion 模块的图标

生成。Data Type Conversion 模块拥有一个输入端口和一个输出端口,其图标如图 3-147 所示。

此模块的参数对话框("Block Parameters: Data Type Conversion"对话框)与"Block Parameters: Switch"对话框中的 Signal Attributes 选项卡很相似,如图 3-148 所示。

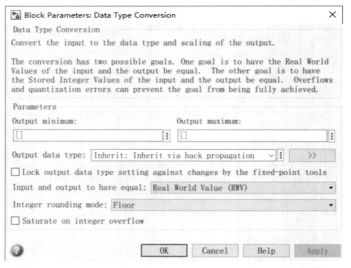

图 3-148 "Block Parameters: Data Type Conversion"对话框

Input and output to have equal:这是 Data Type Conversion 模块独有的参数,当输入数据是定点数据类型时用于选择模块处理的方式。该下拉列表框中包括两个选项,即 Real World Value(RWV)和 Stored Integer(SI),分别表示实际值与存储值,模块会按照所选择的数值进行等值数据转换。例如,在设置 Input and output to have equal 为"Real World Value (RWV)"的情况下将 double 型的 pi 转换为 int8 型必然会产生误差,因为 int8 型只保留整数部分,结果为 3,如图 3-149 所示。

实数 -2.75 以定点数据类型 fixdt(1,8,3) 表示的值是 11101010,这里 -2.75 就是真实值

第 3 章　Simulink 模块

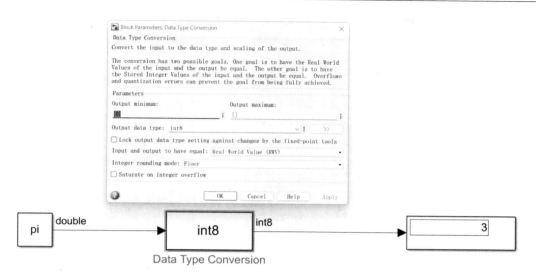

图 3-149　在 Real World Value(RWV)模式下进行 double 型到 int8 型的数据转换

(RWV),二进制数就是存储整数(SI)。当以 SI 值相等为目标,将 fixdt(1,8,3)转换为 fixdt(1,16,8)时,直接在有符号 8 位二进制前补 8 个 1 以保证数据位达到 16 位,并且二进制数值(即 SI 值)不变,如图 3-150 所示。

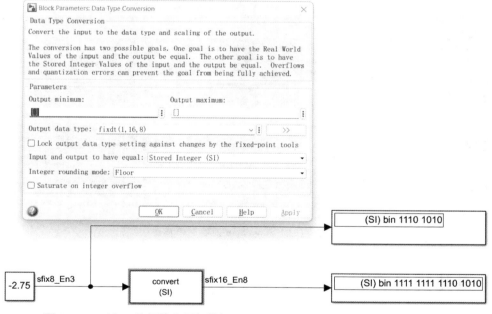

图 3-150　以 SI 值相等为目标进行 fixdt(1,8,3)到 fixdt(1,16,8)的数据转换

3.2.17　Subsystem 模块

子系统(Subsystem)就是将一些基本模块(一般包括端口)及其信号连线组合为一个大的模块,屏蔽内部结构对当前层的可见性,仅仅将输入/输出端口表现在外。利用子系统创建模型有如下优点:

① 减少了模型窗口中显示当前层次模型的模块数目,从而使模型外观结构更清晰,用户

将自定义或者复杂的逻辑隐藏在子系统内部,在同一层中降低复杂度,增强了模型的可读性。

② 在简化模型外观结构图的基础上,等效地表达出各模块之间的输入/输出关系,使得特定功能的模块可以拥有一些独立的属性。

③ 可以建立层级方框图,Subsystem 模块内部是一个子层级,所处的层次是内部模块的父层。通过 Subsystem 模块封装模型类似 C 语言中使用函数封装代码的过程。

另外,存在一种提高模型可读性的方式。在同一层次模型中,不使用子系统,而是使用区域(Area)来提高分组规划,从而增强可读性。在比较早期的版本中还没有 Area 组件,此时使用置于后端的空白子系统填充背景颜色之后可以为模型增添矩形颜色块作为其背景,以区分系统模块的不同功能区域,如图 3-151 所示。

子系统是模块的组合,也是模块组合执行调度的视觉性和逻辑性表现。子系统种类很多,分类逻辑也较多。从虚拟性上,可以分为虚拟子系统和非虚拟子系统;从采样时刻执行性上,可以分为无条件执行子系统和条件执行子系统,其中,条件执行子系统又分为函数调用子系统、触发子系统、使能子系统;此外,还有可变子系统、可配置子系统等。详细内容将在第 5 章讲解。

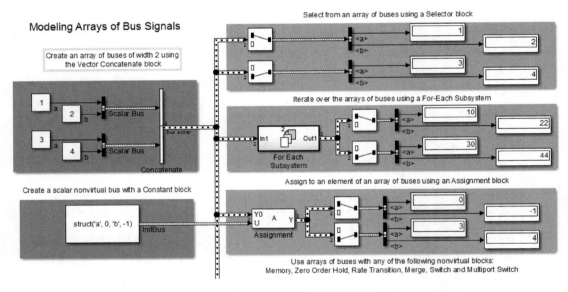

图 3-151　Subsystem 模块制作背景

3.3　其他常用模块

Simulink 库的 Commonly Used Blocks 子库中虽然提供了 23 个常用模块,但是根据在作者的网易云课堂"Simulink 培训学校"里过万学员所提出的问题发现,电子控制器研发工程从业工程师在产品或项目的实际开发过程中,经常使用的模块并不仅限于这些,其他模块如 Pulse Generator 模块、Step 模块、Sine Wave 模块、查找表模块、传递函数的 Transfer Fcn 模块、显示信号值的 Display 模块、Math Operation 库中求绝对值模块 Abs、求符号模块 Sign,将支持生成代码的 M 语言先转换为 C 代码再编译为 MEX 后执行的 MATLAB Function 模块,允许用户自定义模块的 S-Function 模块等,有些能够便利地产生信号源用于仿真,有些能够直观地显示信号计算的值,有些能够让用户根据自己的需求定制很多自定义功能。

3.3.1 信号源模块

信号源模块是指没有输入,只输出信号作为其他模块信号源的模块。

3.3.1.1 Step 模块

Step 模块只有一个输出端口,它输出一个阶跃变化的信号,阶跃信号的阶跃时间、阶跃前后的值则由模块的参数对话框中的参数决定。其模块图标如图 3-152 所示。

图 3-152 Step 模块的图标

Step 模块的参数对话框("Block Parameters:Step"对话框)中有两个标签,其中,Signal Attributes 是在 MATLAB 2021b 中增加的,用于设置输出信号的数据类型,如图 3-153 所示。

Step time:信号产生阶跃变化的时刻。

Initial value:信号阶跃时刻之前的值。

Final value:信号阶跃时刻之后的值。

Sample time:模块的采样时间。

Interpret vector parameters as 1-D:设置是否对向量参数进行插值。

Enable zero-crossing detection:设置是否启动过零检测功能。

Step 模块虽然只有一个输出端口,但是却可以输出多维信号,每一维的信号阶跃时刻和幅值均可不同。按照向量方式输入 Step time、Initial value、Final value 的值即可,注意 Step time、Initial value、Final value 三者的维数一定要相同。同时输出 5 个阶跃信号的设置如图 3-154 所示。

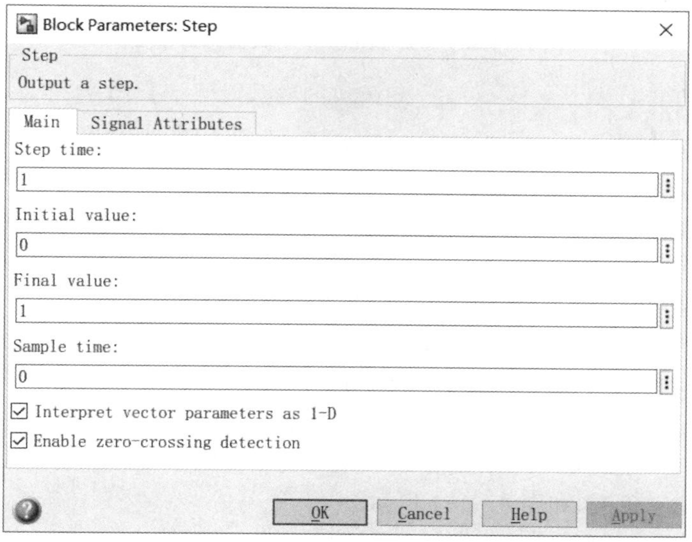

图 3-153 "Block Parameters:Step"对话框

3.3.1.2 Repeating Sequence 模块

有了 Repeating Sequence 模块后,可以方便地产生周期波形。此模块也是只有一个输出端口,并将仿真所产生波形的形状显示到模块的图标上,如图 3-155 所示。

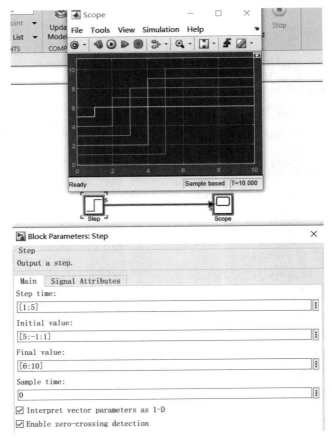

图 3-154　同时输出 5 个阶跃信号的设置

图 3-155　Repeating Sequence 模块的图标

此模块的参数对话框("Block Parameters：Repeating Sequence"对话框)仅包含两个参数，如图 3-156 所示。

Time values：输入时间序列的采样点。Simulink 将此输入作为一个单元进行周期性延伸赋值。

Output values：输入对应于 Time values 时间序列采样点的值序列。Simulink 将此输入作为一个单元进行周期性延伸赋值。

Time values 设置的时间序列的跨度(末尾值减首值)即波形的周期(period)，该模块会根据模型仿真时间 t 自行计算自身的仿真时间：tb＝$t-n\times$period(n 为确保 tb 在 period 内的正整数)，将模块的仿真时间 tb 保持在用户设置的周期时间内以输出周期性波形。

默认参数[0 2]产生的是一个周期为 2、幅值也为 2 的锯齿波。修改参数，使模块输出周期为 2、幅值也为 2 的三角波，如图 3-157 所示。

除了直接输入数值以外，也可以在"Block Parameters：Repeating Sequence"对话框中编写 M 代码以产生波形数据，如在 Time values 中输入 0～2＊pi，采样时间为 0.1 的时间序列，在 Output values 中调用 sin 函数计算其正弦值，如图 3-158 所示。

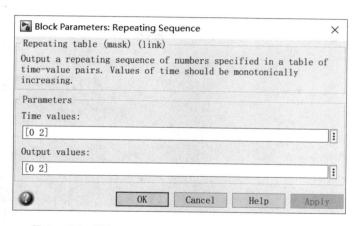

图 3-156 "Block Parameters:Repeating Sequence"对话框

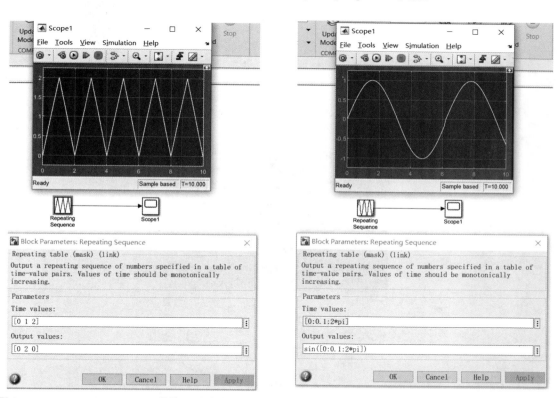

图 3-157 Repeating Sequence 模块设置输出三角波　　图 3-158 Repeating Sequence 模块设置输出正弦波

3.3.1.3 Clock 模块

在 Commonly Used Blocks 的各个模块使用范例中多次用到 Clock 模块,它有一个输出端口,输出时间信号。其模块图标就是一个时钟图案,如图 3-159 所示。

该模块输出模型的仿真时间如图 3-160 所示。

Clock 模块既可以用于记录仿真时间,也可以作为一些函数的时间输入以产生不同的信号源,如图 3-161 所示。

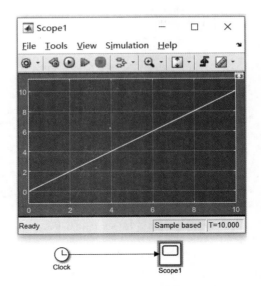

图 3-159　Clock 模块的图标　　　图 3-160　Clock 模块输出模型的仿真时间

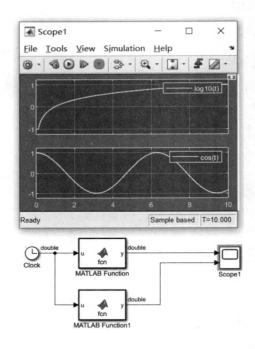

图 3-161　Clock 模块与 MATLAB Function 模块中的数学函数联合产生的波形

3.3.1.4　Sine Wave 模块

正弦信号作为数学、物理等各方面常见的信号,在通信、控制系统、电器电子方面均有广泛的应用。Simulink 单独提供了一个正弦信号发生模块即 Sine Wave 模块,它拥有一个输出端口,模块图标上显示着能够反映模块的连续性或离散性的正弦波图像,如图 3-162 所示。

Sine Wave 模块的参数对话框("Block Parameters:Sine Wave"对话框)如图 3-163 所示。

Sine type：正弦波类型，选择 Time based(基于时间)或者 Sample based(基于采样)。

当 Sine type 设置为 Time based 时支持连续求解器，模块产生正弦波输出的表达式：$O(t) = \text{Amp} \times \text{Sin}(\text{Freq} \times t + \text{Phase}) + \text{Bias}$，其中 Amp、Freq、Phase 和 Bias 四个参数将通过"Block Parameters：Sine Wave"对话框中相应的参数进行设

图 3-162　Sine Wave 模块

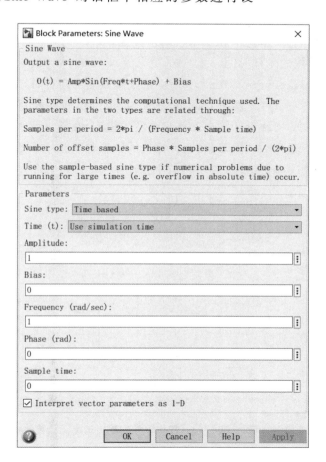

图 3-163　"Block Parameters：Sine Wave"对话框

置。当 Sine type 设置为 Sample based 时模块是离散的，必须在 Sample time 文本框中设置一个离散采样时间。在这种模式下，使用采样点数来表征周期和相位，每个正弦波的周期依靠采样点数表征，相位也依靠采样点数表征，采样点数×采样时间可以得到正弦波周期和偏移量。此种模式下，不能设置 Sample time 为 0。正弦波频率、相位与采样点数的关系表示为

Frequency＝1/(Samples per period×Sample time)

Phase＝Number of offset samples×2×pi/Samples per period

Time(t)：选择时间序列源。其中，Use simulation time 表示使用求解器的时间；Use external signal 表示使用外部输入信号作为时间源，这时会增加一个输入端口。

Amplitude：设置正弦波的幅值。

Bias：设置正弦波的起始时刻幅值相对于 $y=0$ 的偏移量。

下面两个参数会根据产生正弦波的方式不同而表示不同的意义，标签名也会随之动态变化。当 Sine type 设置为 Time based 时，参数是以下形式：

- Frequency（rad/sec）：正弦波的频率参数，单位是弧度/秒；
- Phase(rad)：相位偏移量，单位是弧度。

当 Sine type 设置为 Sample based 时，参数是以下的形式：

- Samples per period：每个周期的采样点数；
- Number of offset samples：相位偏移的采样点数。

Sample Time：模块的采样时间。

Interpret vector parameters as 1-D：当正弦波参数输入向量时，用于设置是否将输出作为向量输出信号。当 Time(t)设置为 Use external signal 时，此参数无效。

下面使用 Sine Wave 模块设计输出二维正弦波的模型，在前 5 s 对正弦波组求绝对值，5 s 之后的时间里进行上下限为 0.5 的限幅，两种操作的结果与正弦波原始信号通过 Mux 模块合并之后输出到 Scope 模块中显示，如图 3-164 所示。

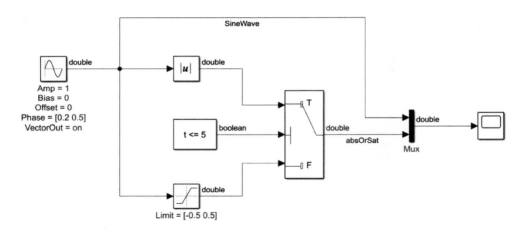

图 3-164　使用 Sine Wave 模块设计的输出二维正弦波的模型

当选中 Interpret vector parameters as 1-D 复选框时，正弦波的多维信号可以通过 Amp、Bias 和 Phase 任意一个参数的向量化输入得到多维信号，向量的长度就是产生正弦波信号的维数。当多个参数使用向量化输入方式时，个数必须相等。本例中"Block Parameters：Sine Wave"对话框的设置如图 3-165 所示。

上述模型仿真的波形，在仿真时间为 5 s 时发生了不连续的情况，Simulink 运用过零检测功能能够检测到 Switch 模块何时改变的输出，精确定位不连续点的位置。过零检测只在变步长解算方法中有效。图 3-164 所示模型的仿真波形如图 3-166 所示。

图中 SineWave:1 和 SineWave:2 表示的是不同相位的正弦信号，而 absOrSat:1 和 absOrSat:2 是两个信号在前 5 s 取绝对值，后 5 s 被限幅在±0.5 以内的波形。

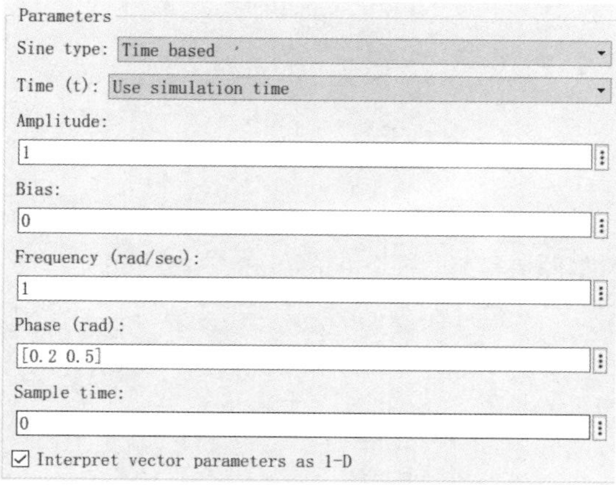

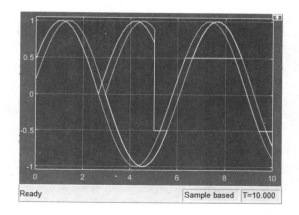

图 3-165 "Block Parameters:Sine Wave"对话框设置的实例

图 3-166 图 3-164 所示模型的仿真波形

3.3.1.5 From Workspace 模块

Simulink 模型有时需要将 Base Workspace 的数据导入模型中进行仿真,而 From Workspace 模块就提供了这样一个导入功能,它将保存在 Base Workspace、Model Workspace 或 Mask Workspace 等 Simulink 可以访问的工作区。From Workspace 模块图标上显示从 Base Workspace 导入 Simulink 模型的变量名,其拥有一个输出端口,如图 3-167 所示。

图 3-167 From Workspace 模块的图标

该模块的参数对话框("Block Parameters:From Workspace"对话框)如图 3-168 所示。

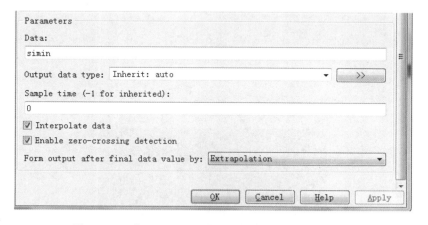

图 3-168 "Block Parameters:From Workspace"对话框

Data:导入 Simulink 模型的变量表达式,可以是变量名,也可以是 MATLAB 表达式,默认值为 simin。读者在使用前需要在工作区中定义 simin 的具体内容。

Simin 的数据类型有以下三种:

① 时间序列 timeseries 对象,可以通过 timeseries 函数创建;

② 二维矩阵,其中矩阵第一列为仿真采样时间序列,其余每列表示对应采样时刻的信号值;

③ 结构体类型，通常表示为

var.time=[TimeValues]
var.signals.values=[DataValues]
var.signals.dimensions=[DimValues]

其中，var.time 可以使用 Timeseries 类型来表示。

Timeseries 对象通常包括 Name、Time、TimeInfo、Data 和 DataInfo 五个成员变量，其中 Time 中存储仿真采样时间向量，Data 中存储对应仿真采样时刻的信号量。一个 Timeseries 对象如下：

```
Name:''
    Time: [51x1 double]
TimeInfo: [1x1 tsdata.timemetadata]
    Data: [51x4 double]
DataInfo: [1x1 tsdata.datametadata]
```

可以通过 timeseries()函数来创建一个时间序列对象，格式为

```
ts = timeseries(data,time)
```

其中，data 表示信号序列，time 表示采样时间序列，其余参数如 TimeInfo、DataInfo 等可以为默认值，例如：

```
ts = timeseries(sin([0:0.1:10]),[0:0.1:10])
```

在 Command Window 中输入上句按下回车键，显示内容如下：

```
Common Properties:
        Name: 'unnamed'
        Time: [101x1 double]
    TimeInfo: [1x1 tsdata.timemetadata]
        Data: [1x1x101 double]
    DataInfo: [1x1 tsdata.datametadata]
```

将 ts 输入"Block Parameters:From Workspace"对话框中的 Data 文本框中，再建立模型进行仿真，即可得到 ts 定义的 0~10 s 范围内的正弦波波形，如图 3-169 所示。

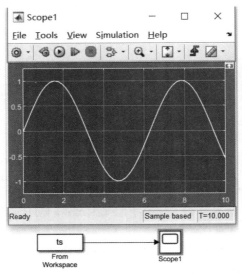

图 3-169　From Workspace 模块导入 timeseries 对象后仿真得到的图像

当二维矩阵导入信号时,第一列存储仿真采样时间序列,第二列开始每列为一个信号基于采样时间得到的列向量,如下:

```
matrx = zeros(size(repmat([0:0.1:10]',[1 3])));  % 初始化全 0 矩阵
matrx(:,1) = 0:0.1:10';
matrx(:,2) = cos([0:0.1:10])';
matrx(:,3) = sin([0:0.1:10])';
```

将 matrx 这个矩阵变量写入"Block Parameters:From Workspace"对话框中的 Data 文本框中,然后进行仿真,得到的波形如图 3-170 所示。

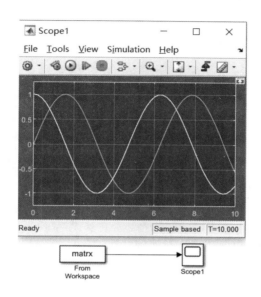

图 3-170　From Workspace 模块导入二维信号并仿真得到的波形

结构体通常包括三个成员变量,即 time、signals 和 blockName,而 signals 成员本身又是一个包含 values、dimension 和 label 三个成员的结构体。支持 From Workspace 模块的结构体应该具有以下三个成员变量:

```
time: [51x1 double]              % 时间序列可选
signals: [1x1 struct]            % 包含 values、dimension 和 label 三个成员变量
blockName: 'untitled/To Workspace'  % 模块全路径名
```

结构体可以通过 struct 构建,格式如下:

```
s = struct(field,value)
```

其中,field 为结构体成员名的字符串,value 为成员的值。

struct 也可以嵌套使用,如:

```
struc = struct('time',[0:0.1:10]','signals',struct('values',sin([0:0.1:10]'),'dimension',length([0:0.1:10])))
```

将 struc 输入到"Block Parameters:From Workspace"对话框中的 Data 文本框中,单击 OK 按钮关闭对话框,然后仿真,产生的波形如图 3-171 所示。

虽然三种数据格式使用的方式略有不同,但其核心内容仅两个,采样时间序列 t 和对应这

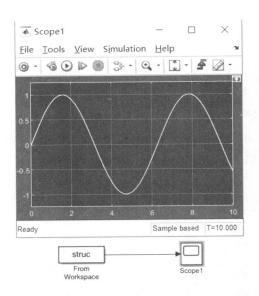

图 3-171　From Workspace 模块导入结构体数据并仿真得到图像

个序列的信号采样值 values。不同之处在于,t 和 values 在三个存储格式中使用的域不同。

Output data type：输出信号的数据类型,指的是 From Workspace 模块输出信号的数据类型。

Sample time：模块的采样时间。From Workspace 模块根据求解器的时间从 Data 中取值,如果直接使用求解器采样时间,则推荐使用默认的 -1。

Interpolate data：当某些信号在一些采样时刻没有提供对应的采样数据时,判断是否根据线性插值计算出该采样时刻的信号值。若选中此复选框,则进行线性插值;否则,沿用前一个采样时刻的信号值。

Enable zero-crossing detection：是否启动过零检测功能。

Form output after final data value by：当模型的仿真时间范围超出"Block Parameters：From Workspace"对话框中的 Data 文本框所提供数据的时间范围时,需要选择如何对提供的采样时间范围外的信号进行插值预测或默认值输出,其选项包括 Extrapolation(外部差值)、Setting to zero(保持 0 输出)、Holding final value(输出最后一个值)和 Cyclic repetition(周期循环输出)。如果需要产生周期循环的自定义信号,From Workspace 模块是个不错的选择,准备好采样时间和采样数据的变量后,将 Form output after final data value by 设置为 Cyclic repetition 即可。

3.3.1.6　From File 模块

数据存储是 MATLAB/Simulink 用户的一个大课题,From Workspace 模块虽然可以保存仿真过程数据,但毕竟是暂时的,关闭 MATLAB 之后就自动清除掉了。但是,有时用户需要将仿真得到的宝贵实验数据长期存放在硬盘上,以便后续使用。MATLAB 特有的数据存储格式是 .mat,在 MATLAB 中可以使用 load 命令利用硬盘将 Mat 文件内部的数据存储到 From Workspace 模块中,使用 save 命令将 From Workspace 模块中的数据存储到 Mat 文件中。Simulink 提供了 From File 模块,可以将硬盘上的 Mat 文件导入到 Simulink 模型中,作为输入信号连接其他模块进行仿真。该模块拥有一个输出端口,并将所导入的 Mat 文件名显示在模块图标的中央,From File 模块的图标如图 3-172 所示。

双击 From File 模块,打开"Block Parameters:From File"对话框,如图 3-173 所示。

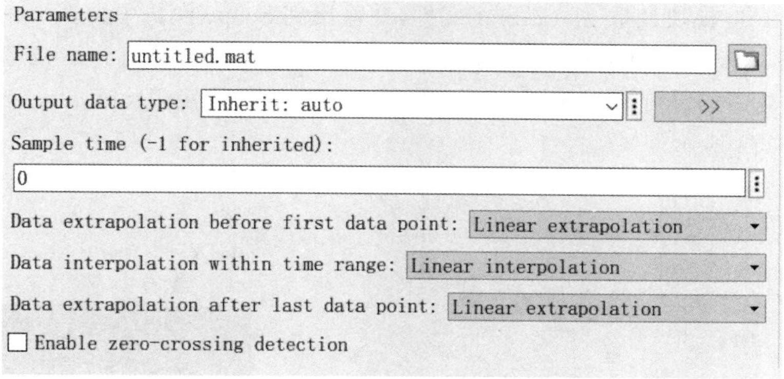

图 3-172　From File 模块的图标

图 3-173　"Block Parameters:From File"对话框

File name:模块所导入的 Mat 文件名,要求 Mat 文件是以下两种数据格式中的一种:
① MATLAB timeseries object;
② 矩阵。

与 From Workspace 模块的导入数据格式相比,From File 模块缺少对结构体类型的支持,并且矩阵的排布方式也有所不同。From File 要求第一行是采样时间向量,第二行到最后一行分别是对应采样时刻的信号值向量。

Output data type:模块输出数据类型的设置。From File 模块支持除字长超过 32 位的定点数据类型以外的 Simulink 内建数据类型。

Sample time:模块的采样时间设置。默认是 0,表示连续采样时间,以模型的基础采样率(最高采样频率)作为此模块的采样时间。当 Source 模块的采样时间设置为 -1 时,根据 Simulink 模型的采样时间传播规则,会使用 BackPropagation(反向传播)的方法从下游开始推导 Source 模块的采样时间,即从该模块的下游模块确定采样时间。

Data extrapolation before first data point:在 Mat 文件提供的数据时间范围之前,用于设置 Simulink 进行插值所用的算法,包括 Linear extrapolation(线性外插)、Hold first value(使用 Mat 文件第一个采样点的值)以及 Ground value(使用对应数据类型的 0 值)。

Data interpolation within time range:用于设置在 Mat 文件提供的数据时间范围内的插值算法,包括 Linear interpolation(线性内插)和 Zero order hold(使用相邻两个采样时刻中的首个)。

Data extrapolation after last data point:在 Mat 文件提供的数据时间范围之后用于设置 Simulink 进行插值所用的算法。算法选择同 Data extrapolation before first data point。

Enable zero-crossing detection:选中该复选框可用于启动过零检测功能。

下面是一个使用 From File 模块将包含一行时间向量、两行正余弦数据的矩阵导入 Simulink 信号源的例子。首先使用 M 代码创建 0~10 s,采样间隔为 0.1 s 的正余弦数据矩阵,并将其存储到 matx.mat 的 Mat 文件中,代码如下:

```
matrx = zeros(size(repmat([0:0.1:10],[3,1])));  % 初始化全 0 矩阵
matrx(1,:) = 0:0.1:10;
matrx(2,:) = cos([0:0.1:10]);
matrx(3,:) = sin([0:0.1:10]);
save matx.mat matrx
```

使用 From File 模块读取 matx.mat 文件,并输出到 Scope 模块中去。Mat 文件的数据时间范围是 0～10 s,模型仿真时间设置为 12 s。在 0～10 s 内将插值方法设置为 Zero order hold,超出 10 s 之后的部分采用保持 Mat 文件最后一个值的设定(Hold last value),仿真之后的波形如图 3 - 174 所示。

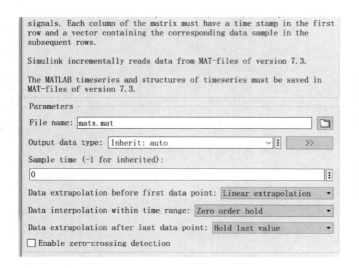
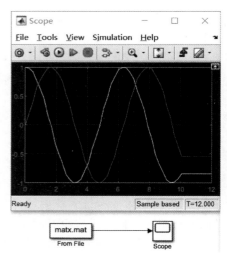

图 3 - 174　From File 模块的参数设置及仿真波形

3.3.2　信号接收模块

本章前面所述多个案例中都详细说明了如何使用 Scope 模块,除此之外,Sinks 子库中还提供了很多其他的接收信号的模块。

3.3.2.1　Display 模块

Display 模块能记录并显示出整个仿真过程的数据和图像,但是不能直观地将数据的值显示出来,需要导入 Workspace 之后才能观察。Simulink 库中提供了一个 Display 模块,其能够显示最新一个仿真时刻所连接信号线内传递的即时数值,但是不记录其在整个仿真过程的值。该模块拥有一个输入端口,其图标如图 3 - 175 所示。

Display 模块的参数对话框("Block Parameters:Display"对话框)如图 3 - 176 所示。

数据显示格式:Display 模块提供了多种数据显示格式,见表 3.3.1。

抽取:表示模块数值更新的频率,所填数字表示每隔几个采样点更新一次模块的数值显示。

浮动显示:选中该复选框,则将此模块作为 Floating Display 模块使用。此时,该模块没有输入口连接信号线,显示的是被选中信号线的值。使用时需先选中信号线,再进行仿真。

Display 模块可以接收多维信号,如图 3 - 177 所示。

第 3 章　Simulink 模块

图 3-175　Display 模块的图标　　　　图 3-176　"Block Parameters:Display"对话框

表 3.3.1　Display 模块支持的数据显示格式

格　式	说　明
short	5 位十进制浮点数/物理值
long	15 位十进制浮点数/物理值
short_e	5 位十进制浮点数科学计数法/物理值
long_e	15 位十进制浮点数科学计数法/物理值
bank	美元美分格式,固定为两位小数,如 12.32
hex(SI)/十六进制	十六进制方式显示内部值
binary(SI)/二进制	二进制方式显示内部值
decimal(SI)/十进制	十进制方式显示内部值
octal(SI)/八进制	八进制方式显示内部值

3.3.2.2　To Workspace 模块

与 From Workspace 模块相对应,Simulink 提供的 To Workspace 模块在模型仿真结束时将仿真数据直接存储到 MATLAB 工作区中,输出的数据有 3 种类型,即 timeseries、array 或者 structure 类型。To Workspace 模块有一个输入端口,模型运行仿真后,将连接到端口的信号数据保存到工作区变量中,工作区变量名采用设置到模块的变量名,其图标如图 3-178 所示。

图 3-177　Display 模块显示多维信号数值　　　　图 3-178　To Workspace 模块的图标

双击该模块打开"Block Parameters:To Workspace"对话框,如图 3-179 所示。
Variable name:输入保存到 MATLAB 工作区的变量名,默认为 simout。
Limit data points to last:设置保存的倒数采样点数,默认值 inf 表示仿真的数据全部都保存。如果设置 1 000,则表示仿真结果的最后 1 000 个采样时刻的点。
Decimation:每隔多少个仿真采样点就保存一个到 simout 中去。默认为 1,表示每个仿真采样点都保存。
Sample time:设置模块的采样时间。
Save format:保存数据格式,包括 Timeseries、Array、Structure 和 Structure with time 四个选项。各个数据类型的详解请参考 From Workspace 模块的相关内容。

Log fixed-point data as a fi object：选中该复选框，则会将定点数据类型作为一个 fi 对象保存到 MATLAB 工作区；取消选中该复选框，则会将定点数据类型作为 double 型保存。

使用 Repeating Sequence 模块产生一个周期为 1 的信号，然后在每个周期内计算[0.1:0.1:1]的连乘，然后使用 To Workspace 模块将该信号保存到 MATLAB Workspace 中，保存为带有采样时间信息的结构体类型(Struct with Time)。使用 Repeating Sequence 模块与 To Workspace 模块联合建立的模型及其参数配置如图 3-180 所示。

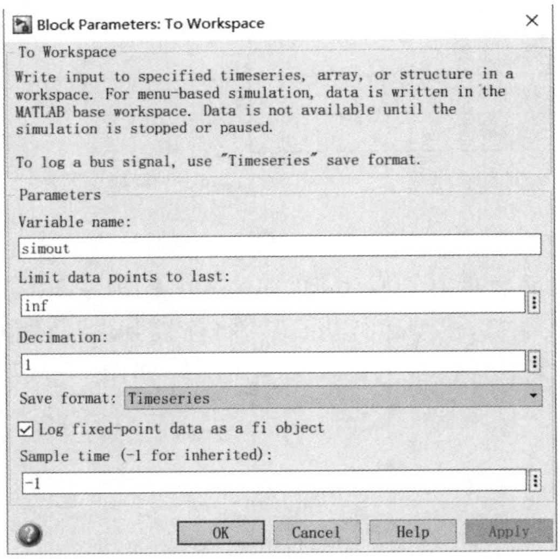

图 3-179 "Block Parameters：To Workspace"对话框

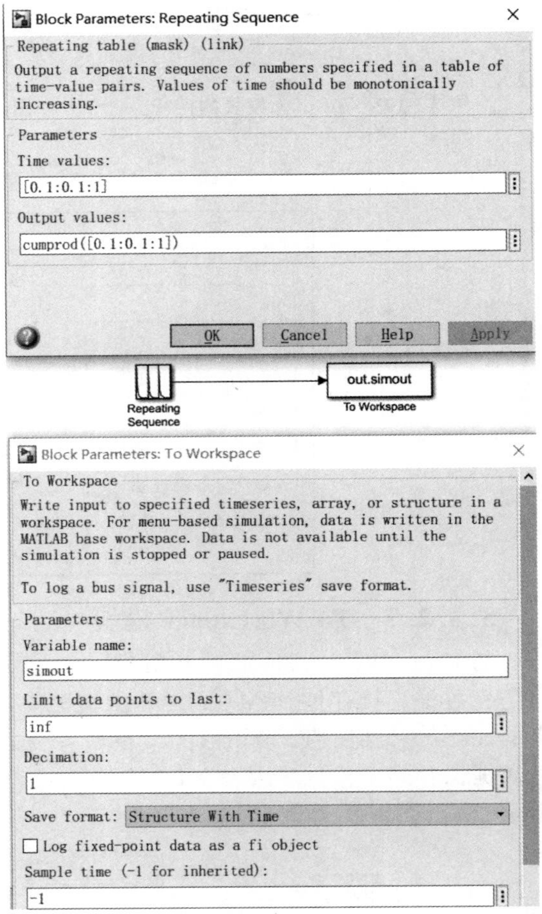

图 3-180 使用 Repeating Sequence 模块与 To Workspace 模块联合建立的模型及其参数配置

运行仿真 10 s，仿真结束之后可以在 MATLAB Workspace 中找到 simout 的结构体变量，即

```
simout =
        time: [51x1 double]
     signals: [1x1 struct]
   blockName: 'untitled/To Workspace'
```

利用 M 语句中结构体的成员访问方式，可以访问该变量的时间信息和数据信息，分别如下：

```
simout.time
simout.signals.values
```

3.3.2.3　To File 模块

对应于 From File 模块，Simulink 提供了 To File 模块，它可以将模型的仿真数据存储到 Mat 文件中去。To File 模块拥有一个输入端口，它将存储目标文件的名字显示在模块上，其图标如图 3-181 所示。

双击 To File 模块，打开该模块的参数对话框（"Block Parameters:To File"对话框），如图 3-182 所示。

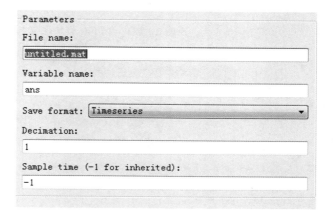

图 3-181　To File 模块的图标　　　图 3-182　"Block Parameters:To File"对话框

File name：所连接信号的仿真结果存储的目标 Mat 文件名。

Variable name：存储于 Mat 文件中的变量名，默认为 ans。

Save format：保存数据格式，包括 Timeseries、Array、Structure 和 Structure with time 四个选项。各个数据类型的说明请参考 From Workspace 模块的相关内容。

Decimation：每隔多少个仿真采样点保存一次数据。默认为 1，表示每个仿真采样点都保存。

Sample time：设置模块的采样时间。

To File 模块不仅可以将一维信号保存到 Mat 文件中，也可以保存 Bus 信号。使用 Repeating Sequence、Constant 和 Bus Creator 等模块建立如图 3-183 所示的模型，并按图设定 To File 模块的参数，其中，Variable name 设置为 bus_sig，bus_sig 是结构体，Save format 设置为 Timeseries。

仿真开始时，MATLAB 工作区生成一个 mat_bus.mat 文件。仿真过程中，Simulink 每一步的仿真数据都逐步添加到 Mat 文件中。仿真结束后，将 Mat 文件的内容载入 MATLAB Workspace 以便观察，运行下面一条语句载入 Mat 文件的内容：

```
load mat_bus
```

便可在 MATLAB Workspace 中生成 bus_sig 结构体变量，如图 3-184 所示。

在 Command Window 中输入变量名，可以看到它是由两个 timeseries 对象构成的结构体，即

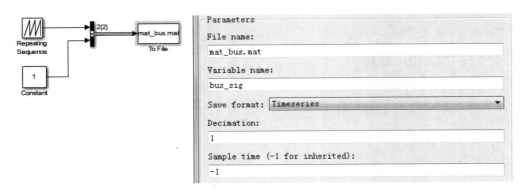

图 3-183　To File 模块保存 Bus 信号数据

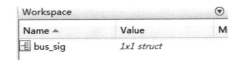

图 3-184　载入 Mat 文件中的变量

```
bus_sig = 
    signal1: [1x1 timeseries]
    signal2: [1x1 timeseries]
```

可以通过下面的语句获取各自的信号内容，之后可以用来绘图或进行数据计算等。

```
bus_sig.signal1.Data    % Repeating Sequence signal data
bus_sig.signal2.Data    % Constant signal data
```

3.3.2.4　Stop Simulation 模块

Simulink 模型在仿真过程中可以使用工具栏的停止按钮 来停止仿真。但是，这个停止是手动的，并且由于仿真进行的速度一般都较快，所以不能人为地精确地停止在某一个仿真时刻。鉴于此，Simulink 库提供了一个 Stop Simulation 模块，一旦该模块接收到非零信号就停止模型仿真。它只有一个输入端口，其图标如图 3-185 所示。

该模块没有参数，其参数对话框中仅显示模块的说明文字，如图 3-186 所示。

　　　　　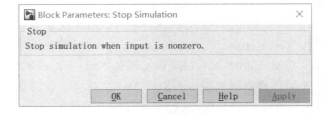

图 3-185　Stop Simulation 模块的图标　　　图 3-186　"Block Parameters：Stop Simulation"对话框

如果希望模型仿真到某一个仿真时间停止，则可以通过两种方式实现：一种是设置模型的仿真时间为希望停止的时间；另一种是用 Clock 模块与常数比较的结果作为 Stop Simulation 模块的输入信号来实现。但是，对于不定时间的需求，必须使用 Stop Simulation 模块。例如，通过模型检测方波信号,当检测到 5 个上升沿之后就停止仿真。建立模型时使用 Pulse Generator 模块从 0.2 s 开始产生首个上升沿的方波,方波幅值为 1,周期为 2 s。检测方波上升沿的策略是,当前时刻为 1,当上一个采样时刻为 0 时认为上升沿到来,通过 Sum 模块与 Delay 模块构成的计数器对计数加 1。将计数器值与 5 进行对比,判断相等的布尔型输出值连接到 Stop Simulation 模块。通过 Scope 模块观察方波、计数器输出和 Stop 信号三路信号。模型使用定步长求解器 ode4 龙格库塔解算方法,系统步长设置为 0.01。该模型如图 3 - 187 所示。

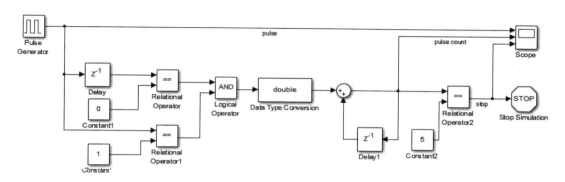

图 3 - 187　检测方波出现 5 个上升沿即停止仿真的模型

模型的仿真时间设置为 inf,单击运行后,模型仿真停止在 8.2 s,波形如图 3 - 188 所示。

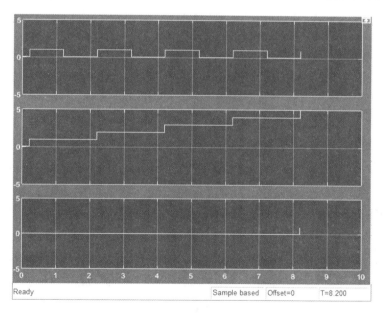

图 3 - 188　检测方波出现 5 个上升沿即停止的波形

3.3.3　查找表模块

所谓查表,就是目标为一个填满数据的表格,或向量(1 维)或矩阵(多维),根据对应维数的输入能够在表中定位一个对应的输出。嵌入式电子控制器(尤其是汽车行业 ECU)的应用层软件设计常常使用查表方法来提高应用层算法的计算效率,基本思路是使用存储空间来换计算时间。比如在 PMSM 的 FOC 无感控制算法中,需要用到正弦、余弦计算,如果期望在

MCU 这种低价且算力有限的芯片中使用泰勒级数展开的方式计算三角函数,如正余弦运算,那么执行速度是很难满足实时性要求的。但是,如果事先将正弦函数在一个周期内的输入按照一定的采样间隔离散化,并将其对应的数值事先计算好,然后将二者共同构成一个一维查找表存储在 ROM 中(生成代码时通常使用 Simulink.Parameters 对象定义查找表的 Breakpoints 和 table 值),在每次嵌入式计算中需要调用正弦函数时直接根据输入换算到一个周期内,然后再去查表计算,那么效率就会得到显著提升。这种优势在 Simulink 仿真以及针对嵌入式的代码生成中均得到体现。

3.3.3.1　1 - D Lookup Table 模块

1 - D Lookup Table 模块是最简单的查找表模块,它能够根据输入在一维表中查找对应值并输出。它具有一个输入端口和一个输出端口,仿真时根据输入信号的值进行查表,将对应的表格值输出。该模块根据内部定义的查找表进行图像绘制,然后表现在模块框图上,默认图标如图 3 - 189 所示。

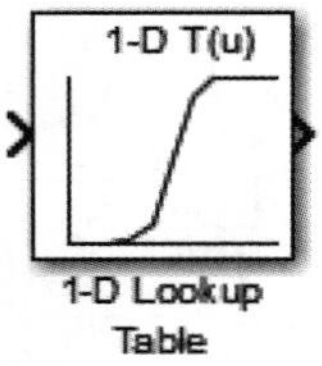

图 3 - 189　1 - D Lookup Table 模块的默认图标

双击 1 - D Lookup Table 模块,打开"Block Parameters:1 - D Lookup Table"对话框,其中有 3 个选项卡,分别是 Table and Breakpoints、Algorithm 和 Data Types。其中,Table and Breakpoints 选项卡是用来设置查找表维数、每个维数的输入以及查找表的定义的,如图 3 - 190 所示。

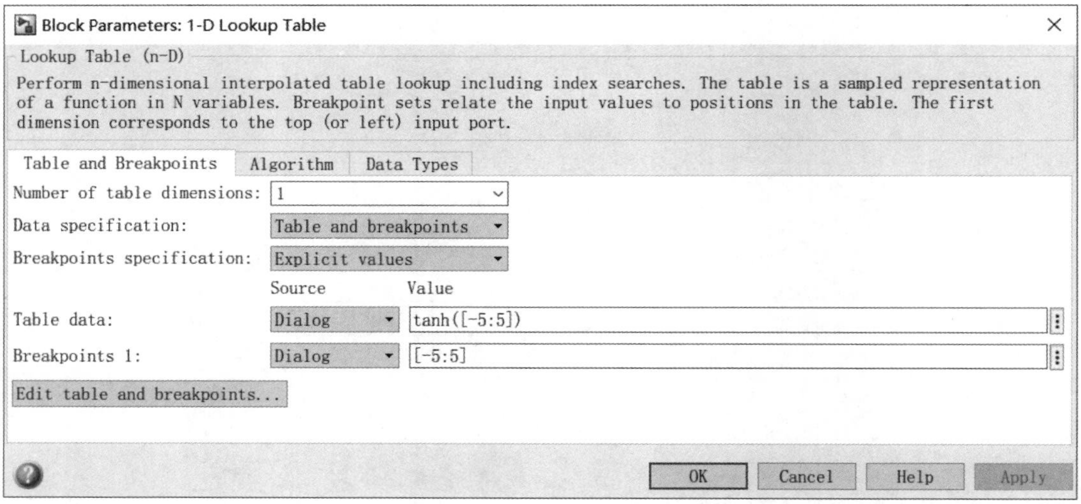

图 3 - 190　"Block Parameters:1 - D Lookup Table"- Table and Breakpoints 选项卡

Number of table dimensions:设置查找表的维数。默认是一维查找表,用户可以通过该下拉列表框选择 1~4 的维数,或者直接在该下拉列表框中输入 1~30 的维数。输入后自动生成与维数相同的"Breakpoints 1"文本框。

Data specification:设置表和断点的设定方法。该下拉列表框中包含两个选项:Table and breakpoints 表示指定表数据和断点;Lookup table object 表示使用现有查找表对象。

当 Data specification 设置为 Table and breakpoints 时会启用如下参数:
➢ Table data:设置查找表的数值。
➢ Breakpoints specification:设置断点的设定方法。当选择 Explicit values 时,可显式指

定断点数据,在"Breakpoints 1"文本框中输入断点数据;当选择 Even spacing 时,生成等间距断点,并为断点数据的每个维度的 First point 和 Spacing 参数输入值。
- Breakpoints 1:查找表第一维输入向量,必须按照从小到大的顺序严格单调递增,否则仿真时报错。
- Edit table and breakpoints:按下此按钮可以将查找表的轴和表的数值,通过弹出的表格进行编辑。在这里可以对表格内的单元格的内容进行选择性编辑,通过最下面的转置对话框可以选择向量的显示方式,如图 3 - 191 所示。

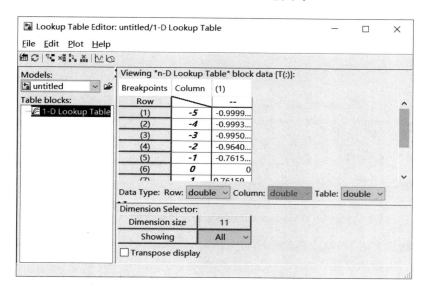

图 3 - 191　按下 Edit table and breakpoints 按钮后弹出的查找表编辑表格

查找表毕竟是由有限个离散点的值构成的,而输入却可以是无穷无尽的,所以很多时候根据各维输入查找到的值并非正好落在查找表提供的点上。这时就需要用到插值算法:当输入没有落在查找表提供的坐标轴的断点上但在其范围内时使用内插算法;当输入在坐标轴上的断点所表示的范围外时使用外插算法。内插算法、外插算法都可以在 Algorithm 选项卡中的 Lookup method 选项组中设定,如图 3 - 192 所示。

Interpolation method:提供了 6 个选项,即 Flat、Nearest、Linear point-slope、Linear Lagrange、Akima spline 和 Cubic spline,具体如下:
- Flat:关闭插值,使用"舍入方法"中的"Use Input below",返回断点中小于且值最接近输入值的那个数。
- Nearest:关闭插值,使用与最近的断点对应的表值。
- Linear point-slope:在相邻断点之间拟合一条线,并返回该线上与输入对应的点。
- Linear Lagrange:使用一阶拉格朗日插值在相邻断点之间拟合一条线,并返回该线上与输入对应的点。
- Akima spline:在相邻断点之间拟合一条 Akima 样条曲线,并返回该样条曲线上与输入对应的点。
- Cubic spline:三次样条插值法。

Extrapolation method:提供了 3 个选项,即 Clip、Linear 和 Cubic spline。

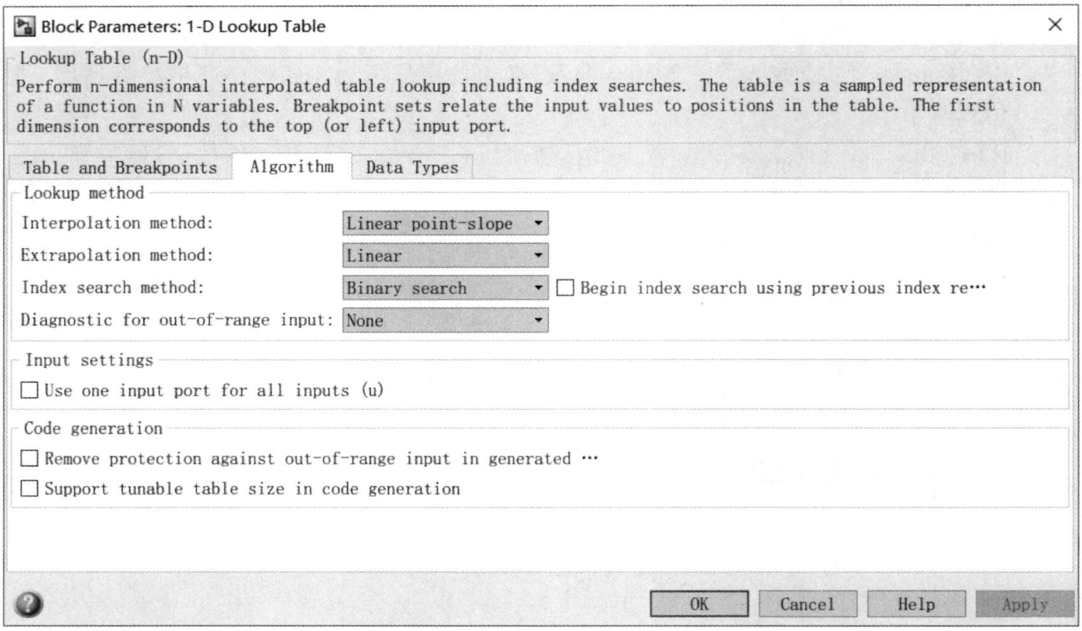

图 3-192 1-D Lookup Table 模块的参数对话框：Algorithm 选项卡

➢ Clip：截断方法，当输入值超出断点范围时，取断点两端数值接近输入值的值。
➢ Linear：线性插值法。
➢ Cubic spline：三次样条插值法。

Algorithm 选项卡中的其余参数以及 Data Types 选项卡中的参数使用频率较低，读者使用时可参考 help 文档。

1-D Lookup Table 模块默认给出一个由 11 个采样点组成的正切函数查找表。这里将举例说明如何创建并使用长度为 255 的正弦函数查找表。因为正弦函数是周期函数，所以只取一个周期进行离散化处理即可，当模块输入超出 $0 \sim 2 \times pi$ 时进行周期取余，转换为 $0 \sim 2 \times pi$ 内的输入。使用 MATLAB 内建函数 linspace 将 $0 \sim 2 \times pi$ 等间隔采样 256 个点，再调用 sin 函数求得这些采样点的正弦函数值，代码如下：

```
sin_in = linspace(0,2*pi,256);
sin_out = sin(sin_in);
```

将函数计算的表达式输入"Block Parameters:1-D Lookup Table"对话框中的 Table data 和"Breakpoints 1"右侧的文本框中，如图 3-193 所示。

建立仿真模型时，通过 Clock 模块产生时间信号，与 $2 \times pi$ 做 mod 运算，保证 mod 模块的输出在 $0 \sim 2 \times pi$ 之间，然后再输入到 1-D Lookup Table 模块中进行查表运算。模型及其仿真图如图 3-194 所示。

3.3.3.2 n-D Lookup Table 模块

将 1-D Lookup Table 模块中的 Number of table dimensions 参数修改为 2 即可得到 2-D Lookup Table 模块，修改为其他正整数 n，则可以变为 n-D Lookup Table 模块，其使用方法相同，这里不再赘述。

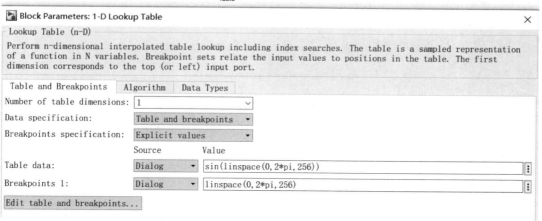

图 3-193　正弦函数查找表参数的设置

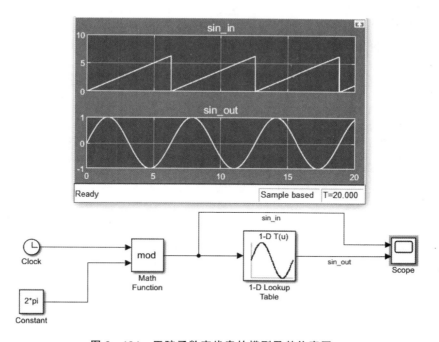

图 3-194　正弦函数查找表的模型及其仿真图

3.3.4　其他模块

除了上述众多模块之外,还有一些常用模块,如 Math Function 模块、Random Number 模块、Transfor Fcn 模块等。模块数量庞大典型众多,限于篇幅,不能一一详细描述,仅描述部分典型模块。

3.3.4.1 Math Function 模块

Math Function 模块提供了一些常用的数学函数功能,如幂运算、对数运算、指数运算等。此模块有一个输入端口和一个输出端口,根据所选择数学运算符号的不同,输入端口的个数会有变化。模块图标上会显示当前提供的数学函数功能,默认图标如图3-195所示。

Math Function 模块的参数对话框("Block Parameters:Math Function"对话框)如图3-196所示,部分参数说明如下:

图3-195 Math Function 模块的默认图标

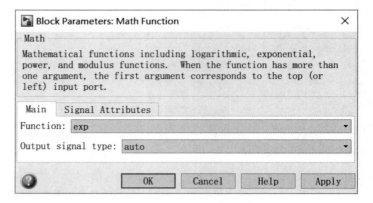

图3-196 Math Function 模块的参数对话框

Function:该下拉列表框提供了多种数学运算功能,详见表3.3.2。

表3.3.2 Function 下拉列表框

下拉列表框中的选项	功 能
exp	指数计算,一个输入端口
log	自然对数计算,一个输入端口
10^u	底数为10的指数计算,一个输入端口
log10	底数为10的对数计算,一个输入端口
magnitude^2	幅值,绝对值的平方,一个输入端口
square	平方计算,一个输入端口
pow	u 的 v 次方,两个输入端口,即 u,v
conj	复数共轭计算,一个输入端口
reciprocal	倒数计算,一个输入端口
hypot	u 和 v 各自平方和再开方,两个输入端口,即 u,v
rem	求余数计算,一个输入端口
mod	求模计算,对 u 求模为 v 的计算,两个输入端口,即 u,v
transpose	矩阵转置计算,一个输入端口
hermitian	复数共轭转置计算,一个输入端口

Output signal type:设定输出信号的信号类型,可以选择 auto、real 和 complex。

Sample time:设定模块的采样时间。

在图3-194中使用了 Math Function 模块的 mod 函数,将输入正弦函数查找表的任意时

间量进行 2×pi 的求模运算。再举一例，反正切函数的导数为

$$(\arctan x)' = \frac{1}{1+x^2}$$

两个 Math Function 模块级联使用可以对上述公式进行仿真，一个表示平方运算，另一个表示倒数运算，具体模型及仿真图如图 3-197 所示。

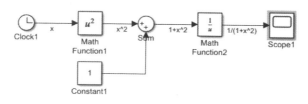

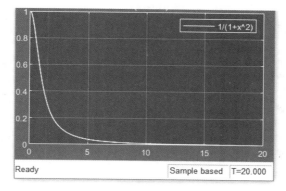

图 3-197　Math Function 模块级联仿真反正切函数的导数的模型及其仿真图

3.3.4.2　Random Number 模块

Random Number 模块是一个信号源模块，它可以产生正态分布的随机信号输出给下游模块使用。默认参数的均值为 0，方差为 1，产生随机数的种子为 0。Random Number 模块可以作为 Source 模块，给控制策略模型或者算法模型输入正态分布的伪随机数。例如，使用该模块对信号进行加噪处理，以验证滤波算法的有效性。Random Number 模块的图标如图 3-198 所示。

图 3-198　Random Number 模块的图标

双击 Random Number 模块，打开"Block Parameters: Random Number"对话框，如图 3-199 所示。

Mean：产生随机数序列的均值。

Variance：产生随机数序列的方差。

Seed：用于产生随机数序列的种子，可以是 0 或正整数，根据种子可以产生周期性的伪随机数。保持参数不变，即使多次仿真，输出结果也是同样的。

Sample time：设置模块的采样时间。

Interpret vector parameters as 1-D：选中该复选框，则会将向量信号作为一维信号输出；取消选中该复选框，则将向量信号作为数组信号输出。

例如，设计一个滤波器模型，对带有噪声的正弦波信号进行滤波。我们利用 Random Number 模块设置其均值为 0，方差为 0.1，使得正弦波信号变为带有毛刺噪声的信号，虽然看

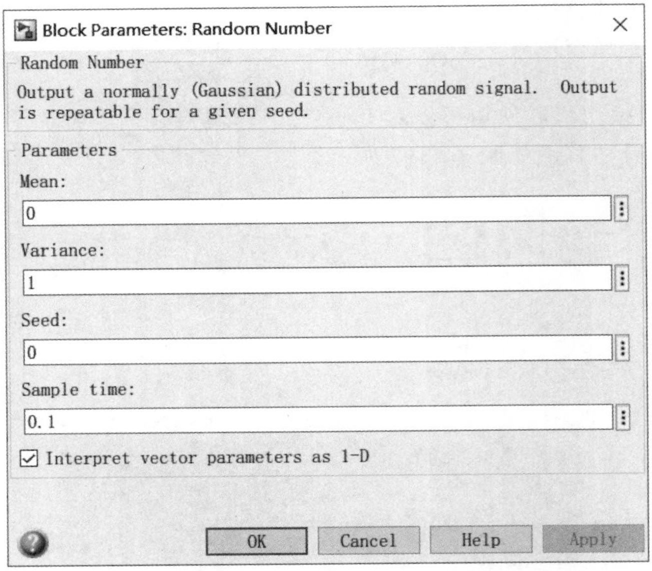

图 3-199 Random Number 模块的参数对话框

起来毛刺较密,但是不影响其正弦的趋势。此处重点讲解 Random Number 模块,滤波器子系统内部不做说明,只要知道它能够实现滤波功能即可。Random Number 模块用于模拟噪声的模型如图 3-200 所示。

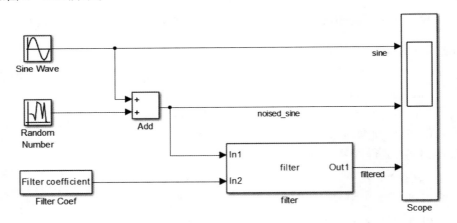

图 3-200 Random Number 模块用于模拟噪声的模型

仿真出来的波形如图 3-201 所示,可以看到噪声的幅值不大,没有干扰正弦波的波形主体,通过专门设计的滤波器和滤波参数可以将其滤除。

3.3.4.3 Transfer Fcn 模块

传递函数是描述线性系统动态特性的基本数学工具之一,其中,经典控制理论的主要研究方法——频率响应法和根轨迹法,都是建立在其基础之上。作为在系统零初始条件下线性系统响应(即输出)量的拉普拉斯变换(或 z 变换)与激励(即输入)量的拉普拉斯变换之比,它反映了频域响应特性。这里以连续系统为例,Simulink 提供的 Transfer Fcn 模块就是描述一个线性系统在拉普拉斯域传递函数的模块,它拥有一个输入端口和一个输出端口,可以仿真一个单输入/单

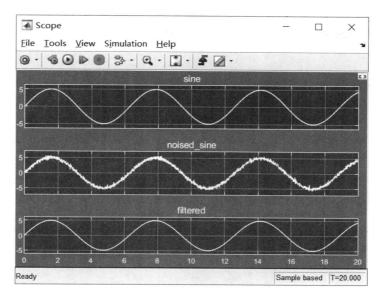

图 3-201 滤除噪声的仿真波形

输出(SISO)系统。Transfer Fcn 模块的图标如图 3-202 所示。

Transfer Fcn 模块的参数对话框("Block Parameters：Transfer Fcn"对话框)如图 3-203 所示。

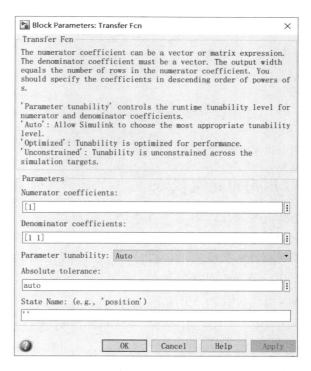

图 3-202　Transfer Fcn 模块的图标　　　图 3-203　"Block Parameters：Transfer Fcn"对话框

Numerator coefficients：传递函数的分子向量。

Denominator coefficients：传递函数的分母向量。

Parameter tunability：代码中模块参数的可调性级别控制，其中，auto 表示选用适当的参数可调性级别，optimized 表示在代码中生成高仿真性能的分子和分母系数，unconstrained 表示在代码中设置分子和分母系数完全可调。

Absolute tolerance：误差容限，输入"auto"或"-1"表示继承 Configuration Parameters 对话框中的绝对误差容限。

State Name：状态名。

特例一，当传递函数的分子为 1，分母为[1 0]时，实际上就等同于初始值为 0，不带 reset 端口和 state 端口的 Integrator 模块，此时传递函数为 $1/s$。

特例二，当传递函数的分子为一个非零数，分母为 1 时，实际上等同于增益为分子值的 Gain 模块。Transfer Fcn 模块在不同设置下所表示的不同系统如图 3-204 所示。

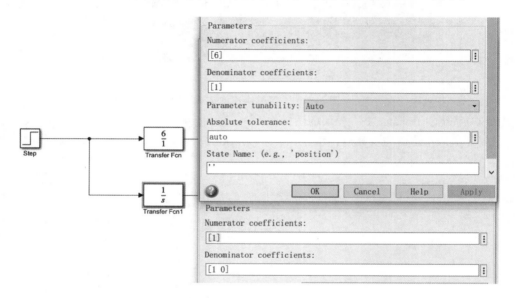

图 3-204　Transfer Fcn 模块在不同设置下所表示的不同系统

3.3.5　用户自定义模块

Simulink 模块化图形建模方式的系统构建，极大地方便了系统的设计和整合。但是，Simulink 提供的直接可用模块毕竟是有限的，不可能满足广大用户的所有需求，所以它还提供了一系列的自定义模块，可使用户调用 MATLAB 内建函数，或使用 M 语言/C 语言根据 Simulink 运行原理编写拥有自定义功能的模块。

3.3.5.1　MATLAB Function 模块

MATLAB Function 模块是一个支持使用 M 语言编写模块功能，并能够将所编写的 M 语言生成嵌入式 C 代码，用于开发桌面和嵌入式处理器应用的模块。它支持的 MATLAB 内建函数较为广泛，除了基本的四则运算、逻辑操作符和关系操作符以外，还可以调用 MATLAB 各种工具箱里提供的内建函数，包括支持代码生成和不支持代码生成两个类型。此模块有一个特殊之处，即双击之后打开的不是参数对话框，而是一个写好 Function 声明语句的 M 函数编辑器，在这里可编写 M 代码来描述输出 y 与输入 u 之间的关系。模块拥有一个输入端口和一个输出端口,即输入端口 u 和输出端口 y。MATLAB Function 模块的图标上绘制了一个 MATLAB 的 Logo 图标,如图 3-205 所示。

双击 MATLAB Function 模块将打开一个 M 函数编辑环境,内容并非为空,默认提供了一个空 function 的模板,如图 3-206 所示。

图 3-205　MATLAB Function 模块的图标

图 3-206　MATLAB Function 模块内部的 M 函数编辑环境

MATLAB Function 模块是否有输入/输出端口取决于内部 M 函数的定义方式,如图 3-207 所示。

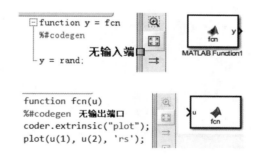

图 3-207　MATLAB Function 模块的输入/输出端口由函数的定义方式决定

在 function 头的下一行增加"%♯codegen"是为了使静态 M 代码分析器(Code Analyzer)诊断代码并提示用户对在代码生成过程中可能导致错误的违规写法进行修正。MATLAB Function 模块内部的 M 语言有严格的要求:变量必须要给定初始值及其大小、类型和实虚性,当 MATLAB Function 模块中的变量用于生成嵌入式 C 代码时,不支持维度和元素个数的变化,需要在定义时确定变量的维度。

根据 Simulink 的运行机制,每个采样点会调用一次 MATLAB Function 模块的函数,两次调用之间,如何将同一个变量前次计算的终值传递到当前计算周期呢? 可以使用 persistent 变量来实现函数退出和进入时内部变量值的保持。

例如,使用 MATLAB Function 模块编写一个能够累积输入值作为输出的模块——累加模块。为了计算累加值,需要一个状态变量在每次调用 fcn() 时依据上一次的值进行累加,并将累加值存储在该变量中。使用 persistent 声明该变量就可以实现此目的。persistent 变量是定义在某个函数内的变量类型,它类似于 C 语言中 static 修饰的静态变量,在函数被多次调用时,保持上次调用时被赋予的值,不会在一次函数运行结束时释放其存储空间。persistent 变量与 global 变量的类似之处是 MATLAB 为它们创建永久数据区域,不同之处是 persistent 变量只能声明在函数内部,而 global 较为自由,可以声明在脚本里函数体外的部分,目的是免除 persistent 变量被其他函数或命令行修改其值,而造成用户无法定位其值的改变所产生的困扰。声明 persistent 变量时它刚刚被创建,还不具有初始值,其内容为空值[],所以调用声明 persistent 变量的函数时应先判断 persistent 变量是否为空,如果为空则初始化为 0,非空则直接使用,因为它们会记得上次被调用后的值。具体代码如下:

```
function y = fcn(u)
% #codegen
persistent sum_val
if isempty(sum_val)
    sum_val = 0;
end
sum_val = sum_val + u;
y = sum_val;
```

将 Clock 模块的信号输入到 MATLAB Function 模块中并使用 Scope 模块接收 y 端口的输出值,将求解器设置为固定步长,步长设置为 1,仿真结果如图 3-208 所示。

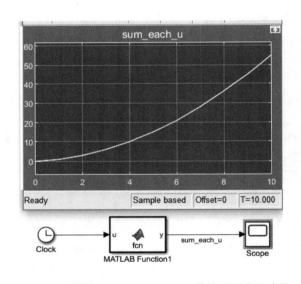

图 3-208 利用 MATLAB Function 模块实现求和功能

经过 10 s 共 11 个采样点后,结果累加到 55,等同于 sum([0:10])。使用 persistent 变量时需要注意:

① persistent 变量不能作为函数的输入/输出参数,否则会报错;
② persistent 变量不能与当前工作区中已经存在的变量同名,否则会报错;
③ persistent 变量不能声明在 Command Window 里,必须声明在函数内。

MATLAB Function 模块支持在 FUNCTION 内部定义子函数并调用,但是不支持递归调用。MATLAB Function 模块可以将 MATLAB 内建函数编写的 M 函数生成 C 代码,如 sum、length、sqrt 等(支持代码生成的 M 函数详细列表请搜索 MATLAB 自带 help 文档的 *Functions Supported for C/C++ Code Generation—Alphabetical List*),如果要使用不支持

代码生成功能的 MATLAB 内建函数,如绘图函数系列 plot、patch、bar 和 figure 等,则需要使用"coder.extrinsic('plot','bar')"来声明其为 extrinsic 函数,启动仿真后 plot 和 bar 函数只用来仿真,不进行编译,从而不生成可独立运行的 C/C++代码及可执行文件。

extrinsic 函数

MATLAB 对待被声明为 extrinsic 的函数采用如图 3-209 所示的策略。

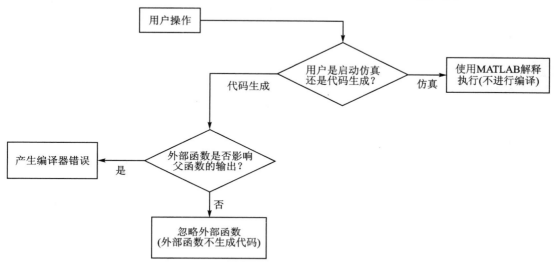

图 3-209 外部函数的处理流程

模型进行仿真时,MATLAB 生成调用 extrinsic 函数的代码,但是不生成其内部代码,这样可以保证这些 extrinsic 函数能够在 MATLAB 环境下以解释运行的方式执行。而在代码生成时,MATLAB 会判断这些 extrinsic 函数是否对调用它们的函数的输出值有影响,如果有影响,则产生编译器错误;如果没有影响,则对声明为 extrinsic 函数以外的函数进行代码生成。

Simulink 的 Scope 模块只能显示线条图像,目前的版本还不支持 3-D 绘图,不能像 MATLAB 那样提供各种功能强大的绘图功能。此时,用户可以使用 MATLAB Function 模块自定义一个绘制 3-D 图像的模块。结合 extrinsic 函数声明和 persistent 变量的使用,可以在 MATLAB Function 模块中调用绘图函数进行绘图,并将每次从 Simulink 模型获取的输入保存起来。具体代码如下:

```
function scope_3d(u)
% #codegen
coder.extrinsic('plot3','scatter3','close','delete');
persistent data
if isempty(data)
    data = zeros(3,100000);    % 初始化一个足够大的存储空间
end
persistent n                    % 计算输入采样点个数
if isempty(n)
    n = 1;
else
    n = n + 1;
end
data(:,n) = u;
persistent h
if isempty(h)
```

```
        h = plot3(data(1,:),data(2,:),data(3,:),'o');
    else
        delete(h);                    % 每个采样时刻都重新绘制图像以达到动态刷新的效果
        h = plot3(data(1,:),data(2,:),data(3,:),'o');
    end
```

模型建立时使用 Clock 模块、MATLAB Function 模块和 Mux 模块构成正弦、余弦和时间量三维输入。运行模型后，会动态地将每个采样时刻计算的值绘制到坐标轴中，构成逐步上升的螺旋 3-D 图案，如图 3-210 所示。

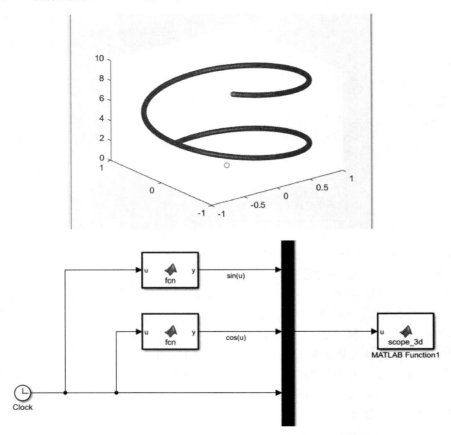

图 3-210　MATLAB Function 模块实现输入信号的三维绘图

3.3.5.2　S-Function 模块

S 函数是 Simulink 中的系统函数，是基于 Simulink Engine 的驱动机制以及求解器接口规范，描述一个模块输入/输出端口、参数、状态量的个数、数据类型和维度信息，描述输入/输出、状态及参数之间的数学关系，生成代码时传递哪些信息到 rtw 文件等的函数。当 Simulink 提供的模块库不能满足用户的仿真和代码生成需求时，用户可以通过 S 函数自定义一个模块，来实现自定义的算法或动作。S 函数能够扩展 Simulink 模块的种类，为满足用户需求提供无限可能。Simulink 基础模块库中提供的基于 S 函数的相关模块有 3 种，如图 3-211 所示。

S 函数具有不同的 Level，其中，Level 1 仅支持仿真，Level 2 支持仿真和代码生成；S 函数支持不同的语言编写，也能通过模块的参数配置自动生成 S 函数，具体原理和使用方法请参

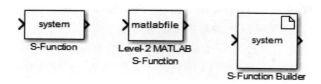

图 3-211　S-Function 模块

考第 10 章。

3.3.6　不同速率的转换模块——Rate Transition 模块

3.1.7 小节讲解了 Simulink 模块/子系统/模型的采样时间以及它们之间的关系。在图 3-15 和图 3-18 所示的例子中,不同采样时间的子系统之间并未通过信号线相连,它们是独立工作的。而当不同采样时间的模块/子系统/模型之间通过信号线连接时,就需要一个调节不同采样时间之间数据处理的模块,它就是 Rate Transition 模块。

采样时间相同的模块/子系统之间传递数据时机制简单,按照数据流方向逐步更新与传播即可。如果采样时间不同,就出现上游数据更新速度快于或慢于下游数据更新速度的情况。Rate Transition 模块并不打破各个子系统的采样时间必须是求解器定步长整数倍的规则,它的主要目的是在不同采样时间之间传递数据时保证数据的完整性和确定性。Rate Transition 模块的图标如图 3-212 所示。

Rate Transition 模块的参数对话框("Block Parameters:Rate Transition"对话框)如图 3-213 所示。

图 3-212　Rate Transition 模块

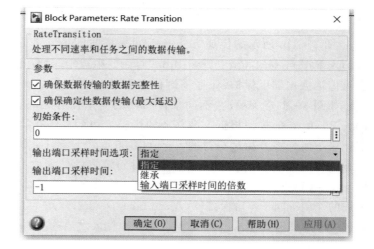

图 3-213　"Block Parameters:Rate Transition"对话框

"Block Parameters:Rate Transition"对话框中的"初始条件""输出端口采样时间"的设置与其他带有状态量的模块相同,容易理解,需要重点分析的是"确保数据传输的数据完整性"和"确保确定性数据传输(最大延迟)"两个参数。此模块用于解决异步采样时间模块之间传递数据时,数据可能出现的不完整、不一致的问题。

模型中不同采样时间模块/子系统之间传递数据时的数据处理问题,对应到电子控制器软件中,就是不同周期的任务之间共享数据的问题,需要保障传递数据的完整性(无缺失)以及数据传递时刻的确定性(下游采样时上游数据是否更新)。

数据完整性风险是指上游数据采样时间小于下游数据采样时间时,上游信号在下游信号计算过程中发生改变的风险。图 3-214 中列举了两个任务,上游任务采样时间为 0.1 s,传递信号 Sig 给采样时间为 0.2 s 的下游任务。假设两个任务运行在抢占式实时操作系统中且上游任务具有较高的优先级,当上游任务执行后,下游任务使用 Sig 进行计算,如果运算时间较长,则运行一次需要 0.15 s,那么在下游任务运行结束前,上游任务在 0.1 s 时会抢占资源进行执行,此次执行会更新 Sig,之后,当下游任务得到时间片轮转再继续运行剩下的部分时,Sig 的值已经发生了改变,这就使得下游任务在一次执行过程中,Sig 的值发生了改变,破坏了数据的完整性,使得下游任务的计算结果变得不可预期且不再可靠,从而引起电子控制器失效。

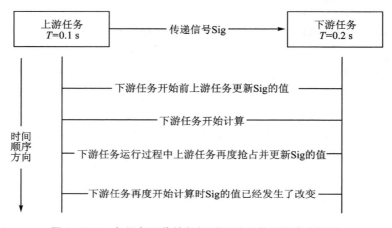

图 3-214　多任务下传输数据时不受保护可能发生风险

图 3-214 所示的传递方式是不同采样时间的任务之间无保护地传输数据的方式。在"Block Parameters:Rate Transition"对话框中选中"确保数据传输的数据完整性"复选框,将会对传输数据加以保护,保存下游任务开始时所使用的 Sig 值,确保在该任务运行期间不改变。如图 3-215 所示,在不同采样时间的两个任务之间插入 Rate Transition(RT)模块后,Rate Transition 模块根据上游任务的优先级和下游任务的采样时间运行,以零阶保持器的功能记录下游任务开始运行时的 Sig 值,并持续到下游任务执行完。

采样时间较长的上游任务与采样时间较短的任务之间的 Rate Transition 模块的作用等同于 Unit Delay 模块。采样时间较短的上游任务与采样时间较长的任务之间的 Rate Transition 模块的作用等同于零阶保持器(Zero-Order Holder(ZOH))。Unit Delay 模块是将自身输入信号延迟一个采样时间再输出,它在接收第一个输入之前输出的是初始值,如图 3-216 所示。

零阶保持器是指实现采样点之间插值的元件。零阶保持器基于时域外推原理,能够把连续采样信号转换成离散采样信号。当上游信号的采样时间小于下游信号的采样时间时,中间插入的 Rate Transition 模块就会自动以零阶保持器模式工作。

数据确定性风险是指在上下游之间传递数据的时间点是无法预测的,这样就无法确定下游计算时所使用的数据是否被上游更新过,下游任务相邻两次执行时所使用的输入可能存在相同的情况。当同时选中"确保数据传输的数据完整性"和"确保确定性数据传输(最大延迟)"复选框时,Rate Transition 模块可以实现最为安全的数据传输机制,牺牲的是当上游任务采样

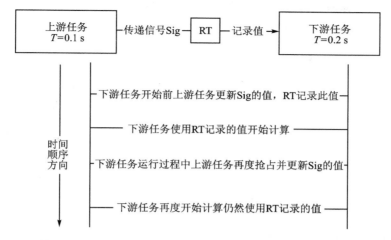

图 3-215 插入 Rate Transition 模块后的多任务下传输数据

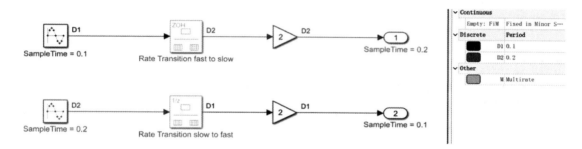

图 3-216 采样时间快慢切换时 Rate Transition 模块等效为不同的功能模块

时间长于下游任务采样时间时,会产生一个上游任务(两个任务中较长的那个)采样时间的延迟;反之,无延时。

3.3.7 String 模块库

在 MATLAB 2021b 中,Simulink 已经支持字符串 String 作为其内置数据类型。String 类型是为了兼容 MATLAB 的 String 类型,提升了框图式建模的数据支持能力,从过去纯粹的数据流框图式建模工具变为也支持字符和字符串传递的图形化建模工具。Simulink 的常用库中也新增了 String 模块库,如图 3-217 所示。

与 C++处理 String 类型相似,Simulink 的 String 模块库囊括了字符串到 ASCII 码的互换功能、字符串的比较功能、字符串的子串功能、字符串到其他数值类数据类型的转换功能以及其他数据类型到字符串的转换功能。

String 模块库中模块支持 Simulink Coder 下的代码生成(系统目标选择 grt.tlc 或 ert.tlc)。

String 模块库中每个库的功能都比较简单,本书就不一一列举了,这里主要讲解几个字符串处理常用的功能模块,其他小功能就不再介绍,相信读者根据模块的字面意思就能较快地掌握其用法。

3.3.7.1 String Constant 模块

String Constant 模块与 Constant 模块不同,它的参数和输出数据类型仅支持 String 类

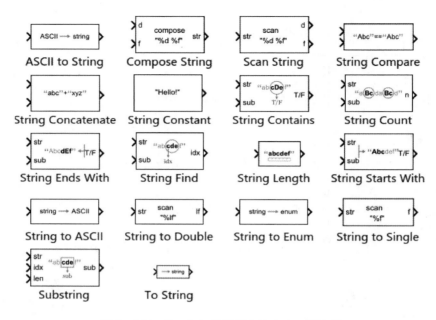

图 3-217 Simulink 常用库中的 String 模块库

型,而 Constant 模块的参数和输出数据类型仅支持数值类型。String Constant 模块用于输出用户设置的字符串,可以使用 Display 模块承接输出并显示,如图 3-218 所示。

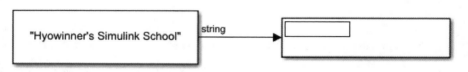

图 3-218 String Constant 模块提供 String 类型的输出

String Constant 模块的参数必须使用双引号括起来,若使用单引号会报错。String Constant 模块的参数对话框("Block Parameters:String Constant"对话框)如图 3-219 所示。

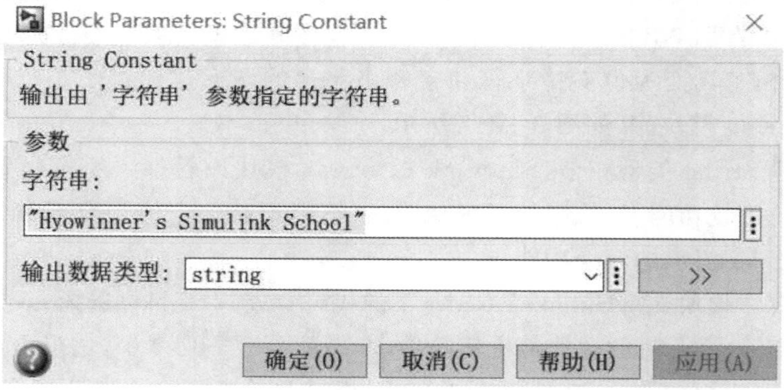

图 3-219 "Block Parameters:String Constant"对话框

String Constant 模块的默认采样时间是 Inf,即仿真初始化时运行一个步长,然后就不再根据求解器的步长更新输出了。作者在这里明确一下,String 类型的处理模块都是离散模块,它们不能支持插值和积分运算，如果遇到此类运算则会报出错误。

3.3.7.2 Substring 模块

字符串处理中取子字符串操作是非常常见的，Simulink 的 String 模块库提供了 Substring 模块来实现框图式建模的取子字符串操作。Substring 模块默认模式下拥有三个输入端口和一个输出端口，输入为待处理字符串、起始索引和子串长度，其中待处理字符串为 String 类型，起始索引和子串长度必须是无符号正整数，索引从 1 开始。输出为取出的字符串内容，也是 String 类型。当在 Substring 模块的参数对话框中（"Block Parameters：Substring"对话框）中选中"输出从'idx'到结尾的字符串"复选框时（见图 3-220），len 输入端口会被屏蔽。

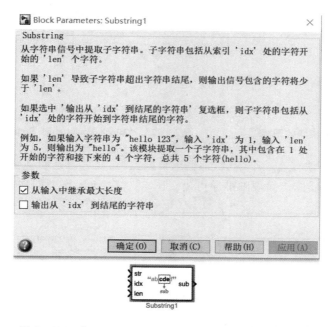

图 3-220 "Block Parameters：Substring"对话框及其图标

使用 Substring 模块结合无符号整型作为索引 idx 和字串长度 len 的输入如图 3-221 所示，Substring 模块从长字符串中取出作者英文名的缩写。

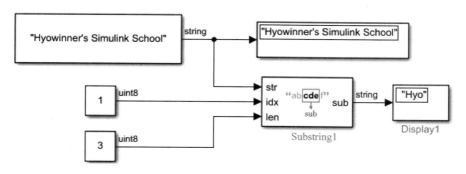

图 3-221 Substring 模块的建模应用

3.3.7.3 String Length 模块

String Length 模块是一个 SISO 模块，接收一个 String 类型的信号输入，计算出其长度后，按照模块的参数对话框中设计好的输出数据类型进行输出。该模块的图标如图 3-222 所示。

双击 String Length 模块，打开"Block Parameters：String Length"对话框，如图 3-223 所示。

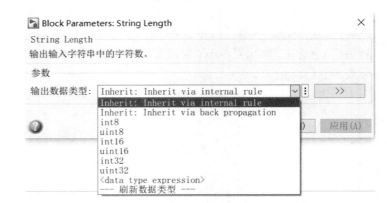

图 3-222　String Length 模块的图标　　　图 3-223　"Block Parameters：String Length"对话框

String Length 模块仅有一个参数，即输出数据类型，其可以是明确指定的整数类型，也可以根据内部规则或者反向传播规则推导得出。图 3-224 所示模型的功能是计算字符串中字符的个数。

图 3-224　String Length 模块的应用举例

3.3.7.4 String Contains 模块

String Contains 模块是一个具有两输入端口和一个输出端口的模块。两个输入分别是目标字符串 str 和待匹配子字符串 sub，经过模块内部的字符串子串匹配，输出是否在 str 中匹配到 sub。String Contains 模块的参数对话框中有两个参数，用于区分大小写和匹配函数。其中，选中区分大小写的复选框表示在字符串处理过程中考虑区分大小写。匹配函数有 3 种：包含、开始于和结束于。在设置区分大小写的情况下，匹配函数分别设置 3 种不同的情况，其图标如图 3-225 所示。

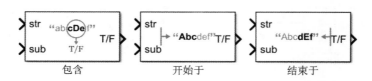

图 3-225　String Contains 模块的 3 种不同情况的图标

图 3-226 所示的模型展示了一个判断字符串中是否存在某子串的案例，若判定为 True（显示为 1），则说明包含该子串。

图 3-226 从长字符串中判断是否包含 certain 子串

3.3.7.5 String Compare 模块

当需要比较两个字符串是否相同时,可以使用 String Compare 模块,它是一个具有两个输入端口和一个输出端口的模块。其图标如图 3-227 所示。

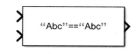

图 3-227 String Compare 模块的图标

双击 String Compare 模块,"Block Parameters:String Compare"对话框,如图 3-228 所示。

与 String Contains 模块相同,"Block Parameters:String Compare"对话框中也有参数"区分大小写",用于决定在仿真计算过程中是否区分大小写英文字母。通过"比较选项"下拉列表框可以将默认的"整个字符串"改为"前 N 个字符",修改后将会出现"字符数"文本框,如图 3-229 所示。

图 3-228 "Block Parameters:String Compare" 对话框

图 3-229 "Block Parameters:String Compare" 对话框(比较前 1 个字符)

图 3-230 所示的模型是比较两个输入字符串中前两个字符是否相同。通过仿真得知,这两个字符串虽然不同,但是前两个字符是相同的,都是 He,所以比较结果是相同的。

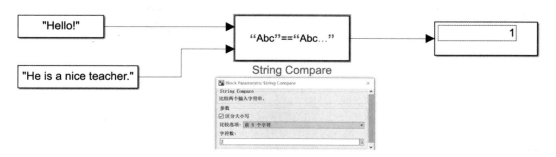

图 3-230 String Compare 模块的应用举例

3.3.7.6 String Concatenate 模块

String Concatenate 模块可以将多个输入端口的字符串进行拼接,输入端口个数可以由用户指定,然后输出一个拼接后的字符。其图标如图 3-231 所示。

输入字符串类型的端口个数是可以指定的。双击 String Concatenate 模块,打开"Block Parameters:String Concatenate"对话框,如图 3-232 所示。

图 3-231　String Concatenate 模块的图标　　　图 3-232　"Block Parameters:String Concatenate"对话框

将"输入数目"设置为 3,此模块的图标会发生变化,增加了一个加号和省略号的子串。拖曳改变该模块的形状使其稍微高一些,然后拖入 3 个 String Constant 模块,分别输入字符串并将其输出端口连接到 String Concatenate 模块的输入端口,形成一个完整的仿真实例,如图 3-233 所示。

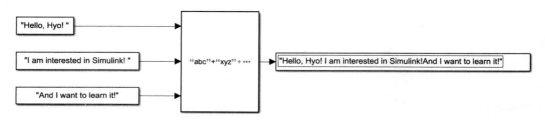

图 3-233　利用 String Concatenate 模块拼接 3 个字符串

String Concatenate 模块的生成代码其实对应于 <String.h> 中的 strncat 函数。

3.3.7.7　String Count 模块

String Count 模块(见图 3-234),正如字面的意思,是对字符串中某个子串出现的次数进行统计的模块。当接收到一个串行通信发送过来的字符串时,可以通过该模块对其中的关键字符子串进行统计,得出其出现的次数,该次数可以以多种数值数据类型的方式对外输出。

双击 String Count 模块打开"Block Parameters:String Count"对话框(见图 3-235),可以看到有两个参数,分别是"区分大小写"和"输出数据类型"。

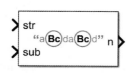 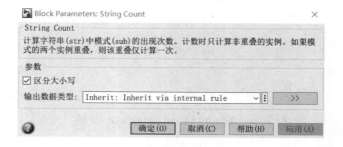

图 3-234　String Count 模块的图标　　　图 3-235　"Block Parameters:String Count"对话框

使用默认参数,统计 01 码串中 110 出现的次数,模型及仿真结果如图 3-236 所示。

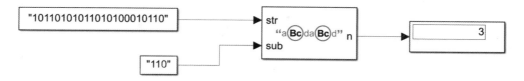

图 3-236　String Count 模块对 01 码串中 110 模式的统计

使用 String 模块库生成 C 代码时,要求输入/输出端口都使用 String 类型。String Count 模块的生成代码为 strstr 函数与其他基础字符串处理函数的组合。

3.3.8　Merge 模块

Merge 模块用在非迭代的条件/事件触发子系统中,将多个不同条件/事件下触发计算的结果合并为一个信号输出到下游模型。当某个时刻输入信号中的某一个更新时,输出就切换为刚刚更新的这一个输入信号。Merge 模块的图标如图 3-237 所示。

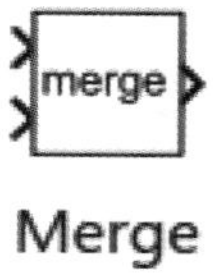

用户可以通过 Merge 模块的参数对话框("Block Parameters:Merge"对话框见图 3-238)设置输入信号的路数以及输出信号的初始值。初始值是必需的,Merge 模块仅在输入中至少有一个发生变化时输出其值。初始化时没有任何一个输入信号会发生变化,所以必须提供初始值供初始化时输出。"输入端口偏移量"文本框中可以输入向量以指定每个输入信号相对于输出信号开始时的时间偏移量。

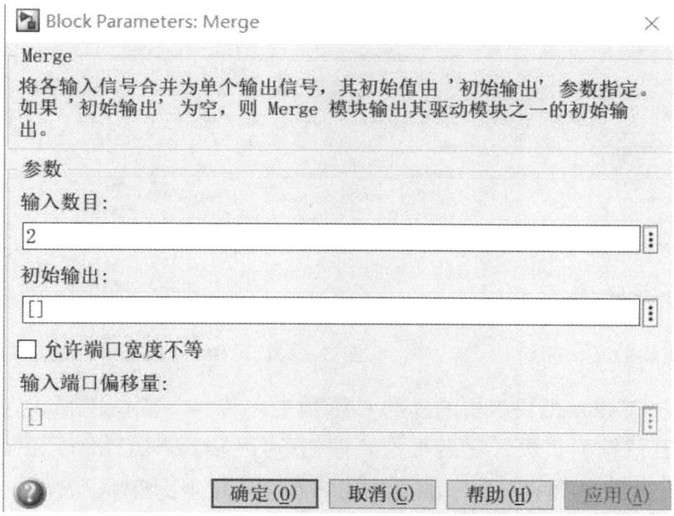

图 3-237　Merge 模块的图标

图 3-238　"Block Parameters:Merge"对话框

条件/事件触发子系统的输出信号不是在每个求解器步长都更新,只有满足条件和发生事件时才会更新,作者将这种信号统称为条件更新信号。普通的信号是在每个求解器步长或者其父层子系统设置的采样步长都更新,作者称其为全更新信号。Merge 模块虽然要求输入端口的信号都具有相同的采样时间,但是不支持全更新信号的合并。如图 3-239 所示的模型在仿真时会报错。

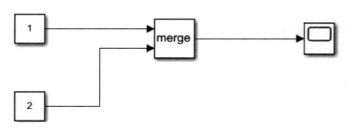

图3-239 Merge模块不可用于全更新信号

Merge模块的多个驱动输入必须不是在同一个时刻更新,如If Action Subsystem\Fcn-call Subsystem等模块的输出,这些输出的信号实际上是同一个物理量,只是它们在不同的条件下被触发执行,符合不在同一采样时刻更新的要求。而上例中两个Constant模块设置相同的采样时间Inf或-1,在同一个时刻两个信号都在更新,就超出了Merge模块的处理能力。

Merge模块应用于条件执行子系统的案例将在5.2节中举例讲解。

3.3.9 C语言调用C Caller模块

C Caller模块是一个支持将外部C代码集成到Simulink中的模块,使用该模块可导入外部C代码并将C代码中的函数全部解析列举,同时允许用户选择其中的C函数并将其集成到Simulink模型中。根据所选函数,此模块的输入/输出端口个数会有所变化,模块图标上会显示当前集成的外部C代码的函数名,模块默认图标如图3-240所示。

双击C Caller模块,打开"Block Parameters:C Caller"对话框,如图3-241所示。

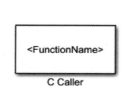

图3-240 C Caller模块的默认图标

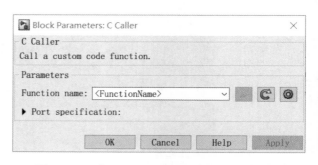

图3-241 "Block Parameters:C Caller"对话框

Function name:C Caller模块解析的外部C函数的名称。 按钮用来导入源代码及其依赖关系,在导入源代码及其依赖关系设置完后单击 按钮,可跳转到MATLAB Editor界面以便用户查看源文件的函数定义。如果以库文件的方式调用外部C函数,则跳转到头文件中查看函数声明。

Port specification:从所选C函数源码中解析出函数特性,包括输入及输出参数名称、范围、类型和大小。Port specification表中显示了参数的详细信息以及与Simulink中C Caller模块的映射关系,如图3-242所示,具体参数说明如下:

Name:输入和输出参数的名称,为被调用C函数中定义的函数参数名称。

Scope:C函数参数在Simulink作用域中的映射方式,作用域到模型的几种映射关系如表3.3.3所列。

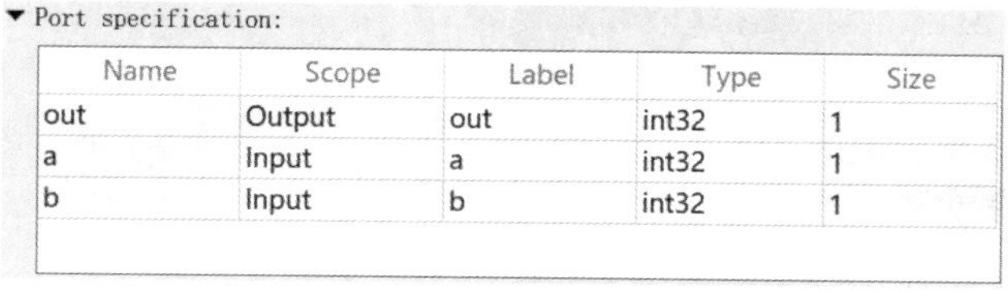

▶ Port specification:

Name	Scope	Label	Type	Size
out	Output	out	int32	1
a	Input	a	int32	1
b	Input	b	int32	1

图 3-242　Port specification 表

表 3.3.3　作用域与模型的映射关系

Simulink 作用域	作用域到模型的映射关系
Input	模块输入端口
Output	模块输出端口
InputOutput	模块输入和输出端口，参数传值时被识别为此类型
Global	模块使用的全局变量
Parameter	模块可调/可标定参数
Constant	常值

根据函数定义，参数一般具有默认作用域，如当 C 函数的参数为"const double * u"时，会被默认解析为 C Caller 模块的输入，用户可以根据实际的使用情况来更改其作用域。

另外，对于指针传递的参数，如果有常量限定符定义（如"const double * u"），则该参数必须为 Input 或 Parameter 类型；如果没有常量限定符定义，则该参数默认为 InputOutput，用户可以将其更改为 Input、Output 或 Parameter 作用域。在使用 Input 或 Parameter 作用域的情况下，需确保 C 函数不会修改指针指向的内存。如果参数是 Output 作用域，则在该函数的每次调用中，该指针指向的每个元素都应该重新分配。

如果想把外部 C 函数中定义的全局变量映射到相应的 Simulink 作用域，需要在 Configuration Parameters 对话框中的 Simulation Target 选项卡中选中 Enable global variables as function interfaces 复选框（见图 3-243），这样便可以将 C 函数代码中的全局变量映射到 C Caller 模块上的 Input、Output、InputOutput 或者 Global 作用域。

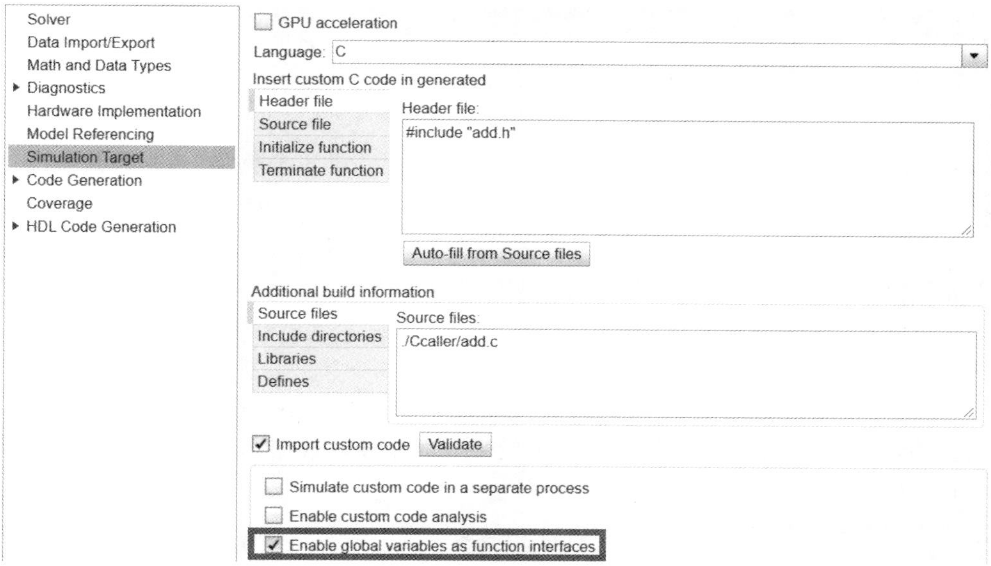

图 3-243　开启 Enable global variables as function interfaces 选项

Label：C Caller 模块中对应参数的标签设置，其结合参数所设置的不同作用域使 C Caller 模块的封装形式有所区别。当作用域为 Input 或 Output 时，Label 中设置的标签名分别对应输入/输出端口的名称，模块图标的端口会根据其配置刷新显示，如图 3-244 所示。

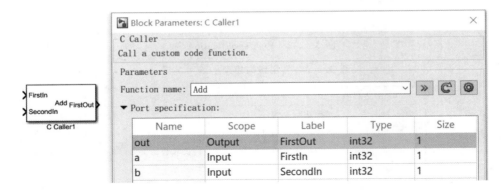

图 3-244　设置 Input 和 Output 类型标签

根据作用域到模块的映射关系，当作用域为 InputOutput 时，该选项同时对应一个输入端口和一个输出端口，端口标签中设置的值会同时映射到输入和输出端口，此时模块图标的显示如图 3-245 所示。

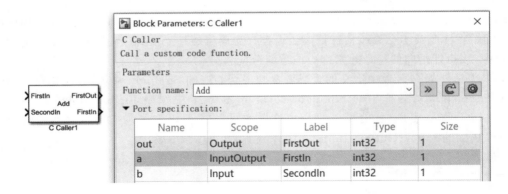

图 3-245　设置 InputOutput 类型标签

当作用域为 Parameter 时，Label 中设置的值映射到模块的参数中，双击模块，在弹出的"Block Parameters：C Caller"对话框中仅显示 Port specification 中将 Scope 设置为 Parameter 时的参数文本框，用户可在此文本框中配置外部 C 函数运行过程中模块的参数，单击 Open Block Dialog 可进入 C Caller 模块的通用参数对话框，如图 3-246 所示。

当作用域为 Constant 或 Global 时，Label 中设置的标签名不会影响模块图标的显示，仅在生成代码中有所体现。

Type："Block Parameters：C Caller"对话框中的 Function name 下拉列表框中所选函数的参数列表对应的 Simulink 数据类型。C 函数中参数变量的数据类型与 Simulink 中数据类型的映射关系如表 3.3.4 所列。

Size：设置参数中的数据维度。

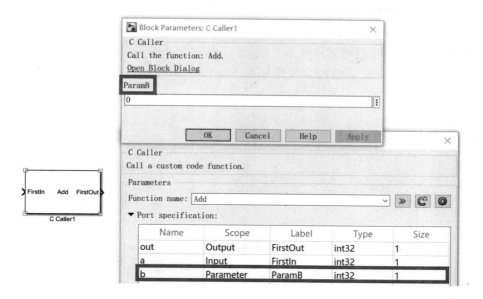

图 3-246　设置 Parameter 类型标签

表 3.3.4　C 函数中参数变量的数据类型与
Simulink 中数据类型的映射关系

C 函数中参数变量的数据类型	Simulink 中的数据类型
signed char	int8
unsigned char	uint8
char	int8/uint8
int *	int32
unsigned int *	uint32
short *	int16
long *	int32/fixdt(1,64,0)
float	single
double	double
int8_t *	int8
uint8_t *	uint8
int16_t *	int16
uint16_t *	uint16
int32_t *	int32
uint32_t *	uint32
typedef struct{⋯} StructA	Bus: StructA
typedef enum{⋯} EnumA	Enum: EnumA

使用 C Caller 模块集成外部 C 代码一般分为两个大的步骤：在 Configuration Parameters 对话框中设置源代码及其依赖关系，调用 C Caller 模块并设置将 C 函数参数映射到 Simulink 端口。C

Caller 模块集成外部 C 代码有两种方式：调用外部 C 源代码和调用库中指定外部 C 函数。接下来通过集成源代码的案例具体介绍使用 C Caller 模块集成外部 C 代码仿真的一般流程及使用方法。

本案例通过 C Caller 模块调用外部 C 代码，实现一个简单的加法功能。首先准备两个外部函数文件：add.c 和 add.h，这两个文件放在 Simulink 的搜索路径下。其中，add.c 中的源代码如下：

```c
#include <stdio.h>
#include "add.h"
int Add(int a, int b)
{
    int c;
    c = a + b;
    return c;
}
```

add.h 中的内容如下：

```c
#ifndef _ADD_H_
#define _ADD_H_
int Add(int a, int b);
#endif
```

使用 C Caller 模块调用外部 C 代码需要在 Simulink 中设置包含 C 函数源代码文件及文件的一些依赖关系。在 Simulink 工具条中打开 Configuration Parameters 对话框并在左侧列表框中选择 Simulation Target，并在对应的右侧选项卡中选中 Import custom code 复选框，支持自定义代码导入功能，然后在 Insert custom C code in generated 选项组中添加待调用 C 函数信息（包括头文件、源文件等），最后在 Additional build information 选项组中设置编译阶段所需的源文件、路径、链接库和宏定义等信息。add.h 和 add.c 的添加方式如图 3-247 所示。

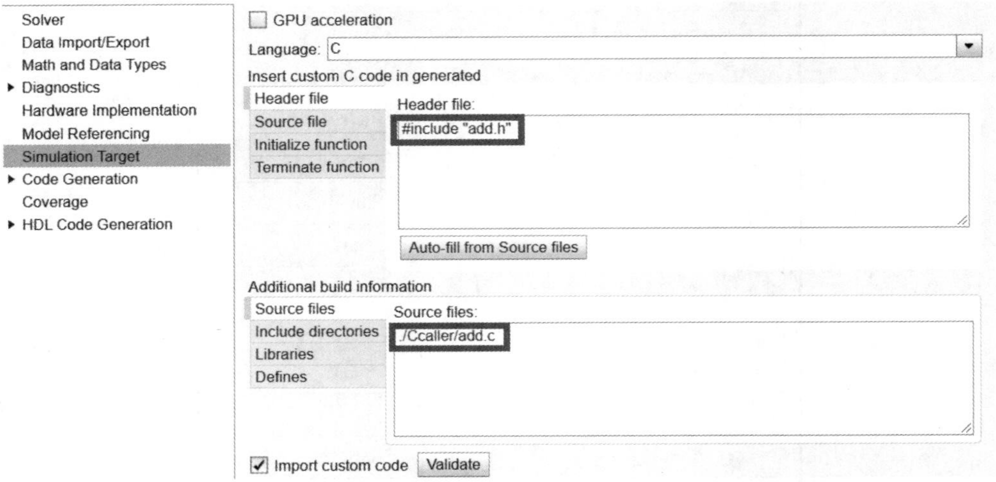

图 3-247　设置 C 函数源代码文件及文件的一些依赖关系

C 函数源代码及其依赖项设置完成后，单击 Validate 按钮验证 C 文件的文件名、路径等是否正确，验证结果会显示在 Diagnostic Viewer 窗口中。如果验证成功，则会在窗口中显示

"Successfully built custom code for model 'xxx'."。

在 Simulink 中添加 C Caller 模块,双击该模块打开"Block Parameters:C Caller"对话框,单击 按钮导入源代码及其依赖关系;在 Function name 下拉列表框中选择 Add,作为被调用的外部 C 函数,此时 Add 函数中的参数会自动解析到 Port specification 表中;在 Port specification 表中配置作用域、标签名以及数据类型等参数,如图 3-248 所示。

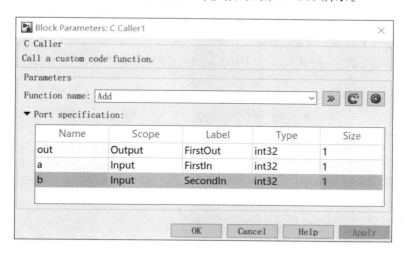

图 3-248　C Caller 模块集成 Add 函数的参数对话框的设置

"Block Parameters:C Caller"对话框经过如上配置后,在该模块左侧添加两个数据类型为 int32 的 Constant 模块,并将其连接到该模块的输入端口,输出端连接到 Display 模块,对由这 4 个模块构成的模型进行仿真来验证 C Caller 模块调用 Add 函数的功能,如图 3-249 所示。

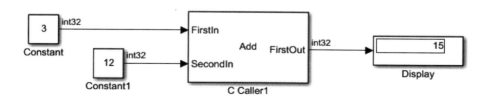

图 3-249　C Caller 模块集成 Add 函数的仿真模型

3.3.10　CAN 报文处理模块——CAN Pack/CAN Unpack 模块

CAN 控制器局域网络(Controller Area Network)是由以研发和生产汽车电子产品著称的德国 BOSCH 公司开发的,并最终成为国际标准(ISO 11898)。CAN 是国际上应用最广泛的现场总线之一,CAN 总线协议已经成为汽车计算机控制系统和嵌入式工业控制局域网的标准总线。

CAN Pack 与 CAN Unpack 模块分别是对 CAN 报文完成打包与解析的模块,在控制器软件实现 CAN 的收发过程的开发中,一般是通过协议层软件完成信号到报文的打包以及报文到信号的解析,再由底层软件实现 CAN 的收发功能,因此,接下来介绍的 CAN Pack 与 CAN Unpack 模块所处的软件层属于协议层。

3.3.10.1 CAN Pack 模块

图 3-250 CAN Pack 模块的默认图标

CAN Pack 模块是一个完成 CAN 报文信号到报文打包的模块,此模块默认有一个输入端口和一个输出端口,输入端口的个数会根据模块参数的设置动态更新,模块图标上会显示当前待打包的 CAN 报文相关信息。该模块默认图标如图 3-250 所示。

双击 CAN Pack 模块,打开"Block Parameters:CAN Pack"对话框,如图 3-251 所示。

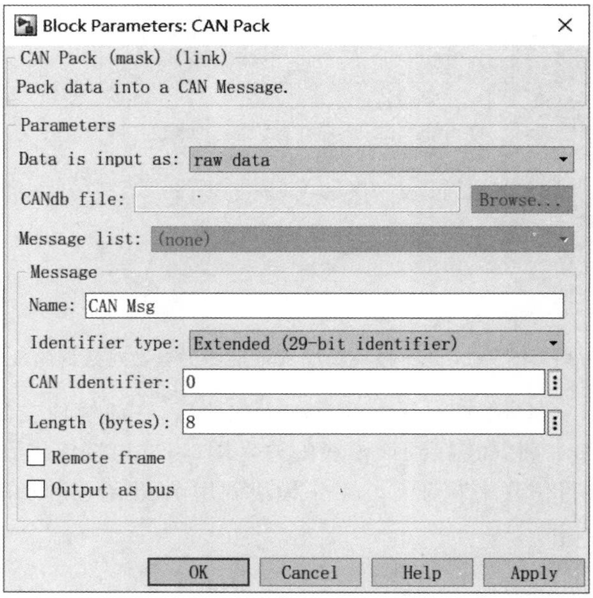

图 3-251 "Block Parameters:CAN Pack"对话框

Data is input as:通过该参数选择输入的信号。该参数提供 3 个选项:raw data、manually specified signals 和 CANdb specified signals。

▷ 当选择 raw data 时,以 uint8 向量数组的形式输入 CAN 总线上的 DLC 数据,表示的是信号的内部值,此时 CANdb file 和 Message list 选项均不能设置,用户只能设置 Message 选项组中的相关字段,且该模块只有输入端口。在设置 Data is input as 为 raw data 的打包过程中,是利用 factor 和 offset 参数进行放大和偏移操作的,换算关系如下:

$$raw\_value = (physical\_value - offset)/factor$$

其中,raw_value 表示待打包信号的内部值,physical_value 表示信号的物理值。如果信号的物理值的范围是 -10~10,精度是 0.1,那么根据上述公式将该物理值加上 10 (offset = -10)再乘以 10(factor = 0.1),那么 -10~10 的范围就会被放大为 0~200,在 Message 选项组中就可以使用 uint8 类型来表示了。

▷ 当选择 manually specified signals 时,可以使用用户自定义的数据格式对信号进行打包。使用该选项时需通过"Block Parameters:CAN Pack"对话框下方的 Signal 表创建信号,模块输入端口的个数等于信号的个数。
> 当选择 CANdb specified signals 时,可以使用用户导入的 CANdb 文件对报文进行打包,模块输入端口的个数等于 CANdb 文件中所选报文中的信号数量。

CANdb file:CAN 数据库文件,该选项仅当 Data is input as 设置为 CANdb specified signals 时可编辑。单击 Browse 按钮,选择本地系统的 CANdb 文件并导入,CANdb 文件中的报文信息会解析到"Block Parameters:CAN Pack"对话框中的 Message list 下拉列表框中,根据 Message list 下拉列表框中所选 CAN 报文将报文中的信号解析到"Block Parameters:CAN Pack"对话框下方的 Signal 表中。

Message list:CAN 报文列表,当 Data is input as 设置为 CANdb specified signals 时可编辑,CANdb 文件中的报文信息会解析到该下拉列表框中。

Name:CAN 报文名称,报文名称会在模块图标中显示。

Identifier type:CAN 标识符类型,标准标识符是 11 位标识符,扩展标识符是 29 位标识符。

Length:CAN 报文长度,范围为 0~8 字节。如果使用 CANdb specified signals 作为数据输入,那么 CAN 报文的长度由 CANdb 文件规定。

Remote frame:是否将 CAN 报文设置为远程帧。

Output as bus:CAN 报文作为 Simulink 总线信号输出。

当 Data is input as 设置为 manually specified signals 和 CANdb specified signals 时,"Block Parameters:CAN Pack"对话框的下方会增加 CAN 信号的表格,当设置为 manually specified signals 时,该表格可编辑。用户提供 Add signal 和 Delete signal 按钮对表格进行操作,如图 3-252 所示。

Name	Start bit	Length (bits)	Byte order	Data type	Multiplex type	Multiplex value	Factor	Offset	Min	Max
LF_WSpeed	8	16	BE	unsigned	Standard	0	0.01	-100	0	2000
LR_WSpeed	40	16	BE	unsigned	Standard	0	0.01	-100	0	2000
RF_WSpeed	24	16	BE	unsigned	Standard	0	0.01	-100	0	2000
RR_WSpeed	56	16	BE	unsigned	Standard	0	0.01	-100	0	2000

图 3-252　CAN 信号表

Signals 表中列举了一系列与 CAN 信号相关的参数设置,下面将对该表中的相关参数进行说明。

Name:信号名称。

Start bit:数据的起始位,起始位是报文数据开始计数的最低有效位,最小值为 0,最大值可设置为 63。

Length:信号在报文中占用的位数,最小值为 1,最大值为 64。

Byte order:用于设置大小端字节序。小端模式是从最低有效位到最高地址进行计数,以小端模式打包数据的一个字节,假设起始位为 20,其数据位表如图 3-253 所示。大端模式是从最低有效位到最低地址计数,以大端模式打包数据的一个字节,起始位为 20,其数据位表如图 3-254 所示。

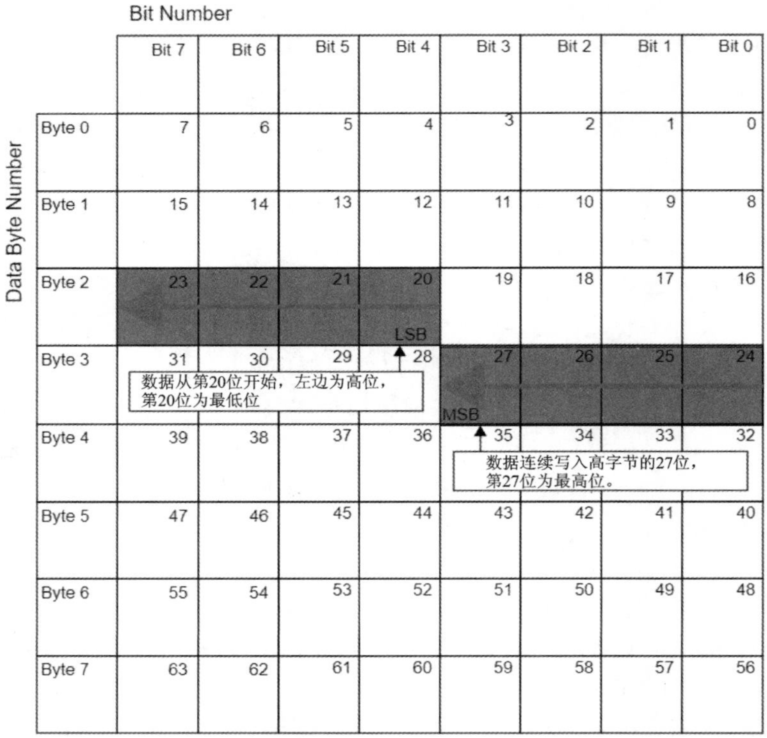

Data Byte Number	Bit Number							
	Bit 7	Bit 6	Bit 5	Bit 4	Bit 3	Bit 2	Bit 1	Bit 0
Byte 0	7	6	5	4	3	2	1	0
Byte 1	15	14	13	12	11	10	9	8
Byte 2	23	22	21	20 LSB	19	18	17	16
Byte 3	31	30	29	28	27 MSB	26	25	24
Byte 4	39	38	37	36	35	34	33	32
Byte 5	47	46	45	44	43	42	41	40
Byte 6	55	54	53	52	51	50	49	48
Byte 7	63	62	61	60	59	58	57	56

数据从第20位开始，左边为高位，第20位为最低位。

数据连续写入高字节的27位，第27位为最高位。

图 3-253　小端模式打包数据时的数据位表

Data Byte Number	Bit Number							
	Bit 7	Bit 6	Bit 5	Bit 4	Bit 3	Bit 2	Bit 1	Bit 0
Byte 0	7	6	5	4	3	2	1	0
Byte 1	15	14	13	12	11 MSB	10	9	8
Byte 2	23	22	21	20 LSB	19	18	17	16
Byte 3	31	30	29	28	27	26	25	24
Byte 4	39	38	37	36	35	34	33	32
Byte 5	47	46	45	44	43	42	41	40
Byte 6	55	54	53	52	51	50	49	48
Byte 7	63	62	61	60	59	58	57	56

数据从第20位开始，第20位为最低位。

高位数据向低字节延续直到第11位，第11位为最高位。

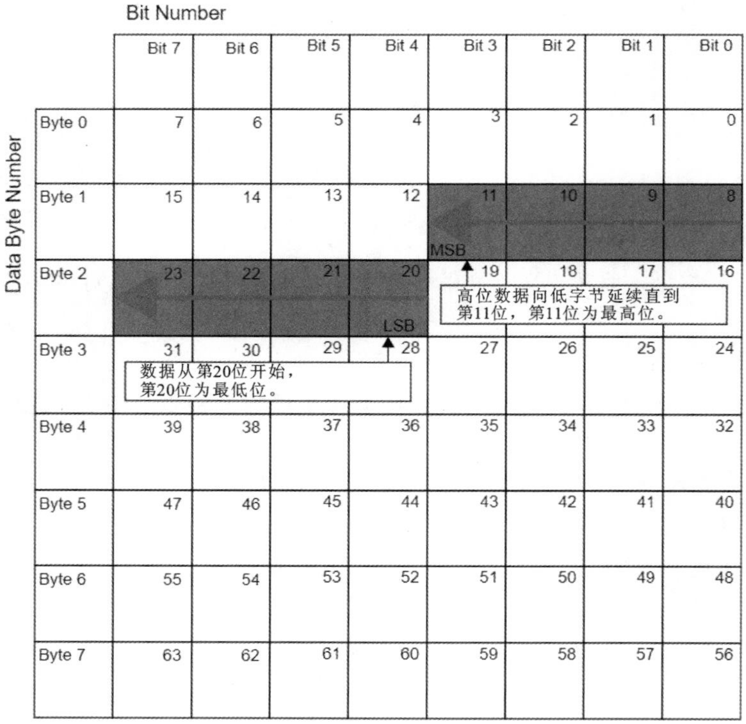

图 3-254　大端模式打包数据时的数据位表

Data type：分配到各个位中的数据类型，其包括 signed、unsigned、single 和 double，默认为 signed。

Multiplex type：CAN 报文的多路信号复用设计，该参数包含 3 个选项，即 Standard、Multiplexor 和 Multiplexed。其中，Standard 是静态信号，这类信号与普通信号一样，一直存在于该报文中；Multiplexor 是复用模式信号，这类信号携带的是复用模式信息，其值的改变对应的是不同的复用模式的变化；Multiplexed 是复用信号，又称动态信号，一个或多个复用信号对应一个复用值（multiplex value），当复用模式信号的值等于该复用值时，这些信号会被激活应用在报文中。

为了方便更好地理解，举个例子说明，一条 CAN 报文包含具有以下类型和值的信号，如图 3-255 所示。

Name	Start bit	Length (bits)	Byte order	Data type	Multiplex type	Multiplex value
LF_WSpeed	8	16	BE	unsigned	Standard	0
LR_WSpeed	40	16	BE	unsigned	Multiplexor	0
RF_WSpeed	24	16	BE	unsigned	Multiplexed	1
RR_WSpeed	56	16	BE	unsigned	Multiplexed	0

图 3-255　不同复用模式对应的报文

在此示例中，模型的每个时间步都会打包 LF_WSpeed 和 LR_WSpeed 信号。如果 LR_WSpeed 的值在某个时间步为 1，那么 CAN Pack 模块会在该时间步将 RF_WSpeed 信号和 LF_WSpeed 与 LR_WSpeed 信号一起打包；如果 LR_WSpeed 的值在某个时间步为 0，那么 CAN Pack 模块会在该时间步将 RR_WSpeed 信号和 LF_WSpeed 与 LR_WSpeed 信号一起打包；如果 LR_WSpeed 的值在某个时间步既不为 0 也不为 1，那么在该时间步 RF_WSpeed 信号和 RR_WSpeed 信号都不会被打包。

Factor 与 Offset 是信号的原始值与物理值转换时的参数，转换公式见上述 Data is input as 参数的介绍部分。

Min 和 Max 分别表示信号值的最小值和最大值，但是打包过程不会根据最小值和最大值对信号进行裁剪。

3.3.10.2　CAN Unpack 模块

CAN Unpack 模块是一个完成 CAN 报文到信号解包的模块，此模块默认有一个输入端口和一个输出端口，输入端口和输出端口的个数会根据模块参数的设置动态更新，模块图标上会显示当前待解包的 CAN 报文相关信息该模块默认图标如图 3-256 所示。

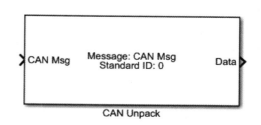

图 3-256　CAN Unpack 模块的默认图标

CAN Unpack 模块的参数对话框（"Block Parameters:CAN Unpack"对话框）如图 3-257 所示。

"Block Parameters:CAN Unpack"对话框可分为两个部分：数据格式设置和输出端口设置。数据格式相关的参数设置与 CAN Pack 模块类似，此处不再赘述。接下来对输出端口相关的参数设置进行说明。

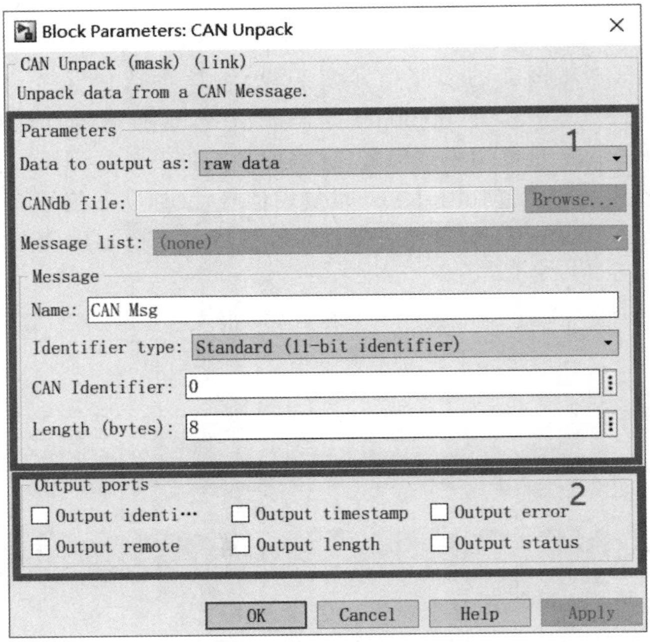

图 3-257 "Block Parameters: CAN Unpack"对话框

Output identifier：选中该复选框后，模块会增加一个输出端口，输出 CAN 报文消息标识符，端口数据类型为 uint32。

Output timestamp：选中该复选框后，模块会增加一个输出端口，输出消息的时间戳，该值表示从仿真开始到接收消息的时间，端口的数据类型为 double。

Output error：选中该复选框后，模块会增加一个输出端口，输出消息的错误状态，如果该端口上的输出值为 1，则表示传入消息是错误帧，端口的数据类型为 uint8。

Output remote：选中该复选框后，模块会增加一个输出端口，输出远程帧状态，端口数据类型为 uint8。

Output length：选中该复选框后，模块会增加一个输出端口，以字节为单位输出消息的长度，端口的数据类型为 uint8。

Output status：选中该复选框后，模块会增加一个输出端口，输出 CAN 消息的接收状态，状态为 1 表示接收到新消息，端口的数据类型为 uint8。

当上述这些复选框全部选中时，CAN Unpack 模块会增加 6 个输出端口，模块图标如图 3-258 所示。

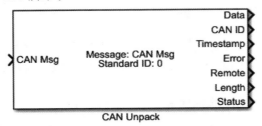

图 3-258 输出端口配置全选后的 CAN Unpack 模块图标

下面所述案例是通过 CAN Pack 模块使用用户导入的 CANdb 文件对报文进行打包，并将打包后的 CAN 消息输入到 CAN Unpack 模块，然后使用同一个 CANdb 文件进行解析，CAN 消息格式及仿真结果如图 3-259 所示。另外，在"Block Parameters: CAN Unpack"对话框中选中 Output identifier

复选框后,CAN 报文消息标识符也将一并从输出端口输出。

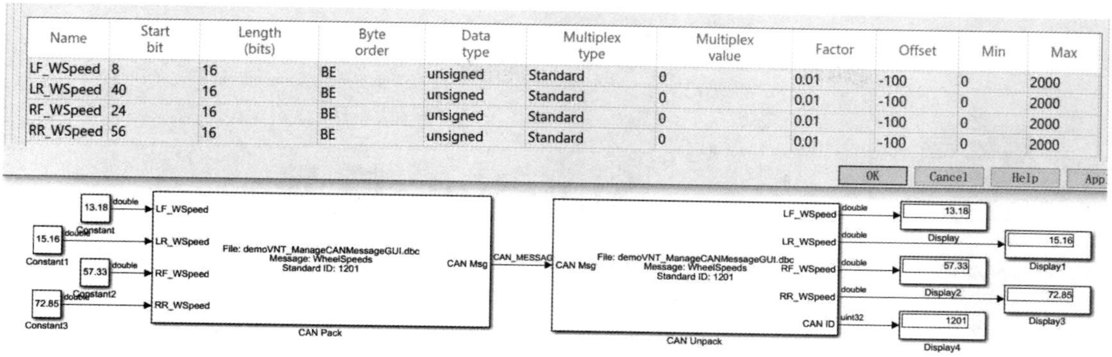

Name	Start bit	Length (bits)	Byte order	Data type	Multiplex type	Multiplex value	Factor	Offset	Min	Max
LF_WSpeed	8	16	BE	unsigned	Standard	0	0.01	-100	0	2000
LR_WSpeed	40	16	BE	unsigned	Standard	0	0.01	-100	0	2000
RF_WSpeed	24	16	BE	unsigned	Standard	0	0.01	-100	0	2000
RR_WSpeed	56	16	BE	unsigned	Standard	0	0.01	-100	0	2000

图 3-259 导入 CANdb 文件对 CAN 报文进行打包与解析

上述内容着重介绍了 CAN Pack 模块和 CAN Unpack 模块在模型层面实现 CAN 报文打包与解析的过程,然而在实际工作中是需要通过代码来实现信号打包与解析功能的。如果用户选择手写 C 代码的方式,而代码中包含大量的移位、与或等运算,那么该过程是比较烦琐且非常容易出错的,但好在这两个模块是支持代码生成功能的,能够为工程师提供相当大的便利。图 3-260 所示为 CAN Unpack 模块解析某条 CAN 信号的代码片段,生成代码时会将信号的起始位以及字长等信息同时生成到注释中,以便用户阅读。

```
if ((8 == unpack_ert_U.In1.Length) && (unpack_ert_U.In1.ID != INVALID_CAN_ID)
    ) {
    if ((1201 == unpack_ert_U.In1.ID) && (0U == unpack_ert_U.In1.Extended) ) {
    {
        /* --------------- START Unpacking signal 0 ------------------
         *   startBit                  = 8
         *   length                    = 16
         *   desiredSignalByteLayout   = BIGENDIAN
         *   dataType                  = UNSIGNED
         *   factor                    = 0.01
         *   offset                    = -100.0
         * ------------------------------------------------------------*/
        {
            real64_T outValue = 0;

            {
                uint16_T unpackedValue = 0;

                {
                    uint16_T tempValue = (uint16_T) (0);

                    {
                        tempValue = tempValue | (uint16_T)(unpack_ert_U.In1.Data[1]);
                        tempValue = tempValue | (uint16_T)((uint16_T)
                            (unpack_ert_U.In1.Data[0]) << 8);
                    }
                }
            }
        }
```

图 3-260 CAN Unpack 模块解析某条 CAN 信号的代码片段

CAN Pack 模块生成代码与 CAN Unpack 模块生成代码类似,此处不再赘述。另外,关于 Simulink 代码生成功能的介绍及使用方法详见第 14 章。

第4章 Simulink 信号

Simulink自带种类繁多且功能强大的模块库,连接模块的信号线负责将数据从源模块传递到中间模块,然后经过重重计算,最终流到接收器模块中。信号线可以传递一维数据、多维数据、向量数据、矩阵数据,甚至Bus型数据。信号线可以有分支,分支出来的信号线与原来的主干相比虽然是传递相同的数据,但是在Simulink数据结构中实际上已不再是同一个对象。信号线看似简单,却具有很多属性,如信号名、信号数据类型、维数、虚拟与否等,下面将详细介绍。

4.1 Simulink 信号概述

所谓信号,是指一种随着时间变化的量,并且在可以达到的时间轴(即被采样的时刻)的任何一个点上都存在着值。在嵌入式中表示数学量或物理量的信号在不同时刻往往具有不同的值,由于该值由源及中间过程决定,类似数学函数范畴的因变量,所以其变化是被动的,在实际系统运行时由实际的输入以及写入Flash Rom中的控制策略和算法决定,在ECU/MCU中存放在RAM区域。

信号在Simulink中也是相当重要的组成部分,它由线(line)表示,在模型中穿针引线地将各模块联系起来,既能传递数据又能明确表达模块的输入/输出依赖关系;既能给自己命名以示自身的物理意义,又能绑定Simulink.Signal数据对象来表达生成代码中的变量。将Simulink信号线理解成类似网线之类的物理设备其实是不恰当的,因为它所表示的绝不是物理连接,而是数学上的一种关系或者说逻辑联系。

4.2 Simulink 信号的操作

4.2.1 信号的创建与连接

信号用于连接模块,也源于模块。信号可以通过模型中任何有输入/输出端口的模块引出来,按住鼠标左键从输入或输出端口可以拖出一根未连接的信号线,显示为红色虚线,如图4-1所示。

一对输入/输出端口就可以满足信号线变为实线的连接需求,多个模块或单个带有输入/输出端口的模块都可以,如图4-2所示。

图 4-1　创建一根未连接的信号线　　　　图 4-2　创建一根连接的信号线

4.2.2　信号的命名

双击信号线,在信号附近就会自动出现一个可编辑的文本框,在其中输入表示信号名的字符,再单击编辑区域以外的地方,即可退出编辑状态,从而确定信号线的名字,如图 4-3 所示。

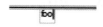

图 4-3　给信号线命名

给信号命名还有一种方法,即右击信号线,在弹出的快捷菜单中选择 Properties,然后弹出"Signal Properties: foo"对话框,在 Signal name 文本框中输入表示信号名的字符即可,如图 4-4 所示。

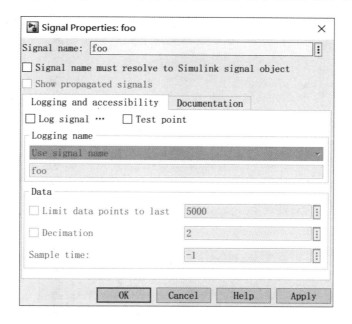

图 4-4　设置信号名

在上述操作之后,单击 OK 按钮关闭对话框,此时即完成了信号线命名操作。此后若希望再次编辑信号名,则可以通过双击该信号名将其转化为编辑模式,也可以右击该信号名,在弹出的快捷菜单中选择 Properties,打开如图 4-4 所示的对话框,在该对话框中查看并编辑 Signal name 参数。

4.2.3　信号的分支

一个信号线上可以抽出分支。将鼠标放置在信号线上,同时按住 Ctrl+鼠标左键即可从原有的信号线上拖曳出一个新的分支,用户可以将该分支连接到其他模块的输入端口上,分支处显示一个黑色圆点,如图 4-5 所示。

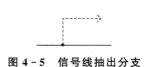

图 4-5　信号线抽出分支

4.2.4 信号的删除

图 4-6 选择 Delete Label 删除信号线

单击希望删除的信号线,则该信号线泛蓝显示,按下 Delete 键即可删除该信号线;或者右击信号名标签,将弹出如图 4-6 所示的快捷菜单,选择 Delete Lebel 即可删除该信号线。

4.3 Simulink 信号的分类

Simulink 使用不同的线形来表示传递不同类型数据的信号线,以便建模者掌握信号的规模和种类,增加模型的可读性。Simulink 支持的信号包括 Scalar(每个采样时刻传输 1*1 数据)信号、Matrix(包括 Vector)信号、Bus 信号、Trigger 控制信号以及可变维数信号。信号线的分类不是按照其内部传输信号数据类型的不同进行划分的,是按照所传递数据的维数、虚拟性以及维数可变性进行划分的,并且信号线的分类显示并非在建模阶段就能看出。建模时所有信号都按照 Scalar 信号进行显示,在更新模型或者运行模型仿真之后,各种不同的信号线才会显示出不同。

4.3.1 Scalar 信号

图 4-7 Scalar 信号线

Scalar 信号是最常见的信号,在 Simulink 中由一根细实线表示,如图 4-7 所示。

对于模型里的信号,通过在模型的菜单栏中选择 DEBUG→Information Overlays→SIGNALS→Signal Dimensions 命令(见图 4-8)就可以将其维数表示在信号线上,选择 Signal Dimensions 后背景会置灰。但是,由于 Scalar 信号是一维信号,即使开启此功能也不显示其维数 1。

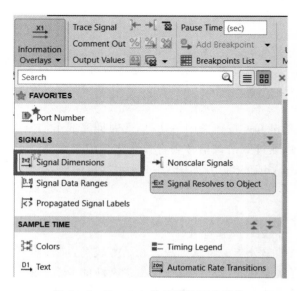

图 4-8 Simulink 信号维数开启菜单

4.3.2 Vector 信号

Vector 信号是指每个采样时刻传输一个向量数据。例如,在 Constant 模块中输入一个向量数据时,其输出端口输出的信号;Mux 模块将多个 Scalar 信号合并后输出的信号。默认情况下,Vector 信号与 Scalar 信号相同,用细实线显示,如图 4-9 所示。

图 4-9 Vector 信号

4.3.3 Matrix 信号

Matrix 信号是指每个采样时刻信号线内传输一个多维向量数据,如在 Constant 模块中输入一个矩阵数据时其输出端口输出的信号。默认情况下,Matrix 信号也与 Scalar 信号相同,用细实线显示,如图 4-10 所示。

Vector 信号和 Matrix 信号都是非 Scalar 信号,非 Scalar 信号是唯一可以切换其显示方式的信号。在图 4-8 中选择 Nonscalar Signals 之后即可显示出加粗的信号线,如图 4-11 所示。

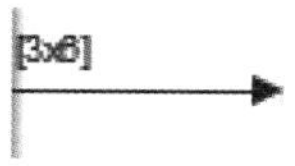

图 4-10 Matrix 信号 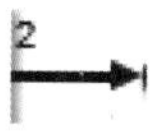　　　　图 4-11 选择 Nonsaclar Signals 之后的非 Scalar 信号

4.3.4 Bus 信号

4.3.4.1 Bus 信号的虚拟性

Bus 信号可以通过 Bus Creator 模块得到。Bus Creator 模块的多个输入信号构建为一个 Bus 信号。Bus Creator 模块的输入可以是 Scalar 信号也可以是 Vector 信号,甚至可以是 Bus 信号,即 Bus Creator 模块可以级联使用。根据虚拟性,可以将 Bus 信号分为虚拟 Bus 信号和非虚拟 Bus 信号。

虚拟 Bus 信号是指信号仅仅在视觉上有不同,在仿真和代码生成时与普通信号(非虚拟 Bus 信号)一样,没有特别的作用。虚拟 Bus 信号使用自身的存储空间。连接 Bus 信号的模块在仿真时会到 Bus 信号的存储空间读取信号的值;在输出时先找到虚拟 Bus 信号的存储空间,然后再写值进去。这些存储空间并不一定是连续的。

非虚拟 Bus 信号不仅在视觉上呈现总线的结构,而且含有非虚拟 Bus 信号的模型还将它视为 C 语言的结构体数据类型进行处理,这会在生成代码中体现出来。在数据访问上,连接非虚拟 Bus 信号的模块在读取值和写入值时并非直接访问 Bus 信号的存储空间,而是将非虚拟 Bus 信号的内容复制到一个连续存储空间再进行读/写操作,所以速度上比虚拟 Bus 信号的读/写操作要慢一些,并且由于数据复制,占用的存储空间也比虚拟 Bus 信号的多。另外,非虚拟 Bus 信号中的每一个成员信号都必须具有相同的采样时间。

虚拟 Bus 信号线使用 3 条细实线并联表示,如图 4-12 所示。非虚拟 Bus 信号线使用 3 条细线并联表示,上下两条线为实线,中间一条线为点虚线,如图 4-13 所示。

4.3.4.2 Bus 数组信号

Bus 数组信号是指信号线中传递数组规模的信号,数组的每一个元素都是同样的 Bus 类型,并且必须是非虚拟 Bus 信号。通常 Bus 数组信号用于多通道通信系统模型,它可以通过 Vector Concatenate 模块、Matrix Concatenate 模块将多个 Bus 信号合并为 Bus 数组信号。Bus 数组信号线也是由 3 条线构成,上下两条为细实线,中间为加粗的点虚线,如图 4-14 所示。

图 4-12　虚拟 Bus 信号线　　　图 4-13　非虚拟 Bus 信号线　　　图 4-14　Bus 数组信号线

4.3.5　Function-Call 信号

Function-Call 信号是用于实现函数调用的触发型信号,与普通传递数值的信号不同。Trigger 模块以及自定义 S 函数模块可以输出该信号。在各个半导体芯片的硬件支持包(Target Support Package,TSP)中,Interrupt 模块通常输出 Function-Call 信号,连接一个触发子系统(Trigger Subsystem),用来生成嵌入式中断服务 C 函数的定义以及调用这个函数的 C 代码。Function-Call 信号线是一条长短线相间的虚线,如图 4-15 所示。

图 4-15　Function-Call 信号线

Function-Call 信号属于触发信号,触发信号包括上升沿、下降沿、双边沿、函数调用 Function-Call 信号时。Function-Call 信号采用一种客户端调用服务的模式,调用方与实现方(服务方)并没有直接的信号连接,虚线只是表达一种调用关系和方向;而其他 3 种触发信号都是实实在在的信号传递,通过对信号的变化来判断当前事件是上升沿还是下降沿。

4.3.6　尺寸可变信号

尺寸可变信号是指在 Simulink 仿真过程中每个维数中的元素个数是可以变化的信号,也就是说,仿真过程中信号所包含的元素个数和值都是不固定的,但是信号的维数是不可以变化的。例如,二维矩阵 3×5 在仿真过程中可以变为 3×7,但是不能变为 3×3×2 这种 3-D 数据。Switch 模块的两个分支输入都是固定信号,如果这两者信号的尺寸不一致,那么 Switch 模块的输出信号就是尺寸可变信号。S 函数中也能设置输出为尺寸可变信号。尺寸可变信号线是一条中间带有白色圆点的粗线,如图 4-16 所示。

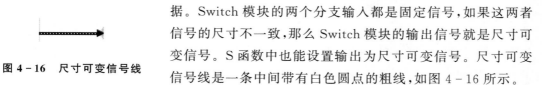

图 4-16　尺寸可变信号线

在使用到 Switch 模块的模型里,为了支持尺寸可变信号的输出,模型的 Configuration Parameters 对话框中的 Data Import/Export 选项卡中的 Format 必须设置为 structure 或者 structure with time。Switch 模块的第二个输入端口的值必须是 Scalar,并且要在"Block Parameters:Switch"对话框中选中 Allow different data input sizes 复选框,如图 4-17 所示。

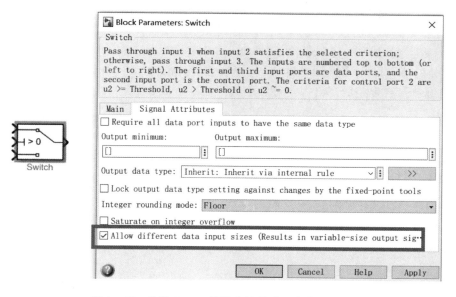

图 4-17 设置 Switch 模块支持尺寸可变信号的输出

4.3.7 未连接信号

当信号线没有同时连接输入/输出端口时,称为处于未连接状态,这时信号线显示为红色虚线,如图 4-18 所示。

图 4-18 未连接信号线

4.4 Simulink 信号的属性

右击信号线,在弹出的快捷菜单栏中选择 Properties,打开如图 4-4 所示的对话框对信号名进行编辑。

另外一种获取信号线属性的方式是使用 M 语言。对于如图 4-19 所示的模型,使用语句

```
line_object = find_system(gcs, 'findall', 'on', 'type', 'line')
```

即可返回信号线的句柄。

图 4-19 带有一根信号线的模型

这里使用 find_system() 函数来查找模型里的模块(block)、信号线(signal)、端口(port)以及注解(annotation)对象,并返回它们的句柄。当存在多个对象时,句柄以向量的形式返回。此函数参数列表为

```
target_handle = find_system(sys, 'c1', cv1, 'c2', cv2,...'p1', v1, 'p2', v2,...)
```

参数说明:

sys:所指定模型的名字;

'c1'：约束类型，如"LookUnderMasks""FindAll""RegExp"等；
cv1：约束类型对应的选择项，如 'on'/'off' 等值；
'p1'：参数类型，如"BlockType""type""BlockDialogParams"等；
v1：参数的值，对应上述"'p1'"的 3 个参数类型，分别为"Constant""line""X"。
约束类型和参数都是成对出现且可以多组写在一个函数中的，如：

```
sys = get_param('vdp', 'Handle');        % 也可以通过 gcs() 函数获取当前被选中模型的句柄
line_object = find_system(sys, 'FindAll', 'on', 'type', 'line');
```

图 4-19 所示的模型使用上述语句，返回值是模型里的所有信号线对象的句柄。由于模型中只有一条信号线，故只返回一个句柄值（一个句柄值是一个 4 字节（32 位 OS 下是 4 字节，64 位 OS 下为 8 字节）长的数值），来标识应用程序中不同对象和同类对象中不同的实例。line_object 的值为

```
line_object =
1.9150e + 03
```

然后使用"get(line_object)"语句可以在 Command Window 中打印信号线的属性列表，如图 4-20 所示。

由图 4-20 可知，属性成员内容较多，本书仅对其中重要和常用的属性进行说明。信号线常用属性如表 4.4.1 所列。

表 4.4.1 信号线的常用属性

属性名	属性作用
TestPoint	设为 TestPoint 的数据
StorageClass	存储类型，不同存储类型表示代码生成时信号线变量的不同声明及存储形式
MustResolvetoSignalObject	当信号线的名字与工作区中定义的数据对象同名时，可以将此属性设为 'on' 以将数据对象的特性应用到信号线上
UserSpecifiedLogName	用户定义的记录信号线数据用名，默认与信号线名相同
DataLoggingName	记录信号线数据用名，不会因信号名删除而被删除
Name	信号线名
SegmentType	值为 'trunk' 或 'branch'，表示此信号线是主干线还是分支线
Parent	父对象的句柄
Handle	信号线本身的句柄
Connect	'on'/'off' 表示信号线是否连接上，未连接时显示为红色虚线
SrcPortHandle	信号线的源端口句柄
SrcBlockHandle	信号线的源模块句柄
DstPortHandle	信号线的终端端口句柄
DstBlockHandle	信号线的终端模块句柄

```
>> get(line_object)
                      DataLogging: 0
              DataLoggingNameMode: 'Use signal name'
                  DataLoggingName: ''
          DataLoggingDecimateData: 0
            DataLoggingDecimation: '2'
         DataLoggingLimitDataPoints: 0
              DataLoggingMaxPoints: '5000'
                        TestPoint: 0
                     StorageClass: 'Auto'
          RTWStorageTypeQualifier: ''
          MustResolveToSignalObject: 0
                       SourcePort: 'In1:1'
                SignalObjectPackage: '--- None ---'
                      SignalObject: []
               UserSpecifiedLogName: ''
                 SignalPropagation: 'off'
                             Path: ''
                             Name: ''
                              Tag: ''
                      Description: ''
                             Type: 'line'
                           Parent: 'untitled'
                           Handle: 1.9150e+03
                   HiliteAncestors: 'none'
                   RequirementInfo: ''
                         FontName: 'auto'
                         FontSize: -1
                       FontWeight: 'auto'
                        FontAngle: 'auto'
                         Selected: 'off'
                      SegmentType: 'trunk'
                    SrcPortHandle: 1.9170e+03
                   SrcBlockHandle: 1.9130e+03
                    DstPortHandle: 1.9200e+03
                   DstBlockHandle: 1.9190e+03
                           Points: [2x2 double]
                       LineParent: -1
                     LineChildren: []
                SignalNameFromLabel: ''
                        Connected: 'on'
```

图 4-20　信号线的属性

最后 4 个句柄属性可以在编写 M 脚本查询信号线的源头/终点模块时使用。

了解了这些常用的信号线属性后，就可以使读者在连线复杂、包含模块众多的模型中游刃有余地查询希望得到的信息或对满足特定条件的目标设置属性。例如，将图 4-21 所示的模型中的信号线进行分类，对类属主干的信号线自动命名为"'trunk_x'"，而类属分支的信号线自动命名为"'branch'"，其中"x"表示正整数。

使用下述代码对上述模型中的信号线进行主干与分支的标示：

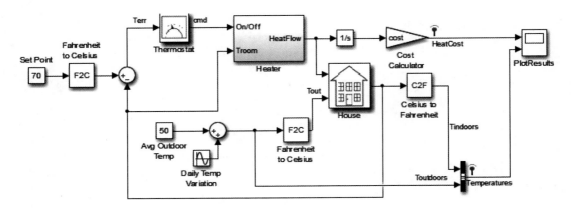

图 4-21 房屋热力学模型

```
line_object = find_system(gcs,'findall','on','type','line');
line_num = length(line_object);    % calculate the num of lines
cnt = 1;
for ii = 1: line_num
    prop = get(line_object(ii));
    if strcmp(prop.SegmentType,'trunk')
        set(line_object(ii),'Name',['trunk_',num2str(cnt)]);
        cnt = cnt + 1;
    elseif strcmp(prop.SegmentType,'branch')
        set(line_object(ii),'Name',['branch_',num2str(cnt)]);
        cnt = cnt + 1;
    end
    disp(['Handle: ',num2str(prop.Handle),' is named to ',prop.Name]);    % print all
% lines' handle
end
```

运行上述代码之后,模型中所有信号线的句柄及对应类型和序号都将打印出来,如下:

```
Handle: 1943.0004 is named to trunk_1
Handle: 1942.0004 is named to trunk_2
Handle: 1941.0004 is named to trunk_3
Handle: 1940.0004 is named to trunk_4
Handle: 1939.0004 is named to trunk_5
Handle: 1938.0001 is named to trunk_6
Handle: 1962.0005 is named to branch_7
Handle: 1961.0002 is named to branch_8
Handle: 1960.0004 is named to trunk_9
Handle: 1959.0004 is named to trunk_10
Handle: 1958.0004 is named to trunk_11
Handle: 1957.0004 is named to trunk_12
Handle: 1956.0004 is named to trunk_13
Handle: 1955.0004 is named to trunk_14
Handle: 1954.0001 is named to trunk_15
Handle: 1975.0004 is named to trunk_16
Handle: 1974.0001 is named to trunk_17
Handle: 1998.0004 is named to trunk_18
Handle: 1997.0004 is named to trunk_19
```

```
Handle: 1996.0004 is named to trunk_20
Handle: 1995.0004 is named to trunk_21
Handle: 1994.0005 is named to branch_22
Handle: 1993.0002 is named to branch_23
Handle: 1992.0004 is named to trunk_24
Handle: 1991.0004 is named to trunk_25
Handle: 1990.0004 is named to trunk_26
Handle: 1989.0004 is named to trunk_27
Handle: 1988.0005 is named to branch_28
Handle: 1987.0002 is named to branch_29
Handle: 1986.0004 is named to trunk_30
Handle: 1985.0004 is named to trunk_31
Handle: 1984.0005 is named to branch_32
Handle: 1983.0002 is named to branch_33
Handle: 1982.0005 is named to branch_34
Handle: 1981.0002 is named to branch_35
Handle: 1980.0004 is named to trunk_36
Handle: 1979.0004 is named to trunk_37
Handle: 1978.0004 is named to trunk_38
Handle: 1977.0001 is named to trunk_39
```

通过上述代码对信号线的"Name"进行自动化赋值，模型各个层次中的信号线按照句柄排列顺序分别命名。命名后，顶层模型效果如图 4-22 所示，Heater 子系统内部命名的效果如图 4-23 所示。

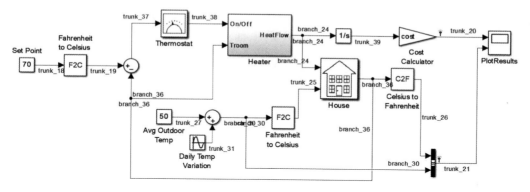

图 4-22 对信号线的"Name"属性设置的结果(顶层模型)

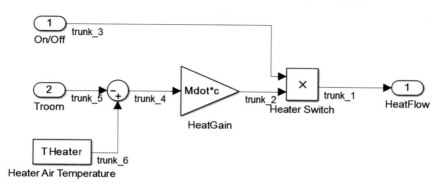

图 4-23 对信号线的"Name"属性设置的结果(Heater 子系统内部)

由上述实验可知，Simulink 模型中不带有分支的信号线被认为是 trunk 类型，而带有分支的信号线则被认为是 branch 类型。branch 类型的信号线在每个分支上都会标注名字，虽然获取句柄不同，但命名后的 3 个句柄所代表的信号线名均被更新，表示它们是一根线，如图 4 - 24 所示。

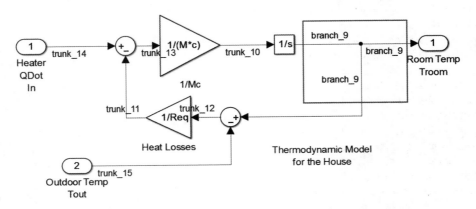

图 4 - 24　branch 类型的信号线

但是，事实是否真的如此呢？将图 4 - 24 中的部分子图抽出来，专门建立如图 4 - 25 所示的模型。

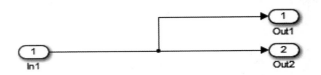

图 4 - 25　branch 类型信号线的模型

首先判断模型中存在几条信号线的句柄，代码如下：

```
line_object = find_system(gcs, 'findall', 'on', 'type', 'line');
line_num = length(line_object);    % calculate the num of lines
```

结果 line_num = 3，说明共有 3 条信号线的句柄，然后分别获取这 3 个句柄的 SegmentType 属性，代码及结果如下：

```
str = {};
for ii = 1: length(line_object)
    str = [str, get_param(line_object(ii), 'SegmentType')];
end
str =
    'branch'    'branch'    'trunk'
```

3 个句柄中存在一个 trunk 句柄和两个 branch 句柄，但是针对图 4 - 24 所示的模型执行上述代码，最终得到的命名是 3 个一样的名字。这说明 3 个句柄其实表示的是同一根信号线，一个表示主干 trunk 端，另外两个表示分支后的两个端。同时说明无论从哪一个端的句柄进行信号线命名，都会影响其他端的名字，因为本质上 3 个端是同一根信号线。首先对 trunk 端进行命名，代码如下：

```
for ii = 1: length(line_object)
    if strcmp('trunk',get_param(line_object(ii), 'SegmentType'))
        set_param(line_object(ii), 'Name', 'trunk');
    end
end
```

上述代码仅对这条信号线的主干端进行了命名,如图 4-26 所示。

图 4-26 对信号线的主干端命名

如果再次对信号线的 branch 句柄进行命名,则主干端的命名也会被覆盖为最新的命名,代码如下:

```
for ii = 1: length(line_object)
    if strcmp('branch',get_param(line_object(ii), 'SegmentType'))
        set_param(line_object(ii), 'Name', 'branch');
    end
end
```

结果如图 4-27 所示。

图 4-27 对信号线分支命名后

由上述示例可知,当信号线没有分支时,其 SegmentType 属性为 trunk;当信号线有分支时,该信号线可以被多个不同的句柄表示:源端的 trunk 句柄和分支点之后的各个 branch 句柄,虽然句柄不同,但实际上它们表示同一根信号线,通过任意一个句柄都可以对这条信号线进行命名操作。

4.5 Simulink 信号的传播

在绝大部分情况下,Simulink 模块之间信息的传递都是使用信号进行的。信号传递的信息是数据,包括数据类型、上下限值、单位(可选)、数据维度、实数/虚数类型、代码生成用的存储类等信息,信号的传播是 Simulink 模型基于数据流向以及模块计算模式对整个模型中继承属性进行推导的基础。本节所讲述的信号的传播,是指在 Simulink 信号线上按照顺序流进行的信号标签传播。

信号线上是否显示所传播信号标签可通过信号线的属性对话框来设置,如图 4-28 所示。

当一个信号线能够从其上游找到一个已命名的信号时,可以选中"显示传播的信号"复选框,一旦选中,此信号即使没有信号名,也可以显示其上游信号名,格式为"<上游信号>"。此处的上游信号,是指跨越层次的信号传递方式,必须存在层次化模型,具体地说,就是模型中包含子系统或模型引用(model reference),仅有一层的模型是不存在信号传播的,右击同一层内

图 4-28　信号线传播信号的显示

的信号,在弹出的"信号属性"对话框中可以看到"显示传播的信号"复选框是灰色的,不能对其进行操作。上游信号无论是否命名都可以传播,下面为上游信号的两种典型例子:

① 父层输入信号通过端口传播给子系统内部该端口连接的输入信号,即父层输入信号线;

② 子系统内部的输出信号通过端口传播给父层端口所连接的信号,即子系统内部输出信号线。

其中,端口负责跨层次的信号连接并传播数据信息。

信号线传播的两种典型位置如图 4-29 所示。

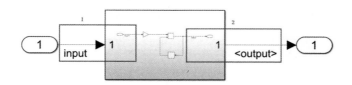

图 4-29　信号线传播的两种典型位置

当在模型 1 号输入端口处添加一个 Gain 模块后,按下 Ctrl+D 快捷键刷新模型,可以发现子系统内层输入端口的传播名从"<input>"变为"<>"。如图 4-30 所示,这是因为 Gain 模块不支持信号传播,它会阻断子系统内部信号向上游传播源的追溯。

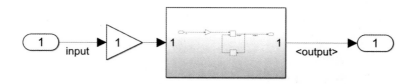

图 4-30　Gain 模块阻断了传播

其实,一般的计算模块都会阻断传播,只有为数不多的模块支持信号的传播,不影响信号向上游搜索传播源。支持信号传播的 Simulink 模块包括:

① 子系统模块,包括原子子系统和非原子子系统(虚拟系统),以及子系统所连接的输入/输出端口。

② From Goto 模块组,具有相同 tag 的 From、Goto 模块,实际上等效于连接的信号线,所以自然支持信号传播。

③ Enable、Trigger 和 Function-Call Split,使能、触发、函数调用模块输出的信号不支持插入其他模块,而是直接连接对应的子系统,所以也是支持信号传递的。

④ Signal Specification 模块,它是一个虚拟模块,对仿真不起实际作用,仅为传播和设置

信号信息而存在。当模型中配置的信息不足以进行全信息推导时,通过该模块可以在指定位置补充信号信息。

⑤ Model Reference,类似子系统模块对信号的传播能力,但是不支持从外部传播进入自身内部,仅支持信号对外传播,且可配置不可对外传播的模块,配置参数如图 4-31 所示。

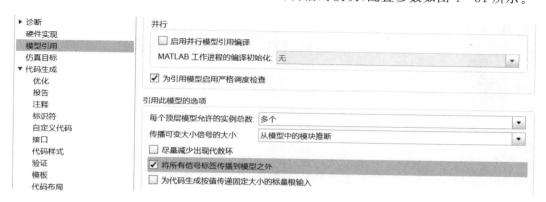

图 4-31　Model Reference 对应的配置参数

其他模块如 Bus Create、Bus Select 和 Mux 等均不支持信号的传播。作者搭建了一个复合模型,综合了上述多个支持信号传播的模块,如图 4-32 所示。

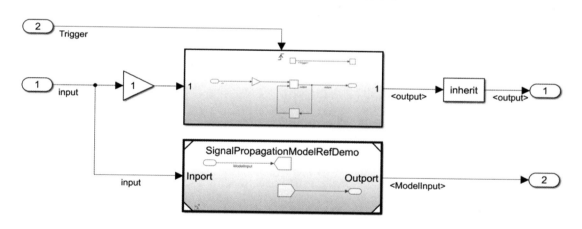

图 4-32　信号传播复合模型

在上述模型中,存在两个较大的模块,上面是一个触发子系统,下面是一个模型引用。触发子系统内部由基本四则运算模块构成闭环,单输入单输出;模型引用内部是使用 Goto From 模块组断开了的单输入单输出。触发子系统带有一个名为 Trigger 的事件输入,其内部设置 Trigger 模块输出信号,可以看到开启传播后,信号线上显示 <Trigger> 的标签。子系统内连接输出端口的信号线命名为 output,传播到父层所连接信号,以及通过 Signal Specification 传播后的信号,其标签均为 <output>,这一条信号线路上都是支持信号传播的模块。下面的模型引用,虽然其外部连接 Input 输入信号,但是不支持向内的传播,所以其内部输入端口连接的信号无法开启"显示传播的信号"的功能,但是内部 From Goto 模块组和输出端口连接到模型外部 Output(标记 2)的信号线都是支持信号传播的,所以父层 2 号输出端口前的信号线可以溯源到模型引用内部的输入信号 Model Input,显示标签为 <ModelInput>。

第 5 章　Simulink 子系统

Simulink 自带种类丰富且功能强大的模块库,同时也提供给用户自定义模块的 S 函数模块以及各种 S 函数编写方式。当用户编写了自定义的 S 函数之后,通过封装模块,为模块设计图标外观,并为 S 函数所需要的参数添加对应的控件,来共同构成模块的参数对话框。另外,当用户使用 Simulink 标准库中的模块搭建子系统之后,也可以通过封装为这个子系统追加参数对话框。子系统又分为虚拟子系统(Virtual Subsystem)和非虚拟子系统(NonVirtual Subsystem),其中非虚拟子系统又分为单纯的原子子系统和受外部信号触发、外部信号使能的触发子系统及使能子系统,而且还有与流控制模块 If、Switch、For、While 配合使用的动作子系统。变体子系统内部包含多个不同的子系统。变体子系统拥有一个参数,对该参数赋予不同的值将激活其内部的不同子系统,每个子系统将对应参数的一个值。本章将介绍子系统的分类和区别。

5.1　Simulink 子系统详解

5.1.1　子系统概述

子系统(Subsystem)就是将模块及其信号连线组合为一个大的模块,作为父层抽象将模型划分为上层和下层两个层次。在上层屏蔽内部结构,仅将输入/输出个数表现在外,内部才是真正的逻辑结构。这种层次性划分具有如下优点:

① 减少了模型窗口中显示的模块数目,从而使模型外观结构更清晰,增强了模型的可读性;

② 在简化模型外观结构图的基础上,保持了各模块之间的拓扑关系,使得特定功能的模块可以拥有一些独立的属性;

③ 可以建立自定义子系统,方便将某种功能集成在子系统内部,然后进行高层级的复用。

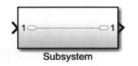

图 5-1　Subsystem 模块的图标

Subsystem 模块的图标如图 5-1 所示。

Simulink 根据模块在视觉效果和仿真生成代码两方面的作用是否同时具备,将模块划分为两种不同类型,即虚拟模块和非虚拟模块。这两类模块的区别是:非虚拟模块在仿真过程中是起实际作用的,对其进行编辑或者增加、删除操作,会影响模型的运行和改变模型的结果；而虚拟模块在仿真的过程中是不起实际作用的，主要是为了从图框上进行程序的层次划分以及保持模型图形界面的整洁性等。还有一些模块在某些特定条件下为非虚拟模块，有些条件下为虚拟模块，我们可以称之为条件虚拟模块。了解虚拟模块和非虚拟模块是非常必要的，这两者的区别在生成代码时可以直观地看到（虚拟子系统作为虚拟模块的一个种类，直观地体现了与非虚拟子系统的区别。虚拟子系统不会生成可以定制的函数名，而是直接将模块生成的代码内联）；另外，子系统是否是虚拟模块对于模型的各个模块的执行顺序有着直接影响。在正式讲解子系统分类之前，需要介绍一下 Simulink 模型运行顺序的相关内容，以加深对 Simulink 子系统与其执行顺序的理解。

5.1.2　Simulink 模型的运行顺序

Simulink 模型的运行顺序是基于时间采样和信号流向的，也就是说，按照时间顺序，每一个采样点时间，模型中所有模块的状态和输入/输出值都要计算并更新，每个模块的输出值都通过信号连接传递给下一个模块的输入。系统采样时间由求解器类型和步长共同决定，并且作为 Simulink 模型仿真的最小粒度。当系统采样时刻到来时，每个模块再根据自身设定的采样时间方式来决定是否在当前这个采样时刻进行计算。允许用户设定采样时间的模块在其参数对话框中都提供 Sample time 这个属性。对于模块的 Sample time 这个属性，常用的值有以下几种：

-1：继承输入信号采样时间。若没有输入信号，则继承父层模型采样时间；如果模块无输入信号且本身处于顶层模型中，则继承系统求解器的步长。

0：连续采样时间。

非零正数：离散采样时间。

Inf：无穷大采样时间，即不采样，如 Constant 模块。

当然，也可以通过输入一个包含两个元素的数组来实现采样时刻的偏移：[sampletime, offset]，其中 sampletime 就是上述常用值中的一种，offset 是相对于这个采样时刻的时间偏移量。例如，[0.2, 0.01] 表示采样类型是离散的，其周期为 0.2 s，但是采样时刻相对求解器的时钟有一个偏移量，该模块的采样时间序列为 0.01 s、0.21 s、0.41 s。

当一个子系统内部包括有多个模块时，了解这些模块的计算顺序有助于提高用户在模型仿真出错时的分析能力和差错能力。一般来说，Simulink 的执行顺序是按照信号的流向进行的。往往子系统的入口都采用 Inport 模块，与其输出连接的模块（非虚拟模块）往往是第一个需要计算的。当存在多个输入端口时，按照输入端口的序号从小到大顺序执行。然后，再顺次更新这个模块的输出信号所连接的模块。如果这个模块的输入端口有多个，就需要所有输入端口的数据全部准备完毕后，再计算这个多输入模块的状态量和输出量。而这个具有多个输入分支的模块，其输入端口决定了输入它分支上模块的执行顺序。对于 Simulink 模型，可以通过右击 Other displays，在弹出的快捷菜单中选择 Blocks→Sorted Excuted order 命令开启模块的执行顺序标记功能，如图 5-2 所示。

对于如图 5-2 所示的模型，它对应的 Subsystem 模块的图标如图 5-1 所示。内部模块中，除 In1 和 Out1 模块外的每个模块都有红色的时序文字标注。如图 5-2 所示的模型，首先必须要将输入 In1 模块的数据传递给 Gain 模块，作为 Sum 模块的第一个输入端口连接的 Gain 模块先进行计算得到输出值，再与 Sum 模块下面端口所连接的 Constant 模块进行加法计算，两个模块都计算后，Sum 模块的两个输入端口的数据便都准备完毕，这时可以进行 Sum

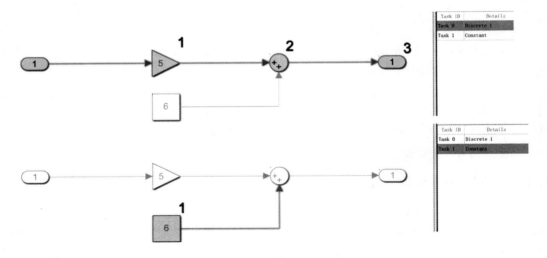

图 5-2 子系统的执行顺序

模块的计算了。待 Sum 模块根据两个输入信号计算完毕后,再将其输出值通过 Out1 模块输出到子系统之外。

上面提到了模块的虚拟性,子系统也分为虚拟子系统和非虚拟子系统。那么除了虚拟性以外,Simulink 中的子系统还有哪些不同的类型,具体是如何划分的呢?这里,作者不限于 MATLAB 自带文档所分类的虚拟子系统和非虚拟子系统,而是根据自己的理解将子系统进行分类与使用来讲解。

子系统整体的执行时间是否统一,也是区分虚拟子系统(Virtual Subsystem)与非虚拟子系统(Nonvirtual Subsystem)的一个方法,即子系统内部所有模块是否在同一个采样时刻进行输入/输出量和状态变量的更新。非虚拟子系统又称为原子子系统(Atomic Subsystem),它不仅外观看起来是子系统的状态,而且内部模块的采样时间将被统一,所有子模块在同一个采样时间进行仿真计算。另外一种称为条件触发子系统(Conditional Subsystem)的模块,分为受到外部函数调用信号触发的函数调用子系统(Function-Call Subsystem)和外部使能信号(如上升沿/下降沿信号)触发的使能子系统(Enable Subsystem),也存在两种触发条件均包含的子系统。另外,还有与流控制模块 If、Switch、For、While 模块配合使用的动作子系统(Action Subsystem),以及同时包含多个子层子系统而在某个采样时刻仅能激活其中一个的变体子系统(Variant Subsystem)和可配置子系统(Configurable Subsystem)。作者称变体子系统为可选择子系统(Selectable Subsystem),功能类似一个子系统指针,本身提供访问多个子系统的功能,但是在每一个时刻仅有一个子系统是被激活的,用户使用一个这样的子系统就能代替一组或多个功能的子系统。当用户自定义模块库之后,还可以使用可配置子系统,通过一个可配置子系统模块可以动态地选择此模块所在库里的任意一个模块。同样是作为动态的子系统,可配置子系统和虚拟子系统的区别是什么呢?可配置子系统仅能代表某一个库中的各个模块,而虚拟子系统能够包容各种模块构成的子系统。

上述各种子系统的关系构成经过作者整理后如图 5-3 所示。

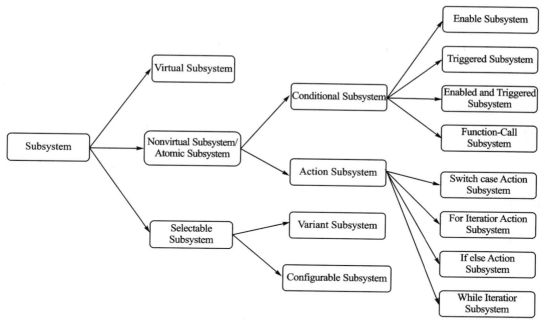

图 5-3　子系统分类结构图

5.1.3　各种子系统的特点与功能

子系统的分类如此繁多,各自有什么样的特点呢?用户又如何根据需要来选择合适的子系统呢?下面将分类说明每种子系统的特点。

5.1.3.1　虚拟子系统

虚拟子系统在模型中提供了图形化的层级显示,它简化了模型的外观,但并不影响模型的执行和代码生成。在模型执行期间,Simulink 会平铺所有的虚拟子系统,也就是说,在执行仿真之前就扩展子系统,实际上就跟没有建立子系统时的效果是一样的,所以称为虚拟子系统。这种扩展类似于编程语言,如 C 或 C++中的宏操作。

5.1.3.2　非虚拟子系统/原子子系统

原子子系统与虚拟子系统的主要区别在于,原子子系统内的模块作为一个单元执行,Simulink 中的任何模块都可以放在原子子系统内,包括以不同速率执行的模块。用户可以在虚拟子系统内通过右击子系统模块,在弹出的快捷菜单中选择 Block Parameters,然后在弹出的"Block Parameters:Subsystem"对话框中选中 Treat as atomic unit 复选框来创建原子子系统,如图 5-4 所示。

原子子系统作为统一了内部模块时序并提供生成函数代码功能的模块,又衍生出一些功能更丰富的子系统模块,如下:

1. 条件子系统

(1) 使能子系统

使能子系统的动作类似原子子系统,不同的是,它只有在驱动子系统使能端口的输入信号大于零时才会执行。用户可以通过在虚拟子系统内放置 Enable 模块的方式来创建使能子系

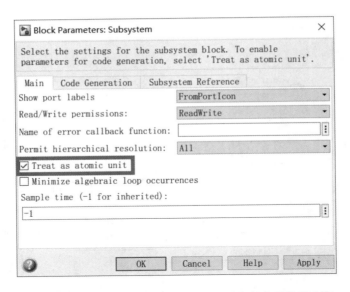

图 5-4 选中 Treat as atomic unit 复选框来创建原子子系统

统(虚拟子系统内部放置 Enable 模块之后自动转换为原子子系统),并通过设置使能子系统内 Enable 模块中的 States when enabling 参数来配置子系统内的模块状态。此外,如果子系统内部存在 Out 模块,则利用 Out 模块的 Output when disabled 参数可把使能子系统内的每个输出端口配置为保持最后一个激活时刻的值(设置 held)或者输出初始值(设置 reset)。

(2) 触发子系统(Triggered Subsystem)

触发子系统只有在驱动子系统触发端口的信号的上升沿或下降沿到来时才会执行,触发信号沿的方向由 Trigger 模块中的 Trigger type 参数决定。Simulink 限制放置在触发子系统内的模块类型,这些模块不能各自指定采样时间,也就是说,子系统内的模块必须具有-1值的采样时间,即继承采样时间,因为触发子系统的执行具有非周期性,即子系统内模块的执行是不规则的。

(3) 触发使能子系统(Enabled and Triggered Subsystem)

触发使能子系统在系统被使能且驱动子系统触发端口的信号的上升沿或下降沿到来时才执行,触发边沿的方向由 Trigger 模块中的 Trigger type 参数决定。Simulink 限制放置在触发使能子系统内的模块类型,这些模块不能各自指定采样时间,采样时间由该子系统模块统一设定。用户可以通过把 Trigger 模块和 Enable 模块放置在子系统内的方式来创建触发使能子系统。

(4) 函数调用子系统

函数调用子系统其实也隶属于触发子系统,但是从此类型子系统在嵌入式 TSP 中发挥的作用差异考虑,作者特别将其单独列为一类,各种硬件的驱动模块库中提供的硬件中断调用模块,输出的就是 Function-Call 信号,需要连接的就是函数调用子系统。函数调用子系统类似于用文本语言(如 M 语言)编写的 S 函数,只不过它是通过 Simulink 模块实现的。用户可以利用 Stateflow 图、函数调用生成器(Function-Call Generator)或 S 函数执行函数调用子系统。Simulink 限制放置在函数调用子系统内的模块类型,这些模块不能分别指定采样时间,采样时间由此子系统模块统一设定。使用 S 函数的逻辑状态而非普通的信号作为触发子系统的控制信号。在触发子系统中的触发模块 Trigger 的参数设置中选择 Function-Call,就可以将由普通信号触发的触发子系统转换为函数调用子系统。

2. 动作子系统

动作子系统既具有使能子系统和函数调用子系统的交叉特性,又能让习惯于编程语言的开发者方便地使用流控制方法。作为原子子系统,内部各个模块的采样时间不可以再划分,共同由子系统模块统一设定、统一执行,同一时刻仅能为连续采样时间、离散采样时间或继承采样时间中的一个。动作子系统必须由 If 模块或 Switch Case 模块执行,与这些子系统模块连接的所有动作子系统必须具有相同的采样时间。用户可以通过在子系统内放置 Action 模块的方式来创建动作子系统,子系统图标会自动反映执行动作子系统的模块类型,即 4 种流控制类型:If 模块、While 模块、For 模块或 Switch Case 模块。

动作子系统至多执行一次,利用 Output 模块的 Output when disabled 参数,动作子系统可以控制是否保持输出值(这是与使能子系统类似的地方),也可以控制状态和输出的行为。

5.1.3.3 选择子系统

1. 变体子系统

变体子系统内部包括多个子系统,每个子系统匹配一个变量的值,值变化则内部相应的子系统交替激活。每次仿真时根据这个变量的值决定内部哪一个子系统处于激活状态。

2. 可配置子系统

可配置子系统用来代表用户自定义库中的任意模块,只能在用户自定义库中使用,用来动态表示自定义库中的某一个模块。

5.2 Simulink 子系统实例

5.1 节将子系统从运行机制和触发条件上进行了分类,具体使用将在本节通过实例进行展开。所列举的实例涵盖了虚拟子系统与非虚拟子系统、触发子系统、条件子系统、动作子系统、变体子系统和可配置子系统。

5.2.1 虚拟子系统与非虚拟子系统

利用 Simulink 标准模块搭建一个计数器模型,如图 5-5 所示。采样步长设置为 1,利用框模块器(单位延时模块)使得当前时刻的输入值与前一时刻的累加结果相加,从而实现计数器的功能。

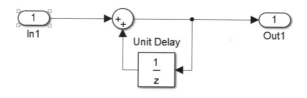

图 5-5 计数器模型

将上述模型封装为子系统(选中模块后按 Ctrl+G 快捷键)便得到了虚拟子系统,将模块组合创建为虚拟子系统可以增强模型的可读性,方便进行模型的管理,分层管理与可视性并不影响系统的执行时序和采样时间,也不会对模型生成代码时造成任何影响。虚拟子系统示例如图 5-6 所示。

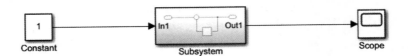

图 5-6 虚拟子系统示例

右击子系统,在弹出的快捷菜单中选择 Block Parameters,在弹出的对话框中选中 Treat as atomic unit 复选框,子系统即成为原子子系统(非虚拟子系统),子系统图标黑色外框加宽,此时子系统可以整体设置采样时间,如图 5-7 所示。

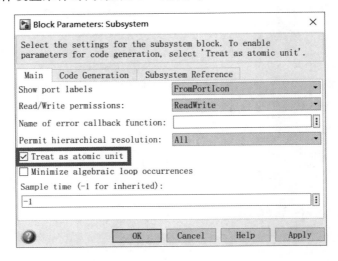

图 5-7 虚拟子系统转为原子子系统

5.2.2 触发使能子系统(条件子系统)

触发使能子系统是使能子系统和触发子系统的组合,因此这个条件子系统需要在使能和触发两个条件同时满足时才能执行相应的动作。该子系统图标如图 5-8 所示。

在触发使能子系统的判断顺序中,触发事件的判断是优先于使能子系统的,具体流程如图 5-9 所示。

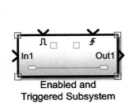

图 5-8 触发使能子系统的图标

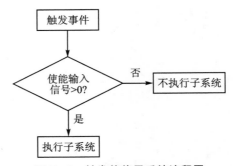

图 5-9 触发使能子系统流程图

第 5 章　Simulink 子系统

触发使能子系统既包含使能输入端口,又包含触发输入端口,在该子系统中,Simulink 等待一个触发事件,当触发事件发生时,Simulink 会检查使能输入端口是否为 0。如果该值大于 0,则 Simulink 执行一次子系统,否则不执行子系统。如果两个判断端口的输入都是向量,则每个向量中至少有一个元素是非零值时,子系统才执行一次。子系统在触发事件发生的采样时间且使能信号使能时执行一次。

可以从 Simulink 库中的 Ports & Subsystems 子库中把触发使能子系统添加到模型文件中,也可以通过把 Enable 模块和 Trigger 模块从 Ports & Subsystems 子库中复制到子系统中来创建触发使能子系统,Simulink 会在 Subsystem 模块的图标上添加使能和触发符号,以及使能和触发控制输入端口。然后单独设置 Enable 模块和 Trigger 模块的参数值。Simulink 不允许一个子系统中有多于一个的 Enable 端口或 Trigger 端口。如果需要几个控制条件组合,则可以考虑使用逻辑操作符将结果连接到控制输入端口。从 Simulink Browser Library 中拖曳出一个 Enabled and Triggered 模块,双击可以观察到其内部模型,如图 5-10 所示。

再度双击 Trigger 模块可以打开"Block Parameters:Trigger"对话框(见图 5-11),在其中设置上升沿、下降沿或双边沿的触发方式;双击 Enable 模块打开"Block Parameters:Enable"对话框(见图 5-12),在其中设置使能时子系统的状态量是保持还是复位。

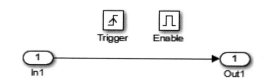

图 5-10　触发使能子系统内部模型

当 Out1 端口模块处于触发子系统内部时,在子系统不被触发的情况下,若设置 States when enabling 为 held,则表示当子系统被禁用时,输出保持不变;若设置 States when enabling 为 reset,则表示当子系统不被触发时,输出将重置为 Initial output 指定的值。

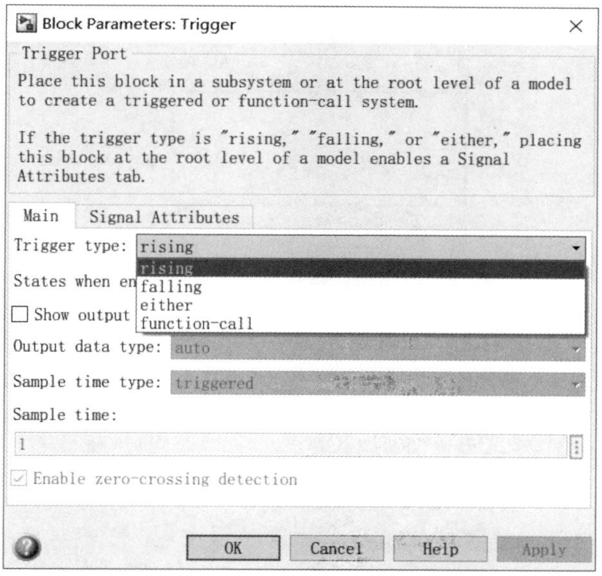

图 5-11　"Block Parameters:Trigger"对话框

在模型满足某个条件(条件为真)时使能此子系统,不满足时,子系统内部不进行更新或计算,此时输出可以选择 held 或 reset,分别保持最后一次更新时的输出值或输出初始值。比如,通常可以使用使能子系统实现一个当仿真时间达到某一时刻时才开启仿真的功能。那么

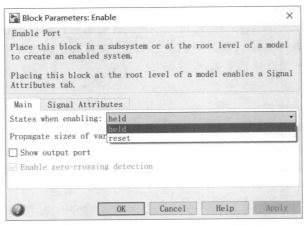

图 5-12 "Block Parameters:Enable"对话框

问题来了:当输入大于 0 这个条件满足持续 5 s 才触发某一个子系统进行仿真时,模型应该如何建立呢? 输入信号使用 From Workspace 模块引入,对输入信号进行判断和计时的功能使用一个使能子系统来实现。

使能子系统名字为 Condition True Counter,整个模型建立后如图 5-13 所示,使能子系统内部的输出端口如图 5-14 所示,将 Output when disabled 设置为 held,不使能时保持输出值为前次结果。

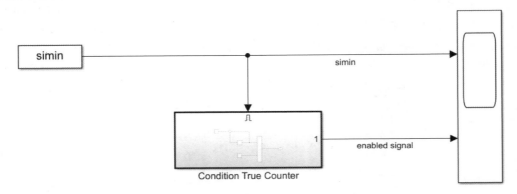

图 5-13 搭建好的模型的顶层框图

From Workspace 模块中的 simin 数据定义为 simin = [0:10;[0 1 1 0 1 1 1 1 1 0]]',它代表 0~10 s 的输入序列,其中连续为真的序列有两个,一个持续时间为 2 s,另一个持续时间为 6 s。Condition True Counter 子系统需要将这个持续为真的时间 5 s 的时刻区分出来,其内部模型如图 5-15 所示。

为了使模型支持连续求解器,将 Delay 模块的 Sample time 的默认值-1 设置为 1,表示每一秒累加器加 1,使之成为整数秒计时器。此计时器在 simin 输入为非 0 时才开始工作,计时 5 s 之内都输出 0,达到 5 s 之后通过比较操作模块输出 1。将 Enable 模块的 States when enabling 设置为 reset,计时过程中一旦 simin 从 1 变为 0,那么构成计时器缓存的 Delay 模块的状态值也会被复位,以保证下次 simin 输入从 0 变为 1 时再度重新从 0 开始计时。模型使用默认求解器,为了保证采样密度,将 Max step 设置为 0.01 后再运行仿真。仿真的波形如图 5-16 所示。

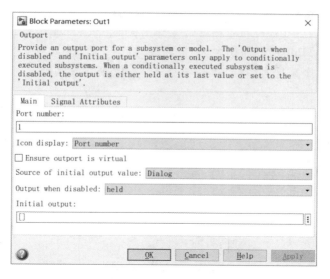

图 5-14 "Block Parameters:Out1"对话框

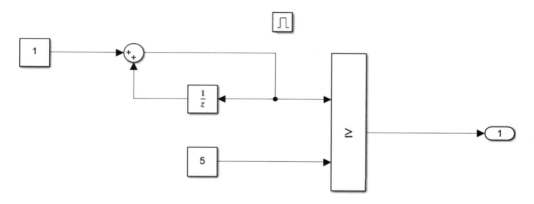

图 5-15 Condition True Counter 子系统的内部模型

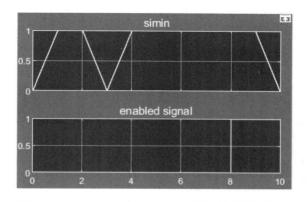

图 5-16 Condition True Counter 子系统的仿真结果

simin 通过 From Workspace 模块导入信号时使用默认设置,在 simin 未定义的非整数时间采样点上进行数据插值处理,所以从第 3 s simin 输入 0 之后的采样时刻开始 simin 就满足大于 0 的条件,Condition True Counter 子系统便被启动并开始计时。

现再举一例说明触发使能子系统的应用：设置模型求解器的固定采样时间为 0.25 s，Discrete Pulse Generator1(Pulse1)的周期为 2 个采样时间(0.5 s)，脉宽为 1 个采样时间，Discrete Pulse Generator(Pulse)的周期为 20 个采样时间(5 s)，脉宽为 10 个采样时间(2.5 s)，Sine Wave 周期取 20 个采样时间(5 s)，模型如图 5-17 所示。

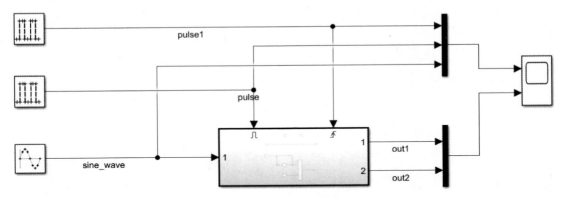

图 5-17 触发使能子系统模型

双击触发使能子系统，得到的子系统内部模型如图 5-18 所示。

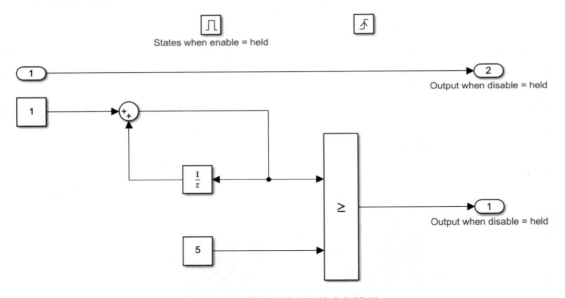

图 5-18 触发使能子系统内部模型

在触发使能子系统中打开"Block Parameters：Enable"对话框，设置 States when enabling 为 held，设置 Trigger type 为 rising，在"Block Parameters：Out1"对话框中的 Initial output 文本框中输入"1"，设置 Output when disabled 为 held；在"Block Parameters：Out2"对话框中的 Initial output 文本框输入"0"，设置 Output when disabled 为 reset。在此设置下对模型进行仿真，当信号 pulse1 的上升沿到来时，触发端 Trigger 被激活，此时再去判断使能端 Enable 是否为非零值，若为非零值，则触发子系统运行仿真；若为零，则子系统的 Out1 将保持最后一次激活时刻的状态输出，而 Out2 则输出复位之后的零值。此时仿真结果如图 5-19 所示。

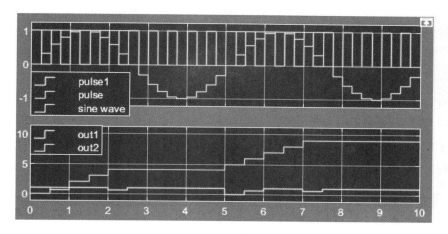

图 5-19 触发使能子系统模型的仿真结果

5.2.3 函数调用子系统(条件子系统)

函数调用子系统也是触发子系统的一个类型,其触发信号既不是非零数,也不是脉冲信号的上下沿,而是 Function-Call 信号。这类子系统只能被 Function-Call 信号所触发,该子系统图标如图 5-20 所示。

上方的触发接收信号类型为 function,而输入 In 和输出 Out 的个数则根据使用场合定来决定,可以是多个,也可以没有。

此子系统与编程语言中的函数功能类似,触发信号有效时刻,相当于调用一个模块对应 S 函数的 Update/Output 方法,来更新模块的输出和状态量,其执行时机由调用这个子系统的 S 函数来控制。能够触发函数调用子系统的模块包括 Stateflow(基于状态及转移的 Chart 模块)、Function-Call Generator(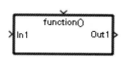),以及输出配置为 Function-Call 类型的 S 函数模块(如硬件外设库的中断模块,其输出端输出 Function-Call 信号)。

图 5-20 函数调用子系统的图标

注意:M 语言 Level 2 S 函数是不能够输出 Function-Call 信号的,必须使用 C-MEX S 函数来输出,并且 C-MEX S 函数构成的模块输出信号中仅有第一个输出端口能够被配置为 Function-Call 信号类型。本章提到的 S 函数均默认指代 C-MEX S 函数。

要通过 S 函数实现一个函数触发子系统的信号源,首先需要 ssEnableSystemWithTid 函数来使能触发子系统。ssDisableSystemWithTid 函数与 ssEnableSystemWithTid 函数相反,起到禁用触发子系统的作用。在初始化子方法中使用 ssSetCallSystemOutput 函数指定 S 函数模块的第一个输出端口中所包含的 Funciton-Call 信号的维数,然后才可以使用 ssCallSystemWithTid 函数指定在哪个任务的 Step 函数中调用 Function-Call 信号所连接子系统生成的代码。

S 函数中的初始化子方法 mdlInitializeSampleTimes 必须指定调用函数调用子系统的元素,如指定一个包含两维 Fucntion-Call 信号的输出口,代码如下:

```
ssSetCallSystemOutput(S,0);   /* 从第一维度输出 Function-Call 信号 */
ssSetCallSystemOutput(S,1);   /* 从第二维度输出 Function-Call 信号 */
```

在初始化子方法 mdlInitializeSizes 中,对首个 outport 的数据类型和数据维度进行指定,宏 FCN_CALL 代表 Function-Call 信号类型,代码如下:

```
ssSetOutputPortDataType(S, 0, SS_FCN_CALL);
ssSetOutputPortWidth(S, 0, 2);
```

如此,指定了模块的第一个输出端口为二维信号,且数据类型均为 SS_FCN_CALL,即端口输出二维的 Function-Call 信号。

调用函数调用子系统时的参数列表如下:

```
ssCallSystemWithTid(S,0,tid)
```

其中,参数 S 表示 SimStruct 结构体类型指针,指向当前 S 函数模块;0 表示输出端口的第一维元素;tid 为 taskID 号码,在 multi-rate 系统中使用,在 single-rate 系统中不使用。multi-rate 与 single-rate 的区别与联系请参考 14.2.3.7 小节的相关内容。

函数调用子系统的执行不是由 Simulink Engine 直接控制的,而是由调用它的 S 函数通过 mdlOutputs/mdlUpdates 子方法来决定何时执行。图 5-21 展示了 S 函数调用函数调用子系统的流程。

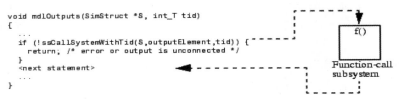

图 5-21 S 函数调用函数调用子系统的流程

在图 5-21 举出的例子中,S 函数输出端口连接函数调用子系统,S 函数在 Outputs 子方法中使用 ssCallSystemWithTid 函数产生 Function-Call 信号来调用所连接的子系统进行仿真。此时,Function-Call 子系统运行,若执行无误,则结束之后将控制权返回给 S 函数;若执行有误,或者 S 函数的第一个信号口根本没有连接到函数调用子系统,那么 ssCallSystemWithTid 函数将会直接返回,结束本采样时刻 mdlOutputs 的动作,直接执行接下来的语句。

下面举例说明函数调用子系统的用法。S 函数构成的模块具有两个 Function-Call 类型的输出,根据输入信号的奇偶值分别调用两个函数调用子系统,两个函数调用子系统的执行时间不重合,使用 Merge 模块将二者的输出合并为一个输出,输出为当前仿真时刻处于激活状态时的图像,模型如图 5-22 所示。

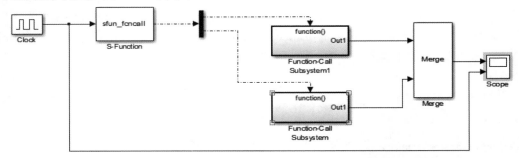

图 5-22 S 函数输出 Function-Call 信号调用函数调用子系统的模型

图 5-22 中上方的函数调用子系统(Function-Call Subsystem1)的内部为常数输出,其内部模型如图 5-23 所示。下方的函数调用子系统的内部为正弦波输出,其内部模型如图 5-24 所示。

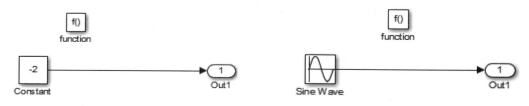

图 5-23　函数调用子系统内部(1)　　　　图 5-24　函数调用子系统内部(2)

Clock 模块输出周期为 2 的方波,设置 50% 占空比,0 和 1 交替出现,分别维持 1 s 的时间(见图 5-22)。S-Function 模块根据这个值判定是奇是偶,若为偶数(0),则触发函数调用子系统输出正弦波;若为奇数(1),则输出常数 −2。运行仿真后得到的仿真图如图 5-25 所示。

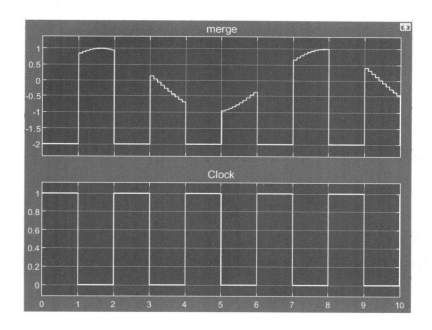

图 5-25　图 5-22 所示模型的仿真图像

此仿真模型既介绍了函数调用子系统的调用方法,又充分说明了如何通过 S 函数创建一个能够输出 Function-Call 信号类型的模块。sfun_fcncall 的代码如下:

```
#define S_FUNCTION_NAME   sfun_fcncall
#define S_FUNCTION_LEVEL 2
#include "simstruc.h"

static void mdlInitializeSizes(SimStruct *S)
{
    ssSetNumSFcnParams(S, 0);  /*期待的参数个数*/
    if (ssGetNumSFcnParams(S) != ssGetSFcnParamsCount(S)) {
        return; /*参数个数不匹配则 Simulink 报错*/
    }
```

```c
    ssSetNumContStates(S, 0);
    ssSetNumDiscStates(S, 0);

    if (!ssSetNumInputPorts(S, 1)) return;
    ssSetInputPortWidth(S, 0, 1);
    ssSetInputPortDirectFeedThrough(S, 0, 1);

    if (!ssSetNumOutputPorts(S,1)) return;
    ssSetOutputPortWidth(S, 0, 2);

    /*设置输出端口数据类型为Function-Call. */
    ssSetOutputPortDataType(S, 0, SS_FCN_CALL);

    /* specify the sim state compliance to be same as a built-in block */
    ssSetSimStateCompliance(S, USE_DEFAULT_SIM_STATE);
    ssSetOptions(S, SS_OPTION_EXCEPTION_FREE_CODE);
}

static void mdlInitializeSampleTimes(SimStruct *S)
{
    ssSetSampleTime(S, 0, 0.1);
    ssSetOffsetTime(S, 0, 0.0);

    ssSetCallSystemOutput(S,0);  /*第一维度触发Function-Call信号*/
    ssSetCallSystemOutput(S,1);  /*第二维度触发Function-Call信号*/
    ssSetModelReferenceSampleTimeDefaultInheritance(S);
}

static void mdlOutputs(SimStruct *S, int_T tid)
{
    InputRealPtrsType uPtrs = ssGetInputPortRealSignalPtrs(S,0);

    UNUSED_ARG(tid); /*单任务系统不使用*/

    if (((int)*uPtrs[0]) % 2 == 1) {
        if (!ssCallSystemWithTid(S,0,tid)) {
            /*Simulink将会报告错误*/
            return;
        }
    } else {
        if (!ssCallSystemWithTid(S,1,tid)) {
            /*Simulink将会报告错误*/
            return;
        }
    }
}

static void mdlTerminate(SimStruct *S)
{

}
```

```
# ifdef   MATLAB_MEX_FILE      /* 此文件是作为 MEX 文件吗 */
# include "simulink.c"         /* MEX 文件接口机制 */
# else
# include "cg_sfun.h"          /* 代码生成注册函数 */
# endif
```

C MEX S 函数在运行仿真前要通过编译器将其编译为 mexw32/mexw64 文件,具体请参考第 10 章。

5.2.4　While Iterator 子系统(动作子系统)

用户可以用 Simulink 库中的 Ports & Subsystems 子库中的 While Iterator 子系统来创建类似 C 语言的循环控制流语句。该子系统的图标如图 5-26 所示。

在 Simulink 的 While 控制流语句中,Simulink 在每个采样时刻都要反复执行 While Iterator 子系统中的内容,即原子子系统中的内容,直到满足 While Iterator 模块指定的条件。而且,对于每一次 While Iterator 模块的迭代,While Iterator 子系统中所有模块的更新方法和输出方法都会被执行一次。

Simulink 在每个步长内执行 While Iterator 子系统的迭代过程中,仿真时间并不会增加。但是,While Iterator 子系统中的所有模块都会把每个迭代作为一个采样时间进行处理,因此,在 While Iterator 子系统中,带有状态的模块的输出取决于上一时刻的输入,这种模块的输出反映在 While 循环中是上一次迭代的输入值,而不是上一个仿真时间步的输入值。例如,假设在 While Iterator 子系统中有一个 Unit Delay 模块,该模块输出的是在 while 循环中上一次迭代的输入值,而不是上一个仿真时间步的输入值。

用户可以用 While Iterator 模块执行类似 C 语言的 while 或 do-while 循环,它是 While Iterator 子系统内部的控制器模块,将 while loop type 设置为不同的参数会使该模块输入端口的数量发生变化。While Iterator 模块的两种图标如图 5-27 所示。

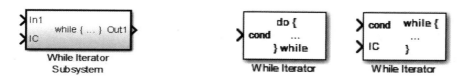

图 5-26　While Iterator 子系统的图标　　图 5-27　While Iterator 模块的两种图标

通过"Block Parameters:While Iterator"对话框中的 While loop type 可以选择不同的循环类型,如图 5-28 所示。

1. do-while

在这种循环模式下,While Iterator 模块只有一个输入,即 while 条件输入,它必须存在于 While Iteration 子系统内。在每个采样时间内,While Iterator 模块会执行一次子系统内的所有模块,然后检查 while 条件输入是否为真,如果输入为真,则 While Iterator 模块再执行一次子系统内的所有模块。只要 while 条件输入为真,而且循环次数小于或等于"Block Parameters:While Iterator"对话框中的 Maximum number of iterations 参数值,这个循环执行过程就会一直继续。

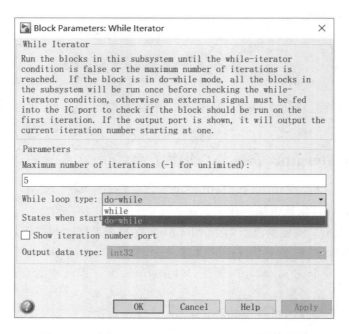

图 5-28 "Block Parameters:While Iterator"对话框

2. while

在这种循环模式下,While Iterator 模块有两个输入:while 条件输入和初始条件(IC)输入。初始条件信号必须在 While 子系统外提供。在仿真时间开始时,如果 IC 输入为真,那么 While Iterator 模块会执行一次子系统内的所有模块,然后再检查 while 条件输入是否为真,如果输入为真,则 While Iterator 模块会再执行一次子系统内的所有模块。只要 while 条件输入为真,而且循环次数小于或等于"Block Parameters:While Iterator"对话框中的 Maximum number of iterations 参数值,这个执行过程就会一直继续下去。如果在仿真时间开始时 IC 输入为假,那么在该采样时间内 While Iterator 模块不执行子系统中的内容。

当把 While Iterator 模块放置到子系统中时,在给定条件为真的情况下,While Iterator 模块会在当前采样时间反复执行子系统中的内容。如果子系统不是原子子系统,那么把 While Iterator 模块放置到子系统中会使该子系统自动成为原子子系统。

现举例说明 While Iterator 子系统的具体用法:当设置 While loop type 为 while 时,为了使第一次可以进入 while 执行,会使输入 IC 为真,在子系统的每个采样步长内完成特定的迭代次数,模型如图 5-29 所示。

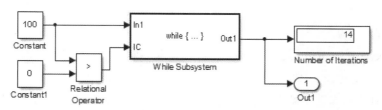

图 5-29 While Iterator 子系统模型

While Iterator 模块的内部累加值每迭代一次就加 1,每次迭代求和运算都将 While Iterator 模块的内部累加值进行累加,当此累加值小于或等于 100 时,循环执行;当条件不满足时退出

while 语句,从零开始一直到 N 的整数进行累加,示波器最终输出当累加结果刚刚大于或等于 100 时 N 的值。注意:While 子系统中的所有模块都会把多个迭代在一个采样步长内进行处理,例如单位延时的输出是上一次迭代的输入值,而不是上一个采样步长的输入值。实现上述逻辑的模型如图 5-30 所示。

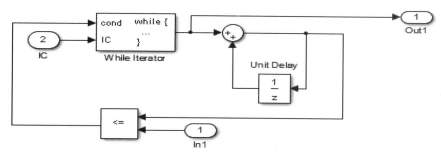

图 5-30 While 子系统的内部框图

当 Maximum number of iterations 达到 1 000 时也可以退出 while 语句,该参数就是为了避免无限循环的。双击 While Iterator 模块,打开"Block Parameters:While Iterator"对话框,如图 5-31 所示。

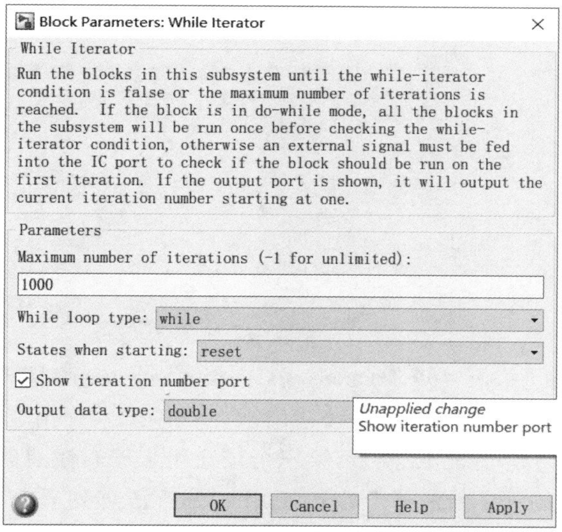

图 5-31 "Block Parameters:While Iterator"对话框(Maximum number of iterations 为 1 000)

图 5-29 所示的模型等同如下代码:

```
max_sum = 100;
sum = 0;
iteration_number = 0;
cond = (max_sum > 0);
while (cond != 0) {
    iteration_number = iteration_number + 1;
    sum = sum + iteration_number;
    if (sum > max_sum OR iteration_number > max_iterations)
        cond = 0;
}
```

5.2.5 变体子系统(选择子系统)

变体子系统内封装了多个 child 子系统,其输入/输出端口不需要连线,每个 child 子系统都有一个对应的变量或表达式。当代表某个 child 子系统的变量或表达式值为真时,该 child 子系统被激活。Simulink 的采样时刻最多只有一个 child 子系统被激活,可以通过变量方便地控制其中某一个 child 子系统的执行。变体子系统的图标如图 5-32 所示。

图 5-32 变体子系统的图标

从 Simulink 库中的 Ports & Subsystems 子库中将变体子系统拖曳到 Simulink 模型文件中,右击变体子系统,在弹出的快捷菜单中选择 Block Parameters,弹出如图 5-33 所示的对话框。

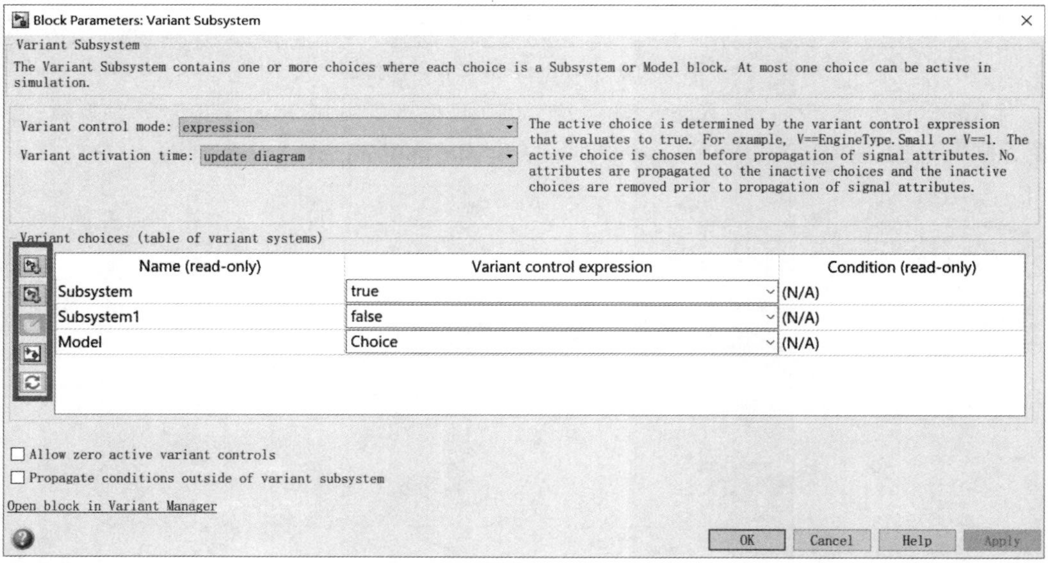

图 5-33 "Block Parameters:Variant Subsystem"对话框

上述对话框左侧有 5 个按钮,第一个按钮用来在变体子系统内建立 child 子系统,第二个按钮用来在变体子系统内建立 child 模型,第三个按钮用来编辑激活建立的 system 的条件,第四个按钮用来打开选中的 system,第五个按钮用来更新信息列表。按钮列右侧是一个列表框,第二列为 Variant control expression,其表示 Condition 的 simulink.variant 对象,内部包含一个判断条件;第三列为 Condition,由用户指定一个逻辑表达式,如"sel==0",当条件满足时,此条件所对应的 system 被激活。在 Variant control expression 编辑结束时,simulink.variant 变量会自动创建到 Variant Manager 中,如图 5-34 所示。

通过第一个按钮创建两个 child 子系统(见图 5-35),仅当前被选择为激活状态的子系统能够显示,其他子系统则以 comment on 状态显示。

建立一个具有三个 child 子系统的变体子系统模块,其参数选择对话框如图 5-36 所示。

三个 child 子系统的功能依次是实现增益 1、2、3。当在 MATLAB 工作区输入"variant=2"按回车键时,条件"variant==2"成立使得 child 子系统中的 gain2 子系统(对输入乘以 2 的子系统)处于激活状态。单击仿真按钮,显示处于激活状态的子系统的输出。变体子系统的图标显示被激活的子系统,如图 5-37 所示。

第 5 章 Simulink 子系统

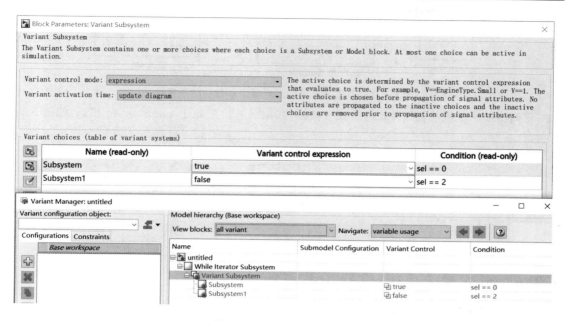

图 5-34 Variant Manager

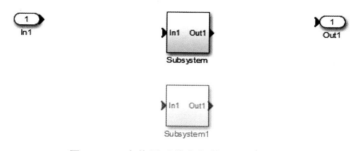

图 5-35 变体子系统内部的 child 子系统

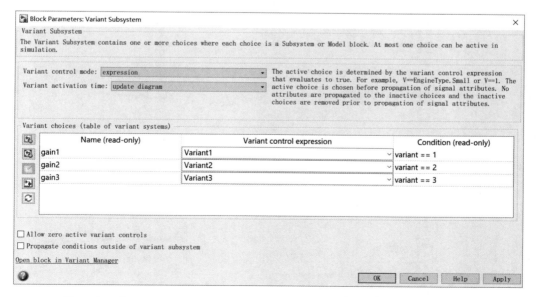

图 5-36 "Block Parameters:Variant Subsystem"对话框(具有三个 child 子系统)

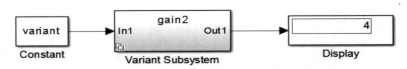

图 5-37 变体子系统的图标显示被激活的子系统

这时变体子系统的内部 gain2 系统被激活,其他子系统则处于 comment on 状态,如图 5-38 所示。

图 5-38 满足条件的子系统被激活

5.2.6 可配置子系统(选择子系统)

可配置子系统只能够在用户自定义的模块库中使用。它可以在 Simulink Browser Library 中获得,与用户自定义模块共同构成一个新的库,Simulink 中的任何模块库都可以包含一个可配置子系统。利用可配置子系统的好处在于,设计者可以任意切换子系统的内部模块,快速比较出哪种组合满足系统设计需求。用户可以利用 Simulink 模型编辑器的菜单栏新建库文件,如图 5-39 所示。

从 Simulink 库中的 Ports & Subsystems 子库中将配置子系统模块拖曳或添加到空白库文件中,其图标如图 5-40 所示。

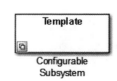

图 5-39 新建库文件的菜单　　图 5-40 可配置子系统的图标

第 5 章　Simulink 子系统

1. 可配置子系统的创建

① 要新建一个可配置子系统，首先在 Simulink 菜单栏中选择 New→Library 命令，创建一个新的库，如图 5-39 所示。

② 将当前设计中需要构造子系统的模块或子系统作为组件放入新建的库中，单击 Save 按钮。

③ 从 Simulink/Ports&Subsystems/Configurable Subsystem 库中找到 Configurable Subsystem 模块，将其放入当前库。需要的话可以修改其名字，然后保存当前库文件。

④ 双击 Configurable Subsystem 模块，弹出 GUI 界面，其中 List of block choices 栏中列出了新创建的库中的所有组件，用户只需要手动选择子系统的内部模块。单击 Save 按钮即可完成创建可配置子系统的操作。

2. 可配置子系统的使用

在使用可配置子系统之前，需按上面的提示新建一个完整的可配置子系统，单击 Save 按钮保存。

① 打开新建的可配置子系统。

② 打开 Simulink 模型，把可配置子系统中的 Configurable Subsystem 模块拖入当前工程，然后正确连接模块连线。

③ 右击可配置子系统，在弹出的快捷菜单中选择 Block Choice，然后选择子系统中的某个模块作为当前设计中的有效模块。可见，通过灵活选择可配置子系统中的模块，设计者可以很方便地进行具有同类型、同数量端口的子系统的替换，轻松设计出多功能可切换的模型。

3. 使用实例说明配置子系统的具体过程

新建 Simulink 库文件，将 Configurable Subsystem 及待配置的子系统（三个子系统的功能依次是实现增益 1、2、3）拖曳到该文件中，如图 5-41 所示。

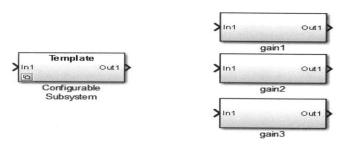

图 5-41　在库文件中建立配置子系统与待配置子系统

gain1、gain2 和 gain3 子系统中为配置了不同参数的 Gain 模块，增益值分别为 1、2、3。双击 Configurable Subsystem 模块，在弹出的"Block Parameters:Configurable Subsystem"对话框中选择这三个待配置的子系统，如图 5-42 所示。

将库文件中的 Configurable Subsystem 复制粘贴到 Simulink 模型中。右击 Configurable Subsystem 模块，在弹出的快捷菜单中选择 Block Choice→gain3，如图 5-43 所示。

当 Configurable Subsystem 模块被配置为 gain3 子系统时的模型如图 5-44 所示。

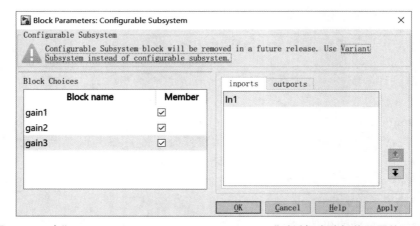

图 5-42 在"Block Parameters:Configurable Subsystem"对话框中选择待配置的子系统

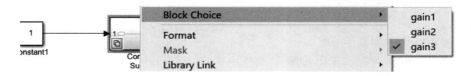

图 5-43 选择待配置的子系统 gain3

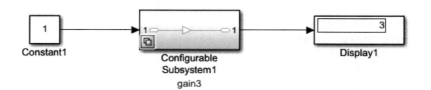

图 5-44 Configurable Subsystem 模块被配置为 gain3 时的模型

第 6 章 Simulink 模型的仿真

Simulink 作为 MATLAB 中的一个独特的子集,其将设计者的思想通过图形化模块方式明确地构建并表达出来。模型的好处在于既能作为图像使读者易于理解,又能够进行数据计算——仿真,将设计者的思想进行数学认证。在进行仿真之前,如何配置模型,如何选择合适的解算算法,如何启动模型仿真,如何记录仿真数据,以及如何调试模型呢?本章将对其进行具体阐述。

6.1 模型的配置仿真

模型是用图形化方式呈现其背后计算内涵的一种数字化产物,分为前端模块展示和后端求解仿真引擎。驱动前端模块计算的是求解器。在内部驱动模型仿真的核心驱动器是被称作求解器(Solver)的组件,它相当于 Simulink 仿真过程的心脏,驱动着仿真过程:它在每个采样时间点更新模型中所有的状态和信号变量,并计算下一个采样时刻。除此之外,模型还具有一个参数配置集合(configuration parameter set),它提供一系列的参数,用户通过这些参数可以选择模型的解算方法、配置硬件目标、优化配置、配置诊断响应和代码生成相关参数等。这些参数配置集合相当于 Simulink 软件各个环节中的开关控制器,在细节处影响着模型的行为和表现方式。模型的可视化建模方式、求解器以及参数配置集合共同构成一个"有血有肉"的 Simulink 模型。在前面的章节中已经学习了模型的可视化建模方式的构成元素,本章节将重点讲解求解器相关知识及与模型仿真相关的部分参数的配置。

6.1.1 求解器

Simulink 提供了一些列的求解器集合(求解器是 Simulink 的重要组成部件),其内部集成了各种不同的数值解算方法,每一种求解器都能够对模型所表示的常微分方程组进行求解并计算下一个采样点时间,同时根据模型提供的初始值和设置的误差容限计算出数值解。求解器主要分为固定步长求解器(fixed step size solver)与变步长求解器(variable step size solver)两种类型,每一种类型又可分为离散求解器/连续求解器、显式求解器/隐式求解器、单步求解器/多步求解器、单阶求解器/多阶求解器等,针对不同的应用背景和模型,求解器类型各有千秋。求解器的分类如表 6.1.1 所列。

表 6.1.1 求解器的分类

分 类	步长可变与否	离散/连续	显式/隐式	单步/多步	单阶/多阶
1	固定步长	离散	显式	单步	单阶
2	变步长	连续	隐式	多步	多阶

俗话说"知己知彼，百战不殆"，为了能够在多种多样的模型中灵活自在地选用求解器，读者以先了解熟悉不同种类的求解器有什么样的特性为上策。

6.1.1.1 固定步长求解器/变步长求解器

固定步长求解器及变步长求解器的区别是，前者的步长是固定的常数，而后者的步长在每一个采样点计算时都可能是变化的，步长增大还是减小取决于模型状态量变化的快慢：当模型状态值变化很快时减小步长，反之增大步长。步长是什么呢？它是指前后两个相邻采样点之间的时间间隔。这两种求解器之所以能够计算下一个时刻的采样时间，是通过当前时刻加上一个步长得到的。二者并没有绝对的优劣，在不同的应用场合可酌情采用。

一般情况下，对于用于仿真的模型，两种求解器都可以采用；但是，如果模型是以生成嵌入式代码为目的并下载到硬件中去实时执行，那么该模型的求解器必须采用固定步长，因为实时硬件的时钟源都是提供稳定频率的时钟源，无法提供变步长求解器的采样时刻的计算方式。

而在仿真模型中，如果仿真时间较长，那么在某一给定的仿真精度下，定步长求解器需要仿真很多个采样点数，而此时如果采用变步长求解器，那么它就可以根据误差容限动态调整步长的大小，可以在误差容限允许的范围内放大步长，使得整个仿真过程中需要计算的采样点数降低，最终可以使仿真过程在相对较短的时间内结束。

这里以一个多速率模型为例来说明上述情况。所谓多速率模型，就是模型中的模块不是都采用同一个采样时间进行计算，而是不同的子系统或模块有各自不同的采样时间。但是，这个采样时间必须是求解器步长的整数倍。多速率模型如图 6-1 所示。

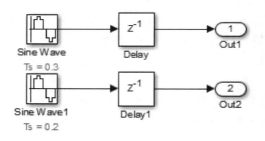

图 6-1 多速率模型

上述模型中有两个离散的正弦模块，采样时间分别是 0.2 s 和 0.3 s，如果使用固定步长求解器求解，则其步长设置为 0.1 s，这是为了使两个正弦波发生器模块的采样时刻都涵盖在求解器的采样点覆盖范围内。此时模型的采样时刻序列为：[0 0.1 0.2 0.3 0.4 0.5 0.6 0.7 0.8 0.9 1.0 …]。

如果这个模型的仿真时间长度为 1 000 s，那么需要计算 1 000/0.1+1=10 001 个采样点的输出数值。相对地，如果采用合适的变步长求解器进行仿真，那么在理想情况下，模型的采样时间序列就会变为：[0 0.2 0.3 0.4 0.6 0.8 0.9 1.0 …]，这种情况下求解器只在两个正弦波发生器模块的有效采样时间内才进行输出解算，有效地减少了采样点个数（只需要计算 6 668 个采样点),提高了效率。

6.1.1.2 离散求解器/连续求解器

打开 Configuration Parameters,在左侧列表框中选择 Solver,然后在右侧对应的选项卡中的 Type 下拉列表框中选择固定步长或变步长求解器类型之后,就可以在 Solver 下拉列表框中选择具体的某种解算算法了,如图 6-2 所示。

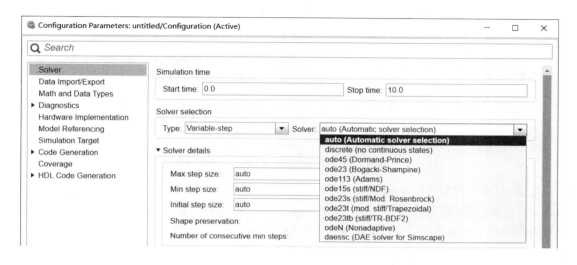

图 6-2　选择求解器的类型

这些解算方法根据所支持的解算对象的不同而分为连续求解器或离散求解器。这两种求解器都依赖于模型中的具有连续/离散状态变量的模块来工作。具有离散状态变量的模块负责在离散求解器作用下的每个采样时间点计算离散状态变量的值;而具有连续状态变量的模块在连续求解器作用下使用连续数值积分方法求解连续状态变量的值。

当一个不具有连续状态变量的模型使用连续求解器仿真时,Simulink 会自动切换到离散求解器进行仿真;而当一个模型具有连续状态变量的模块选择离散求解器进行仿真时,会发生错误。因为离散求解器不支持连续状态变量的求解,所以必须采用连续求解器对具有连续状态变量的模型求解。

6.1.1.3 显式求解器/隐式求解器

求解器可以分为显式求解器和隐式求解器。显示方程明确表示求解的对象和求解表达式:$x(n+1)=x(n)+h\times Dx(n)$,隐式方程则没有将求解对象单独放到等号一边:$x(n-1)-x(n)-h\times Dx(n+1)=0$。

通常,隐式求解器用于求解刚性系统,显式求解器用于求解非刚性系统。所谓刚性系统,是指只有在时间间隔很小的情况下才会稳定,只要时间间隔稍微增大一点就不再稳定的系统。对于这种情况,相对于显式求解器,隐式求解器对于振荡行为的求解具有更高的稳定性。但是,由于解算过程中产生 Jacobian 矩阵,使用类牛顿法在每一个采样时刻计算代数方程,所以很费时间。为了某种程度上节省时间,隐式求解器提供了一个 Solver Jacobian method 参数(见图 6-3),对其进行合适的设置能够提高求解器的时间效率。

6.1.1.4 单步求解器/多步求解器

Simulink 提供的求解器,为了计算当前时刻的输出值,有必要使用前一个或前几个时刻

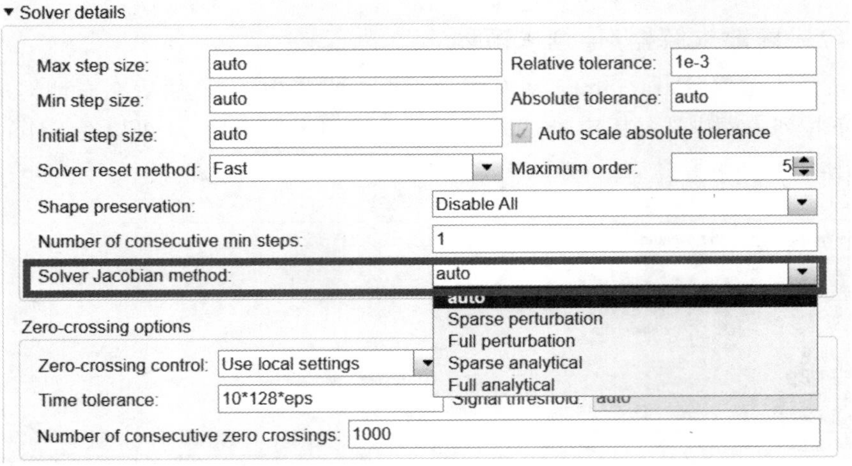

图 6-3 Solver Jacobian method 参数

的输出值，根据使用前面时刻值的个数不同，求解器可以分为单步求解器和多步求解器。单步求解器在计算 $y(t)$ 时只需使用 $y(t-1)$ 时刻的值，如果是连续系统，则还包括 $t-1$ 时刻和 t 时刻之间的积分步长下对应的值；而多步求解器则是需要 $y(t-1),y(t-2),\cdots,y(t-m)$ 等多个时刻的值来计算当前输出 $y(t)$。Simulink 的变步长求解器中提供了一个隐式多步解算方法 ode15s 和一个显式多步解算方法 ode113。

6.1.1.5 变阶求解器

ode15s 和 ode113 求解器同时也是阶数可变的解算方法，它们在系统仿真中可以使用多种阶数进行模型求解。隐式变步长求解器 ode15s 可以使用一阶到五阶方程，而显式变步长求解器 ode113 可以使用一阶到十三阶方程。

6.1.1.6 求解器的选用

针对种类众多的求解器，一一识别其优势的确有难度。但是，如果记住主线，以步长固定与否进行分类，并通过其内部的算法特征进行识别和记忆，多次尝试之后，就能对其分类有个大概的了解了。在 Configuration Parameters 对话框中，每一种求解器使用的解算方法都跟在求解器名之后，如图 6-4 和图 6-5 所示。

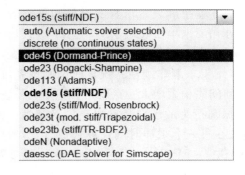

图 6-4 变步长求解器及其算法

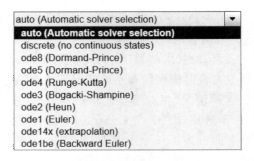

图 6-5 固定步长求解器及其算法

对于固定步长解算方法，没有误差控制，所以其计算精度完全靠步长大小来决定。步长越小,计算精度越高,花费的时间也就越长。Simulink 提供的算法是从一阶欧拉算法到八阶 Dormand-Prince RK8(7)算法,它们在积分计算的复杂度上有区别,当 Type 设置为 Fixed-step 时,默认选择 ode3 解算方法。对于同样的步长,积分计算越复杂的求解器求解精度越高,解算速度相对越慢。读者需要在精度与速度之间做一个权衡。

而变步长解算方法则在仿真过程中自动检测局部误差以增大或减小步长来满足用户设定的误差容限。变步长下默认为 ode45 求解器。变步长求解器库中提供的各种解算方法的应用场合见表 6.1.2。

表 6.1.2　变步长解算方法的应用场合

求解器	应用场合
discrete	用于无状态或仅具有离散状态的模型,采用可变步长
ode45(显式)	推荐用于模型的首次仿真,该求解器具有最好的普遍适用性以及不错的精度。一般情况下比 ode23 具有更高的计算精度和速度,如果发现使用它仿真极慢,则很可能是遇到了刚性模型,届时可更换为隐式变步长算法 ode15s
ode23(显式)	在误差要求不是特别严格时以及模型中存在轻微刚性时具有比 ode45 更高的效率
ode113(显式)	对于具有严格误差容限和计算密集型的问题,此方法比 ode45 更适合、更高效
ode15s(隐式)	当 ode45 求解刚性问题失败时,尝试使用此解算方法。它基于数值差分方程(NDF)求解,产生 Jacobian 矩阵。通常从阶数为 2 开始尝试
ode23s(隐式)	一步求解器,在粗差问题上比 ode15s 更高效。它也产生 Jacobian 矩阵,在某些 ode15s 解决不了的刚性模型上可以尝试此解算方法
ode23t(隐式)	适应于不存在数值阻尼的中度刚性模型求解
ode23tb(隐式)	与 ode23s 类似,在粗差刚性模型仿真中比 ode15s 更高效
odeN	使用 N 阶固定步长积分公式,采用当前状态值和中间点的逼近状态导数的显函数来计算模型的状态
daessc	用于对物理系统建模产生的微分代数方程的稳健算法进行仿真

要选出某模型最优化的求解器,则需要根据上述规则,通过实验多次进行验证。

6.1.2　参数的配置

Configuration Parameters 对话框是模型配置参数的对话框,通过组合键 Ctrl+E 或单击模型工具菜单中的 ⚙ 图标可以启动。Configuration Parameters 对话框中显示的是处于活动状态的 ConfigSet 对象的内容,供用户编辑和设置。这些参数主要包括求解器的选择、设置,数据的导入/导出,以及其他影响仿真运行方式的参数。启动后的 Configuration Parameters 对话框如图 6-6 所示。

此对话框将参数按照功能分组,单击左侧列表中的组名即可刷新右侧的控件面板。该对话框的右下角有 4 个按钮,其作用分别与 Simulink block 参数对话框右下角的 4 个按钮一样:当编辑修改了参数之后,单击 OK 按钮和 Apply 按钮可以保存变更后的参数,区别是 OK 按钮将关闭此对话框,而 Apply 按钮不关闭;Cancel 按钮将忽略参数的修改并关闭对话框,Help 按钮则启动 Simulink 文档并跳转到 Configuration Parameters 的部分。

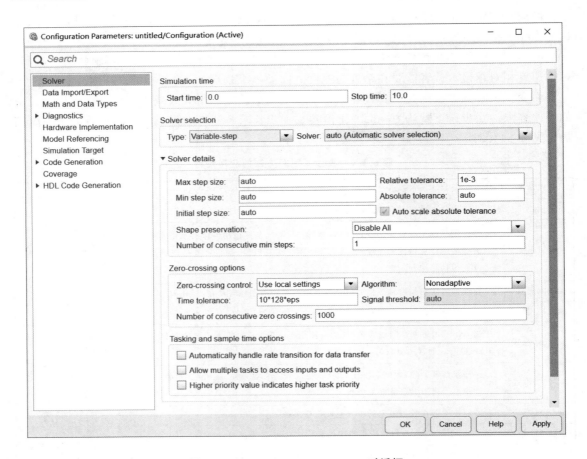

图 6-6 Configuration Parameters 对话框

6.1.2.1 求解器的参数设置

在图 6-6 左侧的列表框中选择 Solver，Configuration Parameters 对话框将显示关于求解器的参数配置。一般情况下，Configuration Parameters 对话框默认显示的就是 Solver。所有控件被分为 3 组：Simulation time、Solver selection 和 Solver details。当选择变步长求解器时还会出现第四组参数：Zero-crossing options。

Simulation time 选项组中包括 Start time 和 Stop time 两个参数，用于输入仿真的开始和结束时间，时间可以小于 0（一般均取大于 0 的值），但是运行仿真必须保证 Stop time 大于或等于 Start time，否则启动仿真时会报出错误。

模型的仿真时间并非实际时间（Realtime），默认的仿真时间是 0~10 s，但是仿真过程中实际模型花费的时间不到 10 s。实际模型的仿真时间与模型的复杂度、步长以及计算机的计算速度均有关系。

Solver selection 选项组根据变步长/固定步长求解器的转换会显示不同的参数控件，另外 Solver details 选项组也会有所改变，变步长求解器和固定步长求解器的设置分别如图 6-7 和图 6-8 所示。

当选择变步长求解器时需要设置以下参数，见表 6.1.3。

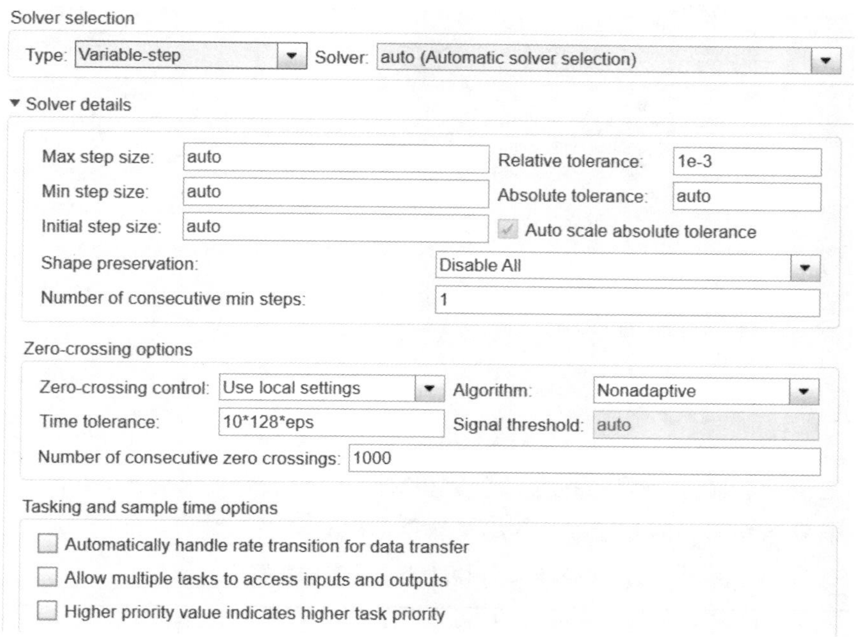

图 6-7　变步长求解器

表 6.1.3　变步长求解器的相关参数

参数名	作用说明
Max step size	求解器可以采用的最大步长
Min step size	求解器可以采用的最小步长
Initial step size	求解器第一步采用的步长
Relative tolerance	可接受的最大相对误差容限
Absolute tolerance	可接受的最大绝对误差容限
Shape preservation	开启时可使用微分信息提升积分的精确度
Number of consecutive min steps	当步长超出 Max step size 或小于 Min step size 时称为步长违例,此选项用于设置连续出现步长违例的步数,一旦超过这个步数就报警或报错。默认为 1
Zero-crossing control	使能过零检测功能,对大部分模型而言,可以提高仿真速度,因为精确定位过零点,所以可增大变步长求解器的步长。有 3 个选项:Use local settings、Enable all 和 Disable all,其中,Use local settings 表示根据模型中模块是否开启 detect zero crossing 开关来决定是否启动过零检测;后面两个参数则是全体开启/全体关闭过零检测功能
Time tolerance	时间容限,规定过零检测要在容限相关的时间范围内检测连续性,用于控制过零检测发生频度
Algorithm	指定一种算法来进行过零检测。分为自适应算法(Adaptive)与非自适应算法(Non-adaptive)
Number of consecutive zero crossings	软件显示警告或错误之前可能发生的连续过零次数

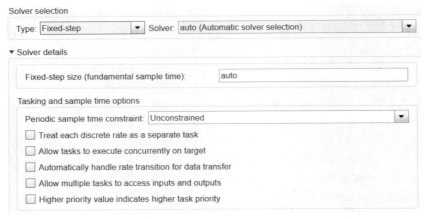

图 6-8 固定步长求解器

对于固定步长求解器,所需要配置的参数相对较少,仅当隐式求解器 ode14x 被使用时,才开启 Jacobian 算法相关参数。固定步长求解器参数如表 6.1.4 所列。

表 6.1.4 固定步长求解器的参数

参数名	作用说明
Fixed-step size	固定步长

下面以一个模型为例,如图 6-9 所示,看看在不同求解器下仿真出来的效果有何不同。

Sine Wave 模块采用默认设置,参数不做改动。在默认的 Configuration Parameters 对话框中使用的是 ode45 求解器。在这个模型中,变步长求解器根据模型的仿真时间自动分割为 51 个采样点来求步长。单击模型工具菜单栏中的 ⊙ 图标启动模型仿真。当模型仿真的 Stop time 为 10 s 时,得到如图 6-10 所示的正弦仿真图像。

图 6-9 求解器实验用模型

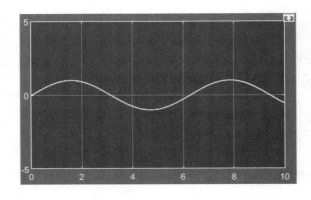

图 6-10 使用 ode45 求解器仿真 10 s 的图像

保持 ode45 求解器,仅将仿真时间长度修改为 100 s,然后再度运行仿真,此时得到的正弦波形已经失真,如图 6-11 所示。

仅仅是仿真结束时间变化就导致了波形失真,这是为何? 原因是 ode45 作为变步长求解

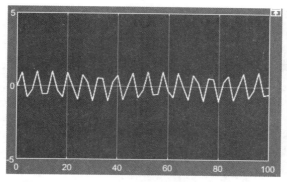

图 6-11 使用 ode45 求解器仿真 100 s 的图像

器,在对模型进行处理时,由于模型的 Configuration Parameters 对话框中的 Max step size/Min step size 都设置为 auto,所以自动根据仿真时间长度调整了步长。而 ode45 选取的步长过大,没有遵循采样定理,导致所采的点无法恢复正弦波的样子。现在将 Max step size 设置为 0.5 s,再次进行仿真即可得到平滑的正弦波,如图 6-12 所示。

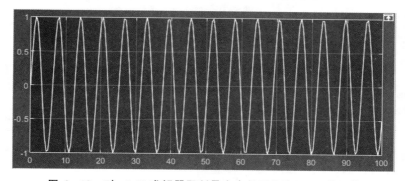

图 6-12 对 ode45 求解器限制最大步长后仿真 100 s 的图像

对于固定步长求解器,也存在仿真波形失真的情况。对 ode4 求解器设置 2.5 s 的步长 (Fixed-step size),仿真 10 s 的图像如图 6-13 所示。

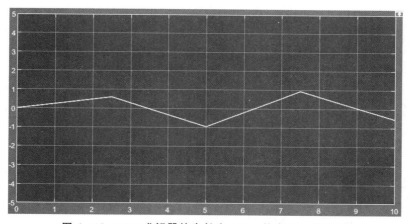

图 6-13 ode4 求解器的步长为 2.5 s,仿真 10 s 的图像

显然这样的步长导致采样频率过低、采样点数太少,根本无法从绘制出的波形识别出这是正弦波。当把步长设置为 0.5 s 时再次仿真,如图 6-14 所示。

读者在对自己建立的模型进行仿真时,第一次尝试不一定能够得到满意的效果,可以通过

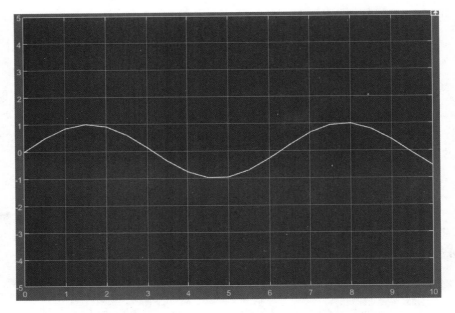

图 6-14 ode4 求解器的步长为 0.5 s,仿真 10 s 的图像

选择不同的求解器,设置不同的步长,多次仿真比较之后来确定求解器的参数设置。这里提供一个方法来查看所选变步长求解器仿真结果的精确度是否可以接受:当经过多次尝试,感觉仿真结果比较不错时,将 Relative tolerance 设置为"1e-4"(默认值为 1e-3),再进行一次仿真。如果与之前的结果没有明显的差异,则应对当前的解算方法和仿真结果抱有信心。

6.1.2.2 数据导入/导出的设置

Configuration Parameters 对话框中的 Data Import/Export 选项卡用于导入工作区的输入或将模型的仿真数据输出到工作区。Data Import/Export 选项卡如图 6-15 所示。

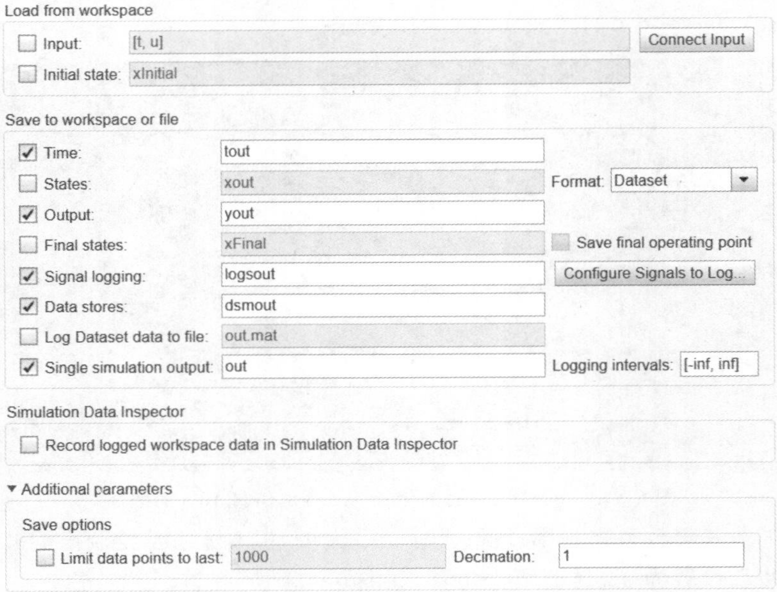

图 6-15 Data Import/Export 选项卡

第6章 Simulink 模型的仿真

当从工作区导入信号时，需要 In 模块与图 6-15 中的 Input 参数协作实现，第 3 章讲解 In 模块时已经介绍了此种方式，它相当于将工作区的数据绑定到 In 模块上，然后再应用于模型中。从工作区导入的数据以及可以保存到工作区的数据参数见表 6.1.5。

表 6.1.5 与工作区的数据交互

参　数	参数变量	方　向	作用说明
Input	[t,u]	工作区──→模型	t 表示时间的列向量，u 表示对应时间点的数据列向量
Initial state	xInital		状态变量的初始值
Time	tout	模型──→工作区	保存模型仿真时间采样
States	xout		保存模型的状态量
Output	yout		保存模型的输出量
Final states	xFinal		保存模型仿真最后一个采样时刻的状态量
Format	Array、Structure、Structure with time、Dataset	模型──→工作区	仿真过程数据保存格式的设置，其中，Array 表示带有时间列的矩阵；Structure 表示结构体格式；Structure with time 表示带有时间信息的结构体格式；Dataset 表示增强型记录数据类型，可以支持标量、数组、多维矩阵、总线、总线数组、fcn-call 类型的信号记录与存储
Signal logging	logsout	模型──→工作区	全局启用或禁用模型的信号记录
Data stores	dsmout	模型──→工作区	启用模型对 Data store Memory 模块中信号的存储功能
Log Dataset data to file	out.mat	模型──→工作区	将数据记录到 MAT 文件
Single simulation output	out	模型──→工作区	启用 sim 命令的单一输出格式
Limit data points to last	1 000	—	选中该复选框后只保存最新的 N 个采样点的数据，N 为文本框中的值。取消选中该复选框则保存整个仿真过程中所有的数据点
Decimation	1	—	每间隔多少个采样点数保存一组数据
Record logged workspace data in Simulation Data Inspector	—	模型→模型数据检查器	模型仿真数据在模型仿真暂停、停止时存储到仿真数据检查器中

当模型某次仿真后保存的 Final states 参数可以作为下一次仿真的 Initial state 参数使用时，记录前次仿真的最终状态值，作为后一次仿真的初始状态值，从而将前后两次独立的仿真在数值上接续起来。所谓 state，就是微分方程或差分方程中的状态量，微分值 dx 和差分值 delta x 都归于 state 的范畴，也正是由于这些 state 的存在，模块的输入和输出的直接连通关系(feed through)被打破了。现在，通过一个例子来了解如何通过状态量的保存和导入将仿真连续起来。下面的模型(见图 6-16)对仿真时间进行积分，每当积分值达到 10 时就将积分器

清零,然后再进行当前值的积分。

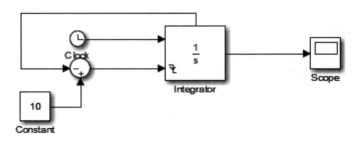

图 6-16　阈值清零积分器

模型采用固定步长求解器,步长设为 0.1 s;仿真时将 Final states 设置为变量 xFinal 保存在工作区中。求解器设置如图 6-17 所示,数据导出设置如图 6-18 所示。

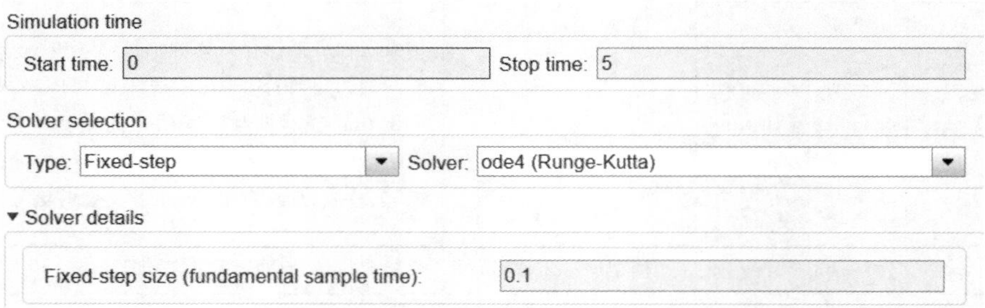

图 6-17　求解器设置

图 6-18　数据导出设置

运行仿真后,得到的仿真图像如图 6-19 所示,在 4.4 s 左右积分第一次达到 10 并被清零,然后继续积分到 5 s 仿真结束。如果希望知道第二次积分到 10 的时刻是多少,一种措施是将仿真结束时间调大,然后重新仿真,使仿真图像中显示出第二次达到 10 的图像。如果模型复杂,包含模块数量较多、求解算法变步长且模型带有很强的非线性,则仿真所用时间也会较长。即使模型的仿真时间设置为 5 s,真实的仿真过程可能也会需要花费数十个小时。在这个过程中,如果数据不能保存完整,当用户希望在上次仿真的最终状态上接续仿真时,则不能实现,只能从 0 时刻开始仿真,这是一种时间和资源的浪费。这时 Final states 的保存、Initial states 的导入就起到了关键作用,绘制图 6-19 的数据和仿真的最终状态得以保存在工作区中,如图 6-20 所示。

如图 6-21 所示,将 Initial state 设置为 xFinal,仿真时间如图 6-22 所示,将 Start time 设为"5",即上次仿真的终止时间,然后将 Stop time 设置为"10",这 5 s 的时间足以保证积分值再次到达 10。

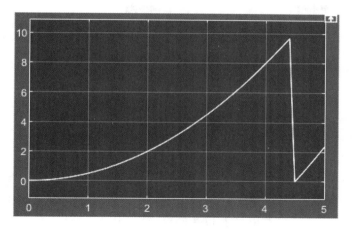

图 6-19　阈值清零积分器的仿真图像

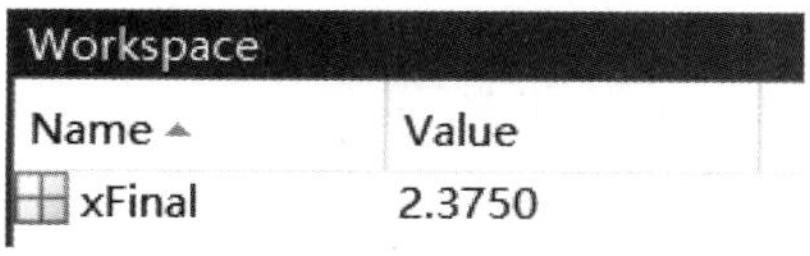

图 6-20　仿真的最终状态被保存 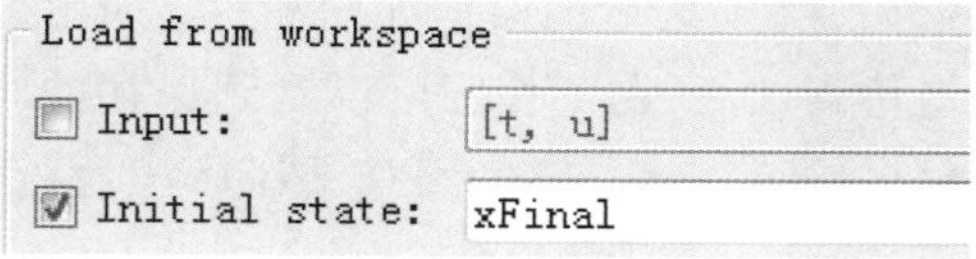　　图 6-21　第二次仿真的初始状态导入设置

图 6-22　第二次仿真的时间设置

再次运行仿真，得到从上次仿真终止处起始的仿真图，如图 6-23 所示。

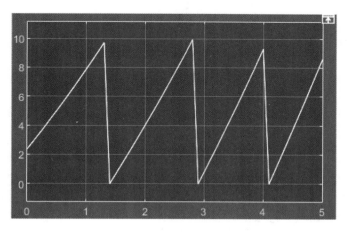

图 6-23　第二次仿真的图像

从延续首次仿真终值状态的第二次仿真可以看出，在 6.3 s 左右，积分器第二次积分到 10 并清零。同样地，如果想了解之后积分达到 10 是在多少秒，可以继续将保存的仿真的 Final states 在后面仿真中作为初始状态导入和仿真。将这种方法应用在仿真特别耗时的模型上（如电子电力方面）将节省很多时间。

导出数据时,在 Data Import/Export 选项卡中选中 Time 和 Output 复选框,将 Format 设置为 Structure with time,如图 6-24 所示。

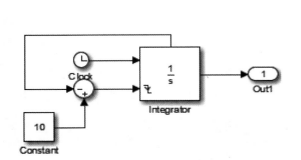

图 6-24 设置仿真的输出量保存及保存格式

Workspace 中输出量的保存依赖于 Out 模块,模型中必须增加 Out 模块以将输出变量保存到工作区。如果不注重观察波形,则可以在保存数据的信号线处仅使用 Out 模块而不使用 Scope 模块。替换之后的模型如图 6-25 所示。

单击仿真之后,在工作区可以看到保存的时间量 tout 和输出量 yout。输出量 yout 以包含时间信息的结构体形式创建在工作区中,双击 yout 会弹出输出量的内部结构,如图 6-26 所示。

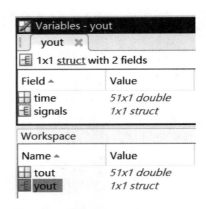

图 6-25 模型中增加 Out 模块　　　　图 6-26 输出量的内部结构

使用结构体成员的访问方式获取仿真的过程数据:yout.signals.values;或者使用 MAT-LAB 的内建函数 getfield 来逐层获取数据:

```
signals = getfield(yout, 'signals');
values = getfield(signals, 'values');
```

6.2　模型仿真数据记录

模型仿真过程中的数据记录对于学术研究、算法的仿真验证、嵌入式开发的测试阶段来说都是至关重要的环节。将模型仿真的数据导出到工作区,除了使用 Configuration Parameters 对话框中的 Data Import/Export 以外,还有一些其他方法。如使用信号日志(signal logging)功能记录仿真数据,使用测试点(test point)方式记录仿真数据(该数据可以通过浮动示波器展示波形)。

6.2.1 信号日志

对于模型中信号线记录的仿真过程数据,可以通过右击信号线,打开 Signal Properties 对话框,选中 log signal data 复选框来启动信号日志记录功能。设置之后的信号上将出现一个蓝色探针符号,表示此信号的数据记录功能已开,如图 6-27 所示。

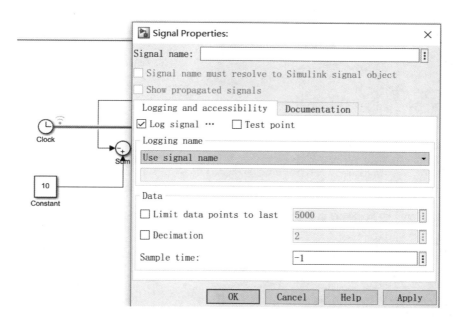

图 6-27 设置信号日志

设置模型的 Clock 模块的输入信号以及积分器的输出信号,然后单击仿真,工作区中会出现一个 logsout 的数据结构,其类型为 Simulink.SimulationData.Dataset,内部包含了仿真过程的采样时间信息。在 Command Window 中输入变量名可以看到其结构的说明和提示,如图 6-28 所示。

```
logsout =

Simulink.SimulationData.Dataset 'logsout' with 1 element

                  Name    BlockPath
                  ____    _____
   1  [1x1 Signal]    ''      untitled/Clock

- Use braces { } to access, modify, or add elements using index.
```

图 6-28 信号日志存储变量

根据提示可知模型仿真中保存了两个信号量,合并保存为变量 logsout。如果要分别获取其内容,需要使用此类型的内建方法 getElement 等根据索引号来获取。尝试在 Command Window 中输入"signal1=logsout.getElement(1)",返回结果如图 6-29 所示。

signal1 有一个 Values 成员，其保存了仿真采样时间信息和信号数据，再度访问即可看出其内部数据结构。在 Command Window 中输入"signal1.Values"，即可得到返回信号值的信息，如图 6-30 所示。

```
>> signal1 = logsout.getElement(1)

signal1 =

Simulink.SimulationData.Signal
Package: Simulink.SimulationData

Properties:
            Name: ''
  PropagatedName: ''
       BlockPath: [1×1 Simulink.SimulationData.BlockPath]
        PortType: 'outport'
       PortIndex: 1
          Values: [1×1 timeseries]

Methods, Superclasses
```

```
>> signal1.Values
timeseries

Common Properties:
    Name: ''
    Time: [51x1 double]
    TimeInfo: [1x1 tsdata.timemetadata]
    Data: [51x1 double]
    DataInfo: [1x1 tsdata.datametadata]

More properties, Methods
```

图 6-29　获取信号日志变量的元素　　图 6-30　获取信号日志变量的 **timeseries** 数据对象

signal1.Values 是一个时间序列对象(timeseries object)，其成员 Time 为仿真时间列向量，Data 为 Clock 模块输出的信号数据列。使用 M 代码将这些数据绘制为图像：

```
plot(signal1.Values.Time, signal1.Values.Data)
xlabel('signal1.Values.Time');
ylabel('signal1.Values.Data');
```

运行上述代码后，出现如图 6-31 所示的图像。

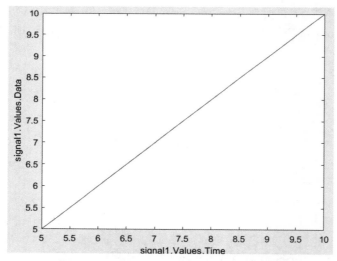

图 6-31　获取 Clock 模块仿真数据并绘图

6.2.2 仿真数据观察器

信号记录还可以与 Simulation Data Inspector 联合使用记录模型仿真过程中的数据。在 Configuration Parameters 对话框中选择 Data Import/Export,然后在 Data Import/Export 选项卡中选中 Record logged workspace data in Simulation Data Inspector 复选框,开启记录状态,如图 6-32 所示。

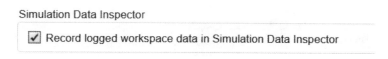

图 6-32 开启记录状态

观察器需要与信号线的记录功能联合使用,如果模型中没有被记录的信号线,则不能启动仿真录制。通过选中希望记录的信号线,再单击 Log Signals 图标可以增设 Log 点,如图 6-33 所示,这种方法稍微方便一些。

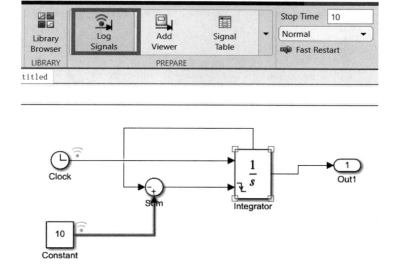

图 6-33 设置信号线的 Log 点

通过图 6-34 中的 Configure Signals to Log 可以在 Configuration Parameter C 对话框中选择 Data Import/Export,然后再在 Data Import/Export 选项卡中单击 Configure Signals to Log 按钮(见图 6-34)启动 Simulink Signal Log selector,从所有被记录的信号线中选择期望记录的信号线。单击 Configure Signals to Log 按钮弹出如图 6-35 所示的对话框。

单击 Configure Signals to Log 按钮弹出如图 6-35 所示的对话框,选中需要记录的信号后关闭该对话框并启动模型仿真。待仿真结束后,信号记录也完成了。这时可以选择 REVIEW RESULTS→Data Inspector→Inspector 选项以观察记录的数据波形。它不仅可以一次记录多个信号数据,还可以记录多次仿真的数据过程。上述模型中 Clock 模块与 Integrator 模块的输出同时被选中并记录,如图 6-36 所示。

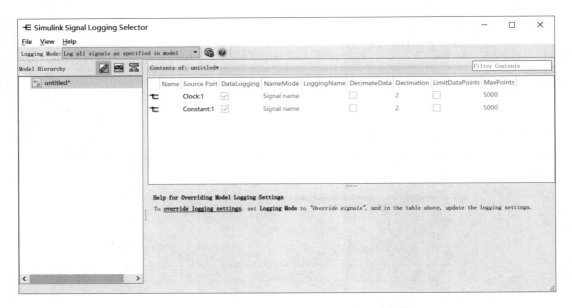

图 6-34 单击 Configure Signals to Log 按钮

图 6-35 Simulink Signal Logging Selector 对话框

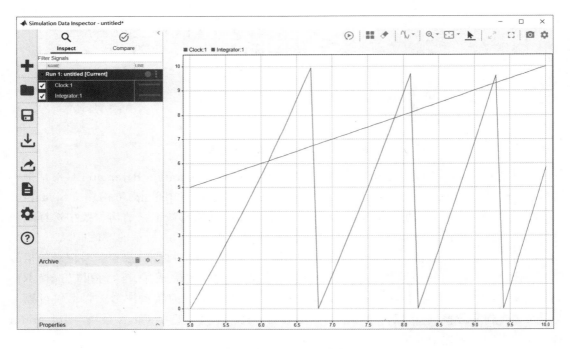

图 6-36 被记录的信号的波形显示

Simulation Data Inspector 对话框中有两个选项卡，即 Inspect 和 Compare。其中，Inspect 用于在同一个坐标轴中显示信号波形；Compare 分为两种比较形式，Signals 用于比较信号的差别，Runs 在记录多个仿真过程数据之后，比较相同信号在不同仿真次数之间的区别，如图 6-37 所示。

图 6-37　Compare 的两种比较形式

当选择 Compare→Signals 时，两次仿真的信号列表将在弹出的对话框中的左侧给出，选中的信号绘图在右上方给出，两次仿真信号的差分在右下方给出，如图 6-38 所示。

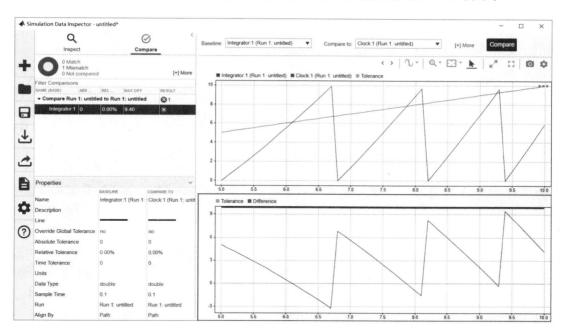

图 6-38　选择 Compare→Signals 时比较信号的差别

当选择 Compare-Signals 时，绘制和作差的信号可以是不同次仿真过程中的。当选择 Compare→Runs 时，将展示同一个信号在不同仿真次数中的绘图和差分。

选择 Compare→Runs 是对不同次仿真过程中的同一个信号进行对比。选择完需要比较的目标之后，单击 Compare 会显示比较结果（见图 6-39），在左侧列表中的 RESULT 列下的对号（√）表示该信号在两次仿真过程中数值完全相同，叉号（×）则表示该信号在两次仿真过程中的结果有差异。选中某个信号，该信号两次的仿真波形与差分将显示到右侧的两个坐标

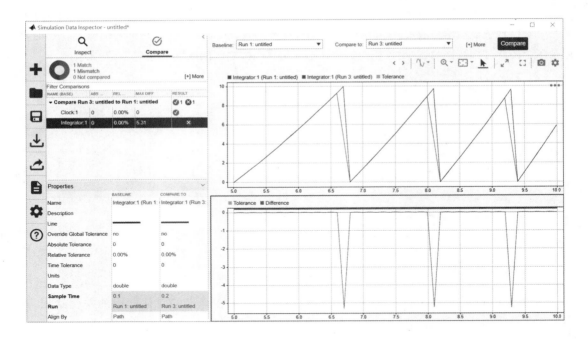

图 6-39 选择 Compare→Runs 时比较信号的差别

轴中。显示风格同选择 Compare→Signals 选项时给出的结果。

6.3 仿真的调试

通过单击菜单栏中的绿色三角按钮运行 Simulink 仿真就像运行 M 脚本一样,直接从头至尾跑了一遍,按照采样时间对每个模块的输入/输出和状态都进行了更新。那么,如果用户希望静态地观察仿真过程中的每个模块执行的顺序,或者每一个采样时间点数据的计算和更新情况,Simulink 仿真能够像 M 语言调试状态那样支持断点、单步等行为吗?答案是肯定的,Simulink Debugger 提供对模型的调试功能。使用 Simulink Debugger,模型可以按照每个方法来单步执行,这样可以停在任何一个方法执行之后,并检查结果是否正确。这里所说的方法,就是在每个步长模型运行仿真过程中所调用的函数。模块都是由多个方法构成的,模块的仿真就是调用模块的方法产生各种不同的动作或波形。通过 Simulink Debugger 能够精确定位仿真中的异常或错误出现的时刻,具体错误发生在哪个模块、哪个参数,甚至哪个端口上。

6.3.1 Debugger 的启动

仍以带有复位功能的积分器为例,将仿真时间 Start time 设置为 5,Stop time 设置为 10,来进行调试过程的使用说明,模型如图 6-40 所示。

Simulink Debugger 的启动可以通过选择 DEBUG→Debug Model 选项来实现,如图 6-41 所示。

启动后的 Simulink Debugger 对话框如图 6-42 所示。

根据 Simulink 的运行机理可知,仿真是按照采样时间序列的顺序进行的,在每个采样步长内,模型按照信号流向和模块优先度依次调用每个模块的子方法来执行。Debug 模式下就

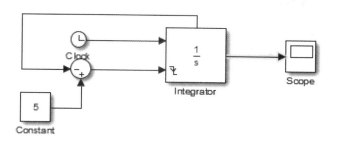

图 6-40 带有复位功能的积分器模型

图 6-41 通过菜单栏启动 Debugger

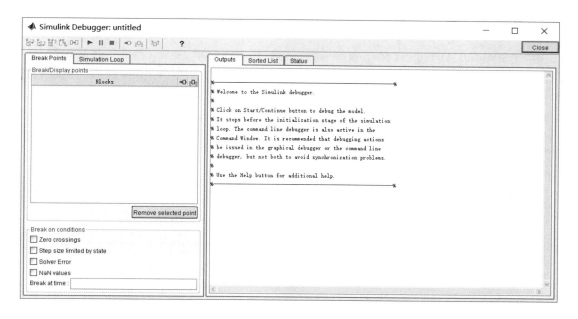

图 6-42 Simulink Debugger 对话框

是将这个过程变得可控,单步或多步执行,或者全速运行到断点才停下来,并且过程中每个采样时刻所执行的模块和方法都可以观察到。模型中所有模块的执行顺序都可以通过 Sorted List 查看,单击 Sorted List 标签,切换到 Sorted List 选项卡,如图 6-43 所示。

模型中的 5 个模块都是非虚拟模块,每个模块前以 $(M)0:N$ 表示,括号内的数字表示模型运行所处的任务序号;分号前的数字表示当前所处的采样速率,该模型仅包含一个采样速率,是单速率模型,所有模块都以同一速率(0 号)即基速率仿真;分号后面的数字表示在这个

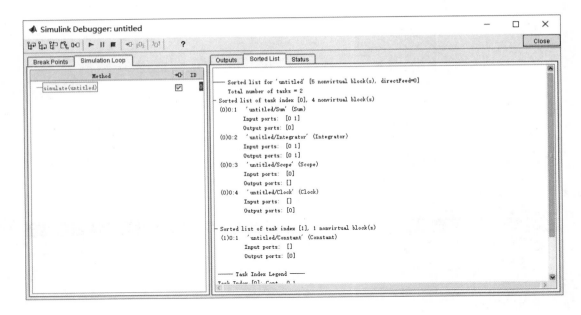

图 6-43　Sorted List 选项卡

速率下模块执行的优先度，数字从 0 开始越小优先级越高，越先执行。

6.3.2　Debugger 的单步方法

单击 Simulink Debugger 菜单中的绿色三角按钮可以启动 Debug 模式的仿真运行，它将运行一步仿真然后停止，左侧的 Simulation Loop 选项卡和右侧的 Outputs 选项卡自动打开。第一步执行后，下一步将要执行的方法名将显示在 Outputs 选项卡中，如图 6-44 所示，这一步是模型初始化，TM 表示当前的仿真时间（模型仿真从 5 s 开始），sldebug @0 表示此次仿真过程中所执行方法的序号，从 0 开始，之后依次递增。

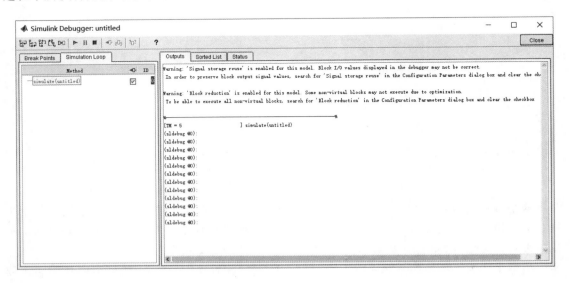

图 6-44　第一步运行的结果

此时，Simulink Debugger 工具栏上的各个按钮不再以灰色而是以彩色显示，表示这些功能已被使能。共 8 个按钮，分别表示：

① Step into current method：单步进入当前方法的子方法（如果存在子方法）；

② Step over current method：单步跨过当前方法（即使当前方法存在子方法也不进入）；

③ Step out of current method：单步跳出当前子方法，进入父方法（如果存在父方法）；

④ Go to first method at start of next time step：运行至下一个采样时间的首个方法；

⑤ Go to the next block method：运行至下一个模块的方法调用；

⑥ Start/Continue：开始/继续调试；

⑦ Pause：暂停调试；

⑧ Stop debugging：停止调试。

进行 5 组操作，分别从 sldebug @0 开始，单击按钮①～⑤连续 5 次，分别得到如图 6-45～图 6-49 所示的运行效果。

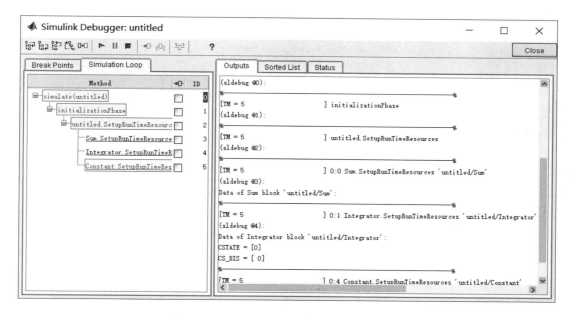

图 6-45 **Step into current method** 运行 5 步

Step into current method 会使 sldebug 序号增加 1，它运行的单步是最小的粒度。

Go to first method at start of next time step 每次都会停留在下一个采样采样时间的第一个方法上：Outputs.Major，采样时间每按一次按钮就递增一次。

Go to the next block method 每次都会执行完当前模块的方法然后进入下一个模块的方法。

当单步执行某个模块的某个方法涉及数据的输入/输出或状态的更新计算时，数据也将会显示出来，便于用户核对模型仿真数据是否与预期一致。如图 6-50 所示，Sum 模块在 5.05 s 时输出端口的数据为 9.75。

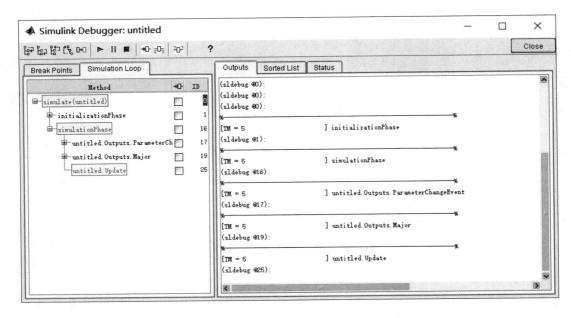

图 6-46 Step over current method 运行 5 步

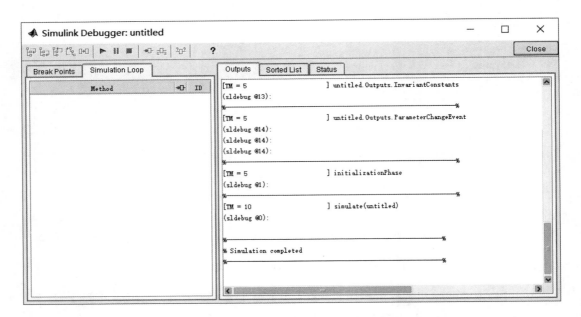

图 6-47 Step out of current method 运行 3 步即运行完毕

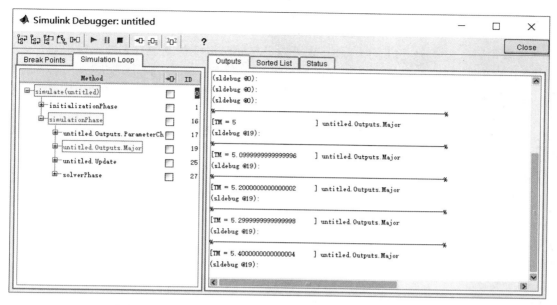

图 6-48 Go to first method at start of next time step 运行 5 步

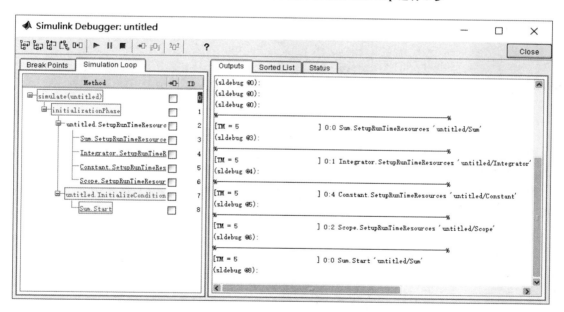

图 6-49 Go to the next block method 运行 5 步

```
%————————————————————————————————————————%
[Tm = 5.0499999999999998        ] 0:0 Sum.Outputs.Minor 'untitled/Sum'
(sldebug @33):
Data of Sum block 'untitled/Sum':
U1      = [0.25]
U2      = [10]
Y1      = [9.75]
```

图 6-50 单步时数据显示

6.3.3 Debugger 的断点设置方法

与 M 语言一样，Simulink Debugger 中可以设定断点以使仿真运行到断点时停止。当模型中存在多个断点时，可以从一个断点运行至另一个断点。Simulink Debugger 中有两种断点：无条件断点和有条件断点。所谓无条件断点，就是一个断点被设定到模型中的某个方法上，每次运行到这个方法时都会停止；而条件断点则是通过 Simulink Debugger 对话框中的 Break Points 选项卡中提供的条件复选框来设置或在文本框中输入希望停止的仿真时间，如图 6-51 所示。

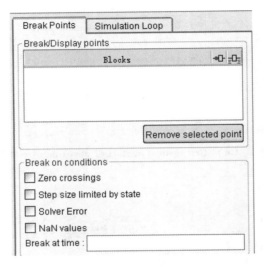

图 6-51 设置条件断点

6.3.3.1 无条件断点的设置

当模型在 Debug 模式下运行时，所执行的各种子方法都将通过 Simulation Loop 选项卡罗列出来。模型名后均有对应的复选框，用来设置无条件断点。选中对应子方法后的复选框即设定了断点，如图 6-52 所示。

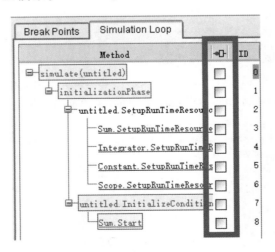

图 6-52 设置无条件断点

设定断点之后,可以单击 Continue 按钮继续运行仿真,再次运行到选中的断点时将会停止,如图 6-53 所示。

将模型的初始化以及终止前的操作包括在内,模型的仿真过程可以分为 3 个阶段,即 initializationPhase、simulationPhase 和 terminationPhase,如图 6-54 所示。

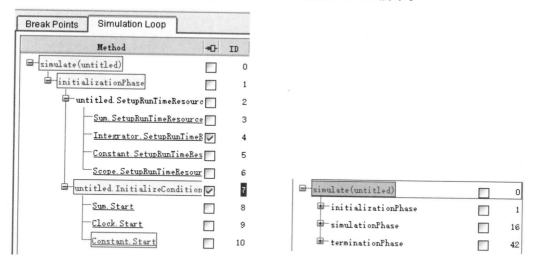

图 6-53　仿真过程中在 ID 为 4 和 7 的两个断点之间停下　　图 6-54　模型在调试模式下运行的 3 个阶段

在这 3 个阶段里,initializationPhase 和 terminationPhase 分别在模型初始化和结束阶段执行一次,而 simulationPhase 及内部的各个子方法则是在每一个采样时间都会执行一次。在 simulationPhase 的子方法里设置断点,单击 Continue 按钮,仿真启动后会停止在所设置的断点处。之后再次单击 Continue 按钮,仿真执行完当前步长,在下一个步长中再次停止在所设断点处。此后,多次按下 Continue 按钮会继续使调试器单步执行。simulationPhase 阶段的输出如图 6-55 所示。

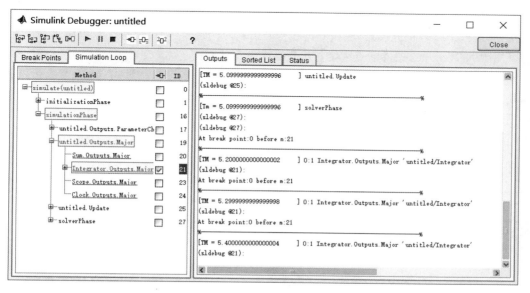

图 6-55　simulationPhase 阶段的输出

6.3.3.2 条件断点的设置

使用 Break on conditions 选项组中的控件来触发条件断点。如果希望仿真在调试器的作用下停在指定时间处，则在 Break at time 文本框中输入时间（如 8），单击开始按钮启动仿真，会停止在求解器的 8 s 处，驻留的方法是 Outputs.Minor，如图 6-56 所示。

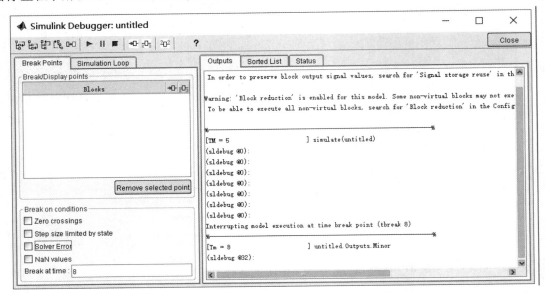

图 6-56 仿真全速运行后停止在第 8 秒

当选中 Zero crossings 复选框时，如果仿真过程中遇到非采样过零检测则会停止；当选中 Step size limited by state 复选框时，如果仿真过程采用变步长求解器，并且遇到一个状态会限制步长大小的情况则会停止；当选中 Solver Error 复选框时，如果求解器遇到可以恢复的错误则会停止，如果不设置此类型断点，则遇到这种错误时求解器将自动恢复并继续执行，不显示通知；当选中 NaN values 复选框时，一旦仿真过程中出现无穷大数或者数据大小超出机器表示范围时则停止，此复选框对于定位计算溢出或除数为 0 的错误很有帮助。

例如，对一个常数积分模型，在积分过程中若仿真时间过长，则会出现浮点数溢出的情况，此时可以使用 NaN values 条件断点来定位出现这个情况的时间。常数积分模型如图 6-57 所示。

输入及初始值都为 1e308，使用这个很大的常数是为了尽快构成溢出条件，当双精度浮点数超出 1e309 时就会被认为无穷大。进入常数积分模型的 Debug 模式，并选中 NaN values 复选框，如图 6-58 所示。

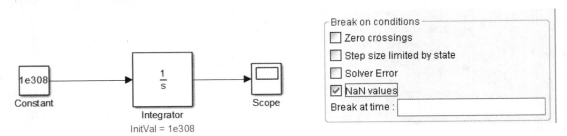

图 6-57 常数积分模型　　　　　　图 6-58 选中 NaN values 复选框

单击开始按钮以全速运行，模型将在 0.8 s 时停在常数积分模型的 Outputs.Minor 方法的调用处，如图 6-59 所示，说明此时积分值已经达到无穷大。

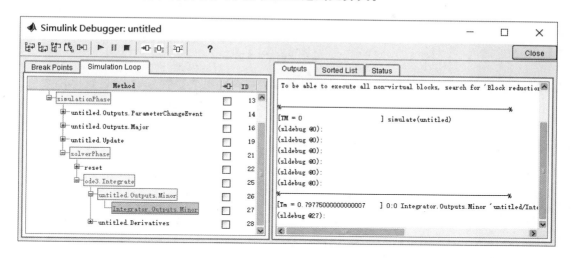

图 6-59　条件断点 NaN values 被触发

单击显示输入/输出值按钮 ![icon] 以观察数据，此时常数积分模型的输出确实已经为 inf（无穷大），如图 6-60 所示。

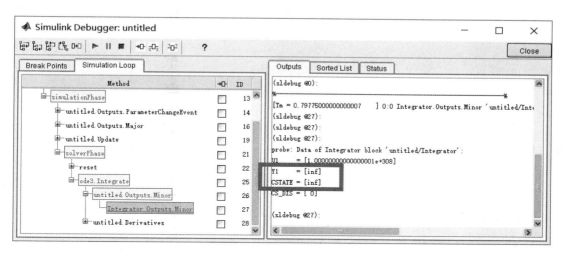

图 6-60　输出求解器运行到 0.8 s 时的数据

通过 Simulink Debugger 可以更细致地掌握模型运行的每一个步，从而精确地找到问题发生的位置、仿真时间以及问题出现前模型中的信号与模块输入/输出的变化趋势。掌握利用 Simulink Debugger 调试模型的技巧，使得用户在遇到模型错误时可以不用惊慌，从容面对，因为你已经知道肯定能找到问题出错的地方并分析出原因。

6.3.3.3　在建模环境中直接添加断点进行调试

即使不进入 Debugger 模式，也可以对模型进行断点添加和调试。从模型的菜单栏进入"调试"选项卡，如图 6-61 所示。

选中模型中需要添加断点的信号线并单击图 6-61 中的"添加断点"按钮，将弹出"添加断

图 6-61 "调试"选项卡

点"对话框,如图 6-62 所示。在该对话框中需要用户设置两个参数:一个是逻辑比较关系;另一个是与当前打断点信号的值进行比较的数值。逻辑比较关系包括:>、<、≥、≤、= 和 ~=。

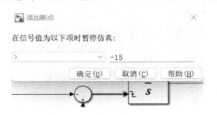

图 6-62 "添加断点"对话框

单击"添加断点"对话框中的"确定"按钮,将在信号线上出现红色实心圆,表示断点已打,如图 6-63 所示。

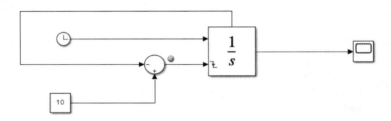

图 6-63 已打断点

单击仿真启动按钮,在上述条件满足时求解器将暂停,如图 6-64 所示。

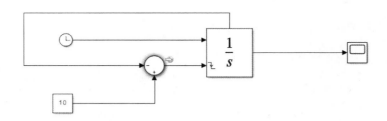

图 6-64 求解器将暂停

用户可以在"调试"选项卡中选择下一步动作,包括步退、继续、步进、越过、步入、步出和停止,如图 6-65 所示。

图 6-65 在"调试"选项卡中可以选择的下一步动作

6.4 仿真的加速

研究者对结构复杂的算法模型进行仿真时,嵌入式开发者对控制模型进行 MIL(Model In the Loop)仿真时,都希望能够尽快对设计的模型进行验证,并且在短时间内就能验证算法是否正确,若正确,则立即投入快速原型或代码生成进行验证;若有错误,则立即修正然后再次进行早期验证。然而,有时由于模型建立的方式不够优化,或者由于仿真模型太过庞大,整个仿真过程需要持续数十个小时甚至几天时间,这样的时效对产品开发和研究成果来说显然是不符合要求的。所以需要了解导致仿真变慢的原因,然后指定一系列仿真规则来帮助加速研究和产品的进展。通常,模型的仿真速度慢有以下一些常见原因和对策:

① 模型中包含 M 语言编写的 S 函数模块。M 语言编写的 S 函数模块会在每个采样时刻调用 MATLAB 解释器,从而拖慢仿真速度。对策:采用 C MEX S 函数或者由基本模块搭建的子系统来代替 M 语言编写的 S 函数模块。

② 当模型使用变步长求解器时,将 Max step size 设置得过小也会导致仿真过慢,因为采样点数变得过多。对策:将 Max step size 设置为默认值 auto。误差容限也是同样的影响,如果设置得太小就会影响仿真速度,所以建议设置为默认值(0.1%的精度),一般情况下它足以保证仿真精度。

③ 当模型中使用 Memory 模块时,会导致变步长求解器中的 ode15s 和 ode113 在每一个采样点均回退到一阶。对策:慎用 Memory 模块。

④ 模型中使用 Random Number 模块作为 Integrator 模块的输入也会导致仿真变慢。对策:在连续系统中使用 Band-Limited White Noise 模块。

⑤ 当模型中包含可以解算的代数环时,代数环会在每个采样时刻进行迭代计算,从而导致仿真速度变慢。对策:一旦遇到代数环报警,先解除代数环再进行仿真,不要因为代数环未报错就保留在模型中。

⑥ 模型中存在不是任何一个采样速率整数倍的采样速率。由于求解器会为所有采样速率找到一个最大公约数的步长来支持这个异类,所以此时这个最小步长会比各个采样时间间隔都要小得多,导致仿真变慢。对策:采用成倍数的采样时间组合,那么系统求解器步长会采用间隔最小的采样时间作为步长。

6.5 模型的架构

会建模与建模建得好是两回事,把建模的工作完成与建模的艺术更是两回事。本节将基于 MAAB 的建模层次规范介绍如何在建模时架构好层次,如何在层次内做好设计细节工作,让工程师的作品层次更上一层楼。

Simulink 的模型可以分为以下 4 个层次(见图 6-66):

① 顶层(top layer);
② 触发层(trigger layer),根据该层是否存在决定整体架构是类型 A 还是类型 B;
③ 结构层(structure layer);
④ 数据流层(data flow layer)。

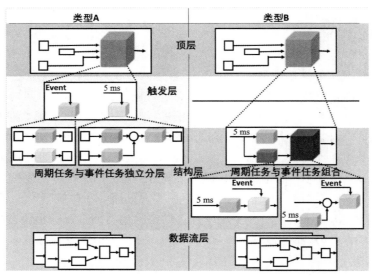

图 6-66　Simulink 模型架构

6.5.1　顶　层

顶层模型一般分为输入、控制器和输出 3 个部分,输入/输出是控制器对外界的数据交互端口;控制器是一个原子子系统,仅对外暴露数据接口。Trigger、Enable 等模块是不应该出现在顶层模型中的。一般顶层模型的示意图如图 6-67 所示。

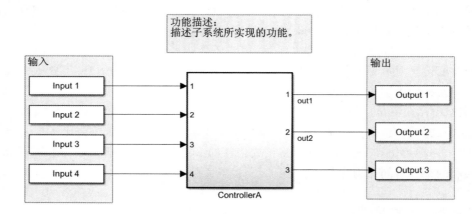

图 6-67　顶层模型示意图

6.5.2　触发层

触发层主要是基于 Trigger 或者 Function-Call 信号设计的,目的是为了将不同定时周期执行的任务,或者由外部事件调用的任务进行分离,使用不同的任务触发信号分别进行管理。这样可以表现出系统的多任务调度,也使任务之间保持高度独立性。触发信号可以由状态机的 Chart 模块内的 Event 输出形成,输出事件连接子系统所表达的任务模型示意图如图 6-68 所示。

触发层中,彼此独立的任务由触发子系统或者函数调用子系统构成,那么可能存在某个采样时刻多个任务都需要执行的情况,这时可以设置子系统的优先度,使同一个采样时刻下需要执行的多个任务具有明确的先后顺序。另外,还需要注意触发信号源的名字,其关键字应被对

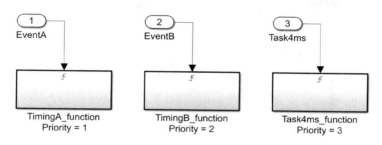

图 6-68　输出事件连接子系统所表达的任务模型示意图

应的子系统的名字所包含。如 Task4ms 的触发信号源,其调用的触发子系统的名字中应包含 Task4ms 的字样。

6.5.3　结构层

结构层的模型需要由同类型的模块构成。所谓同类型,是指该层次下所有的模块要么全部都是子系统模块构成的,要么全部都是基本模块构成的。当然,类似 Bus Creator、Bus Selector、Mux、Inport、Outport、Merge、From 和 Goto 之类的通用模块也被允许使用,它们可以在任意模型层次中出现;而 Enable、Trigger 和 Function-Call 模块,除了顶层以外的层次也是可以被安排的。当前层次下全部都是子系统模块构成的就是结构层,全部都是基础模块构成的就是数据流层,数据流层就是最底层。

不使用触发层的架构下,结构层的模型是不带有 Enable、Trigger 和 Function-Call 模块的。为了明确表示采样时间,往往需要在输入端口和子系统的模块属性中显示出 tsample 采样时间。

结构层模型示意图如图 6-69 所示。

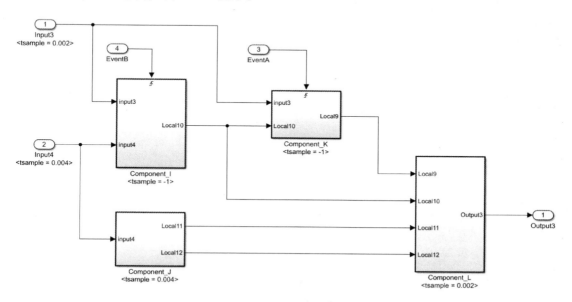

图 6-69　结构层模型示意图

当模型的架构中带有触发层时,结构层就会带有 Trigger、Enable 和 Funciton-Call 模块。首先,这些触发源模块必须放置在当前层次的最高层,可以直接将触发源的调度周期标注在触发模块上,因为此时的结构层是一个原子子系统,所有模块都采用相同的采样时间,由触发源信号决定。此种类型的结构层示意图如图 6-70 所示。

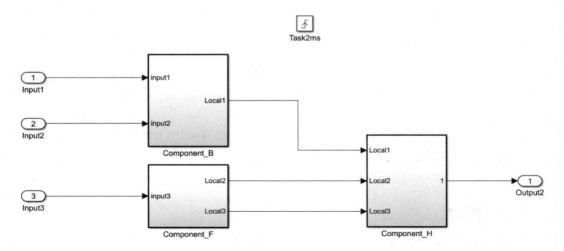

图 6-70 带有触发层的结构层模型示意图

结构层可以嵌套多个层次，并非仅存在一层。子系统内部可以嵌套子系统，子系统的划分是根据软件的功能需求而聚集为子系统，不是仅仅因为模型布局方便而将其促成子系统。这一点读者一定要铭记在心。

6.5.4 数据流层

数据流层，顾名思义，就是根据基本计算模块让数据流动起来的模型层。此层次为模型的最底层，层次中的模块都是用 Commonly Used Blocks 中的模块搭建而成，形成最常被复用的软件组件，如滤波器、PID 控制器、做简单模式切换的 Chart 模块等。数据流层模型示意图如图 6-71 所示。

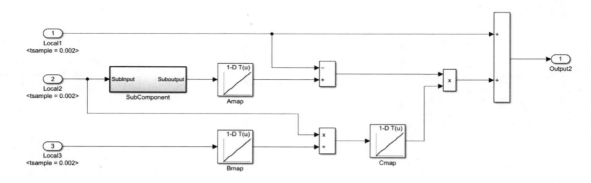

图 6-71 数据流层模型示意图

数据流层中最常被使用到的模块包括 Inport、Outport、Lookup Table、Add、Product、Gain、Switch、Logic Operator、Relational Operator、multiport switch、Saturation、Bus Creator、Bus Selector 以及放置到库中的原子子系统等。读者在今后对控制策略建模时需要注意设计小而美的软件组件/子系统，以达到较好的软件组件复用性。

第 7 章 Simulink 的回调函数

Simulink 为高级开发者提供了 Callback 机制，使得开发者可以在模型载入、打开、仿真、保存、关闭、模块连接信号线、模块移动、模块复制、模块删除等不同的操作动作中添加自定义的动作，从而满足二次开发工具的各种功能需求。本章将详细讲述回调函数机制，以及模型、模块、端口和参数等各自的回调函数设计方法及案例。

7.1 什么是回调函数

回调函数(Callback Function)是因某种操作而触发的函数调用，如按下按钮或双击操作等。熟悉 MATLAB 的读者肯定会将它与 GUIDE 中控件的动作事件联系起来。没错，那是常用回调函数的地方之一。对于 Simulink 模型，回调函数也起着举足轻重的作用。当在模型上执行一系列动作，如选中某个模块或仿真开始时，回调函数便被触发执行。使用回调功能可用来执行一个 MATLAB 脚本或调用 MATLAB 函数。Simulink 中回调函数的触发可通过模块、端口或模块的参数设置来实现。

常用的 Simulink 回调函数可应用在以下场合：
- 打开 Simulink 模型时自动加载变量到工作区；
- 双击模块时执行 MATLAB 脚本；
- 仿真开始前进行模型参数的初始化；
- 仿真结束后将仿真出来的数据绘制 3D 图；
- 关闭模型时清除相关变量或图像。

7.2 回调跟踪

当打开模型或对某个模型进行仿真时，回调跟踪可以清楚显示 Simulink 是如何调用回调函数以及以何种顺序调用它们的。在 Preference→Simulink Preferences→Callback tracing 中选择 Callback tracing 选项或者在 Command Window 中执行"set_param(0, 'CallbackTracing', 'on');"命令，即可打开回调跟踪功能。调用回调函数时，回调函数的详细信息和执行情况将会显示在 MATLAB 命令窗口中。回调跟踪功能 Callback tracing 开启后作用范围是整个 Simulink 环境，而不是某个指定的模型，是针对 Simulink 环境的参数。Simulink 中回调函数分为模型回调函数、模块回调函数、端口回调函数和参数回调函数。

7.3 模型回调函数

可以通过手动或者程序创建两种方式来创建模型回调函数。在模型编辑界面中右击,在弹出的快捷菜单中选择 Model Properties 可以打开 Model Properties 对话框,如图 7-1 所示。

在 Model Properties 对话框中的 Callbacks 选项卡中手动创建模型的回调功能。图 7-1 左侧 Model Callbacks 列表框中所列为各个回调函数的名字,表征了被调用的时刻,从上到下按照时间先后排序。选中其中任意一个,右侧将变为所选回调函数的内容编辑文本框。如选中 PreLoadFcn,则右侧文本框将变为 Model pre-load function,在其中对对应函数进行编写。

另外,在 Command Window 或 M 脚本文件中可以通过 M 代码设置模型的回调函数。使用 set_param 命令指定一个 MATLAB 表达式,该表达式表示回调函数的内容。举例说明利用 set_param 设置回调函数的方法:双击 callback_demo_01.slx,同时启动一个消息框,显示 "Welcome to Simulink model!" 的字符串,如图 7-2 所示。

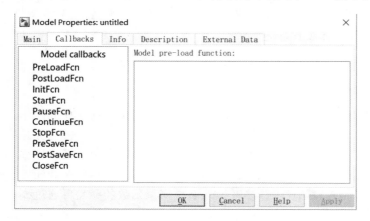

图 7-1 Model Properties 对话框

图 7-2 启动模型时弹出的消息框

在模型的 PreLoadFcn 中输入弹出消息框的 MATLAB 命令即可实现上述功能。代码如下:

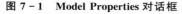

```
set_param('callback_demo_01','PreLoadFcn','msgbox(''Welcome to Simulink model! '',''Hyo_Custom'')');
```

注意,set_param 的参数均以字符串形式输入,最后一个参数为回调函数的 MATLAB 代码内容,作为字符串形式传递给 set_param 的第三个参数时要以单引号括起来。由于 msgbox 函数中也需要单引号括起来的字符串,所以出现了字符串中嵌套字符串的情况,这时最外层的字符串使用单引号括起来,内部的单引号全部改用双单引号。

通过 MATLAB 提供的 demo 模型 clutch 系统(见图 7-3)(sldemo_clutch.mdl)查看同时使用多个回调功能的情况。该模型定义了以下回调参数:

- PreLoadFcn;
- PostLoadFcn;
- StartFcn;
- StopFcn;
- CloseFcn。

在 Command Window 中输入 sldemo_clutch 并按下回车键打开模型，如图 7-3 所示。

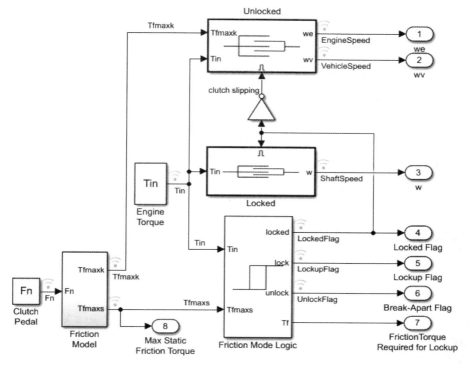

图 7-3 Clutch 模型

对此模型进行仿真会出现一个 GUI 面板，选中输入/输出则会将相应的变量显示到如图 7-4 所示的界面中。绘制出的图像和弹出的 GUI 控制面板就是通过 StartFcn 和 StopFcn 回调函数实现的自动化功能。

表 7.3.1 描述了与模型相关的回调函数。

表 7.3.1 与模型相关的回调函数

参　　数	执行时间及用途
PreLoadFcn	在模型加载前调用。通常用于模型加载前导入数据列工作区。 注意：在 PreLoadFcn 回调函数中，命令 get_param 不能返回模型中模块的参数值，因为此时模型还没有加载完成。 在 PreLoadFcn 回调函数中，get_param 可以返回： • 标准模型参数的默认值，如 solver； • 模型参数的错误信息； • 使用 add_param 追加自定义参数到模型。 然而，在 PostLoadFcn 回调函数中，get_param 可以获取模型中模块的参数值，因为此时模型已经加载完成
PostLoadFcn	在模型加载后调用

续表 7.3.1

参　数	执行时间及用途
InitFcn	在模型仿真开始时调用
StartFcn	在仿真开始前调用
PauseFcn	在仿真暂停后调用
ContinueFcn	在仿真继续前调用
StopFcn	在仿真结束后调用。例如,模型仿真结束后将仿真结果写入工作空间,编写语句对这些数据进行后处理,求统计值或者绘图
PreSaveFcn	在模型被保存前调用
PostSaveFcn	在模型被保存后调用
CloseFcn	在模型被关闭之前调用。模型中任何模块的 ModelCloseFcn 和 DeleteFcn 回调函数都先于模型的 CloseFcn 调用。模型中任何模块的 DestroyFcn 都在 CloseFcn 之后调用

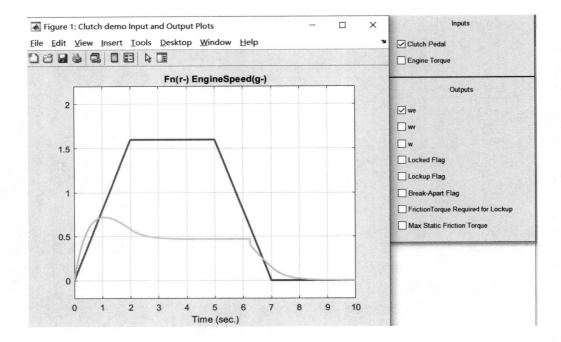

图 7-4　对 Clutch 模型仿真得到的图像和弹出的 GUI 控制面板

注意：被其他模型引用的模型中会存在回调函数功能冲突。例如,假设模型 A 引用了模型 B,模型 A 的 OpenFcn 在 MATLAB Workspace 中创建变量,模型 B 的 CloseFcn 清空 MATLAB Workspace。现假设对模型 A 进行仿真要求重建模型 B。重建模型 B 时,需要打开和关闭模型 B,因此会调用模型 B 的 CloseFcn,从而会清空 MATLAB Workspace,同时也就清除了模型 A 的 OpenFcn 创建的变量。此后,当模型 A 再度引用这些变量时便会出现错误。

7.4　模块回调函数

用户可以通过手动或者 M 代码创建模块回调函数。手动创建模块回调函数是通过模块回调函数的对话框实现的。右击模块,在弹出的快捷菜单中选择 Properties,打开 Block Properties 对话框,然后切换到 Callbacks 选项卡如图 7-5 所示,左侧为 Callback functions list 列表框,右侧为回调函数的内容编辑文本框。在左侧 Callback functions list 列表框中选中某个回调函数,然后在右侧的文本框中输入相应回调函数的代码内容;或者使用 set_param 指定一个 MATLAB 表达式作为某个回调函数的内容。如设定某模块被删除时显示字符串"This block is being deleted!",那么在 Command Window 中输入下述代码并按回车键执行:

```
set_param(gcbh, 'DeleteFcn', 'msgbox(''This block is being deleted! '');');
```

图 7-5 Callbacks 选项卡

执行之后,在选中该模块时再按下键盘中的 Delete 键,模块就会被删除,并弹出如图 7-6 所示的消息框。

注意:一个封装子系统的回调函数不能直接引用封装子系统的参数。因为 Simulink 在 MATLAB Workspace 中计算模块回调函数的值,而封装的参数存在于封装子系统的私有 Mask Workspace 中,必须使用 get_param 来获取封装的参数值。例如,get_param(gcb,'g_gain'),在这里参数 g_gain 是该子系统封装之后的封装参数名。

表 7.4.1 列出了可以定义回调函数的参数,并指出了回调函数在何时执行。

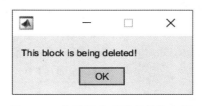

图 7-6 模块删除后弹出的消息框

表 7.4.1　模块的回调函数

回调函数	何时执行
ClipboardFcn	当模块被复制或剪切到系统剪贴板时调用
CloseFcn	当使用 close_system 命令关闭模块时调用。当手动关闭模块,或手动关闭含有此模块的子系统及模型,或用 close_system 命令来关闭含有此模块的子系统及模型时,CloseFcn 不会被调用
ContinueFcn	在仿真继续前调用
CopyFcn	在模块被复制时调用。该回调函数对于子系统模块是递归的,也就是说,如果复制一个子系统模块,而此子系统模块包含定义 CopyFcn 参数的模块,那么此回调函数也会被调用。用 add_block 命令复制模块时,回调函数也会被执行
DeleteChildFcn	当子系统中一个模块或信号线被删除后调用。如果该模块含有 DeleteFcn 或 DestroyFcn 函数,则这些函数将在 DeleteChildFcn 之前调用。只有子系统模块含有 DeleteChildFcn 回调函数
DeleteFcn	模块被删除时调用。例如,当删除模块的所有图标时,模块调用 delete_block,或者关闭含有此模块的模型。当调用 DeleteFcn 时,模块句柄仍然有效并可通过 get_param 获取参数信息。回调函数 DeleteFcn 对于子系统是递归的。如果调用 delete_block 函数或者关闭模型操作等效于删除所有模块,那么待内存销毁后,模块的 DestroyFcn 被触发
DestroyFcn	当模块已经在内存中销毁时,例如,当在模块或含有模块的子系统中调用 delete_block 或者关闭含有模块的模型时,会调用 DestroyFcn。如果在此之前没有删除所有模块图标,那么模块的 DeleteFcn 会在 DestroyFcn 之前调用。当调用 DestroyFcn 之后,模块句柄就不再有效
InitFcn	在模块被编译前及在模块参数被求值(eval 操作)前调用
ErrorFcn	当子系统出现错误时调用。只有子系统含有 ErrorFcn 回调函数。回调函数应符合以下形式: errorMsg = errorHandler(subsys,errorType) 其中,errorHandler 表示回调函数的名字;subsys 表示发生错误的子系统的句柄;errorType 表示 Simulink 字符串,表明错误的类型;errorMsg 是一个字符串,用来将详细错误信息展示给用户。以下命令设定了子系统 subsys 的参数 ErrorFcn 来调用 errorHandler 回调函数: set_param(subsys,'ErrorFcn','errorHandler') 在调用 set_param 时不能含有回调函数的输入数据。Simulink 展示回调函数返回的错误信息 errorMsg
LoadFcn	在模块框图加载之后调用。回调函数对于子系统递归
ModelCloseFcn	在模型关闭之前调用。当模型关闭时,模块的 ModelCloseFcn 在 DeleteFcn 之前调用。此回调函数对子系统递归
MoveFcn	当模块被移动或改变大小时调用
NameChangeFcn	在模块的名字或/和路径改变后调用。当一个子系统模块的路径改变时,在调用完自己的 NameChangeFcn 后会递归地对其包含的所有模块调用此函数
OpenFcn	当模块被打开时调用。该参数通常在子系统模块中使用。当双击模块或当模块作为一个参数调用 open_system 命令时,此函数被执行。OpenFcn 中可以定义与模块相关的动作,如显示模块的对话框或者打开子系统

续表 7.4.1

参　数	何时执行
ParentCloseFcn	在关闭一个含有模块的子系统前调用,或使用 new_system 命令或模块编辑菜单中的 Create Subsystem 命令模块成为新的子系统的一部分时调用。当关闭模型时,处于根模型级别的模块不调用 ParentCloseFcn
PauseFcn	在仿真暂停后调用
PostSaveFcn	在模型被保存后调用。该回调函数对子系统递归
PreCopyFcn	在模块被复制前调用。该回调函数对于子系统模块是递归的,也就是说,如果复制一个子系统模块,而此子系统模块包含定义 PreCopyFcn 参数的模块,那么模块的 PreCopyFcn 回调函数此时也会被调用。模块的 CopyFcn 在 PreCopyFcn 之后调用。如果使用 add_block 命令来复制模块,则 PreCopyFcn 也会被调用
PreDeleteFcn	在确定要执行删除模块动作后,将真正执行删除动作之前所调用的函数。例如,用户用键盘删除模块或者调用 delete_block 删除模块时调用该函数。当含有模块的模型被关闭时,PreDeleteFcn 不会被调用。模块的 DeleteFcn 在 PreDeleteFcn 之后调用
PreSaveFcn	在模型被保存前调用。该回调函数对子系统递归
StartFcn	在模型编译后和仿真开始前调用。在 S-Function 模块中,StartFcn 在 S 函数的 mdlProcessParameters 函数首次执行前执行
StopFcn	在任何仿真终止时调用。在 S-Function 模块中,StopFcn 在模块的 mdlTerminate 函数执行后执行
UndoDeleteFcn	当模块的删除动作被取消时调用

注意:如果一个 Simulink 模型已经从一个 MATLAB 函数或脚本内部加载,则执行编译或仿真时,不要从模型内部或模块回调函数中调用 run 命令,这样做会带来意想不到的后果(如产生错误或不正确的结果)。

7.5 端口回调函数

ConnectionCallback 是端口的连接回调函数,当端口连接状态发生变化时触发。(回调函数是模型、模块、端口属性中的一个参数,它可以被赋值,赋值内容就是一个函数调用语句。所以,文中提到的各种 Callback 函数既是参数又是回调函数的概念可以按照上述内容来理解。)这种变化的情况包括:从端口连接信号线到别的端口;从端口删除信号线连接;删除、切断或增加连接到端口的分支或信号线等。

端口的回调函数无法通过对话框手动输入,必须使用 get_param 通过模块来获得端口的句柄,使用 set_param 来设置端口的回调函数。此回调函数含有一个输入参数,代表端口句柄,但在调用 set_param 时不包括此输入参数。例如,假设现选择的模块有一个输入端口,以下代码片段将函数 foo 设置为输入端口的连接回调函数:

```
phs = get_param(gcb, 'PortHandles');
set_param (phs.Inport, 'ConnectionCallback','foo');
```

foo 函数的定义格式如下:

```
function foo (portHandle)
    ...
```

7.6 参数回调函数

模块,特别是用户自定义模块,往往封装了自定义的控件来实现一些自定义功能,当双击该模块时就能打开其参数对话框。这时每个控件的回调函数就需要用户来设计,如按下按钮打开文件,在文本框中输入数据后进行类型和范围检测等,这些都是靠模块参数的回调函数来约束的,类似于 GUI 上控件的回调函数。而这些参数的回调函数可以在 Callback Editor 对话框中的 Callback 文本框中编写。右击模块,在弹出的快捷菜单中选择 Mask,在弹出的 Mask Editor 对话框中单击 Callback 按钮,打开 Callback Editor 对话框,然后在 Callback 文本框中可以编写回调函数的代码,如图 7-7 所示。

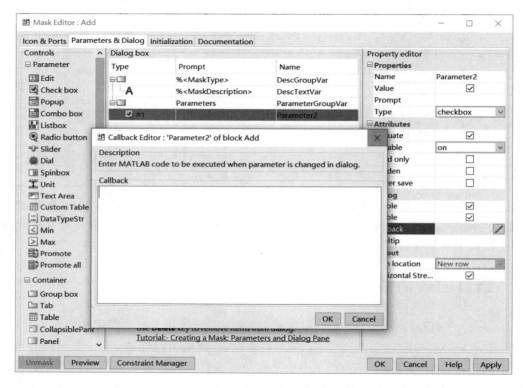

图 7-7 在 Callback 文本框中编写自定义控件的回调函数

常用控件的类型及其回调函数的触发条件如表 7.6.1 所列。

表 7.6.1 常用控件的类型及其回调函数的触发条件

控件类型	何时执行
Edit	当被选中的文本框失去焦点时
Check-box	当选中复选框或取消选中复选框时
Popup	当从下拉列表框中选择某个值时
RadioButton	当从 RadioButton 的选择项目中选中一项或更改选择时
Hyperlink	当单击超链接时
Pushbutton	当按下按钮时

上述各种回调函数将在 7.7 节通过实例来展示相应的应用方法。

7.7 回调函数使用例程

7.7.1 打开模型时自动加载变量

当打开一个模型时，可以使用 PreLoadFcn 回调函数来自动预加载变量到 MATLAB Workspace 中。

在 Simulink 模型的不同部位，有些模块的参数使用变量表示，这样在仿真多组数据时，只需要变更这些参数赋值的语句即可，不需要打开模型或模块参数对话框进行修改。例如，现有一个模型包含增益模块 Gain 且增益为 K，Simulink 就会在工作区中搜寻变量 K。使用以下方法就可以在每次打开模型时自动定义 K：

读者可以在单独的 M 脚本中定义变量，如 K，然后使用 PreLoadFcn 回调函数来执行此脚本。

如 7.3 节中所讲，手动创建模型回调函数需要打开模型的 Model Properties 对话框，然后切换到 Callbacks 选项卡，在该选项卡右侧的文本框中编辑回调函数的功能。用编程方式来实现回调函数的功能需要输入以下命令提示符：

```
set_param('mymodelname', 'PreLoadFcn', 'expression')
```

这里的 expression 代表 MATLAB 内建函数，或搜寻路径中的 M 脚本文件。

例如，假设模型名称为 modelname.mdl，在 MATLAB 中定义变量的脚本名为 loadvar.m，其内容为 $K=8$，在 Command Window 中输入以下命令并按回车键：

```
set_param('modelname', 'PreLoadFcn', 'loadvar')
```

然后保存模型。当打开模型 modelname 时，loadvar 功能将被执行。Base Workspace 中将显示此变量的内容，如图 7-8 所示。

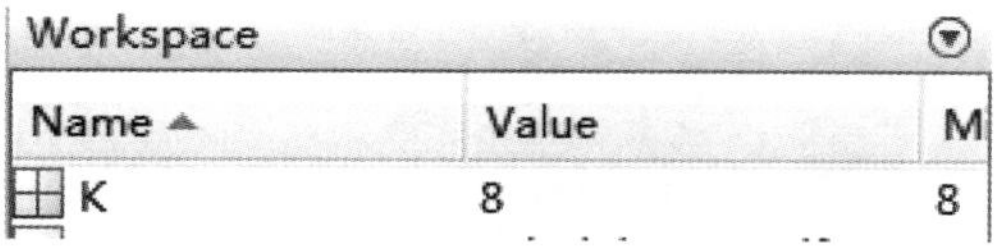

图 7-8 使用 PreLoadFcn 回调函数自动定义变量

7.7.2 双击一个模块来执行 MATLAB 脚本

当双击一个模块时，可以使用 OpenFcn 回调函数来自动执行 MATLAB 脚本。MATLAB 脚本可以实现多个任务，如为模块定义变量，访问 MATLAB 某部分仿真数据或生成 GUI 界面。

当打开一个模块时，OpenFcn 会重载和执行与打开一个模块相关的动作，如打开模块的对话框或者进入子系统内部。

如 7.4 节所述，手动创建模型回调函数需要打开模块的 Block Properties 对话框，然后切换到 Callbacks 选项卡，在该选项卡右侧的文本框中编辑回调函数的功能。用编程来实现

OpenFcn 回调函数的功能需要先选中要实现此功能的模块,然后输入以下命令提示符:

```
set_param(gcb,'OpenFcn','expression')
```

这里的 expression 代表 MATLAB 内建命令或搜寻路径中的有效 M 脚本。

下面的例子说明在双击模型 mymodelname.mdl 中某个名为 mysubsystem 的子系统时,通过回调函数 OpenFcn 来执行 MATLAB 脚本 myfunction.m:

```
set_param('mymodelname/mysubsystem','OpenFcn','myfunction');
```

7.7.3 开始仿真前执行命令

在仿真开始前,可以使用 StartFcn 回调函数来自动执行命令,可以实现在仿真开始前将模型中包含的所有 Scope 模块打开并显示在最前端,避免仿真之后再逐一双击 Scope 模块的动作。

更确切地说,可以创建一个简单的 MATLAB 脚本,命名为 openscope.m,然后保存在MATLAB 搜寻路径中,具体如下:

```
blocks = find_system(bdroot,'BlockType','Scope');
for ii = 1:length(blocks)
    set_param(blocks{ii},'Open','on')
end
```

在创建上述脚本后,打开一个带有 Scope 模块的模型来设置 StartFcn 使模型调用此脚本。例如:

```
set_param(gcs,'StartFcn','openscope');
```

此后,在每次运行此模型仿真时,所有的 Scope 模块都会自动打开并显示在最前方,故省去用户双击 Scope 模块的操作,如图 7-9 所示。

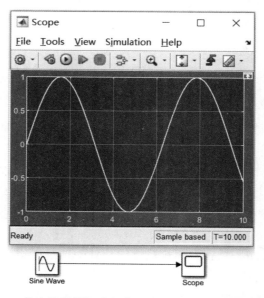

图 7-9 单击仿真按钮后自动打开 Scope 模块显示仿真波形

7.7.4 提示模块端口的连线情况

对 In 模块输出端口的连线情况进行检测,并将连线情况通过 msgbox 弹出显示。首先获取 In 模块的输出端口句柄,并设置其 ConnectionCallback 函数为 connect_msg 的 M 函数。首先单击 In 模块,再使用下述代码实现输出端口 ConnectionCallback 函数的内容:

```
phs = get_param(gcb,'PortHandles');
set_param (phs.Outport,'ConnectionCallback','connect_msg');
```

connect_msg 必须是一个以端口句柄作为参数的函数,通过 In 模块输出端口句柄获取 Line 属性,若为 -1,则为断开状态;若为非 -1,则表示该端口处于连接状态,该 Line 参数的值为 In 模块输出端口所连接信号线的句柄,输出端口的 ConnectionCallback 函数的值即 connect_msg 函数,该函数的内容如下:

```
function connect_msg(port_handle)
prop = get(port_handle);
if isequal(prop.Line, - 1)
    msg_str = 'Connection is broken! ';
else
    msg_str = 'Connection is on! ';
end
msgbox(msg_str, 'Connect');
```

In 模块输出端口信号线的连接和断开操作分别触发上述端口回调函数,从而得到弹出消息,如图 7-10 所示。

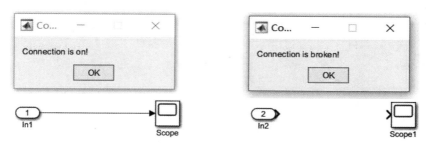

图 7-10 端口连接与断开时的消息框

7.7.5 统计模型中所有模块的信息

自定义一个模块 list block,其参数对话框中有两个控件:一个是复选框,另一个是单选按钮,二者分别如图 7-11 和图 7-12 所示。当选中 List blocks 复选框时才可以将模型中所有的模块名显示出来。

要实现这个功能,就必须在封装参数时使用控件参数的回调函数。两个控件的回调函数代码不直接写到控件的 Callback 文本框中,而是写入 M 编辑器,因为这样便于调试,控件的 Callback 文本框不支持断点及其他调试方式。在控件的 Callback 文本框中仅调用 M 编辑器中的函数,函数将根据不同的参数来区分不同控件应执行的部分。控件的 Callback 文本框如图 7-13 所示。

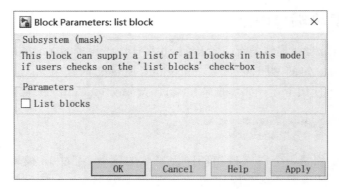

图 7-11 List blocks 复选框

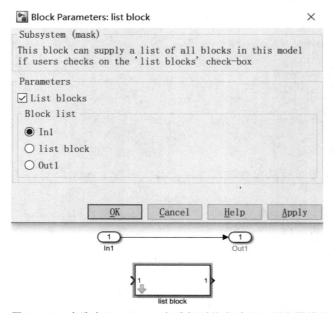

图 7-12 当选中 List blocks 复选框时将自动显示所有模块名

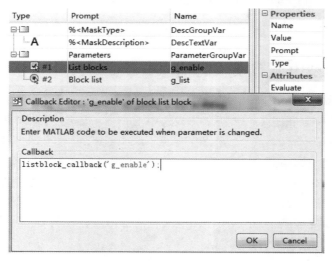

图 7-13 控件的 Callback 文本框

模块具有两个参数,即 g_enable 和 g_list。Block list 选项组的变量名为 g_list,回调函数的代码如下:

```
function listblock_callback(action)
switch action
    case 'g_list'
        block_h = find_system(gcs,'findall','on','Type','block');
        len = length(block_h);
        block_name = get_param(block_h(1),'Name');
        for ii = 2:len
            block_name = [block_name,'|',get_param(block_h(ii),'Name')];
        end
        mask_styles = get_param(gcbh,'MaskStyles');
        mask_styles{2} = ['radiobutton(',block_name,')'];
        set_param(gcbh,'MaskStyles',mask_styles);
    case 'g_enable'
        val = get_param(gcbh,'g_enable');
        if strcmp(val,'on')
            mask_visibility = {'on','on'};
        else
            mask_visibility = {'on','off'};
        end
        set_param(gcbh,'maskvisibilities',mask_visibility);
    otherwise
        errordlg('Not defined operation! ');
end
```

如此一来,不仅 Block list 选项组要根据 List blocks 复选框的选中与否来隐藏/显示,而且在操作过程中单选按钮控件的个数和内容也是动态可变的。例如,双击图 7-14 中 list block 模块,在弹出的"Block Parameters:list block"对话框中有 In1、Delay、Gain、list block 和 Out1 共 5 个单选按钮。

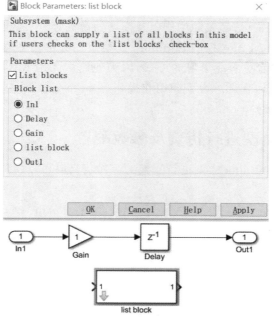

图 7-14 双击 list block 模块查看模块列表

第8章 Simulink 模型操作自动化

Simulink 作为 MATLAB 中的一个独特子集,既发挥着自身强大的图形界面系统设计功能,又能够与 MATLAB 紧密结合,例如通过 M 语言控制模型仿真,配置模型参数,以及修改模块参数或属性;而且 Simulink 又可以与 MATLAB 共享数据存储空间,仿真前从 MATLAB 中获取实验数据,通过模型动态仿真之后再将数据返回到 MATLAB 中进行绘图。从 MAT-LAB 的角度,可以通过 M 语言控制 Simulink 模型作为算法在后台运行,得出结果之后再通过图像或数据展示;或者对于经常复用的模块组合,直接通过 M 语言创建 Simulink 模型也是可行的。

8.1 M 语言控制模型的仿真

M 语言与 Simulink 的结合有多种方式:一种方式是在 Simulink 模型或模块中使用 M 语言编写回调函数,如第 6 章所述;还有一种方式是在 M 语言中调用与模型相关的命令,控制模型的建立、模块的属性设置、信号线的增删以及模型的仿真等。与隐藏于各个细节动作的回调函数机制相比,直接使用 M 语言控制 Simulink 模型做一些自动化操作,是熟悉 MATLAB 且刚入门 Simulink 的开发者更容易学习的方式,因为他们认为用 M 语言控制模型比在模型的各个位置嵌套 M 语言更加直观。为了调用和操作 Simulink 模型,M 语言中最常用的函数包括 sim、set_param 和 get_param。

8.1.1 sim 控制模型进行仿真及参数配置

通过 M 语言控制 Simulink 模型进行完整的一次仿真时可以使用函数 sim,它的调用方式有以下 4 种:

① "simOut = sim('model','ParameterName1',Value1,'ParameterName2', Value2,…);",对名为 model 的模型进行仿真,仿真时将其参数通过[参数名,参数值]成对的方式配置,其中 ParameterName 表示参数名,Value 表示参数的值。SimOut 是一个 Simulink.SimulationOutput 对象,它包含仿真过程的记录:仿真采样时间、状态值和信号值。

② "simOut = sim('model',ParameterStruct);",对名为 model 的模型进行仿真,仿真时通过结构体变量 ParameterStruct 配置变量。

③ "simOut = sim('model',ConfigSet);",对名为 model 的模型进行仿真,仿真时通过

配置集合 ConfigSet 配置参数。

④ "sim('model');",当不需要改变模型的配置,也不需要关心模型仿真的输出时,可以不接收返回值。

返回值 simOut 中包含的是仿真过程中记录的仿真时间序列、状态和变量的过程数据等。使用上述命令运行模型仿真时,并非真正地将模型的配置修改之后再仿真,它并不修改模型的仿真,而是通过 sim 函数将某个参数设置暂时应用于此次仿真,仿真后模型的 Configuration Parameters 对话框中仍然保持之前的设定。当希望观察不同的模型参数配置对仿真结果有何影响时,使用带有参数配置的 sim 函数是十分合适的选择。直接使用多个 sim 语句带上不同的参数配置作为 M 脚本运行即可。

通过一个简单的示例来展示各种参数配置方式。对于一个产生方波的模型(名为 m_control_mdl01.mdl),使用 M 脚本以[参数名,参数值]方式调用 sim,那么将模型以 Normal Mode 方式仿真 30 s 的代码如下:

```
sim_out = sim('m_control_mdl01','SimulationMode','Normal','stoptime','30');
```

上述代码中将 SimulationMode 设置为 Normal,将 stoptime 设置为 30 进行仿真,这并不修改模型的参数值,而是在仿真时使用这一组参数而已。可以查看模型中的仿真终止时间仍为默认的 10 s,如图 8-1 所示。

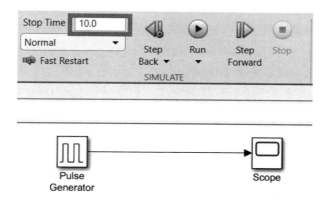

图 8-1　sim 中的参数配置不改变模型的参数

接下来展示如何使用结构体变量配置 sim 用参数。首先创建一个结构体 param_struct,将模型的参数作为其成员,并将参数值赋值给结构体成员:

```
param_struct = struct('SimulationMode','Normal','stoptime','30')
```

在 Command Window 中运行上述语句之后可以观察该结构体的结构:

```
param_struct = 
    SimulationMode: 'Normal'
          stoptime: '30'
```

然后再将 param_struct 结构体变量作为 sim 的第二个参数:

```
sim_out = sim('m_control_mdl01',param_struct);
```

第三个示例展示如何使用模型的配置集合(Configuration Set)来配置参数。首先需要了解配置集合到底是什么意思。配置集合是将 Simulink 模块配置的多个组件分组管理的一个集合,集合的内容通过对象(Simulink.ConfigSet)的形式存储在 Base Workspace 中。配置集合的组件构成如图 8-2 所示。

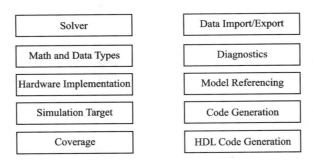

图 8-2 配置集合的组件构成

相信熟悉 Simulink 模型的 Configuration Parameters 对话框的读者一眼就能看出,这些组件就是 Configuration Parameters 对话框左侧列表框中的内容。所以,模型的配置子集就是 Configuration Parameters 对话框中的参数集合,它以结构体的方式管理各个组件成员,通过结构体变量的方式存储在 Base Workspace 里。获取模型的配置集合变量的函数为 getActiveConfigSet(),获取之后再绑定参数配置集合到某个模型中使用 attachConfigSet()函数,激活模型的某个 ConfigSet 使用 setActiveConfigSet()函数。一个模型可以同时绑定多个 ConfigSet 对象,同一时刻仅能激活一个 Configuration Parameters 配置参数集。下例将展示对一个名为 m_control_mdl02 的模型,通过 M 语句先获取默认的 ConfigSet 对象,然后复制到另一个模型,修改其系统目标文件为 ert.tlc,修改 ConfigSet 对象名(非 ConfigSet 变量名)为 erttlc,最后绑定到原模型中并激活。对 ConfigSet 对象进行参数值的获取/设定操作也使用函数 set_param()/get_param()。

```
cs = getActiveConfigSet('m_control_mdl02');
copy_cs = cs.copy;
set_param(copy_cs, 'SystemTargetFile', 'ert.tlc');
set_param(copy_cs, 'name', 'erttlc');
attachConfigSet('m_control_mdl02',copy_cs,true);
setActiveConfigSet('m_control_mdl01','erttlc');
```

使用 ConfigSet 对象作为 sim 的第二个参数进行仿真时,只需要将 ConfigSet 的变量名输入到第二个参数即可,如:

```
sim_out1 = sim('m_control_mdl02', cs);
sim_out2 = sim('m_control_mdl02', copy_cs);
```

事先设置好多个不同的 ConfigSet 对象,再使用 sim 函数直接采用不同的配置即可仿真模型,得到输出,并且不改变当前模型所激活的 ConfigSet 对象。

当调用带有返回值时,在默认的模型参数设置下,返回的 sim_out 变量是一个仅包含仿真时间向量的结构体。可以通过 get 方法获取时间向量:get(sim_out,'tout'),其中 tout 为 sim_out 中的成员名称。那么,如果想通过 M 语句直接获取模型仿真过程中的值或输出,则需要设置模型参数以在仿真过程中保存这些变量。例如使用结构体方式管理参数配置,以下代码可以开启保存输出的功能,并将保存的数据命名为 yout:

```
paramNameValStruct.SaveOutput      = 'on';
paramNameValStruct.OutputSaveName  = 'yout';
sim(gcs, paramNameValStruct);
```

运行上述代码之后,sim 返回的结构体内容包括输出变量 yout,它是一个 Simulink.SimulationOutput 对象:

```
Simulink.SimulationOutput:
    tout: [51x1 double]
    yout: [51x1 double]
```

使用"y=get(sim_out, 'yout')"可以获取仿真结果值到 y 变量。

注意:为了使模型仿真时能够保存 Output 的值,除了上述设置以外,还要确保模型中存在 out 模块,否则输出 sim 返回的结构体中无 yout 这个成员。

有了以上知识作铺垫,下面使用 sim 函数对同一个模型进行两次不同参数配置下的仿真,并直接将仿真结果绘制为图像。正弦波仿真模型(m_control_03.slx)如图 8-3 所示,正弦发生器使用默认参数输出正弦波,如图 8-3 所示。

图 8-3 正弦波仿真模型

创建两个结构体保存不同的参数,注意设置两个参数的 OutputSaveName 时,属性值要有区分;设置固定步长求解器,两组参数步长分别为 0.01 s 和 2 s。仿真之后,直接获取 sim 返回的数据并绘制为图像。整个过程的 M 代码如下:

```
param_struct1.SaveState        = 'on';
param_struct1.StateSaveName    = 'xout1';
param_struct1.SaveOutput       = 'on';
param_struct1.OutputSaveName   = 'yout1';
param_struct1.SolverType       = 'Fixed-step';
param_struct1.Solver           = 'FixedStepDiscrete';
param_struct1.FixedStep        = '0.01';
sim_out1 = sim('m_control_03', param_struct1);
param_struct2 = param_struct1;         % 用复制方式构建一个新的变量
param_struct2.FixedStep        = '2';  % 使步长不同
param_struct2.OutputSaveName = 'yout2'; % 使输出数据保存的变量名不同
sim_out2 = sim('m_control_03', param_struct2);
t1 = get(sim_out1, 'tout');
t2 = get(sim_out2, 'tout');
y1 = get(sim_out1, 'yout1');
y2 = get(sim_out2, 'yout2');
figure;
subplot(211);
```

```
plot(t1,y1);
xlabel('time(s)');
ylabel('yout1');
subplot(212);
plot(t2,y2);
xlabel('time(s)');
ylabel('yout2');
```

运行上述代码之后,可以直接得到两次仿真的结果图形,如图 8-4 所示。

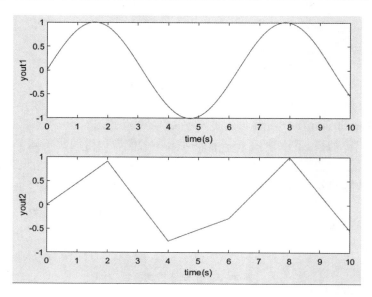

图 8-4　两次仿真的结果对比

可见,sim 调用 Simulink 模型进行仿真,能够灵活地配置参数,并在同一个 M 文件中实现统一模型不同参数配置的仿真以及结果对比。

8.1.2　set_param 控制模型仿真过程

set_param 函数是 Simulink 模型、模块以及参数配置交互设定中使用非常频繁的 API 函数,可以说是自动化模型操作必不可少的关键函数。本书在多个章节都涉及了此函数,此处仅讲述如何使用它进行模型仿真的细微控制,如启动、暂停、单步、继续和停止。

set_param 函数的使用方法类似于 sim 函数的参数成对配置方式:

```
set_param(object,param1,value1,…,paramN,valueN)
```

参数说明:

object——模型或模块对象,既可以使用路径表示,也可以使用句柄表示,如 gcb 或 gcbh。
paramX——模型或模块的参数名,X 表示正整数。
valueX——对应于 paramX 的参数值。参数和值能多组成对出现,X 表示正整数。

set_param 函数用于设定参数,获取参数则使用 get_param 函数。调用方式上 get_param 函数与 set_param 函数稍有不同,get_param 函数每次只能获取一个参数的值,其调用方式为

```
value = get_param(object, param)
```

第 8 章　Simulink 模型操作自动化

Simulink 中有一个名为 SimulationCommand 的参数,它可以由 set_param 设置不同的值来控制模型仿真的过程,具体见表 8.1.1。

表 8.1.1　SimulationCommand 的值

值	功能说明
start	启动模型仿真
pause	暂停模型仿真
step	单步执行仿真,即执行一个仿真步长
continue	继续模型仿真
stop	停止模型仿真

中文论坛上有不少版友提问说,在做仿真时希望在仿真执行过程中能够在某个确定的时刻 t 改变某些参数的值,并观察这些值的更改对于仿真有何影响。使用参数 SimulationCommand 可以达到这个目的。图 8-5 展示了一个 Sine Wave 模块后接一个 Gain 模块的模型,在仿真过程中可以修改不同的增益值。

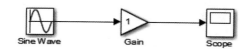

图 8-5　带有增益的正弦发生模型

仿真使用步长为 0.1 s 的固定步长解算方式。在总长 100 s 的仿真过程中,前 30 s 增益为 3,30～80 s 增益为 1.5,最后 20 s 增益为 -0.3,这个参数的动态调整使用下面的 M 代码实现:

```
set_param('m_control_04','SolverType','Fixed-step','Solver','FixedStepDiscrete','FixedStep','0.1');
set_param('m_control_04', 'SimulationCommand', 'start');  % 启动仿真
set_param('m_control_04', 'SimulationCommand', 'pause');  % 暂停仿真
set_param('m_control_04', 'SimulationCommand', 'step');
pause(0.2);
t = get_param('m_control_04', 'SimulationTime')    % 获取当前仿真时间
while t~ = 0
    t = get_param('m_control_04', 'SimulationTime');   % 获取当前仿真时间
    if t < 30
        set_param('m_control_04/Gain', 'Gain','3');
    elseif t < 80
        set_param('m_control_04/Gain', 'Gain','1.5');
    else
        set_param('m_control_04/Gain', 'Gain','-0.3');
    end
    set_param('m_control_04', 'SimulationCommand', 'step');  % 步进
    pause(0.2);
end
set_param('m_control_04', 'SimulationCommand', 'stop');
```

在仿真开始时立刻暂停,使得仿真时间从 0 s 开始即可控。紧接着的一次暂停就是为了让获取的仿真时间从 0 开始向后计时一步,得到不为 0 的数,从而进入后面的 while 循环。

while 循环的终止条件是当前时刻为 0,这个条件在仿真启动时及仿真结束后都会达成。所以,在进入 while 循环前先仿真一个步长,时间会依次递增变为大于 0,此后的过程中如果仿真时间再次变为 0 则说明仿真结束。这样就保证了 while 循环体中都是有效的仿真时间范围。获取仿真时间并做判断,然后在对应的时刻更改 Gain 模块的增益值即可。每次执行"set_param('m_control_04','SimulationCommand','step');"这条代码,后面都会跟上一个 pause(0.2),这是因为 step 控制 Simulink 模型的运行时间是很慢的,M 语句执行此句速度相对较快,并且 M 语句不等 Simulink 模型做出响应就会直接执行下一条 M 代码。M 语句与 Simulink 单步仿真是两个线程,分别执行。为了保证 M 语句与 Simulink 模型同步运行,M 语句需要等待较慢的 Simulink 单步仿真过程,因此 M 语句中增加延时语句以确保 Simulink 模型单步执行完毕。但是,通过延时保证时序的缺点就是仿真时间过长。上述代码控制下的仿真结果如图 8-6 所示。

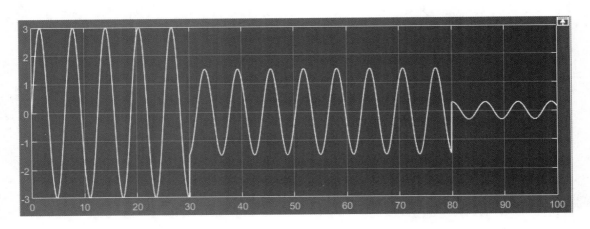

图 8-6 仿真过程中增益自动改变

8.2 M 语言修改模块属性

在第 2 章讲解了 Simulink 常用模块的功能和使用方法,设置模块的参数都是通过参数对话框调整的,本节将讲解如何通过 set_param 设置模块的参数。"set_param(object, prop_string, prop_value)"将模块的 prop_string 属性设置为 prop_value。prop_string 和 prop_value 可以出现多组,其形式为

```
set_param(object, param1, value1,…,paramN, valueN);
```

其中,object 表示模块的路径或句柄,使用路径时如"model/block",或者使用当前被选中模块的句柄获取函数 gcbh。8.1 节中的例子:

```
set_param('m_control_04/Gain', 'Gain','3');
```

就是通过 set_param 函数更改模型中 Gain 模块的 Gain 参数。

如果仅仅修改一个模块参数,那么使用 M 语言并不能体现其相对于手动修改参数的优势。当模型中存在某种类型或者符合某种特殊要求的一族模块都需要修改或设定属性时,编程方式

的优势就体现出来了,因为计算机的优势就在于准确地、重复地操作和计算。比如使用编程方式实现一个模型仿真的启动,并且当仿真结束时,模型中所有的 Scope 模块都能自动打开示波器显示界面,无须用户手动逐个双击打开。存在多个 Scope 模块的模型如图 8-7 所示。

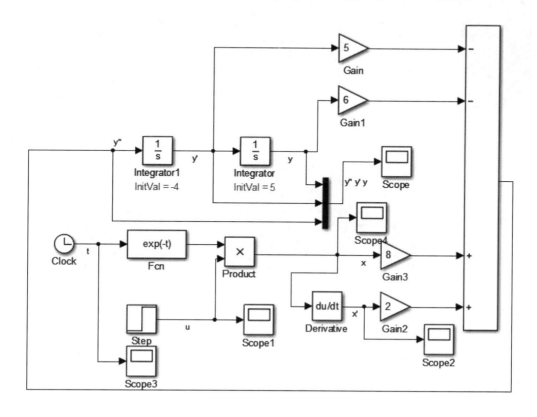

图 8-7 存在多个 Scope 模块的模型

仿真过程使用 sim 或 set_param 函数控制,之后对模型中所有的 Scope 模块进行批处理。首先找到所有类型为 Scope 的模块,然后将其显示坐标轴的属性设置为 on,代码如下:

```
set_param('m_control_05','SimulationCommand','start');   % 启动仿真
scope_h = find_system('m_control_05',
'findall','on','BlockType','Scope');
num_scope = length(scope_h);            % 获取所有 Scope 模块的句柄
for ii = 1: num_scope
    set(scope_h(ii),'Open','on');       % 设置所有 Scope 模块的开启波形界面
end
```

运行上述代码后,模型自动仿真并将所有示波器打开显示各个信号线的波形。"set_param('m_control_05','SimulationCommand','start')"之后并不使用延时,因为此处不用考虑 Simulink 模型是否仿真执行完就可以将 Scope 模块的坐标轴打开。运行上述代码启动仿真并打开所有 Scope 模块显示仿真波形,如图 8-8 所示。

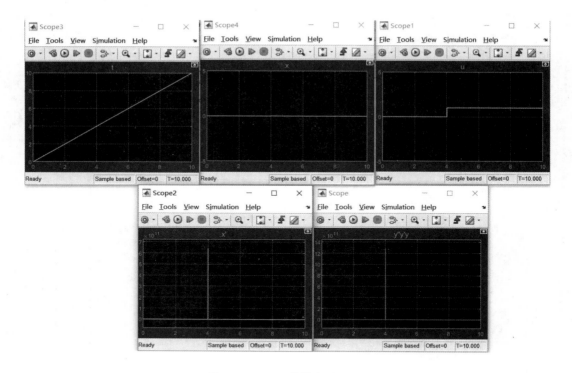

图 8-8 Scope 模块自动打开

8.3 M 语言自动建立模型

M 语言提供的函数不仅能够控制模型仿真,获取和设置模型、模块的属性,甚至还支持模型的新建、打开和关闭,模块的复制、移动和删除,信号线的连接与断开等。借助 M 语言对 Simulink 强大的支持功能,用户能够实现模型的自动创建、模块的自动添加、模块属性的自动调整等功能。

M 语言提供的函数中,与模型自动创建相关的有三类:模型相关、模块相关以及信号线相关。其中几个比较重要的函数如下:

① new_system 创建新模型,load_system 将模型载入内存(不可见),open_system 打开模型使其可视化;

② add_block 向模型追加模块,delete_block 删除模块,replace_block 替换模块;

③ add_line 在模块输入/输出口之间连线,delete_line 将既存的信号线删除。

下面就每种类别通过一两个函数来说明其调用方法。

8.3.1 模型的建立及打开

new_system 用于创建一个空白的模型编辑器,但是不显示其界面,如"new_system('m_control_06')"。在 Command Window 执行之后没有新的模型弹出,必须使用"open_system('m_control_06')"之后,才会显示出模型文本框。new_system 可以有返回值,它返回当前创建模型的句柄:

```
h = new_system('m_control_06')
h =
    2.0013
```

save_system 函数负责保存模型,可以与 new_system 联用直接将模型文件存储在硬盘上,代码如下:

```
new_system('m_control_06');
save_system('m_control_06');
```

运行上述代码后,当前路径文件夹下将出现 m_control_06.slx 文件。

load_system 是对既存的模型操作,将其载入内存中,即模型隐式打开;close_system 则将已经打开或载入内存的模型关闭,参数为模型名,不写参数时关闭当前被选中的模型(gcs)。另外,bdclose all 可以无条件关闭所有隐式或显式打开的模型,即使模型有改动也不提示保存,而是直接关闭,所以读者使用时应注意避免造成修改丢失的问题。

8.3.2 模块的添加、删除及替换

模块添加函数最基本的调用方式为"add_block('src', 'dest')",其中,src 表示所复制的模块的路径,dest 表示将这个源模块复制到的目标路径。例如,将 Simulink 的 Sinks 库中的 Scope 模块复制到新建的模型中,命名仍然为 Scope,如图 8-9 所示。具体代码如下:

```
new_system('m_control_07');
add_block('simulink/Sinks/Scope', 'm_control_07/Scope');
open_system('m_control_07');
```

图 8-9 Scope 模块被自动添加

复制模块的同时,还能够利用"add_block('src', 'dest', 'param1', value1,…)"对模块的参数进行设置。通过参数名 param1 及其参数值 value1 的写入,可以直接实现参数值的设定。例如,复制 Scope 模块时便将其坐标轴界面打开,例如,图 8-10 所示。具体代码如下:

```
new_system('m_control_07');
add_block('simulink/Sinks/Scope', 'm_control_07/Scope','Open','on');
open_system('m_control_07');
```

用户创建 Demo 并运行代码时要注意避免模型的重命名,否则会导致错误;另外,在使用

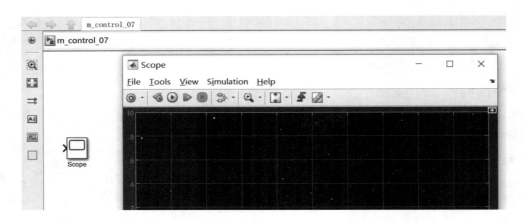

图 8-10 Scope 模块被自动添加并打开坐标轴显示界面

add_block 之前,要先显式或隐式地打开或载入模型才行。

replace_block 是对模型中既存的模块进行替换,其调用方式为"replace_block('sys','old_blk','new_blk')",其中,sys 表示模型名,old_blk 表示需要被替换的模块类型名,new_blk 表示用来替换别的模块的模块名。可以用下面的语句将其 Scope 模块全部替换为 Out 模块:

```
replace_block('m_control_04','Scope','simulink/Sinks/Out1');
```

当模型中被替换模块类型存在多个模块时,将弹出如图 8-11 所示的 Replace Dialog 对话框,该对话框中的 Select the blocks to replace 列表框中将列出所有同类型模块,用户从列表中选择某个或全部进行替换即可。

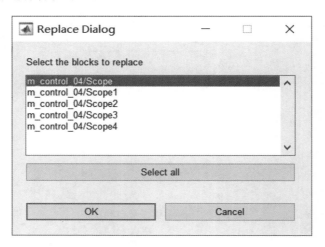

图 8-11 Replace Dialog 对话框

单击 OK 按钮之后,所有 Scope 模块都被替换为 Out 模块,但是不改变模块的名称,如图 8-12 所示。

"delete_block('blk')"语句将路径全名为 blk 的模块删除,如:

```
delete_block('m_control_04/Scope');
```

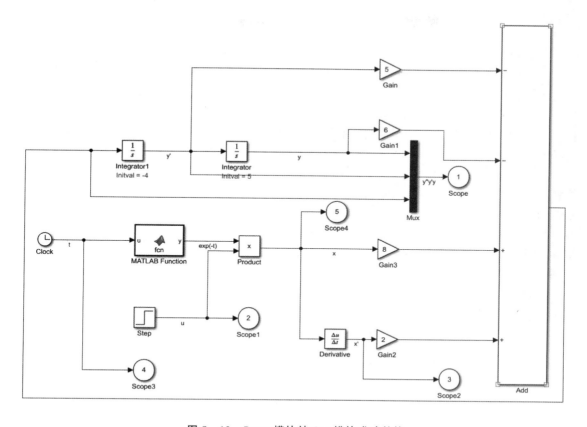

图 8-12 Scope 模块被 Out 模块成功替换

8.3.3 信号线的添加及删除

信号线添加函数 add_line 的常用方式"h=add_line('sys','oport','iport')"表示在模型 sys 中追加从输出端口 oport 到输入端口 iport 的信号线,并返回其句柄 h。oport 与 iport 所表示的输出/输入端口都需要在模块名后追加斜杠跟端口序号,如 In1/1。新建一个模型并自动添加 In1、Out1 模块,然后实现自动连线,代码如下:

```
new_system('m_control_07');open_system('m_control_07');
add_block('simulink/Sources/In1','m_control_07/In1');
add_block('simulink/Sinks/Out1','m_control_07/Out1');
add_line('m_control_07','In1/1','Out1/1','autorouting','on');
```

add_line 中的 autorouting 参数设置为 on 可以使连线仅保持水平和竖直两个方向。运行上述代码之后,模型如图 8-13 所示。

8.3.4 M 语言自动创建模型

M 语言通过上述各种命令可以实现模型的自动建立、模块的添加、信号线的添加等动作。那么对于一些常用的逻辑模型,也具有一定的模式:建模的模块相同,连接方式固定,只是模块

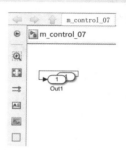

图 8-13 模型自动连线

的参数不同。下面将开发一个图形用户界面(GUI),通过它组织 Switch 等模块自动生成一个具有 if-else 逻辑的模型。针对一个简单的 if-else 结构,将一个 if-else 逻辑自动创建为等效的 Simulink 模型。首先设计 GUI,能够使用户以下拉列表框和文本框的形式设计 if-else 逻辑,其中下拉列表框提供逻辑比较关系,包括大于、大于或等于和不等于,用户可以输入用于比较的阈值、两个分支的赋值,最后再选择"文件"→"建立模型"选项,即可生成符合该 if-else 逻辑的模型。另外,再提供一个自动布线的复选框,当选中时,模块之间自动添加的连线将调整为横平竖直的规整样式;当取消选中时,两点之间直接相连,将出现斜线的情况。自动建模 GUI 如图 8-14 所示。

自动建立的模型包括 Switch 模块、Inport 模块、Outport 模块、Constant 模块。模块放置在模型中的位置可以通过设置模块的 position 属性来规定。if in 下拉列表框中有 3 种比较关系符,它们分别对应 Switch 模块中的 3 种比较关系。其后的文本框对应 Switch 模块中的阈值。另外两个"out="文本框中的数值对应 Constant 模块的值,这两个 Constant 模块分别连接到 Switch 模块的第一和第三个输入端口。而 Switch 模块的第二个输入端口和输出端口则分别与 In 模块和 Out 模块相连。Auto routing when modeling 复选框用于设定是否自动布线。模型的建立或者 GUI 软件的退出均由菜单控制,菜单栏如图 8-15 所示。

图 8-14 自动建模 GUI

图 8-15 "文件"菜单

当配置好 GUI 之后,通过选择"文件"→"建立模型"选项自动创建模型。使用完毕,可以通过选择"文件"→"退出软件"选项关闭所建立的模型和该 GUI。关闭 GUI 的代码如下:

```
bdclose all;
close(gcf);
```

建立模型的菜单按钮通过其回调函数完成了 GUI 数据获取及模型建立的主要过程,其代码如下:

```
threshold = app.EditField.Value; % 从 GUI 控件获取数据
up_out = app.outEditField_2.Value;
down_out = app.outEditField.Value;
rel = app.ifinDropDown.Value;
mdl_name = 'switch_section';
mdl_handle = new_system(mdl_name);
open_system(mdl_handle); % 创建和打开一个新的模型文件
add_block('simulink/Signal Routing/Switch',[mdl_name,'/Switch']);
add_block('simulink/Commonly Used Blocks/In1',[mdl_name,'/In1'],'Position',[35 213 65 227]);
```

```
    add_block('simulink/Commonly Used Blocks/Out1',[mdl_name, '/Out1'],'Position',[345 213 375
227]);
    add_block('simulink/Commonly Used Blocks/Constant',[mdl_name, '/Constant'],'Position',[125 150
155 180]);
    add_block('simulink/Commonly Used Blocks/Constant',[mdl_name, '/Constant1'],'Position',[125 265
155 295]);
    if rel == 2
    criterial = 'u2 > Threshold';
    elseif rel == 1
    criterial = 'u2 >= Threshold';
    else
    criterial = 'u2 ~= 0';
    end
    set_param([mdl_name,'/Switch'], 'Criteria', criterial, 'Threshold', num2str(threshold));
    set_param([mdl_name, '/Constant'],'Value', num2str(up_out));
    set_param([mdl_name, '/Constant1'],'Value', num2str(down_out));
    autorouting = app.AutoroutingwhenmodelingCheckBox.Value;
    if isequal(autorouting, 0) % whether auto routing
    add_line(mdl_name,'In1/1','Switch/2'); %设置连接线源头和终点的模块/端口号
    add_line(mdl_name,'Switch/1','Out1/1');
    add_line(mdl_name,'Constant/1','Switch/1');
    add_line(mdl_name,'Constant1/1','Switch/3');
    else
    add_line(mdl_name,'In1/1','Switch/2','autorouting','on');
    add_line(mdl_name,'Switch/1','Out1/1','autorouting','on');
    add_line(mdl_name,'Constant/1','Switch/1','autorouting','on');
    add_line(mdl_name,'Constant1/1','Switch/3','autorouting','on');
    end
```

运行 GUI 的.m 文件,将弹出如图 8-16 所示的对话框,配置好对话框中的参数后,当选择"文件"→"建立模型"选项时,会自动产生如图 8-16 所示的模型。

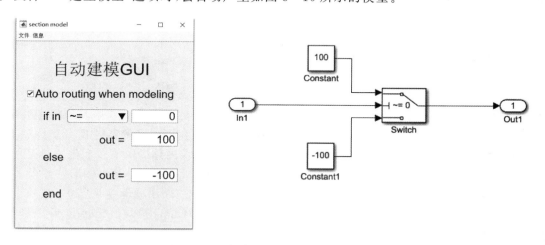

图 8-16 自动建立 if-else 逻辑的模型

此例仅用于提示读者,如果模型中存在具有某种固定模式的子模型,则可以通过 M 语言将这种模式规定下来,以便高效地自动建立相关模型。另外,对于某种常用的计算逻辑或算法,可以将其封装为子系统,追加到自定义 Simulink 库中,使用时直接从库里拖曳出来即可。这也是一种高效的使用方法,具体请参考第 12 章。

第 9 章

Stateflow 建模

Stateflow 是 Simulink 中重要且特别的工具箱之一,它以图形化建模的方式提供一个基于状态机(state machine)或者流图(flow chart)的建模工具,主要支持离散事件和状态机建模。与框图式建模不同的是,Stateflow 的 Chart 模块在外部支持数据流驱动的计算方式(兼容却不以 Block 模块和数据端口为主要机制);在其内部则别有洞天,擅长基于转移的驱动方式,在一个采样步长内或者一次事件触发下,从激活状态或者默认转移开始判断转移条件,转移条件满足则发生转移,转移到终止节点或者转移进入一个状态为止,否则会持续转移。所以,建模工程师要注意转移和节点的应用,否则可能会在模型中构建出死循环。Stateflow 还支持状态机的嵌套设计和并行机制,支持选择和循环逻辑的建模,为复杂逻辑建模提供丰富且可读性很强的建模方式。MATLAB 2021b 中的 Stateflow 也支持连续系统建模,另外,从语言表达上它支持 M 和 C 两种语言来定义转移条件和动作,支持集成外部 C 语言进来直接调用。它是一个持续进化的建模工具,以状态机和流图为核心,外延开发了许多其他建模元素,为越来越多的建模工程师带来便利。

9.1 状态机建模要素

Simulink 中有一个比较独特的工具箱,它的家族成员不多,库里的模块也很少,显得比较孤单,但是该库中模块的背景颜色却与众不同,闪耀着独特的金黄色。双击其中最主要的模块,就仿佛打开了一个新世界,金黄色的画布上展现出无限的可能性,等待建模者发挥想象力去创造新的策略,它的内容比起子系统更加丰富多彩。该模块内部提供了多样化的建模元素,既可以是 Simulink 模块,也可以是 MATLAB Function 模块,又可以是基于图形的建模要素。它作为子系统还提供了预览功能,丰富的内容易于表象,透过外观就能窥见其内在一二。没错,相信你已经知道它是谁了,它就是 Stateflow 工具箱里的 Chart 模块。Stateflow 工具箱里的模块如图 9-1 所示。

那么,Stateflow 与 Chart,状态机与流程图,到底存在着怎么样的关系呢?官方帮助文档介绍说,Stateflow 提供了一种图形语言,包括状态转移图、流程图、状态转移表和真值表,轻描淡写之中蕴含着无限的可塑造性。状态转移图,又称为状态机,给电子控制器控制策略软件设计带来了许多便利,状态的设计能简化由众多 Simulink 模块构成的复杂逻辑,形成轻便爽快的等效设计。状态机不拘一格地允许建模者抛弃状态,单纯地使用控制流来表达复杂逻辑;状态机中规中矩的使用状态与转移构成可读性极强的图形,让软件工程师从繁杂地嵌套条件语句中解脱出来。状态机 C 代码如图 9-2 所示。

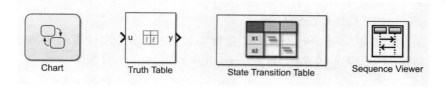

图 9-1　Stateflow 工具箱里的模块

```
if (stateFDemo_DW.is_active_c3_stateFDemo == 0U) {
  stateFDemo_DW.is_active_c3_stateFDemo = 1U;
  stateFDemo_DW.is_c3_stateFDemo = stateFDemo_IN_A;
  stateFDemo_DW.data++;
} else {
  switch (stateFDemo_DW.is_c3_stateFDemo) {
   case stateFDemo_IN_A:
    if (stateFDemo_DW.data > 2.0) {
      stateFDemo_DW.is_c3_stateFDemo = stateFDemo_IN_B;
    } else {
      stateFDemo_DW.data++;
    }
    break;

   case stateFDemo_IN_B:
    if (stateFDemo_DW.data < 10.0) {
      stateFDemo_DW.is_c3_stateFDemo = stateFDemo_IN_A;
      stateFDemo_DW.data++;
    } else {
      stateFDemo_DW.is_c3_stateFDemo = stateFDemo_IN_C;
    }
    break;

   case stateFDemo_IN_C:
    if (stateFDemo_DW.data < 0.0) {
      stateFDemo_DW.data++;
      stateFDemo_DW.is_c3_stateFDemo = stateFDemo_IN_D;
      stateFDemo_DW.data++;
    } else {
      stateFDemo_DW.data--;
    }
    break;
```

图 9-2　状态机 C 代码

　　状态机是离散系统运行迁移的抽象表达,是离散状态自动机的简称。由于 Simulink 过于强大,其已经可以用状态机表达连续系统和混合系统了。在连续系统中,人们可以使用微分方程(组)来表达状态空间,使用欧拉法、龙格库塔法等来进行状态空间的求解;在离散系统中,人们可以使用差分方程(组)和状态机共同支撑着电子控制器的控制策略软件表达,在求解器采样时间驱动下,状态可以进行值的更新,或者在满足转移条件时实现状态的迁移。状态的转移如图 9-3 所示。

　　多个状态以及状态之间转移动作是状态机建模最基本的要素,Simulink 的 Stateflow 工具箱里给建模者提供了丰富的建模要素。在 MATLAB 中打开 Stateflow 工具箱的方法有多种,如下:

① 在命令行里输入"sf"按回车键;
② 在命令行里输入"stateflow"按回车键;
③ 在命令行里输入"sflib"按回车键;
④ 在命令行里输入"slLibraryBrowser"按回车键,在弹出的库浏览器中选中 Stateflow,然后右击,在弹出的快捷菜单中选择"打开 Stateflow 库",如图 9-4 所示。

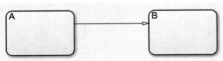

图 9-3 状态的转移 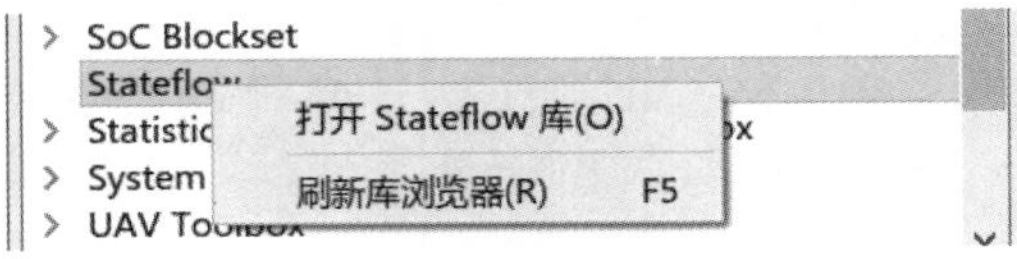　　　　图 9-4 在 Simulink 库中打开 Stateflow 库的方法

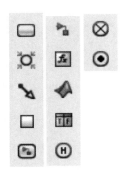

在 Stateflow 库中包括 4 种模块,即 Chart、Truth Table、State Transition Table 和 Sequence Viewer。Chart 是状态机的核心模块,有着最高的用户使用率。在 Chart 内部左侧的工具栏中可以看到所有的建模要素(见图 9-5),共有 12 种:

① State ▭——状态,采样步长内系统激活状态运行后必定停留在状态上。

② Junction ⊙——节点,转移的分支或汇聚点,采样步长内系统不停留在节点,只会经过。

③ Transition ↘——迁移/转移,状态之间的转移,可以带

图 9-5 Chart 中的建模要素

有条件与动作,当两个状态之间存在多个转移时,还有优先级区分。一个系统必定存在至少一个默认转移,表达系统运行的起始状态。

④ Box ▭——定义一个命名空间,管理 Box 内部的函数、数据等对象。

⑤ Simulink State ▣——使用 Simulink 子系统来描述一个状态,多用于混合系统或连续系统,或者系统在不同工作模式里结构相差较大的情况。

⑥ Simulink Function ▣——使用 Simulink Block 搭建子系统以 Simulink Function 的形式被 Chart 识别,输入/输出端口变量和个数将被识别为函数的原型,多用 Simulink 函数来作为动作的回调函数实现方式。

⑦ Graphic Function ▣——使用转移和节点表达的图形建模来设计函数,供状态机调用。

⑧ MATLAB Function ▣——使用 M 语言编程来设计函数,供状态机调用。

⑨ Truth Table ▦——真值表,Chart 特有的真值表。

⑩ History Junction Ⓗ——历史节点,当父层状态带有历史节点时,它退出时记录被激活的子状态为历史状态,等到下次激活时,不从默认状态而是从历史状态开始执行。

⑪ Entry ⊗——进入端口,允许状态直接通过端口转移到子状态机内部。

⑫ Exit ⊙——退出端口,允许状态直接通过退出端口从子状态机内部转移出来。

Simulink 的 Chart 具备如此丰富的建模要素,是诸多知名工业仿真软件所无法比拟的。

Stateflow 以最佳用户体验性击败了诸如 SimulationX、Dymola 和 AEMsim 等软件图形化建模仿真软件。本章将通过丰富的建模案例来展现 Stateflow Chart 的花样应用。

9.2 Stateflow 状态与迁移——电梯控制实例

Chart 里面最常用的基本建模要素是 State 和 Transition，用户利用这两个要素基本上就可以实现各种状态机的应用了。这里直接以一个电梯的控制策略为例，使用 State 和 Transition 进行建模并仿真单台电梯上下楼层运行的情形。电梯上下楼层控制状态机模型如图 9-6 所示。

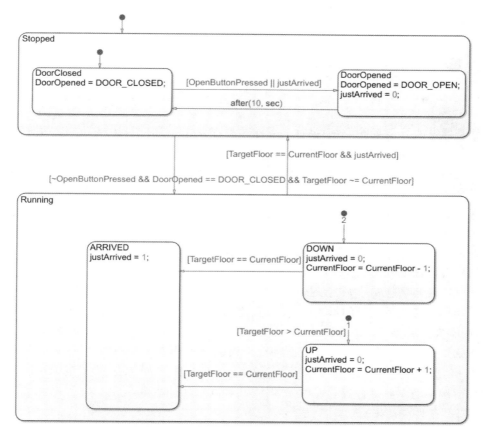

图 9-6 电梯上下楼层控制状态机模型

通过状态机建立模型操作上是很方便的，从建模区域左边的建模要素列上直接拖曳下来控件即可，如图 9-7 所示。

转移怎么创建呢？建模要素上并没有转移这个要素。转移可以从状态的边沿按鼠标左键即可拖曳出来，拖曳出来的转移线是虚线，可以一直按住鼠标左键将其拖曳到自身或另外一个状态的边沿上然后释放鼠标，即可创建一个转移，如图 9-8 所示。

转移刚创建好时，上面将显示出 3 个图标，分别表示事件、条件和动作，可以选择写上这 3 个元素对应的内容。当全部为空时，表示无条件转移，当存在无条件转移的状态时，会在采样时刻进行无条件转移。如图 9-8 所示，该状态转出后又回到自身。事件、条件和动作的意义如下：

- 事件：上升沿、下降沿、双边沿、函数调用；
- 条件：逻辑操作或数值比较语句；
- 动作：执行赋值的语句。

图 9-7　状　态

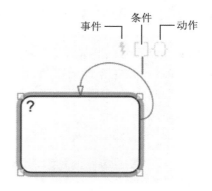

图 9-8　自转移

事件是偶发的异步事件，不一定每个采样时刻都发生，它的图标类似闪电，表征事件发生的偶然性和非持续性。事件可以是外部输入的、局部的或者输出到外部的。只有当事件是输入或输出类型时，端口才能设置为 Function-Call 类型，如果端口的 Scope 设置为 local，则不能设置为 Function-Call 类型。作者喜欢对这些细节进行思考，为什么 MathWorks 要这么设计呢？当正向思维很难得到答案时，就使用逆向思维。如果 local 事件也允许设置为 Function-Call，而它的 Chart 里既无法产生 Function-Call 事件，也无法实现 Function-Call 子系统，就必须借助外部的 Simulink 模型来实现或者接受调用。关于 Function-Call 的细节有很多，本节主要介绍状态和迁移。

条件就比较容易理解了，它就是逻辑表达式，写在 [ ] 内，通常是两个表达式或两个变量进行逻辑操作或者关系比较的形式，在状态机建模时也很常用。逻辑表达式的结果为真发生转移，否则不发生转移。

动作就是在事件和条件都不为假的情况下所执行的语句，动作语句写在 { } 中。Chart 里默认使用 M 语言编程，各位读者从 MATLAB/Simulink 转到 Stateflow 里至少在语言上可以说是无缝衔接。动作前是否带有事件或条件，共有以下几种情况：

- 事件[条件]{动作}；
- 事件{动作}；
- [条件]{动作}；
- {动作}。

这里介绍的动作虽然是作为转移上的语句之一，但实际上它也可以在状态中存在。状态内部具备 3 种默认动作，分别为 entry、during 和 exit，也可以分别简化为 en、du 和 ex。这 3 个动作分别在状态的以下时刻自动触发运行：

- entry/en：进入当前状态的第一个采样事件执行；
- during/du：进入当前状态的第二个采样时刻开始，驻留在当前状态的每个后续时刻都会执行；
- exit/ex：从当前状态转移出去时执行。

Stateflow 的状态提供的这 3 种动作可以根据电子控制器的需求灵活选用，构建出灵活的应用。当状态中直接写动作语句且不带有动作标签时,表示在 entry 和 during 两个阶段都会执行,如图 9-9 所示。

那么状态机中的数据怎样声明和定义呢？用户可以使用模型资源管理器(见图 9-10)进行创建和管理。

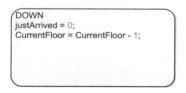

图 9-9 状态内 during 动作标签可以省略

图 9-10 模型资源管理器

虽然 Stateflow 中的数据与 Simulink 一样都是全局变量,但却可以设计其可见范围。设置在 Chart 层次下的数据,整个 Chart 的各个层次都可以访问它;设置在某个 Chart 里某个状态下的数据,只能对该状态及其子状态可见,对其父状态及超父状态以上不可见。数据可以设计为以下 6 种类型:

- Local——局部可见变量,可以绑定数据字典中的数据对象;
- Constant——常数,不可改变;
- Parameter——参数,可以在数据字典里管理,可以标定;
- Input——由 Simulink 输入的信号,可以绑定数据字典中的数据对象;
- Output——输出到 Simulink 的信号,可以绑定数据字典中的数据对象;
- Data Store Memory——全局存储数据,不需要信号线连接取值和写值(除模拟 EEP-ROM 之外不推荐使用,会有读/写竞争风险)。

图 9-11 所示为 Model Explorer 对话框,左侧是模型层次,中间是简化的数据字典和模型拓扑元素,右侧是选中数据条目的详细属性,建模工程师在此处设置中间和右侧部分的属性。

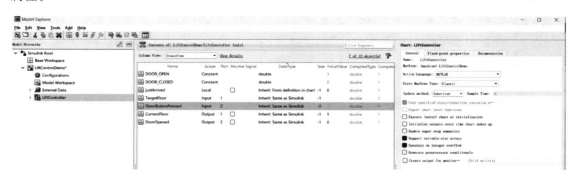

图 9-11 Model Explorer 对话框

了解了本节的主角建模元素——状态与转移,掌握了 Chart 内部数据的定义方式,下面将进入实例讲解。这里将介绍单机电梯控制器的建模需求(电梯内部示意图见图 9-12),它需要满足以下几点:

- 控制器包括两个输入、一个输出,输入是目标楼层以及开门按钮按下与否,输出是当前楼层;

- 电梯控制器能够识别当前电梯是停止还是正在移动;
- 电梯停止时,电梯控制器能够识别当前电梯门是开还是关;
- 电梯上升或下降到目的楼层时,停止移动后应该开启电梯门;
- 开启电梯门后,如果无人按下开门按钮,10 s 后应该关闭电梯门;
- 无人按下开门按钮,目标楼层与当前楼层不同,电梯门关上时电梯才能开始运动;
- 假设电梯移动楼层和电梯门开关过程不占用时间,每个步长电梯至多移动一层楼。

图 9 - 12　电梯内部示意图

上述明确需求能够帮助建模工程师框定模型的系统范围,快速设计软件逻辑。单个电梯控制逻辑是不含算法的,只有逻辑关系,根据上述需求就可以确定,大部分软件将会由 if-else 等判断逻辑构成。这种情况如果使用 Simulink 模块建模,则 Switch 模块、If 和 If Action Subsystem 模块用上几层,肯定能做出来,但模型的可读性会比较差;而 Stateflow 特别适合做复杂逻辑判断与控制流建模。现在,作者将带着大家一起搭建一个符合上述控制要求的控制器模型,然后仿真来看其效果。

从哪里入手是个技术活。为了锻炼工程师的系统性总体思维,建议多练习 Top - Down 模式,先从系统描述开始。所谓系统描述,就是根据需求抽象出这个系统具有多少个输入和输出,中间处理逻辑先考虑为一个黑盒。那么问题简化了,相信你很快就能够做出以下这个两入一出的顶层系统描述,其输入分别为目标楼层和开门键是否按下,输出为当前楼层,Chart 命名为电梯控制器。顶层系统图示如图 9 - 13 所示。

顶层设计完毕,双击 Chart 进入内部,设计下一层次。所谓 Top - Down,就是这样从上到下逐层深入进行设计。从需求条目分析,电梯主要就是两种状态,即停止与移动,所以可以先设计出如图 9 - 14 所示的状态机模式。

Stopped 上面的箭头表示默认转移,它指向的是当前层次在第一个步长应该进入的状态。然后再深入一层,分别对 Stopped 和 Running 进行详细设计。先看 Stopped 部分,要求控制策略在电梯停止时,能够分辨出电梯门是开还是闭。那么自然而然地可以想到,Stopped 状态内部应该再划分为两个子状态。其实,状态机是支持状态相互嵌套的。开门与关门之间应该具备转移的可能性,所以先如图 9 - 15 所示将转移线连接起来。

再根据需求中描述的开门与关门的条件,分别在转移上写好条件代码。其中,门开 10 s 后自动关门使用一个定时事件 after(10, sec) 来实现。填写好条件代码的 Stopped 状态如图 9 - 16 所示。

第 9 章　Stateflow 建模

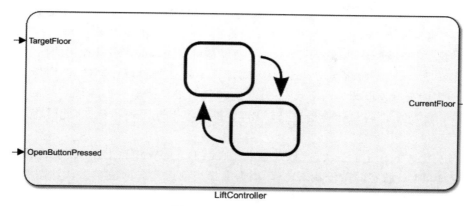

图 9-13　顶层系统图示

图 9-14　电梯控制内部上层状态

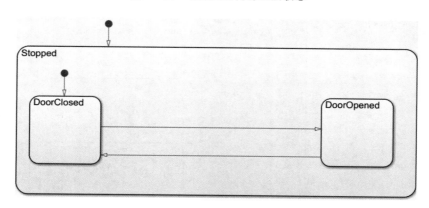

图 9-15　Stop 状态内部子层状态

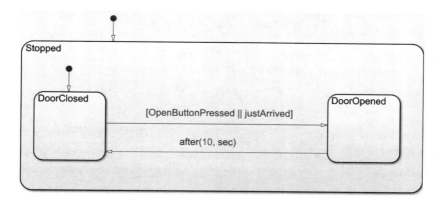

图 9-16　填写好条件代码的 Stopped 状态

图 9-16 中，OpenButtonPressed 表示输入信号开门按钮状态；justArrived 是一个待赋值的局部变量，表示刚刚移动到达目标楼层，它将由 Running 状态计算得出。接下来再设计 Running 状态，它应该控制电梯的升降。由于楼层是可变的，（为了设计通用的控制策略）而且楼层数可能很大，所以不能将楼层设计为状态，那样不符合"简单最佳"的设计准则。此处，作者将升降两个动态过程设计为两个状态，升状态时每个步长楼层+1，降状态时每个步长楼层-1。每次变动楼层，都与目标楼层进行对比，如果相等则进入到达状态，此时将 justArrived 设置为 1。

Running 状态下有 3 个子状态，分别是 ARRIVED、DOWN 和 UP。默认转移有两个，分别是 DOWN 和 UP 状态的条件默认转移，根据电梯当前运行方向决定默认状态激活 DOWN 还是 UP。激活 UP 说明目标楼层比当前高，需要启动上升过程，每个采样时刻楼层增加 1；激活 DOWN 说明目标楼层比当前楼层低，需要启动下降过程，每个采样时刻楼层减小 1。无论是在 UP 激活的过程中还是在 DOWN 激活的过程中，一旦出现目标楼层到达的情况，就转移到 ARRIVED 状态，标记变量 justArrived 从 0 变为 1。Running 状态内部子状态及转移如图 9-17 所示。

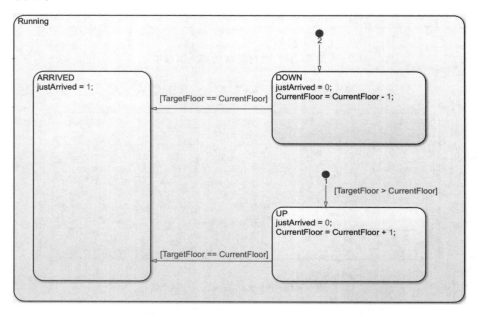

图 9-17 Running 状态内部子状态及转移

最后是 Stopped 状态与 Running 状态的转移条件。在 Running 状态下，电梯向着目的楼层逐层移动，一旦到达目标楼层，方框中的条件同时满足，将优先处理父层转移，这样 Running 内部的子层状态就不能被处理了，justArrived 就不会被赋值为 1，所以如图 9-18 所示的设计是有问题的。

修改策略，从 Running 到 Stopped 的转移条件增加一个与条件，使得 Running 子状态必须到达 ARRIVED 才可以转移到 Stopped，进入 Stopped 状态之后由于 justArrived 为 1，DoorClosed 子状态转移到 DoorOpened 状态，打开门的同时清除 justArrived，使得下次关闭门后，如果不修改目标楼层，门就可以关闭不再自动打开。修改后状态机的完整模型如图 9-19 所示。

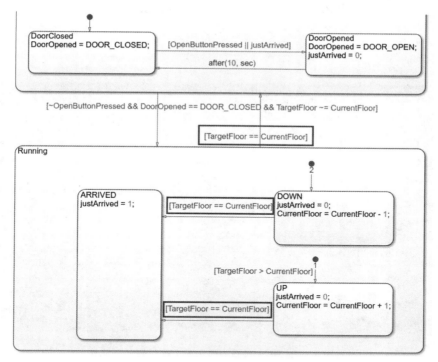

图 9-18 转移从父层开始判断执行

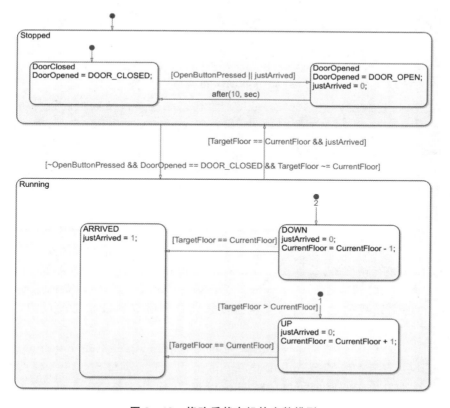

图 9-19 修改后状态机的完整模型

现在假设当前楼层为 1 楼,目标楼层为 6 楼,开始的 5 s 内由于客人等人,按下开门按钮 5 s 后关上,仿真 30 s。使用上述模型对该例进行仿真,得到的仿真图像如图 9-20 所示,仿真的整个过程如下:

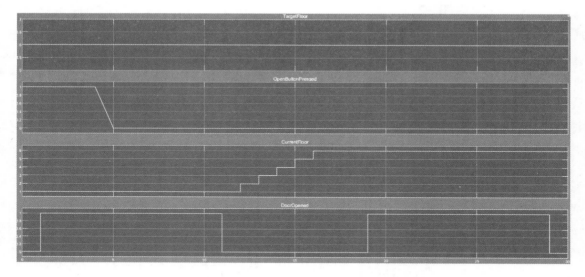

图 9-20 从 1 楼到 6 楼乘坐电梯过程的仿真图

客人等人按下开门按钮,电梯门打开,保持 10 s,期间电梯不移动。11 s 时电梯门关上,电梯开始朝着目标楼层 6 楼移动,每个步长移动一层楼。到达 6 楼后,先花费一个步长将 justArrived 设置为 1,然后再花费一个步长从 Running 转移到 Stopped 的 DoorClosed,接着再花费一个步长转移到 Stopped 的 DoorOpened,门才打开。此后 10 s,门再次关闭。这期间与之后,由于当前楼层为目标楼层 6 楼,所以电梯不再移动。

本节通过电梯控制实例讲解了 Stateflow 的状态和迁移以及数据的设计方法和 Top-Down 的模型设计方法,为读者了解更复杂一些的状态机建模打下基础。关于上述电梯控制更多的工况,读者可以动手仿真看看。

9.3 Stateflow 之 Simulink State 和 Simulink Function

Stateflow 适用于离散状态机的建模仿真与 C 代码生成,但是对于需要积分计算的连续系统或者连续-离散混合系统的建模,如果在状态中使用复杂的文本语句描述系统并表达四则运算和积分计算,则是有难度的。MathWorks 遵循"Simple is Best"的设计原则,不会让建模工程师们使用麻烦的方法进行建模。Simulink 基于模块的建模方式,本身就已经能够方便地进行连续系统和混合系统的建模了,如果状态里需要这种带有连续状态的模型,不如直接将 Simulink 的这个特性引入进来。

在 Stateflow 的 Chart 中使用 Simulink 也包含多种方式,分别是 Simulink Function 和 Simulink State(见图 9-21)。Simulink Function 适用于 Chart 对 Simulink 模型的偶发性调用,就像一个事件发生时的回调函数一样;Simulink State 作为本节的主角,它主要负责持续性、周期性地被 Chart 调用,所以做成状态。从 Chart 内部的建模要素中拖曳一个 Simulink State 到模型编辑器中,双击进入 Simulink State 内部,其内部为仅包含一个 Action 模块的空子系统。Action 模块(其图标见图 9-22)是 If Action Subsystem 和 Switch Case Action Subsystem 等子系统里的模块,可以想见,Simulink State 也是 Action Subsystem 的实现机制。

作者相信,看到这里,读者应该具备了 Stateflow 的基本建模能力。现在再举一个弹球从高处抛下的例子,通过该例学习如何使用 Simulink State 在 Chart 中建立连续模型进行仿真。具体建模需求如下:

- 从高 h(h 为大于 0 的正数)处有一个弹球做自由落体运动,初速度为 0;
- 重力加速度为 $g=9.81 \text{ m/s}^2$;
- 当弹球接触地面后,以接触速度的 95% 反向弹起;

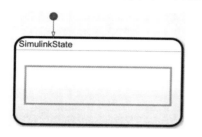

图 9-21　Simulink State

图 9-22　Action 模块的图标

- 反向弹起后,弹球在重力加速度的作用下到达一定高度后速度衰减至 0;
- 如此反复,直到弹球接触地面时速度小于 0.001 m/s 不再弹起,认定小球静止;
- 半径可忽略,认为弹球是个质点,假设地面平坦,弹球运动过程不受其他力的作用。

作者喜欢在动手解决问题之前,先用条目化的描述将问题阐述清楚,力求严谨。根据需求,首先可以获得一些信息,这个系统不是用在控制方面,而是模拟一个连续的物理过程。后续步骤依照作者的思路,先做系统抽象,起始高度和速度是输入,弹球整个过程中的速度和离地高度是输出,然后将整个物理过程设计为一个 MIMO 的系统,如图 9-23 所示。

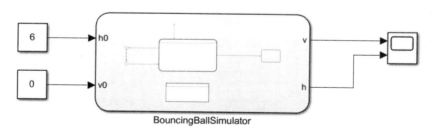

图 9-23　弹球模型

Chart 模块在 MATLAB 2021b 版中带有预览内部内容效果的功能,建模时可以通过快捷菜单来设置此功能。

弹球运动过程可以分为两个状态:球在高空以及落下弹起的过程,称为动;球最终以极小的速度接触地面,称为静。Stopped 表示最终静止不再弹起的状态,不包括弹球弹到最高点静止的时刻。于是,状态机初步的顶层设计如图 9-24 所示。

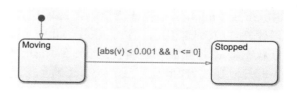

图 9-24　状态机初步的顶层设计

abs 是 M 函数,在 Chart 模块的默认设置下,支持调用常见的内建 M 函数进行建模。信号坐标方向,设计速度向上为正,向下为负,则 $g=-9.81\ \mathrm{m/s^2}$;同时设计 $h=6\ \mathrm{m}$ 的场景,即弹球从 6 m 高处自由落下。相信大家都会计算自由落体过程中的速度,利用"v=sqrt(2gh)"就可以得到落地时弹球的速度。使用连续系统对其进行描述,即重力加速度在积分作用下形成弹球的速度变化,速度在积分作用下形成高度的变化。所以,整个弹球过程可以用两个积分器串联构建,如图 9-25 所示。

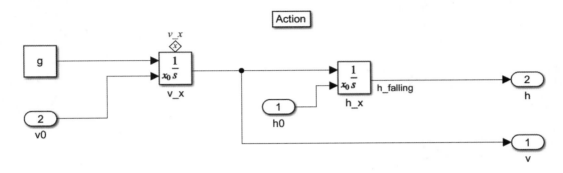

图 9-25 Simulink State 内部模型

图 9-25 所示为弹球的 Simulink State,其中 v0 和 h0 是 Chart 的输入,表示初始速度和初始高度;h 和 v 是 Chart 的输出,表示弹球运动过程的高度和速度。当模型中存在多个 Simulink State 时,需要保证其输入端口、输出端口是其父层 Chart 的输入端口、输出端口的子集。也就是说,Simulink State 里面 Simulink 模型的输入/输出端口不能脱离 Chart 而独自定义。

但是,这个系统无法描述弹球触底反弹时的速度损失,触底反弹不是连续进行的,是偶发的,所以作者使用 Simulink Function 对此部分进行建模,如图 9-26 所示。

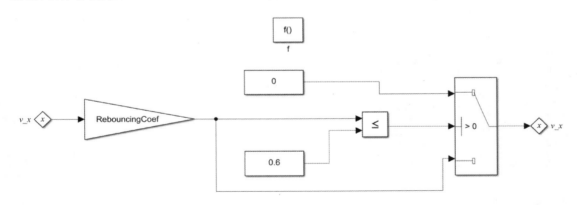

图 9-26 Simulink Function 模型

Simulink Function 适用于离散事件的表达,所构成的模型适合被偶发调用,并且它又是一种函数,所以其内部有一个 Function Call 图示。模型的输入与输出都是 Simulink State 中的速度状态量 v_x,此部分建模使用 State Read/State Writer 来读取变更并写回。为了避免速度小时反复迭代,这里给了一个 0.6 的速度阈值,小于此值,就认为不能再反弹起来了。所有需要计算的组件都有了,再使用转移将它们拼接起来,如图 9-27 所示。图中圆圈是节点,它可以帮助一个转移分段,每一段或水平或竖直,可读性强且美观。转移上将 Simulink Function 名作为动作来调用,函数名显示为绿色。

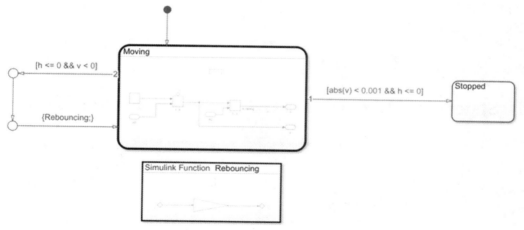

图 9-27　弹球模型完整建模视图

Moving 状态内部就是 Simulink State 描述的弹球物理过程,它有两个转移:优先级高的在右边,当弹球落在地面高度很小且反弹速度极小时,认为进入静止状态;优先度低一些的在左边,当弹球落在地面且速度向下还比较大时,认为发生反弹,触发 Simulink Function,其名为 Rebouncing,然后速度会反向并且数值会做一定衰减(例中的衰减系数为 0.85)。求解器的设置如图 9-28 所示。

图 9-28　弹球模型求解器的设置

启动上述模型仿真,弹球从 6 m 高空自然下落并反弹的整个仿真过程如图 9-29 所示。

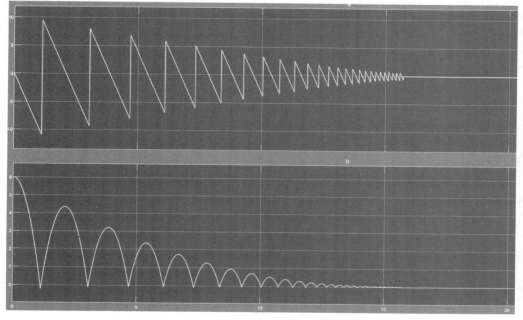

图 9-29　弹球模型仿真波形

弹球下落到地面后反弹再次弹起的高度逐渐衰减,当衰减到一定程度后,就变为静止了。本例演示了状态机内部混合系统的建模仿真过程,用 Simulink State 描述连续系统,用 Simulink Function 描述离散系统,二者结合使用,将连续计算的物理过程与离散事件的逻辑计算融合在一起,充分发挥了求解器的多速率混合调度。

9.4 Stateflow 转移与节点应用案例——用状态机逐个处理字符

读者也许没有想过使用 Stateflow 来处理字符串,作者也没想过,因为觉得数据流建模更适合对数据的计算和逻辑判断进行建模。但是,对于电子控制器产品的研发来说,内部除了控制策略之外,的确存在着版本号等包含字符串的信息,将字符串写入 MCU 的 EEPROM,此类工作即使不基于模型,手写代码也并不麻烦。令人意想不到的是,Simulink 真的就连这种比较小众的需求都满足了,支持在其环境中对 String 类型的字符串进行模块化处理。它在 Simulink Library Browser 中还专门提供了一个 String 的常用库,支持各种常用的字符串定义与操作,如图 9-30 所示。

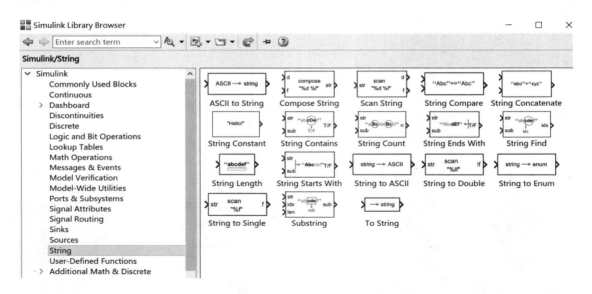

图 9-30 Simulink 库中的 String 工具箱

假设字符串数据以逐个字符输入的方式传入 Chart,使用状态机设计一种检查输入密码是否正确的策略。所谓"逐个字符处理",就是当一个字符串整体输入时,从最左边的字符开始逐个进行比对判断和长度累计,而不是使用 strcmp 直接判断是否与目标字符串相等,或使用 strlen 就可直接知道其长度。这种处理针对的是串行数据接收,因为接收端在每次收到一个字符时并不能预知未来还会不会再接收到字符,所以无法预知字符长度,只能边接收边处理。

这种策略如何考虑周全呢?使用状态机处理字符匹配是一种很符合流处理逻辑的设计,但是 Stateflow 里处理起来会相对慢一些,因为每个字符的比对都使用单独的状态进行,每次都需要占用一个步长;另外,这种逐个字符的处理方式灵活性稍微弱一点,变更判断的目标字符串不太方便。忽略效率要素,这种使用状态机逐个处理字符串的经典案例,除了可以帮助读者继续练习状态机建模之外,还可以使读者学习到以下几个技术点:

- 在 Chart 中使用 C 语言编写动作,并调用 Stateflow 内置 C 函数处理字符串;
- 使用 Junction 简化模型拓扑,合并转移,提升模型感官;
- 自定义枚举类型,用于标记字符串匹配是否成功。

本节将建立一个对输入字符串进行逐个字符检查,当匹配出"KEY"字符串时认定字符串检查通过的模型。逐个字符进行检查,就可能出现以下几种状态:未收到字符,收到第一个字符是 K,收到第一个字符不是 K,在第一个字符是 K 时第二个字符是 E,在第一个字符是 K 时第二个字符不是 E,以此类推。抽象出统一的思考模式,即每次收到字符都有可能将匹配结果导向两种不同的结果。匹配到字符串"KEY"后,也不应该立刻判定匹配成功,因为后续可能还会继续接收到新的字符,如接收到"KEY123"的情况,这应该是匹配失败的情况。所以,这里匹配到目标字符串后应该再继续判定是否还有后续字符,如果有,则判定匹配失败;如果没有,则判定匹配成功。

建模时先拖曳状态,将所有匹配过程的状态以及之间存在的关系建立好。Chart 内部设计了 5 个状态,分别是 Default、K、KE、KEY_fake 和 KEY,它们分别表示仿真开始初始状态、匹配到 K 的状态、匹配到 KE 的状态、匹配到 KEY 但不确定是否后续还有字符的状态以及最后确认匹配成功的状态。除了一头一尾两个状态之外,中间三个状态都具有两个转移:一个是向着积极结果转移;另一个是匹配失败,退回 Default 状态。这里使用节点可以将多个状态共同的转移路径合并,转移线都是横平竖直的,美观整洁,如图 9-31 所示。

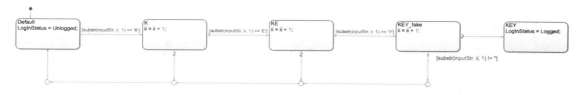

图 9-31 转移通过节点进行汇聚

如果不使用节点汇总各个状态向 Default 状态的转移,那么设计出来的状态机可能如图 9-32 所示,不美观。

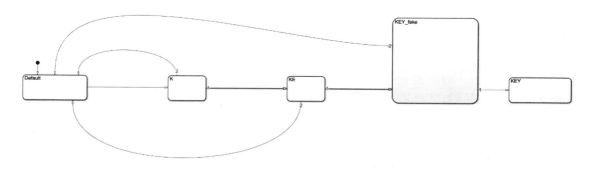

图 9-32 转移直接连接状态

模型设计为 SISO 系统,输入为目标字符串,是 String 类型,输出为匹配字符串的状态,是枚举类型。字符串匹配模型外观如图 9-33 所示。

模型的数据设计包括输入的目标字符串 inputStr、输出的字符串匹配状态 LogInStatus 以及字符串索引变量 ii,如图 9-34 所示。

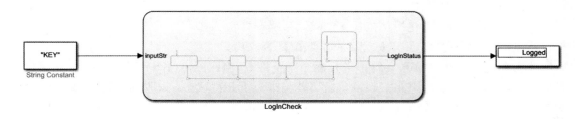

图 9-33　字符串匹配模型外观

Name	Scope	Port	Resolve Signal	DataType	Size	InitialValue	CompiledType	CompiledSize	Trigger
inputStr	Input	1		Inherit: Same as Simulink	-1		string	1	
Default									
LogInStatus	Output	1	☐	Enum: LogInStates			LogInStates	1	
K									
KE									
ii	Local		☐	uint8		uint8(0)	uint8	1	
KEY									
KEY_fake									

图 9-34　字符串匹配模型的数据设计

然后设计自定义的枚举类型,提升状态机的可读性。使用 Logged 和 Unlogged 分别表示匹配到与未匹配到目标字符串。使用 Simulink. IntEnumType 类派生出 LogInStates 类,在此类内部分别使用 Unlogged 和 Logged 代替 0 和 1 两个常数值。设计枚举类的 M 代码如图 9-35 所示,注意类名要与保存的. m 文件名一致。

```
classdef LogInStates < Simulink.IntEnumType
  enumeration
    Unlogged(0)
    Logged(1)
  end
end
```

图 9-35　设计枚举类 LogInStates 的 M 代码

在 Chart 的数据管理器中,给输出信号 LogInStatus 配置为"Enum: LogInStates"类型,如图 9-36 所示。

目标字符串在 Chart 外部使用 Constant String 模块输入。Chart 内部设计为逐个字符处理,而 Simulink 输入是一次性输入的一个 String 型字符串,那么就需要在 Chart 里面进行字符串的子串提取,这就需要使用 substr()函数。该函数仅在 Chart 的动作语言为 C 语言时才可以使用,所以需要进行 Chart 动作语言的切换,如图 9-37 所示。

substr()函数的语法为:substr(strVar, startIndex, length),其中,strVar 表示待提取子串的字符串;startIndex 是索引,表示从第几个字符开始提取;length 表示提取连续多少个字符。本例是逐个字符处理的,length 是 1,startIndex 从 0 开始,每次递增 1(利用循环变量 ii++实现),待提取字符串是 Chart 的输入 inputStr。所以,设计好转移条件的 Chart 如图 9-38 所示。

需要注意的就是 KEY_fake 到 KEY 的设计。KEY_fake 是已匹配到目标字符串,但需要检查后续是否还有多余字符(串),所以必须先将字符串索引进行自增 ii++,然后判断下个字符串是否为空,若为空,则 ii--退回原有长度,移动到成功匹配状态中去;若不为空,则转移到

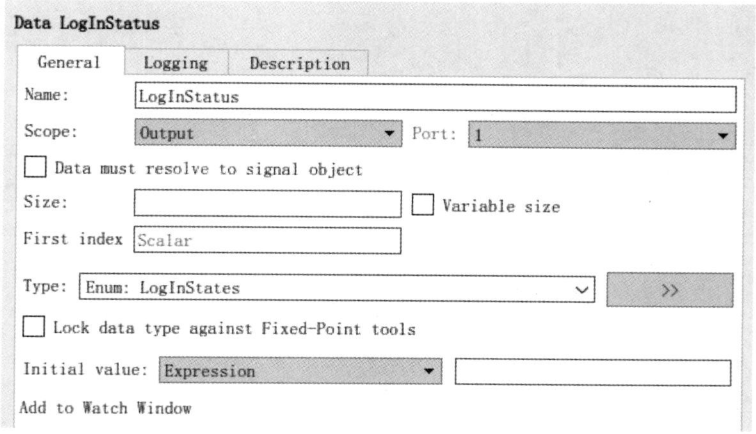

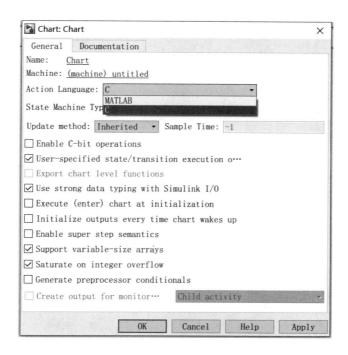

图 9-36　将枚举类型配置到数据上

图 9-37　Chart 动作语言的选择

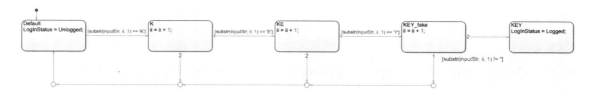

图 9-38　设计好转移条件的 Chart

Default 状态,表示匹配不成功。由于需要一个判断,所以在 KEY_fake 状态内使用转移和节点实现这个分支判断逻辑。Chart 内完整的设计如图 9-39 所示。

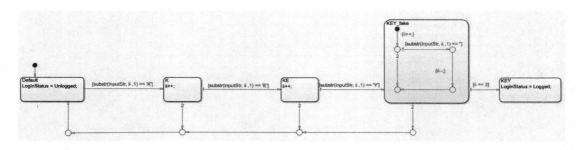

图 9-39 Chart 内完起的设计

最后,对这个模型进行仿真验证,模型求解器设置为定步长类型,步长为 0.1 s。对多种不同的输入字符串进行测试,其结果如图 9-40 所示。

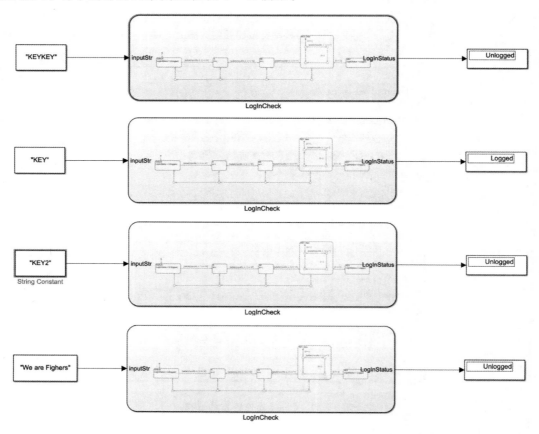

图 9-40 字符串匹配策略对多种不同输入字符串的仿真结果

9.5 Graphical Function + 并行状态机实现无人机遥控状态设计

Chart 中可以创建函数的元素有很多,如 MATLAB Function、Simulink Function 和 Graphical Function。开发者在 Chart 内部可以使用多种模块灵活地设计控制算法。本节以四旋翼无人机的状态控制策略为例,介绍并行状态与 Graphical Function 的应用。

四旋翼无人机(见图 9-41)的操控性强,可垂直起降和悬停,主要适用于低空、低速、有垂直起降和悬停要求的任务类型。其灵活的可操作性、轻便的可携带性,成为航拍爱好者、不同年龄人群所青睐的机电产品。

四旋翼无人机具有相同结构和半径的 4 个旋翼,每个旋翼带有一个直流电机,电机控制旋翼转速,也称为电调或动力电机。4 个旋翼对称分布在机体前、后、左、右 4 个方向的支架端上,并且 4 个旋翼处于同一平面,支架中间的空间安放飞行控制器、锂电池等,有些机体还可以携带摄像头等外接设备。

图 9-41 四旋翼无人机

当 4 个旋翼以相同转速转动时,每个旋翼都会获得空气给予的相同抬升力。当 4 个旋翼因为旋转所获得的抬升力大于机体重力时,高度上升,否则高度下降。为了保持机体扭矩平衡,对面的两个电机各为一组,每组的电机旋转方向相反,从而产生相互抵消的扭矩。当机体悬停在空中飞行时,对角的旋翼旋转方向相同,相邻的旋翼旋转方向相反。如图 9-42 所示,左下-右上对角组的两个旋翼逆时针旋转,左上-右下对角组的两个旋翼顺时针旋转。

当 4 个电机中的一个或一对改变转动速度,使得旋转扭矩不平衡时,可以使无人机做出前后、左右、俯仰、横滚、转向的基础动作。结合升降动作,组合起来可以实现诸如螺旋上升、8 字形等飞行路径。

操作员通过无线遥控器来实现对无人机的控制。遥控器需要用单个通道控制无人机的起飞/降落、左转/右转、左飞/右飞、前飞/后飞 4 组动作之一,所以至少需要 4 个通道,它们分别用双向拨杆实现,两个通道合并一个拨杆,称为十字形手柄形式。

模式切换中的手动飞行模式需要遥控器来发送控制指令,如图 9-43 所示,遥控器的端口中,通道 1(ch1)控制遥控器的前后运动,通道 2(ch2)控制其左右运动,通道 3(ch3)控制油门,通道 4(ch4)控制偏航角,通道 5(ch5)发送对模态的控制指令。其中,ch5 是三段拨动开关,左、中、右三挡分别代表对无人机的手动飞行模式、返航模式、着陆模式的请求。

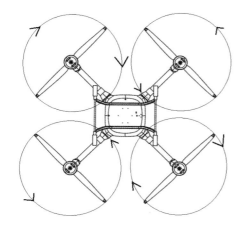

图 9-42 悬停时相邻旋翼的旋转方向相反

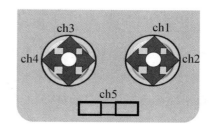

图 9-43 无人机五通道遥控器示意图

四旋翼无人机具有飞行和着陆多种模式/状态,为了简便,本例设计具有 5 种状态:
① 手动飞行状态(人工操作);
② 返航状态(要求无人机返回起飞位置,并保持悬停);
③ 着陆状态(从悬停状态开始降低电机转速,实现平稳降落);
④ 紧急着陆状态(返航状态下,接受着陆命令,当机体或者遥控器发生故障时转移此状态);
⑤ 紧急返航状态(遥控器即将耗尽电量时紧急召回无人机)。

不同状态之间通过条件判断实现转移。影响条件判断结果的有两方面因素:一方面是操作员通过遥控器输入控制命令;另一方面是四旋翼无人机本体动力系统(电调、电池、螺旋桨、传感器等)状态以及本体与遥控器之间的距离和通信状态。操作员通过遥控器可以输入的控制命令包括:
① 遥控器锁定、解锁命令(Lock);
② 4 个通道运动控制命令(MotionReq);
③ 手动模式/返航模式/降落模式控制命令(ModeReq)。

设计 Lock=1 时锁定遥控器,在这种情况下,无法对四旋翼无人机发出控制命令;Lock=0 时解锁遥控器。对于无人机的状态机转移来说,4 个通道的动作并无本质区别,故本节合并为一个信号表示。模式切换信号 ModeReq=0 表示手动操作,ModeReq=1 表示返航模式,ModeReq=2 表示着陆模式。

对于四旋翼无人机本体的诊断状态与遥控器的关联状态,本例仅考虑以下两个条件:
① 无人机本体与遥控器之间是否处于通信连接中(InComm);
② 无人机本体与遥控器之间的距离是否过远(TooFar)。

当无人机本体与遥控器处于正常通信连接时,InComm 为 1,否则 InComm 为 0。当无人机飞离遥控器距离过远时,TooFar 为 1,否则 TooFar 为 0。将上述影响无人机状态/模式的信号都作为状态机的输入信号时,无人机状态机模型如图 9-44 所示。

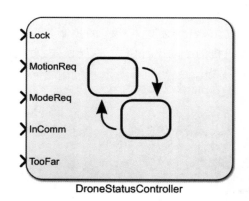

图 9-44 具有多输入接口的无人机状态机模型

此状态机内部将考虑使用两个并行状态来实现。一个状态负责管理无人机多种模式状态,根据条件标志进行状态迁移;另外一个状态负责根据输入信号判定各种转移条件并更新条件标志。

设计两个并行状态,需要在 Chart 文本框中通过快捷菜单将 Decomposition 修改为 Parallel(AND),如图 9-45 所示。默认的 Exclusive(OR)表示状态之间是串行关系。

图 9-45 并行状态机设计方法

并行状态机在 CPU 上运行时是伪并行,它们在同一个采样时刻均会执行,但是有优先级的。状态右上角的数字越小优先级越高。本例设计的两个状态作用是两个并行的任务,二者之间不直接通过转移连接,而是通过全局变量发生关联。它们的关系图如图 9-46 所示。

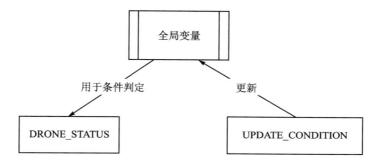

图 9-46 并行状态机关系图

其中,UPDATE_CONDITION 状态先于 DRONE_STATUS 运行,条件先于状态迁移计算,然后再指导状态去迁移。

DRONE_STATUS 状态内部设计为 6 个状态,分别如下:
① READY(遥控器解锁前的状态);
② MANUAL(手工操控状态);
③ RETURN(返航状态);
④ LANDING(着陆状态);
⑤ EMERGENCY RETURN(紧急返航);
⑥ EMERGENCY LANDING(紧急着陆)。

设计的状态中比遥控器的状态多了一个 READY,主要目的是对初始时刻的情况进行完善的处理。当初始时刻是锁止状态(Lock=1)时,先进入 READY 状态,等待解锁(Lock=0)之后再进入 MANUAL 状态;当初始时刻是解锁状态时,直接进入 MANUAL 状态。各状态之间存在多种相互转移,共 16 种情况,如表 9.5.1 所列。

表 9.5.1 无人机操控各状态转移的条件

序 号	源状态	目的状态	说 明
1	—	READY/MANUAL	初始化时遥控器处于锁止/解锁状态
2	MANUAL	RETURN	手工操控状态下操作员请求返航
3	RETURN	MANUAL	切换为手工操控状态
4	MANUAL	LANDING	手工操控状态下操作员请求降落

续表 9.5.1

序号	源状态	目的状态	说明
5	LANDING	MANUAL	降落状态转为手工操控状态
6	RETURN	LANDING	返航状态操作员请求着陆
7	LANDING	RETURN	着陆过程中请求返航
8	MANUAL	EMERGENCY RETURN	手工操控过程中遇到通信故障或者无人机飞出规定距离,自动进入紧急返航状态
9	MANUAL	EMERGENCY LANDING	手工操控过程中遇到通信故障,自动进入紧急降落状态
10	EMERGENCY RETURN	RETURN	紧急返航过程中进入规定距离,并且通信故障消除,操作员请求返航则进入返航状态
11	RETURN	EMERGENCY RETURN	返航过程中无人机与遥控器间通信出现故障,则进入紧急返航状态
12	EMERGENCE LANDING	LANDING	紧急着陆过程中通信故障消除,并且操作员拨动开关请求降落状态,则转移到降落状态
13	LANDING	EMERGENCE LANDING	着陆过程中通信发生故障,则进入紧急降落状态
14	EMERGENCY RETURN	LANDING	紧急返航过程中进入规定距离范围,并且通信故障得以恢复,操作人员拨动通道5请求着陆状态
15	EMERGENCY LANDING	RETURN	紧急着陆过程中通信故障消除,操作员拨动通道5请求返航时发生此转移
16	EMERGENCY RETURN	EMERGENCY LANDING	紧急返航过程中无人机进入规定距离范围,则转为紧急着陆状态

将 16 个条件作为一个数组 C[16]存储为全局变量,每个采样事件步长先由优先运行的并行状态 CONDITION_UPDATE 更新,再由并行状态 DRONE_STATUS 进行条件判定,看是否需要进行状态转移。针对 6 个状态以及状态之间的转移进行建模,所建模型如图 9-47 所示。

图 9-47 中[C(n)](n=1,2,3,…,16)就是表 9.5.1 中的第 n 号转移条件。

CONDITION_UPDATE 的内容就是根据输入信号 Lock、InComm、MotionReq、ModeReq 和 TooFar 的值对条件向量进行更新。总计 16 个条件的判断是分支繁多的 if-else 语句,对这种逻辑模式建模,使用节点和转移是最合适的,比 if 和 if Action Subsystem 组合的可读性要强很多。节点的作用本质上就是将转移进行分支和汇聚,这天然地符合了 if-else 语句 switch-case 语句的特性。以一个两分支语句为例,其 C 语句如下:

```
if (inData > 0)
{
    outData = 1;
}
else
{
    outData = -1;
}
```

在 Chart 中用节点和转移建立出来的模型如图 9-48 所示。

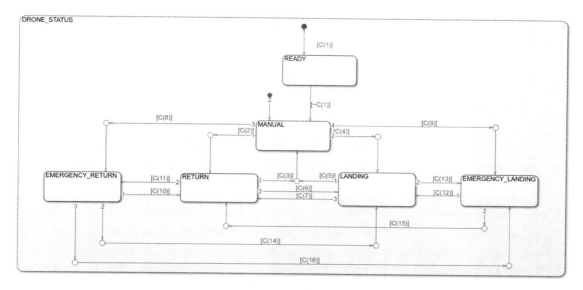

图 9-47　DRONE_STATUS 状态机

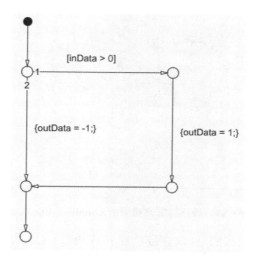

图 9-48　二分支语句模型

此 Chart 模型中没有状态。Chart 允许建模人员仅用转移和节点来做建模，MathWorks 官方称之为流图（Flow Chart）。多层次的 if-else 嵌套和平铺层次下的多个分支也是可以实现的。在 Chart 中建模，遵循建模规范，转移一般都是横平竖直地绘制，水平的转移上编写条件，垂直的转移上编写动作。在诸多的转移条件中，要注意优先级，异常情况的必要性不比正常情况的低，所以当输入信号满足某些模式的正常条件时，不能直接退出判断，关于异常情况，紧急情况的判断分支也要走一遍，不可略过，否则可能出现只要正常情况的某条分支满足，即使真正有异常情况发生也不会执行紧急措施的情况。而异常情况的诸多分支中也是越重要的异常越不能因为其他分支达成而被略过。本例中的异常情况并未分出不同等级。正常情况有两种：一种是遥控器没有锁止，另一种是当前通道 5 设置为手动模式。当它们达成时，不能直接退出，也要判断一下其他异常条件是否达成。整个逻辑建成的流图如图 9-49 所示。

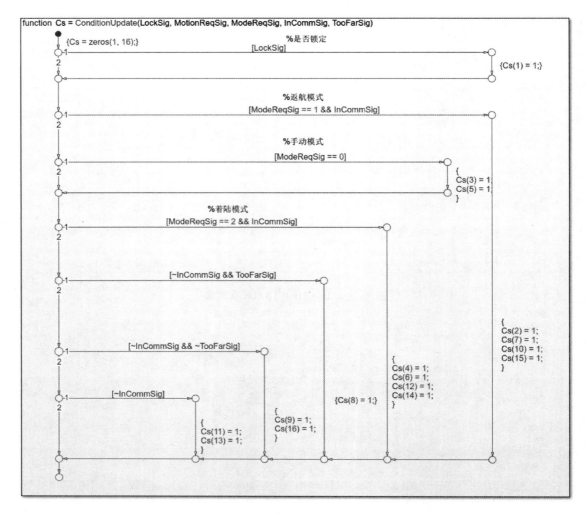

图 9-49 转移和节点建立的 Condition Update 函数

该流图是不需要包含状态的,可以直接放在并行状态 CONDITION_UPDATE 中。作者将其封装为 Graphical Function,并定义了函数签名,在并行状态中仅调用该函数即可。函数签名的定义是在 Graphical Function 的顶行 Function 之后给出的。定义函数签名与在 Chart 内其他地方调用它时需要注意,定义处与调用处的函数签名要一致,但是形参和实参必须避免使用相同的变量名。ConditionUpdate 函数的签名设计为

```
Cs = ConditionUpdate(LockSig, MotionReqSig, ModeReqSig, InCommSig, TooFarSig);
```

而在并行状态 CONDITION_UPDATE 的 en 和 du 动作中调用它时,参数使用 Chart 的端口信号,输出为 Chart 的 Local 变量。该语句为

```
C = ConditionUpdate(Lock, MotionReq, ModeReq, InComm, TooFar);
```

对于在 Graphical Function 中定义的签名,输入参数和返回值参数会被自动识别到模型资源管理器中,如图 9-50 所示。

Chart 内部完整的模型如图 9-51 所示,左侧上下为两个并行状态,右侧是名为 Condi-

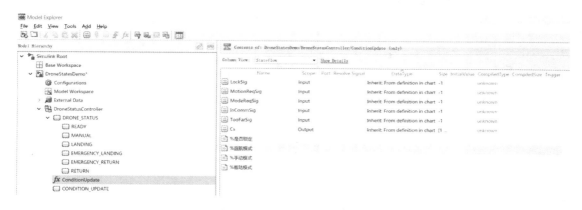

图 9-50　资源管理器中的 Graphical Function 参数

tionUpdate 的 Graphical Function。

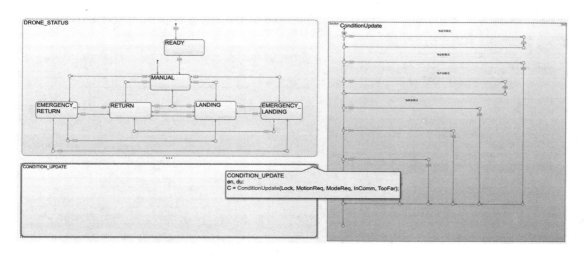

图 9-51　Chart 内部的完整模型

最后,用这个建好的模型进行一个状态迁移工况的仿真。在仿真过程中,Chart 可以高亮当前激活的状态以及所执行的转移分支,可以帮助建模人员从视觉上确认设计是否正确。首先设计一个时间长度为 10 s 的仿真,前 3 s 遥控器处于锁止状态,操作模式前 5 s 是手动模式,5 s 时操作人员将其拨动为降落模式。期间通信正常且无人机没有飞出遥控器的有效范围。求解器使用定步长求解类型,步长为 0.1 s。MATLAB 2021b 版本在 Chart 视图下不容易找到 Configuration Parameters 对话框的启动按钮,建议使用 Ctrl＋E 快捷键开启参数设置对话框来设置求解器。

模型的顶层构成如图 9-52 所示。

Lock 信号在 3 s 时解锁,ModeReq 在 5 s 时从手工状态切换为降落模式。按下仿真按钮,可以观察到 Chart 内部的高亮动画。首先因为锁止状态,ConditionUpdate 将 C(1)置 1,先进入 READY 状态,如图 9-53 所示。

时间到达 3 s 后,锁止状态变为解锁状态,CONDITION_UPDATE 状态将 C(1)更新为 0,使得 DRONE_STATUS 状态进入 MANUAL 状态,如图 9-54 所示。

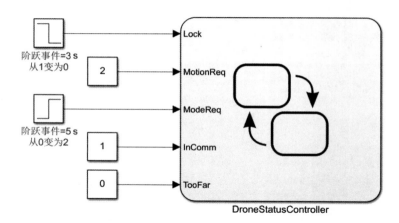

图 9-52　模型的顶层构成

求解器时间到达 5 s 时，操作员拨动操纵杆进入着陆模式，CONDITION_UPDATE 状态将 C(4) 更新为 1，DRONE_STATUS 内部从 MANUAL 状态转移到 LANDING 状态，如图 9-55 所示。

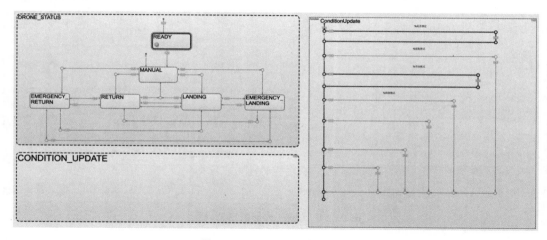

图 9-53　工况 1 仿真初始化

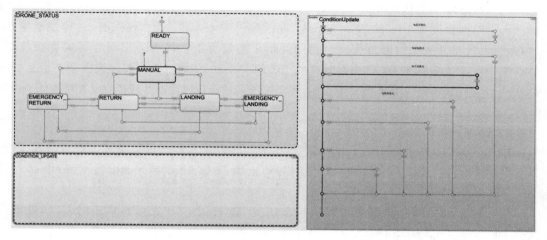

图 9-54　工况仿真过程

本例到此结束,这里介绍了如何使用并行状态和 Graphical Function 来进行四旋翼无人机的状态转移策略建模与仿真。其中,并行状态机在 CPU 上是伪并行,是有优先度的,并且优先度数字小的在同一个步长下先运行。对于具有比较多分支的条件判断逻辑,可以使用 Graphical Function 来实现,然后再设计合理的参数列表作为函数接口,供 Chart 中的各个状态调用。希望大家对照本例勤学苦练,早日融会贯通。

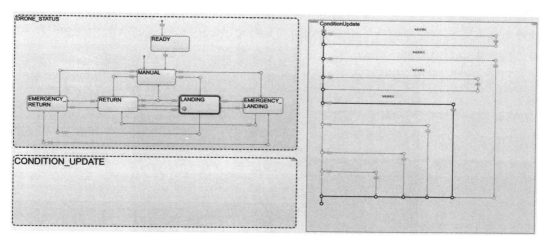

图 9-55 工况仿真最后状态

9.6 Entry 与 Exit 使跨层次转移避免接触父层状态边界

Simulink 建模时可能会遇到比较复杂的模块和组合模式,此时可能会出现信号线交叉的情况,而交叉过多则会影响模型的可读性。为了避免信号线交叉,Simulink 中提供了 From 和 Goto 模块,标签相同的 From 与 Goto 模块逻辑上相连而物理上可以断开,如图 9-56 所示。

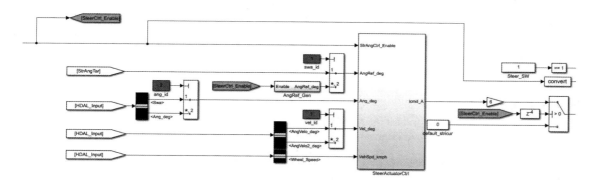

图 9-56 为避免信号线交叉而使用 From 和 Goto 模块代替直接连线

From 和 Goto 在用 C 语言编写程序时已经被诸多规范命令禁止,但是在 Simulink 建模时却备受喜爱。虽然 C 语言与 Simulink 模型在功能上相同,但是表观上特点差异较大,导致工程师群体对这种跨越式连接特有不同的态度。Stateflow 建模时状态层次嵌套较深,当不同层次之间存在转移时,比较容易出现转移线的交叉。那么,Stateflow 内部有没有类似 From/

Goto 模块这样可以省去连线的连接方案呢？答案是肯定的，Entry/Exit 就是为解决上述问题而存在的。它在多层次嵌套的父层状态中使用，从而降低跨越层次的转移线交叉。

自动泊车 APA 功能是 L2 级别的低速驾驶辅助功能，比较早普及的是基于超声波雷达的系统，它可以通过安装在车身两侧的超声波雷达 USS 探测出空间深度 2.4 m（远距离 USS 探测距离可达 4.5 m）以内的范围，并基于行驶车速计算出这个深度空间的长度，依据深度和长度判断这个空间是适合垂直泊车还是侧方位泊车。这个空间可以是矩形停车位、两辆车停靠之间的空间或者两根较粗的柱子中间的空间。一般基于 USS 传感器的 APA 功能对仅一边存在障碍物的车位判定为未检测到。自动泊车场景如图 9-57 所示。

图 9-57 自动泊车场景

APA 功能启动后，首先要进行车位搜索，根据驾驶员在中控屏幕上选择的方向或开启的转向灯启动对应侧的超声波雷达开始扫描。扫描过程中，车辆以 10 km/h 以下的车速向前行进，当 USS 探测出对应侧障碍物距离突变为大于设定阈值时为发现可能车位，此时将根据车速开始累积计算车辆前行距离，这也是为了计算疑似车位的长度。当 USS 探测距离小于阈值时，探测车位结束，车位长度也已得出，如果既小于车长×裕度系数又小于车宽×裕度系数，则判定为无效车位。如果在探索车位过程中，车辆速度提高到大于 10 km/h，APA 功能会被自动抑制，车辆将退出 APA 功能。如果在启动 APA 状态下以及车辆前进搜索车辆过程中发生电子电器相关项失效的情况，则应进入故障状态。探索车位的过程可以使用状态机来描述，车辆上电之后，APA 状态机进入初始化状态；开启 APA 开关且 USS 探测功能正常，则进入缓行状态；车辆缓缓前进，探测到足够深度的空间，则进入计算车位空状态；如果 USS 探索到车位深度变小，则完成计算过程，可以进行车位空间判定。

这里以自动泊车搜索车位的状态机模型为例，状态机中设计 3 个状态，即 Init、RUN 和 Fault，其中 RUN 状态是一个父状态，其内部又分为 3 个子状态，即 IDLE、Finding 和 Finish。在 IDLE 和 Finding 子状态中，如果 Fault 信号变为真，则需要从子状态转移到 Fault 状态。使用 Exit 可以避免转移跨越父状态边界时造成交叉。当拖入一个 Exit 节点到父状态内部时，其边沿会出现一个带有指向性的出口节点，该节点与内部的 Exit 物理上断开，逻辑上相连。子状态到 Exit 节点的转移会从此处向外传递给 Fault 状态，如图 9-58 所示。

如果不使用 Exit 节点，则需要分别从 IDLE 状态和 Finding 状态引出转移，这两个转移线都会与父层状态边界发生交叉，转移到 Fault 状态。相比之下，Exit 节点的使用提升了模型的美观度和整洁度。即使先在 RUN 内部将 IDEL 和 Finding 遇到 Fault 状态发生时的转移合并，再转移到 RUN 外部的 Fault 状态，也还是避免不了一次交叉，如图 9-59 所示。

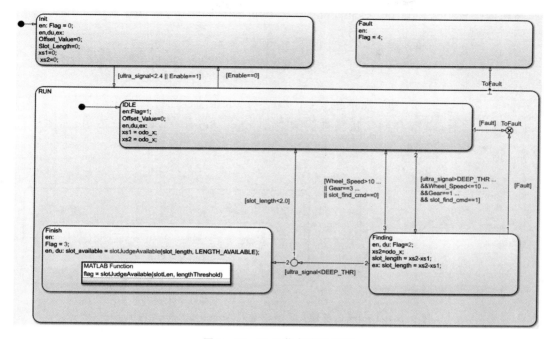

图 9-58　Exit 节点应用实例

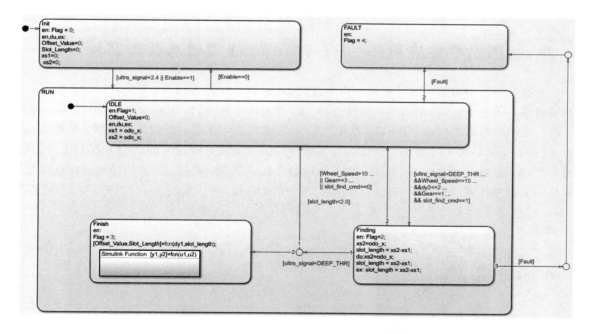

图 9-59　多个子状态跨越父层转移到外部状态

　　Entry 也是放置在父状态内部,父状态边界上将产生一个同名端口,可以接收外部转入的转移。使用方法与 Exit 相同,这里将通过下面的原子子图的示例进行说明。Entry 和 Exit 实际上是跨越层次的、转移的一种新式等效方法。对于不跨层次的转移情况,不要使用 Entry/Exit。对于设置为 Atomic Subchart 的子图,由于普通转移无法跨越其边界,所以必须使用 Entry/Exit 来实现内部与外界的转移。设置一个父状态为原子子图的方式为:右击父状态空白处,在快捷菜单中选择 Group&Subchart→Atomic Subchart 命令,如图 9-60 所示。

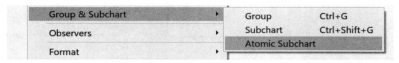

图 9-60 设置一个父状态为 Atomic Subchart

上述操作之后,模型右侧父状态被封装为 Atomic Subchart,即原子子图,如图 9-61 所示。

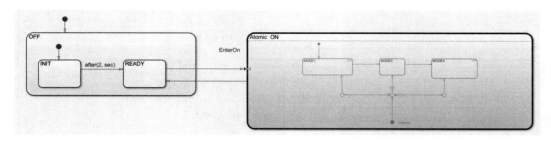

图 9-61 Entry 能够使父层转移进入 Atomic Subchart 内部

注意:Entry 不用于默认转移,也不直接引出多个分支转移,它适合用在代替跨越层次的转移场景。从外部跨越边界进入父状态或原子子图时使用 Entry,出来时使用 Exit。

9.7 状态机事件应用——RT-Thread 线程状态管理实例

在我们办公学习使用的计算机中所装载的 Windows 系统或 Linux 系统是通用操作系统,其实时性是不能保证的,相信读者都经历过 MATLAB 等桌面"卡死"的情况。所谓"实时操作系统",是指当外部事件或数据传输请求产生时,能够接受并在规定时间内以足够快的速度(毫秒、微秒甚至纳秒级实时要求)进行处理,其处理的结果又能在规定时间之内来控制生产过程或对处理系统做出快速响应,调度一切可利用的资源完成实时任务,并协调任务确定性运行。常见的实时操作系统包括 VxWorks、QNX、华为的 OpenEuler(见图 9-62)、FreeRTOS、RT-Thread(见图 9-63)以及配置了 Xenomai 实时内核的 Linux 等。

图 9-62 实时操作系统——华为的 OpenEuler　　图 9-63 实时操作系统——RT-Thread

RT-Thread(https://www.rt-thread.org/)是一款面向移动物联网设备的开源操作系统,可以帮助几乎所有平台的单片机上开发的电子设备快速接入主流移动互联网云平台。RT-Thread 在工业、新能源、电力、消费、家电、交通等各行业被广泛使用。

9.7.1 实时操作系统原理简介

实时操作系统虽然性能好、功能强，但是占用资源太多，跨平台移植工作量大。为了解决这个问题，RT-Thread 推出了 RT-Thread Nano，它是一个精炼的硬实时内核，支持多任务处理、软件定时器、信号量、邮箱和实时调度等相对完整的实时操作系统特性，内核占用的 ROM 仅为 2.5 KB，RAM 为 1 KB。由于 RT-Thread Nano 具有极小的内存资源占用的特点，所以其在家电、医疗、工控领域备受青睐。而对于汽车行业，实时性更不用说，此外还有更多的要求，如功能安全、信息安全、AUTOSAR 软件架构等。

所谓"硬实时"，是指操作系统通过时间片技术，对任务执行过程的资源占用给予限制，确保每个任务都能平等地获得时间片轮转资源，从而在优秀应用程序的加持下使任务都能满足其实时性时间约束。硬实时操作系统更多的是保证资源确定性。相对的，"软实时"是指在一段较长的时间内平均下来任务近似满足实时性。例如，95%的情况下都满足实时要求，5%的情况下部分任务因被优先级更高的任务抢占去资源而达不到实时的要求。软实时只能实现统计意义上的实时，通常基于通用操作系统挂载实时微内核改造而成。

微控制器的中断由于有实时性要求且跟外设关联，其优先级往往高于主函数中的 while 1 循环内的任务，使得 while 1 循环内的任务被频繁打断，实时性不能保证。对于中断机制，这种基于抢占式的调度机制，优先级高的任务总能得到 CPU 资源，这显然不能满足多个任务同时实现实时性的要求。它是单线程处理机制，每次高优先级任务到来时，只能挂起低优先级任务，然后全身心投入到高优先级任务的处理中。操作系统的任务都是在平均分配资源的时间片下基于多线程进行调度和管理的，这一点与裸板（bare board）的微控制器依靠外设中断实现任务调度不一样，是实现真正实时性的基础。

例如有两个任务，任务 1 和任务 2，它们优先级相同。在时间片调度方式下，相同优先级的任务将会平均地获得资源，两者都能得到执行；而在抢占式调度中，如微控制器的中断机制下，相同优先级不可打断正在执行的任务，所以要等当前任务执行完后才可以执行其他同优先级任务。操作系统常见的两种调度方式如图 9-64 所示。

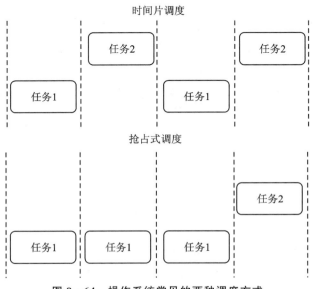

图 9-64 操作系统常见的两种调度方式

9.7.2 RT-Thread 线程管理状态机案例

RT-Thread 实时操作系统是通过线程实现多任务调度和管理的。在线程运行的过程中，同一时间片内只允许一个线程在处理器中运行。在 RT-Thread 中从运行的过程上划分，线程有 5 种不同的状态，分别是初始状态、就绪状态、运行状态、挂起状态和关闭状态。操作系统会自动根据线程运行的情况来动态调整它的状态。RT-Thread 提供了一系列的函数调用接口，使得线程的状态在这 5 种状态之间来回切换。在 Stateflow 乃至 Simulink 中，函数调用也是一种事件。事件是不同于信号的，它可以偶发性产生，不是在每个求解器的采样时刻都必须更新。Stateflow 中的事件分为 4 种：

① 上升沿(rising)；
② 下降沿(falling)；
③ 双边沿(either)；
④ 函数调用(Function-Call)。

上述每种事件在 Chart 中又分为 3 个不同的范围类型：

① Input from Simulink，在 Simulink 中产生，作为输入传入 Chart；
② Output to Simulink，在 Chart 中产生，作为输出传给 Simulink；
③ Local，Chart 内部使用。

本案例所涉及的 RT-Thread 的函数包括以下几种：

① rt_thread_create，创建一个线程对象并为其分配存储空间；
② rt_thread_init，初始化一个线程对象；
③ rt_thread_startup，启动一个线程，并将其放入系统就绪队列；
④ rt_schedule，在线程中选择优先级最高的运行；
⑤ rt_thread_suspend，挂起当前线程；
⑥ rt_thread_resume，将挂起的线程转换为就绪状态；
⑦ rt_thread_delay，将线程延迟一段时钟节拍，等同 rt_thread_sleep；
⑧ rt_thread_delete，删除线程，用于将挂起状态的线程转换为关闭状态；
⑨ rt_thread_exit，退出线程，用于将运行状态的线程转换为关闭状态。

本小节将设计一个 RT-Thread 事件发生器和一个线程状态管理器，然后将两者联合起来进行仿真，展示函数调用事件的应用，如图 9-65 所示。

EventGenerator 事件发生器中将上述函数调用均作为事件输出，通过一个 Mux 模块汇总为 Function-Call 向量连接到 RT_ThreadStatusManager 的事件输入端 input events()。

在模型中拖入一个 Chart，双击进入内部，在事件发生器的 Chart 中将上述函数都设计为函数调用类型的事件，然后通过选择"建模"→"模型资源管理器"选项进入模型资源管理器，如图 9-66 所示。

通过"添加事件"按钮添加 9 个事件，如图 9-67 所示。

事件名采用 RT-Thread 的函数名命名，Scope 设置为 Output to Simulink，并将 Trigger 设置为 Function call，如图 9-68 所示。

这样设置后，Chart 将出现 9 个输出端口，每个端口名都用"事件名()"作为标签。Chart 内部使用转移和节点创建一个顺序图，在转移上依次添加事件名，实现每个采样步长时按照顺序触发事件，如图 9-69 所示。

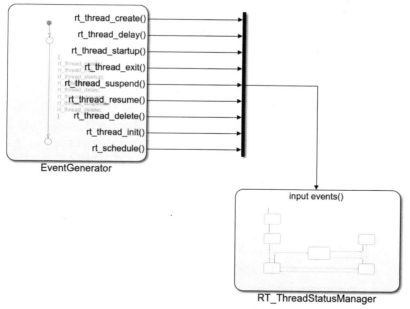

图 9-65　RT-Thread 事件发生器和线程状态管理器

图 9-66　选择"建模"→"模型资源管理器"选项

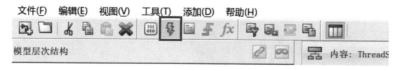

图 9-67　"添加事件"按钮

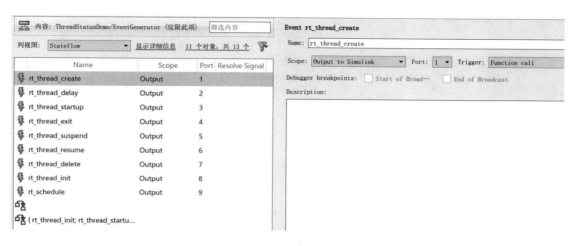

图 9-68　RT-Thread 线程状态机输入事件(Function call)

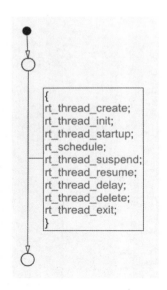

图 9-69 中各个事件作为转移的动作将依次触发,每次触发一个事件,该事件将通过 Chart 对外的输出端口进行激活。所谓"激活",对于 Function Call Subsystem 则是整体运行的一步,对于 Chart 则是激活当前所处状态。如果激活状态的转移中有 Function-Call 作为转移条件的,那么 Function-Call 信号触发后,转移成立。如果有被触发的事件,且转移上无其他阻碍条件,则触发转移,改变 Chart 的激活状态;否则不进行转移,返回到事件发生器内继续执行转移上的后续动作。大家也可以将"激活"认为是函数调用事件的回调函数。

每个 Chart 只能接受一种类型的事件,要么都是函数调用类型,要么都是边沿触发类型。因为它只有一个 input events()端口,位于 Chart 顶端(用户未使用 Ctrl+R 快捷键旋转时)。如果 Chart 接收多个属于同类型的事件,则需要用 Mux 模块汇聚成向量后连接 input events()端口,Chart 内部仍然以各个事件的名字来分别识别它们。

图 9-69 事件发生器内部逻辑

本案例模型数据传递方式是不同于信号流的函数调用传递方式的,也称为 Client-Server 模式,产生 Function-Call 事件的一方称为客户端 Client,接受 Function-Call 事件并响应执行动作的一方称为服务端 Server。Chart 转移上的条件代码颜色为蓝色,事件代码颜色为黄色。

模型下方的 RT-ThreadStatusManager 处于被调用的一端,其内部结构如图 9-70 所示。

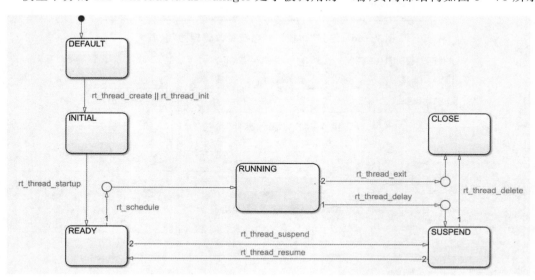

图 9-70 RT-ThreadStatusManager 内部结构

至此建模完成,模型实现了两个 Chart 之间通过事件进行调用的功能。作者在这里设计了一个场景,即仿真状态的迁移过程。影响线程状态机转移的是事件发生器中的事件,本案例使用如图 9-71 所示的事件触发顺序。

在一个转移上使用多个事件作为动作,可以使被事件激活的 Chart 内部状态机在一个步长内执行多步。为了验证这一点,作者将模型仿真终止时间设置为 0。启动仿真,仿真过程中可以看到状态之间转移的动画,每个采样时刻激活的状态和满足条件的转移都会用蓝色加粗线条进行高亮显示。状态的转移路径为:DEFAULT→INITIAL→ READY → RUNNING → SUSPEND → READY → SUSPEND→CLOSE,完整地表达了 RT-Thread 从创建线程开始,经过启动线程、执行线程、挂起线程、线程就绪、再度挂起,最后关闭线程的整个过程。本案例模型的仿真起始时间和结束时间均设为 0,意味着仿真只执行一步,但是 RT_ThreadStatusManager 却经历了 7 次状态转移,这正说明函数调用事件使得被调用的 Chart 运行了多次。当一个子系统或 Chart 带有函数调用端口时,它的执行时机由函数调用信号或事件信号决定,不跟随求解器采样时刻进行,Chart 带有函数调用端口,本质上变为一个 Function-Call 子系统。

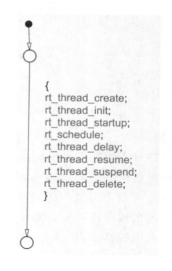

图 9-71 RT-Thread 事件触发顺序

9.8 选择/循环语句建模方式

在汽车电子行业,ECU 的控制策略建模中使用 Stateflow 进行状态机的建模是高频事件。对于其他行业,如机器人控制、工程机械、工业控制、家电行业,也在积极探索其电子控制器应用层软件使用 Stateflow 建模的可能性(不仅是技术可行性,也包括经济可行性)。汽车电子行业是采用基于模型设计比较早且普及率相当高的行业,早期很多 ECU 产品都是基于手写 C 代码实现的控制策略。在 Simulink 初期引入 ECU 应用层软件设计时,往往不敢轻易推翻过去的既有资产,而是从个别小的功能模块或任务入手,将一个小的任务内容使用 Simulink/Stateflow 进行替代设计或者用它开发一个新功能,经过仿真验证,再生成 C 代码,改造接口,集成到既有的软件上,再进行回归测试,保证软件整体的一致性和可靠性。在这个替代过程中,就出现了一种需求,使用模型来表达原来产品 C 代码中的函数或者语句段,这基本上是一个公司产品研发团队从手写代码过渡到基于模型设计时都会经历的阶段。本节将讲解最为常见的选择循环 C 语句是如何使用 Stateflow 进行等效替换设计的。

9.8.1 选择语句

C 语言中提供了两种选择语句:一种基于 if-else,另一种基于 switch-case。

9.8.1.1 if-else 语句的建模模式

关于 if-else 语句如何使用 Stateflow Chart 进行建模,已经在 9.5 节中有实例说明,此处不再举例,仅抽象出一般性的规则。一般地,C 语句分支模型如下:

```
if (condition1)
{
    action1;
}
elseif (condition 2)
{
```

```
    action2;
}
else
{
    action3;
}
```

上述语句模式中的 3 个 condition 是有执行优先度区别的，condition1 最先判断，如果成立，则其他分支不再进行判断；如果不成立，再判断 condition 2，依次类推。这个多条件不同优先级的分支判断体现在 Chart 中往往通过节点和由此节点发出的多个转移来实现，多个转移上优先级用数字 1,2,3,… 表示，数字越小的优先级越高。1 号分支对应 C 语言分支语句的 if 条件分支，2 号分支对应 else 或者 else if 分支。当 Chart 的节点仅有一个出口转移时，优先级号码不出现在转移上。拥有 3 个转出的节点多转移模型如图 9-72 所示。

右击转移线，在弹出的快捷菜单中选择 Execution Order，其子菜单栏中将出现此转移的源节点所支持的所有优先级，可以选中修改当前转移的优先级，如图 9-73 所示。

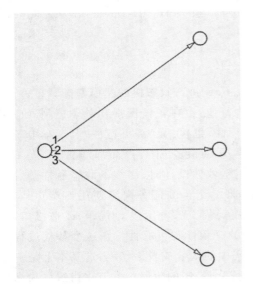

图 9-72　分支条件使用多转移分支实现

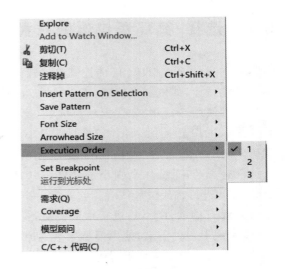

图 9-73　修改转移优先级

对于带有嵌套的 if-else 分支，可以使用如图 9-74 所示的模式进行建模。

9.8.1.2　switch-case 语句的建模模式

C 语言中 switch-case 语句既是选择模式也是切换模式，它的特点在于每个 case 分支的语句结束后是否可以控制结束整个 switch-case 语句块，这取决于每个 case 分支的最后是否有 break 语句，如果没有 break 语句，则执行完当前 case 语句段，会继续向下执行。对于每个 case 分支都带有 break 语句的情况，等同于 if-elseif-else 语句模式。这里将以不带有 break 语句的 swtich-case 模式作为案例进行说明。

下面的 C 代码由于 case 分支中不带有 break 语句，会根据用户输入的通道号码，选择分支入口，并持续执行到结束。

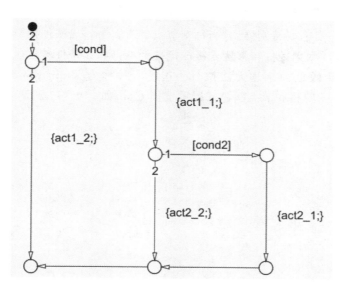

图 9-74　if-else 内部嵌入一层 if-else 的建模模式

```
#include < stdio.h >
int main(void)
{
    int startNum = 1;     // 用户在程序运行前设置通道的起始号
    switch(startNum)
    {
        case 1:
            printf("UART 1 enabled.\n");
        case 2:
            printf("UART 2 enabled.\n");
        case 3:
            printf("UART 3 enabled.\n");
        default:
            printf("Processing Done! \n");
    }
    system("pause");
    return 1;
}
```

上述代码在 Visual Studio 2017 中运行，在弹出的终端窗口中显示结果，如图 9-75 所示。

```
UART 1 enabled.
UART 2 enabled.
UART 3 enabled.
Processing Done!
请按任意键继续. . .
```

图 9-75　程序运行结果

在 Stateflow 的 Chart 中要实现这种效果，需要转换为分支转移的思路，注意将入口分支的后续分支设计成可连续执行的形式。为了实现这种模式，所有的动作都设计为贯通执行，每个动作之间插入节点，多设计一个分支，允许多个其他条件输入，从第二个以及往后的动作里，入口节点允许不同的切入点。转移的建模讲究横平竖直，水平向右，竖直向下。水平向右的转移上写条件或事件进行判断，竖直向下的转移上写动作语句。建立的模型如图 9-76 所示。

流图的建模方式能够极大地提高可读性，该案例再次印证了这一点。每个条件都有一个

起始动作的切入点，startNum 从 1 到 3 的多个切入点一旦判断为真，就可以一直贯通而下，直到执行完毕。还有一点需要特别强调，当每个节点带有多个转出条件判断时，如果带有条件语句的优先级设置为高，则无条件转移优先级一定要低，否则，无条件转移优先级为高，将会使有条件转移因为优先级较低而永远无法执行。这是一种称为 Transition Shadowing 的问题，Chart 会通过高亮显示转移和节点颜色来提示建模人员，如图 9-77 所示。

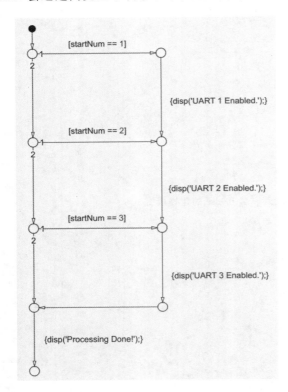

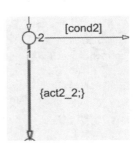

图 9-76　在 Chart 中搭建无 break 语句的 switch-case 等效模型　　图 9-77　Transition Shadowing 高亮提示

对 Chart 的输入 startNum 分别设置 0、1、2，仿真起始时间和结束时间都设置为 0，仿真仅一步即可。因为此模型没有状态转移，所以一个步长就会仿真完整个流程。disp 函数的显示内容会打印在诊断查看器中，尚未打开诊断查看器的读者可以在模型编辑器底部中央单击"查看诊断"打开，如图 9-78 所示。

经过本小节的案例，相信读者已经掌握 Chart 建立分支语句建模的基本思想。如果遇到复杂分支逻辑，一时间忘记了如何设计模式架构，则可以使用模式工具，输入各个语言元素，让工具自动生成模型，如图 9-79 所示。

作者建议大家仅将这个工具作为模式建模的参考，在想不明白如何建模时再填写语句生成标准样式，然后学习这种样式。在下次建模时，则尝试自己动手去搭建，这样进步会比较快。

9.8.2　循环语句

循环语句常用于数组或多维数组的赋值操作，或者相同模式的语句重复运行。C 语言中通常存在 for、while、do while 三种形式。如图 9-80 所示的代码，CCP 中的 DAQ 阶段对 PDU 数据缓存进行初始化。如果使用 Stateflow 来实现，则应使用节点和转移的流图。

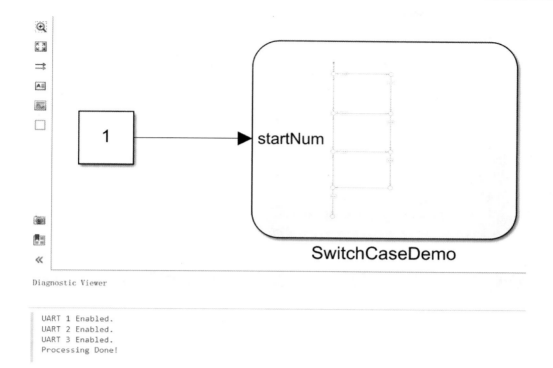

图 9-78 switch-case 等效模型在不同输入下的打印结果

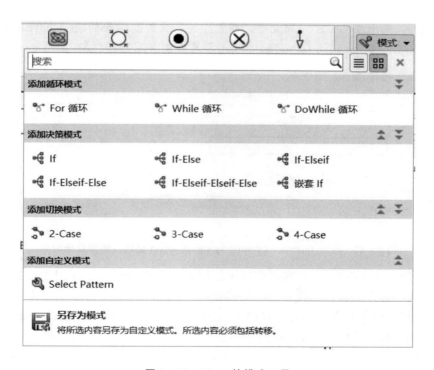

图 9-79 Chart 的模式工具

流图在表达单层循环语句时最常见的模式如图 9-81 所示。

```
/*Init PDU Data Buffer of DAQ*/
for(count = 0u; count < CCP_ODT_BUF_NUM; count++)
{
    for(sub_count = 0u; sub_count < CCP_CAN_LENGTH; sub_count++)
    {
        CCP_DAQ_PDU_Data_Buffer[count][sub_count] = CCP_DEFAULT_ZERO;
    }
}
```

图 9-80 双层循环 C 语句

图 9-81 单层循环流图

为了使流图生成代码尽可能接近手写代码，一般使用 Simulink.Signal 类型的数据对象绑定模型中的输入/输出或 Chart 局部变量。在工作区定义数据对象后，在 Chart 的模型资源管理器中选中 Data must resolve to signal object 复选框来绑定数据对象，如图 9-82 所示。

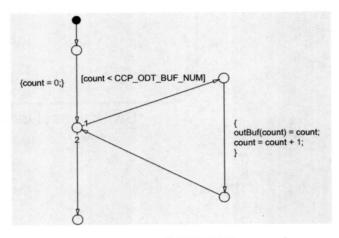

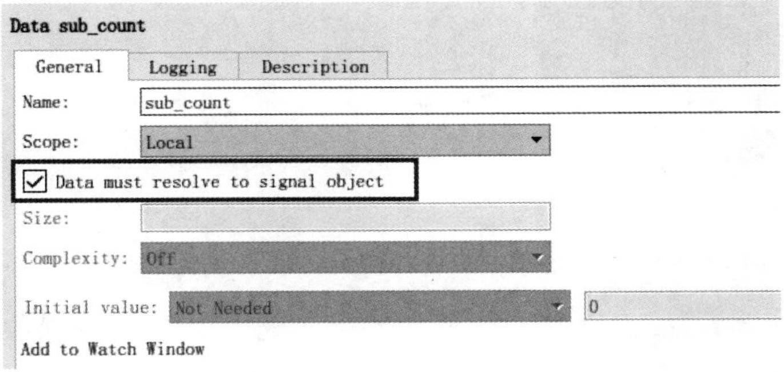

图 9-82 选中 Data must resolve to signal object 复选框绑定数据对象

为了将部分常量生成宏，可以在工作区中使用 Simulink.Parameter 对象定义之后，在"代码生成"选项卡中将"存储类"设置为 Define，如图 9-83 所示。

配置各个数据对象并绑定信号后，按 Ctrl+B 快捷键启动生成代码，模型生成的 step 函数如图 9-84 所示，是可读性良好的 for 循环体。

那么如何实现双层 for 循环呢？答案是通过两个三角形模式嵌套得到，模型如图 9-85 所示。

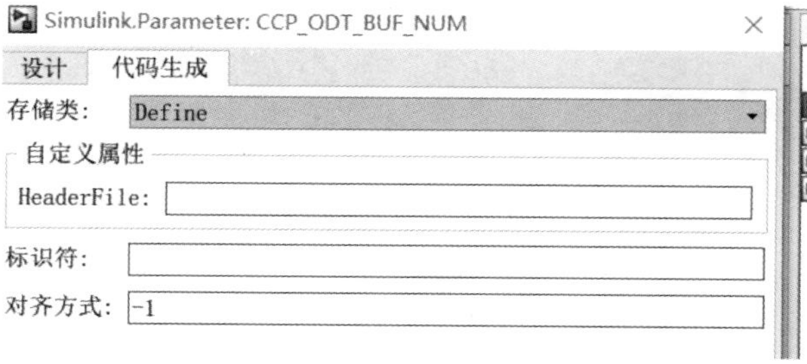

第 9 章 Stateflow 建模

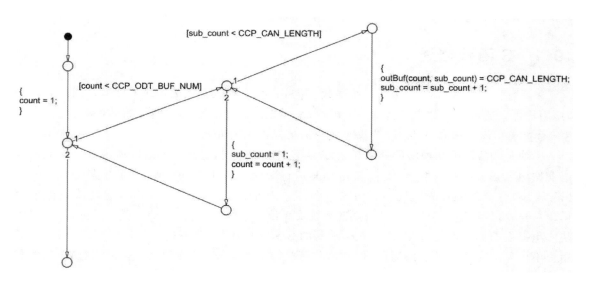

图 9 - 83　将参数生成宏的数据对象及其属性对话框

```
/* Model step function */
void doubleForLoopDemo_step(void)
{
  /* Chart: '<Root>/Chart' */
  for (count = 0.0; count < CCP_ODT_BUF_NUM; count++) {
    outBuf[(int32_T)count - 1] = count;
  }
}
```

图 9 - 84　单层 for 循环模型生成的 C 代码

图 9 - 85　双层 for 循环模型

内存循环的三角形在外层循环的右上角处构造,这样可以在外层循环的向下的动作上对内层循环的循环变量清零,以便在下次外层循环变量更新后再次进入内层循环时重新开始内层循环。

第 10 章　S 函数

S 函数是 Simulink 中支持模块仿真的系统函数（system function），是用来描述一个模块特性及功能的函数，支持 M、C 等多种语言编写。当 Simulink 库提供的模块不足以满足用户的需求时，用户可以通过 S 函数自己打造一个模块，来完成期待的动作。S 函数作为 Simulink 的核心内容，既支持仿真又为代码自动生成提供数据传递的功能，还能够根据用户设定实现各种不同的功能。S 函数的编写方式多种多样，它支持多语言手写和自动生成方式，用户不仅可以使用 Simulink 提供的自动生成工具，还可以自定义工具。

10.1　S 函数概述

　　S 函数也称为 Simulink 中的系统函数，当 Simulink 默认提供的模块不能满足用户的需求时，用户可以通过 S 函数自己打造一个模块，来实现自定义的算法或期待的动作。也就是说，S 函数能够扩展 Simulink 模块，为满足用户需求提供无限可能。

　　模块是构成图形化模型的基本元素，S 函数与模块不同，它是一种语言描述，通过 M、C 等语言按照 S 函数特有的框架，依照 Simulink 运行顺序进行子方法的调用；它能够融入 Simulink 模块，与 S-Function 模块共同构成一个自定义功能模块；它与 Simulink 通用模块库里的模块一样，可以描述一个连续系统、离散系统或者混合系统。换言之，即使是 Simulink 通用模块库里提供的模块也是由 MathWorks 编写的 S 函数描述的，只不过对其进行了特殊处理，对用户不可见。对于 C 语言编写的 S 函数，其可执行文件为 MEX 文件，它是 MATLAB 环境下的动态链接可执行文件，每当模型运行时，S 函数模块都会通过文件的名字去寻找对应的 M 文件或者 MEX 文件来调用执行。Simulink 引擎调用通用库中的模块所使用的方式虽然没有公开，但作者猜想与 S 函数应有着密不可分的关系，至少 Simulink 通过 S 函数让使用者能够更加清晰地了解 Simulink 的运行机制，并能够创建自定义模块。

10.2　S 函数的类型

　　S 函数有多种类型，按照语言分类，有 M 语言编写的，C、C++、Fortran 等语言编写的；按照所支持功能的多少分类，有 Level 1 和 Level 2；按照执行方式分类，又可以分为直接解释运行的 M S 函数和编译为 MEX 文件后执行的 C MEX S 函数等。用户可以使用 S 函数编写自己的算法或者支持某个目标硬件的驱动程序,也可以根据不同的用途选择不同的 S 函数类型。例如,当编写简单的数学算法进行仿真时,只需要 Level 1 M S 函数;当编写的算法需要传递多个输入/输出端口且每个端口数据都是多维(矩阵)时,需要使用 Level 2 M S 函数;当编写一个既能用于仿真又能用于代码生成的算法时,需要使用 Level 2 M S 函数或者 C MEX S 函数,并且需要给该 S 函数编写一个同名的 tlc 文件;当编写一个支持目标硬件外设寄存器配置的驱动模块时,C MEX S 函数是一个不错的选择。根据用户的需求,推荐使用不同类型的 S 函数,详见表 10.2.1。

表 10.2.1 不同需求下使用不同类型的 S 函数的建议

需 求	建 议
对于不会或不熟悉 C 语言的用户,希望使用 M 语言编写自定义算法模块进行仿真,不生成代码	使用 Level 1 M S 函数或者 Level 2 M S 函数,Level 1 M S 函数的输入/输出端口最多为 1 且数据维数固定;而 Level 2 M S 函数的输入/输出端口个数可以为多个,数据维数也可以动态改变
对于不会或不熟悉 C 语言的用户,希望使用 M 语言编写自定义算法模块进行仿真,且希望生成 C 代码	使用 Level 2 M S 函数编写算法 S 函数,并为该模块编写一个与 S 函数同名的 tlc 文件;也可以使用 C Caller 模块,可以将用户既有 C 代码集成到模型中
希望 S 函数仿真得更快	使用 C MEX S 函数,运行速度比 M 语言编写的 S 函数要快,因为 M 语言的 S 函数需要调用 MATLAB 解释器
已有算法 C 函数,希望应用到 Simulink 模型中	使用 C MEX S 函数,直接包含原有算法函数,并在 Output 子方法中调用既有 C 函数
希望使用 M 或者 C 语言编写的 S 函数,但是却不知道如何手写	使用 Simulink 提供的 S Function Builder 或者使用作者开发的 S Function Framework Generator 即可
希望编写 S 函数用于生成嵌入式代码	手写或使用作者开发的 S Function Framework Generator 自动生成 C MEX S 函数并提供与 S 函数同名的 tlc 文件
希望将算法部分保密,开发后仅供最终用户使用而不能看到其源代码	如果采用 M 语言的 S 函数,则使用 pcode 指令将 M 文件转换为 p 文件,仅可运行或调用,不能打开或编辑;如果采用 C MEX S 函数,则将 c 文件通过 mex xxxx.c 编译后仅发布 mexw32/64 文件,而不发布 c 文件

注意:本部分提到的 tlc 文件的语法及编写方式请参考第 15 章。

10.3　S 函数的要素

虽然 S 函数支持多种语言和 Level 等级,但是其原理都是一样的,只不过通过不同的形式表现出来。为了能够自由运用 S 函数,需要了解其工作原理。S 函数的工作原理直接反映了 Simulink 引擎的工作方式和顺序,整个 Simulink 模型的运行时序首先要通过每一个模块的执行顺序来表现。对于一个模块,在学习它的执行顺序包括哪些之前,必须要知道其要素有哪些。对于一个 Simulink 模块,它包括输入端口(端口个数可以为 0)、输出端口(端口个数可以为 0)以及模型内部的状态量(个数也可以为 0)。除了这 3 个要素之外,还有一个就是无处不在的时间量。模块的要素构成如图 10-1 所示。

时间量 t:随着 Simulink 求解器的运行而记录时刻,每个时刻都表示求解器所运行到的

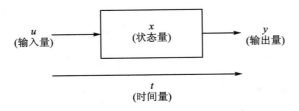

图 10-1 模块的构成要素

时间,单位为秒。在 Simulink 模型中仿真时是非实时的,虽然同以秒为单位,但与物理世界的时间并不同步。

输入量 u：通常为前面一个模块的输出量,特别情况,当本模块作为模型的信号源时没有输入量。u 相当于函数中的自变量,输入模块中通过计算得到状态量 x 或者直接得到输出量 y。

状态量 x：状态量为模块内部的计算量或缓存量。计算量根据系统性质分为连续系统中的微分量、离散系统中的差分量,通过前后不同时刻的输入值计算得到。状态量与输入量 u 和时间量 t 相关。为了方便理解,我们可以将 S 函数中使用的与输入/输出有关的中间变量都作为状态量(临时变量除外)。当状态量 x 存在多个时,$x_1, x_2, \cdots, x_n$ 之间也可能存在数学关系。其数学表达式如图 10-2 所示。

输出量 y：输出量就是从当前模块传递给后续模块的量,它可以与时间量 t 相关,也可以与输入量 u 相关,还可以与状态量 x 相关,并且输入量 y 与这三者的关联可以同时存在。

根据需要,模块也可以无输出量。其数学表达式如图 10-3 所示。

$$\dot{x} = f_d(t, x, u) \quad (\text{微分})$$

$$x_{d_{k+1}} = f_u(t, x_c, x_d, u) \quad (\text{更新}) \qquad\qquad y = f_o(t, x, u) \quad (\text{输出})$$

图 10-2　状态量的数学表达式　　　　　图 10-3　输出量的数学表达式

当然也存在特殊情况,某种既没有 u、y 也没有 x 的 S 函数,它单纯地从参数对话框的控件上获取参数值,或者单纯地为 GUI 设置一个模块。例如,双击一个 S 函数定义的模块打开 GUI,双击它启动模型的代码生成,或者双击它转换模型的 ConfigSet 设置,也可以进行仿真、提供 GUI 及各类控件以触发 Callback 动作。

10.4　S 函数的组成及执行顺序

从图 10-1 已经了解了 S 函数的要素,这些要素在 Simulink 运行的阶段中都单独或共同作用,它们之间相互的作用足以影响整个模型的仿真。一个 S 函数由几个子方法构成,它们表征了 S 函数甚至整个 Simulink 引擎的工作过程。这些子方法包括模块初始化、采样时刻计算、计算模块输出的方法、计算模块离散状态量的更新方法、计算连续状态变量的微分方法、仿真结束前的终止方法等。这些子方法的运行时序如图 10-4 所示。

仿真运行时,首先模型要对模块进行初始化,这个过程包括模块的实例化：输入/输出端口信号维度、端口数据类型、采样时间等的确定,模块参数的获取及个数检查,模块执行顺序的确定等。上述文字包括很多新的名词,其意义分别如下：

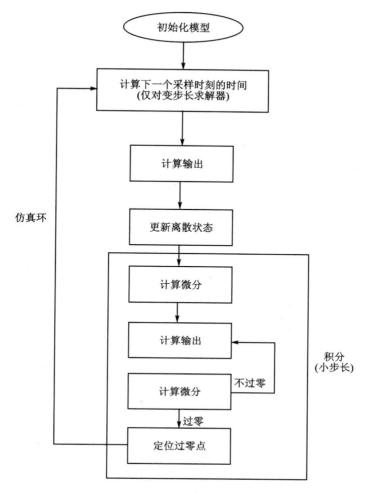

图 10-4 S 函数的组成及运行过程

实例化：Simulink 标准库中提供的模块类似 C++等面向对象语言中的一个类,每当它被复制或拖曳到模型中时,就相当于创建这个类的一个对象,继承了这个类的属性并载入了默认的构造函数方法,对其参数、端口等各个属性进行了初始化工作。

信号维度：一根信号线传递的数据不仅可以是标量,而且可以是一个向量甚至一个矩阵,一个模块的输出端口将具有这个数据维度的信号传递给相连的信号线,然后再传递到下一个模块的输入端口,这些都是需要在初始化阶段确定下来的。

端口数据类型：模块的输入/输出数据是浮点数还是定点数,是 8 位、16 位、32 位还是 64 位,是有符号还是无符号,是十进制还是十六进制,是内建类型(如 double、int8 等)还是用户自定义类型(如 C 文件定义的枚举类型等),这些设置也在初始化阶段进行。

采样时间：对于 Simulink 模型,求解器中有一个步长,它决定了整个模型最小的采样时间间隔,那么这个模型中的模块按照什么步长计算呢？可以将采样时间设置为-1 继承系统或父层模块的采样时间,也可以将采样时间设置为明确的数字决定自己的执行间隔,但是此时这个间隔应该是系统采样时间间隔(即求解器的步长)的整数倍。当然,采样时间间隔也可以是 inf,它表示初始化之后就不进行采样了。比如 Constant 模块,因为是常数,仿真过程的输出保持不变,所以没必要在仿真过程中进行采样。对于连续模块,设置采样时间为 0。

模型中各模块的执行顺序:当众多模块同时存在于一个模型中时,Simulink 应该先运行哪个模块再运行哪个模呢?其实,Simulink 是有明确顺序优先度的:对于有输入/输出的模块来说,当输入/输出是直接馈入时,输入/输出需要在同一个采样时刻计算完毕,所以要求输入值准备好之后才能进行输出值的计算。这样的模块必然依赖于连线的前一个模块的输出。对于输入/输出之间不是直接馈入的模块,输出值与状态值相关,与当前输入值无关,可以先行根据状态值计算出输出值,再处理输入值以更新状态值。对于没有输入/输出的模块,它本身不依赖前续模块,也不是后续模块的依赖,那么它的计算顺序则是另外一种情况。模块的执行顺序根据模块的输入/输出以及直接馈入的不同而不同。

本节重点讲述的是,在一个 S 函数构成的模块内部,其执行顺序是怎样的。表 10.4.1 描述了这个顺序:模型初始化之后,如果是采样时间变化(下称变采样时间)的模块,则需要在每个采样时刻计算出下一个采样时刻的时间;如果不是变采样时间的模块,则无须计算下一个采样时刻,直接计算模块的输出即可。紧接着再进行更新子方法(Update)的执行,主要用于离散状态变量等的更新。接下来计算积分(integration)环节,它由多个子环节构成,主要用于处理连续状态的计算和更新以及非采样过零检测的实施。对于存在连续状态的 S 函数,Simulink 将会在 minor step 里进行输出方法与微分计算方法的调用。而对于非采样过零检测,Simulink 将会调用输出方法以及过零检测子方法以精确定位过零的位置。模块初始化、计算状态变量、计算输出以及下一个时刻采样点的 S 函数常用的子方法如表 10.4.1 所列。

表 10.4.1 S 函数子方法表

子方法	作用
初始化	在第一个采样时间的仿真之前运行的函数,用来初始化模块,包括设定输入/输出端口的个数和维数,设定自身的采样时间,当使用工作向量时还需要为它们分配存储空间
下一个采样点时间计算	根据模型求解器的算法求得下一个采样时刻点,通常用于变步长模块
输出函数计算	在每一个大步长计算模型所有输出端口的输出值
离散状态更新	在每一个大步长的输出函数后执行,更新离散状态的值
积分计算	当模型具有连续状态时才采取此方法。将大步长分隔为数个小步长,在每一个小步长里进行一次输出函数与积分计算。积分计算主要用于更新连续状态。当模型存在非采样过零检测时,还会在小步长中进行过零点的检测
模型终止	仿真终止时调用的子函数用于清除不用的变量、释放内存空间等

小步长与大步长是变步长求解器相关的知识点,后者表示两个采样点之间的步长;前者表示大步长内为了精确计算积分,将此步长再划分为更小的多个步长。

10.5 不同语言编写的 S 函数

S 函数的编写通常有 3 种类型:Level 1 M S 函数、Level 2 M S 函数和 C MEX S 函数,各自的特点如表 10.5.1 所列。

表 10.5.1　不同 S 函数的特点

S 函数	特　点
Level 1 M	支持简单的 MATLAB 接口及少数的 S 函数 API
Level 2 M	支持扩展的 S 函数 API 及代码生成功能,使用场合更加广泛
C MEX	提供更加灵活的编程方式,用户可以选择调用既存 C 代码或者全新编写 C 代码,只要遵循 C MEX S 函数的框架和接口,C 语言的灵活性就可以得到发挥。要求掌握很多 C MEX S 函数 API 的用法以及 TLC 代码的编写方法,才能够定制具有代码生成功能的 C MEX S 函数

10.5.1　Level 1 M S 函数

Level 1 M S 函数是基于 M 语言编写的一种结构最为简单、支持功能最少的 S 函数,它的函数原型如:[sys,x0,str,ts]=f(t,x,u,flag,p1,p2,…),其中 f 是 S 函数的函数名,Simulink 会在仿真过程的每个步长内多次调用 f,flag 的值随着仿真过程自动变化,其值对应的 S 函数子方法如表 10.5.2 所列。

表 10.5.2　Level 1 M S 函数的输入参数 flag

flag 值	Level 1 M S 函数子方法名	说　明
0	mdlInitializeSizes	定义 S 函数的基本属性,如输入/输出维数、连续/离散状态变量个数、采样时间、输入是否为直接馈入*等
1	mdlDerivatives	连续状态变量的微分函数,这里通常根据给定的微分计算表达式,通过积分计算得到状态变量的值
2	mdlUpdate	更新离散状态变量
3	mdlOutputs	计算 S 函数的输出
4	mdlGetTimeOfNextVarHit	仅在变离散采样时间的情况下(ts=[-2　0]时)使用,用于计算下一个采样时刻的绝对时间,若模块不是变步长,则此函数不会执行
9	mdlTerminate	在仿真结束时执行一些必要的动作,如清除临时变量或显示提示信息等

*直接馈入:理论定义为,S 函数的输出 y 或采样时间 t 与输入 u 有直接联系,就是直接馈入;如果输出 y 和采样时间 t 与输入 u 都没关系,那么就不存在直接馈入的情况。存在直接馈入时,输入 u 与输出 y 在同一个采样时刻计算得到,而对于有状态量存在的模块,状态量在输入 u 与输出 y 之间架起了一座缓存桥,在一个采样时刻,输出值由上一个计算得到的状态值进行计算得到,而通过当前时刻的输入值计算得到当前时刻的状态值。这样,输出值与输入值之间不存在直接连通关系,直接馈入不再存在。如果若干直接馈入的模块通过反馈构成一个环形,就会出现所谓的"代数环"了。

注意:模块是否直接馈入有一个简单的判断方法,就是查看 mdlOutputs 和 mdlGetTimeOfNextVarHit 两个子方法中有没有用到输入 u。如果用到了,那么这个输入端口的直接馈入就必须设置为 1。

Level 1 M S 函数的输入参数中,除 flag 以外的其他参数及功能说明见表 10.5.3。

表 10.5.3　Level 1 M S 函数的输入参数

输入参数	功　能	输入参数	功　能
t	当前时刻的仿真时间	u	输入向量
x	状态变量向量	pn,n = 1,2,3,…	用户自定义参数,数目不定

Level 1 M S 函数的输出参数为一系列信号向量，包括 sys、x0、str 和 ts，详细解释见表 10.5.4。

表 10.5.4 Level 1 M S 函数的输出参数

输出参数	功能
sys	S 函数多个方法中通用的返回参数，承接连续、离散状态量的值和输出值等。根据 flag 的值来决定返回值，比如：flag=3 时，返回 S 函数的输出信号；flag=2 时，返回更新后的离散状态量的值；flag=1 时，根据设置的微分值积分计算出连续状态变量的值
x0	状态变量的初始值，仅在 flag=0 时有效，其余情况被忽略
str	保留变量，将来版本可能使用。用户只能将其初始化为[]
ts	S 函数的采样时间，由一个两维的数组表示

关于 Level 1 M S 函数的采样时间 ts，这里对其进行详细解释，其适用于 Level 2 M S 函数和 C MEX S 函数。ts 由一个包含两个元素的数组表示，如 $[m,n]$，其中，m 表示模块的采样时间周期，或连续或离散或继承父层模型的采样时间，它表示每隔多长时间采样一次；n 表示采样时间的偏移量，它表示与采样时间周期所表示的时刻点的偏差时间。常见设置详见表 10.5.5。

表 10.5.5 Level 1 M S 函数的采样时间

采样时间表示	意义
[0　0]	连续采样时间
[-1　0]	继承 S 函数输入信号或父层模型的采样时间
[0.5　0.1]	离散采样时间，从 0.1 s 开始每 0.5 s 采样一次

一个 S 函数可以同时存在多个采样速率。多速率的 S 函数可以通过设置多维数组来实现多个速率采样时间的配置，如[0.25　0;1　0.1]，在这个 S 函数中，采样时刻为[0　0.1　0.25　0.5　0.75　1.0　1.1　…]。

以一个状态方程为对象，通过 Level 1 S M 函数来实现这个方程。状态方程如图 10-5 所示。

$$\begin{bmatrix} \dot{x}_1 \\ \dot{x}_2 \end{bmatrix} = \begin{bmatrix} -0.5572 & -0.7814 \\ 0.7814 & 0 \end{bmatrix} \begin{bmatrix} x_1 \\ x_2 \end{bmatrix} + \begin{bmatrix} 1 & -1 \\ 0 & 2 \end{bmatrix} \begin{bmatrix} u_1 \\ u_2 \end{bmatrix}$$

$$y = \begin{bmatrix} 1.9691 & 6.4493 \end{bmatrix} \begin{bmatrix} x_1 \\ x_2 \end{bmatrix}$$

图 10-5 状态方程

由方程很容易得知：

$A = [-0.5572\ \ -0.7814;0.7814\ \ 0]$

$B = [1\ \ -1;0\ \ 2]$

$C = [1.9691\ \ 6.4493]$

为 S 函数设置 3 个参数，用来传递矩阵 A、B、D 到 S 函数中。在 Update 和 Output 子方法中分别使用其中的部分参数，Update 子方法的参数列表中仅需要使用参数 A、B，Outputs 子方法的参数列表中仅需要使用参数 C。而 Level 1 M S 函数构成的 S 函数模块最多支持单个输入端口和单个输出端口。所以,输入端口的维数要设置为 2。状态变量采用离散状态变量,在 S 函数中按列排序。然后需要判断直接馈入,由于输出 y 由状态变量 x 决定,不由输入 u 决定,所以不存在直接馈入。根据分析,可以编写下述代码:

```matlab
function [sys,x0,str,ts,simStateCompliance] = sfun_state01(t,x,u,flag,A,B,C)
switch flag,
case 0
[sys,x0,str,ts,simStateCompliance] = mdlInitializeSizes;
case 1
sys = mdlDerivatives(t,x,u);
case 2
sys = mdlUpdate(t,x,u,A,B);
case 3
sys = mdlOutputs(t,x,u,C);
case 4
sys = mdlGetTimeOfNextVarHit(t,x,u);
case 9
sys = mdlTerminate(t,x,u);
otherwise
DAStudio.error('Simulink:blocks:unhandledFlag', num2str(flag));
end
function [sys,x0,str,ts,simStateCompliance] = mdlInitializeSizes
sizes = simsizes;
sizes.NumContStates  = 0;
sizes.NumDiscStates  = 2;
sizes.NumOutputs     = 1;
sizes.NumInputs      = 2;
sizes.DirFeedthrough = 0;
sizes.NumSampleTimes = 1;
sys = simsizes(sizes);
x0  = [0 0]';
str = [];
ts  = [0,0];
simStateCompliance = 'UnknownSimState';
function sys = mdlDerivatives(t,x,u)

sys = [];
function sys = mdlUpdate(t,x,u,A,B)
% 更新状态变量
sys = A * x + B * u;

function sys = mdlOutputs(t,x,u,C)
% 更新输出
sys = C * x;

function sys = mdlGetTimeOfNextVarHit(t,x,u)
% 此函数非必要
sampleTime = 1;
sys = t + sampleTime;
function sys = mdlTerminate(t,x,u)
sys = [];
```

双击 S 函数模块，弹出"Block Parameters：S-Function"对话框，将上述 S 函数名输入 S-Function name 文本框中，并将 A、B、C 定义语句在 Command Window 中运行之后，将参数 A、B、C 输入 S-Function parameters 文本框中，如图 10-6 所示。

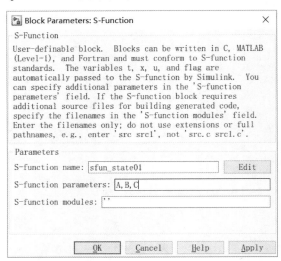

图 10-6　设置参数后的"Block Parameters：S-Function"对话框

建立如图 10-7 所示的仿真模型，将二维阶跃信号作为输入，阶跃信号在 1 s 时从 0 跳变到 1。运行仿真，得到一维输出结果，如图 10-7 所示。

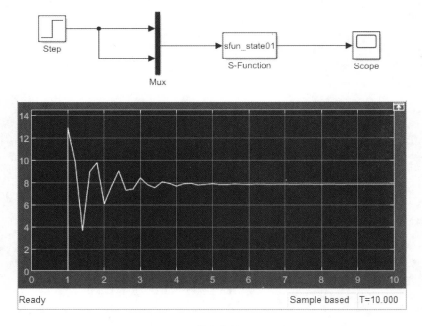

图 10-7　状态方程模型及仿真图

上述 S 函数中也可以不使用参数列表传递状态方程的参数 A、B、C，而是使用全局变量 A、B、C 在各个子方法中声明，同样能够达到参数 A、B、C 在各个子方法中互传的效果。但是作者不推荐这样做，理由有二：

① 全局变量会破坏模块化设计,增加模块之间的耦合性。当系统变得复杂时,依赖全局变量过多,会造成难以管理的混乱局面。故建议尽量不使用以养成好习惯。

② 代码看起来清爽简约,不会多次出现全局变量的声明。

上述例子介绍了带有离散状态变量的系统是如何使用 Level 1 M S 函数实现的,没有涉及连续状态变量以及负责更新其值的 mdlDerivatives 子方法。作者认为,mdlDerivatives 子方法的存在很重要,因为它能够让 S 函数通过连续状态变量实现很多数学计算方法,如积分运算。

在 mdlUpdate 子方法中,离散状态变量是通过明确的表达式进行值的更新的。相比之下,mdlDerivatives 子方法对连续状态计算的方式有所不同。利用 mdlDerivatives 子方法编写的微分计算表达式计算出来的值会自动进行一次积分,然后将此次得到的值更新到连续状态变量中,作为下一个采样时刻的连续状态值以进行下一次计算。下面为使用 Level 1 M S 函数实现的积分运算代码:

```
function [sys,x0,str,ts,simStateCompliance] = int_hyo(t,x,u,flag)
switch flag
    case 0
        [sys,x0,str,ts,simStateCompliance] = mdlInitializeSizes;
    case 1
        sys = mdlDerivatives(t,x,u);
    case 2
        sys = mdlUpdate(t,x,u);
    case 3
        sys = mdlOutputs(t,x,u);
    case 4
        sys = mdlGetTimeOfNextVarHit(t,x,u);
    case 9
        sys = mdlTerminate(t,x,u);
    otherwise
        DAStudio.error('Simulink:blocks:unhandledFlag', num2str(flag));
end
function [sys,x0,str,ts,simStateCompliance] = mdlInitializeSizes
sizes = simsizes;
sizes.NumContStates  = 1;
sizes.NumDiscStates  = 0;
sizes.NumOutputs     = 1;
sizes.NumInputs      = 1;
sizes.DirFeedthrough = 0;
sizes.NumSampleTimes = 1;    % 至少要设置1个采样时间
sys = simsizes(sizes);
x0  = [0];
str = [];
ts  = [0 0];
simStateCompliance = 'UnknownSimState';
function sys = mdlDerivatives(t,x,u)
sys = u;
function sys = mdlUpdate(t,x,u)
sys = [];
function sys = mdlOutputs(t,x,u)
sys = x;
function sys = mdlGetTimeOfNextVarHit(t,x,u)
```

```
    sampleTime = 1;      % Example, set the next hit to be one second later.
    sys = t + sampleTime;
    function sys = mdlTerminate(t,x,u)
    sys = [];
```

上述函数中,将输入/输出端口初始化为一维,一个连续状态变量的初始值为 0,采用连续采样时间,输入端口没有直接馈入。在 mdlDerivatives 子方法中通过"sys=u;"给定了这个连续状态变量 x 的微分形式,输入值即为 x 的微分值,sys 为 u 在时间上的积分值。mdlOutputs 中的"sys=x;"将积分计算得到的连续状态变量的值输出。如此,连续状态变量的存在阻断了输入/输出的直通关系。输入在步长时间范围内进行积分,得到当前采样时刻的 x 值,然后再传给 y 进行输出。通过 S-Function 模块调用 int_hyo 这个 m 函数定义的 S 函数文件,使用 Constant 模块作为 S-Function 模块的输入,并将 S-Function 模块的输出连接到 Scope 模块,对这个模型启动仿真,模型及仿真结果如图 10-8 所示。

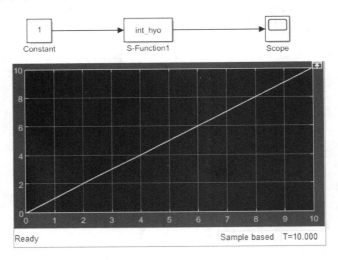

图 10-8 通过 Level 1 S 函数实现积分功能

10.5.2 Level 2 M S 函数

图 10-9 Level 2 M S 函数的模块图标

Level 2 M S 函数首先从调用模块上就与 Level 1 M S 函数有区别,其使用 MATLAB S 函数模块,模块图标如图 10-9 所示。

双击此模块,弹出的对话框如图 10-10 所示。S-Function name 为 Level 2 M S 函数的函数名,Parameters 则根据 S 函数中是否使用参数来定。

Level 2 M S 函数使用户能够使用 MATLAB 语言来编写支持多个输入/输出端口的自定义模块,并且每个端口都能够支持包括矩阵在内的 Simulink 支持的所有数据类型。与 Level 1 M S 函数类似,Level 2 M S 函数在代码执行过程中分别调用各个子方法函数来实现整个模块的运算更新,如初始化工作、模块输出值的计算。当 Simulink 调用各个子方法时,是通过一个实时对象进行的,这个实时对象的实例是 Simulink.MSFcnRunTimeBlock 类型,通过这个实例能够提供一些方法来获取 S 函数中的信息,如端口数目、参数、状态变量及工作向量的内容等,这些方法是通过获取和设置实时对象的属性或调用其方法来实现的。

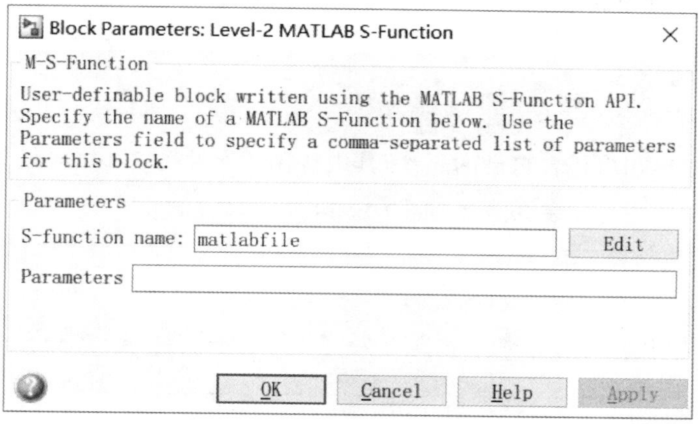

图 10-10 "Block Parameters：Level-2 MATLAB S-Function"对话框

Level 2 M S 函数提供了一系列 API 来设置模块属性和定义各个子方法，其中 Setup 和 Outputs 这两个子方法是必不可少的：

① Setup：初始化 Level 2 M S 函数的特性；
② Outputs：计算 Level 2 M S 函数的输出。

10.5.2.1　Setup 子方法

Setup 子方法是 Level 2 M S 函数体中唯一调用的语句，它对模块的属性和其他子方法进行初始化。Setup 子方法类似 Level 1 M S 函数中的 mdlInitializeSizes 子方法，并且相比之下，其功能更加强大。在 Setup 子方法中不仅可以设置多输入多输出，而且每个输出端口的信号维数都可以是标量数或矩阵，甚至是可变维数；另外，S 函数的其他子方法也是通过 Setup 子方法进行注册的。所以 Setup 子方法可称为 Level 2 M S 函数的根本。Setup 子方法能够实现以下功能：

- 设定模块输入/输出端口的个数；
- 设定每一个端口的数据类型、数据维数、实数复数性和采样时间等；
- 规定模块的采样时间；
- 设定 S 函数参数的个数；
- 注册 S 函数的子方法（将子方法函数的句柄传递到实时对象的 RegBlockMethod 函数的对应属性中）。

Setup 子方法的参数为 block，它是一个 Level 2 M S 函数的实时对象，包括一些属性和方法。其属性成员如表 10.5.6 所列。

表 10.5.6　Level 2 M S 函数实时对象的属性

实时对象属性成员	说　明	实时对象属性成员	说　明
NumDialogPrms	模块 GUI 的参数个数	NumContStates	连续状态变量数目
NumInputPorts	输入端口数	NumDworkDiscStates	离散状态变量数目
NumOutputPorts	输出端口数	NumRuntimePrms	运行时参数个数
BlockHandle	模块句柄，只读	SampleTimes	产生输出的模块的采样时间
CurrentTime	当前仿真时间，只读	NumDworks	离散工作向量个数

用户可以利用 block 变量的点操作符来访问表 10.5.6 中的属性,并且可以直接使用等号进行赋值:

```
block.NumDialogPrms = 0;
```

模块的输入/输出端口包含自己的属性,其中常用的属性见表 10.5.7。

表 10.5.7　Level 2 M S 函数端口的属性

端口属性名	说　明
Dimensions	端口数据维数
DatatypeID/ Datatype	端口数据类型,可以通过 ID 号指定,也可以直接指定数据类型名
Complexity	端口数据是否是复数
DirectFeedthrough	端口数据是否直接馈入
DimensionsMode	端口维数是固定的还是可变的(fixed/variable)

当模块中存在多个端口时,需要对每一个端口进行如表 10.5.7 所列属性的设定。指定输入/输出端口时使用端口访问方法(InputPort 或 OutputPort 成员)及端口号索引(正整数),如:

```
block.InputPort(1).Dimensions = 1;
```

在 Setup 子方法中,用户既可以通过 block 实时对象的域操作符访问模块的属性,又可以通过模块的子方法获取对象模块的属性。可调用的子方法如表 10.5.8 所列。

表 10.5.8　Level 2 M S 函数实时对象的子方法

实时对象方法	说　明	实时对象方法	说　明
ContStates	获取模块的连续状态	Dwork	获取 Dwork 向量
DataTypeIsFixedPoint	判断数据类型是否为定点数	FixedPointNumericType	获取定点数据类型的属性
DatatypeName	获取数据类型的名称	InputPort	获取输入端口
DatatypeSize	获取数据类型大小	OutputPort	获取输出端口
Derivatives	获取连续状态的微分	RuntimePrm	获取运行时参数
DialogPrm	获取 GUI 中的参数		

表 10.5.8 中的 InputPort 与 OutPort 对象的属性见表 10.5.7。

Setup 子方法中还需要使用 RegBlockMethod 函数来注册 S 函数中需要用到的各个子方法。除 Setup 子方法以外的子方法见表 10.5.9。

表 10.5.9　其他子方法

子方法名	说　明
PostPropagationSetup	设置工作向量及状态变量的函数(可选)
InitializeConditions	在仿真开始时被调用的初始化函数(可选)
Start	在模型运行仿真时调用一次,用来初始化状态变量和工作向量(可选)
Outputs	在每个步长里计算模型输出
Update	在每个步长里更新离散状态变量的值(可选)
Derivatives	在每个步长里更新连续状态变量的微分值(可选)
Terminate	在仿真结束时调用,用来清除变量内存

注:(可选)表示不是必须存在于 S 函数中,读者可根据需要进行选用。

下述示例使用 Setup 子方法初始化一个带有一个参数、一个输入端口和一个输出端口的模块，输入/输出端口的维数都为 1，没有直接馈入；模块的采样时间为 0.1 s，注册 5 个子方法函数，分别为 DoPostPropSetup、InitConditions、Derivatives、Output 和 Update：

```
function setup(block)

%% 注册 1 个对话框
block.NumDialogPrms     = 1;

%% 注册输入与输出端口的个数
block.NumInputPorts     = 1;
block.NumOutputPorts    = 1;

%% 设置函数端口属性为动态继承
block.SetPreCompInpPortInfoToDynamic;
block.SetPreCompOutPortInfoToDynamic;

%% 硬编码设置端口属性
block.InputPort(1).Dimensions        = 1;
block.InputPort(1).DirectFeedthrough = false;

block.OutputPort(1).Dimensions       = 1;

%% 设置模块采样时间为[0.1  0]
block.SampleTimes = [0.1 0];

%% 注册方法
block.RegBlockMethod('PostPropagationSetup',@DoPostPropSetup);
block.RegBlockMethod('InitializeConditions',@InitConditions);
block.RegBlockMethod('Derivatives',          @Derivatives);
block.RegBlockMethod('Outputs',              @Output);
block.RegBlockMethod('Update',               @Update);
```

10.5.2.2 PostPropagationSetup 子方法

PostPropagationSetup 子方法是用来初始化 Dwork 工作向量的方法，规定 Dwork 向量的个数以及每个向量的维数、数据类型、离散状态变量的名字、虚实性以及是否作为离散状态变量使用。

DWork 向量是 Simulink 分配给模型中的每个 S 函数实例的存储空间块。当不同的 S 函数模块之间需要通过全局变量或者静态变量进行数据交互时，必须在 S 函数中使用 Dwork 向量来进行变量存储。试想，当某一个使用全局变量的 S 函数模块存在多个拷贝时，每一个模块中全局变量所使用的空间都需要十分小心地分配、修改和释放，特别在使用 C 语言进行函数编写时更是要谨慎。因为一旦管理不慎，就可能会造成 S 函数的一个实例的数据被另外一个实例的数据所覆盖，导致计算出错并使最终仿真失效。而使用 Dwork 向量可以有效地防止这些情况发生，可重入性（reentrancy）有效地保证了 S 函数多个实例的可跟踪性，当 S 函数中使用 Dwork 向量时，该 S 函数的实例就具备了可重入性，Simulink 会为该 S 函数的每一个实例分别管理数据。

Dwork 向量既可以作为全局变量在 S 函数模块之间传递数据，也可以作为某个 S 函数内部的离散状态变量来使用。这里将举一个例子说明在 PostPropagationSetup 子方法中使用

Dwork 向量作为离散状态变量的使用方法。在下述代码中,DoPostPropSetup 函数作为 PostPropagationSetup 子方法的回调函数,它里面定义了一个 Dwork 向量,命名为 x0,维数为 1,数据类型为 double。此 Dwork 向量作为离散状态使用。

```
function DoPostPropSetup(block)
    %% 设置离散工作向量 Dwork
    block.NumDworks                = 1;
    block.Dwork(1).Name            = 'x0';
    block.Dwork(1).Dimensions      = 1;
    block.Dwork(1).DatatypeID      = 0;
    block.Dwork(1).Complexity      = 'Real';
    block.Dwork(1).UsedAsDiscState = true;
```

DWork 向量的数据类型通常使用 DatatypeID 来表示,它对每一个数据类型都使用一个整数来表示,见表 10.5.10。

表 10.5.10 Level 2 M S 函数实时对象支持的数据类型

数据类型	代表数据类型的整数	数据类型	代表数据类型的整数
inherited	−1	int16	4
double	0	uint16	5
single	1	int32	6
int8	2	uint32	7
uint8	3	boolean 或定点类型	8

上例中定义 Dwork 向量的数据类型为 double,故使用整数 0 代表。

10.5.2.3 InitializeConditions/Start 子方法

InitializeConditions 子方法可以用来初始化状态变量或者 DWork 工作向量的值。下面的例子里 InitConditions 函数作为 InitializeConditions 子方法的回调函数,其功能是通过访问对话框中的参数来获取 DWork 向量的初始值,连续状态变量的值初始化为 1.0。

```
function InitConditions(block)
    %% 初始化离散工作向量 Dwork
    block.Dwork(1).Data = block.DialogPrm(1).Data;
        block.ContStates.Data(1) = 1.0;
```

Start 子方法与 InitializeConditions 子方法的功能一致,都可以用来初始化离散、连续状态变量和 Dwork 向量,但是二者也存在区别。Start 子方法仅仅在仿真执行开始时初始化一次,当 S 函数模块放置在使能子系统中时,每次使能子系统都是从不使能状态进入使能状态,S 函数的 InitializeConditions 子方法都会被调用。

10.5.2.4 Output 子方法

Output 子方法与 Level 1 M S 函数的 mdlOutputs 子方法作用一样,用于计算 S 函数的输出,下述代码将 Dwork 向量的值赋给输出端口作为当前采样时刻的输出值:

```
function Output(block)
    block.OutputPort(1).Data = block.Dwork(1).Data;
```

10.5.2.5　Update 子方法

Update 子方法与 Level 1 M S 函数中的 mdlUpdate 子方法作用相同,用于计算离散状态变量的值。下述代码将当前采样时刻的输入端口值赋值给 Dwork 向量:

```
function Update(block)
    block.Dwork(1).Data = block.InputPort(1).Data;
```

注意:Dwork 必须是一个向量,不能是非一维的矩阵。

10.5.2.6　Derivatives 子方法

Derivatives 子方法与 Level 1 M S 函数中的 mdlDerivatives 子方法作用相同,用于计算并更新连续状态变量的值。下述代码将当前采样时刻的输入端口值赋给连续状态变量:

```
function Derivatives(block)
    block.Derivatives(1).Data = block.InputPort(1).Data;
```

10.5.2.7　Terminate 子方法

S 函数工作的收尾工作放在 Terminate 子方法中进行,如释放存储空间、删除变量等。Level 2 M S 函数不要求必须包含 Terminate 子方法。

下面将通过一个完整的例子来说明 Level 2 M S 函数常用的方法。使用 Level 2 M S 函数将两幅等尺寸的图像进行简单的融合。这里准备两张黄金圣斗士的图片,双鱼座的阿布罗狄以及狮子座的艾欧里亚,如图 10 – 11 所示。

图 10 – 11　准备读入的图片

上述两张照片尺寸为[375×500×3],每个像素点的数据类型都是 uint8。即使是 Level 2 M S 函数也不能处理三维的数据矩阵,最多支持二维数据(不可以是 Bus 型数据)。那么在 Constant 模块读入这些图片矩阵之前需要使用 M 脚本进行预处理,然后在 S 函数内部实现数据融合的计算。图片第三维存储的信息是每个像素点的 RGB 信息,若仅取 RGB 其中的一组信息,图片就会变成灰度图片,同时图片的第三维数据就被去除了,从而变成二维矩阵,适合 Level 2 M S 函数处理。模块有两个输入,每个输入都是 375×500 的矩阵,维数为二维数据类型均为 uint8。模块没有状态变量和输出端口,故不需要实现 S 函数的 Update 和 Output 子方法。模块在 Terminate 子方法中实现将两个输入端口输入的矩阵进行融合的功能,并通过 figure 展示融合后的图片。

首先,在工作区中将图片的信息读入并取出 R 维色彩信息以转化为二维矩阵,代码如下:

```
m1 = imread('阿布罗狄.jpg');
m1 = m1(:,:,1);
m2 = imread('艾欧里亚.jpg');
m2 = m2(:,:,1);
```

在模型中可以使用 Constant 模块将图片转化之后的数据读入，使用 imread 函数读取 Constant Value 文本框中的内容，如图 10-12 所示。

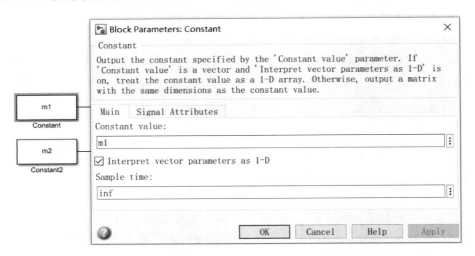

图 10-12 使用 Constant 模块读入图片转化之后的数

编写名为 sfun_image_merge 的 S 函数：

```
function sfun_image_merge(block)

setup(block);

function setup(block)
block.BlockHandle
% 注册端口的数量
block.NumInputPorts  = 2;
block.NumOutputPorts = 0;

% 设置端口属性为动态
block.SetPreCompInpPortInfoToDynamic;

% 设置输入端口属性
block.InputPort(1).Dimensions       = [375 500];
block.InputPort(1).DatatypeID       = 3;     % uint8
block.InputPort(1).Complexity       = 'Real';
block.InputPort(1).DirectFeedthrough = false;


block.InputPort(2).Dimensions       = [375 500];

block.InputPort(2).DatatypeID       = 3;     % uint8
block.InputPort(2).Complexity       = 'Real';
block.InputPort(2).DirectFeedthrough = false;
```

```
% 注册参数对话框中参数的个数
block.NumDialogPrms = 0;

block.SampleTimes = [0 0];
block.SimStateCompliance = 'DefaultSimState';


block.RegBlockMethod('Terminate', @Terminate);


function Terminate(block)
imshow((block.InputPort(1).data + block.InputPort(2).data) / 2);
```

使用 Level 2 M S 函数模块,将 S 函数名 sfun_image_merge 输入 S-function name 文本框中,构成如图 10-13 所示的模型。

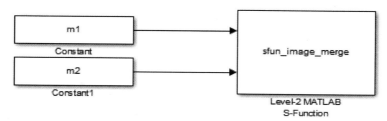

图 10-13 图像融合模型

单击仿真按钮,得到如图 10-14 所示融合之后的图像。

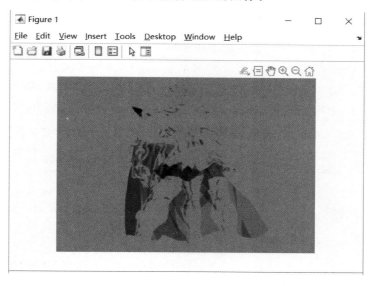

图 10-14 两张圣斗士图片融合后的图像

用户编写自己的 Level 2 M S 函数时可以使用 Simulink 提供的模板作为基础,然后进行内容的增加或删减。msfun_test.m 就是其中一个常用的模板。

Level 2 M S 函数是支持代码生成功能的,只不过为了能够自动生成代码,需要给这个 S 函数编写一个同名的 tlc 文件。这个需要读者在了解了 Simulink Coder/Embedded Coder 的运行机制以及 TLC 代码的编写方法之后再进行,具体内容请参考第 14 章。

10.5.3　C MEX S 函数

　　S 函数支持的语言除了 MATLAB/Simulink 自身环境的 M 语言之外，最常用的就是 C 语言了。使用 C 语言编写的 S 函数被称为 C MEX S 函数，它相比解释运行的 M 语言 S 函数，在仿真过程中不需要反复调用 MATLAB 解释器，而是在运行前将 .c 文件编译成 mexw32/mexw64 类型的可执行文件，运行速度和效率上有明显优势；并且 C 语言拥有编程语言上的灵活性优势，它能够让熟悉 C 语言的用户直接使用既存的 C 函数，这称为过往资产重用；另外，C MEX S 函数甚至能够支持硬件外设驱动的自定义功能，从而使读者能够构建自己的算法库和驱动模块库。Simulink 自带的模块库提供了丰富多彩的模块，这些模块使用起来非常方便而且其中某些基本算法模块仿真时的速度也比自定义模块快。作者猜测，或许其中一部分也是通过 C MEX S 函数开发的模块。

　　C MEX S 函数的运行机制与 M 语言 S 函数的运行机制是一致的，也包括常用的初始化、更新、微分计算、输出和终止等子方法，这些子方法几乎可以与 Level 2 M S 函数的子方法一一对应起来。但是由于语言不同，它们所使用的数据结构形式上也有所不同。Level 2 M S 函数中，模块的属性可以使用 M 语言的访问结构体成员的点操作符(.)直接访问；而对于 C MEX S 函数，模块属性的设置和获取以及数据结构的访问和操作都需要 C MEX 宏函数来实现。

　　C MEX S 函数的子方法包含 Level 2 M S 函数的子方法，也具有强大的数据支持功能，更能够重用既存 C 代码，也是属于 Level 2 等级的 S 函数（由于 Level 1 C MEX S 函数从数个版本之前已经不再使用，所以此后提到的 C MEX S 函数都是指 Level 2 等级的 C MEX S 函数）。但是，它的初始化方式与 Level 2 M S 函数不同，即无须注册回调函数到每个子方法中；C MEX S 函数的子方法执行方式更接近 Level 1 M S 函数，Simulink 先调用 mdlInitializeSizes 子方法对模块进行初始化，然后顺次调用其他 mdl 开头的子方法，最后仿真结束时调用 mdlTerminate 子方法。C MEX S 函数子方法与 Level 2 M S 函数子方法的功能几乎是一一对应的。表 10.5.11 给出了 C MEX S 函数与 Level 2 M S 函数子方法的对应关系。

表 10.5.11　C MEX S 函数与 Level 2 M S 函数子方法的对应关系

C MEX S 函数子方法	Level 2 M S 函数子方法	子方法功能
mdlInitializeSizes	Setup	模块属性初始化
mdlDerivatives	Derivatives	更新连续状态变量的微分值
mdlInitializeConditions	InitializeConditions	初始化工作向量的状态值
mdlOutputs	Outputs	计算模块的输出
mdlSetWorkWidths	PostPropagationSetup	当 S 函数模块存在于使能子系统中时，每次子系统被使能时都会进行工作向量属性的初始化工作
mdlStart	Start	在仿真开始时初始化工作向量以及状态变量的属性
mdlTerminate	Terminate	仿真终止时所调用的子方法
mdlUpdate	Update	更新离散状态变量的子方法
mdlRTW	WriteRTW	将 S 函数中获取到的 GUI 参数变量值写入 rtw 文件中，以便 tlc 文件在代码生成阶段访问 rtw 文件内容（需要的 TLC 语法和代码生成知识请参考第 16 章）

除此之外还包括一些可选的其他子方法,由于可以完全被表 10.5.11 中的子方法替代,所以不常用,故本书不再提及。简单的 C MEX S 函数按照如图 10-15 所示的方式执行。

10.5.3.1 C MEX S 函数的构成

C MEX S 函数子方法虽然与 Level 2 M S 函数能够一一对应,但是从语法以及源文件的构成上来看,还是有所不同的。C MEX S 函数文件按照书写顺序,共包括以下几个部分:

① 最开头必须定义的两个宏:C MEX S 函数名字和 C MEX S 函数的等级。

② 头文件包含部分:C MEX S 函数核心数据结构 SimStruct 类型的声明以及其他库文件。另外,读者根据使用需要也可以包含其他头文件,如果需要使用 C 标准库中的数学运算,就应该包含 math.h 文件;如果需要使用 Simulink 内建的定点数据类型,就应该包含 fixedpoint.h 头文件。模型中每一个 C MEX S 函数都拥有自己的 SimStruct 数据类型对象来保证各个 S 函数内部数据的独立性。

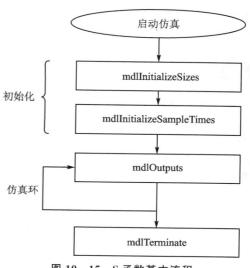

图 10-15　S 函数基本流程

③ 参数对话框访问宏函数的定义。这同时包括常用宏变量 TRUE/FALSE 的定义,C MEX S 函数模块通过这些宏能够方便地获取参数对话框中各个控件的值,以便在之后的各个子方法中使用。这个部分不是必需的,读者可以在子方法中需要获取参数值时临时调用一些函数组合来实现。但是,预先将各个访问参数的方法封装为宏函数并集中管理在 c 文件中函数实现部分的前端,从可读性和可维护性方面来考虑都不失为一个好的方法和习惯。

④ 紧接着定义 C MEX S 函数的各个子方法,包括初始化(Initialize)、采样时间计算(InitializeSampleTimes)、更新状态变量(离散和连续)、输出(Output)、mdlRTW 和终止(Terminate)等一系列子方法。mdlRTW 子方法比较特别,是之前的 S 函数中未曾提到过的,它负责将模块参数传递到 rtw 文件,以便 tlc 文件在代码生成阶段使用 rtw 文件中的记录。值得注意的是,这些子方法都是 static 子函数。C MEX S 函数中子方法"static"的含义不是指存储方式,而是指对函数的作用域仅局限于本文件,不会被别的 S 函数所调用。

⑤ 作为结尾的部分,S 函数必须根据使用情况(编译为 MEX 文件仿真或进行代码生成)包含必要的源文件和头文件,从而将该 S 函数文件与 Simulink 或 Simulink Coder 产品进行连接。忽略此结尾部分将会造成编译失败。

C MEX S 函数为了方便用户设置或获取模块属性,提供了很多宏函数,在下面的实例中将着重介绍常用的 API。Simulink 中提供了一个简单的模板 C MEX S 函数文件 timetwo.c,这里以此为例来说明其组织构成。它实现了简单的标量的乘法:$y = 2 \times u$,u 表示输入,y 表示输出。此文件开头是函数名 timestwo 和函数等级 2 的宏定义:

```
#define S_FUNCTION_NAME timestwo
#define S_FUNCTION_LEVEL 2
```

紧接着包含 SimStruct 数据结构的头文件。SimStruct 数据类型对象中包含和管理着 S 函数模块的各个属性。包含该头文件的语句如下:

```
# include "simstruc.h"
```

由于此 S 函数内容比较简单，不使用浮点数，也没有在模块中添加参数对话框，故不需要为此 S 函数定义获取对话框 GUI 上参数值的宏。现在即可编写各个过程的子方法，首先是初始化子方法：

```
static void mdlInitializeSizes(SimStruct *S)
{
    ssSetNumSFcnParams(S, 0);
    if (ssGetNumSFcnParams(S) != ssGetSFcnParamsCount(S)) {
        return; /*Simulink 报告参数不匹配*/
    }

    if (!ssSetNumInputPorts(S, 1)) return;
    ssSetInputPortWidth(S, 0, DYNAMICALLY_SIZED);
    ssSetInputPortDirectFeedThrough(S, 0, 1);
    if (!ssSetNumOutputPorts(S,1)) return;
    ssSetOutputPortWidth(S, 0, DYNAMICALLY_SIZED);

    ssSetNumSampleTimes(S, 1);
    ssSetOptions(S, SS_OPTION_EXCEPTION_FREE_CODE);
}
```

mdlInitializeSizes 子方法中使用一些 C MEX S 函数的宏函数，用来设置模块参数个数、输入/输出端口个数、输入/输出端口维数以及输入端口的直接馈入与否等。常用宏函数的首个参数均为 SimStruct 数据类型对象 S，它代表当前 S 函数模块。这些常用的 API 如表 10.5.12 所列。

表 10.5.12　mdlInitializeSizes 子方法中常用的 C MEX S 函数的宏函数

SimStruct 宏函数名	作　　用
ssSetNumSFcnParams	设定模块参数个数，第二个参数表示参数个数
ssGetNumSFcnParams	获取 S 函数期待的参数个数
ssGetSFcnParamsCount	获取 S 函数实际拥有的参数个数
ssSetNumInputPorts	设置输入端口的个数
ssSetInputPortWidth	设定某个输入端口的维数，通过第二个参数指定端口号，端口号从 0 开始；第三个参数表示维数，DYNAMICALLY_SIZED 表示维数是动态的，并非固定不变的，既可以是多维也可以是标量
ssSetInputPortDirectFeedThrough	设置某个输入端口是否是直接馈入，通过第二个参数指定端口号，端口号从 0 开始；第三个参数为 1 表示存在直接馈入，为 0 则相反
ssSetNumOutputPorts	设置输出端口的个数，参数同 ssSetNumInputPorts
ssSetOutputPortWidth	设置某个输出端口的维数，参数同 ssSetInputPortWidth
ssSetNumContStates	设置连续状态变量的个数，第二个参数表示连续状态变量的个数
ssSetNumDiscStates	设置离散状态变量的个数，第二个参数表示离散状态变量的个数
ssSetNumSampleTimes	设置采样时间的个数，第二个参数表示采样时间的个数
ssSetOptions	设置 S 函数的选项，包括允许各个端口采用常数采样时间，改善代码使其不使用会抛出异常的内部函数等；一般情况下，在不需要与 MATLAB 环境交互时无须修改使用 Exception free code，以加速 S 函数执行速度

Simulink 为提供了很多宏函数,以 SimStruct 数据类型为参数,不仅限于上述介绍的常用函数。在 mdlInitializeSizes 子方法中,还可以使用 ssSetInputPortDataType/ssSetOutputPortDataType 函数规定输入/输出端口的数据类型,在不设定时,默认数据类型为 double,在 C MEX S 函数的 SimStruct 数据结构中表示为 SS_DOUBLE。C MEX S 函数的数据类型表示及其与 Simulink 内建类型的对照关系见表 10.5.13。

表 10.5.13 C MEX S 函数的数据类型及其与 Simulink 内建类型的对照关系

数据类型 ID 号	SimStruct 数据类型宏	Simulink 内建类型
0	SS_DOUBLE	double
1	SS_SINGLE	single
2	SS_INT8	int8
3	SS_UINT8	uint8
4	SS_INT16	int16
5	SS_UINT16	uint16
6	SS_INT32	int32
7	SS_UINT32	uint32
8	SS_BOOLEAN	boolean

例如,将第一个输入端口设置为无符号 32 位整型,将第二个输出端口设置为有符号 16 位整型的代码如下:

```
ssSetInputPortDataType(S, 0, SS_UINT32);
ssSetOutputPortDataType(S, 1, SS_INT16);
```

C MEX S 函数除了提供内建数据类型以外,还支持用户自定义数据类型,通常这些自定义数据类型通过 M 语言创建对象 Simulink.NumericType 和 Simulink.AliasType,并将这些对象定义在 Base Workspace 中。例如,建立一个自定义 Double 类型,继承原 double 类型数据:

```
Hyo_Double = Simulink.NumericType;    % NumericType 对象默认为 double 类型
Hyo_Double.IsAlias = 1;                % 此对象是一个别名
```

然后在 C MEX S 函数的 mdlInitializeSizes 子方法中注册,并将其设置到输入/输出端口或工作向量数据类型中去:

```
int dtype;
ssRegisterTypeFromNamedObject(S, "Hyo_Double", &dtype);  //注册 Workspace 中定义的数据类型
                                                         //Hyo_Double 到 C 变量 dtype
if(dtype    == INVALID_DTYPE_ID) return;                 //若注册失败则退出
ssSetInputPortDataType(S, 0, dtype);                     //设置输入信号为自定义类型
ssSetDWorkDataType(S, 0, dtype);                         //设置 DWork 向量为自定义类型
ssSetOutputPortDataType(S, 0, dtype);                    //设置输出信号为自定义类型
```

C MEX S 函数使用用户自定义数据类型有以下两种方法:
(1) C MEX S 函数中使用外部结构体数据类型

C MEX S 函数还支持外部 C 代码中定义的结构体数据类型。例如,在 head.h 中定义如下结构体:

```c
typedef struct{
    signed long Alpha;
    signed long Beta;
}AlphaBeta;
```

为了在 S 函数中使用上述外部结构体数据类型,首先需要在 S 函数的 c 文件的头文件处包含该结构体的定义头文件:

```c
#include "head.h"
```

再在 mdlInitializeSizes 中使用 ssRegisterDataType 注册此结构体类型到 Simulink 中,使用 ssSetDataTypeSize 设置这个结构体类型的占用的内存空间,之后使用 ssSetDataTypeZero 设置它的零表示值(即对象创建时的初始值),即可设置这个数据类型到输入/输出端口上了。

例如:首先在 mdlInitializeSizes 开头先行声明所有需要使用的变量,如果在函数调用之后的代码部分仍然存在变量声明,则一些对代码格式要求严格的编译器将会报错(如 Microsoft Visual C++ 2012),如下:

```c
/*在函数调用前定义变量*/
    int_T    status;      //声明变量用来存储函数返回的状态值
    DTypeId  id;          //声明 id 变量用于注册 AlphaBeta 结构体类型
    AlphaBeta ab;         //创建一个结构体变量用于设置占用的内存空间及零表示
```

然后将 c 文件中的 AlphaBeta 数据类型注册到数据类型对象 id 中,并对 AlphaBeta 的对象 ab 进行大小及零表示设置,代码如下:

```c
/*注册用户定义数据类型*/
    id = ssRegisterDataType(S, "AlphaBeta");
    if(id == INVALID_DTYPE_ID) return;   //若注册失败则返回

/*设置用户定义数据类型*/
    status = ssSetDataTypeSize(S, id, sizeof(ab));
    if(status == 0) return;              //若设置失败则返回

/*设置结构体各个元素初始值为 0*/
    ab.Alpha = 0;
    ab.Beta = 0;
    status = ssSetDataTypeZero(S, id, &ab);
```

至此,外部 C 代码的结构体类型 AlphaBeta 注册为数据类型 id 的过程结束,可以设置类型 id 到输入/输出端口上去了,代码如下:

```c
ssSetInputPortDataType(S, 0, id);
ssSetOutputPortDataType(S, 0, id);
```

此结构体数据可以反映到 Simulink 模型中了,如图 10-16 所示。

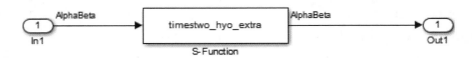

图 10-16 使用 AlphaBeta 作为信号数据类型

(2) C MEX S 函数中使用自定义定点数据类型

SimStruct 类提供 sRegisterDataTypeFxpBinaryPoint 宏函数使用户能够进行自定义定点类型的注册。此函数的首个参数是指向 SimStruct 结构体的指针，第 2~4 个参数分别表示定点数据类型是有符号/无符号、字长以及表示小数部分的整数位(嵌入式软件开发中称为 LSB 或分辨率)。注册在 mdlInitializeSizes 中进行，代码如下：

```
if (notSizesOnlyCall) //如果是 notSizesOnlyCall 模式,则进行 fixdt(1,32,12)的注册,如下
    {
        DTypeId DataTypeId = ssRegisterDataTypeFxpBinaryPoint(
//注册定点数据类型
        S,
        1,        //有符号
        32,       //字长
        12,       //LSB = 1/2^12
        0 /* true 代表遵守数据类型重写设置 */);
        ssSetOutputPortDataType( S, 0, DataTypeId );    //设置输出类型为刚注册的数据类型
    }
```

在使用自定义定点数据类型时，在 S 函数末尾包含定点源文件 fixedpoint.c，编译为 MEX 文件时要使用 Simulink 定点静态库文件，其路径为：MATLABroot\extern\lib\win32\lcc\libfixedpoint.lib，其中 MATLABroot 表示 PC 上 MATLAB 的安装目录。

初始化模块属性之后，需要对模块的采样时间通过 mdlInitializeSampleTimes 子方法进行设定：

```
static void mdlInitializeSampleTimes(SimStruct *S)
{
    ssSetSampleTime(S, 0, INHERITED_SAMPLE_TIME);
    ssSetOffsetTime(S, 0, 0.0);
}
```

模块可以存在多个采样时间，每个采样时间都由采样时间周期和偏移量组成，采样时间周期通过宏函数 ssSetSampleTime 来设定，其第二个参数表示当前设定的采样时间的序号，下标从 0 开始；第三个参数 INHERITED_SAMPLE_TIME 表示继承系统采样时间，也可以输入其他数值，采样时间向量组合请参考表 10.5.5。采样时间的偏移量由宏函数 ssSetOffsetTime 来设置，此函数的第二个参数也是表示当前设置采样时间的序号，第三个参数表示采样时刻相对于采样时间周期整数倍的偏移量。对于离散采样时间，可以通过下述公式表示：

$$\text{TimeHit} = (n \times \text{period}) + \text{offset}, \quad n \text{ 为 0 及正整数}$$

每当采样时刻到来时，mdlOutputs 及 mdlUpdate 两个子方法将会被调用。对于 timestwo 这样一个简单的数学计算来说，没有离散状态变量，无需 mdlUpdate 子方法，只需要编写 mdlOutputs 子方法即可。mdlOutputs 子方法的内容如下：

```
static void mdlOutputs(SimStruct *S, int_T tid)
{
    int_T i;    //定义一个循环变量
    InputRealPtrsType uPtrs = ssGetInputPortRealSignalPtrs(S,0);
    real_T *y = ssGetOutputPortRealSignal(S,0);
    int_T width = ssGetOutputPortWidth(S,0);

    for (i = 0; i < width; i++) {
```

```
            * y++ = 2.0 * ( * uPtrs[i]);
      }
}
```

对于 $y=u\times 2$ 的计算来说,需要从模型的输入端口的每一维获取模型的输入,将其乘以 2 之后赋值给输出端口的每一维。在 mdlOutputs 子方法(不仅限于此方法)中经常使用的 C MEX S 函数的宏函数如表 10.5.14 所列,同样它们的首个参数也是 SimStruct 数据类型对象 S。

表 10.5.14 mdlOutputs 子方法中常用的 C MEX S 函数的宏函数

以 SimStruct 类型为参数的宏函数名	作 用
ssSetInputPortRequiredContiguous	设定输入端口的数据是否占据连续的存储空间,共有三个参数。第二个参数代表输入端口序列号,从 0 开始;第三个参数为 0 或 1,分别代表数据存储空间不连续或连续
ssGetInputPortRealSignalPtrs	获取输入端口的数据,共有两个参数。第二个参数表示输入端口的序号,从 0 开始。返回值为指向此端口各维数据的指针数组
ssGetInputPortSignalPtrs	用于获取非连续存储的输入端口数据,第二个参数表示输入端口的序号,从 0 开始。返回一个指向端口信号的指针数组的指针
ssGetInputPortSignal	获取存储空间连续的输入端口的数据,共有两个参数。第二个参数表示输入端口的序号,从 0 开始。返回一个指向指定输入端口的指针
ssGetOutputPortWidth	获取输出端口的维度,共有两个参数。第二个参数为输出端口的序号,从 0 开始
ssGetOutputPortRealSignal	返回参数为一个,是指向模块输出端口的指针向量,适用于存储空间连续的输出,对其解引用之后获得端口第一维输出数据,此指针进行++操作之后获取其相邻存储单元的指针,即指向端口下一维的指针。输入参数有两个,第二个参数为输出端口索引号,从 0 开始

在 mdlOutputs 子方法中,通过"InputRealPtrsType uPtrs = ssGetInputPortRealSignalPtrs(S,portIndex)"获取指向输入端口各维数据的指针向量,这个指针向量的存储空间是连续的。portIndex 是从 0 开始的,表示端口索引号,返回值 uPtrs 是一个指针向量。为了获取端口第 i 维的数据,需要使用"* uPtrs[i]"的方式,通过 i 指定维数索引号,它也是从 0 开始。这个获取输入数据的过程如图 10-17 所示。

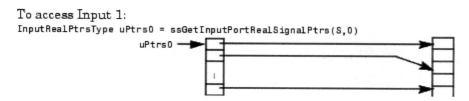

图 10-17 使用 ssGetInputPortRealSignalPtrs 获取存储不连续的输入数据

返回的指针 uPtrs 所指向的数据区域可以是不连续的。注意,* uPtrs 这种解引用的方式是错误的,因为必须指定期待访问指针的索引号 i,也就是通过"* uPtrs[i]"取出输入数据。

由于此模块的输入/输出端口设置为动态可变维数,所以需要对多维情况进行支持。代码中"int_T width=ssGetOutputPortWidth(S,0);"是获取输出端口的数据维数,然后对于每一维通过 for 循环进行乘以 2 的计算：

```
for (i = 0; i < width; i++) {
    *y++ = 2.0 * (*uPtrs[i]);
}
```

由于指向输出端口的指针 y 所指向的数据区域采用连续地址空间存储，所以只要进行++操作即可指向下一维的数据。

Simulink 在仿真结束时会调用 mdlTerminate 函数做一些仿真结尾处理。由于 timestwo.c 中在仿真结束前无须处理，故 mdlTerminate 子方法为空，代码如下：

```
static void mdlTerminate(SimStruct *S){}
```

而在 C MEX S 函数的结尾，需要包含以下宏定义：

```
#ifdef MATLAB_MEX_FILE
#include "simulink.c"
#else
#include "cg_sfun.h"
#endif
```

MATLAB_MEX_FILE 这个预处理宏会在编译 c 文件时定义，表示当前 S 函数是否正在被编译为 MEX 文件，simulink.c 中包含 MEX-file 需要的接口机制，以将此 S 函数 c 文件编译为 MEX 文件。当此 S 函数用于代码生成时（需要 Simulink Coder 工具箱），必须包含 cg_sfun.h，用来产生独立可执行文件或实时可执行文件。至此，timestwo.c 文件内容介绍完毕。

10.5.3.2 C MEX S 函数的编译

在编译型语言编写的程序被执行之前，需要一个专门的编译过程，把程序编译成为机器语言的文件，比如 exe 文件或 mexw32/mexw64 文件，以后要运行时就不用重新翻译了，直接使用编译的结果就行了（exe 文件）。因为翻译只做一次，运行时不需要翻译，所以编译型语言的程序执行效率高，这也是当用户希望仿真速度快时推荐使用 C MEX S 函数的原因。解释型语言的程序没有编译这道工序，它在运行程序时才进行翻译，比如 M 语言和 BASIC 语言分别有各自的解释器，解释器对程序代码边翻译边执行。这样解释型语言每执行一次就要翻译一次，故效率比较低。

正如前面提到的 C 语言是编译型语言一样，与直接解释执行的解释型语言——M 语言不同，需要通过编译器编译为可执行文件之后，才能被 Simulink 执行。

为了将 c 文件编译为 MEX 文件，用户需要确认所使用的 PC 上是否安装了编译器。用户可以在 Command Window 中通过 mex-setup 来查看是否安装了编译器。对于 32 位 MATLAB 来说，自带 Lcc 编译器，无须安装其他编译器也可以完成编译工作；而对于 64 位 MATLAB 来说，没有自带编译器，需要用户自行安装，如 VC++2017/2019、Microsoft Windows SDK 10+等包含编译器的集成开发环境。此处以 32 位机为例，说明如何编译 MEX 文件。输入"mex-setup"之后，显示如图 10-18 所示的提示。

至此，编译器配置完毕。编译 c 文件时需要在 Command Window 中输入"mex timestwo.c"来完成 mexw32/mexw64 文件的生成。用户可以建立模型进行仿真，观察到输出数据是输入数据的 2 倍。

```
>> mex -setup
MEX configured to use 'Microsoft Visual C++ 2017 (C)' for C language compilation.

To choose a different language, select one from the following:
 mex -setup C++
 mex -setup FORTRAN
MEX configured to use 'Microsoft Visual C++ 2017' for C++ language compilation.
```

图 10-18 mex 编译器配置

10.5.3.3 C MEX S 函数的应用

这里使用 C MEX S 函数编写一个简单的滤波器,并建立模型对带有噪声的正弦波进行滤波仿真。滤波器的数学模型可以表述如下:

$$Y(t)=(U(t)-Y(t-1))\times Lc+Y(t-1)$$

其中,$U(t)$表示当前采样时刻的输入,$Y(t)$表示当前采样时刻的输出,$Y(t-1)$表示上一个采样时刻的输出,Lc 表示一阶滤波器的滤波系数。编写 S 函数的 C 代码之前,需要设计好模块的外观和属性。整个模块采用浮点数据运算,输入/输出均为一个端口,端口宽度具有相同的维数,此处初始化为动态维数。由表达式可知,输入端口具有直接馈入,因为输出直接与输入相关,且同一时刻进行更新。Lc 作为整个模型的参数,封装在模块的对话框中(封装技术请参考第 11 章),封装后的模块图标及参数对话框如图 10-19 所示。模块有一个参数需要传递到 C MEX S 函数内部去。在 C MEX S 函数中需要通过宏来传递参数值,由于此参数的变量名为 g_coef,故定义宏为

```
#define COEF(S) mxGetScalar(ssGetSFcnParam(S,0))
```

其中,ssGetSFcnParam 函数的第二个参数为参数的索引号,从 0 开始;返回的是指向这个指定参数的指针,mxGetScalar 函数则从这个指针指向的对象获取数据。

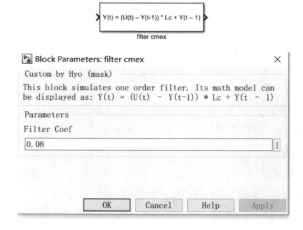

图 10-19 filter cmex 模块封装后的模块图标及参数对话框

由于计算输出时需要使用上一个采样时刻的输出值,所以需要在内部设置一个状态变量来保存这个值。此处使用 Dwork 向量来容纳这个状态变量,其维数也与输入/输出一样为动态维数,初始化值为 0。Dwork 变量在 mdlOutput 子方法中保存每个时刻的输出值,以便在

下个采样时刻计算输出值时使用。由于此系统为离散系统,故创建一个离散状态变量或者 Dwork 变量即可。输入需要在输出中使用,故输入端口是直接馈入的。

根据上述要求,可以编写出这个一阶滤波器的 C 代码,如下:

```c
#define S_FUNCTION_NAME    sfun_c_filter
#define S_FUNCTION_LEVEL 2

#include "simstruc.h"

#define COEF_IDX 0
#define COEF(S) mxGetScalar(ssGetSFcnParam(S,COEF_IDX))

/* Function: mdlInitializeSizes
 ===================================================
 * Abstract:
 * Setup sizes of the various vectors.
 */
static void mdlInitializeSizes(SimStruct *S)
{
    ssSetNumSFcnParams(S, 1);
    if (ssGetNumSFcnParams(S) != ssGetSFcnParamsCount(S)) {
        return; /* Simulink 报告参数不匹配错误 */
    }

    if (!ssSetNumInputPorts(S, 1)) return;
    ssSetInputPortWidth(S, 0, DYNAMICALLY_SIZED);
    ssSetInputPortDirectFeedThrough(S, 0, 1);

    if (!ssSetNumOutputPorts(S,1)) return;
    ssSetOutputPortWidth(S, 0, DYNAMICALLY_SIZED);

    ssSetNumDWork(S, 1);
    ssSetDWorkWidth(S, 0, DYNAMICALLY_SIZED);

    ssSetNumSampleTimes(S, 1);

    /* 设置仿真状态合规性为默认仿真设置 */
    ssSetSimStateCompliance(S, USE_DEFAULT_SIM_STATE);

    ssSetOptions(S,
                 SS_OPTION_WORKS_WITH_CODE_REUSE |
                 SS_OPTION_EXCEPTION_FREE_CODE |
                 SS_OPTION_USE_TLC_WITH_ACCELERATOR);
}


/* Function: mdlInitializeSampleTimes
 ========================================
 * Abstract:
 *    Specifiy that we inherit our sample time from the driving block.
 */
static void mdlInitializeSampleTimes(SimStruct *S)
```

```c
{
    ssSetSampleTime(S, 0, INHERITED_SAMPLE_TIME);
    ssSetOffsetTime(S, 0, 0.0);
    ssSetModelReferenceSampleTimeDefaultInheritance(S);
}
#define MDL_INITIALIZE_CONDITIONS
/* Function: mdlInitializeConditions
 =========================================
 * Abstract:
 *    Initialize DWork to zero.
 */
static void mdlInitializeConditions(SimStruct *S)
{
    real_T *x = (real_T *) ssGetDWork(S,0);
    x[0] = 0.0;
}
/* Function: mdlOutputs
 =============================================================
 * Abstract:
 *    y = (u - x[0]) × Lc + x[0]

 */
static void mdlOutputs(SimStruct *S, int_T tid)
{
    int_T              i;
    InputRealPtrsType uPtrs  = ssGetInputPortRealSignalPtrs(S,0);
    real_T             *y    = ssGetOutputPortRealSignal(S,0);
    int_T              width = ssGetOutputPortWidth(S,0);
    real_T             *x    = (real_T *) ssGetDWork(S,0);
    real_T             Lc    = COEF(S);
    /*根据数学等式计算当前输出值*/
    for (i = 0; i <width; i++)
    {
        y[i] = (*uPtrs[i] - x[i]) * Lc + x[i];
    }

    /*将当前时刻输出值保存到离散工作向量中去*/
    for (i= 0; i <width; i++) {
        x[i] = y[i];
    }
}

/* Function: mdlTerminate
 =============================================================
 * Abstract:
 *    No termination needed, but we are required to have this routine.
 */
static void mdlTerminate(SimStruct *S)
{
}

#ifdef  MATLAB_MEX_FILE    /* Is this file being compiled as a MEX-file? */
```

```
# include "simulink.c"        /* MEX - file interface mechanism */
# else
# include "cg_sfun.h"          /* Code generation registration function */
# endif
```

从 Simulink Browser 中拖曳出一个 S-Function 模块,按照图 10-19 封装后,再将 S 函数名和参数 g_coef 输入到"Block Parameters:filter cmex"对话框中对应的文本框中,如图 10-20 所示。

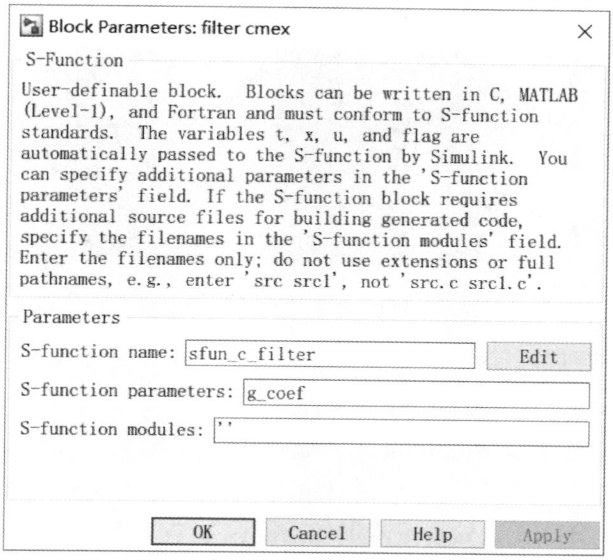

图 10-20 "Block Parameters:filter cmex"对话框

模型的输入采用带有白噪声的正弦波,输出接入 Scope 模块,既显示带有白噪声的正弦波,又显示滤波之后的波形。建立的模型如图 10-21 所示。

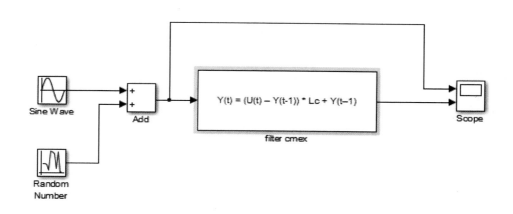

图 10-21 白噪声滤波模型

模型的求解器采用固定步长求解器、discrete 解算方法,其步长设置为 0.01;Simulink 自带模块都采用默认设置,但是各模块的采样时间均设置为-1,即继承模型求解器的步长作为采样间隔;filter cmex 模块的 Filter Coef 设置为 0.005,仿真长度设为 30 s。运行仿真之后,得到滤波的前后波形,如图 10-22 所示。

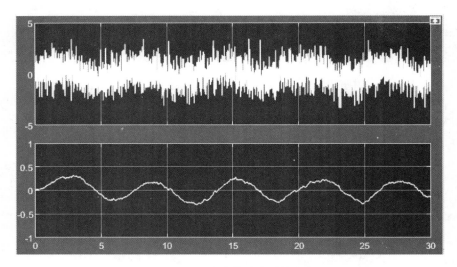

图 10 - 22 滤波前后波形的比较

简单的一阶滤波器对于混杂了大量白噪声的正弦波起到了相当好的滤波作用。

10.5.3.4 C MEX S 函数的自动生成

为了方便不熟悉 C 语言的 Simulink 用户能够方便快捷地通过简单配置得到可以使用的 C MEX S 函数,也为了以往既有大量 C 代码的用户,在转用 Simulink 时,能够方便地将算法成果导入 Simulink 中,还为了让这些成果既能仿真又能够生成代码,Simulink 提供了两个工具来帮助用户快速生成 C MEX S 函数。其中一个是根据用户的配置自动生成 C MEX S 函数(同时也可以生成 tlc 文件)的 Simulink 模块,称为 S-Function Builder;另一个是能够将既存的或者用户自定义的 C 代码打包生成内联的 C MEX S 函数,并且能够生成嵌入式 C 代码应用于嵌入式目标芯片的工具,名为 Legacy Code Tool。后者在开发硬件驱动模块时也可以使用。

所谓内联 S 函数(Inline S-Function),就是指拥有同名的 tlc 文件,支持代码生成的 S 函数;反之,Noninline S-Function 就是指不具有 tlc 文件,不支持代码生成的 S 函数。而对于 Inlined S-Function,有两种内联方式,一种是 Full inlined,它是完全内联的,它在 tlc 文件的 Output 子方法中实现具体的算法,明确给出输入/输出的关系;另一种是 Wapper inlined(包装内联),在 tlc 文体的 Output 子方法中不是实现具体的算法代码,而是规定输入/输出端口变量如何调用已经存在的 C 代码。接下来看一下 S-Function Builder 与 Legacy Code Tool 是如何帮助用户生成 S 函数 c 文件的。

1. S-Function Builder

图 10 - 23　S-Function Builder 模块的图标

S-Function Builder 以模块的形式提供,读者可以从 Simulink Library Browser 中找到它,通过 GUI 配置的方式规定 S 函数初始化属性以及自动生成 C MEX 文件。该模块图标如图 10 - 23 所示。

双击该模块可以打开它的 GUI 对话框,如图 10 - 24 所示。

第 10 章　S 函数

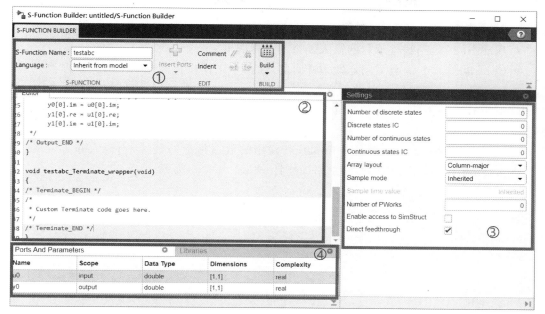

图 10-24　S-Function Builder 的 GUI 对话框

图 10-24 中包含 4 个部分：

① S-FUNCTION BUILDER 选项组；
② Editor 代码编辑区域；
③ Settings 选项组；
④ Ports And Parameters 及 Libraries 选项组。

在①中用户可以给定 S 函数的名字以及语言类型；在②中的所有函数都会更改，并且 S-Function 将成为所有包装函数的前缀。

Settings 选项组中的配置如图 10-25 所示。

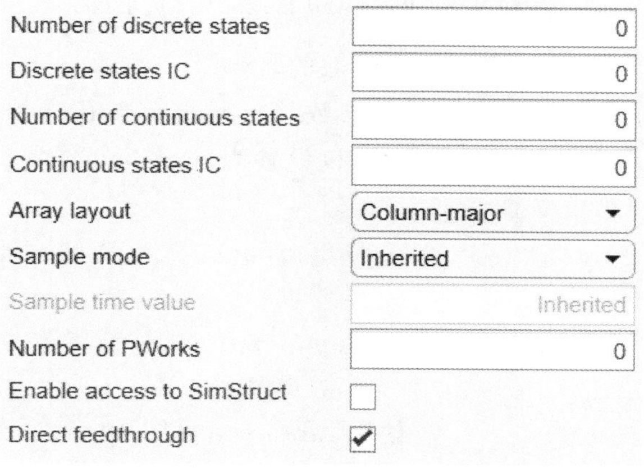

图 10-25　Settings 选项组

Number of discrete states/Number of continuous states：是指 S 函数中需要设置几个离散/连续状态变量，而这些状态变量的初始值则通过 Discrete states IC/Continuous states IC 来配置。当多个状态变量存在时，可以使用向量形式，如给出 3 个离散/连续状态变量的初始值[0　0　0],这个向量的元素个数必须与它所初始化的状态变量(离散或连续)的个数相同。Sample mode 下拉列表框提供了 3 种采样时间,如下:

- Inherited: S 函数继承它的输入端口的采样时间;
- Continuous: S 函数采用连续采样时间,在每个采样步长进行输出值更新;
- Discrete: S 函数采用离散采样时间。

Sample time value: 仅当 Sample mode 设置为 Discrete 时才有效,表示 S 函数模块的采样时间。

Number of PWorks: 指的是 S-Function 使用的数据指针的数量,当输入非零值时,将会在 S-Function 中的所有函数的形参中添加指针,如图 10-26 所示。

```
void sfun_Start_wrapper(const real_T *u0, const int_T p_width0,
                        void **pW,
                        SimStruct *S)
{
/* Start_BEGIN */
```

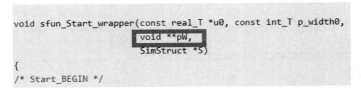

图 10-26　在函数的形参中添加指针

Enable acess to SimStruct:启用对 SimStruct 的访问。选中该复选框后可以在 Outputs_wrapper、Derivatives_wrapper 和 Update_wrapper 等函数中访问 SimStruct 中的函数和宏定义。

Direct feedthrough: 是将 S-Function 输入的当前时间步的值用于计算输出。

用户可在 Ports And Parameters 选项组中配置 S 函数相关的数据量和信息(见图 10-27),具体如下:

Ports And Parameters			Libraries	
Name	Scope	Data Type	Dimensions	Complexity
u0	input	double	[1,1]	real
y0	output	double	[1,1]	real

图 10-27　Ports And Parameters 选项组

- Name: 表示变量的名称,即端口或参数的名称;
- Scope: 可选择将变量设置为端口或参数,包含 input、output 和 parameter 三个选项;
- Data Type: 表示变量的数据类型,可以设置为 Simulink 内置的数据类型或者定点端口的数据类型和总线类型;
- Dimensions: 表示变量的维度,-1 表示继承端口的维度;
- Complexity: 端口或参数的复杂度设置,可设置为实数或复数。

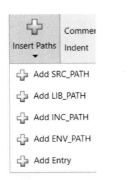

图 10-28　Insert Paths 中的选项

使用 Libraries(见图 10-27)支持用户输入自定义代码引用的外部代码的路径,单击 S-Function Builder 工具条中的 Insert Paths 按钮,从图 10-28 中选择需要添加自定义代码引用的外部库、目标代码和源文件的路径:

- SRC_PATH: 目标文件和源文件的搜索路径;
- LIB_PATH: 目标文件和库文件路径;

- INC_PATH：源文件和头文件引用文件的搜索路径；
- ENV_PATH：环境变量路径；
- Entry：设置目标文件、源文件和库文件的文件名,也可在此字段中输入预处理指令,如 --DEBUG 等。

如果一个用户自定义的代码中引用了外部库 c:\hyoTest\hyoTestFunc.lib,那么在 Libraries 选项组中需要有如图 10-29 所示的设置。

图 10-29　Libraries 选项组

S-Function Builder 模块使用 wrapper 形式的包装方法来指定生成相应 S 函数的代码和属性。S 函数子方法与其对应的函数包装方法如表 10.5.15 所列,其中 <system_name> 对应 S-Function Builder 工具条中设定的 S-Function Name。

表 10.5.15　S-Function Builder 模块中自定义函数的包装方法与 S 函数子方法的对应关系

包装方法	S 函数子方法
<system_name>_Start_wrapper <system_name>_Terminate_wrapper	对应 mdlStart 和 mdlTerminate 子方法,在仿真开始和结束时分配和释放内存,分配的内存可利用指针在整个 S-Function 中使用
<system_name>_Outputs_wrapper	对应 mdlOutputs 子方法,在每个时间步计算 S-Function 的输出
<system_name>_Update_wrapper	对应 mdlUpdate 子方法,计算离散状态变量的值
<system_name>_Derivatives_wrapper	对应 mdlDerivatives 子方法,用于计算并更新连续状态变量的值

<system_name>_Outputs_wrapper 函数中输入的内容就是 S 函数 mdlOutputs 子方法函数体的内容,与手写 C MEX S 函数相比,可以省略获取 S 函数模块输入/输出端口数据的语句。直接使用输入/输出端口名和下标索引号即可作为输入/输出变量,并规定它们之间的关系,如图 10-30 所示。

```
void sfun_Outputs_wrapper(const real_T *y0,
                          const real_T *u0, const int_T p_width0,
                          void **pW,
                          SimStruct *S)
{
/* Output_BEGIN */
/* This sample sets the output equal to the input
      y0[0] = u0[0];
 For complex signals use: y0[0].re = u0[0].re;
      y0[0].im = u0[0].im;
      y1[0].re = u1[0].re;
      y1[0].im = u1[0].im;
*/
/* Output_END */
}
```

图 10-30　mdlOutputs 子方法函数体

<system_name>_Update_wrapper 函数输入的内容就是 S 函数 mdlUpdate 子方法函数体的内容,如图 10-31 所示。S-Function Builder 模块在 mdlUpdate 的回调中插入对该包装

函数的调用，Simulink 引擎在每个时间步结束时调用该 mdlUpdate 子方法以获取下一个时间步的离散状态值。在下一个时间步，引擎将更新的状态传递回 mdlOutputs 子方法。

```
void sfun_Update_wrapper(const real_T *y0,
                         real_T *xD,
                         const real_T *u0, const int_T p_width0,
                         void **pW,
                         SimStruct *S)
{
/* Update_BEGIN */

/* Update_END */
}
```

图 10 – 31　mdlUpdate 子方法函数体

<system_name>_Derivatives_wrapper 函数输入的内容就是 S 函数 mdlDerivatives 子方法函数体的内容，如图 10 – 32 所示。S-Function Builder 模块在 mdlDerivatives 的回调中插入对该包装函数的调用，Simulink 引擎在每个 minor step 中调用该 mdlDerivatives 方法以获得连续状态的导数。Simulink 求解器对导数进行数值积分以确定下一个时间步的连续状态。在下一个时间步，引擎将更新的状态传递回 mdlOutputs 方法。

```
void sfun_Derivatives_wrapper(const real_T *y0,
                              real_T *dx,
                              real_T *xC,
                              const real_T *u0, const int_T p_width0,
                              void **pW,
                              SimStruct *S)
{
/* Derivatives_BEGIN */

/* Derivatives_END */
}
```

图 10 – 32　mdlDerivatives 子方法函数体

sfun_Outputs_wrapper、sfun_Derivatives_wrapper 和 sfun_Update_wrapper 三个函数的函数声明都是同样的类型，返回值为空，参数则包括指向输入/输出端口、参数、状态变量的指针以及表示输入/输出信号维数和参数维数的变量。此处以参数列表涵盖最全的 sfun_Outputs_wrapper 函数为例，打包后如下：

```
void sfun_Outputs_wrapper(const real_T * u,     /* 输入端口指针 */
    real_T        * y,                           /* 输出端口指针 */
    const real_T  * xD,                          /* 离散状态变量指针 */
    const real_T  * xC,                          /* 连续状态变量指针 */
    const real_T  * param0,                      /* 参数 0 指针 */
    int_T p_width0,                              /* 参数 0 的维数 */
    real_T        * param1,                      /* 指向参数 1 的指针 */
    int_t p_width1,                              /* 参数 1 的维数 */
    int_T y_width,                               /* 输出信号维数 */
    int_T u_width)                               /* 输入信号维数 */
{
/* 你的代码在这里插入 */
}
```

在 S-Function Builder 模块中的 Editor 代码编辑区域中输入代码后，需要调用 Build 菜单下的选项来构建 S-Function,如图 10-33 所示。

图 10-33　Build 菜单选项

在 Build→Build→OPTIONS 选项中提供了 5 个复选框,其作用如表 10.5.16 所列。

表 10.5.16　OPTIONS 选项中 5 个复选框的作用

OPTIONS 选项	作　用
Show compile steps	在 Compilation diagnostics 中记录每一个编译步骤信息
Create a debuggable MEX-file	生成 MEX 文件时包含调试信息
Generate wrapper TLC	生成 tlc 文件以支持代码生成或加速仿真模式
Enable support for coverage	启用覆盖支持,使得 S-Function 与模型覆盖度检测兼容
Enable support for design verifier	支持 Simulink Design Verifier 设计验证

另外,Build Log 用于显示编译 C 代码和可执行文件时的编译信息,编译过程是有错误还是成功生成,可以在此处根据信息判断。

接下来采用 S-Function Builder 来生成一阶滤波器,其表达式如图 10-19 中的 C MEX S 函数的模型所示:

$$Y(t)=(U(t)-Y(t-1))\times Lc+Y(t-1)$$

其中,$U(t)$ 表示当前采样时刻的输入,$Y(t)$ 表示当前采样时刻的输出,$Y(t-1)$ 表示上一个采样时刻的输出,Lc 表示一阶滤波器的滤波系数。编写 S 函数的 C 代码之前,需要设计好模块的外观和属性。整个模块采用浮点数据运算,输入/输出均为一个端口,端口宽度具有相同的维数,此处初始化为动态维数。由表达式可知,输入端口具有直接馈入。由于系统具有一个离散状态变量来存储 $Y(t-1)$,所以需要在 Settings 选项组中设置 Number of discrete states 为 1,并初始化其值为 0。Settings 选项组如图 10-34 所示。

在 Ports And Parameters 选项组中设置输入/输出端口属性及参数属性,输入/输出端口分别命名为 u、y,维数为一维,并设置一个名为 filter_coef、double 型实数的参数,如图 10-35 所示。

在 mdlOutput 子方法函数体中输入计算模块输出的代码,上一个时刻的输出值使用离散状态变量 xD[0]存储,如图 10-36 所示。

在每次计算结束后,更新离散状态变量的值,需要在 mdlUpdate 子方法函数体中输入代码,如图 10-37 所示。

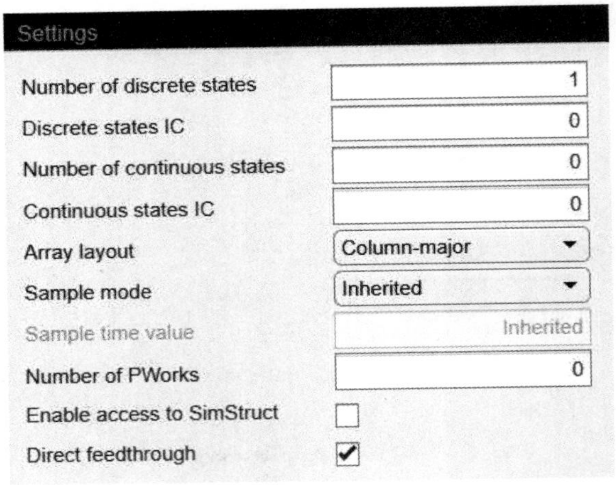

图 10－34　将 Number of PWorks 设置为 1

Ports And Parameters　Libraries

Name	Scope	Data Type	Dimensions	Complexity
u	input	double	[1,1]	real
y	output	double	[1,1]	real
filter_coef	parameter	double	-1	real

图 10－35　Ports And Parameters 选项组的设置

```
void sfun_Outputs_wrapper(const real_T *u,
                          real_T *y,
                          const real_T *xD,
                          const real_T *filter_coef, const int_T p_width0)
{
/* Output_BEGIN */
/* This sample sets the output equal to the input
      y0[0] = u0[0];
 For complex signals use: y0[0].re = u0[0].re;
      y0[0].im = u0[0].im;
      y1[0].re = u1[0].re;
      y1[0].im = u1[0].im;
 */
    y[0] = (u[0] - xD[0]) * filter_coef[0] + xD[0];
/* Output_END */
}
```

图 10－36　mdlOutput 子方法函数体输入的代码

```
void sfun_Update_wrapper(const real_T *u,
                         real_T *y,
                         real_T *xD,
                         const real_T *filter_coef, const int_T p_width0)
{
/* Update_BEGIN */
    xD[0] = y[0];
/* Update_END */
}
```

图 10－37　mdlUpdate 子方法函数体输入的代码

将参数 filter_coef 设置为 double 类型,其值设置为 0.005。至此,需要配置的部分都已经配置完毕,单击 Build 按钮,生成 c 文件以及 mexw32 文件(使用 32 位机器时)。

编译生成可执行 mexw32 文件后,将带有噪声的正弦波作为模块输入,建立如图 10-38 所示的模型。滤波前后信号通过 Scope 模块进行观察,模型的求解器采用固定步长、离散求解方法,其步长设置为 0.01;Simulink 自带模块都采用默认设置,仅采样时间设置为 −1,即继承模型的步长作为采样间隔,设置 filter cmex 模块中的 Filter Coef 为 0.005(可以双击 S-Function Builder 模块后在 Parameter 界面中修改参数。S-Function Builder 模块不支持再进行 Mask 封装,因为它自身就是 Mask 封装出来的产物。仿真长度设为 30 s,进行仿真后得到的滤波前后波形如图 10-39 所示。

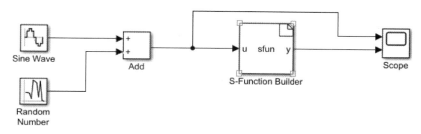

图 10-38　滤波器仿真模型

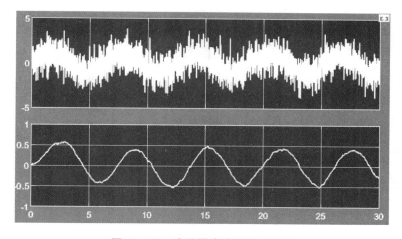

图 10-39　滤波器滤波前后的波形

使用 S-Function Builder 自动生成 C MEX S 函数,用户可以省去编写调试 C 语言的时间,可以不用了解如何使用 SimStruct 类提供的宏函数来获取输入/输出端口和参数的值等,对于希望加速及自动生成 S 函数构建却又不太熟悉 C MEX S 函数的用户来说不失为一种选择。

2. Legacy Code Tool

对于很多用户来说,Simulink 库中提供的现成模块并不足以满足他们的使用场合。他们中很多以前采用传统的软件开发方式,既存了大量的 C 代码,这其中包括算法或者设备驱动的代码,还有经过长期大量的实验获取的数据所形成的查找表(lookup table)。为了加速开发进程,并将既有的宝贵财产继承下去,Simulink 提供了另外一个工具——Legacy Code Tool (LCT),它能够将既存的 C/C++代码转换为 Simulink 模型中可以使用的 C MEX S 函数,同时也能生成用于代码生成的 tlc 文件。LCT 会将用户既存的算法代码插入到 C MEX S 函数

的 Outputs 子方法中,用户需要提供给这个工具足够的信息以自动生成 C MEX S 函数,这些信息包括:

① 安装一个 MATLAB 能识别的 C 编译器;
② S 函数名;
③ 既存算法的函数原型;
④ 为了编译既存 c 文件所需要的其他头文件、源文件以及它们所存放的路径。

有了上述内容,通过核心命令 legacy_code 进行工具的启动和对象的创建,将上述信息一一添加到 LCT 的实例对象中去,就能够生成 C MEX S 函数;另外,可以选择生成 S 函数的模块 tlc 文件来生成 C 代码,应用于嵌入式芯片中。legacy_code 命令可以完成以下几件事情:

① 根据既有 C 代码初始化 LCT 的数据结构;
② 生成可以用于仿真的 C MEX S 函数;
③ 将生成的 S 函数编译链接为动态可执行文件(MEX 文件);
④ 生成一个封装起来的模块来调用这个 S 函数;
⑤ Simulink Coder 组件会生成这个 S 函数的模块级 tlc 文件。

图 10-40 所示为 LCT 的使用流程。

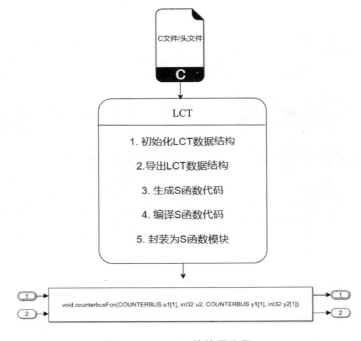

图 10-40　LCT 的使用流程

初始化 LCT 数据结构,使用字符串"initialize"作为 legacy_code 的参数来初始化一个 LCT 对象,其代码如下:

```
lct_spec = legacy_code('initialize');
```

可以通过返回值观察 LCT 对象的数据结构:

```
lct_spec = 

              SFunctionName    : ''
    InitializeConditionsFcnSpec : ''
              OutputFcnSpec    : ''
               StartFcnSpec    : ''
           TerminateFcnSpec    : ''
                HeaderFiles    : {}
                SourceFiles    : {}
               HostLibFiles    : {}
             TargetLibFiles    : {}
                   IncPaths    : {}
                   SrcPaths    : {}
                   LibPaths    : {}
                 SampleTime    : 'inherited'
                    Options    : [1x1 struct]
```

LCT 对象的各个属性及其作用如表 10.5.17 所列。

表 10.5.17 LCT 对象的各个属性及其作用

属性名	作　　用
SFunctionName	所生成 S 函数的名字
InitializeConditionsFcnSpec	应用于 InitializeConditions 子方法中的既存 C 代码函数原型
OutputFcnSpec	应用于 OutputFcn 子方法中的既存 C 代码函数原型
StartFcnSpec	应用于 StartFcn 子方法中的既存 C 代码函数原型
TerminateFcnSpec	应用于 TerminateFcn 子方法中的既存 C 代码函数原型
HeaderFiles	声明既存 C 函数及其他需要编译的头文件
SourceFiles	定义既存 C 函数及其他需要编译的源文件
HostLibFiles/TargetLibFiles	主机/目标端编译 c 文件所依赖的库文件
IncPaths	LCT 搜索路径寻找编译需要的头文件
SrcPaths	LCT 搜索路径寻找编译需要的源文件
LibPaths	LCT 搜索路径寻找编译需要的库和目标文件
Sample Time	采样时间有 3 个选项,即 Inherited(继承源模块的采样时间)、Parameterized(可以调节)和 Fixed(用户明确指定固定采样时间)
Options	控制 S 函数 Options 的选项

对于初始化的 LCT 对象 lct_spec,通过域操作符"."即可访问表 10.5.17 中的各个成员并进行赋值,如规定将要生成的 S 函数名:

```
lct_spec.SFunctionName = 'sfun_lct';
```

应用于 InitializeConditions、OutputFcnSpec、StartFcnSpec 和 TerminateFcnSpec 这 4 个子方法中的既存 C 代码函数原型需要以字符串的方式输入,包括返回值类型、函数名、输入参数列表 3 个部分,如下:

$$\text{return-spec} = \text{function-name}(\text{argument-spec})$$

在 return-spec 和 argument-spec 中,输入变量使用 u,输出变量使用 y,参数使用 p 表示。

对于初始化的 LCT 对象 lct_spec,可以有以下命令执行动作:

- legacy_code('help')——打开 LCT 工具的详细使用说明的帮助文档;
- legacy_code('sfcn_cmex_generate', lct_spec)——根据 lct_spec 生成 S 函数源文件;
- legacy_code('compile', lct_spec)——对生成的 S 函数进行编译链接;
- legacy_code('slblock_generate', lct_spec, modelname)——生成一个封装模块,用于调用生成的 S 函数,并自动将此模块添加到名为 modelname 的模型文件里;
- legacy_code('sfcn_tlc_generate', lct_spec)——生成 S 函数配套的 tlc 文件,用于加速仿真模式或用于支持模型生成嵌入式 C 代码;
- legacy_code('rtwmakecfg_generate', lct_spec)——生成 rtwmakecfg.m 文件,此文件用于生成适用于当前 lct_spec 对象的 makefile 的 M 脚本。

例如,将既有的正弦计算 C 代码使用 LCT 集成到 Simulink 模型中并实现功能仿真。在传统嵌入式应用开发中考虑批量生产,需要考虑降低 MCU 芯片成本,例如采用不支持浮点计算的低成本 MCU,或者即使选用支持浮点计算的 MCU 也会尽量优化算法以提高计算效率,节省硬件存储空间。正弦计算 Sin 本身是一个精度要求极高的浮点运算,但是当应用于低成本 MCU 中时必须使用定点格式计算,所以不得不考虑将正弦计算精度降低到一个合适的程度;另外,考虑正弦函数本身是周期性的,所以只需要根据 MCU 数据的分辨率提供一个包含一个周期内所有采样点的值的表,那么在输入为任何数值时,根据周期性将输入转换为一个周期内的输入就可以获取其正弦值了。因为查表计算速度相较于通过泰勒级数开展的公式计算正弦值要快得多。一个周期内的正弦波可以划分为四个区间,如图 10-41 所示。

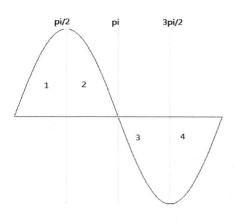

图 10-41 一个周期内正弦波的 4 个区间

进一步思考可以发现:不用提供一个完整周期的数据即可获取任何输入的正弦值。一个周期的正弦波可以按照[0, pi/2],[pi/2, pi],[pi, 3pi/2],[3pi/2, 2pi]四个区间分为四部分,称为区间 1,2,3,4。区间 2 与区间 1 左右对称,区间 3 与区间 2 中心对称,区间 4 与区间 3 左右对称。那么只需要提供区间 1 内的正弦值表即可通过坐标变换和取负值操作得到其余三个区间的正弦值。按照这个思路,可以准备一个周期内的正弦值 C 数组变量,例如 EmMath.c 文件中的数组 SinTbl,代码如下:

```
#include"EmMath.h"

const unsigned short SinTbl[] = {0x0000,                                    //0
0x0019, 0x0032, 0x004B, 0x0064, 0x007D, 0x0096, 0x00AF, 0x00C8, 0x00E2, 0x00FB,//10
0x0114, 0x012D, 0x0146, 0x015F, 0x0178, 0x0191, 0x01AA, 0x01C3, 0x01DC, 0x01F5,//20
0x020E, 0x0227, 0x0240, 0x0258, 0x0271, 0x028A, 0x02A3, 0x02BC, 0x02D4, 0x02ED,//30
0x0306, 0x031F, 0x0337, 0x0350, 0x0368, 0x0381, 0x0399, 0x03B2, 0x03CA, 0x03E3,//40
0x03FB, 0x0413, 0x042C, 0x0444, 0x045C, 0x0474, 0x048C, 0x04A4, 0x04BC, 0x04D4,//50
0x04EC, 0x0504, 0x051C, 0x0534, 0x054C, 0x0563, 0x057B, 0x0593, 0x05AA, 0x05C2,//60
0x05D9, 0x05F0, 0x0608, 0x061F, 0x0636, 0x064D, 0x0664, 0x067B, 0x0692, 0x06A9,//70
0x06C0, 0x06D7, 0x06ED, 0x0704, 0x071B, 0x0731, 0x0747, 0x075E, 0x0774, 0x078A,//80
0x07A0, 0x07B6, 0x07CC, 0x07E2, 0x07F8, 0x080E, 0x0824, 0x0839, 0x084F, 0x0864,//90
```

```
0x087A, 0x088F, 0x08A4, 0x08B9, 0x08CE, 0x08E3, 0x08F8, 0x090D, 0x0921, 0x0936,//100
0x094A, 0x095F, 0x0973, 0x0987, 0x099C, 0x09B0, 0x09C4, 0x09D7, 0x09EB, 0x09FF,//110
0x0A12, 0x0A26, 0x0A39, 0x0A4D, 0x0A60, 0x0A73, 0x0A86, 0x0A99, 0x0AAB, 0x0ABE,//120
0x0AD1, 0x0AE3, 0x0AF6, 0x0B08, 0x0B1A, 0x0B2C, 0x0B3E, 0x0B50, 0x0B61, 0x0B73,//130
0x0B85, 0x0B96, 0x0BA7, 0x0BB8, 0x0BC9, 0x0BDA, 0x0BEB, 0x0BFC, 0x0C0C, 0x0C1D,//140
0x0C2D, 0x0C3E, 0x0C4E, 0x0C5E, 0x0C6E, 0x0C7D, 0x0C8D, 0x0C9C, 0x0CAC, 0x0CBB,//150
0x0CCA, 0x0CD9, 0x0CE8, 0x0CF7, 0x0D06, 0x0D14, 0x0D23, 0x0D31, 0x0D3F, 0x0D4D,//160
0x0D5B, 0x0D69, 0x0D76, 0x0D84, 0x0D91, 0x0D9F, 0x0DAC, 0x0DB9, 0x0DC6, 0x0DD2,//170
0x0DDF, 0x0DEB, 0x0DF8, 0x0E04, 0x0E10, 0x0E1C, 0x0E28, 0x0E33, 0x0E3F, 0x0E4A,//180
0x0E55, 0x0E60, 0x0E6B, 0x0E76, 0x0E81, 0x0E8B, 0x0E96, 0x0EA0, 0x0EAA, 0x0EB4,//190
0x0EBE, 0x0EC8, 0x0ED1, 0x0EDB, 0x0EE4, 0x0EED, 0x0EF6, 0x0EFF, 0x0F07, 0x0F10,//200
0x0F18, 0x0F21, 0x0F29, 0x0F31, 0x0F39, 0x0F40, 0x0F48, 0x0F4F, 0x0F56, 0x0F5D,//210
0x0F64, 0x0F6B, 0x0F72, 0x0F78, 0x0F7F, 0x0F85, 0x0F8B, 0x0F91, 0x0F96, 0x0F9C,//220
0x0FA1, 0x0FA7, 0x0FAC, 0x0FB1, 0x0FB6, 0x0FBA, 0x0FBF, 0x0FC3, 0x0FC7, 0x0FCB,//230
0x0FCF, 0x0FD3, 0x0FD7, 0x0FDA, 0x0FDE, 0x0FE1, 0x0FE4, 0x0FE7, 0x0FE9, 0x0FEC,//240
0x0FEE, 0x0FF0, 0x0FF2, 0x0FF4, 0x0FF6, 0x0FF8, 0x0FF9, 0x0FFB, 0x0FFC, 0x0FFD,//250
0x0FFE, 0x0FFE, 0x0FFF, 0x0FFF, 0x0FFF, 0x0FFF};                              //256


/************************************************************
Function name: Em_Sin
description:     calculate the value of sin(theta)
input:           Angle(0x3FFFFF    equal   one Cycle
output:          sine value from the hex table
************************************************************/
signed long Em_Sin(unsigned long Angle)
{
    unsigned long AngleTemp;
     signed long SineValue;

    AngleTemp =  Angle >> 12;
    AngleTemp &= 0x03FF;             //0~1024

    if (AngleTemp <= 256)
    {
        SineValue = SinTbl[AngleTemp];
    }
    else if (AngleTemp <= 512)
    {
        AngleTemp = 512 - AngleTemp;
        SineValue = SinTbl[AngleTemp];
    }
    else if (AngleTemp <= 768)
    {
        AngleTemp -= 512;
        SineValue =- SinTbl[AngleTemp];
    }
    else if (AngleTemp <= 1024)
    {
        AngleTemp = 1024 - AngleTemp;
        SineValue =- SinTbl[AngleTemp];
    }

    return (SineValue);
}
```

该文件提供了一个 SinTbl 数组,存放[0,pi/2]区间上分辨率为 1/256 的数据,通过十六进制整数[0x0000,0x0FFF]表示实际值 0～1。该函数将输入的 32 位无符号整型数据转换为表格中对应的数据点索引号,按照索引号进行相应变换取得正确的正弦值。那么根据这个资源使用 LCT 将其集成到 Simulink 模型中,生成 C MEX S 函数 c 文件,并进行仿真。

注意: LCT 生成的 C MEX S 函数输入端口都被设定为直接馈入。

EmMath.c 和 EmMath.h 文件复制到工作目录下,省去了输入相对路径或绝对路径的麻烦。将 S 函数名初始化为 sfun_Em_Math.c,根据 C 函数原型,将 unsigned long 和 signed long 映射为 Simulink 支持的数据类型,根据符号和字长分别映射为 uint32、int32,函数的输入参数使用 u1,返回值即输出参数使用 y1 替换,规定 S 函数中原型函数的原型如下:

```
int32 y1 = Em_Sin(uint32 u1)
```

配置之后,生成名为 Em_Sin 的 C MEX S 函数,并编译为 MEX 文件,自动添加到模型 lct_model 中去,并将上述需要初始化的信息编写为 M 语言:

```
lct_spec = legacy_code('initialize');
lct_spec.SFunctionName = 'sfun_Em_Math';
lct_spec.HeaderFiles = {'EmMath.h'};
lct_spec.SourceFiles = {'EmMath.c'};
% signed long Q12_Sin(unsigned long Angle)
lct_spec.OutputFcnSpec = 'int32 y1 = Em_Sin(uint32 u1)';
legacy_code('sfcn_cmex_generate', lct_spec);
legacy_code('compile', lct_spec);
legacy_code('slblock_generate', lct_spec, 'lct_model');
```

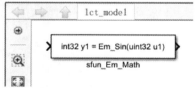

图 10-42 LCT 工具生成的 S 函数模块

运行上述代码之后,在 Command Window 中显示出编译成功的信息并自动建立一个名为 lct_model 的模型,将生成的 S 函数封装成模块显示到模型中,如图 10-42 所示。

同时,在当前文件夹下已经存放了自动生成的 sfun_Em_Math.c 和编译其之后生成的动态可执行文件 sfun_Em_Math.mexw64(使用 64 位 Windows)。sfun_Em_Math.c 在其 mdlOutputs 子方法中对 Em_Sin 函数进行了调用,如图 10-43 所示。

下面通过模型仿真来验证生成的模块是否能够实现原本 C 代码的正弦波查表计算功能。源代码设计输入为[0,1 023]的 uint32 型整数时能够输出一个周期内的正弦值。在源代码中存在以下语句:

```
AngleTemp = Angle >> 12;
```

也就是将输入量右移 12 位之后才是[0,1 023]范围数据。如果在模型中给定输入时期待的是 0～1 023 的向量输入,那么由于 S 函数模块会进行右移 12 位的操作,所以需要将其放大 2^{12} 倍后再输入 S 函数以保持这个过程中的输入值不变。建立的模型如图 10-44 所示。

From Workspace 模块中的信号 simin 使用下述脚本产生[0,1 023]的时间序列(timeseries):

```
/* Function: mdlOutputs =======================================
 * Abstract:
 *   In this function, you compute the outputs of your S-function
 *   block. Generally outputs are placed in the output vector(s),
 *   ssGetOutputPortSignal.
 */
static void mdlOutputs(SimStruct *S, int_T tid)
{

    /* Get access to Parameter/Input/Output/DWork data */
    int32_T* y1 = (int32_T*) ssGetOutputPortSignal(S, 0);
    uint32_T* u1 = (uint32_T*) ssGetInputPortSignal(S, 0);


    /* Call the legacy code function */
    *y1 = Em_Sin(*u1);
}
```

图 10 - 43　自动生成 S 函数的 mdlOutputs 子方法

图 10 - 44　正弦查表模块的仿真模型

```
stop_time = get_param(gcs, 'StopTime');
simin.time = [0:str2num(stop_time)]';
simin.signals.values = [0:length(simin.time) - 1]';
simin.signals.demensions = [length(simin.time) 1];
```

一个完整的正弦波包含了 256×4＝1 024 个点, 在仿真步长为 1 s 的情况下, 需要设置模型的仿真时长为 1 023 s。每一秒输入时间给正弦波查表模块, 正弦波查表模块输出对应的正弦波查表值。运行仿真之后, 得到一个完整周期的正弦波图像, 如图 10 - 45 所示。

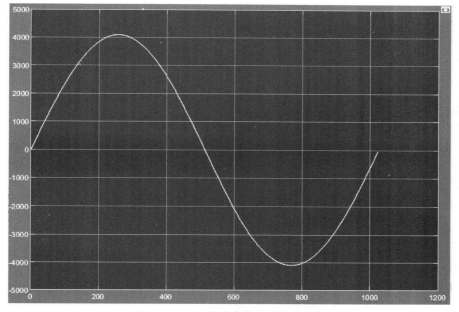

图 10 - 45　正弦查表模块的仿真图像

仿真输出标准的正弦波，其幅值在 0～4 095 之间，这是因为 Em_Sin 函数输出的是定点格式数据，在仿真时可以后跟一个 1/4 095 的 Gain 模块将其缩小到 0～1 的范围。MCU 中之所以使用 0～4 095 表示 0～1 的值，是为了能够对小数进行精度为 1/4 096 的计算，如果只是用 0～1 表示 0～1，则 0.1、0.03 这样的小数便无法计算，导致精度太低而无法应用到工程中去。上述模型前的 Gain 模块负责将真实世界的值转化为 MCU 内部的数值，而输出后，如果再接一个增益为 1/4 096 的 Gain 模块，就会将 MCU 计算出的值再转换为真实世界的值。定点 MCU 为了能够以足够的精度表现真实世界的值，必须使用上述方法。

第 11 章 模块的封装

Simulink 自带功能强大的模块库,同时也提供给用户自定义模块的 S 函数模块以及各种 S 函数的编写方式。当用户编写了自定义的 S 函数之后,可以通过封装为这个模块设计模块显示外观,并为 S 函数所需要的参数添加对应的控件,共同构成模块的参数对话框。另外,当用户使用 Simulink 标准库中的模块搭建子系统之后,也可以通过封装为这个子系统追加参数对话框。而封装的方法既可以通过手动添加控件设置属性的方法,也可以直接通过编程来自动化实现。

双击任意一个 Simulink Library Browser 中提供的模块,将弹出一个对话框,它包括模块功能的说明、参数的标签及其可编辑控件,其中常见的控件有 Edit、Check box 和 Popup-u 等;并且可以根据其参数相关性将控件分类,同类参数的控件放置在一个标签页上,起到美观与简化界面的作用。每个参数都对应模块内部 S 函数的参数(或者内部子模块参数),在对话框的右下方有 4 个按钮,其中当 Help 按钮被按下时将弹出详细解释该模块功能以及每个参数使用方法的文档。

封装是用户构建如上所述的以对话框为接口的交互界面的过程,它将复杂的模块逻辑关系隐蔽起来,封装之后仅提供给用户 GUI 界面,用于输入参数。用户仅需要通过图形界面操作不用编辑模型或编写代码即可实现的功能。

创建封装的方式有多种,可以通过 Mask Editor 创建,也可以通过编写 M 代码定制创建过程,两种方法可以根据应用场景有所取舍。例如,当封装一个比较简单的模块时,可以使用 Mask Editor 创建方法;当封装一个大型复杂的(如带有数百个参数)模块时,可以采用 M 代码开发自动化脚本来自动完成封装过程。

11.1 Mask Editor 封装模块

对于初学者,初期实践封装过程时,针对参数较少的模块,可以采用 Mask Editor 封装方法。使用 Mask Editor 封装方法可以更细致地了解模块参数对话框的数据结构及其特性,在此基础上使其完成 M 代码定制创建过程。Mask Editor 封装的对象有两种:一种是由 Simulink Library Browser 中的模块或由多个模块构成的子系统,另一种则是由 S 函数编写成的模块。前者模块的每个参数都已具有变量名和依附的控件,只需要将其链接到新封装的 GUI 控件上即可;而后者需要为每个参数创建变量名和参数控件。

11.1.1 封装模块构成的子系统

以"y=a*x^2+b"这个简单的数学模型为例,其中 x 为输入,y 为输出,a、b 为参数,该数学模型可以被以下模型表示出来,如图 11-1 所示。

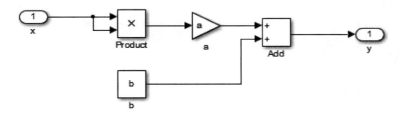

图 11-1 "y=a*x^2+b"的模型

其中,参数 a 为 Gain 模块的增益值,参数 b 为 Constant 模块的常数值。封装需要将这两个参数以对话框的形式提供给用户定义。选中图 11-1 中的所有模块与信号线后,按下 Ctrl+G 快捷键即可创建子系统。更改模块大小并移动到合适位置,修改子系统模块名为 "y=a*x^2+b",以使封装模块简明、美观,修改后的子系统如图 11-2 所示。

图 11-2 修改后的子系统("y=a*x^2+b")

右击子系统模块,在弹出的快捷菜单中选择 Mask→Create Mask 命令(见图 11-3),打开 Mask Editor 对话框。

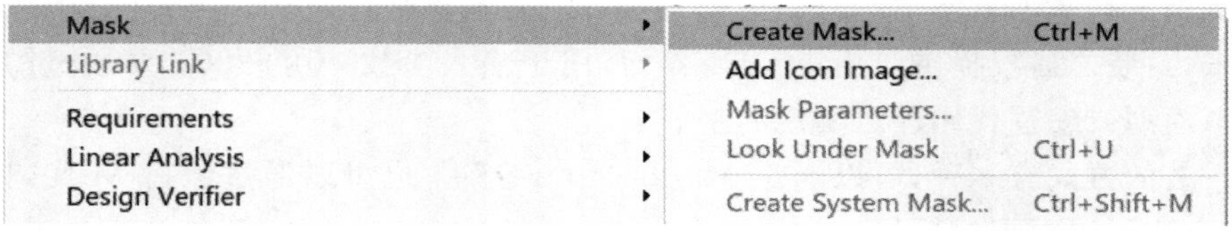

图 11-3 选择 Mask→Create Mask 命令

Mask Editor 对话框如图 11-4 所示,包括 4 个标签,作用分别如下:
Icon & Ports:编辑子系统的模块外观,如在子系统图标中添加线条、文本、图像等;
Parameters & Dialog:添加或修改模块参数,并为其设计控件类型;
Initialization:编辑子模块的初始化脚本;
Documentation:添加子模块的功能介绍及 help 文档路径。
完整的封装过程包括 4 个选项卡中的数据配置,即 Icon & Ports、Parameters & Dialog、Initialization、Documentation。如果用户没有特别严格的初始化时刻要求,则可以不设置 Initialization 选项卡中的内容。
首先需要在 Icon & Ports 选项卡中的 Icon drawing commands 文本框中输入 M 脚本,将文字、图像或者绘制线条等图示显示到子系统的图标上去。最常用的函数有 disp、text、image

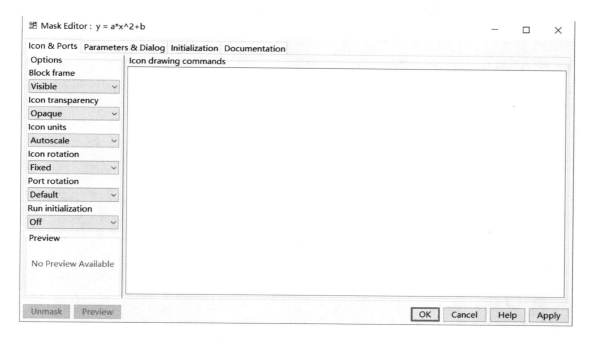

图 11-4　Mask Editor 对话框

和 color 等。使用 disp 函数将文本显示在模块居中的位置，如图 11-5 所示。

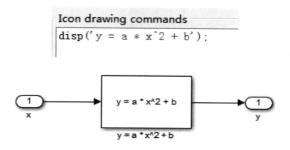

图 11-5　使用 disp 函数将文本显示在模块居中的位置

disp 函数只能将字符串显示到子系统框图的中央，使用 text 函数可以自由地控制文字显示的位置，但是与在 M Editor 与 Command Window 中的使用是有区别的。在 M 脚本中使用 text 时，是在 Figure 窗口内的 axes 界面来给定位置显示文本，而在 Icon drawing commands 文本框中使用 text 则受到限制，比如，不能设置字体大小、加粗等效果。简单地讲，读者可以理解为，在 M Editor 或 Command Window 中使用的 text 函数与子系统封装的 text 函数是不同的函数，或者说是不同类中的函数。使用子系统封装的 text 函数时只能有以下几个方式：

① "text(x, y, 'text')"：x, y 表示坐标对，指 text 文本相对原点所显示的位置。

② "text(x, y, 'text', 'horizontalAlignment', 'halign', 'verticalAlignment', 'valign')"：设置文本显示的坐标及方位。

③ "text(x, y, 'text', 'texmode', 'on')"：开启 Tex 模式。

此函数产生的对象没有其他属性可以使用，所以这里不能使用 text 函数设置字体大小、加粗等效果。通常采用方式②进行文本位置的显示：

```
text(0, 0, 'y = a * x^2 + b', 'horizontalAlignment', 'left',
'verticalAlignment', 'bottom')
```

这样就将表达式显示到模块的左下角,如图 11-6 所示。

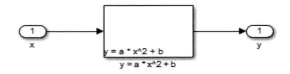

图 11-6 使用 text 函数将表达式显示到模块的左下角

text 函数的前两个参数为文本起点位置相对于坐标原点的位移坐标,建议使用在归一化坐标中,范围控制在[0,1]上。用户可以在 Icon&Ports 选项卡中通过选择 Icon Units→Normalized→Normalized 来开启归一化坐标单位(见图 11-7)。而后两个属性 horizontalAlignment 与 verticalAlignment 是坐标原点的选定。此后,再输入以下语句:

```
text(0.3, 0.5, 'y = a * x^2 + b', 'horizontalAlignment', 'left',
'verticalAlignment', 'bottom')
```

这样,文本显示的起点位置相对于坐标原点(左下角)在横轴右移了 0.3 个单位长度,在纵坐标上移了 0.5 个单位长度,如图 11-8 所示。

在 text 函数与 disp 函数语句之前使用 color 函数,可以规定它们显示文本时所使用的颜色。其可以使用的参数包括 blue、green、red、cyan、magenta、yellow 和 black,如使用红色:

```
color('red');
```

单击 OK 按钮,关闭 Mask Editor 对话框,模块显示如图 11-9 所示。

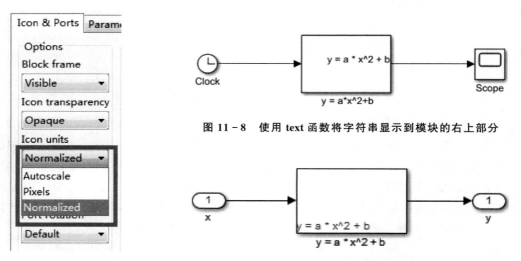

图 11-7 使用归一化坐标单位　　图 11-9 使用 color 函数控制文字显示的颜色

如果想使用多种颜色,则需要使用多个 color 函数来分段调整文字的颜色。如:

```
color('red');
text(0,0, 'y = a * x^2 + b', 'horizontalAlignment', 'left', 'verticalAlignment', 'bottom');
disp('Thanks Eflen!');
```

```
color('cyan');
text(1,0,'hyo','horizontalAlignment','right','verticalAlignment',
'bottom');
```

编辑完上述代码之后单击 OK 按钮,关闭 Mask Editor 对话框,此时模块显示如图 11-10 所示。

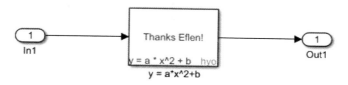

图 11-10　使用 color 函数控制文字显示不同的颜色

模块图标上还可以显示图片。下面举例说明如何使用 image 与 imread 函数,将图片显示到子系统或 S 函数模块图标上去。准备一张名为 Mask_demo01.jpg 的图片,在 Icon drawing command 文本框中输入以下语句,将会获得全伸展的图片显示效果。

```
image(imread('Mask_demo01.jpg'));
```

单击 OK 按钮关闭 Mask Editor 对话框,模块显示如图 11-11 所示。

图 11-11　使用 image 与 imread 函数将图片显示到模块上

当希望图片只在部分区域显示时,可以使用 image 函数的第二个参数来规定显示的位置:

```
image(imread('Mask_demo01.jpg'),'top-left');
```

将上句输入到 Icon drawing command 文本框中,然后单击 OK 按钮,关闭 Mask Editor 对话框,模块显示如图 11-12 所示。

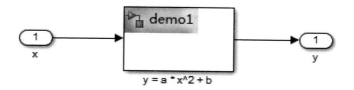

图 11-12　使用 image 与 imread 函数将图片显示到模块局部

image 函数可以通过添加字符串类型位置参数来控制图片显示在模块上的位置,包括 4 种,如图 11-13 所示。

用户可以根据需要显示的位置来选择对应的参数名。

所封装模块的图标上还可以通过 plot 函数绘制图像,该图像能够直观地将这个模块所表示的函数图像表示出来。但是,这个要求开发者在封装完 Parameters&Dialog 之后才能实现。在 Icon drawing commands 文本框中输入以下代码来获取对话框中封装的参数,并绘制自变

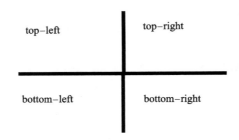

图 11-13　将图片显示到模块位置的参数名

量在[0,10]范围内的图像。

```
a = str2num(get_param(gcbh, 'g_a'));
b = str2num(get_param(gcbh, 'g_b'));
t = 0:0.1:10;
plot(t, a * t.^2 + b);
```

在参数对话框中输入"a=1，b=20"然后单击 OK 按钮，模块图标如图 11-14 所示。

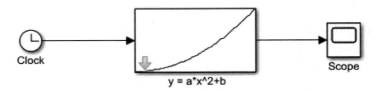

图 11-14　使用 plot 函数将数学图像绘制到模块图标上

封装子系统的模块时还可以使用 port_label 函数对输入/输出端口名称的显示进行设置，该函数的使用方式如下：

```
port_label('port_type', port_number, 'label', 'texmode', 'on')
```

参数说明：

- port_type：指定输入或输出端口，使用"input""output"表示。当子模型为使能子系统、触发子系统或与流控制相连的动作子系统时，也可以指定使能端口、触发端口或动作端口，分别使用"Enable""trigger""Action"。
- port_number：当使用 port_type 指定的端口类型存在多个端口时，此参数用来指定端口序号，从 1 开始。

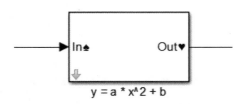

图 11-15　自定义输入/输出端口的显示符号

- label：在指定的端口显示的文本字样。
- texmode 和 on：这两个参数合起来表示 Tex 模式是否开启。若为 texmode 和 off，则表示关闭 Tex 模式。将以下代码输入 Icon drawing commands 文本框，单击 OK 按钮，可以看到如图 11-15 所示的图标。

```
port_label('input',1,'In\spadesuit','texmode','on');
port_label('output',1,'Out\heartsuit','texmode','on');
```

设计完模块的显示外观之后，需要在 Parameters&Dialog 选项卡中定义对话框的控件。

该选项卡如图 11-16 所示。

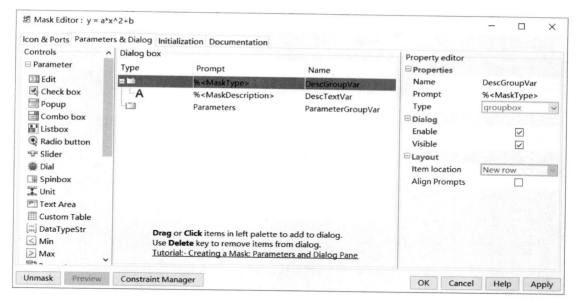

图 11-16　Parameters & Dialog 选项卡

　　选项卡左侧有一个名为 Controls 的列表框，MaskControl 按照类型的不同可将其分为 Parameter、Display 和 Action 三种，并且它们分别提供了一些子控件。

　　Parameter：包括 Edit、Check box、Popup 和 Radio button 等控件，它们具有 Value 属性，用户能够输入或选择该参数的值，并且将这个值以变量的形式传递到模块内部使用；另外，用户可以定义控件参数值发生变化时所触发的回调函数。

　　Display：包括 Panel、tab、groupbox、text 和 image 五个控件，它们共同的作用是提示用户信息，比如显示文字或图片，或者使用 Panel、tab 和 groupbox 进行分组；另外，控件 tab 和 groupbox 内部还可以再使用 Mask Controls。其中，tab 控件与其他控件有所不同，不能直接添加到模块对象中，需要与称为 tabcontainer 的隐藏控件共同使用，具体编程方法将在后面给出。这些控件仅在视觉上起到简明、美观的提示作用，而没有 Value 属性和回调函数。

　　Action：包括超链接和按钮两种控件。它们能够通过单击动作触发用户自定义的回调函数，但是控件本身没有变量名，也不具备传递值到封装的模型或 S 函数内部的功能。

　　Dialog Box 列表框中是当前对话框已经包含的控件信息表格，表格默认显示三个属性：Type、Prompt 和 Name，分别表示控件的类型、说明和变量名。新建的 Mask Editor 中默认提供三个 Display 类型的控件：MaskType(Panel)、MaskDescription(Text) 和 Parameters(Panel)。前两个都是为了从 Documentation 选项卡中提取对应信息显示到所封装模块的参数对话框中，第三个则是为用户接下来封装的控件提供一个 Panel 组名。

　　封装时，用户从 Controls 列表框提供的控件中选择一个，如 Edit，该控件类型就会自动追加到 Dialog box 列表框中（见图 11-17）。Type 列显示 ♯1 等序号（递增）的控件是 Control 类型，它们具有参数名，供编程时访问或更改其属性。其他类型控件如 Display、Container、Action 不具有参数，Type 列也不显示序号。Prompt 的默认值为空字符，用户可以输入简短的文字以说明该控件的用意。Name 列为该控件的变量名，可以通过该变量名在被封装的模块或 S 函数内部访问该控件的值。

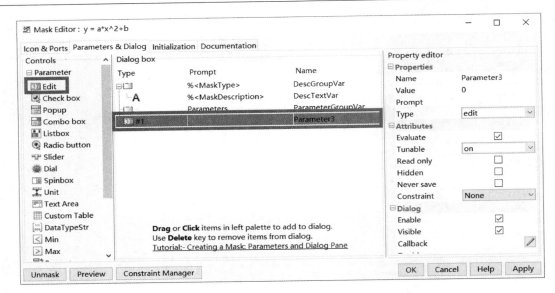

图 11-17 添加控件到 Dialog box 列表框中

提示：此变量名主要表征对话框 GUI 中的参数，在代码生成时会传递到 S 函数中、rtw 文件中及 tlc 文件中。同一个变量在整个参数传递过程中将多次使用，尤其在 C MEX S 函数的 c 文件中更是多次出现在各个子方法中。建议用户添加前缀来加以区分，以免出现混淆。例如在对话框中的变量，则建议使用以 g_ 为开头的变量名，在 c 文件中使用以 c_ 为开头的变量名，在 tlc 中使用以 t_ 为开头的变量名。

当 Dialog box 列表框中的某一个控件被选中时，会在其最右侧的 Property editor 中显示该控制的属性，常用属性的属性名、所属组别与作用如表 11.1.1 所列。

表 11.1.1　Property editor 中显示的属性

属性名	组别	作用
Name	Properties	控件变量名
Value		控件变量的值
Prompt		控件作用提示文字
Type		控件类型选择
Evaluate	Attributes	控件中输入的内容作为字符串 str，并进行一次 eval(str) 操作
Tunable		仿真过程中控件值是否可变
Read only		只读，不可编辑
Hidden		隐藏控件
Never save		即使控件值改变也不保存
Constraint		向所选参数添加约束
Enable	Dialog	仅在 Read only 不使能时才能够使用，若不使能，则用户不可编辑控件，控件显示为灰色
Visible		控制控件是否可见，仅当 Hidden 取消选中时才可使用
Callback		编写或调用控件的回调函数

续表 11.1.1

属性名	组 别	作 用
Item location	Layout	New/Current Row,设定控件放在当前行或者另起一行
Prompt location		Top/Left,设定说明文字在控件的上方或左方
Orientation		设定滑块和单选按钮的水平或垂直方向
Horizontal stretch		调整封装对话框的大小时,封装对话框上的控件水平拉伸

对于"y=a*x^2+b"这个子系统,模型运行仿真时,a、b 这两个参数需要具备实际的值。通过封装使得用户在参数对话框中输入参数即可,而无须关注具体的计算逻辑。a、b 的值都需要由用户指定,而不限定取值范围,因此使用 Edit 控件。不妨设置初始值为 0。由于希望用户修改该值后可以保存修改后的值,故取消选中 Never save、Read only 和 Hidden 对话框,选中 Enable 和 Visible 复选框。为了界面紧凑,将 a、b 两个参数放到对话框的同一行,将 a 的 Item location 设置为 New row,Prompt location 设置为 Left,Name 设置为 g_a;将 b 的 Item location 设置为 current row,Prompt location 设置为 Left。Simulink 模块对话框的控件位置不能像 GUIDE 中那样自由地使用鼠标拖动或使用 Position 属性定位,这里只能通过 Item location 和 Prompt location 两个属性的设置来实现控件的布局,如图 11-18 所示。

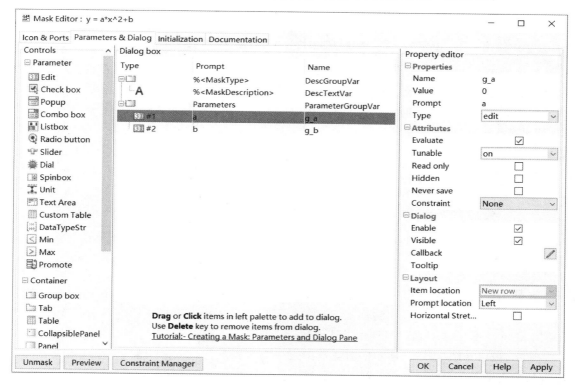

图 11-18 为参数 a 和 b 设计控件类型及属性

按照上述属性设计完之后单击 OK 按钮保存并关闭 Mask Editor 对话框,再双击"y=a*x^2+b"模块打开刚才设计的对话框进行查看,此时 a、b 两个参数的控件在同一行显示,如图 11-19 所示。

当在此对话框中输入 a 和 b 的值时,两个值会分别传递给 g_a、g_b 这两个 Mask 变量。

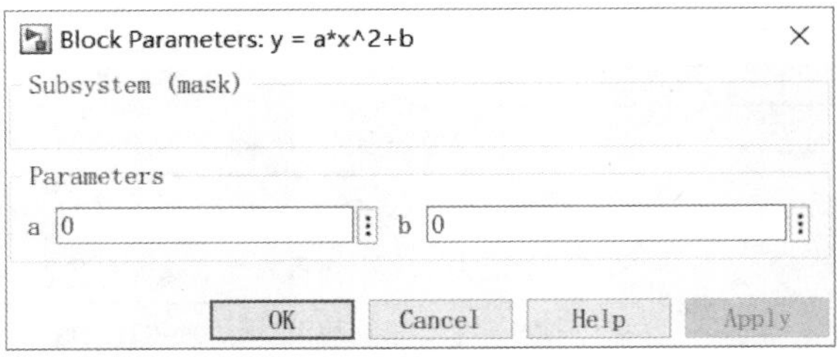

图 11-19 封装好的对话框

该子系统内部的 Gain 模块和 Constant 模块参数对话框中的 Gain 和 Constant value 分别设置为 g_a、g_b 即可。这样使用者只要修改子系统对话框中的值即可达到修改模块参数值的效果,如图 11-20 所示。

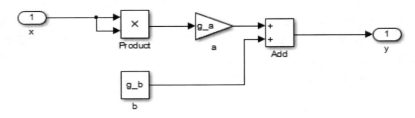

图 11-20 修改内部模块的参数名与封装参数名一致

然而对于这样的 Edit 控件,虽然期待使用者输入的都是数值,但是也存在输入非法字符的可能。为了规避这种情况,可以为 Edit 控件定制回调函数,当用户输入内容后自动进行合法性检查,如果不合要求则按照规定的方式给出提示。例如,规定此处 a、b 只能输入数据类型,如果输入字符串,则弹出错误提示框提示用户进行修改。检查功能可以 check_num 的函数形式实现,代码如下:

```
function check_num(param)
% 此函数检查参数值是否为数值类型
val = get_param(gcbh, param);
if isletter(val)
    errordlg(['Input value of ', param(end) ,' must be a number data - type! ']);
    return;
end
```

这是一个通用函数,适合 a、b 两个参数使用。首先根据调用时使用的 param 获取参数值,当参数的值是字母时,弹出错误提示框以提示用户输入要符合要求。在具有两个 Edit 控件的 Callback Editor 对话框中调用上述函数,如图 11-21 所示。

通常,可以在图 11-21 所示的对话框中直接编写脚本实现上述功能。但是,这个对话框中不具备 M Editor 提供的各种快捷方式,也不支持打断点等调试功能,一旦代码中有错误,调试将非常不便。所以,先在 M Editor 中设计好函数,保存后直接 Callback 文本框中调用该函数即可。选中参数后,单击右侧的 Callback 按钮即可打开 Callback Editor 对话框,然后为 a、b 两个参数分别输入调用的语句即可。

双击打开"y＝a＊x²＋b"模块,如果在 a 文本框中输入字母,那么当光标移开并单击对话框以外的地方,或者按下 OK 和 Apply 按钮时都会触发回调函数,弹出如图 11-22 所示的 Error Dialog 对话框。

第 11 章 模块的封装

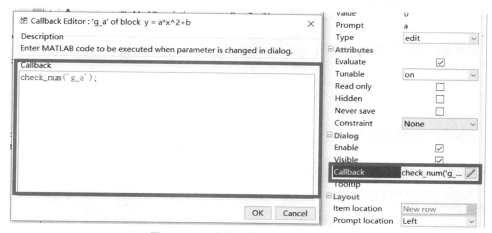

图 11 – 21 参数 a 的 Callback 文本框

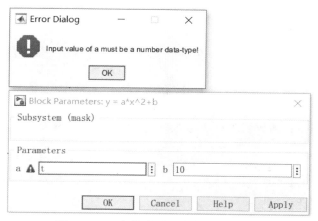

图 11 – 22 参数类型不对应的错误提示

现在仅仅规定了输入字母时的错误提示，如果输入的既不是字母也不是数字会怎么样呢？其实 Simulink 本身就具有一定的字符处理及检测机能。如果用户输入标点符号等非法字符，则会自动弹出如图 11 – 23 所示的错误提示框，说明这些字符是不被支持的。

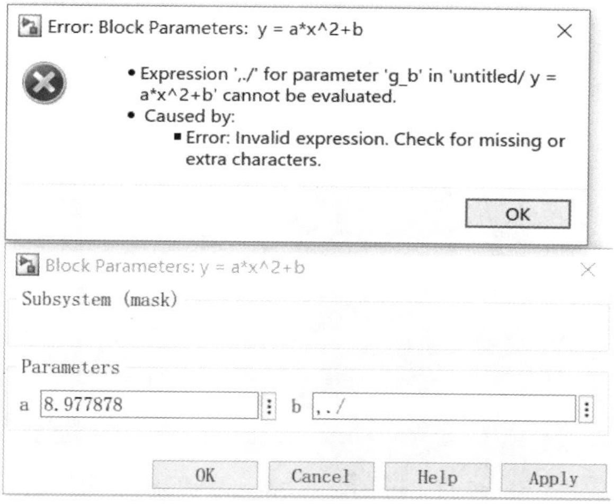

图 11 – 23 Simulink 的错误提示

Initialization 选项卡主要用于定义模块的初始化命令,已经封装过的参数名将列在其左侧,如图 11-24 所示。

图 11-24 Initialization 选项卡

此选项卡中可以输入 M 代码。该选项卡中的 Initialization commands 文中框中的内容执行的时刻包括以下几种情况：
① 在 Icon drawing commands 或 Initialization commands 文本框中更改封装的参数时；
② 当 Icon drawing commands 文本框中有内容翻转或旋转模块时；
③ 双击打开模块的参数对话框或单击 Mask Elitor 对话框中的 Apply、OK、Cancel 按钮关闭对话框时；
④ 当使用 set_param 函数更改模块参数的值时,甚至不更改,只是赋相同的值到某参数上时；
⑤ 复制此模块到同一模型中或其他模型中时；
⑥ 模型运行仿真时；
⑦ 模型编译生成代码时；
⑧ 在模型工具栏中选择 Update diagram 时(Ctrl+D 快捷键)。

如果需要在上述时刻触发某些动作,或者重新刷新绘制模块的外观,那么可以在 Initialization commands 文本框中编写 M 脚本或者像 Callback 那样调用 M 函数。

Documentation 选项卡主要用于补充模块的说明信息以及 Help 按钮的功能,如图 11-25 所示。

图 11-25 Documentation 选项卡

图 11-25 中 Type 的内容显示到模块参数对话框的左上角,Description 的内容紧接其后显示,如图 11-26 所示的"Custom(mask)"和"This block supplies a demo of masking"。

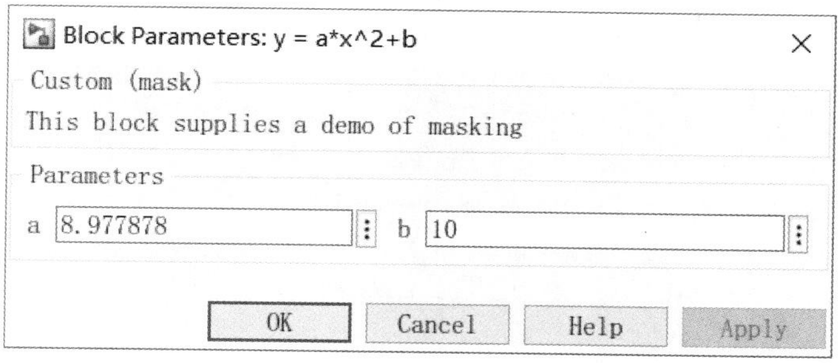

图 11-26 封装后 Type 和 Description 的内容显示到模块参数对话框中

图 11-25 中最下方的 Help 按钮用于链接模块的帮助文档,可以通过 helpview 命令打开 html 类型的帮助文档。当用户单击图 11-26 中的 Help 按钮时,即可启动帮助浏览器,将 xxx.html 文档显示在该浏览器中。

使用封装好的模块进行仿真,将模型的输入/输出换成 Clock 信号源与 Scope 示波器以便观察结果。当 a、b 文本框中都输入 1 时,仿真时间为 20 s 的仿真结果如图 11-27 所示。

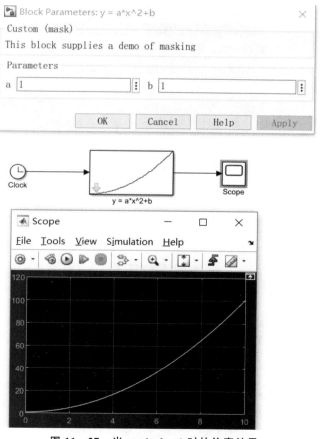

图 11-27 当 a=1,b=1 时的仿真结果

当 a=-1,b=1 时,仿真结果如图 11-28 所示。

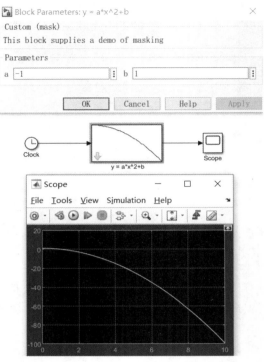

图 11-28　当 a=-1, b=1 时的仿真结果

当 a=0, b=20 时,仿真图像为一条直线,即仿真结果为一个常数。因为"x^2"的系数为 0,仿真模型的参数设定以及仿真结果如图 11-29 所示。

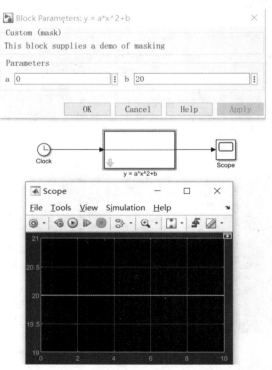

图 11-29　当 a=0, b=20 时仿真模型的参数设定以及仿真结果

11.1.2 封装 S 函数编写的模块

封装 S 函数编写的模块与封装 Simulink 标准模块组成的子系统有着相同的过程。以上述同一个数学表达式"$y=a*x^2+b$"为例,这个数学模型有一个输入、一个输出、两个参数(a 和 b),封装参数变量名仍采用 g_a、g_b,输入/输出为直接馈入关系,整个数学模型在每个步长内都在 Output 子方法中计算更新,不需要状态变量,Update 子方法中也不需要更新各个量的值,得到的 S 函数代码如下:

```
function [sys,x0,str,ts,simStateCompliance] = sfun_mask(t,x,u,flag,g_a, g_b)
switch flag,
case 0,
[sys,x0,str,ts,simStateCompliance] = mdlInitializeSizes;
case 1,
sys = mdlDerivatives(t,x,u);
case 2,
sys = mdlUpdate(t,x,u);
case 3,
sys = mdlOutputs(t,x,u,g_a, g_b);
case 4,
sys = mdlGetTimeOfNextVarHit(t,x,u);
case 9,
sys = mdlTerminate(t,x,u);
otherwise
DAStudio.error('Simulink:blocks:unhandledFlag', num2str(flag));
end
function [sys,x0,str,ts,simStateCompliance] = mdlInitializeSizes
sizes = simsizes;
sizes.NumContStates  = 0;
sizes.NumDiscStates  = 0;
sizes.NumOutputs     = 1;
sizes.NumInputs      = 1;
sizes.DirFeedthrough = 1;
sizes.NumSampleTimes = 1;
sys = simsizes(sizes);
x0  = [];
str = [];
ts  = [0,0];
simStateCompliance = 'UnknownSimState';
function sys = mdlDerivatives(t,x,u)
sys = [];
function sys = mdlUpdate(t,x,u)
sys = [];
function sys = mdlOutputs(t,x,u,g_a, g_b)
sys = g_a * u^2 + g_b;
function sys = mdlGetTimeOfNextVarHit(t,x,u)
sampleTime = 1;
sys = t + sampleTime;
function sys = mdlTerminate(t,x,u)
sys = [];
```

上述代码保存在 sfun_mask.m 文件中,从 Simulink Library Browser 中拖曳出 S-Function 模块,右击该模块,在"Block Parameter:S-Function"对话框中的 S-function name 文本框和 S-function parameters 文本框中分别输入 S 函数名及参数名,如图 11-30 所示。

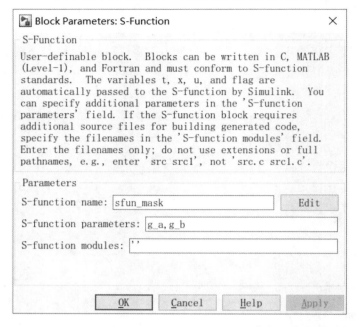

图 11-30 在"Block Parameters:S-Function"对话框设置 S 函数名及参数名

这样,S-Function 模块就建好了,再次右击该模块,在弹出的快捷菜单中选择 Mask,按照上述步骤进行封装即可。此次模块外观采用 plot 函数绘制"y=a*x^2+b"波形,而非直接封装图片。双击 S-Function 模块之后,在弹出的对话框中设置 a 为 2,b 为 56,封装完成之后的效果如图 11-31 所示。单击仿真按钮,待仿真完成之后可以观察到由 S 函数计算出来的波形。

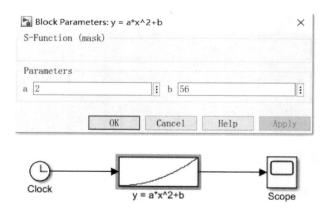

图 11-31 "Block Parameters:y = a * x^2+b"对话框和封装后的 S 函数模块

上述两种情况都是参数较少的情况,可以采用手动方式进行封装。但是,当采用 S 函数开发硬件外设驱动模块(Simulink peripheral driver block)时,需要将带有复杂寄存器的外设参数全部体现在模块的对话框中。数十甚至上百个参数,一一手动封装将十分麻烦,因此需要开发另外的自动化工具来协助封装。下面将介绍如何通过编程来自动封装模块。

11.2 编程自动封装模块

当需要封装的模块所带参数个数过多(达到上百个)时,使用上述方法进行封装耗时耗力,而且 Parameters&Dialog 选项卡中的表格又小又密;另外,即使相邻且连续的单元格内容相同,也必须一个一个地选中单元格再进行输入,因此编辑和识别内容时都十分不方便。这不禁令人想到,如果能有 Excel 表格那样方便该多好啊! 为了使用起来更加便利,必须想办法提高效率。

MATLAB/Simulink 中的几乎所有的手动操作都可以通过编写代码来实现同等的操作,若想通过编程将操作过程自动化,则需要对 Simulink 模型、模块、建模环境、菜单等内容、属性的访问 API 烂熟于心。Simulink 模块具备的属性可以通过 set_param 编程进行设置,倘若了解了模块属性中与封装相关的部分,然后编写代码来自动实现对应属性的填充,就可以将模块封装这个过程自动化了。

11.2.1 模块的属性

对于一个模块(以"$y=a*x^2+b$"为例),获取其属性列表有两个常用命令,即 get(gcbh) 和 inspect(gcbh),而 gcbh 这个函数就是指所选中的当前的模块句柄,函数名是 get current block handle 的缩写。其中,get()返回这个句柄所指向模块的属性列表并显示到 Command Window 中,如图 11-32 所示;而 inspect()则将这个句柄所对应的属性显示到 Inspector 列表中,如图 11-33 所示。

```
           MaskVarAliasString: ''
          MaskInitialization: ''
           MaskSelfModifiable: 'off'
                  MaskDisplay: ''
             MaskBlockDVGIcon: ''
                MaskIconFrame: 'on'
               MaskIconOpaque: 'opaque'
               MaskIconRotate: 'none'
               MaskPortRotate: 'default'
                MaskIconUnits: 'autoscale'
              MaskValueString: '2|56'
       MaskRunInitForIconRedraw: 'off'
            MaskTabNameString: ''
                         Mask: 'on'
                MaskCallbacks: {2×1 cell}
                 MaskEnables: {2×1 cell}
                   MaskNames: {2×1 cell}
        MaskPropertyNameString: 'g_a|g_b'
                 MaskPrompts: {2×1 cell}
                  MaskStyles: {2×1 cell}
           MaskTunableValues: {2×1 cell}
                  MaskValues: {2×1 cell}
           MaskToolTipsDisplay: {2×1 cell}
            MaskVisibilities: {2×1 cell}
              MaskVarAliases: {2×1 cell}
             MaskWSVariables: [1×2 struct]
                MaskTabNames: {2×1 cell}
                  MaskObject: []
                        Ports: [1 1 0 0 0 0 0 0]
```

图 11-32 模块的属性列表显示到 Command Window 中

相对于 get()返回的结果,inspect()所获取的内容更直观更便于了解模块的属性包括哪些内容。如 MaskValues 一值，直接单击属性右侧的田图标即可观察其内容，从值上可以推测出表中内容即为参数 a、b 的值，如图 11-34 所示。

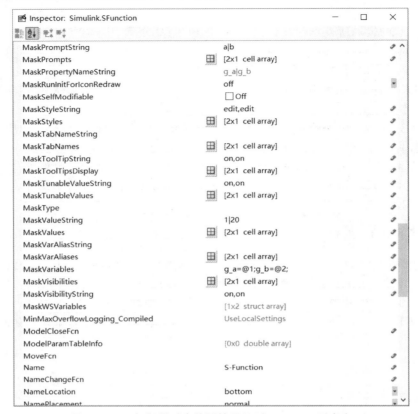

图 11-33 句柄所对应的属性显示到 Inspector 列表中

图 11-34 MaskValues 的内容

很容易发现，这些以 Mask 开头的属性都是与封装息息相关的，而且属性名本身就比较容易辨认。如果不确定，则可以单击相应属性右侧的田图标打开相应的对话框，查看内容以辨别其含义。将"y＝a * x^2＋b"子系统的这些与封装相关的属性名及对应意义进行总结，如表 11.2.1 所列。

表 11.2.1 Inspector 属性列表

属性名	属性的值	意 义
MaskType	Custom	Mask Editor 对话框中的 Documentation 选项卡中的参数

第 11 章　模块的封装

续表 11.2.1

属性名	属性的值	说　明
MaskDescription	This block supplies a demo of masking	Mask Editor 对话框中的 Documentation 选项卡中的参数
MaskHelp	helpview('xxx.html');	Mask Editor 对话框中的 Documentation 选项卡中的参数
MaskPromptString	a|b	参数的说明字符串，不同参数的说明字符之间使用"|"分隔
MaskStyleString	edit,edit	参数的控件类型字符串，两两之间使用","分隔
MaskVariables	g_a=@1;g_b=@2;	参数变量名及其编号的字符串，两两之间使用";"分隔
MaskTunableValueString	on,on	表征参数是否在仿真时可调，使用","分隔
MaskCallbackString	check_num('g_a');|check_num('g_b');	控件的回调函数用字符串表示，每个控件的回调函数字符串之间使用"|"分隔
MaskEnableString	on,on	表示参数是否使能的字符串，参数之间使用","分隔
MaskVisibilityString	on,on	表示参数是否可见的字符串，参数之间使用","分隔
MaskToolTipString	on,on	表示当光标停留在模块外观框范围内时是否将参数值显示到提示框，设为 on 时如下：
MaskInitialization	''	Initialization commands 文本框中的内容字符串

MaskDisplay	%image(imread('01.jpg'),'bottom-right');
	a = str2num(get_param(gcbh,'g_a'));
	b = str2num(get_param(gcbh,'g_b'));
	t = 0:0.1:10; plot(t, a * t.^2 + b);
		Icon drawing commands 文本框中的内容字符串

MaskValueString	1|20	模块封装参数的当前值，用"|"分隔
MaskCallbacks	Cell 类型的 MaskCallbackString	可以使用元胞数组的下标进行访问或编辑
MaskEnables	Cell 类型的 MaskEnableString	可以使用元胞数组的下标进行访问或编辑
MaskNames	g_a g_b Cell 类型的参数名	可以使用元胞数组的下标进行访问或编辑
MaskPropertyNameString	g_a|g_b	字符形式,将参数变量名按照"|"分隔并连接起来
MaskPrompts	Cell 类型的 MaskPromptsString	可以使用元胞数组的下标进行访问或编辑
MaskStyles	Cell 类型的 MaskStylesString	可以使用元胞数组的下标进行访问或编辑
MaskTunableValues	Cell 类型的 MaskTunableValuesString	可以使用元胞数组的下标进行访问或编辑
MaskValues	Cell 类型的 MaskValueString	可以使用元胞数组的下标进行访问或编辑
MaskToolTipsDisplay	Cell 类型的 MaskToolTipsString	可以使用元胞数组的下标进行访问或编辑

续表 11.2.1

属性名	属性的值	说明
MaskVisibilities	Cell 类型的 MaskVisibilitiesString	可以使用元胞数组的下标进行访问或编辑
MaskTabNames	Cell 类型的数组,每个元素为对应参数所在标签的名字	可以使用元胞数组的下标进行访问或编辑

11.2.2 使用 set_param 和 get_param 封装模块

set_param 和 get_param 这两个函数应该说是 Simulink 相关编程中使用频率最高的函数,其不仅是用在模型仿真的启动和停止以及模块的属性和封装方面,而且连 Configuration Parameters 对话框中的属性都可以通过 get_param 来获取,并且可以通过 set_param 对其中可写的参数进行编辑。

get_param 通常有两个输入参数、一个返回参数,如下:

```
ParameterValue = get_param(Object, ParameterName)
```

参数说明:
- Object 表示模块或者模型的句柄或带路径的名称;
- ParameterName 表示模块或者模型的属性,如表 11.2.1 所列的属性。

如对于封装后的"$y = a * x^2 + b$"子系统,使用名字获取其 MaskVisibilities 属性的语句如下:

```
MaskVisibilities = get_param('demo1/y = a * x^2 + b','Maskvisibilities')
```

参数说明:

MaskVisibilities 则成为一个包含两个字符串成员的元胞结构,如果希望改变此属性,则使用 set_param 函数,此函数的格式如下:

```
set_param(object,param,value)
```

参数说明:
- object 表示模块或者模型的句柄或带路径的名称;
- param 表示模块或者模型的属性,如表 11.2.1 所列的属性;
- value 表示希望写入 Parameter 属性的值。

另外,param 和 value 可以多组出现,也就是说,set_param 的参数组数不限。但是,对于 MaskVisibilities 来说,需要写入一个具有与封装参数相同数目的,并且以 on 和 off 为内容的数组:

```
set_param('demo1/y = a * x^2 + b','Maskvisibilities',{'on','off'})
```

在 Command Window 中运行之后,双击"$y=a * x^2+b$"模块,可见第二个参数 b 已被隐藏(见图 11-35),也就是说,参数的可见性被设置为了 off。

类似地,MaskStyles、MaskValues、MaskPrompts 和 MaskVariables 等也可以通过 set_param 进行设置。但是,当封装参数多了时,在 Mask Editor 对话框中一个一个书写出来是相当费神的;当对整个模块的属性参数进行修改时,由于每个属性要求的格式不同,例如,有的要求是字符串,有的要求是元胞形式,所以直接对参数的各种属性进行编程,其正确性和效率是

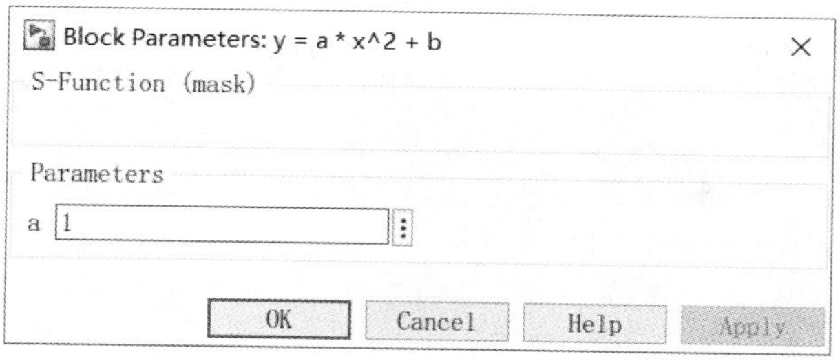

图 11－35　设置 MaskVisibilities 属性之后的参数对话框

很难保证的。因此，作者提倡采用 Excel 表替代 Mask Editor 进行封装，算是一个改进的办法。例如，设计如图 11－36 所示的表格来存储各类封装信息。

<table>
<tr><th>1</th><th>MaskPrompts</th><th>MaskNames</th><th>MaskStyles</th><th>Popups</th><th>Tab</th><th>Callbacks</th></tr>
<tr><td>2</td><td>promp1</td><td>g_var1</td><td>edit</td><td></td><td>t1</td><td></td></tr>
<tr><td>3</td><td>promp2</td><td>g_var2</td><td>popup</td><td>StringA | StringB | StringC | StringD | StringE</td><td>t1</td><td></td></tr>
<tr><td>4</td><td>promp3</td><td>g_var3</td><td>checkbox</td><td></td><td>t1</td><td></td></tr>
<tr><td>5</td><td>promp4</td><td>g_var4</td><td>edit</td><td></td><td>t2</td><td></td></tr>
<tr><td>6</td><td>promp5</td><td>g_var5</td><td>radiobutton</td><td>One | Two | Three | Four | Five</td><td>t2</td><td>disp(get_param(gcbh, 'g_var5'));</td></tr>
<tr><td>7</td><td>promp6</td><td>g_var6</td><td>checkbox</td><td></td><td>t2</td><td></td></tr>
</table>

图 11－36　直接在 Excel 表中存储各类封装信息

表格的首列是每个参数的标签名 prompt；第二列是变量名；第三列是封装控件类型（edit、popup、checkbox 和 radiobutton 四种）；接下来的第四列仅对 popup 和 radiobutton 两个类型的控件有效，其下拉列表框中的内容两两之间使用"|"分隔；第五列是标签的名字；第六列是每个参数的 Callback 文本框，可以直接在其中写入参数的回调函数，或者写入调用语句。

有了 Excel 表格作为编辑工具，当需要封装的参数相邻顺次＋1 或者是完全一致的变量名时，直接选中第一个单元格后下拉即可（二者的区别就是其中一个需要按住 Ctrl 键），如图 11－37 所示。而且使用 Excel 表格可以方便地放大和缩小文字大小，还可以根据使用用途的不同方便地标出字体颜色以及单元格背景色，做成后能够很容易地观察分类和文字内容。借助 Excel 表格的优势，封装的参数越多越能体现相对于直接使用 Simulink Mask Editor 的优势。

1	MaskPrompts	Tab
2	promp1	t1
3	promp2	t1
4	promp3	t1
5	promp4	t2
6	promp5	t2
7	promp6	t2

图 11－37　Excel 表格快速编辑内容

有了表格之后，还需要编写代码将 Excel 表格的内容封装到模块上去。作者将这个代码写成名为 masktool(block, excelfile)的函数，其有两个参数：第一个参数 block 表示要封装的模块对象，第二个参数 excelfile 表示编辑封装内容的结果，内容如下：

```
function masktool(block, excelfile)

% 列索引识别符
promts_index = 1;
names_index = 2;
styles_index = 3;
popups_index = 4;
tabs_index = 5;
callbacks_index = 6;

% 获取 Excel 文件中的数据
[num, str] = xlsread(excelfile);
```

```matlab
% 获取封装提示词并保存为元胞类型
promts = str(2:end,promts_index);

% 获取封装变量名并保存为元胞类型
names = str(2:end,names_index);
% 将变量名更改为封装变量格式
len = length(names);
maskvar = '';
for ii = 1 : len
    maskvar = [maskvar, names{ii}, '=@', num2str(ii), ';']; % OK
end

% 获取封装类型并保存为元胞类型
styles = str(2:end,styles_index);

% 获取封装页面名
tabname = str(2:end, tabs_index);

% 获取回调函数内容
callbackstr = str(2:end, callbacks_index);

% 获取模块句柄
blockhandle = get_param(block,'Handle');

% 获取模块属性
prop = get(blockhandle);

% 将封装提示词封装到模块中
set_param(blockhandle, 'MaskPrompts', promts);

% 将封装变量名设置到模块中
% set_param(blockhandle, 'MaskNames', names);
set_param(blockhandle, 'MaskVariables', maskvar);

% 将封装类型设置到模块中
set_param(blockhandle, 'MaskStyles', styles);

% 检查 Popup 控件并写入字符串
style = str(2:end, styles_index);

% 获取 Popup 控件的字符串
popups = str(2:end, popups_index);

% 获取封装类型字符串
stylestring = get_param(blockhandle, 'MaskStyleString');

% 获取空的开始索引、长度、总个数
emptystart = regexp(stylestring,' < empty > ');
lenempty = length(' < empty > ');
if ~isempty(emptystart)
    numtorep = length(emptystart);
```

```matlab
        %绘制 Popup 内容(来自 Excel 文件)
        content = cell(numtorep);
        count = 1;
        num = length(style);
        for ii = 1:num
            if strcmp(style{ii}, 'popup')
                content{count} = str(ii + 1, popups_index);
                 % content 变量格式为   xxx|xxx|xxx
                count = count + 1;
            end
        end
end

    %将 stylestring 内容拆分
    %创建元胞时使用()而非{}
if ~isempty(emptystart)
    strpart = cell(numtorep + 1);
    strpart{1} = stylestring(1:emptystart(1) - 1);
    for ii = 2 : numtorep
        strpart{ii} = stylestring(emptystart(ii-1) + lenempty :emptystart(ii) - 1);

    end
    strpart{numtorep + 1} = stylestring(emptystart(end) + lenempty : end);

        %将内容插到 strpart 中
        maskstring = strpart{1};
        for ii = 1: numtorep
            maskstring = strcat(maskstring, content{ii});
            maskstring = strcat(maskstring, strpart{ii + 1});
        end

        %元胞类型变化为字符类型
        stylestring = char(maskstring);
        %删除换行符 char(10)
        stylestring(findstr(stylestring, char(10))) = '';   %删除 char(10)换行符
        %设置封装类型字符串到模块
        set_param(blockhandle, 'MaskStyleString', stylestring);
end

%设置页面名字
set_param(blockhandle, 'MaskTabNames', tabname);

%设置封装回调函数
set_param(blockhandle, 'MaskCallbacks', callbackstr);

%获取模型名
modelname = get_param(blockhandle, 'Name');
%自动写入参数
paramstr = get_param(blockhandle, 'MaskPropertyNameString');
paramstr(findstr(paramstr,'|')) = ',';
set_param(blockhandle, 'Parameters', paramstr);
```

```
% 自动写入 S 函数名
set_param(blockhandle, 'FunctionName', excelfile);

% 打印字符表示封装过程结束
disp([modelname, ' Mask Over! ']);
```

将上述函数保存为同名 M 文件，然后添加到 MATLAB Search Path 的文件夹下即可使用。从 Simulink Library Browser 中拖曳出一个 S-Function 模块，选中之后在 Command Window 中输入"masktool(gcbh, 'block.xls');"，如果 Command Window 中出现如图 11-38 所示的字样则说明封装完毕。

```
>> masktool(gcbh, 'block.xls')
S-Function Mask Over!
```

图 11-38 使用 masktool() 函数封装完毕

双击刚才的 S-Function 模块，在弹出的对话框中可以看到封装已经完成，如图 11-39 所示。

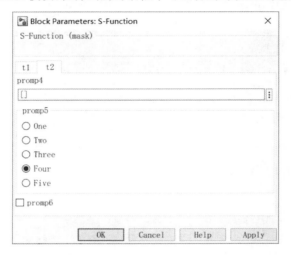

图 11-39 自动封装的对话框

使用 masktool 这样自定义的自动化工具进行编辑和封装，从使用容易度和效率上来看，都比 Simulink Mask Editor 效率高且易于接受。

11.2.3 使用 Simulink.Mask 类封装模块

Simulink 提供了一些参数和函数来帮助用户设置并编辑模块的封装。比如 11.2.2 小节通过 set_param、get_param 函数来设置或获取模块参数的属性，但是这两个函数不支持 Unicode 字符。为了更广泛地支持各种语言环境，使用类 Simulink.Mask 与 Simulink.MaskParameters 的实例来进行编程式控制。

get_param 和 set_param 函数是通过某模块的属性字符串进行属性值的获取或设定的；而 Simulink.Mask 这个类则是通过为模块创建一个实例，再通过其子方法来操作实例的各个属性的。Simulink.Mask 类提供的方法包括以下操作：

① 创建、复制、删除模块的封装；
② 创建、复制、删除模块封装的参数；
③ 决定封装的对象模块；
④ 获取封装时的工作区变量。

对于一个已经被封装过的模块的封装属性,可以通过 Simulink.Mask 类的 get 子方法来获取:

```
maskObj = Simulink.Mask.get(gcbh)
```

获取的属性全部存入 maskObj 变量中,对于"y=a*x^2+b"获取的内容如下:

```
Type: 'Custom'
Description: ''
Help: ''
Initialization: ''
SelfModifiable: 'off'
Display: [1x151 char]
IconFrame: 'on'
IconOpaque: 'on'
RunInitForIconRedraw: 'off'
IconRotate: 'none'
PortRotate: 'default'
IconUnits: 'autoscale'
Parameters: [1x2 Simulink.MaskParameter]
BaseMask: []
```

从属性名可以看出,Mask Editor 中需要输入的内容全部以属性的方式整理到变量 maskObj 中,便于编程时的访问和设定管理。之后的操作就无须再通过 Simulink.Mask 类调用子方法了,直接使用 maskObj 这个对象变量访问 Simulink.Mask 类的子方法即可。Simulink.Mask 类的子方法见表 11.2.2。

表 11.2.2　Simulink.Mask 类的子方法

子方法名	功　　能
addParameter	向封装中增加一个参数,参数名与值成对输入,当所封装模块与 Simulink 标准库有关联时,使用此函数会报错
copy	将一个模块的封装复制到另外一个模块
create	为未封装的模块创建一个封装对象
delete	将模块解封装并删除封装对象变量
get	获取模块的封装并存为一个对象变量
getDialogControl	查找封装对象中的控件,参数为控件的变量名 Name,返回两个参数,分别是被查找对象变量及其父对象变量
isMaskWithDialog	当前对象是否封装了对话框
getOwner	获取当前封装所依附的模块
getParameter	获取某个参数的属性,输入参数为这个参数的 Name
getWorkspaceVariables	获取当前封装所使用的所有参数并将参数名与值作为结构体作为变量返回
numParameters	返回封装中参数的个数
removeAllParameters	删除封装中的所有参数,一般不建议使用。当删除的 Mask 的 Owner 与 Simulink 标准库中存在链接关系时,删除是被禁止的
set	设置封装某个(或某些)属性的值,用法类似 set_param,属性名与值成对输入
addDialogControl	为父对象添加控件,父对象可以为模块的封装对象,也可以为 group、tab container 等能够包容子空间的控件对象

Simulink.MaskParameters 类可以说是 Simulink.Mask 类的一个子类,当对 Simulink.Mask 类的对象获取 Parameter 属性时,得到的结果就是一个 Simulink.MaskParameters 对象。Simulink.MaskParameters 类仅有一个子方法 set,用来对参数属性进行设置,其功能与 Simulink.Mask 对象的 set 子方法一致,此处不再赘述。使用 Simulink.Mask 类将基本模块封装为子系统与 S 函数分别介绍如下:

11.2.3.1 封装 Simulink 子系统

编程封装在思路上与手动封装相同,只不过是将手动操作的步骤使用代码的形式来表现并执行而已。仍然以"y=a*x^2+b"这个数学模型为例,如图 11-40 所示。

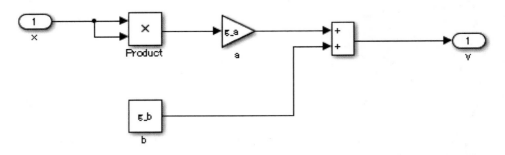

图 11-40 "y=a*x^2+b"的 Simulink 模型

自动生成一个子系统模块,然后选中该子系统模块,以便使用 gcbh 函数来直接获取该子系统模块的句柄,并使用相关函数操作或访问该模块。

首先为子系统建立一个封装对象,即"maskObj = Simulink.Mask.create(gcbh)",如果 gcbh 表示的模块已经封装过了,则使用"maskObj = Simulink.Mask.get(gcbh)"来获取这个封装对象。封装对象的成员包括 Mask Editor 对话框中四个标签中的所有信息。maskObj 的所有成员见表 11.2.3。

表 11.2.3 maskObj 的所有成员

属性成员名	说明
Type	内容为 MaskType 的字符串
Description	内容为 MaskDescription 的字符串
Help	内容为打开 help 文档的代码
Initialization	内容为初始化命令
SelfModifiable	是否允许模块在回调函数中修改自身参数的值,如 Popup 下拉菜单列表通过某个操作触发 Callback 后发生了改变,从 a|b|c 变为 a|b
Display	内容为绘制模块外观的代码
IconFrame	IconFrame 是否可见
IconOpaque	模块图标是否透明
RunInitForIconRedraw	在执行模块外观绘制前是否必须执行初始化命令
IconRotate	模块外观图标是否跟随模块一起旋转
IconUnits	模块外观图标的单位设置,有三种,分别为 pixel、autoscale 和 normalized
Parameters	封装参数的集合,类型为 Simulink.MaskParameters
BaseMask	未使用属性

首先使用 maskObj 及点操作符访问其成员属性,然后对 MaskType、MaskDescription 以

及模块外观进行赋值：

```
maskObj.Type = 'Custom';
maskObj.Description = 'This demo displays how to mask a model';
maskObj.Display = 't = 0:0.1:10; y = t.^2 + 1; plot(t,y)';
```

通过上述代码，可以自动为子系统封装参数对话框。通过双击封装了参数对话框的子系统，展示封装内容。封装了 MaskType 和 MaskDescription 的参数对话框及模块的外观见图 11-41。

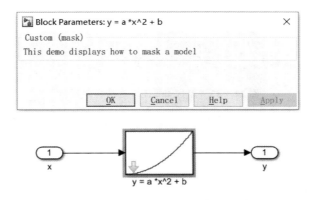

图 11-41　封装了 MaskType 和 MaskDescription 的参数对话框及模块的外观

接下来在对话框中添加参数，这就需要用到 Simulink.Mask 类的子方法 addParameter 了。这里需要两个参数 g_a、g_b，控件类型均为 edit，提示性文字显示为 a、b，且初始值均为 0，代码如下：

```
g_a = maskObj.addParameter('Type','edit','Name','g_a','Prompt','a','Value','0')
g_b = maskObj.addParameter('Type','edit','Name','g_b','Prompt','b','Value','0')
```

使用上述方式创建了每一个参数的对象变量，之后就可以直接使用变量名和点操作符来访问模块的属性并修改属性的值了。例如，将参数 b 的值设置为 100，即"g_b.Value = '100';"，或者使用 Simulink.Mask 类的子方法 getParameter 来获取已经封装的参数，即"g_a = maskObj.getParameter('g_a')"，返回值 g_a 是 Simulink.MaskParameter 类型，可以调用该类型的子方法 set 来设置其值，即"g_a.set('Value','2')"。

那么，如果在这个模块的对话框中追加 tab 控件，则需要先创建一个 tabcontainer 作为 tab 的容器：

```
tabcontainer = maskobj.addDialogControl('tabcontainer','g_container');
```

addDialogControl 函数包括两个参数，即追加控件的类型名及其变量名。在 tabcontainer 中追加 tab 控件也使用 addDialogControl 函数：

```
tab = tabcontainer.addDialogControl('tab','g_tab');
```

将追加的 tab 命名为 t1：

```
tab.Prompt = 't1';
```

执行上述代码之后，双击 S-Function 模块，打开其参数对话框，如图 11-42 所示。

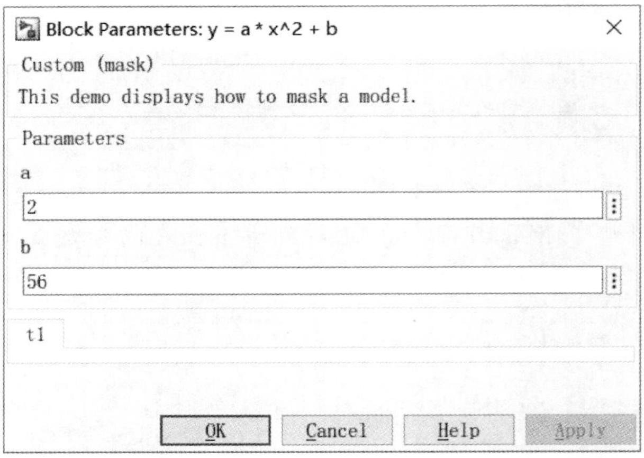

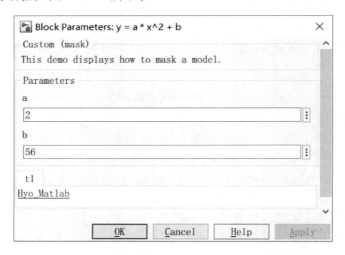

图 11-42 追加 tab 控件之后的对话框

在追加的 tab 中增加 Action 类型的控件 hyperlink,以给出作者微博的超链接:

```
hyperlink = tab.addDialogControl('hyperlink','g_hyperlink');
hyperlink.Prompt = 'Hyo_MATLAB';
hyperlink.Callback = 'web "http://weibo.com/2300570331/" ';
```

创建之后的对话框如图 11-43 所示。

图 11-43 追增加作者微博超链接的对话框

一个 tabcontainer 可以容纳多个 tab 控件,这里再追加一个能打开 MATLAB 中文论坛的按钮,代码如下:

```
tab2 = tabcontainer.addDialogControl('tab','g_tab2');
tab2.Prompt = 't2';
pushbutton = tab2.addDialogControl('pushbutton','g_pushbutton');
pushbutton.Callback = 'web ''http://www.iloveMATLAB.cn/forum.php'' ';
pushbutton.Prompt = 'I Love MATLAB! ';
```

运行上述代码之后,再次双击模块,打开其参数对话框,如图 11-44 所示。

通过单击 t1 的超链接和 t2 的按钮可以分别打开作者新浪微博的首页以及 MATLAB 中

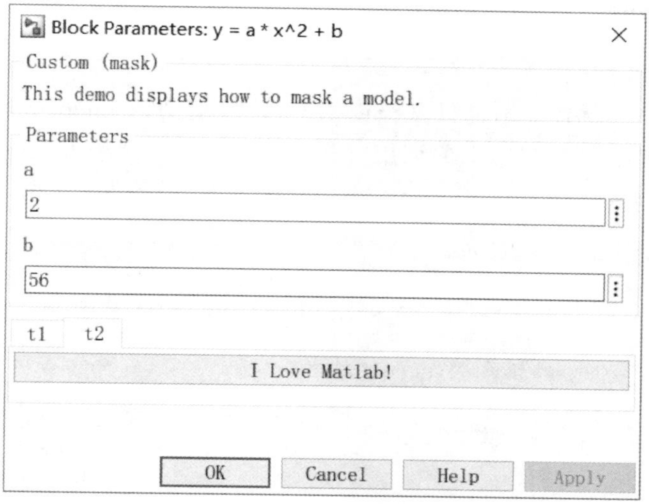

图 11-44　追加第二个 tab 控件以及按钮之后的对话框

文论坛的首页。

11.2.3.2　封装 S 函数模块

11.2.2 小节提出了使用 Excel 表格代替 Mask Editor 作为封装对话框来编辑封装信息，但是直接使用 set_param 控制模块属性创建自动化封装过程时仅能创建 Paremeter 类型的控件（如 edit、popup、radiobutton 和 checkbox），对于 Display 和 Action 类型的控件却无能为力。现在，希望通过 Simulink.Mask 类来编写一个功能更加强大的 masktool_neo.m，以支持更多的控件。

这里使用 Simulink.Mask 类的封装函数 masktool_neo，然后依然使用 Excel 表格进行参数的输入及控件的设计等，来取代 Mask Editor。

首先要判别被封装的模块是否已经创建了封装，如果已经封装过，则先解除其封装再进行封装；如果没有封装，则需要创建一个空的封装对象，然后根据 Excel 表格的内容将信息分别添加进去。

为了支持 Parameter、Display 和 Action 这三种类型的控件，Parameter 类型的控件在 Mask Editor 中会被编号，其变量名作为"实在"的参数，可以传递到 S 函数中进行计算；而另外两类控件对应的变量名不会传递到 S 函数中去，而是仅作为控件显示在对话框中，提供视觉效果以及控件的回调函数功能。具体地讲，Parameter 与 Action 类型的控件具备 Callback 属性，可以通过动作触发某些回调函数，而 Display 类型的控件就不具备 Callback 属性。例如，pushbutton 可以通过按下触发动作，hyperlink 可以通过单击显示内容触发动作，radiobutton 可以通过选择某一项内容触发动作，而 text 则无法触发回调动作。

对于 Parameter 类型的控件，可以使用 addParameter 子方法追加参数控件：

```
maskobj.addParameter('Type', style, 'Prompt', prompt);
```

调用该子方法时的参数为"属性名+属性值"配对出现，类似 set_param 的调用方式，只不过对象 maskobj 不作为参数而是作为对象出现在最前面。当封装控件为 popup 或 radiobutton 时，需要在 TypeOptions 中写入可选的值，而 TypeOptions 仅支持 cell 型的字符串，需要通过字符串处理将 Excel 表格中以"|"分隔的字符串分割为多个 cell 字符串。

对于其他两种控件类型，可以使用 addDialogControl 子方法添加对话框控件：

```
maskobj.addDialogControl(style,names);
```

该子方法在 MATLAB 中不提供文档说明，也就是所谓的 undocumented build-in function，但是可以通过尝试总结出以上的调用方式并加以应用。此子方法的参数直接为封装控件类型（如 group、text、image、pushbutton 和 hyperlink 等）及控件的变量名。具体代码如下：

```
function masktool_neo(block, excelfile)
%%%%%%%%%%%%%%%%%%%%%%%%%%%%%%%%%%%%%%%%%%%%%%%%%%%%
% This function help to mask parameters and displays into block selected.
% MaskNames should not be the same
% MaskPrompts, MaskNames, MaskStyles, popupcontents, MaskTabs, MaskCallbackStrings
% are written in Excel and this function can automatically transfer them to
% the S-function block. Block masked by this tool can not be edited in Mask
% Editor.
%
% block - the block need to be masked
% excelfile - parameters saved in the excelfile
%
% author: hyowinner
% history:
% 2014/08/25 - button, image, text, hyperlink, group supported
%%%%%%%%%%%%%%%%%%%%%%%%%%%%%%%%%%%%%%%%%%%%%%%%%%%%

% 索引定义
promts_index = 1;
names_index = 2;
styles_index = 3;
popups_index = 4;
% tabs_index = 5;
callbacks_index = 6;

% 获取 Excel 文件中的数据
[num, str] = xlsread(excelfile);

% 获取封装提示词并存储到元胞格式
promts = str(2:end,promts_index);

% 获取封装名并存储到元胞格式
names = str(2:end,names_index);
% 改变名字到封装变量要求格式

% 获取封装类型并存储到要求格式
styles = str(2:end,styles_index);

% 获取封装页面名字
% tabname = str(2:end, tabs_index);

% 获取选项值的内容
typeopts = str(2:end, popups_index);

% 获取回调函数字符串
callbackstr = str(2:end, callbacks_index);
```

```matlab
% 测试当前模块是否已经被封装过,若是,则删除封装实例并重新建立封装实例
% blank one.
maskobj = Simulink.Mask.get(block);
if ~isempty(maskobj)
    maskobj.delete;
end
maskobj = Simulink.Mask.create(block);
% 参数列表值
p_str = [];

% 获取参数分组"Parameter"的目标
% par_obj = maskobj.getDialogControl('ParameterGroupVar');

% 根据封装类型增加控件
len = length(names);
for ii = 1:len
    if ismember(styles{ii}, {'text','group','tab'})
        % 增加不带有回调函数的对话框
        prop = maskobj.addDialogControl(styles{ii},names{ii});
        prop.Prompt = promts{ii};
    elseif ismember(styles{ii}, {'pushbutton','hyperlink'})
        % 增加 Action 类型控件,并设置对应的回调函数
        prop = maskobj.addDialogControl(styles{ii},names{ii});
        prop.Prompt = promts{ii};
        prop.Callback = callbackstr{ii};
    elseif ismember(styles{ii}, 'image')
        % 增加一个不带有提示词的对话框控件
        prop = maskobj.addDialogControl(styles{ii},names{ii});
    elseif ismember(styles{ii},{'edit','checkbox'})      % 'dial'、'spinbox'、'slider' 仅在 2014a 之后版本可用
        p_str = [p_str, names{ii}, ','];
        p = maskobj.addParameter('Type', styles{ii}, 'Prompt', promts{ii},'Name', names{ii}, 'Callback', callbackstr{ii});
    elseif ismember(styles{ii}, {'popup','radiobutton'})
        % 为带有 TypeOptions 的参数类型控件添加参数
        p_str = [p_str, names{ii}, ','];
        expression = '\|';
        split_str = regexp(typeopts{ii},expression,'split');
        maskobj.addParameter('Type', styles{ii},'TypeOptions', split_str, 'Prompt', promts{ii}, 'Name', names{ii}, 'Callback', callbackstr{ii});
    end
end

% 自动写入 S 函数名及参数列表
set_param(block, 'FunctionName', excelfile);
set_param(block, 'Parameters', p_str(1:end - 1));

disp('Current block is masked automatically.');
```

下面再以一个包含各种控件的 Excel 表格为例,来演示使用 masktool_neo 封装模块的过程。建立的表格如图 11-45 所示。

从 Simulink Library Browser 中拖曳出一个空的 S-Function 模块,选中之后在 Command Window 中输入:

```matlab
masktool_neo(gcbh, 'BlkName')
```

MaskPrompts	MaskNames	MaskStyles	Popups
promp1	g_var1	checkbox	
promp2	g_var2	edit	
promp3	g_var3	text	
promp4	g_var4	edit	
promp5	g_var5	popup	One|Two|Three|Four|Five
promp6	g_var6	hyperlink	
promp7	g_var7	radiobutton	星矢|紫龙|冰河|阿瞬|一辉
promp8	g_var8	text	
promp9	g_var9	image	
promp10	g_var10	edit	

图 11-45 待封装控件及属性信息的 Excel 表格

片刻即可得到封装好的对话框，如图 11-46 所示。

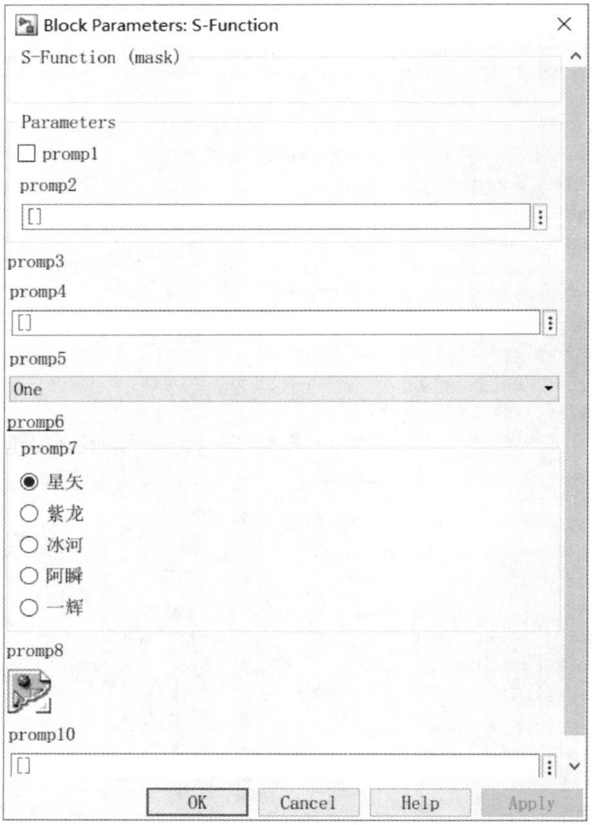

图 11-46 使用 masktool_neo 封装出的对话框

注意：通过 Simulink.Mask 类封装的控件如果不赋予其 Name 属性，那么一旦再次打开 Mask Editor 进行编辑，这些参数的 Prompt 以及 Name 属性都将出现默认名重复以及自动命名默认值的情况，此时再单击 OK 按钮保存封装后，界面控件 Prompt 就会变得不受控制而导致杂乱无章。所以，当读者使用 Simulink.Mask 编写程序时，务必不要忘记给 Parameter 和 Control 的 Name 赋值。当上例中的参数名不赋值时，masktool_neo 会报错。masktool_neo 封装 S-Function 模块后的 Mask Editor 如图 11-47 所示。

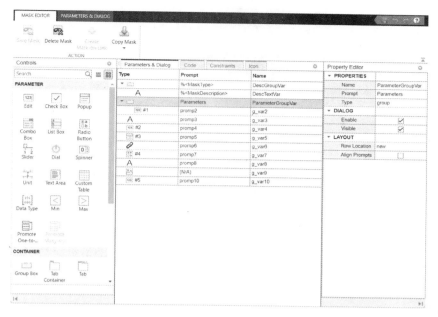

图 11-47 masktool_neo 封装 S-Function 模块后的 Mask Editor

读者可以以此为例,根据各种使用场景总结出模式,并定制个性化的自动化封装工具。

11.3 使用 GUIDE 封装模块

中文论坛上的有些坛友抱怨说,Simulink 里没有提供读取 Excel 文件的模块。其实有了 S 函数与模块封装的技术做基础,不妨自己定制一个。使用 S-Function 模块结合 Level 1 M S-Function 文件实现一个能够选择 Excel 文件,并将其中的数据按照采样时间顺序输出的模块;而在模块的对话框中,将数据通过表格展示,并直接将 Excel 表格中的数据的图像绘制出来。Simulink 自带的模块 Mask 没有提供坐标轴控件,而 GUIDE 中却拥有很多功能强大的控件,所以可以使用 GUIDE 来实现 S-Function 模块的对话框,以代替 Simulink 自身的封装功能。

首先设计一个 GUI 界面,能够实现通过按钮打开 Windows 风格的对话框来选择 xls 格式的 Excel 文件,读取其内容中的数据,显示到 table 中,并绘制图像。基于这样的需求,再结合 Simulink 模块的对话框风格,设计的 GUI(sfun_xlsread_gui.fig)界面如图 11-48 所示。

open 按钮的回调函数实现了以下功能:选择 xls 格式的 Excel 文件、显示路径、读取数据显示到 uitable 以及在坐标轴中绘制图像。用户可以随意控制 GUIDE 按钮的显示位置和大小,这一点是 Simulink 模块的 Mask Editor 所无法比拟的。

对于读取 Excel 文件功能模块的 S 函数,需要一个参数来保存文件路径信息,将其命名为 g_file_path,内容是字符串,所以在 S 函数中封装为 edit 类型以传递此种类型的数据。通过这个参数系统可以存储用户选择的文件路径,并读取其内容,通过 GUI 提供数据显示和绘图功能。注意,取消选中文件路径的 Evaluate 属性,该属性的意思是将参数内容作为参数来调用 eval() 函数。因为该参数的内容是一个字符串,我们不希望将其作为变量使用,所以不需要再调用 eval() 函数。Mask Editor 中的参数及属性设定如图 11-49 所示。

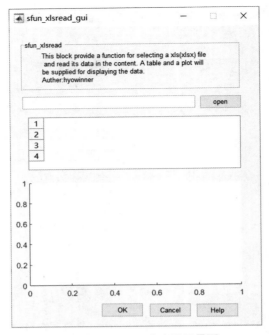

图 11-48 Excel 内容展示界面

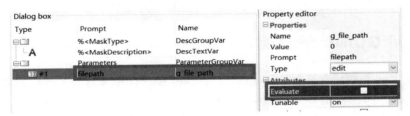

图 11-49 封装 edit 类型的参数 g_file_path

封装之后，右击 S-Function 模块的 Block Parameter 菜单，在弹出的对话框中的 S-function name 和 S-function parameters 文本框中分别输入 S 函数名和参数变量名，如图 11-50 所示。

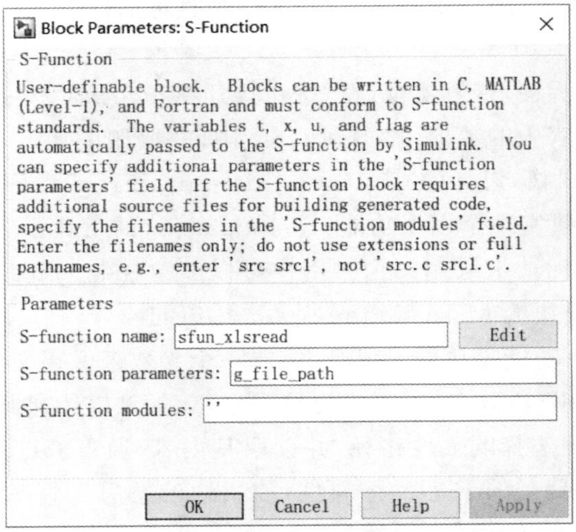

图 11-50 S 函数名与参数变量名的设置

使用 fig 文件代替 Simulink 模块封装产生的参数对话框，可以将 fig 作为该 S-Function 模块的打开回调函数（OpenFcn）来启动。这样，当用户双击 S-Function 模块时，将启动 sfun_xlsread_gui 窗体作为 S 函数的参数对话框。右击 S-Function 模块，在弹出的快捷菜单中选择 Properties，然后在弹出的对话框中切换到 Callback 选项卡，再在左侧 Callback functions list 列表框中选择 OpenFcn，最后在右侧文本框中输入具体回调函数的代码，如图 11-51 所示。

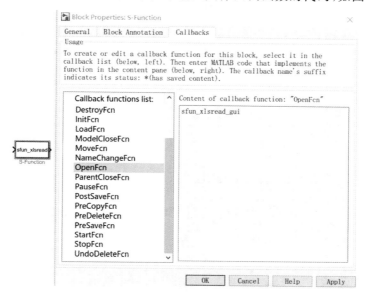

图 11-51　输入的调用代码

有了回调函数的加持，又有了 g_file_path 这个参数作为数据传递媒介，用户所选择的文件就能够传递到 S 函数中去了。在用户按下 fig 上的 Open 按钮时会执行回调函数代码，代码内容如图 11-52 所示。

```
% --- Executes on button press in pushbutton4.
function pushbutton4_Callback(hObject, eventdata, handles)
% hObject    handle to pushbutton4 (see GCBO)
% eventdata  reserved - to be defined in a future version of MATLAB
% handles    structure with handles and user data (see GUIDATA)
[filename, pathname] = uigetfile({'*.xls','*.xlsx'}, ...
    'Select an Excel file');
if isequal(filename,0)
    set_param(gcbh, 'g_file_path', '');
    set(handles.edit1, 'string', '');
    disp('User selected Cancel');
    return;
else
    file_path = fullfile(pathname, filename);
    set_param(gcbh, 'g_file_path', file_path);
    set(handles.edit1, 'string', file_path);
end

[data, str] = xlsread(file_path);
set(handles.uitable1, 'data', data);
axes(handles.axes1);
bar(data, 'g');
```

图 11-52　Open 按钮的回调函数

对于 S 函数的仿真功能，就是在每个采样时刻将对话框中所选择的 xls 格式的 Excel 文件中的数据依次输出。如果仿真时间比较长,采样点数大于数据个数,那么最后一个数据点的数据将持续输出。实现这个仿真功能的 S 函数采用 Level 1 M S 函数编写,代码如下:

```
function [sys,x0,str,ts,simStateCompliance] = sfun_xlsread(t,x,u,flag,g_file_path)
switch flag,
case 0,
    [sys,x0,str,ts,simStateCompliance] = mdlInitializeSizes(g_file_path);
case 1,
    sys = mdlDerivatives(t,x,u);
case 2,
    sys = mdlUpdate(t,x,u);
case 3,
    sys = mdlOutputs(t,x,u);
case 4,
    sys = mdlGetTimeOfNextVarHit(t,x,u);
case 9,
    sys = mdlTerminate(t,x,u);
otherwise
    DAStudio.error('Simulink:blocks:unhandledFlag', num2str(flag));
end
function [sys,x0,str,ts,simStateCompliance] = mdlInitializeSizes(g_file_path)
global data len cnt
[data, str] = xlsread(g_file_path);
len = length(data);
sizes = simsizes;
sizes.NumContStates   = 0;
sizes.NumDiscStates   = 0;
sizes.NumOutputs      = 1;
sizes.NumInputs       = 0;
sizes.DirFeedthrough  = 0;
sizes.NumSampleTimes  = 1;
sys = simsizes(sizes);
x0  = [];
str = [];
ts  = [0,0];
cnt = 0;
simStateCompliance = 'UnknownSimState';

function sys = mdlDerivatives(t,x,u)
sys = [];
function sys = mdlUpdate(t,x,u)
sys = [];
function sys = mdlOutputs(t,x,u)
global data len cnt
cnt = cnt + 1;
if cnt <= len
    sys = data(cnt);
else
    sys = data(end);
end
function sys = mdlGetTimeOfNextVarHit(t,x,u)
sampleTime = 1;
sys = t + sampleTime;
function sys = mdlTerminate(t,x,u)
sys = [];
```

这个 S 函数是第 10 章中的 Level 1 M S 函数,此模块无输入,无状态变量,有一个输出端口,用来输出 xls 格式的 Excel 文件内部的数据。通过 g_file_path 读取的数据 data 作为全局变量,在初始化子方法和输出子方法之间传递。另外,需要一个全局变量 cnt 来进行采样点数的计数,在输出子方法中将对应当前采样点的数据输出。sfun_xlsread 模块与一个 Scope 模块连接,构成仿真用的模型,运行仿真前双击 sfun_xlsread 模块打开参数对话框,选择一个内容为数据数组的 xls 格式的 Excel 文件(目前此例仅适用于包含一维数据的 xls 格式的 Excel 文件),并运行仿真。可以看到,sfun_xlsread_gui 对话框中的坐标轴已经预读了 xls 格式的 Excel 文件中的数据,仿真时将此数组按照采样时间逐个输出到 Scope 模块中显示,如图 11-53 所示。

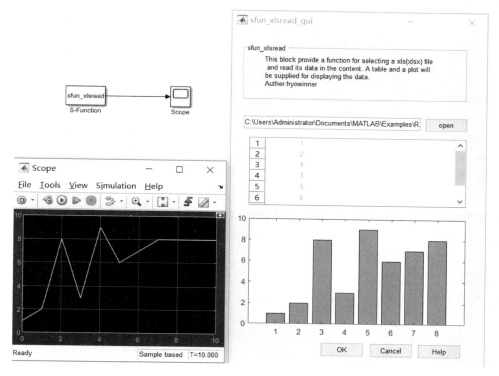

图 11-53 sfun_xlsread 的对话框数据预览及仿真图

通过这个实例可知,用户可以扩展 Simulink 自定义对话框的功能和形式,借助 GUIDE 上丰富的控件来设计更加具有想象力的自定义 Simulink 模块。

第 12 章 Simulink 创建自定义库

当用户自定义了一类模块后,可以自定义模块库将同类自定义模块显示到 Simulink Library Browser 中去。作为库模块,用户可以方便地将其拖曳到新建模型中进行建模。

作者在中文论坛上的简介中(http://iloveMATLAB.cn/article-29-1.html)提到过一些通过 S 函数定义的模块,包括天气预报模块、百度模块、微博发送模块等,这些模块都是借助互联网页在 Simulink 环境下开发的、用于个人娱乐的自定义模块。当然,作为研究者或者公司产品的开发者,将一些基本的、常用的、经过认可的算法和驱动模块添加到 Simulink Library Browser 中,在团队成员中共享,不失为一种高效的团队协作方式。这些模块能像 Simulink 自带的模块那样,通过拖曳即可应用到新建的模型中。本章将讲述如何创建自定义的模块库,以及如何将其显示到 Simulink Library Browser 中去。

建立这样的自定义库需要 3 个条件:

① 建立 Library 的 mdl 或 slx 文件,将自定义模块添加到这个文件中保存。

② 建立一个名字为 slblocks 的 m 函数,用于定义模块库显示到 Simulink Library Browser 中的规格。

③ 这个 slblock.m 与 Library 模型库文件需要存放到同一路径下,并且要将这个路径添加到 MATLAB 的 Set Path 中。

所谓 Set Path,就是如图 12-1 所示对话框中所存储的 MATLAB search path。MATLAB 运行代码或者模型时都会从所存储的路径中搜寻代码中使用的函数或模型中的模块,为了保障运行通畅,需要将自定义的函数或模块的存储路径添加到 MATLAB search path 列表框中。

读者可以通过单击 Add Folder 按钮来选择自定义的路径并将其添加到 MATLAB search path 列表框中,或者使用 M 函数 addpath 来实现添加过程,即"addpath('E:\hyoTest');"。

通过 Simulink 界面可以新建一个空的模块库文件,如图 12-2 所示。

将希望存入库中的模块都拖曳到这个库文件中并保存。如图 12-3 所示,将特斯拉(中国)、Sina、Apple(中国)等查询、搜索和登录网页的自定义模块追加到 Lib_entertainment 库文件中。

Library 与普通的 mdl 或 slx 文件的区别如下:

① Library 里的模块不能随意拖动,打开时默认是被锁定的状态。

② Library 的工具栏上没有仿真时间和仿真模式的设定。

③ Library 的菜单栏里比一般模型文件的菜单栏少了几个选项:Simulation、Code 和 Tools。

正如上述①所说,如果尝试在锁定状态下拖动模块,则会弹出提示信息,如图 12-4 所示。

第 12 章 Simulink 创建自定义库

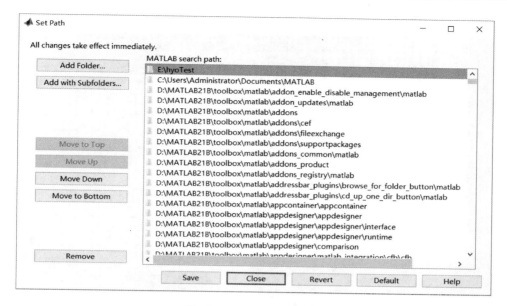

图 12-1 Set Path 对话框

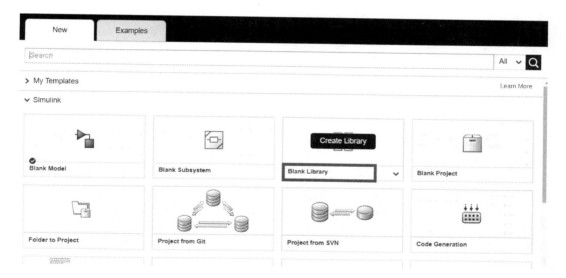

图 12-2 通过 Simulink 界面新建模块库文件

将上述文件存为 Lib_entertainment.slx，并将存储的路径添加到 MATLAB search path 列表框中。接下来编写 slblocks.m 文件，该文件描述了模块库在 Simulink Library Browser 中显示的方式，其代码如下：

```
function blkStruct = slblocks
% Simulink Library Browser 的信息
Browser(1).Library = 'Lib_entertainment';   % 无扩展名
Browser(1).Name    = 'Entertainment Toolbox @ hyowinner';
Browser(1).IsFlat  = 1;                     % 不含子系统

blkStruct.Browser = Browser;
```

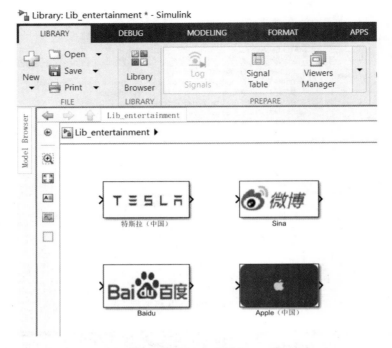

图 12-3 拖入模块的模块库文件

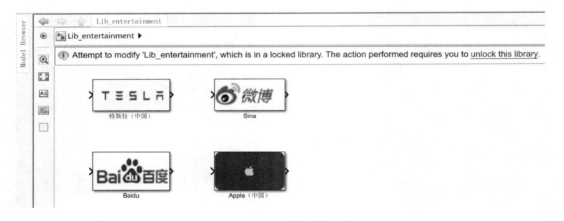

图 12-4 当尝试拖动处于锁定状态的库模块时弹出的提示信息

　　此函数名必须为 slblocks，无输入参数，返回值为 blkStruct。blkStruct 是一个结构体类型变量，包含 Browser 和 blkStruct 等成员。其中，Browser 包含 3 个成员，Library 表示库文件的名字（不带扩展名）；Name 表示显示到 Simulink Library Browser 中的标签和左下角的提示性文字，一般用来表示该库的主题；IsFlat 是一个标志位，为 1 时表示库文件中的模块不包含子系统。

　　至此，以上 3 个必要条件都具备了。打开 Simulink Library Browser 之后按 F5 键刷新，就会得到如图 12-5 所示的效果图。自定义工具箱插入到 Libraries 列表中，当选中它时，右侧会显示出库中所有模块的内容，左下角也会显示出 slblocks.m 中设置的 Name 属性。

　　之后，在使用这些自定义模块时即可像使用 Simulink 通用模块一样进行拖曳，或者右击

第 12 章　Simulink 创建自定义库

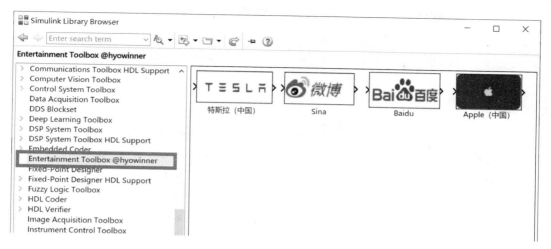

图 12-5　添加自定义娱乐库之后的效果图

模块,在弹出的快捷菜单中选择 Add block to model。

对于已经封装为库的文件,如果发现仍然有需要更改的地方,那么该如何再进行编辑呢? 由于模块库打开之后默认处于锁定(lock)状态,无法进行编辑,因此要先通过菜单栏进行解锁,单击菜单栏中的 Locked Library 图标即可,如图 12-6 所示。

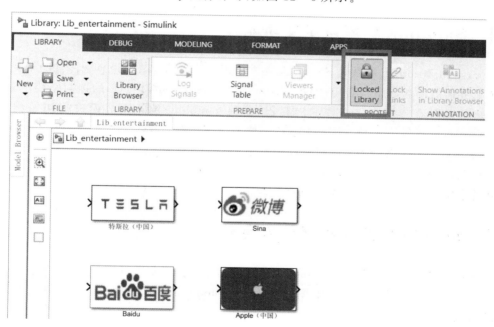

图 12-6　解锁库文件

解锁之后即可进行模块拖动、增加新模块、更改既有模块封装等操作了。

如上所述,新建一个自定义模块库就是这么简单,读者可以发挥自己的想象力来创建更多更有趣的模块和库。

第 13 章 Simulink 自定义环境

Simulink 环境提供了仿真、绘图、分析、性能分析和规范检查等功能,对于初学者甚至资深用户来说,都未必敢说自己已经熟悉了每一个设置参数的功能。俗话说"过犹不及",太多复杂的功能对于部分用户来说是一种过剩的需求,而一些简单常用的功能反而没有直观地提供给用户。好在 Simulink 提供了自定义环境的功能,能够使用户根据自身需求和喜好进行自定义。这些可以通过 sl_customization.m 这个接口文件来实现,本章将重点介绍其功能。

13.1 Simulink 环境自定义功能

sl_customization.m 函数是 Simulink 提供给用户使用的 MATLAB 语言自定义 Simulink 标准人机界面的函数机制。当 sl_customization.m 存储在 MATLAB 的搜索路径中时,每当 Simulink 启动时就会读取此文件的内容,然后对 Simulink 的人机界面进行初始化。由于 Simulink 本身就提供该函数,所以用户每次修改之后,必须重启 Simulink,或者使用 sl_refresh_customizations 命令来使变更起作用。本节将主要讲解有关 Simulink 环境自定义的以下几方面:Simulink 工具栏菜单自定义、Simulink Library Browser、菜单栏自定义、Simulink 目标硬件自定义和 Simulink 参数对话框控制。

13.2 Simulink 工具栏菜单自定义

所谓菜单自定义,并不是将 Simulink 自带的菜单功能进行裁剪或删除,而是在 Simulink 提供的现有菜单的基础上添加菜单项。Simulink Model Editor 中能够添加的位置是有限制的,共有如下 3 个地方:
① 顶层菜单的末尾;
② 菜单栏;
③ 快捷菜单的开始或结尾处。
添加的对象称为条目(item)。为了添加条目,需要以下几个步骤:
① 创建一个定义条目的模式函数(schema function);
② 将这个定义条目的函数注册在 sl_customization.m 中;
③ 为这个条目定义一个触发运行的回调函数。

以增加一个显示当前所选模块属性列表的菜单项为例,首先创建一个定义此项的模式函数:

```
function schema = get_block_property(callbackInfo)
    schema = sl_action_schema;              % 使用 sl_action_schema 函数创建一个对象
    schema.label = 'block property';        % 对这个对象设置各个属性,label 为菜单名
    schema.userdata = 'Hyo Custom';
    schema.callback = @custom_callback;     % 选中此菜单时所触发的回调函数
end
```

此函数的回调函数(Callback)被命名为 custom_callback,其内容为显示当前所选模块的属性列表,代码如下:

```
function custom_callback(callbackInfo)
inspect(gcbh);
disp('### The property of current block is displayed.');
end
```

上述两个函数可以一同定义在 get_block_property.m 中。接着将上述定义的模式函数注册到 sl_customization.m 中。函数 addCustomMenuFcn 的作用是将自定义模式函数注册到 Simulink 的菜单栏中。例如,在 Simulink 的自定义 Tools 菜单栏下添加菜单项,代码如下:

```
function sl_customization(cm)
    %% 注册自定义菜单功能
    cm.addCustomMenuFcn('Simulink:ToolsMenu', @custom_items);
end
```

在注册的 custom_items 函数中使用句柄函数方式(亦称匿名函数)指定之前定义的模式函数到 custom_items 中,代码如下:

```
%% 定义自定义菜单功能
function schemaFcns = custom_items(callbackInfo)
    schemaFcns = {@get_block_property};
end
```

菜单栏的标示能力是由 WidgetId 控制的,例如,"Simulink:ToolsMenu",就是 Tools 菜单栏的 WidgetId。使用下面两行代码可以将所有的 Simulink 菜单栏及子层菜单的 WidgetId 显示出来:

```
cm = sl_customization_manager;
cm.showWidgetIdAsToolTip = true;
```

在 Command Window 中输入上述两行代码并运行后,就把自定义模式函数 get_block_property 注册到了 Tools 菜单栏最末尾处,如图 13-1 所示。

上述函数 get_block_property、custom_callback、custom_items 的参数 callbackInfo 没有被使用,可使用"～"表示。那么如何使用添加的自定义菜单项呢?在模型中任意选中一个模块,再从 Simulink Editor 菜单中选择此项,即可弹出所选模块的 Inspector 属性列表,如图 13-2 所示。

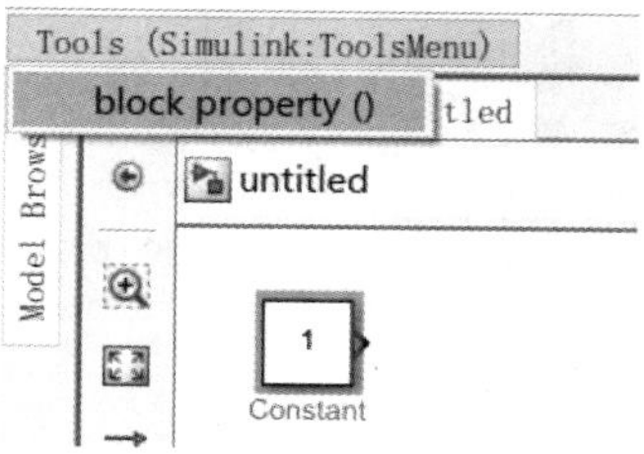

图 13-1 自定义菜单项

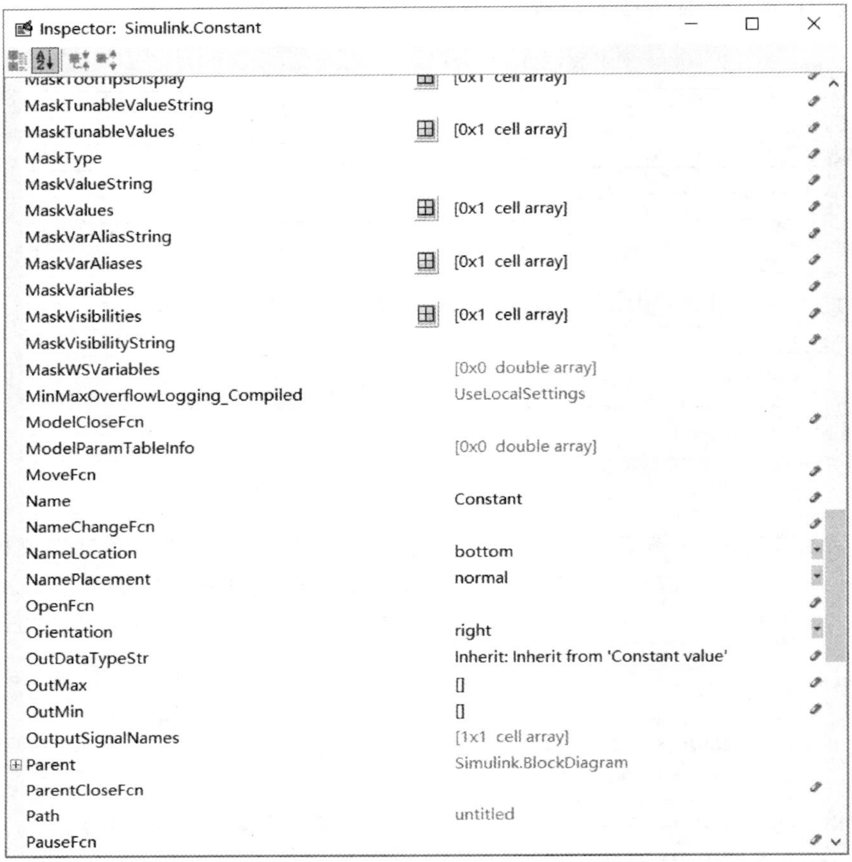

图 13-2 所选模块的 Inspector 属性列表

自定义 Model Editor 的菜单不仅可以是一级菜单,还可以此为基础继续向下定义多级子菜单。这个仍然在模式函数中实现,需要使用 sl_container_schema 函数创建一个容器对象,并将刚才创建的菜单项作为其成员添加进去,代码如下:

```
%% 为多层次菜单项定义机制函数
function schema = menu_control(callbackInfo)
schema = sl_container_schema;                       % 创建一个模式容器
schema.label = 'Hyo Customized';                    % 用于显示在菜单栏中的标签名
schema.childrenFcns = {@get_block_property;}       % 将子菜单目作为此容器的子成员
end
```

定义菜单项的函数 get_block_property 如下:

```
function schema = get_block_property(callbackInfo)
schema = sl_action_schema;
schema.label = 'block property';
schema.userdata = 'Hyo Custom';
schema.callback = @custom_callback;
end
```

```
function custom_callback(callbackInfo)
    inspect(gcbh);
    disp('# # # The property of current block is displayed.');
end
```

在 sl_costomization.m 中注册菜单项的模式函数时将最上层的模式容器对象注册进去即可,代码如下:

```
function sl_customization(cm)
    %% 注册自定义菜单函数
    cm.addCustomMenuFcn('Simulink:ToolsMenu', @custom_items);
end
%% 定义自定义菜单函数
function schemaFcns = custom_items(callbackInfo)
    schemaFcns = {@menu_control};    % 指定菜单机制的回调函数
end
```

使用 sl_refresh_customizations 命令刷新 Simulink 环境配置之后,可以在 Tools 菜单栏下找到自定义的多级菜单,如图 13-3 所示。

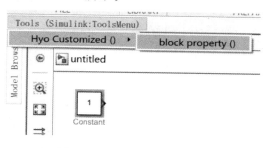

图 13-3 自定义的多级菜单

自定义菜单项也可以定义到快捷菜单中。将选中模块的属性列表函数打印出来的功能比较常用,可以添加到快捷菜单中,方便工作中频繁地使用相比于选中模块后再去选择工具栏菜单中的选项,省去了先单击模块的步骤。实现自定义快捷菜单只需要将 sl_customization.m 中的 addCustomMenuFcn 函数的首个参数设置为"Simulink:ContextMenu",其他方法同上。实现效果如图 13-4 所示。

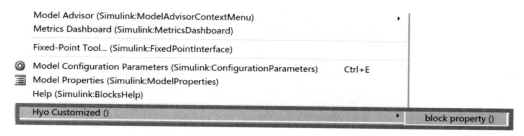

图 13-4 自定义快捷菜单

13.3 Simulink Library Browser 菜单栏自定义

Simulink Library Browser 中的各个 Simulink 工具箱的排列顺序都是内置的,其由两个因素决定——优先级和名字。优先级数字越小的工具箱排位越靠前,而在同一优先等级下的众多工具箱,则按照字母顺序从 a~z 依次排列。默认情况下,Simulink 库的优先度为 −1,其他工具箱的优先度为 0。如果使用者希望将某个自己常用的工具箱提到第一位显示,可将其优先度更改为小于 −1 的整数即可。这个功能要在 sl_customization.m 中使用 LibraryBrowserCustomizer.applyOrder 方法来实现,代码如下:

```
cm.LibraryBrowserCustomizer.applyOrder( {'Embedded Coder', -1.1} );
```

刷新 Simulink 环境后,再度打开 Simulink Library Browser 的显示效果如图 13-5 所示。

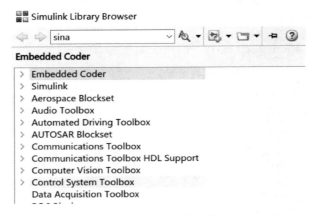

图 13-5　自定义工具箱的排列顺序

LibraryBrowserCustomizer 是集成了多种自定义 Simulink Library Browser 功能的类,它提供的 applyCoder 方法可以对指定工具箱的排序优先级进行设定;它还提供了将指定工具箱隐藏起来不显示以及虽然可见但不可使用的功能,其方法名为 applyFilter,其格式如下:

```
cm.LibraryBrowserCustomizer.applyFilter( {'PATH1', 'STATE1', ...} )
```

参数说明:
- PATH 表示操作的目标模块或工具箱,接受的参数路径可以参考 Simulink Library Browser 中工具箱的树结构层次;
- STATE 可以是 visible、invisible、enable 和 disable 的字符串,表示是否可见和是否使能。

例如,将原本排列在首位的 Embedded Coder 工具箱隐藏起来,并将 Simulink 工具箱设置为不可用,可在 sl_customization.m 中通过添加以下代码来实现:

```
cm.LibraryBrowserCustomizer.applyFilter({'Embedded Coder','Hidden'});
cm.LibraryBrowserCustomizer.applyFilter({'Simulink','Disabled'});
```

刷新 Simulink 环境后,Simulink Library Browser 中的模块库工具箱的显示再次发生变化,Embedded Coder 被隐藏了,Simulink 工具箱图标变成了灰色,内部模块全部变为半透明状态,并且不可拖曳到模型中,如图 13-6 所示。

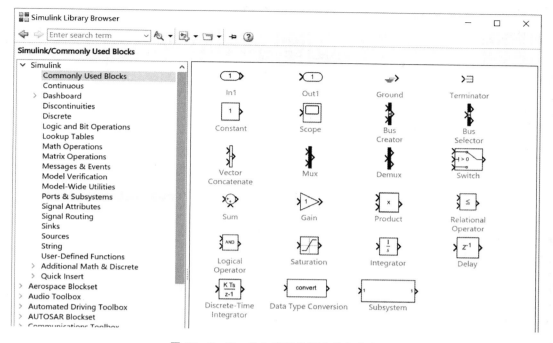

图 13-6　Simulink 库被设置为禁用状态

13.4　Simulink 目标硬件自定义

Configuration Parameters 对话框中有一个 Hardware Implementation 选项，选中该选项可在其对应页面中选择各个厂家提供的各种目标硬件芯片类型，并且可以设置其大小端方式、所支持的各种数据类型的位数，如图 13-7 所示。

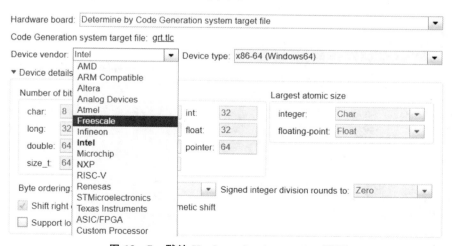

图 13-7　默认 Hardware Implementation 页面

这里的硬件实现并非实现硬件内部的运行机理或指令集仿真功能，而只是对某种芯片的厂商和型号信息以及数据类型格式进行描述。在 sl_customization.m 中使用 loc_register_device 注册一个函数，然后在这个函数中对目标硬件的属性进行配置即可。描述目标硬件的结构体对象需要使用 RTW.HWDeviceRegistry 来创建对象,然后再进行配置。需要配置的成员信息见表 13.4.1。

表 13.4.1　目标硬件配置信息

配置成员名	说　明
Vendor	芯片生产商
Type	芯片系列号或类型名
Alias	芯片别名,不使用时不用设置,为空
Platform	Production hardware 以及 Test hardware 两个组别中是否都显示控件清单,二者的组别名分别以字符串"prod""test"表示
setWordSizes	设置各种数据类型的位数,按照长度顺序为 char≤short≤int≤long。位数必须为 8 的整数倍,最大为 32 位。long 型位数不能少于 32 位
LargestAtomicInteger	整数类型中最大的一种,当生成代码中处理的数据类型大于此种类型时,会生成额外的检测数据复制是否完整的代码
LargestAtomicFloat	浮点数类型中最大的一种,当生成代码中处理的浮点数据类型大于此种类型时,会生成额外的检测数据复制是否完整的代码
Endianess	字节次序设定,大端 big Endian 或小端 little Endian
IntDivRoundTo	有符号整数进行除法时的四舍五入方法的选择,zero、floor 或 undefined
ShiftRightIntArith	设置 true,则右移过程保留符号;设置 false,则右移过程不保留符号
setEnabled	选择此目标硬件时哪些 GUI 控件是可选的。表示控件的字符串包括:BitPerChar、BitPerShort、BitPerInt、BitPerLong、WordSize、Endianess、IntDivRoundTo、ShiftRightIntArith、LongLongMode、BitPerFloat、BitPerDouble、BitPerPointer、BitPerLongLong、LargestAtomicInteger、LargestAtomicFloat

例如,描述一个虚拟目标硬件提供商 Hyo 生产的 SimulinkType 系列芯片,其 M 代码如下:

```
function sl_customization(cm)
cm.registerTargetInfo(@loc_register_device);
end
% oc_register_device 注册自定义设备到 Simulink Parameter Confiugraion 的硬件实现页面
function thisprod = loc_register_device
thisprod = RTW.HWDeviceRegistry;
thisprod.Vendor = 'Hyo Ltd.';
thisprod.Type = 'Simulink Type';
thisprod.Alias = {};
thisprod.Platform = {'Prod','Test'};
thisprod.setWordSizes([8 16 16 32 32]);
thisprod.LargestAtomicInteger = 'Char';
thisprod.LargestAtomicFloat = 'Float';
thisprod.Endianess = 'Big';
thisprod.IntDivRoundTo = 'floor';
thisprod.ShiftRightIntArith = true;
thisprod.setEnabled({'BitPerPointer'});
end
```

运行会提示 RTW.HWDeviceRegistry 方法已被移除,可通过运行"target.upgrade('sl_customization','sl_customization.m')"命令来更新 sl_customization.m 文件中使用 RTW.

HWDeviceRegistry 对象设置的硬件信息,在当前路径下会生成 registerUpgradeTargets.m 文件,其代码如下:

```
function registeredObjects = registerUpgradedTargets(varargin)
% 此函数是由目标数据导出功能生成的

% 创建目标硬件类型"Hyo Ltd. - Simulink Type"
languageimplementation = target.create("LanguageImplementation");
languageimplementation.AtomicFloatSize = 32;
languageimplementation.AtomicIntegerSize = 8;
languageimplementation.DataTypes.Char.Size = 8;
languageimplementation.DataTypes.Double.Size = 64;
languageimplementation.DataTypes.Float.Size = 32;
languageimplementation.DataTypes.Half.IsSupported = false;
languageimplementation.DataTypes.Half.Size = 16;
languageimplementation.DataTypes.Int.Size = 16;
languageimplementation.DataTypes.Long.Size = 32;
languageimplementation.DataTypes.LongLong.IsSupported = false;
languageimplementation.DataTypes.LongLong.Size = 64;
languageimplementation.DataTypes.Pointer.Size = 32;
languageimplementation.DataTypes.PtrDiffT.Size = 32;
languageimplementation.DataTypes.Short.Size = 16;
languageimplementation.DataTypes.SizeT.Size = 32;
languageimplementation.Endianess = "Big";
languageimplementation.WordSize = 32;
languageimplementation.Name = "Hyo Ltd. - Simulink Type";

% 创建目标处理器"Hyo Ltd. - Simulink Type"
processor = target.create("Processor");
processor.LanguageImplementations(1) = languageimplementation;
processor.Manufacturer = "Hyo Ltd.";
processor.Name = "Simulink Type";

% 将目标对象添加到 MATLAB 内存中
registeredObjects = target.add(processor, varargin{:});
end
```

在 Command Window 中运行 registerUpgradedTargets 注册硬件信息,打开 Hardware Implementation 页面,可以看到上述描述代码已经将一款新的目标硬件添加到 Device vendor 下拉列表框中,选择"Hyo Ltd."之后,Hardware Implementaion 页面将展示上述配置内容,如图 13 - 8 所示。

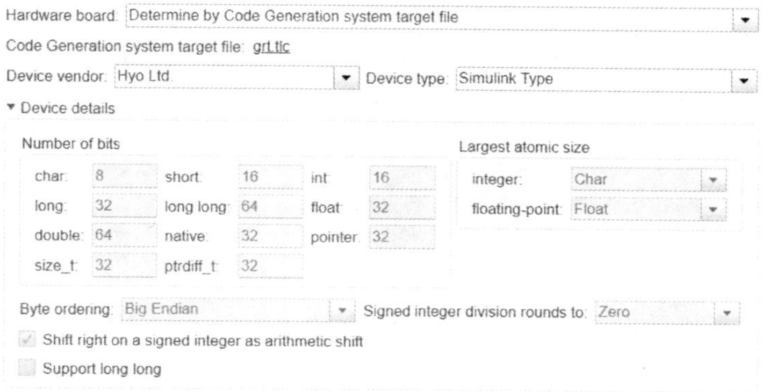

图 13 - 8　追加了自定义硬件描述的 Hardware Implementation 页面

13.5 Simulink 参数对话框控制

Simulink 环境下的对话框也可以通过属性设置的方法进行一定的自定义设置。执行下述语句之后，将光标停留在某个控件上，就能够显示出 WidgetId 和 DialogId 的控件，它们可以由用户指定是否可见与是否使能。

```
cm = sl_customization_manager;
cm.showWidgetIdAsToolTip = true
```

在 Command Window 中运行上述代码之后，将光标停留在 Congifuration Parameters 对话框中的 Type 控件上，可以显示出其 DialogId 和 WidgetId，如图 13-9 所示。

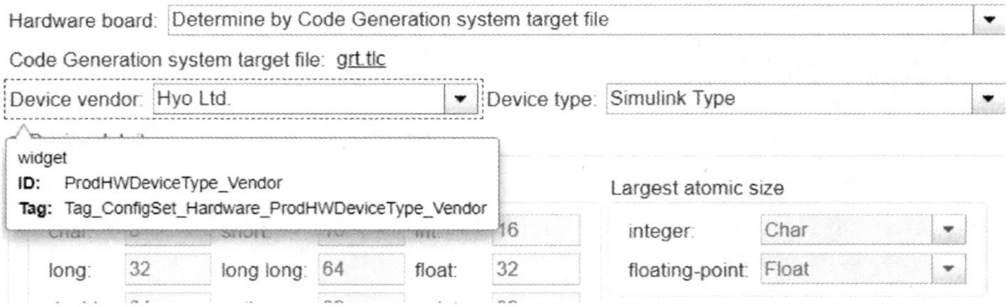

图 13-9 显示 WidgetId 名

控制这些属性必须使用 M 语言。实现步骤是：首先在 sl_customization.m 中使用 addCustomization 方法注册一个回调函数，该回调函数绑定在目标控件的父对象上。再在回调函数中编写设置目标控件属性的 M 语句。一个控件的回调函数需要注册到父对象 ConfigSet 上。本质上就是在目标控件的父控件被打开之前调用这个自定义的回调函数，来实现某控件的使能及可见性设置。这个自定义的回调函数必须带有一个 dialogH 参数，表示目标控件父对象的句柄，然后通过这个父对象再调用 hideWidgets 函数隐藏目标控件，调用 disableWidgets 方法使能或关闭某控件的使用权。注意，注册回调函数时使用的是对话框父对象的 DialogId 名，而在回调函数中实现对某个控件操作时使用的是控件本身的 WidgetId 名。例如，将 Solver 页面下选择求解器变步长还是固定步长的下拉列表框 SolverType 隐藏起来，并将仿真开始时间的文本框变为不可编辑状态，代码如下：

```
function sl_customization(cm)
%% 注册自定义对话框 pre-opening 函数，处理对话框打开前的回调动作
configset.dialog.Customizer.addCustomization(@disable_solver_type,cm);
end
function disable_solver_type(dialogH)
    dialogH.hideWidgets({'SolverType'});
    dialogH.disableWidgets({'StartTime'});
end
```

刷新 Simulink 环境后再度启动 Configuration Parameters 对话框，然后打开 Solver 页面，可以看到 Start time 文本框变为灰色的不可编辑状态，SolverType 的选项也整个消失了，如图 13-10 所示。

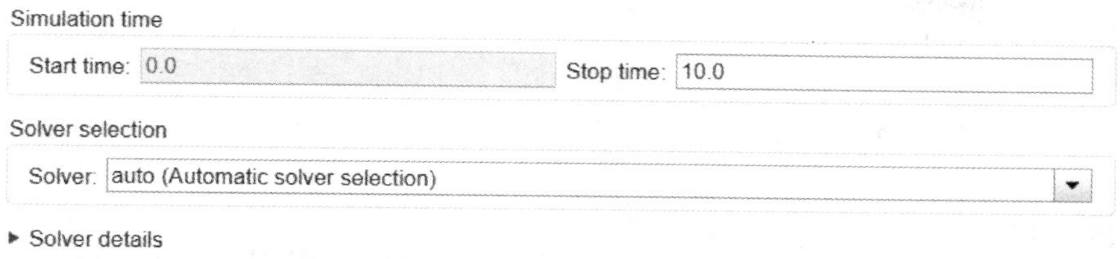

图 13 - 10 Configuration Parameters 对话框中被改变属性的控件

上述的控件属性控制只是对启动状态(初始状态)的设置,并不一定持续整个使用过程。这是因为 Configuration Parameters 对话框中的控件之间存在互相约束的关系(Simulink 内建 Callback),一旦触发了这些内置约束关系的回调函数,就可能打破用户自定义的初始值属性约束。例如,Code Generation 页面中的 Build,即使将其设置为 disable,只要启动后用户选中 Generate Code Only 复选框,然后再将其取消选中,Build 就又变为可以单击的状态了。

第 14 章　Simulink 代码生成技术详解

Simulink 自带了种类繁多且功能强大的模块库，连接模块的信号线负责将数据从源模块传递到中间模块，然后经过重重计算，最终流到接收器模块中。在基于模型设计的新型开发流程下，Simulink 建立的模型从早期验证、代码自动生成到后期 SIL、PIL 和 HIL 等提供了全流程的快速开发工具链和品质保障措施，通过仿真不仅可以进行早期设计的验证，而且可以生成 C/C++、PLC、VHDL 等代码，并且这些代码可以直接应用于 PC、MCU、DSP、FPGA 等平台，在嵌入式软件开发中发挥着重要的作用。本章将以 Simulink 模型生成嵌入式代码为例来详细分析代码生成的原理及方法。

14.1 模型生成代码技术基础

14.1.1 Simulink 模型的 C 代码生成

Simulink 的 Simulink Coder 工具箱提供了将模型转换为可优化的嵌入式 C 代码的功能。Simulink 的 Embedded Coder 工具箱提供了将控制策略模型转换为精简的嵌入式 C 代码的功能。在进行模型生成代码前，通常将模型的 Source 模块和 Sinks 模块分别替换为 Inport 模块和 Outport 模块，系统目标文件设置为 ert.tlc（这是一个负责启动嵌入式 C 代码生成的入口文件），在 ertl.tlc 的作用下，结合数据对象、生成代码文件打包形式、子系统代码生成配置等功能，可以对生成代码进行优化，提高可读性和复用性。滤波器模型及其在 ert.tlc 作用下生成的代码如图 14-1 所示。

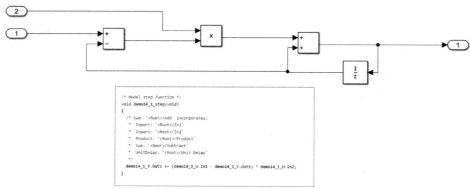

图 14-1　滤波器模型及其在 ert.tlc 作用下生成的代码

14.1.2 模型生成代码的优化

Simulink 的 Embedded Coder 工具箱提供了两种优化方式：一种是通过对信号线的存储类型进行设置，改变代码生成时的关键全局变量的生成方式；另一种是将功能模型或算法模型封装为原子子系统，并将其代码生成在指定文件的指定函数内，以便于集成或重用。模型生成代码的优化配置如图 14-2 所示。

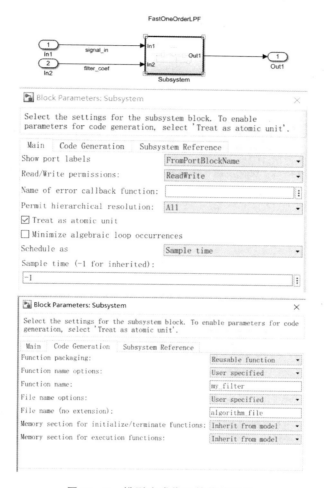

图 14-2　模型生成代码的优化配置

生成的代码中，表示信号的变量不再是根据输入、输出、参数、状态量分类的几个大的结构体变量，而是以模型信号线、参数名、状态名等命名的变量，优化后的代码如图 14-3 所示。

14.1.3 代码的有效性验证

模型在 Simulink 环境下仿真的确得到了滤波效果，那么该模型生成的嵌入式 C 代码是否拥有同样的功能和效果呢？对于初次接触基于模型设计方法的用户来说，必定心存疑问。由于 Simulink 模型不是形式化语言，仅对模型验证不能证明其生成代码的有效性，所以还需要针对代码进行验证。将模型生成的代码编译为目标硬件上可执行的二进制文件，然后部署到硬件上，根据输入用例数据来验证结果是否正确。其中，软件在环仿真（Software In the

```
16  #include "algorithm_file.h"
17
18  /* Include model header file for global data */
19  #include "filter_demo.h"
20  #include "filter_demo_private.h"
21
22  /* Output and update for atomic system: '<Root>/Subsystem' */
23  real_T my_filter(real_T rtu_In1, real_T rtu_In2, DW_my_filter_T *localDW)
24  {
25    real_T rty_Out1_0;
26
27    /* Sum: '<S1>/Add1' incorporates:
28     *  Product: '<S1>/Product'
29     *  Sum: '<S1>/Add'
30     *  UnitDelay: '<S1>/Unit Delay'
31     */
32    rty_Out1_0 = (rtu_In1 - localDW->UnitDelay_DSTATE) * rtu_In2 +
33      localDW->UnitDelay_DSTATE;
34
35    /* Update for UnitDelay: '<S1>/Unit Delay' */
36    localDW->UnitDelay_DSTATE = rty_Out1_0;
37    return rty_Out1_0;
38  }
```

图 14 - 3　优化后的代码以函数形式单独生成在一个文件中

Loop,SIL)和处理器在环仿真(Processor In the Loop,PIL)就提供了验证算法有效性的方法。PIL 环境的构成示意图如图 14 - 4 所示。

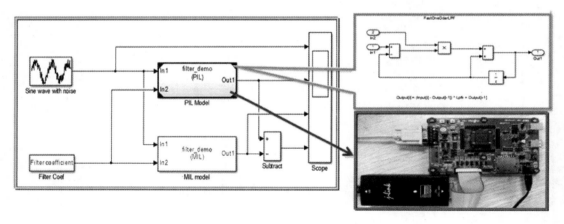

图 14 - 4　PIL 环境的构成示意图

PIL 需要 Simulink 模型与目标硬件协同工作。图 14 - 4 所呈现的方式其实是一种背靠背(back to back)的验证方式,它是指同一模型的两种不同形态下的等效性验证。MIL 模型和 PIL 模型是分别通过 ModelReference 引用的同一个滤波器算法模型,以不同的模式存在于 Simulink 模型中(普通仿真模式和 PIL 仿真模式)。普通仿真模式即 MIL,在模型层面进行仿真计算;SIL 仿真模式是模型生成 C 代码且运行在与 MIL 相同的 PC 操作系统上;PIL 仿真模式是将 PIL 模型生成嵌入式 C 代码后与调度软件、通信驱动软件集成,然后编译为目标文件下载到目标硬件中去,硬件与 PC 通过串口通信方式(或 CAN 通信或以太网通信)连接,建立 Simulink 与硬件开发板上 MCU 之间的数据通路,信号源和信号观测都由 Simulink 负责,MCU 只负责接收信号源的数据进行运算,并将结果发送回 Simulink 所安装的机器。Simulink 的信号源模块提供信号输入,经过串口传递给目标 MCU,经过 MCU 计算之后再通过串口传递回 Simulink 模型,并与 Simulink 中的 MIL 模型仿真结果进行对比;接着 Simulink 求解器驱动信号源模块输出下一个采样点的值给 PIL 模块并进行后续计算,如此反复。与普通模式下 MIL 模型的仿真结果进行比较,比较二者在相同输入、相同参数、同步调仿真下计算的输出是否相同。PIL 有两个目的:一个是验证算法模型生成的代码在目标硬件上执行的正确性;另一个是验证算法模型生成代码在目标硬件上执行时所花费的时间。虽然是非实时的仿真运行机制,但是却能验证模型生成算法代码的实时性,验证是否造成 Overrun 错误,即在规定的硬件调度周期内算法没有执行完毕的一种非预期错误。

14.1.4 其他验证方法

在 PIL 阶段之前,MBD 开发方式还提供了一种非实时的模型与其生成的代码的等效性验证,即软件在环仿真[Software In the Loop(SIL) Simulation]。在 PILS 之后,MBD 还提供一种硬件在环仿真(Hardware In the Loop,HILS)的复杂嵌入式系统的测试方法。HILS 提供了一个平台,能够将各种复杂的被控对象以数学的表示方法作为动态系统追加到测试环境中,它能够很好地仿真被控对象。这些被仿真出来的被控对象通过将传感器等设备作为接口,把控制系统 MCU 与被控对象的 HIL 平台连接起来,进行实时仿真。

在很多情况下,最有效的测试方法就是将控制系统与实际的被控对象进行连接测试。但是,考虑到成本和安全性等因素(例如大型电网或整车运行,直接采用实机运行往往存在不安全因素),能够提供安全的测试环境和高效的测试质量的 HIL 成为嵌入式控制系统测试过程中备受青睐的方法。HIL 验证方法需要被控对象的物理模型配合控制器形成闭环。物理模型的构建可以使用 Simulink 的基本模块根据推导出来的物理模型方程进行搭建,也可以基于方程系统使用支持非因果建模仿真的工具进行搭建,在验证其有效性和实时计算能力之后,将物理模型生成的 C 代码部署到实时机中,往往此时还需要带有方程系统的求解器代码来配合物理模型的求解。通过 HIL 进行大型复杂嵌入式系统的设计具有以下优点:

① 节省成本,避免实际设备损坏;
② 验证系统的实时效果;
③ 加快开发进程;
④ 减少安全隐患,保证安全性。

14.2 Simulink 代码生成流程及技巧

Simulink 之所以能够为嵌入式软件开发提供 MBD(Model Based Design)设计方法,关键在于以下 4 点:

① 框图式建模替代代码编写,可以快速构建算法原型,提高设计效率;
② 模型通过仿真可以早期验证算法的正确性,避免后期测试时才发现 bug,降低修复 bug 的成本;
③ 代码生成技术能够快速将验证过的模型生成可移植的 C 代码,避免人工编码的低效性和 bug 的产生;
④ 统一的模型表达和接口类型,使得大型跨地区团队可以协同设计并进行模型集成,兼容 TopDown 的架构设计方式和 BottomUp 的系统软件集成模式。

在前面的各个章节,通过对 Simulink 的构成元素、运行机制以及仿真方法的理解和掌握,使得读者能够深入理解和掌握 Simulink 代码生成技术。

Simulink 代码生成技术支持多种语言，如 C/C++、PLC、VHDL 等，分别由不同的工具箱支持其代码生成功能，但其底层技术路线并不完全相同。这里主要围绕嵌入式 C 代码的生成技术进行讲解。在 Simulink 环境中，嵌入式代码生成是由 Embedded Coder、Simulink Coder 为主、MATLAB Coder 为辅来进行生成代码优化的。这些 Coder 工具箱主要用于嵌入式 MCU、片上快速原型开发板以及应用于民生电子和工业领域的 MCU 微处理器等。Embedded Coder 负责生成可重用、结构紧凑且执行快速的实时 C 代码，它同时能够使能 MATLAB Coder 和 Simulink Coder 这两个工具箱的选项和高级优化功能来控制生成代码的文件结构、函数形式和数据存储等。作者并不希望读者刻意地去记住哪些代码生成功能由 Simulink Coder 负责，哪些由 Embedded Coder 负责，因为这对于开发过程来说不是最重要的。所以，后面直接记为 Simulink 提供的代码生成功能，淡化二者功能上的区别，意在让读者尽快掌握 Simulink 的核心使用方法。在真正开始讲解代码生成技术之前，先来了解一下利用 Simulink 的这些代码生成优化功能所带来的优势：

① 提高生成代码的执行效率；
② 拥有多样性手段将既有的手写 C 代码资产整合到模型中或集成到生成代码中共同构建新产品软件；
③ 快捷地标定控制系统的参数以直接应用于工业领域；
④ 针对特定的嵌入式目标硬件开发自定义的自动化工具链，该工具链包括应用层与驱动层代码生成、代码自动集成、工程自动生成、目标文件自动生成以及自动下载和启动等。

从软件产业标准上讲，Embedded Coder 生成的代码支持 MISRA - C、AUTOSAR 和 ASAP2 软件标准；从工业标准上讲，Embedded Coder 生成的代码支持 ISO26262、IEC 61508 和 DO - 178C 标准，这些标准主要面向汽车电子、航空航天研发以及工业自动化领域等。

注： 学习本章的读者最好已经具备了 Simulink 的建模仿真和 S 函数等的基础知识，如果再加上一点 MCU 嵌入式基本知识以及 C 语言基础，那么学习本章时将有事半功倍的效果。

14.2.1 传统代码生成配置方法

第 6 章已经介绍了 Configuration Parameters 对话框的配置方法，与之相比，嵌入式代码生成用的模型配置要复杂得多。先以一个简单的模型为例（见图 14 - 5）来说明传统的生成代码的配置方法。

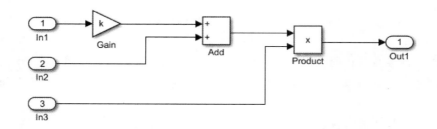

图 14 - 5　代码生成所用示例模型

Configuration Parameters 对话框中集中管理着模型的代码生成方法、格式等约束条件。为了生成嵌入式代码，至少需要配置以下 3 个部分：

① 模型的求解器；
② 模型的系统目标文件（如 ert.tlc 或其他自定义的嵌入式系统目标文件）；
③ 硬件实现规定（Hardware Implementation）。

利用 Ctrl+E 快捷键打开模型的 Configuration Parameters 对话框，其中的 Solver 选项卡如图 14-6 所示，求解器的类型必须设置为定步长求解器。定步长求解器中提供了多种算法，此模型由于没有连续状态，所以可以选择 discrete 方法。步长默认为 auto，仅对仿真有效，在通用嵌入式代码生成过程中此参数没有实际作用，可以采用默认设置或将其设置为 0.01 s。而在针对目标芯片定制的代码生成过程中，硬件驱动工具箱往往会将步长作为其外设或内核中定时器的中断周期，使得生成的算法代码在硬件芯片中以同样的时间间隔执行。另外，由于求解器步长为整个模型提供了一个基础采样频率，因此它也被称为基频/基采样率（base-rate）。

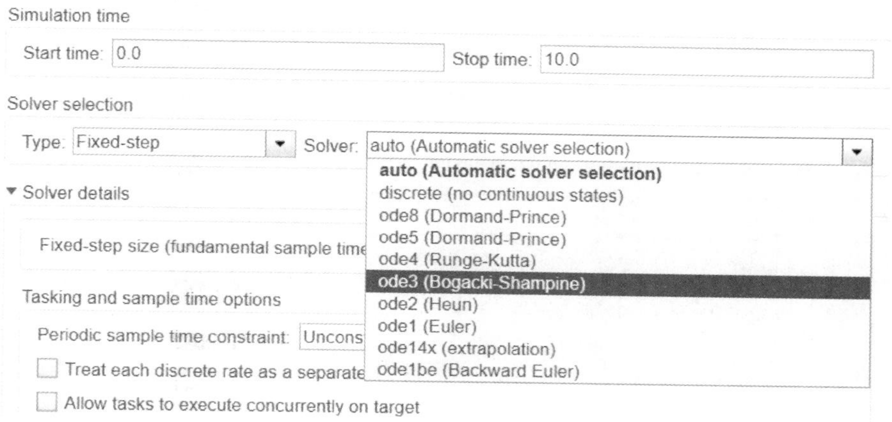

图 14-6 代码生成求解器的配置

求解器步长之所以称为基频/基采样率，是因为当模型中存在多个不同采样频率的子系统时，最快的采样频率也不能高于求解器步长的倒数，而第二快的采样频率以及更慢的采样频率，其采样周期都应该是求解器步长（也就是基采样率的倒数）的整数倍。采样频率与步长是倒数关系，为了方便，此后均以采样周期与求解器步长的关系来说明。如果设置为非整数倍，在求解器选为固定步长类型时，会报出采样时间错误，错误信息如下：

Invalid setting for fixed-step size (xxxx) in model 'xxxxx'. All sample times in your model must be an integer multiple of the fixed—step size.

当模型中有使用参数变量的情况时，如 Gain 模块的增益值，参数能够将值以字面值的方式生成到代码中，那么就需要设置参数内联选项，如图 14-7 所示的选项。

Default parameter behavior 下拉列表框决定是否将参数内联到代码中去。当选择 Inlined 时，代码生成时的模型的参数将以常数方式直接生成到代码中，而不再以一个参数变量的形式生成。当模型中的参数需要作为实时可调的参数生成到代码中时，选择 Tunable，那么参数将作为结构体形式的全局变量生成（本节后续内容也会介绍利用参数数据对象存储类来控制生成代码的形式）；当不需要实时调整参数时，可以选择节省存储空间的方式，即选择 Inlined，将参数以数值常数的形式生成到代码中。例如，当模型中的参数设置为常数时，Gain 模块的增益值为 5，选择 Default parameter behavior 下拉列表框中不同选项的常数变量声明及使用见表 14.2.1。

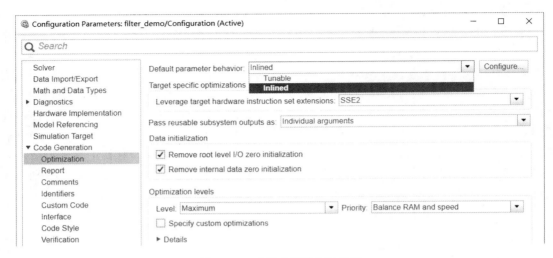

图 14-7 参数内联选项的设置

表 14.2.1　Default parameter behavior 中不同选项的常数变量声明及使用

选　项	生成代码实例
Inlined	codegen_03_Y.Out1 = 5.0 * codegen_03_U.In1;

Tunable	P_codegen_03_T codegen_03_P = {
	　　　5.0
	　　};
	
	struct P_codegen_03_T_ {
	　　real_T Gain_Gain;
	};
	
	typedef struct P_codegen_03_T_ P_codegen_03_T;
	
	codegen_03_Y.Out1 = codegen_03_P.Gain_Gain * codegen_03_U.In1;

　　Hardware Implementation 选项卡是用于规定目标硬件规格的。该选项卡提供了常用芯片厂商和热门类型的芯片配置，其中芯片配置包括芯片的字长、字节顺序等。当 Device vendor 设置为不同的芯片类型时，每种芯片数据类型的字长将更新到对话框中。当将 Device vendor 设置为 Custom Processor 时，各种数据类型的字长更新如图 14-8 中的方框部分所示。

　　下面将介绍另外一个关键的设置选项，也是控制整个代码生成过程的系统目标文件（system target file），其中 ert.tlc 文件就是 Embedded Coder 提供的能够生成专门用于嵌入式系统 C 代码的系统目标文件。在 Code Generation 选项卡中单击 Browse 按钮，即可弹出相应对话框以选择系统目标文件，如图 14-9 所示。

　　在图 14-9 所示的列表框中选择 ert.tlc 之后，Code Generation 标签下面的子标签也会发生变化，它将提供更多可定制可优化的功能选项（图 14-10 中的方框内为新增的子标签）。

　　Report 子标签能够打开设置关于生成代码的报告的页面，它可以选择是否创建 HTML

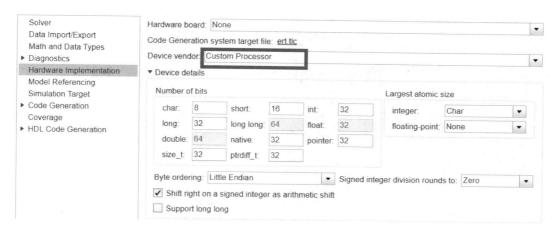

图 14-8　将 Device vendor 设置为 Custom Processor 时的字长

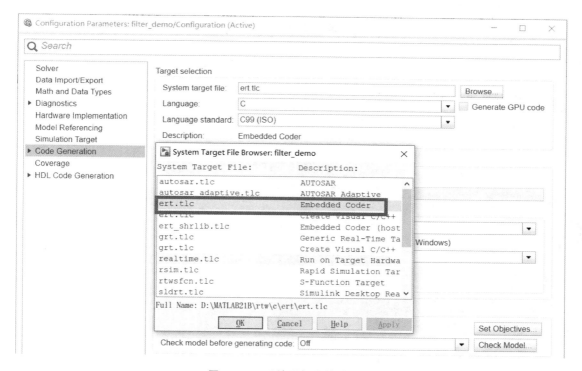

图 14-9　系统目标文件的选择

格式的代码生成报告，并通过是否选中复选框来决定是否在模型编译结束后自动打开，如图 14-11 所示。

选中 Metrics 选项组中的 Generate static code metrics 复选框将会在代码生成报告中包含静态代码的参数指标。

推荐读者选中 Create code generation report 和 Open report automatically 复选框，那么在模型生成代码完毕后会自动弹出报告列表，而不需要到文件夹中逐一手动查找源文件并将其打开。

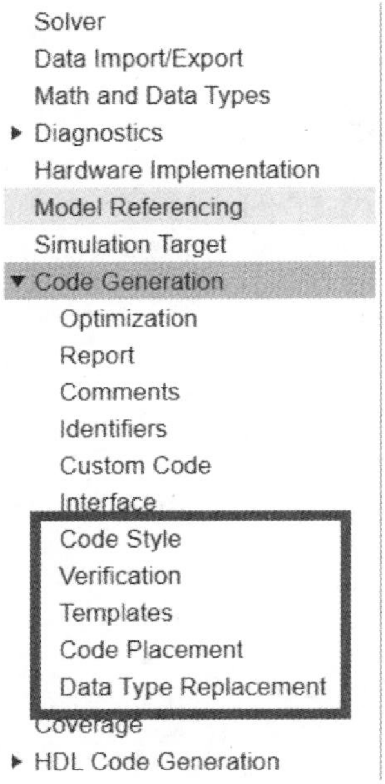

在 Comments 子标签中可以配置生成代码中的注释内容,如图 14-12 所示。

Include comments 复选框的选中与否决定是否在生成代码中添加 Simulink 自带的注释。选中该复选框后,Auto generated comments 选项组及 Custom comments 选项组的选项便被使能,读者可以根据需要选择希望生成的注释内容。

推荐读者选中 Include comments 复选项,并选中 Simulink block comments 和 Stateflow object comments 复选项以生成注释,注释中带有可以从代码跳转到对应模型的超链接,以便读者追溯模块与代码的对应关系。

Identifiers 选项卡用于设置 ert.tlc 一族系统目标文件控制下的代码生成符号的定义规则,如图 14-13 所示。这些符号包括数据变量和数据类型定义、常量宏、子系统方法、模块的输出变量、局部临时变量以及命名的最长字符数等。

Identifier format control 选项组中默认使用"$R

图 14-10　ert.tlc 模式下 Code Generation 标签的子标签

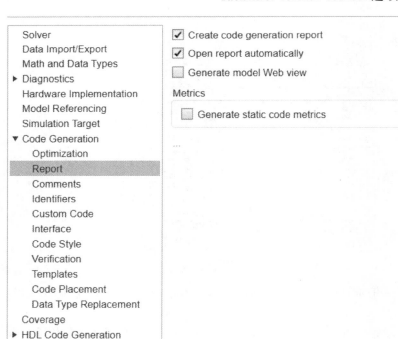

图 14-11　ert.tlc 模式下 Code Generation→Report 选项卡

NM"这样的标识符,它们是 Embedded Coder 内部使用的标识符,具体意义见表 14.2.2。

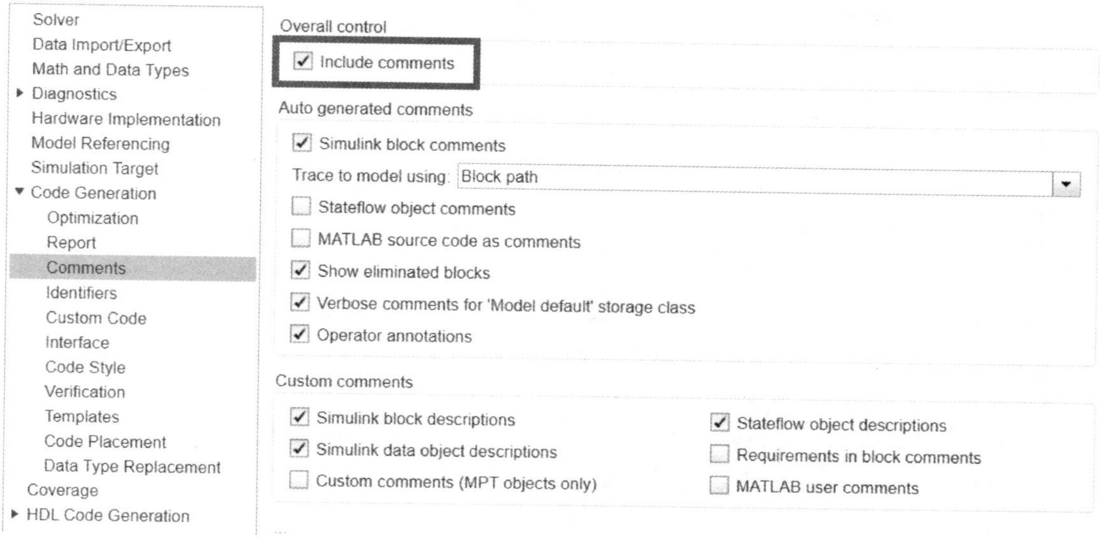

图 14 − 12 ert.tlc 模式下 Code Generation→Comments 选项卡

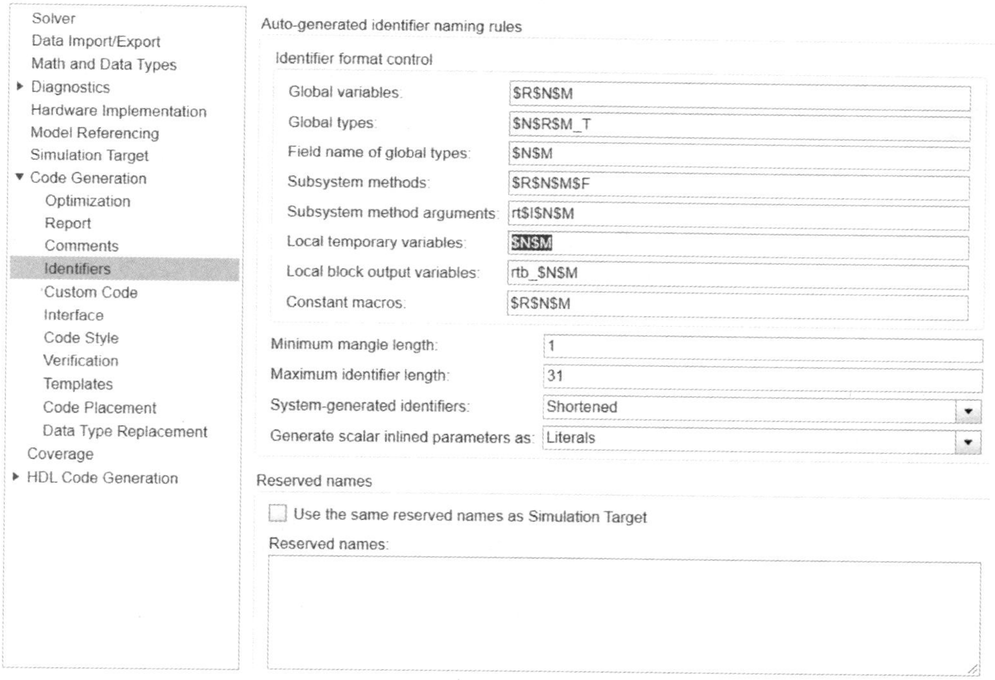

图 14 − 13 ert.tlc 模式下 Code Generation→Identifiers 选项卡

表 14.2.2 控制代码生成的标识符

标识符	作用说明
$R	表示根模型的名字,将 C 语言不支持的字符替换为下划线
$N	表示 Simulink 对象：模块,信号或信号对象,参数,状态等的名字
$M	为了避免命名冲突,必要时追加在后缀以示区分

续表 14.2.2

标识符	作用说明
$A	表示数据类型
$H	层级标识符。当前层次是模型根层次时，$H 表示的是_root 字符串；对于子系统模块，$H 表示的是 sN_字符串，其中 N 是 Simulink 分配给各个子系统的编号
$F	表示函数名，如表示更新函数时使用_Update
$C	校验和标识符，用于防止命名冲突
$I	输入/输出标识符，输入端口使用 u 表示，输出端口使用 y 表示

通过将表 14.2.2 中的各种标识符进行不同的组合，即可规定生成代码中各部分（变量、常量、函数名、结构体及对象）名称的生成规则。

Simulink 提供的这些标识符所生成的变量名虽然可读性不强，但是不会引起代码编译错误。推荐用户使用默认设置，不要为了提高生成代码的可读性而轻易进行修改，以免引入错误造成不必要的麻烦。提高代码的可读性有更好、更安全的方法，在后续章节中将会说明。

Custom Code 选项卡主要用于添加用户自定义的或者编译模型时必需的源文件、头文件、文件夹或者库文件等，如图 14-14 所示。

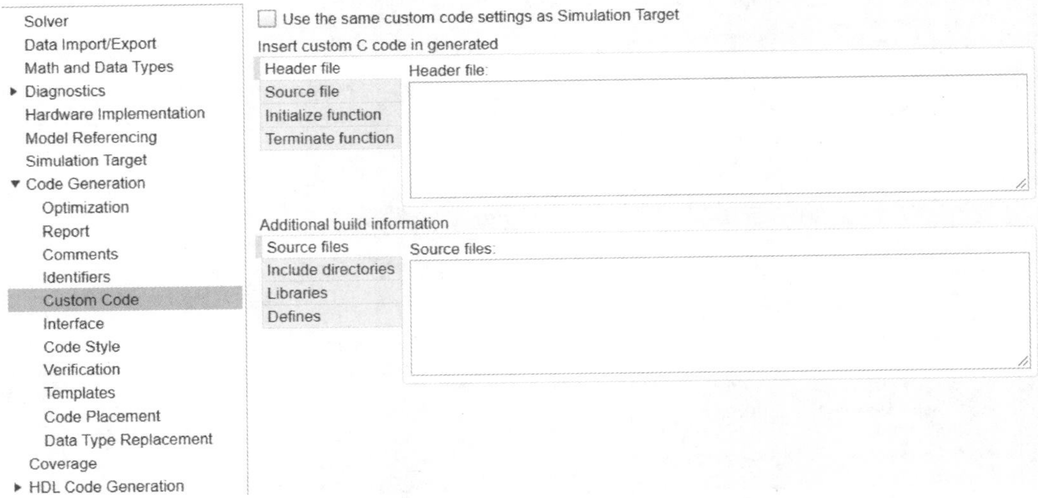

图 14-14 ert.tlc 模式下 Code Generation→Custom Code 选项卡

Code Generation 选项卡提供了关于编译过程和 TLC 过程的选项，其中编译过程的参数设置如图 14-15 所示。

选中 Generate code only 复选框是指仅生成代码；选中 Package code and artifacts 复选框后会将代码打包压缩，可在 Zip file name 文本框中指定生成的压缩文件的名称。

Toolchain 下拉列表框用于指定一组软件工具，用来编译生成的代码。工具链包含编译器、链接器、存档器以及其他预编译或者编译后使用的工具，可通过这些工具在目标硬件上下载并运行可执行文件。

Build configuration 下拉列表框是为编译器指定优化目标的，包含 Fast Builds、Fast Runs、Debug 和 Specify 四个选项。其中，Fast Builds 表示优化以缩短构建时间；Fast Runs 表示优化可执行文件的执行速度；Debug 表示优化调试；Specify 表示可以自定义工具表并定义

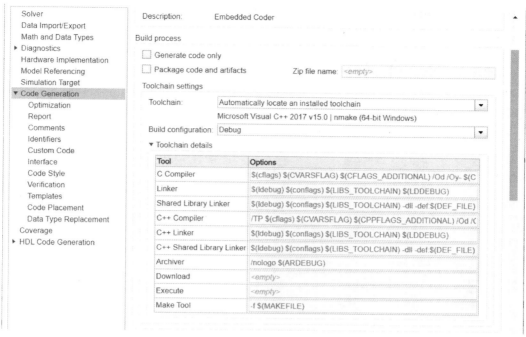

图 14-15　ert.tlc 模式下设置编译过程

当前模型的设置。

有关 TLC 相关的设置可通过在 Code Generation 选项卡中的 Advanced parameters 选项组中进行相关参数的设置，如图 14-16 所示。

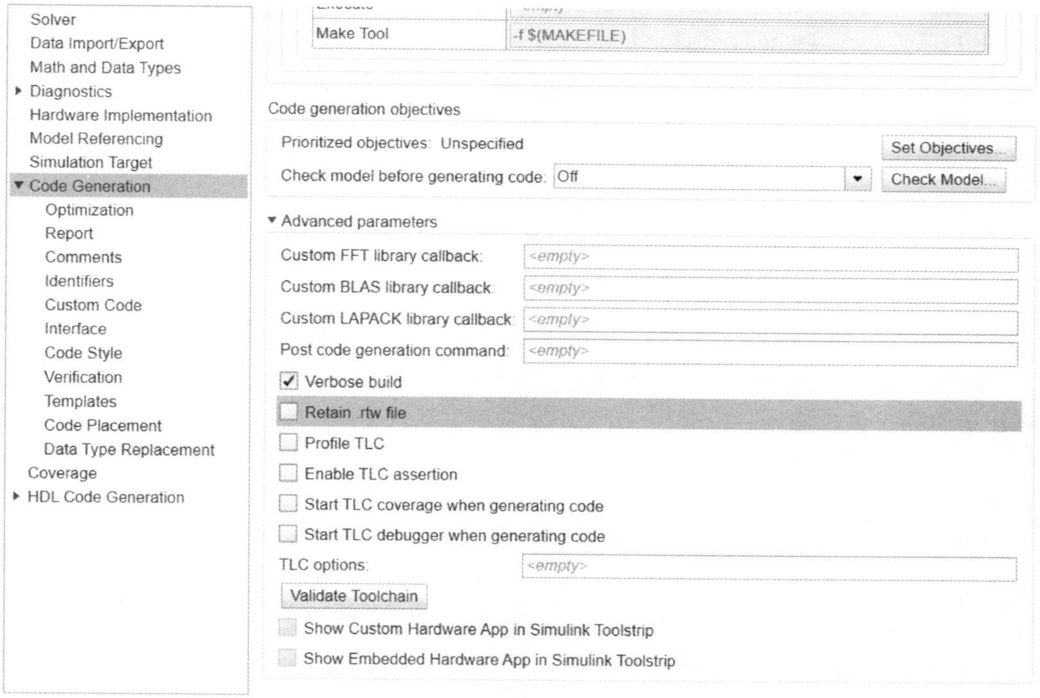

图 14-16　ert.tlc 模式下设置 TLC 的相关参数

选中 Retain . rtw file 复选框能够保留编译模型生成的 rtw 文件。通过设置 TLC 的相关参数能够启动 tlc 文件的 profile 功能和 debug 功能，使得开发者能够对 tlc 文件进行断点、单步调试等操作，以及了解 TLC 语句的覆盖度等情况。

rtw 文件是代码生成过程中从 Simulink 模型得到的中间文件，它记录了模型相关的所有需要被 tlc 文件使用的信息。TLC 结合这些信息以及 TLC 文件内容来生成代码。TLC 的原理及编写方法请参考第 15 章。对于初学代码生成的读者，此处的参数设置推荐使用默认选项。

Interface 选项卡中主要包含四组参数，即 Software environment、Code interface、Data exchange interface 和 Deep learning，如图 14 – 17 所示。

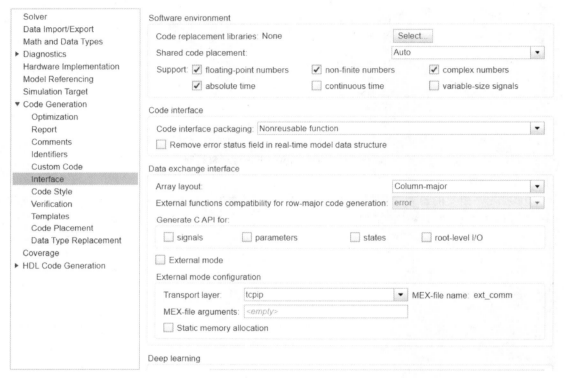

图 14 – 17　ert. tlc 模式下 Code Generation→Interface 选项卡

Software environment 选项组中的参数提供了 Code replacement libraries 的选择，在 CPL 中定义一个表，根据表将 Simulink 模块与所对应目标语言的数学函数及操作函数库挂接，以便从模型中生成代码。Embedded Coder 提供默认的 CPL。Support 选项组由 6 个选项构成，每个选项代表一种 Embedded Coder 对代码生成的支持功能，其中一些功能是需要 Simulink 提供的头文件来支持才能编译为目标文件的，这些头文件中的一部分存储在路径为 MATLABroot\simulink\include 的文件夹中，另一部分则是在模型生成代码过程中自动生成的，这部分的头文件名字以 rt_开头，具体如表 14.2.3 所列。

Code interface 与 Data exchange interface 选项组是用来配置生成代码的接口及数据记录的方式的，如无特殊要求建议使用默认配置；Deep learning 选项组是用来配置代码生成过程中使用的深度学习库的。

表 14.2.3　Support 参数对应的头文件

复选框	对应头文件
floating-point numbers	rtw_solver.h
non-finite numbers	rt_nonfinite.h
complex numbers	—
absolute time	—
continuous time	rt_continuous.h
variable-size signals	—

Code Style 选项卡提供了一些关于生成代码风格的选项，如 if-else 分支的完整性确保、if-else 与 switch-case 语句的选用、生成括号的频度、是否保留函数声明中的 extern 关键字等。读者可根据期待的代码风格进行选用。

Verification 选项卡主要是用于代码验证方式 SIL 与 PIL 的配置，例如，是否使能代码中函数执行时间记录、代码覆盖度记录，以及是否创建用于 SIL 和 PIL 的模块等，如图 14 - 18 所示。

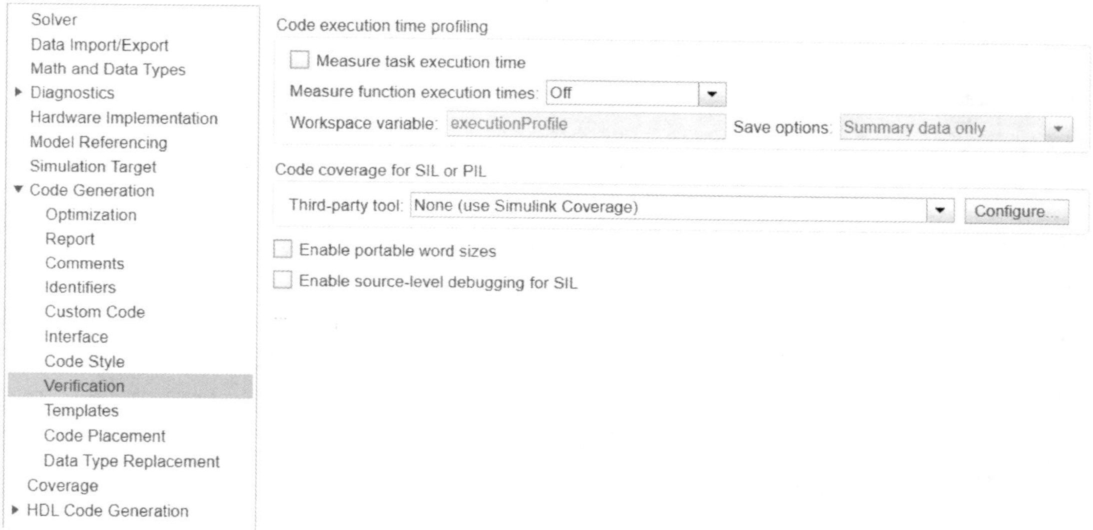

图 14 - 18　ert.tlc 模式下 Code Generation→Verification 选项卡

在 Templates 选项卡中，Embedded Coder 提供了一组默认的代码生成模板，ert_code_template.cgt 中使用 tlc 变量方式规定文件生成的顺序以及添加模型信息注释的位置。模型生成的源文件、头文件以及全局数据存储和外部方法声明文件的生成可以使用统一模板；File customization template 则提供给用户自定义代码生成过程的文件输入，读者根据应用场景的需要可以调用读取/写入目标硬件的 tlc 文件、自定义函数或注释，甚至根据模型的单速率/多速率的不同分别调用不同的主函数模板等。在读者学习完第 16 章之后，就可以详细阅读 ert.tlc 提供的 example_file_process.tlc 了。Templates 选项卡如图 14 - 19 所示。

ert_code_template.cgt 中主要规定了代码插入段(Code insertion section)的顺序，包含了源文件从注释到变量再到函数体的各种分段，具体如图 14 - 20 所示。顺序从上到下，一是文件说明的注释(File and Function Banner)，二是头文件包含(Includes)，三是宏定义(Defines)、

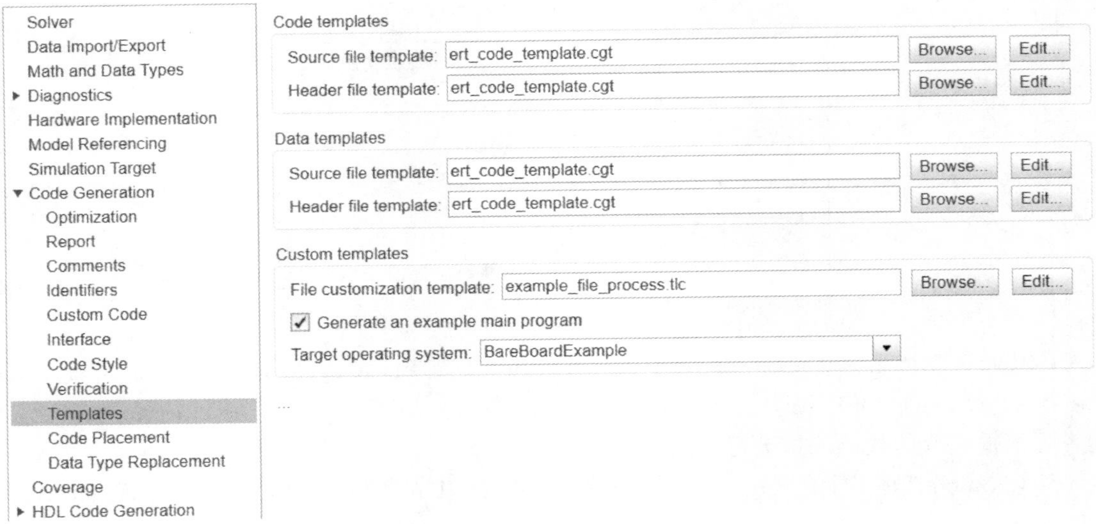

图 14-19　ert.tlc 模式下 Code Generation→Templates 选项卡

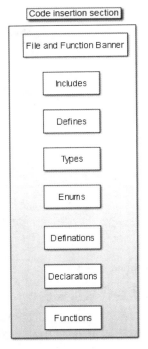

图 14-20　代码插入段的组成及顺序

数据结构类型的定义（Types）和枚举类型的定义（Enums），四是各种变量的定义（Definations），五是函数体的声明（Declarations）和函数体定义（Functions）。读者可以在相邻的代码插入段中插入自定义内容，但不要混淆既存代码插入段的相对顺序。

Generate an example main program 复选框表示是否生成一个示例主函数。这个示例主函数名为 ert_main.c，包含一个 main() 函数和一个调度器代码。主函数调用模型初始化函数 model_initialize() 初始化模型需要的数据以及复位异常状态标志；调度器代码仅提供一个模型每个采样时间点应执行的函数模板 rt_Onestep()，此函数应绑定到目标硬件计数器的周期中断上去，作为其中断服务函数（ISR），执行周期应与模型基频（即定步长求解器的步长）一致，内部应调用模型单步函数 model_step()。另外，rt_Onestep() 内部应对其调用进行溢出检测。

Code Placement 选项卡提供的选项将影响生成代码的文件组织方式和数据存储方式以及头文件包含的分隔符选择等，如图 14-21 所示。

常用的选项列于 File packaging format 下拉列表框中（File packaging format 表示生成文件的组织方式），包括 Modular、Compact(with separate data file) 和 Compact 三种选项，它们对应的生成文件个数不同，内容紧凑程度也不同，具体见表 14.2.4。

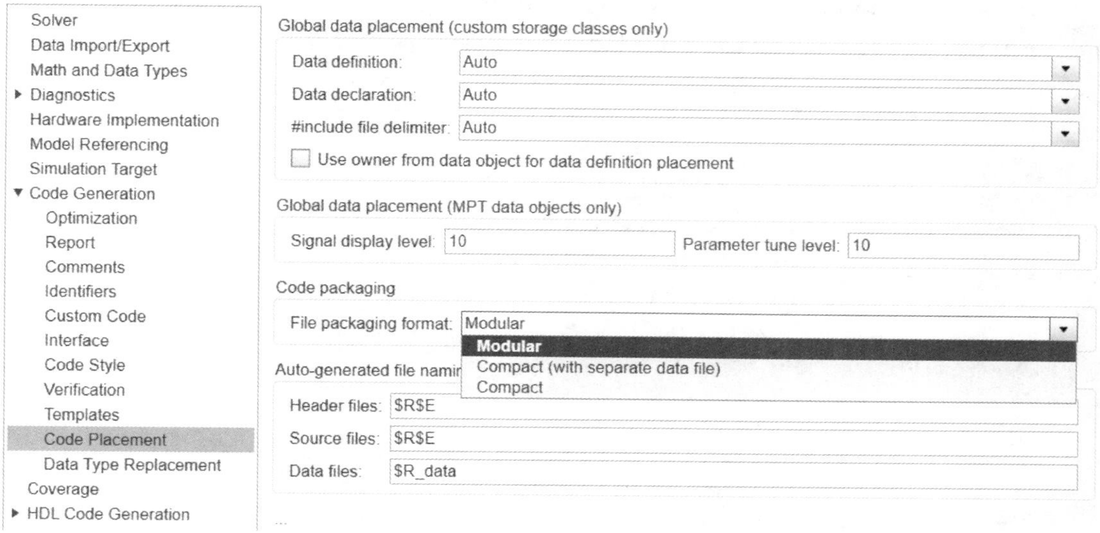

图 14-21　ert.tlc 模式下 Code Generation→Code Placement 选项卡

表 14.2.4　生成文件的组织方式

File packaging format 下拉列表框	生成的文件列表	省去的文件类表
Modular	model.c subsystem files (optional) model.h model_types.h model_private.h model_data.c (conditional)	—
Compact(with separate data file)	model.c model.h model_data.c (conditional)	model_private.h model_types.h (conditional)
Compact	model.c model.h	model_data.c model_private.h model_types.h (conditional)

省去的只是文件个数,其内容被合并到了其他文件中,内容的转移请参考表 14.2.5。

表 14.2.5　省去的文件及其内容转移目标

省去的文件	省去文件的内容转移目标
model_data.c	model.c
model_private.h	model.c 和 model.h
model_types.h	model.h

读者可以使用默认设置,如果希望减少生成代码列表中文件的个数,则可以考虑使用 Compact 的组织方式。

默认情况下，Data Type Replacement 选项卡默认仅提供一个 Replace data type names in the generated code 复选框，选中该复选框后会弹出三列数据类型表，分别是 Simulink Name、Code Generation Name 和 Replacement Name，如图 14-22 所示。

图 14-22　ert. tlc 模式下 Code Generation→Data Type Replacement 选项卡

前两列按照数据类型的对应关系给出了每种数据类型在 Simulink 和 Embedded Coder 生成代码中的类型名，第三列则供用户进行设置，输入自定义的类型名之后，生成代码时将使用自定义的类型名替换 Code Generation Name。用户输入的自定义类型名不仅是一个字符串，而且必须在 Base Workspace 中定义为 Simulink.AliasType 类型对象，如定义 U16 数据别名对象来替换 uint16_T 这个内部类型。第三列的文本框不必全部输入自定义类型名，读者可以根据应用场合选择部分或全部来使用，并且可以使用同一个数据类型名替代多个 built-in 数据类型，如使用 U8 同时替换 uint8_T 和 boolean_T 类型。

如图 14-5 所示的模型，其 system target file 配置为 ert.tlc，同时选中 Generate code only 复选框（只生成代码，不对生成的代码进行编译链接），将 Solver selection 选项组中 Type 设置为 Fixed-step，Solver 设置为 auto，并且设置 Hardware Implementation 选项卡中的 Device vendor 为 Custom Processor。按下 Ctrl+B 快捷键或者在 Command Window 中输入 "rtwbuild(gcs)" 启动模型编译，模型左下角由 ready 显示为 building，片刻后 Code Generation Report 窗口将弹出如图 14-23 所示的代码生成报告。

与模型名相同的 .c 文件中包含着 model_step() 函数，下述代码就表示了模型所搭建的逻辑：

```
codegen_01_Y.Out1 += (codegen_01_U.In1 - codegen_01_Y.Out1) * codegen_01_U.In2;
```

未经优化的代码可读性较差，但是从四则运算关系以及结构体的成员名上可以看出每一个变量所代表的意义。

生成的代码还提供了 Code to Model 追踪功能，单击图 14-23 中的方框中的超链接，可以

图 14-23 代码生成报告

直接跳转到模型中对应的模块,该模块或子系统将会以蓝色显示。这个追踪功能将提示用户模型与代码的对应关系。

在开发自定义目标芯片的 TSP 时,往往在 Code Generation 标签下追加上述标签以外的自定义标签,通过 UI 控件提供目标芯片的下拉列表框,编译链接命令的输入框,对目标芯片对应的集成继承编译环境(IDE)进行选择及启动配置,以及对工程文件设置重用等自定义功能。

14.2.2 新版本代码生成配置方法

Simulink 中新版本代码生成配置与传统的配置方法最大的区别是,新版本不再以工具箱为单位面向客户,而是以集成度更高、操作更简易的 APP 方式提供给用户使用。在 APP 库中的 Embedded Coder 下,单击 Embedded Coder 图标打开 C CODE 选项卡,即可打开 Embedded Coder APP,如图 14-24 所示。

图 14-24 Embedded Coder APP 所在菜单栏位置

打开 Embedded Coder APP，工具条中将添加 C CODE 选项卡，其表示 Embedded Coder 工作流中的任务组。C CODE 工具栏如图 14-25 所示。

图 14-25　Embedded Coder APP 的 C CODE 工具栏

新版本 Simulink 增加了 Embedded Coder Quick Start 代码生成配置的向导，为刚接触 Simulink 代码生成的新用户提供了更为简单的配置方式。

C CODE 选项卡中的 Settings 选项继承了传统的代码生成配置方法，通过配置 Configuration Parameters 对话框中的 Code Generation 项选卡和 Hardware Implementation 选项卡设置模型生成代码的配置参数。Code Interface 选项卡提供数据字典及 Code Mappings Editor 用于配置生成代码接口的参数。

相较于传统方法，新版本的代码生成配置主要增加了 Code Interface（生成代码接口配置项）以及 Embedded Coder Quick Start（代码生成快速向导），下面将主要从这两大方面来介绍新版本代码生成的配置方法。

14.2.2.1　代码生成接口配置

新版本代码生成增加了 Code Mappings Editor 与 Embedded Coder Dictionary 工具来配置生成代码的接口，用户可以通过这些工具自定义生成代码格式，并且将生成的代码与外部代码更方便地集成。

1. Code Mappings Editor 工具

Code Mappings Editor 工具提供了图形化的界面，用户使用该工具可以将模型元素与代码定义相关联，用户可以在 Code Mapping Editor 中配置模型元素的代码生成属性和入口函数的函数签名，其中模型元素包括输入/输出端口、信号量、状态量、参数和 Data Stores；入口函数包括模型的初始化函数/终止函数 model_initialize()/model_Terminate()、模型算法函数 model_step() 及模型的共享工具函数 shared_utilities。Code Mappings Editor 代码生成设置的工作流如图 14-26 所示。

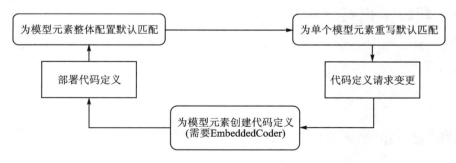

图 14-26　Code Mappings Editor 代码生成设置的工作流

代码生成设置的工作流首先是图 14-26 中左上角的配置模型元素类别的默认映射设置，然后在默认映射的基础上针对不同的数据元素或函数进行设置。设置完成后，软件会为当前模型创建新的代码定义，最终完成当前模型新的代码定义的部署。

代码定义的设置项包括存储类、函数自定义模板和函数类别。存储类包含关联的数据代码生成时所使用的形式和位置,函数自定义模板定义代码生成器如何为函数生成代码,函数类别则是设置函数命名规则以及函数定义在代码中的位置。

在 C CODE 选项卡中选择 Code Interface→Default Code Mappings,打开如图 14 - 27 所示的 Code Mappings - C 对话框。

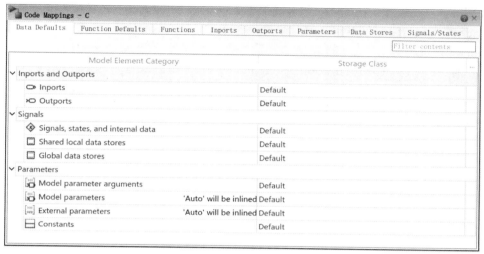

图 14 - 27　Code Mappings - C 对话框

Data Defaults 选项卡是为整个模型中的数据元素的存储类型指定默认配置,当向模型中添加模块和信号时,新数据元素会继承默认设置,这样可以减少用户的手动数据输入。数据的存储类型将在后面章节中详细介绍。如图 14 - 27 所示,模型数据类别主要分为 3 种:Inports and Outports、Signals 和 Parameters,如下:

Inports and Outports:模型的根级输入端口及根级输出端口。

Signals:信号类数据,不仅包括模型内部的模块输出信号、离散模块状态和过零信号,而且包含模型实例间的数据共享值以及基础工作区或数据字典中信号对象定义的数据存储。

Parameters:参数类数据,包括模型工作区中配置为模型实参的参数,模型中的参数,基础工作区或数据字典中定义为对象的外部参数和常量。

在 Data Defaults 选项卡中通过设置每种模型数据类别右侧对应的 Storage Class,可完成为整个模型中的数据元素的存储类型指定默认配置。

Function Defaults 选项卡中主要用来设置函数的默认配置,支持用户自定义模型入口函数的自定义模板,如图 14 - 28 所示。

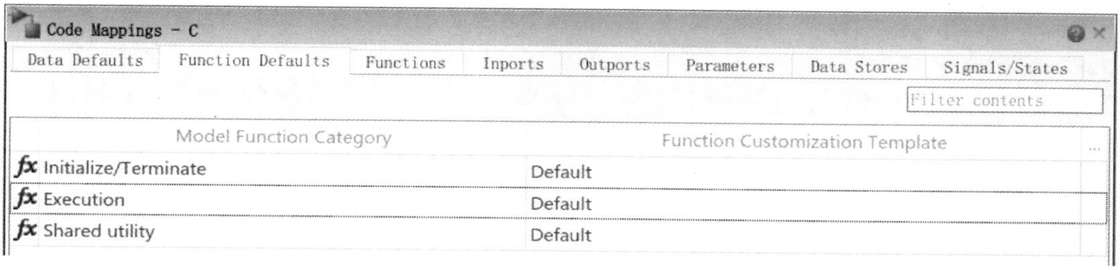

图 14 - 28　Function Defaults 选项卡

Initialize/Terminate：模型的初始化和终止的入口函数。
Execution：用于启动执行和重置的入口函数。
Shared utility：共享工具函数。

在该选项卡完成相关配置后，代码生成器会根据默认命名规则来命名入口函数。Code Mappings Editor 将 Default 作为唯一模板函数，如果想集成自定义函数模板，就需要在 Embedded Coder Dictionary 中定义一个函数模板。关于函数模板的定义以及 Embedded Coder Dictionary 的操作与说明见本小节的后续部分内容。

Functions 选项卡是对模型中的入口函数进行详细配置，在该选项卡中用户可以选择函数并在其后的 Function Customization Template 一列中设置函数原型，也可以在 Function Name 一列中指定函数的名称，如图 14-29 所示。

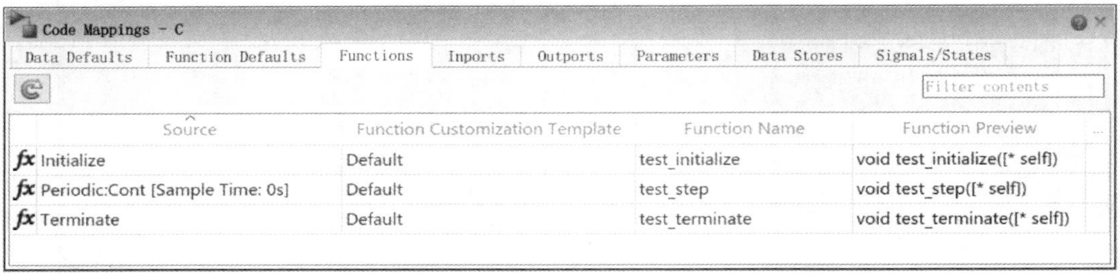

图 14-29 Functions 选项卡

当选择的函数为执行函数时可以自定义函数参数，比如选择单步运行函数并单击 Function Preview 链接打开如图 14-30 所示的对话框，用户可以在该对话框中自定义整个函数接口。

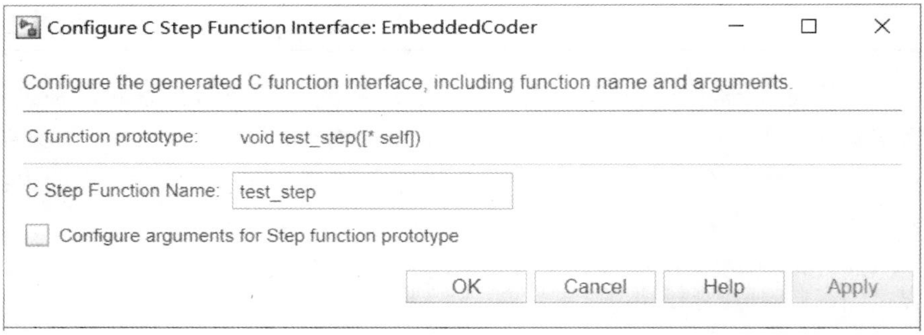

图 14-30 单步运行函数的参数设置

Inports 选项卡用来配置单个 Inport 模块或 In Bus Element 生成代码的形式，如图 14-31 所示。

模型中的根级输入端口 Inport 以及 In Bus Element 模块会被解析到 Source 列，Storage Class 列是对应根级输入端口生成代码存储类型的设置，每个 Inport 的存储类都默认设置为 Auto，通过修改存储类型可以修改该变量在生成代码中的表现形式，同时模型中的相关代码也会随之优化。

Outports 选项卡与 Inports 选项卡类似，用来为模型中的单个 Outport 模块或 Out Bus Element 模块配置生成代码的形式，如图 14-32 所示。

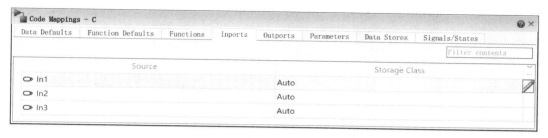

图 14-31　Inports 选项卡

图 14-32　Outports 选项卡

模型中的根级 Outport 模块和 On Bus Element 模块会被解析到 Source 列中，与 Inports 选项卡一样，用户可在其后的 Storage Class 列中为不同的 Source 设置其在生成代码中的存储类型。

在 Code Mappings-C 对话框中的 Parameters 选项卡中为模型中的每个参数配置存储类，如图 14-33 所示。

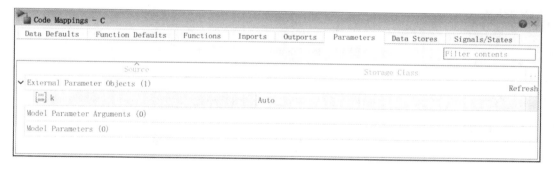

图 14-33　Parameters 选项卡

其中，External Parameter Objects 为模型内部模块的参数，Model Parameter Arguments 与 Model Parameters 分别为模型的形参与实参，用户可通过单击相关参数后面的 Storage Class 列中的文本框配置存储类型来设置参数在生成代码中的表现形式，以避免因为代码生成器的优化而被删除。

大规模模型可能需要将单个信号传输到模型中不同层次的许多模块中使用，用户可以通过使用 Data Store Memory、Data Store Read 以及 Data Store Write 这 3 个数据存储模块来允许在模型中的任意位置都可以访问到信号数据。当模型中包含数据存储的相关模块时，可以使用 Data Stores 选项卡来为单个数据的存储配置代码生成的形式，Data Stores 选项卡如图 14-34 所示。

Global Data Stores 和 Local Data Stores 分别包含的是模型中的全局数据存储和局部数

图 14-34 Data Stores 选项卡

据存储,MATLAB 工作区和数据字典中定义的对象分配在全局数据存储下方,在 Simulink 中的每个模型均可以访问得到。在模型自己的工作区中创建的对象分配在局部数据存储的类别中。在 Data Stores 选项卡中同样可以在 Storage Class 列中选择数据在生成代码中的存储类型,Path 为数据所处路径。

在 Code Mappings-C 对话框中单击 Signals/States 标签,切换到 Signals/States 选项卡,可以为模型中的单个信号或单个状态配置生成代码的形式,如图 14-35 所示。

图 14-35 Signals/States 选项卡

用户可以在 Signals/States 选项卡中的 Storage Class 列中为模型中的 Signal 和 State 配置在生成代码中的存储类型,Path 为信号和状态所处的路径。

2. Embedded Coder Dictionary 工具

Embedded Coder Dictionary 提供了图形界面,用来创建代码生成配置,包括自定义存储类、创建函数自定义模板以及控制代码中数据和函数在内存中的放置方式,在模型中应用这些自定义的代码可以生成默认符合特定软件架构的代码。

通过选择 CCODE→Code Interface→Embedded Coder Dictionary(Model)菜单项打开代码生成字典的对话框("Embedded Coder Dictionary:EmbeddedCoder"对话框),如图 14-36 所示。

"Embedded Coder Dictionary:EmbeddedCoder"对话框主要由代码生成配置表、Pseudocode Preview 和 Property Inspector 三部分组成。代码生成配置表为数据存储类型、函数模板和内存部分都设有选项卡,用户可以在每个选项卡对应的配置表中配置代码定义的属性。以 Storage Classes 选项卡为例,该选项卡对应的配置表中的每一行均表示一种存储类型,除第一列存储类型名以外的每一列都表示该存储类型的属性,对于表中没有显示完整的属性均可以在 Property Inspector 中查看与设置。在设置完相关的代码生成属性后,Pseudocode Preview 中根据多选配置可以预览伪代码。

Simulink 内置存储类型丰富。另外,单击图 14-36 中左上角的 Add 按钮,可以在 Stor-

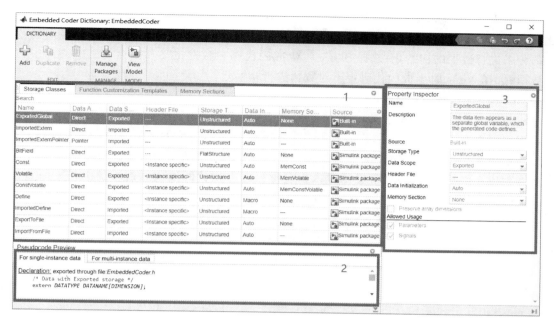

图 14-36 "Embedded Coder Dictionary：EmbeddedCoder"对话框

age Classes 选项卡对应的配置表中设计自定义存储类型，在 Code Mappings Editor 工具中可以将这里创建的自定义的存储类型应用于模型。Storage Classes 选项卡如图 14-37 所示。

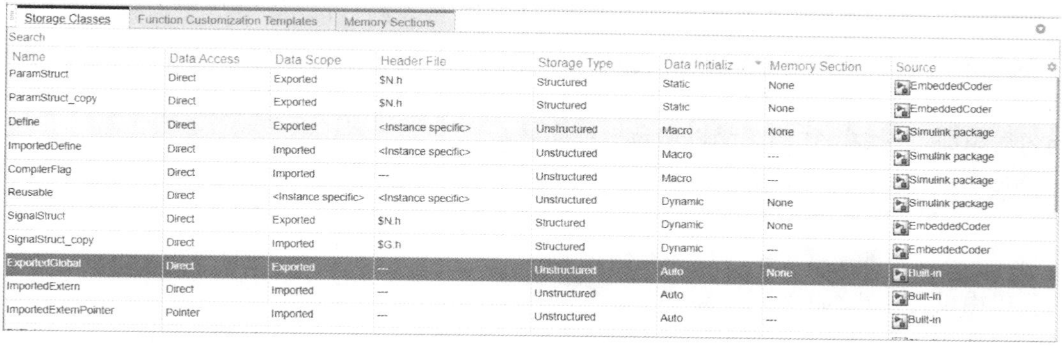

图 14-37 Storage Classes 选项卡

Name：数据的存储类型名称。

Data Access：数据的访问方式，有直接（Direct）访问、通过函数访问以及通过指针（Pointer）访问 3 种方式。

Data Scope：指定数据定义是在代码中生成还是由外部代码导入。

Header File：声明数据的头文件的名称，可以通过该选项定义头文件的名称或者命名规则。其中，$R 表示根级模型的名称，$N 表示关联数据元素的名称，$G 表示当前存储类的名称，$U 表示用户自定义的标识符。

Storage Type：选择是否将数据作为结构体的一部分，包含 Structured 和 Unstructured 两个选项，Structured 表示在代码生成中将数据元素显示为结构体的一个字段，Unstructured 表示代码生成中数据类型的形式是平坦的非结构体。

Data Initialization：数据的初始化方式。选择 Auto 时代码生成中的参数采用静态初始化，信号和状态采用动态初始化；选择 Dynamic 时生成的代码作为模型初始化入口点函数的一部分来进行数据的初始化；选择 Static 时生成的代码在数据定义和内存分配的语句中初始化数据；选择 None 时生成的代码中不对数据进行初始化。

Memory Section：内存中用于为数据分配的内存段。

Source：存储类的定义位置。

用户可以在 Function Customization Templates 选项卡对应的配置表中自定义函数模板，可以指定规则来管理生成的入口点函数的名称。当导出的函数模型或多速率多任务模型中包含多个入口点函数时，使用自定义函数入口名称可以方便代码生成后的维护工作。Function Customization Templates 选项卡如图 14-38 所示。

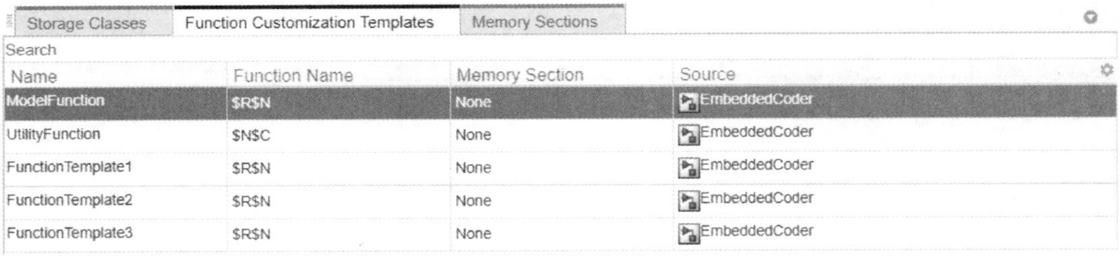

Name	Function Name	Memory Section	Source
ModelFunction	RN	None	EmbeddedCoder
UtilityFunction	NC	None	EmbeddedCoder
FunctionTemplate1	RN	None	EmbeddedCoder
FunctionTemplate2	RN	None	EmbeddedCoder
FunctionTemplate3	RN	None	EmbeddedCoder

图 14-38　Function Customization Templates 选项卡

Name：函数模板名。

Function Name：代码生成中函数的名称，指定命名规则，可以使用文本和标记的组合。其中，$R 表示根级模型的名称；$N 表示关联函数的名称；$U 表示用户自定义的标识符；$C 用于标记函数是共享函数，需要在后面加上校验和数值以避免冲突；$M 表示在生成的函数名后添加不同数字作为后缀以避免生成同名函数。

Memory Section：内存中分配函数位置的存储段。

Source：函数模板的定义位置。

Memory Sections 选项卡可以控制数据和函数在内存中的位置，并且可以支持用户在生成的代码中设置注释，如图 14-39 所示。

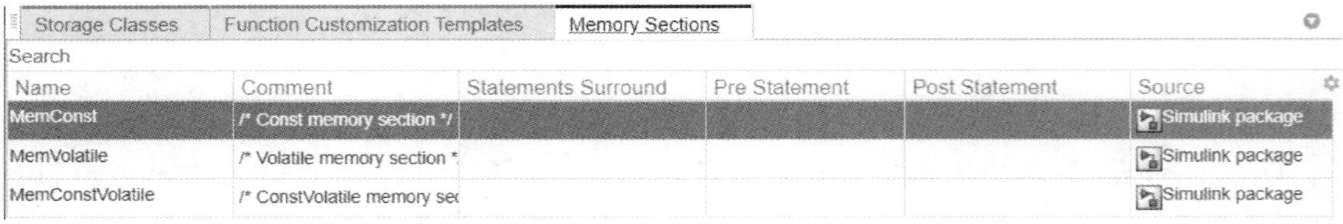

Name	Comment	Statements Surround	Pre Statement	Post Statement	Source
MemConst	/* Const memory section */				Simulink package
MemVolatile	/* Volatile memory section */				Simulink package
MemConstVolatile	/* ConstVolatile memory sec				Simulink package

图 14-39　Memory Sections 选项卡

Name：内存部分的名称。MemConst 使用存储类型限定符 const 修饰数据，MemVolatile 使用 volatile 修饰数据，MemConstVolatile 同时使用 const 和 volatile 修饰数据。

Comment：变量或函数声明与定义语句前后的注释。

Statements Surround：选择单独或整体包装数据或函数以生成存储在指定存储段的语句或语句组合。

Pre Statement：在变量或函数的定义和声明之前插入代码或注释，可使用 $R 表示内存部分函数的名称。当 Statements Surround 设置为每个变量时，可以使用 $N 表示使用 Memory Sections 的每个变量或函数的名称。

Post Statement：在变量或函数的定义和声明之后插入代码或注释，使用方法同 Pre Statement。

Source：内存段的定义位置。

14.2.2.2 代码生成向导

新版 Simulink 为代码生成增加了 Embedded Coder Quick Start 工具，该工具将基础的代码生成功能以向导的形式提供给用户，用户只需要根据向导提示一步步配置生成代码的相关参数，直到最终在向导的最后一页单击 Finish 按钮便可完成模型代码生成功能的启动。

Embedded Coder Quick Start 工具会在向导的每个步骤里让用户配置一些与目标代码生成以及目标硬件相关的选项，对于刚接触 Simulink 及其代码生成功能的新手用户，该工具提供了更为便捷的方式，接下来将着重介绍该工具的使用方法。

在 C CODE 选项卡中单击 Quick Start 图标打开"Embedded Coder Quick Start：EmbeddedCoder"对话框，如图 14-40 所示。代码生成向导共包含 Welcome、System、Output、Deployment、Word Size、Optimization 以及 Generate Code 七个配置步骤。

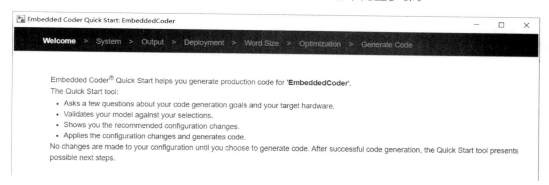

图 14-40 "Embedded Coder Quick Start：EmbeddedCoder"对话框

Welcome 选项卡中是关于 Embedded Coder Quick Start 工具的一系列功能说明。在用户配置完相关选项后，该工具会根据选择验证模型，若模型的验证结果与用户的相关配置不匹配，则向导会提供建议的配置供用户修改，完成所有的配置项后，在 Code Generation 中单击 Next 按钮，启动模型生成 C 代码的过程。

System 选项卡如图 14-41 所示，该选项卡提供了两个单选按钮：Model EmbeddedCoder 和 Subsystem。选中 Model EmbeddedCoder 单选按钮将会为整个模型生成代码，选中 Subsystem 单选按钮将为模型中的单个子系统生成代码。如果当前模型不包含子系统，则 Subsystem 单选按钮为灰色，不能选择。

System 选项卡配置完后单击右下角的 Next 按钮进入如图 14-42 所示的 Output 选项卡，该选项卡中包含配置生成代码的类型及代码生成单实例或多实例的设置。嵌入式代码生成器支持模型生成 C 代码、C++代码和符合 AUTOSAR 规范的 C 代码及 C++代码，当模型代码生成配置为 C 代码或符合 AUTOSAR 规范的 C 代码时，可选择在生成代码中配置单个实例或多实例，一般多任务系统可配置多个实例。

Deployment 选项卡会对 System 选项卡中配置的需要生成代码的系统进行分析与验证，

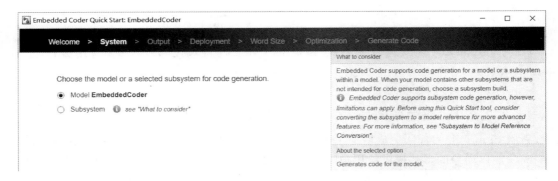

图 14-41 System 选项卡

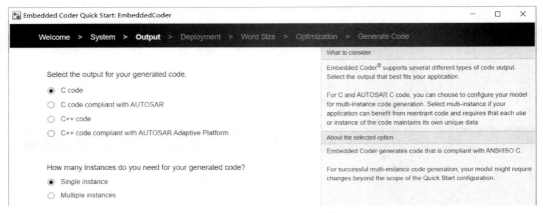

图 14-42 Output 选项卡

包括系统中有多少个周期性采样率、系统中是否包含连续状态、是否将系统配置为导出函数调用以及系统是否包含引用模型。Deployment 选项卡如图 14-43 所示。

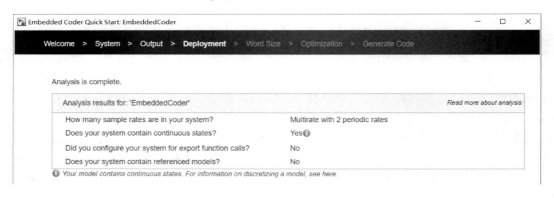

图 14-43 Deployment 选项卡

Embedded Coder Quick Start 工具会分析模型中的周期性采样率的数量，当模型中只有一个周期性采样率时，在代码中直接生成以采样率时间间隔运行的单入口点函数；当模型中包含多个周期性采样率时，在分析步骤后 Deployment 选项卡会根据模型中的配置情况，提示用户是选择单速率多任务、多速率多任务还是多速率单任务形式的实时调度及代码生成，如图 14-44 所示。

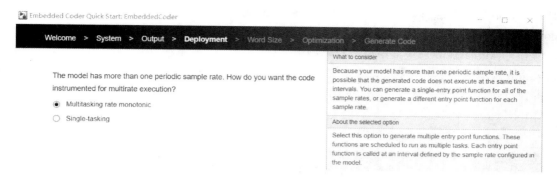

图 14-44　选择实时调度及代码生成的形式

当模型中包含连续模块时，Embedded Coder Quick Start 工具会分析是否选用定步长连续求解器进行代码生成，若未选用，则会有如图 14-45 所示的报错。

图 14-45　模型中包含连续模块但未选用定步长连续求解器时报错

当系统中的模型配置为导出函数调用的情况时，生成的代码中仅包含系统算法代码，不包含调度程序的代码，用户要想集成本部分代码则需要手动编写调度程序代码或者选择从其他模型中生成该部分的调度代码。

在 Deployment 选项卡中，Embedded Coder Quick Start 工具同样会分析 System 选项卡中选中的系统是否依赖于其他模型的代码，如果系统中包含引用模型，那么该部分模型生成代码将取决于引用模型生成代码。

在 Deployment 选项卡中检查并配置完相关选项后单击 Next 按钮进入如图 14-46 所示的 Word Size 选项卡，在这里用户可以选择各个厂家提供的各种目标硬件芯片类型以及所支

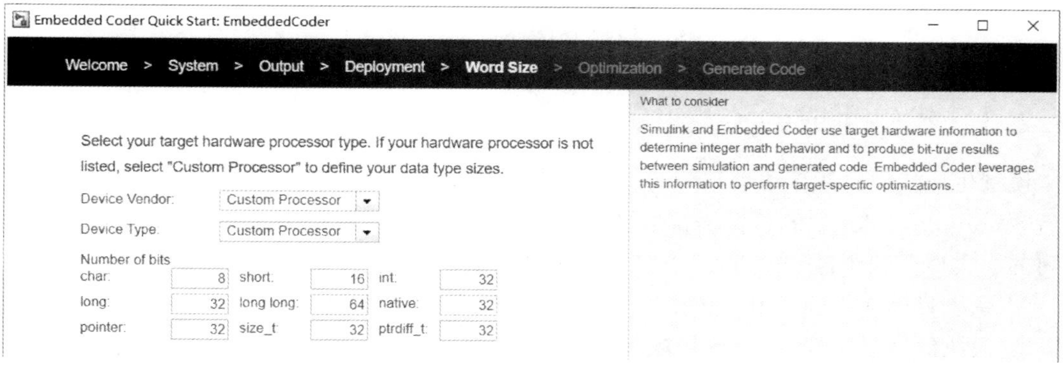

图 14-46　Word Size 选项卡

持的各种数据类型的位数,如果用户使用的目标硬件不在列举范围之内,则可在 Device Vendor 和 Device Type 中选择 Custom Processor 来输入自定义数据类型的位数。

在 Optimization 选项卡中可以对模型生成代码进行优化配置,如图 14 - 47 所示。Optimization 选项卡中包含 Execution efficiency 和 RAM efficiency 两个单选按钮,如果想加快代码的执行速度,建议选中 Execution efficiency 单选按钮;如果想减少 RAM 的使用,建议选中 RAM efficiency 单选按钮。

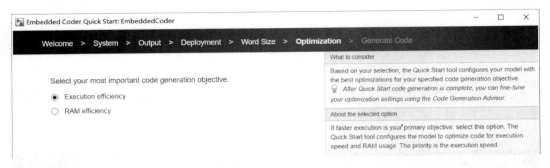

图 14 - 47 Optimization 选项卡

在 Generate Code 选项卡中的表格包含模型代码生成的建议性参数配置,单击 Next 按钮默认采用这些建议配置。

如图 14 - 48 所示,Embedded Coder Quick Start 工具分析完模型后建议在生成代码中设置自动处理数据传输的速率转换以及将每个离散速率视为单独的任务,单击 Next 按钮后最终代码生成器将采用这两个配置进行多速率多任务代码生成的操作。

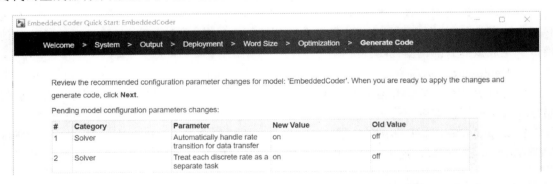

图 14 - 48 Generate Code 选项卡

14.2.3 代码生成的流程

模型生成代码的顺序之前已经提到过,首先通过 rtwbuild 命令将模型编译为 rtw 文件,然后 Simulink Coder 中的目标语言编译器(target language compiler)再将 rtw 文件转换为一系列的源文件。这个过程中 TLC 所使用的文件包括以下三类:

① 系统目标文件(ert.tlc、grt.tlc 等);
② 模块的目标文件(如与 S 函数配套的 tlc 文件);
③ 支持代码生成的 tlc 函数库等文件。

模型的源代码全部生成后,可以使用 Simulink 提供的模板自动生成 makefile 来编译链接出目标文件,也可以将生成的源代码加入目标芯片所使用的集成开发环境(Integrated Development Environment,IDE)的工程项目中使用 IDE 进行编译链接。最终通过仿真器下载到目标硬件中进行实机运行。代码生成的流程如图 14-49 所示。

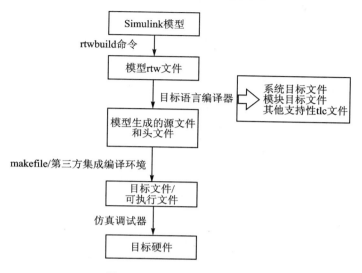

图 14-49　代码生成的流程

图 14-49 展示了一个典型的最简单的代码生成过程及后续实机执行所需要的步骤,从源代码之后编译链接下载的部分虽然不属于代码生成的范畴,但却是嵌入式开发的必经过程,因此也一起绘制在图中了。本小节将在此流程基础上进行嵌入式开发的技术解析,待读者理解原理之后再去学习方法,二者兼有之后再通过实际工程项目来参悟代码生成的道理。

整个代码生成过程还可以进行更加细致地划分,划分出更多的阶段供开发者进行自定义动作。在模型编译开始之后,整个过程分为 6 个不同的阶段进行,这 6 个阶段如图 14-50 所示。

这 6 个阶段分别是 Entry、Before TLC、After TLC、Before Make、After Make 和 Exit。在保持顺序执行的前提下,每个阶段都可以由用户追加一些自定义行为,来进行模型内部约束关系的检查,或者链接外部第三方开发工具等。在 Entry 阶段,可以对自定义目标进行预配置、参数配置和检验等操作。Before TLC 是生成代码之前的阶段,可以将需要用到的编译信息存储到一个结构体中管理,或者将编译需要的头文件、源文件、库文件所在路径进行添加。After TLC 是代码生成结束之后的阶段,可以将生成代码文件夹需要的文件复制到目标芯片的集成开发环境工程文件夹内以备使用;在 Before Make 阶段可以对代码进行分析、验证,在模型或模块中设置检测等;After Make 阶段可以通过 MATLAB 控制集成开发环境自动生成工程文件,更新其中生成的代码列表,并对模型生成的代码自动编译链接后下载到目标硬件;Exit 阶段可以将整个过程是否顺利执行的信息显示出来。

在这个过程中,Make 阶段是可选的(视是否在 MATLAB 中编译目标文件而定),可以在 MATLAB 的 hook 流程内进行构建动作,也可以不做定义,整个 hook 过程执行完毕之后再调用自定义 M 文件来实现;而 TLC 编译过程是隐藏于 Before TLC 和 After TLC 中间的,不可或缺,不可裁剪。存储模型所有信息的中间文件 rtw 以及目标语言编译器 TLC 都是代码生成技术中十分重要的概念。

14.2.3.1　rtw 文件

rtw 文件作为模型编译器的输入文件和编译过程的中间产物,记录了模型创建信息和编

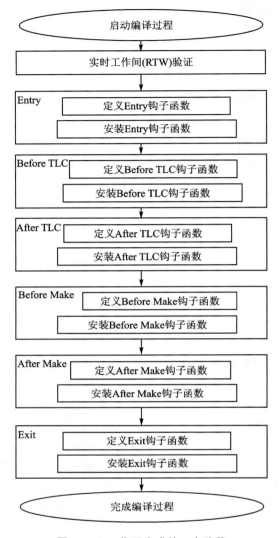

图 14-50 代码生成的 6 个阶段

译信息、名字与版本号、Configuration Parameter 配置参数集、输入/输出、参数等所有信息。用户可以通过选择 Configuration Parameters→Code Generation→Retain .rtw file 选项在编译过程中保留这个中间文件。如图 14-51 所示的模型所编译出来的 rtw 文件存放在 model_ert_rtw 文件夹里,名为 model.rtw,使用文本编辑软件可以将其打开,其内容如图 14-51 所示。

rtw 文件的内容特别长,这里就不逐一说明每个条目的意义了。rtw 文件的构成元素是 record,称为记录,其格式如下:

```
recordName {itemName itemValue}
```

rtw 文件中的记录是按照层次划分的,最上层的是 Compiled Model,具有全局的访问范围,向内逐层分别为 System、block。每条记录都由一个统领关键字和一对{ }构成,{ }内部称为统领关键字的域。访问域中成员与结构体访问方法一致,使用"."操作符访问。记录之中可以再嵌套记录,正如 Compiled Model 中嵌套 subsystem,subsystem 中嵌套 block 一般。以下

```
demo14_1.rtw  ×  +
 1  CompiledModel {
 2      Name                                "demo14_1"
 3      OrigName                            "demo14_1"
 4      PrmModelName                        SLDataModelName(demo14_1)
 5      IsPreCodeGenPhase                   0
 6      ModelReferenceTargetType            "NONE"
 7      Version                             "9.6 (R2021b) 14-May-2021"
 8      SimulinkVersion                     "10.4"
 9      ModelVersion                        "1.26"
10      GeneratedOn                         "Fri Jul 14 15:51:35 2023"
11      HasSimStructVars                    0
12      HasVariants                         0
13      PreserveExternInFcnDecls            1
14      MATFileLoading                      0
15      ParallelExecutionInRapidAccelerator "0"
16      EnableRaccelDatasetAsInitialState   "1"
17      OpaqueFBT                           0
18      ObserversInstrumentationInjection   0
19      UseIRModelInitCode                  "1"
20      RootOutputInitInIR                  "1"
21      SharedTypesInIR                     "1"
22      TagTlcBlocks                        "1"
23      UseSLCGFileRepository               1
24      SelfCoderDataGroupIndex             -1
25      SelfCoderDataGroupVarGroupIndex     -1
26      SuppressSelf                        "1"
27      GenerateImportedDataGroupsTypes     "0"
28      ExprFolding                         1
29      TargetStyle                         "StandAloneTarget"
30      NumDataStoresPushedToTopModel       0
31      ZeroCrossingDefinitionsRequired     0
32      RightClickBuild                     0
33      ModelReferenceTargetType            "NONE"
34      IsExportFcnDiagram                  no
35      IsTempModelGeneratedToExportFcn     no
```

图 14-51 rtw 文件内容片段

是简化的 rtw 文件内容：

```
CompiledModel {
    Name      "modelname"              -- 每一行记录都是"参数  值"成对的格式
    ...
    Subsystem {                        -- 每个非虚拟子系统的记录
        Block {                        -- 每个非虚拟模块的记录
            Type      "S-Function"

            Name      "Hyo-Custom"
            ...
            Parameter {                -- 模块内部的参数
            Name "P1"
            Value Matrix(1,2) [[1, 2];]
            }
            ...
        Block {                        -- 同一子系统的下一个模块记录
        DataInputPort {
            ...
            }
        DataOutputPort{
            ...
            }
        ParamSettings {
            ...
            }
```

```
            Parameter {
    ...
            }
    }
    ...
    Subsystem {                          -- 下一个子系统的记录
}
```

要访问此 rtw 文件中的模型名称,可以使用:

```
CompiledModel.Name;
```

当模型中存在多个子系统,子系统中存在多个模块时,可以通过下标逐个访问。例如,访问模型的首个子系统中首个模块的参数:

```
CompiledModel.Subsystem[0].Block[0].Parameter.Value;
```

当层次结构过多时,层层访问需要很长的语句,为了方便,可以使用"%with"限定访问范围,然后就可以直接访问被限定范围内的域成员了:

```
% with CompiledModel.System[0].Block[0]
% assign blockName = Name
% endwith
```

注意:以上这些访问 rtw 文件的语句都是 TLC 语句,并非在 Command Window 中直接输入的 M 脚本。访问 rtw 文件的 TLC 语句可以写在 tlc 文件中或者当选择 Configuration Parameters→Code Generation→Start TLC debugger when generating code 选项之后,编译模型的过程会停止在 TLC 执行阶段的开始,这时可以在 Command Window 中使用 print 命令打印出 rtw 中域成员的值,如图 14-52 所示。

```
TLC-DEBUG> print CompiledModel.System[0].Block[0].Parameter.Value
[4.0E+0]
```

图 14-52 打印出的 rtw 中域成员的值

那么,如果希望向 rtw 文件中插入信息,应该如何做呢? rtw 文件是众多条记录的集合体,可以嵌套。使用 addtorecord 命令插入信息,此时也要遵循记录的格式,如添加模型作者信息到 rtw 文件的 CompiledModel 中:

```
% addtorecord CompiledModel Author{Name "Hyo"}
```

为了在模型编译过程中运行此语句,可以将该语句添加到如图 14-19 所示的 File customization template 中的 example_file_process.tlc 中,example_file_process.tlc 的内容如图 14-53 所示。

然后在启动 TLC Debugger 后,使用 break 语句将断点打在上一条语句之后的位置。设定断点使用 break 语句,如图 14-54 所示。

打过断点之后,输入 step 或 next 命令单步执行这条追加记录的语句。此句被执行之后才能够访问其值。使用"print CompiledModel.Author.Name"可以将 Author.Name 的值读取出来,如图 14-55 所示。

如上所述,rtw 既将模型的各种信息集于一身,供 TLC 访问和调用,又为代码生成搭建了桥梁。

```
%%%%%%%%%%%%%%%%%%%%%%%%%%%%%%%%%%%%%%%%%%%%%%%%%%%%%%%%%%%%%%%%
%%
%%
%%
%% Abstract:
%%   Example Embedded Coder custom file processing template.
%%
%%   Note: This file can contain any valid TLC code, which Embedded Coder
%%   executes just prior to writing the generated source files to disk.
%%   Using this template "hook" file, you are able to augment the generated
%%   source code and create additional files.
%%
%% Copyright 1994-2010 The MathWorks, Inc.
%%
%%%%%%%%%%%%%%%%%%%%%%%%%%%%%%%%%%%%%%%%%%%%%%%%%%%%%%%%%%%%%%%%
%selectfile NULL_FILE
%% Insert Hyo customized code
%addtorecord CompiledModel Author{Name "Hyo"}
%% Uncomment this TLC line to execute the example
%%    ||   ||
%%    ||   ||
%%    \/   \/
%% %assign ERTCustomFileTest = TLC_TRUE
```

图 14-53 追加自定义语句到模板文件

```
-dc switch
00012: %selectfile NULL_FILE
TLC-DEBUG> break example_file_process.tlc:19
```

图 14-54 在新追加的语句处打上断点

```
Breakpoint 1
00019: %addtorecord CompiledModel Author{Name "Hyo"}
TLC-DEBUG> next

00026: %if EXISTS("ERTCustomFileTest") && ERTCustomFileTest == TLC_TRUE
TLC-DEBUG> print CompiledModel.Author.Name

Hyo
```

图 14-55 打印 rtw 中新追加的成员值

14.2.3.2 tlc 文件简介

所谓 tlc 文件,也就是 TLC 编译器所编译的目标文件,它包括两个等级:系统目标文件(如 ert.tlc)和模块目标文件(如 S 函数的内联 tlc 文件)。两者作用如下:

① 系统目标文件:规定生成代码的全局结构,以匹配所支持的目标芯片。

② 模块目标文件:规定 Simulink 模块生成代码时的代码实现,一般与模块的 S 函数同名并存储在同一文件夹中,并从 S 函数中获取参数信息以生成目标代码。

在 TLC 运行阶段,首先运行的就是系统目标文件,如 ert.tlc。系统目标文件是 TLC 运行的起点,其他 tlc 文件(包含在系统文件内的 tlc 文件,或主函数生成 tlc 文件和模块 tlc 文件)会被其调用,整个执行过程按照 TLC 命令行逐一执行。在 tlc 文件执行过程中,会读取、增加或修改 rtw 文件中的记录信息(记录名与记录值)。在编译阶段被称为中间产物的 rtw 文件是模型编译的产物;在代码生成阶段,它是 TLC 的输入,与其他 tlc 文件一起受到系统目标文件的统领。

Simulink Coder 和 Embedded Coder 提供一些系统目标文件供用户选择,如图 14-56 所示。

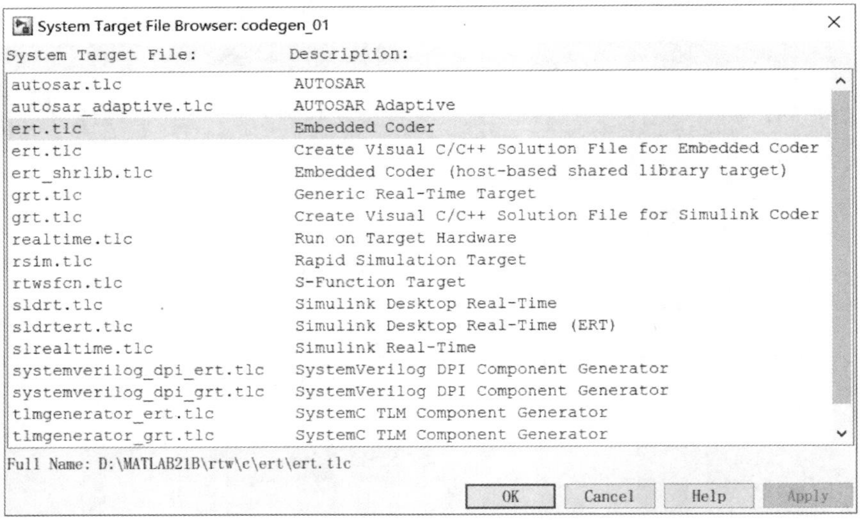

图 14-56　Simulink 提供的系统目标文件

如图 14-56 所示,System Target File Browser 对话框会将所有存在于 MATLAB 搜索路径上的系统级 tlc 文件显示出来,如果有自定义的系统级 tlc 文件也将显示在这里。嵌入式代码生成时的模型配置方法的内容重点围绕 ert.tlc 进行展开(由 Embedded Coder 提供)。其他系统目标文件这里就不一一解释了,常用的有 grt.tlc(由 Simulink Coder 提供),用于生成通用实时目标;rsim.tlc,用作快速仿真;autosar.tlc 将模型生成符合 AUTOSAR 规范的代码;grt.tlc 将模型生成兼容通用实时仿真目标的 C 代码;rsim.tlc 会引导模型按照加速仿真模式生成优化后的代码来提高仿真速度;slrealtime.tlc 在模型中使用 Simulink Real Time 模块库时使用。

每一个支持代码生成的 Simulink 模块都具有一个模块目标文件,它的后缀也是 tlc,名字与对应的 S 函数相同,且存储在相同的路径。二者既合作又分工,S 函数负责仿真时执行,模块目标 tlc 文件负责编译模型时生成代码。模块目标文件的内部组成类似 S 函数,由多个执行时间有前后之分的多态方法构成,这些方法被系统目标文件调用。

关于 TLC 的详细讲解请参考第 15 章。

14.2.4　代码生成方法与技巧

对 Simulink 模型生成代码的流程和基本配置方法了解之后,可以进一步学习 Simulink 生成代码的原理,并掌握生成代码的模型配置方法,熟悉以 Simulink 数据对象为基础的编程技巧,来生成可以满足各种应用场合需求的代码。首先来看一下模块是如何生成代码的,生成的代码又包括哪些部分。

注意:如果读者使用 32 位 MATLAB 进行代码生成的操作,那么在编译模型并生成代码时可能会经常遇到 Out of Memory 的错误,这时即使输入"clear all;""bdclose all;"等命令,也无法让 MATLAB/Simulink 模型继续完成代码生成工作,建议重启 MATLAB。如果日常工作中严重影响使用,请考虑更换 64 位 MATLAB。

14.2.4.1 Simulink 模块代码生成的结构

在前面的章节已经明确了模块是构成 Simulink 模型的最小单元,那么模型生成的代码肯定也源自这些模块。模块的构成包括输入/输出端口、参数、状态量等,那么模块的这些构成部分如何分别生成代码呢?请看图 14-57。

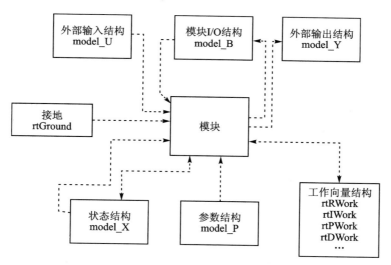

图 14-57 模块的组成要素对应的代码生成

如图 14-57 所示,明确将一个模块分为了 7 个部分,除去表示接地的 rtGround 之外,其余 6 个部分都明确了生成代码时所使用的变量生成格式,它们都对构成模块的各个对象的生成变量进行了结构体的约束,并且对结构体的变量名前缀进行了规定,详见表 14.2.6。

表 14.2.6 模块构成要素及其结构体名

模块的构成要素	生成结构体的名字
外部输入	Model_U
模块 I/O	Model_B
外部输出	Model_Y
工作向量	rtRWork、rtDWork、rtIWork、rtPWork
模块参数	Model_P
模块状态变量	Model_X

这些结构体名中 Model 表示当前模型名。以表 14.2.1 中的代码为例,模型的输入端口 In1 的生成代码为 codegen_03_U.In1,输出端口 Out1 的结构体成员变量为 codegen_03_Y.Out1,而 codegen_03_P.Gain_Gain 则为 Gain 模块结构体中的一个成员。从上面的实例可以看出,ert.tlc 这个系统目标文件引领下生成的代码遵循表 14.2.6 所列的命名规则,并且每个结构体中将"模块名"作为输入/输出端口结构体的成员变量,将"模块名_参数名"作为参数结构体变量的成员变量名。有了这个规则,即使代码不做可读性优化,相信读者也有信心读懂它们。

14.2.4.2 Simulink 信号线在不同存储类型下的代码生成

信号线生成代码是如何控制的呢?右击模型中的某根信号线,在弹出的快捷菜单中选择

properties，可以打开 Signal Properties 对话框，对信号线进行命名，并选中 Signal name must resolve to Simulink signal object 复选框，如图 14-58 所示。

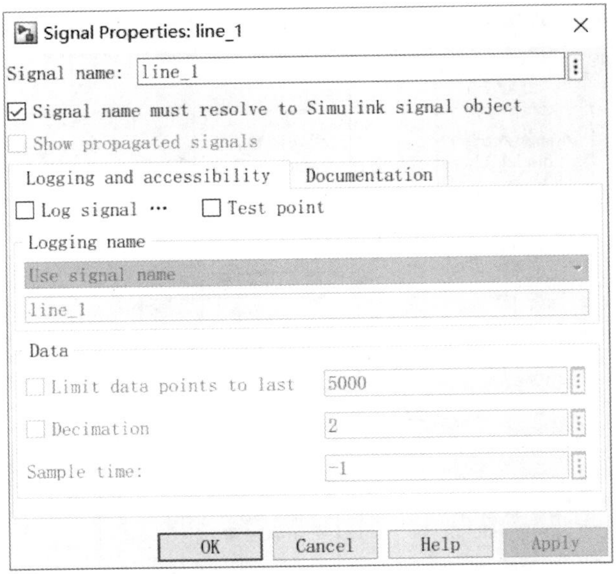

图 14-58 Signal Properties 对话框

在 Command Window 中输入"line_1=Simulink.Signal"，此时在 MATLAB 工作区会建立一个名为 line_1 的信号对象。双击 line_1，在弹出的对话框中的 Code Generation 选项卡中设置 Storage class，默认值为 Auto，如图 14-59 所示。

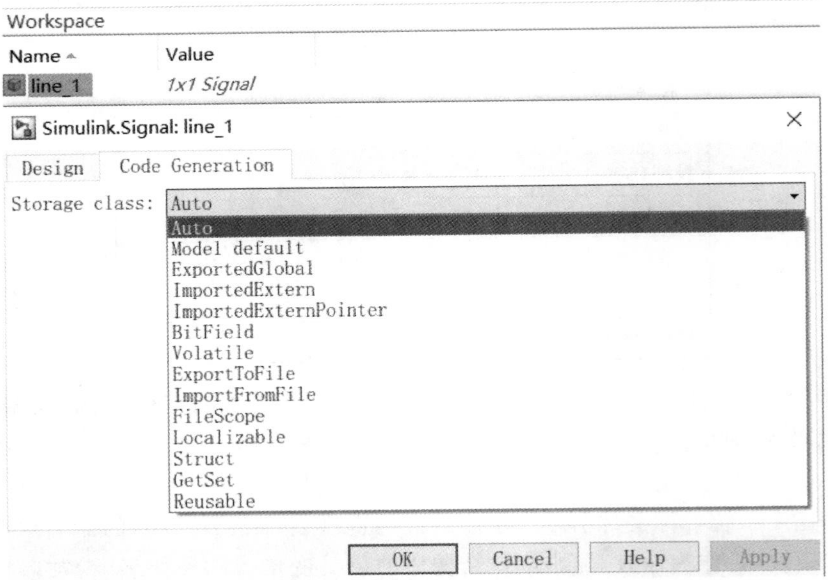

图 14-59 设置信号线存储类型

仍以图 14-5 所示的模型为例，将加法模块的输出线命名为 line，如图 14-60 所示，并将其生成代码，以说明信号线在不同存储类型下生成代码的区别。

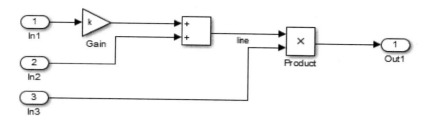

图 14-60 信号线 line 所在模型

选择不同的存储类型(Storage class)所生成代码的样例见表 14.2.7。

表 14.2.7 不同存储类型生成代码的格式

存储类型	生成代码的声明方式	生成代码
Auto	—	codegen_01_Y.Out1 = (codegen_01_U.In1 + codegen_01_U.In2) * codegen_01_U.In3;

Model default	In model.h:
	  typedef struct {
	    real_T line;
	  } B_codegen_01_T;
		codegen_01_B.line = codegen_01_U.In1 + codegen_01_U.In2;
		codegen_01_Y.Out1 = codegen_01_B.line * codegen_01_U.In3;

ExportedGlobal	In model.h:
	  extern real_T line;
	In model.c:
	  real_T line;
		line = codegen_01_U.In1 + codegen_01_U.In2;
		codegen_01_Y.Out1 = line * codegen_01_U.In3;

ImportedExtern	In model_private.h: extern real_T line;	line = codegen_01_U.In1 + codegen_01_U.In2; codegen_01_Y.Out1 = line * codegen_01_U.In3;
Imported ExternPointer	In model_private.h: extern real_T * line;	* line = codegen_01_U.In1 + codegen_01_U.In2; codegen_01_Y.Out1 = * line * codegen_01_U.In3;
BitField	In model.h: typedef struct rt_Simulink_Bit-Field_tag { real_T line; } rt_Simulink_BitField_type; In model.c: rt_Simulink_BitField_type rt_Simulink_BitField;	rt_Simulink_BitField.line = codegen_01_U.In1 + codegen_01_U.In2; codegen_01_Y.Out1 = rt_Simulink_BitField.line * codegen_01_U.In3;
Volatile	HeaderFile: extern volatile real_T line; DefinitionFile: volatile real_T line;	line = codegen_01_U.In1 + codegen_01_U.In2; codegen_01_Y.Out1 = line * codegen_01_U.In3;
ExportToFile	HeaderFile.h: extern real_T line; DefinitionFile.c: real_T line;	line = codegen_01_U.In1 + codegen_01_U.In2; codegen_01_Y.Out1 = line * codegen_01_U.In3;

续表 14.2.7

存储类型	生成代码的声明方式	生成代码
ImportedFromFile	In model_private.h: #include "HeadFile.h"	line = codegen_01_U.In1 + codegen_01_U.In2; codegen_01_Y.Out1 = line * codegen_01_U.In3;
FileScope	In model.c: static real_T line;	line = codegen_01_U.In1 + codegen_01_U.In2; codegen_01_Y.Out1 = line * codegen_01_U.In3;

Localizable	—	real_T line;
		line = codegen_01_U.In1 + codegen_01_U.In2;
		codegen_01_Y.Out1 = line * codegen_01_U.In3;

Struct	In model.h: typedef struct rt_Simulink_Struct_tag { real_T line; } rt_Simulink_Struct_type; In model.c: rt_Simulink_Struct_type rt_Simulink_Struct;	rt_Simulink_Struct.line = codegen_01_U.In1 + codegen_01_U.In2; codegen_01_Y.Out1 = rt_Simulink_Struct.line * codegen_01_U.In3;
GetSet	—	set_line(codegen_01_U.In1 + codegen_01_U.In2); codegen_01_Y.Out1 = get_line() * codegen_01_U.In3;
Reusable	In model.c: static real_T line;	line = codegen_01_U.In1 + codegen_01_U.In2; codegen_01_Y.Out1 = line * codegen_01_U.In3;

14.2.4.3 Simulink 模块代码生成的接口

```
/* Model step function */
void codegen_01_step(void)

/* Model initialize function */
void codegen_01_initialize(void)
```

图 14-61 模型函数接口

默认情况下,ert.tlc 作用下生成的模型接入点函数仅有两个,即 model_initialize()和 model_step(),代码生成中函数声明如图 14-61 所示。model_initialize()将在 model_step()函数运行之前调用一次初始化之后对模型进行初始化,model_step()函数将在每个 rt_Onestep()函数中被周期性调用(需要绑定到目标硬件定时器上实现)。

其实 model_step()函数内部包含了两个子函数,即 model_update()和 model_output(),分别用于计算模型中的离散状态变量以及模型的输出。是合并还是分别生成,可以在 Configuration Parameters→Code Generation→Interface→Advanced parameters 选项组中通过对 Single output/update function 复选框来设置。合并及分别生成的代码如图 14-62 和图 14-63 所示。

通过选中 Terminate function required 复选框,可以为模型生成 model_terminate()函数,如图 14-64 所示。

而 Classic call interface 的开启与否则决定模型生成代码的接口风格。默认取消选中,生成代码的层次较少,执行效率略高;若选中该复选框,则 model_step()函数将被强行拆分为 update()和 output()函数,然后再封装一层 MdlOutputs()和 MdlUpdate()。整个模型生成的代码将按照与 C MEX S 函数的子方法相同的方式生成代码,并在对应的子方法下调用当前模型的生成函数,而 ert_main.c 中将生成非常复杂的处理机制。这种旧方法(将 model_step()拆分为 mdlUpdate()、mdlOutputs()称为旧方法)的代码风格如图 14-65 所示。

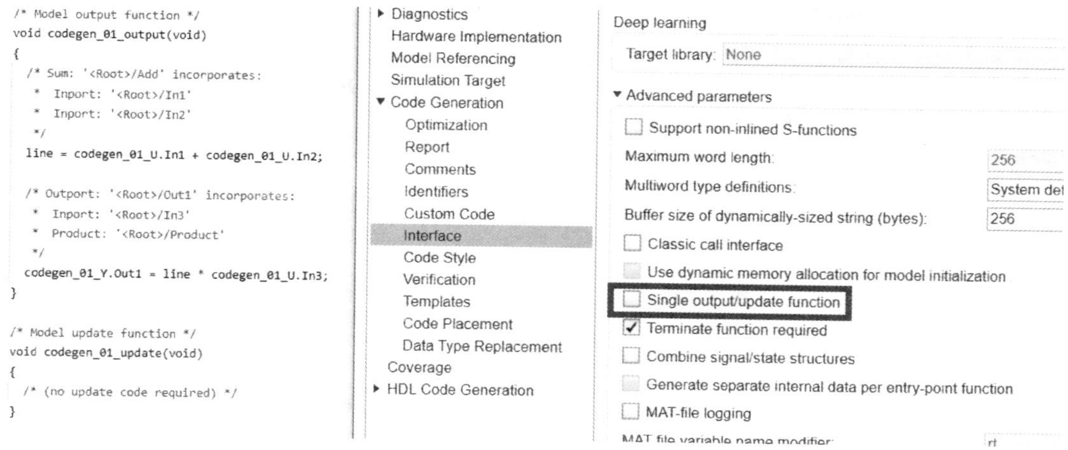

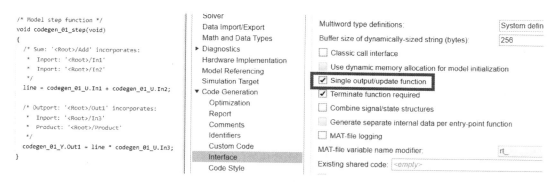

图 14-62　取消选中 Single output/update function 复选框(合并)

图 14-63　选中 Single output/update function 复选框(分别生成)

默认情况下,ert.tlc 生成的 model_initialize()和 model_step()函数都是空参数列表,这样的代码不便于重用。如果开发者希望能够生成可重用的函数,方便在代码中多处调用,那么从代码紧凑简约上来讲这是一个可优化之处。

选中 Remove error status in real-time model data structure 复选框时将会忽略实时模型数据结构 rtModel 的错误状态域,即获取错误的宏函数不再被生成到 Model.h 文件中,这样能够减少存储量,并且 model_terminate()函数的执行也会从主函数中取消。ert_main.c 中关于 rtModel 数据结构的错误状态获取与设置的宏函数代码如图 14-66 所示。

```
/* Model terminate function */
void codegen_01_terminate(void)
{
  /* (no terminate code required) */
}
```

图 14-64　model_terminate 函数的生成

上述宏函数的创建仅在取消选中 Remove error status in real-time model data structure 复选框时才会生成,并且在主函数中被调用。实时模型数据结构错误检测代码如图 14-67 所示。

选中 Remove error status in real-time model data structure 复选框之后再度生成代码时会出现如图 14-68 所示的注释和预处理命令,忽略实时模型数据并抑制终止函数的调用。

模型的信号与状态,二者相辅相成,信号作为模型输入/输出传递和连接的桥梁,状态则为模型不同时刻的数据缓存提供支持。默认情况下,它们会分别生成到各自的结构体中,如图 14-69 所示。

```c
void MdlOutputs(int_T tid)
{
  untitled_output();
  UNUSED_PARAMETER(tid);
}

void MdlUpdate(int_T tid)
{
  untitled_update();
  UNUSED_PARAMETER(tid);
}

void MdlInitializeSizes(void)
{
}

void MdlInitializeSampleTimes(void)
{
}

void MdlInitialize(void)
{
}

void MdlStart(void)
{
  untitled_initialize();
}

void MdlTerminate(void)
{
  untitled_terminate();
}
```

```c
int_T main(int_T argc, const char *argv[])
{
  untitled_rtModel *S;
  real_T finaltime = -2.0;
  int_T oldStyle_argc;
  const char_T *oldStyle_argv[5];

  /*******************
   * Parse arguments *
   *******************/
  if ((argc > 1) && (argv[1][0] != '-')) {
    /* old style */
    if (argc > 3) {
      displayUsage();
      return(EXIT_FAILURE);
    }

    oldStyle_argc = 1;
    oldStyle_argv[0] = argv[0];
    if (argc >= 2) {
      oldStyle_argc = 3;
      oldStyle_argv[1] = "-tf";
      oldStyle_argv[2] = argv[1];
    }

    if (argc == 3) {
      oldStyle_argc = 5;
      oldStyle_argv[3] = "-port";
      oldStyle_argv[4] = argv[2];
    }

    argc = oldStyle_argc;
    argv = oldStyle_argv;
```

图 14 - 65 旧方法的代码风格

```c
/* Macros for accessing real-time model data structure */
#ifndef rtmGetErrorStatus
#define rtmGetErrorStatus(rtm)         ((rtm)->errorStatus)
#endif

#ifndef rtmSetErrorStatus
#define rtmSetErrorStatus(rtm, val)    ((rtm)->errorStatus = (val))
#endif
```

图 14 - 66 获取 rtModel 数据结构错误状态的宏函数

```c
while (rtmGetErrorStatus(codegen_01_M) == (NULL)) {
  /*  Perform application tasks here */
}

/* Disable rt_OneStep here */
/* Terminate model */
codegen_01_terminate();
return 0;
}
```

图 14 - 67 实时模型数据结构错误检测代码

如果选中 Combine signal/state structures 复选框,那么生成代码时模型中的信号变量及

第 14 章　Simulink 代码生成技术详解

```
/* The option 'Remove error status field in real-time model data structure'
 * is selected, therefore the following code does not need to execute.
 */
#if 0

  /* Disable rt_OneStep here */
  /* Terminate model */
  codegen_01_terminate();

#endif
```

图 14 - 68　忽略实时模型数据并抑制终止函数的调用

```
/* Block signals (default storage) */
typedef struct {
  real_T line;                        /* '<Root>/Add' */
} B_codegen_01_T;

/* Block states (default storage) for system '<Root>' */
typedef struct {
  real_T Delay_DSTATE;                /* '<Root>/Delay' */
} DW_codegen_01_T;
```

图 14 - 69　默认情况下信号变量与状态变量分别存储

状态变量将会真正结合在一个结构体变量中，如图 14 - 70 所示。

```
/* Block signals and states (default storage) for system '<Root>' */
typedef struct {
  real_T line;                        /* '<Root>/Add' */
  real_T Delay_DSTATE;                /* '<Root>/Delay' */
} DW_codegen_01_T;
```

图 14 - 70　信号变量与状态变量生成在一个结构体变量中

上述种种开关的设置，是关于数据变量的结合方式、实时模型数据结构相关功能的使能与否，并不真正改变模型或子系统生成函数时的接口。而 Code Mappings - C 对话框则在真正意义上提供了一个自定义模型入口函数和子系统函数接口的方式。

1. Simulink 模型入口函数接口自定义

选择 APP→Embedded Coder→C DODE Code Interface→Default Code Mappings 选项，打开 Code Mappings - C 对话框，并切换到 Functions 选项卡，如图 14 - 71 所示。

在该选项卡中默认时提供四列属性，即 Source、Function Customization Template、Function Name 和 Function Preview，用户可以在 Function Name 中输入自定义函数名，输入的函数名将显示在 Function Preview 中，双击 Function Preview 将弹出 Configure C Step Function Interface 对话框，如图 14 - 72 所示。

当选中 Configure arguments for Step function prototype 复选框并单击 Get default 按钮时，对话框将发生变化（见图 14 - 73）。通过单击 Get default 按钮能够获取自定义默认参数列表；模型的输入/输出，按照次序以表格的方式提供给用户，来设定它们的接口元素，并最终成

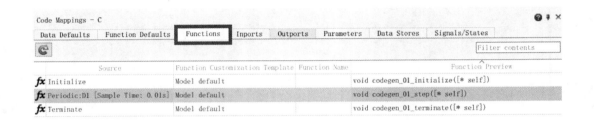

图 14-71　Functions 选项卡

为 Step Function 的函数原型组成部分。设置完以后，通过单击 Validate 按钮来验证更改。

图 14-72　Configure C Step Function Interface 对话框

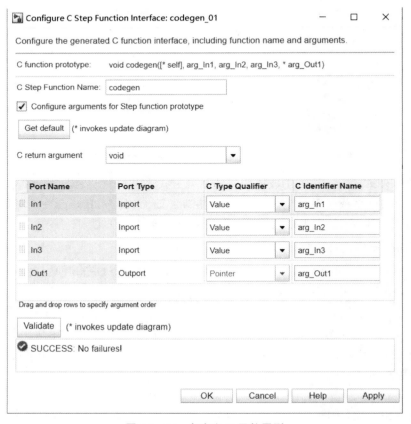

图 14-73　自定义 C 函数原型

输入/输出端口作为函数的参数罗列在图 14-73 中的表里,该表包括四列,即 Port Name、Port Type、C Type Qualifier 和 C Identifier Name,其中后两列参数可配置,如表 14.2.8 所列。

表 14.2.8 Step Function 参数

列 名	说 明
Port Name	端口模块名
Port Type	端口模块名,只读
C Type Qualifier	选择参数的传递方式(Value 表示值传递,Pointer 表示通过指针传递地址)
C Identifier Name	模型生成 C 代码中端口在函数原型里的形参名

用户可将表 14.2.8 中配置的选项反映到 C function prototype 中。例如,将 C Step Function Name 改为 test_function,输入参数 In1 的传递类型设置为 Pointer to const,输入参数 In2 的限定符设置为 const,输入参数 In3 的传递类型设置为 Value,输出参数 Out1 的传递类型设置为 Pointer,然后单击 Validate 按钮来验证设置的有效性。验证成功之后,左下角将显示"SUCCESS:No failures!",如图 14-74 所示。

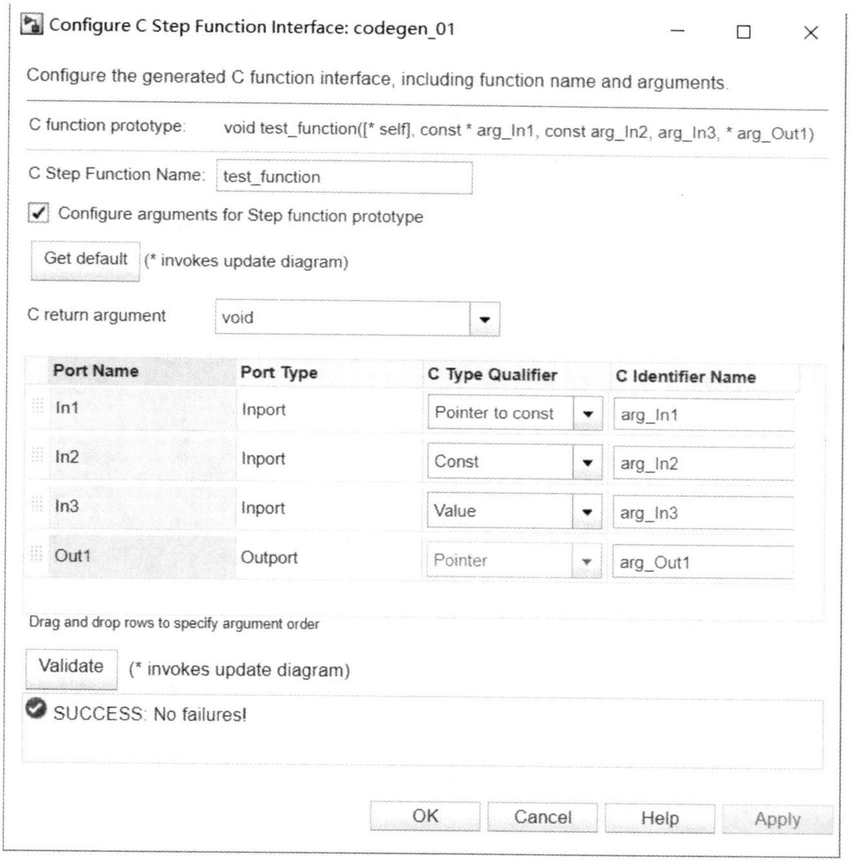

图 14-74 自定义函数接口实例

单击 OK 按钮之后,再启动代码生成,观察代码生成的实际原型,发现函数原型与设定一致,标识符也包含在其中。输入/输出端口参数直接使用 Step Function 中的 C Identifier

Name,不再使用模块生成的端口结构体变量（codegen_01_U.In1 等）表示。如此,Step Function 的接口实现了自定义,如图 14-75 所示。

```
/* Model step function */
void test_function(const real_T *arg_In1, const real_T arg_In2, real_T arg_In3,
                   real_T *arg_Out1)
{
  /* Sum: '<Root>/Add' incorporates:
   *  Inport: '<Root>/In1'
   *  Inport: '<Root>/In2'
   */
  codegen_01_B.line = *arg_In1 + arg_In2;

  /* Outport: '<Root>/Out1' incorporates:
   *  Inport: '<Root>/In3'
   *  Product: '<Root>/Product'
   */
  *arg_Out1 = codegen_01_B.line * arg_In3;
}
```

图 14-75 自定义函数自动生成实例

2. Simulink 模型子系统函数接口自定义

为了简化模型结构,在建立模型时往往将实现同一个功能的众多模块组建立为子系统。模型以虚拟子系统方式封装,内部各个模块的执行顺序和采样周期依旧保持与封装子系统之前一样的状态;而将子系统设置为原子子系统后,整个子系统内部的模块采样周期变为同一个采样时间,子系统边框也加粗显示。(有关子系统的详细内容请参考第 5 章。)

以一个简单的增益模型为例,模型如图 14-76 所示。

Simulink 支持用户对子系统单独生成代码,这时也可以使用 Code Mappings - C 来自定义 subsystem_initialize() 和 subsystem_step() 两个函数的原型。子系统单独代码生成的方式是,右击子系统,在弹出的快捷菜单中选择 C/C++ Code→Build This Subsystem 命令(见图 14-77),即可启动子系统的代码生成,成功编译后也会弹出代码的报告。为了自定义这个子系统的入口函数,需要使用命令启动它的

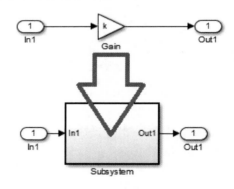

图 14-76 增益模型

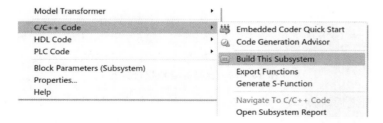

图 14-77 选择 C/C++ Code→Build This Subsystem 命令

Model Interface for subsystem 对话框：

```
RTW.configSubsystemBuild(gcbh)
```

使用上述命令的前提是模型系统目标文件已设置 ert.tlc，运行上述代码之后，弹出如图 14 - 78 所示的对话框。

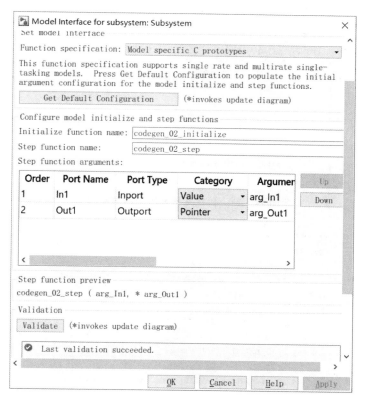

图 14 - 78　Model Interface for subsystem 对话框

在图 14 - 78 所示的对话框中设置完参数列表和函数名之后，使用快捷菜单编译生成代码，如图 14 - 79 所示。

子系统在单独生成代码与其在整个模型里生成代码时所使用的配置是不同的，图 14 - 76 所示的模型（此时模型名为 codegen_02.slx）使用组合键 Ctrl+b 进行代码生成时，上述 Model Interface for subsystem 对话框中的设定便完全不起作用了。rtwbuild(gcbh) 命令启动代码生成，生成的代码如图 14 - 80 所示。

那么如何在整个模型编译生成代码时自定义子系统的函数接口呢？右击子系统，在弹出的快捷菜单中选择 Block Parameters(Subsystem) 命令，弹出如图 14 - 81 所示的对话框，该对话框包含 3 个标签，即 Main、Code Generation 和 Subsystem Reference，其中 Code Generation 选项卡用于设置模型生成代码时子系统的代码生成方式。

此选项卡中默认仅一个参数，即 Function packaging，承载它的是 popup 控件，默认值为 Auto，另外的选项为：Inline、Nonreusable function 和 Reusable function。当选择后两个选项时，对话框中又会多出两个参数 Function name options 和 File name options，选择 ert.tlc 之后还会出现 Memory section 相关的参数。当设置 Function packaging 为 Nonreusable function 时，还可以设置 Function interface 以及 Function with separate data。图 14 - 82 所示为

```c
/* Model step function */
void subsystem_step(real_T arg_In1, real_T *arg_Out1)
{
  /* Outputs for Atomic SubSystem: '<Root>/Subsystem' */
  /* Outport: '<Root>/Out1' incorporates:
   *  Gain: '<S1>/Gain'
   *  Inport: '<Root>/In1'
   */
  *arg_Out1 = k * arg_In1;

  /* End of Outputs for SubSystem: '<Root>/Subsystem' */
}

/* Model initialize function */
void subsystem_init(void)
{
  /* (no initialization code required) */
}
```

图 14 - 79　自定义子系统的函数实现

```c
/* Model step function */
void codegen_02_step(void)
{
  /* Outputs for Atomic SubSystem: '<Root>/Subsystem' */
  /* Outport: '<Root>/Out1' incorporates:
   *  Gain: '<S1>/Gain'
   *  Inport: '<Root>/In1'
   */
  codegen_02_Y.Out1 = k * codegen_02_U.In1;

  /* End of Outputs for SubSystem: '<Root>/Subsystem' */
}

/* Model initialize function */
void codegen_02_initialize(void)
{
  /* (no initialization code required) */
}
```

图 14 - 80　子系统在模型中的代码生成

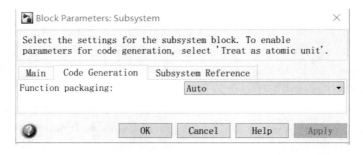

图 14 - 81　"Block Parameters：Subsystem"- Code Generation 选项卡

设置 Function packaging 为 Reusable function 时的"Block Parameters：Subsystem"对话框。

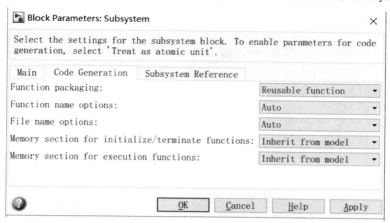

图 14 - 82　原子子系统生成函数的设置

Function packaging 中的 4 个选项各自的功能见表 14.2.9。

表 14.2.9　**Function packaging 中的 4 个选项各自的功能**

选　　项	功　　能
Auto	Simulink Coder 基于模型中子系统的个数和类型自动选取最优的代码生成格式。此时不能控制子系统生成的函数名及所存放的文件
Inline	直接将子系统代码内联展开
Nonreusable function	子系统生成一个函数，函数的参数列表由 Function Interface 参数决定。函数名以及函数所存放的文件都可以指定
Reusable function	当模型中存在同一个子系统的多个实例时，Simulink Coder 为其生成带有可重用参数列表的函数。函数名以及函数所存放的文件都可以指定

当设置 Function packaging 为 Nonreusable function 时，控件会再次更新，如图 14 - 83 所示。

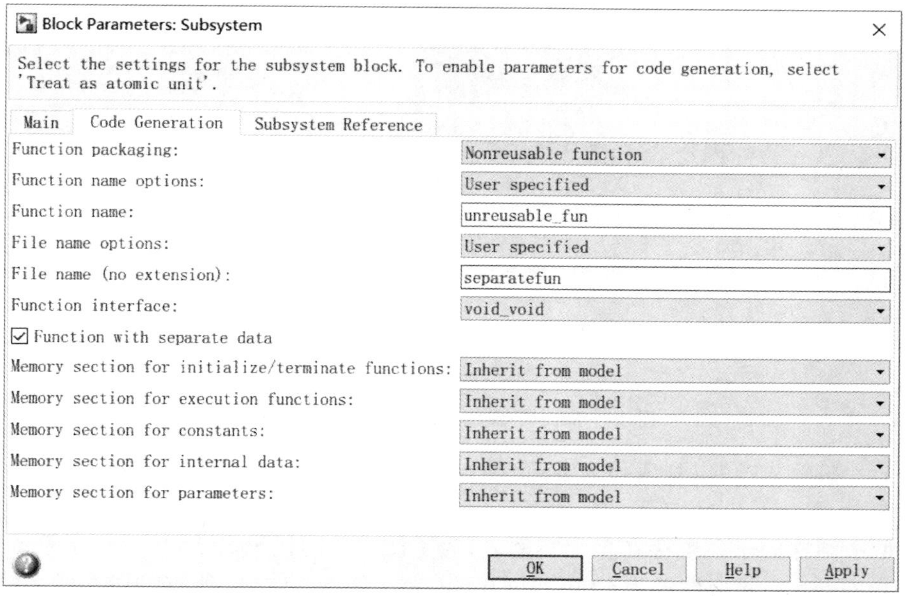

图 14 - 83　当 **Function packaging** 设置为 **Nonreusable function** 时

此时，Function name options 和 File name options 都设置为 User specified，即函数名设置为 unreusable_fun，文件名设置为 separatefun，那么代码生成时，子系统将会把其生成到函数 unreusable_fun 中，并保存在 separate_fun.c 中。Function interface 设置为 void_void 表示生成的函数参数列表的输入/输出都为 void。选中 Function with separate data 复选框会将子系统内的参数单独生成到一个数据文件中。将上述设置的模型编译之后，代码生成如图 14-84～图 14-86 所示。

```
2    * File: separatefun.c
3    *
4    * Code generated for Simulink model 'codegen_02'.
5    *
6    * Model version                  : 1.1
7    * Simulink Coder version         : 9.6 (R2021b) 14-May-2021
8    * C/C++ source code generated on : Mon May  2 23:21:15 2022
9    *
10   * Target selection: ert.tlc
11   * Embedded hardware selection: Intel->x86-64 (Windows64)
12   * Code generation objectives: Unspecified
13   * Validation result: Not run
14   */
15
16   #include "separatefun.h"
17
18   /* Include model header file for global data */
19   #include "codegen_02.h"
20   #include "codegen_02_private.h"
21
22   /* Output and update for atomic system: '<Root>/Subsystem' */
23   void unreusable_fun(void)
24   {
25     /* Outport: '<Root>/Out1' incorporates:
26      *  Gain: '<S1>/Gain'
27      *  Inport: '<Root>/In1'
28      */
29     codegen_02_Y.Out1 = codegen_02_P.k * codegen_02_U.In1;
30   }
31
32   /*
33    * File trailer for generated code.
34    *
35    * [EOF]
36    */
```

图 14-84　子系统生成的函数单独保存

生成的函数输入/输出列表均为空，单独保存在 c 文件中，并且 Gain 模块的参数也单独保存在 c 文件中。

当模型中同样的子系统存在多个实例时，为了使生成的代码简洁，可以将子系统每个实例的 Function packaging 均设置为 Reusable function。如图 14-87 所示的两个子系统，其内部模型完全相同。

```
1  /*
2   * File: codegen_02_data.c
3   *
4   * Code generated for Simulink model 'codegen_02'.
5   *
6   * Model version                  : 1.1
7   * Simulink Coder version         : 9.6 (R2021b) 14-May-2021
8   * C/C++ source code generated on : Mon May  2 23:21:15 2022
9   *
10  * Target selection: ert.tlc
11  * Embedded hardware selection: Intel->x86-64 (Windows64)
12  * Code generation objectives: Unspecified
13  * Validation result: Not run
14  */
15
16 #include "codegen_02.h"
17 #include "codegen_02_private.h"
18
19 /* Block parameters (default storage) */
20 P_codegen_02_T codegen_02_P = {
21   /* Variable: k
22    * Referenced by: '<S1>/Gain'
23    */
24   1.0
25 };
26
27 /*
28  * File trailer for generated code.
29  *
30  * [EOF]
```

图 14-85 子系统模型中的参数生成在独立数据文件中

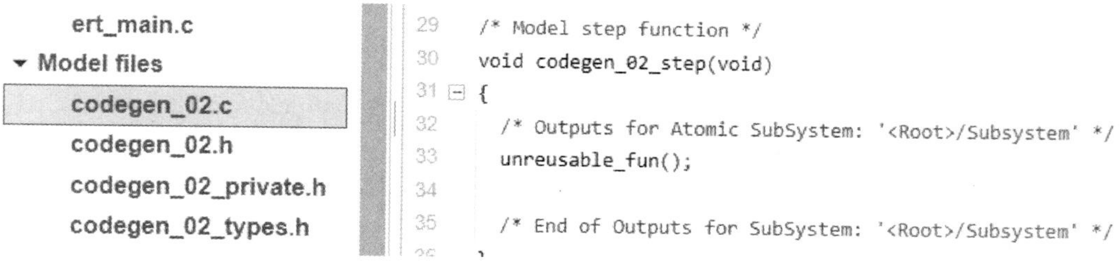

```
ert_main.c                29  /* Model step function */
Model files               30  void codegen_02_step(void)
  codegen_02.c            31  {
  codegen_02.h            32    /* Outputs for Atomic SubSystem: '<Root>/Subsystem' */
  codegen_02_private.h    33    unreusable_fun();
  codegen_02_types.h      34
                          35    /* End of Outputs for SubSystem: '<Root>/Subsystem' */
```

图 14-86 model_step( )函数中调用子系统函数

当子系统设置生成 reusable 函数时,相应 Code Generation 选项卡的设置如图 14-88 所示。

生成的代码将这个子系统的函数单独保存在 subsys_fun.c 中,subsys_fun.h 中为其头文件,如图 14-89 所示。

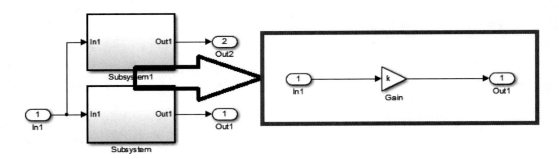

图 14-87　模型中同一子系统存在多个实例

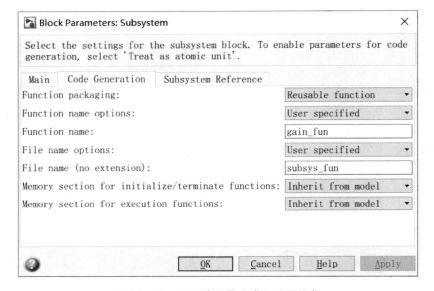

图 14-88　子系统设置生成可重用函数

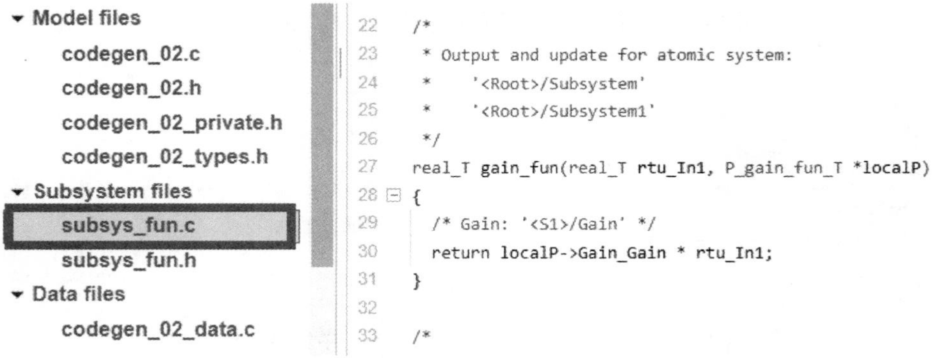

图 14-89　子系统生成的可重用函数

在模型的 model_step() 函数中根据这个子系统的每个实例(subsystem 和 subsystem1)进行函数调用,如图 14-90 所示。

再结合信号线的存储类型设置,可以将代码进一步简化。对所有的上层信号线进行命名并将存储类型设置为 ExportedGlobal,参数 k 也设置为 ExportedGlobal 存储类型并设置 De-

```
/* Model step function */
void codegen_02_step(void)
{
  /* Outputs for Atomic SubSystem: '<Root>/Subsystem' */

  /* Outport: '<Root>/Out1' incorporates:
   *  Inport: '<Root>/In1'
   */
  codegen_02_Y.Out1 = gain_fun(codegen_02_U.In1, &codegen_02_P.Subsystem);

  /* End of Outputs for SubSystem: '<Root>/Subsystem' */

  /* Outputs for Atomic SubSystem: '<Root>/Subsystem1' */

  /* Outport: '<Root>/Out2' incorporates:
   *  Inport: '<Root>/In1'
   */
  codegen_02_Y.Out2 = gain_fun(codegen_02_U.In1, &codegen_02_P.Subsystem1);

  /* End of Outputs for SubSystem: '<Root>/Subsystem1' */
}
```

图 14-90　每个实例都调用可重用函数

fault Parameter Behavior 为 Inline 选项。如果子系统内承接上层系统数据传递的信号线设为继承方式，则不需要给继承的信号线重新命名或设置存储类型，并且能够使子系统的两个实例具有相同的输入变量。内部信号线继承上传模型信号属性的设置如图 14-91 所示。

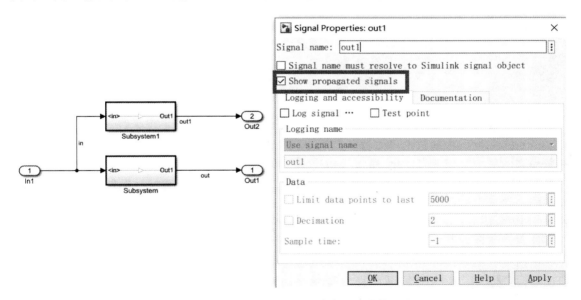

图 14-91　可重用函数子系统中信号线的设置

为了使子系统的多个实例仅生成一个函数定义，必须保证每个实例的子系统的设置都是完全相同的，无论是内部模型逻辑还是模型的属性设置。在图 14-91 左侧的模型中子系统生成单独的函数，如图 14-92 所示。

```
real_T gain_fun(real_T rtu_In1, P_gain_fun_T *localP)
{
  /* Gain: '<S1>/Gain' */
  return localP->Gain_Gain * rtu_In1;
}
```

图 14-92 可重用函数的多个实例生成的函数

模型的 model_step() 函数中为每个子系统的实例生成一个调用上述函数的代码,经过存储类型的优化之后,代码变得简洁,可读性提高。生成的代码如图 14-93 所示。

```
/* Model step function */
void codegen_02_step(void)
{
  /* Outputs for Atomic SubSystem: '<Root>/Subsystem' */

  /* SignalConversion generated from: '<Root>/Subsystem' incorporates:
   *  Inport: '<Root>/In1'
   */
  out = gain_fun(in, &codegen_02_P.Subsystem);

  /* End of Outputs for SubSystem: '<Root>/Subsystem' */

  /* Outputs for Atomic SubSystem: '<Root>/Subsystem1' */

  /* SignalConversion generated from: '<Root>/Subsystem1' incorporates:
   *  Inport: '<Root>/In1'
   */
  out1 = gain_fun(in, &codegen_02_P.Subsystem1);

  /* End of Outputs for SubSystem: '<Root>/Subsystem1' */
}
```

图 14-93 可重用函数的调用

14.2.4.4 Simulink 存储类型与信号/参数数据对象

Simulink 模型中的数据可以分为两种,即信号与参数。信号是信号线中传递的数据,它随着模型的采样时刻不断变化,通常都是计算得出的量;而参数则是模型中各种常数,如 Gain 的增益、Look-up table 中的表格数据,既可以是算法的参数也可以是通过实验得到的数据,在模型的一次运行过程中通常不发生变化。在嵌入式软件中,信号存储在 RAM 中,而参数存储在 ROM 中。Simulink 中使用数据对象来表示和管理这两种数据,并通过数据对象的存储类型来控制这两种数据生成代码时的表现方式。

在信号线上单击会出现蓝色的"…"图标,将光标移动到蓝色的"…"图标之后,将弹出 7 个快捷图标,单击第一个图标,可以将信号线添加到 Code Mapping-C 对话框的 Signal/States 上,再对信号线设置 Storage class,以达到优化信号线生成代码格式的目标。另外一种方法也可以对信号线生成的代码进行优化,就是使用数据对象绑定信号线的方法。在工作区中定义数据对象"In1 = Simulink.Signal;"之后,再在工作区中找到 In1 变量,然后双击打开它的对话框即可进行相应配置。"Simulink: Signal"对话框中 Storage class 下拉列表框中的选项如图 14-94 所示。

Simulink 提供的一系列存储类型具体支持的对象和使用方式见表 14.2.10。

第 14 章　Simulink 代码生成技术详解

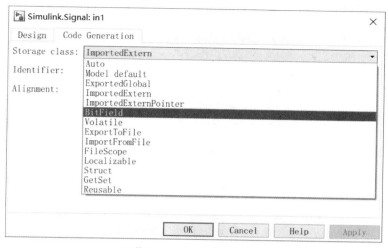

(a) 将 Storage class 设置为 BitField

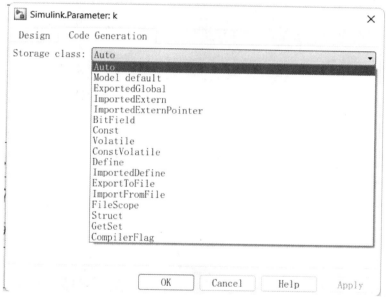

(b) 将 Storage class 设置为 Auto

图 14-94　"Simulink.Signal"对话框中的 Storage class 下拉列表框

表 14.2.10　Simulink 信号/参数存储类型

存储类型	功　能	是否可用于信号	是否可用于参数
Auto	启用优化,以便能生成更高效的代码	是	是
Model default	防止优化消除数据元素的存储,并使用数据元素类别的默认映射	是	是
BitField	声明支持嵌入式布尔类型的位域结构体类型	是	是
CompilerFlag	支持通过使用编译器标志或选项定义的预处理器条件句	否	是
Volatile	生成具有 volatile 类型限定符的全局变量定义和声明	是	是

续表 14.2.10

存储类型	功　能	是否可用于信号	是否可用于参数
Const	生成具有 const 类型限定符的全局变量定义和声明	否	是
ConstVolatile	生成具有 const volatile 类型限定符的全局变量定义和声明	否	是
Define, ImportedDefine	生成宏(#define 指令)或使用在外部代码的头文件中定义的宏的代码	否	是
ExportedGlobal	生成全局变量定义和声明	是	是
ExportToFile	生成一个头文件,用户指定其名称,内部包含全局变量声明,model.h 中会生成包含此头文件的 #include 命令	是	是
FileScope	为变量声明时生成静态后缀以限定访问范围在当前文件	是	是
GetSet	与 Data Store Memory block 联合使用支持特殊函数调用,如对某地址的读取与写入接口函数	是	是
ImportedExtern, ImportedExternPointer	生成可读/写在外部代码中定义的全局变量或全局变量指针的代码	是	是
ImportedFromFile	生成头文件包含命令,include 包含全局变量声明的头文件,所包含的文件名由用户指定,#include 命令生成在 model_private.h 中	是	是
Struct	将信号或变量生成结构体数据结构	是	是
Reusable	当一对 I/O 信号设置为 Reusable,并且有着相同信号名时,代码生成器允许生成可重用的代码	是	否

下面通过一些实例来说明 Embedded Coder 生成代码中数据类型的声明和接口方式。当信号线生成结构体变量时,除了模型中使用 Bus creator 模块外,绑定工作区的 bus object 对象比直接使用 Struct 存储类型更加简洁、方便。下面模型中的两个输入和一个输出都使用了 Simulink 包下的 Struct 存储类型,输入端口的 StructName 结构体命名为 input,输出结构体命名为 output。其中,"Simulink.Signal:in1"对话框的设置如图 14-95 所示。

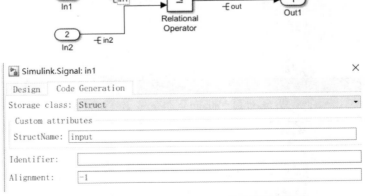

图 14-95 "Simulink.Signal:in1"对话框的设置

如此配置生成的代码中,在 model_types.h 中分别定义输入/输出端口的结构体,如图 14-96 所示。

在 model.c 中定义结构体的变量并在 model_step()函数中使用,结构体变量名为模型信号线属

```
/* Type definition for custom storage class: Struct */
typedef struct input_tag {
  real_T in1;                    /* '<Root>/In1' */
  real_T in2;                    /* '<Root>/In2' */
} input_type;

typedef struct output_tag {
  boolean_T out;                 /* '<Root>/Relational Operator' */
} output_type;
```

图 14-96 输入/输出端口的结构体定义

性中的 StructName,而结构体成员——结构体成员的变量名为信号线上的标签名,如图 14-97 所示。

```
/* Definition for custom storage class: Struct */
input_type input;
output_type output;

/* Real-time model */
static RT_MODEL_codegen_03_T codegen_03_M_;
RT_MODEL_codegen_03_T *const codegen_03_M = &codegen_03_M_;

/* Model step function */
void codegen_03_step(void)
{
  /* RelationalOperator: '<Root>/Relational Operator' incorporates:
   *  Inport: '<Root>/In1'
   *  Inport: '<Root>/In2'
   */
  output.out = (input.in1 <= input.in2);
}
```

图 14-97 结构体变量的声明及使用

位域(BitField)是嵌入式 C 代码中常用的数据结构。对于有些变量,其不需要占据一个完整的字节,因为单独给其分配一个字节太过浪费,特别是对于嵌入式 MCU 芯片来说,由于资源紧张,必须使用紧凑的存储空间排布。位域可以将一个完整的字节划分为多个不同的二进制位区间,每个二进制位域存放一个 0 或一个 1。这也是 MCU 的驱动库里寄存器地址映射时常用的做法。在 Simulink 包的 BitField 存储类型下,也可以实现单个位域结构体的生成。此时需要将模型输入端口的输出数据类型更改为 boolean,如图 14-98 所示。

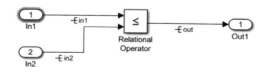

图 14-98 输入端口输出 boolean 型数据到设置为 Default 存储类型的信号线上

在 BitField 存储类型下设置 Custom attributes 选项组中的 StructName 为 bit_struct，如图 14-99 所示。

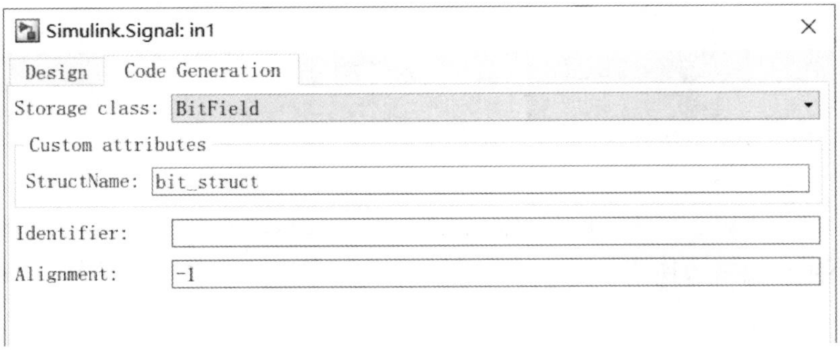

图 14-99　BitField 存储类型下的相关设置

在生成代码的 model.h 中可以查看位域结构体数据结构的定义，如图 14-100 所示。

```
/* Type definition for custom storage class: BitField */
typedef struct bit_struct_tag {
  uint_T out : 1;                /* '<Root>/Relational Operator' */
  uint_T in1 : 1;                /* '<Root>/In1' */
  uint_T in2 : 1;                /* '<Root>/In2' */
} bit_struct_type;
```

图 14-100　位域结构体的定义

model.c 中定义上述结构体的变量，并根据算法模块的数据结构类型进行数据类型转换，如图 14-101 所示。

```
/* Definition for custom storage class: BitField */
bit_struct_type bit_struct;

/* Real-time model */
static RT_MODEL_codegen_03_T codegen_03_M_;
RT_MODEL_codegen_03_T *const codegen_03_M = &codegen_03_M_;

/* Model step function */
void codegen_03_step(void)
{
  /* RelationalOperator: '<Root>/Relational Operator' incorporates:
   *  Inport: '<Root>/In1'
   *  Inport: '<Root>/In2'
   */
  bit_struct.out = ((int32_T)bit_struct.in1 <= (int32_T)bit_struct.in2);
}
```

图 14-101　位域结构体变量的声明及使用

对于存储类型的设置，上面的例子中都是通过 M 语言在 Base Workspace 里创建数据对象，然后设置数据对象的存储类型等属性，再将数据对象绑定到信号线上以代码生成。Simulink 包是 Simulink 软件提供的一个内建类，它可以通过 Simulink.Signal 创建信号数据对象，通过 Simulink.Parameter 命令创建参数类型数据对象。使用下述语句创建一个信号数据对象：

```
dataobj = Simulink.Signal
```

其变量存储在 Base Workspace 中。双击变量 dataobj 可以启动数据对象的属性对话框，即"Simulink.Signal：dataobj"对话框，如图 14-102 所示。

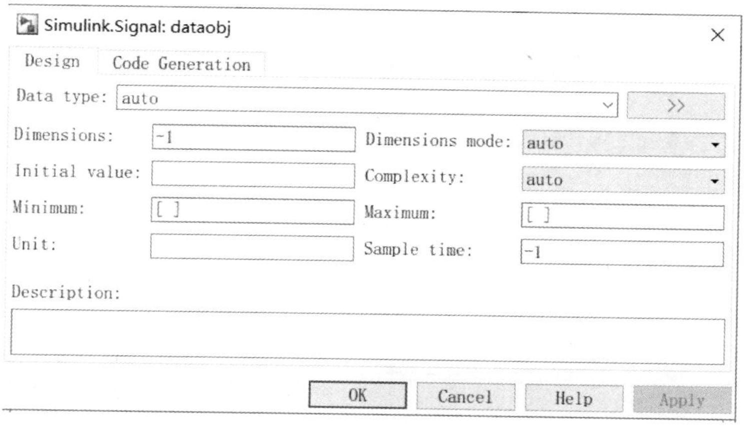

图 14-102　"Simulink.Signal：dataobj"对话框

Signal 是 Simulink 类的子类，使用它创建的实例就是信号数据对象。Simulink.Signal 数据对象属性详见表 14.2.11。

表 14.2.11　Simulink.Signal 数据对象属性

属性名	功能说明
Data type	信号的数据类型，可以是 Simulink 内建类型也可以是通过 Simulink.NumericType 创建的自定义数据类型
Complexity	信号为实数或虚数
Dimensions	信号的维数；-1 表示继承，[m,n]表示矩阵
Dimensions mode	auto：表示维数或者可变或者固定； fixed：表示维数固定； variable：表示维数是可变的
Sample time	采样时间，即信号每隔多久计算更新一次，默认值为-1
Minimum	信号值的下限，默认[]不设置
Maximum	信号值的上限，默认[]不设置
Initial value	仿真开始前的初始值
Unit	信号所代表物理量的单位，字符串形式
Storage class	代码生成所使用的存储类型，M 语句中使用 obj.CoderInfo.CustomStorageClass 来访问或设置
Description	用于添加描述数据对象的文字

通过"k=Simulink.Parameter"可以创建一个参数的数据对象。在 MATLAB 工作区中双击此变量 k 可打开其属性对话框，在该对话框中可以看到其属性与信号数据对象的属性基本相同，唯一不同的就是其 Value 在整个模型执行过程中不变，而 Signal 的值是根据模型的

· 421 ·

Sample time 更新的。鉴于这个差异,Parameter 对象中 Value 的值设置后一直保持,不需要更新,且不需要设置采样模式和采样时间。"Simulink.Parameter:k"对话框如图 14 - 103 所示。

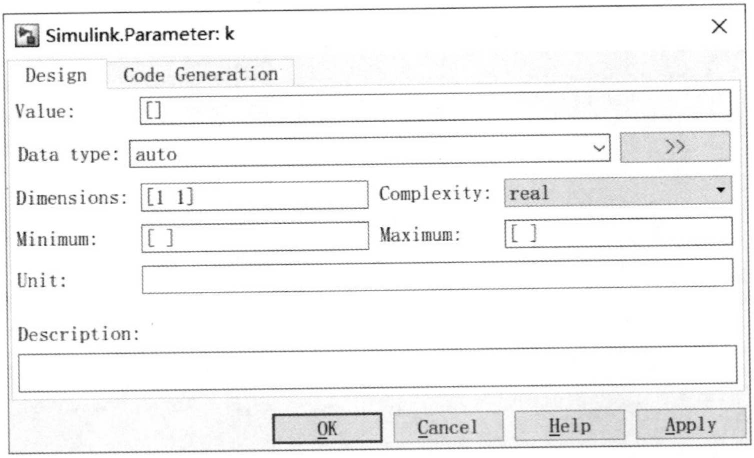

图 14 - 103 "Simulink.Parameter:k"对话框

下面将介绍如何通过 M 脚本来定义数据对象,对于图 14 - 98 中模型信号线的设置,可通过以下语句在 Base Workspace 里定义出具有同样效果的信号数据对象:

```
in1 = Simulink.Signal;
in1.InitialValue = '0';
in1.CoderInfo.StorageClass = 'Custom';
in1.CoderInfo.CustomStorageClass = 'Struct';
in1.CoderInfo.CustomAttributes.StructName = 'input';

in2 = Simulink.Signal;
in2.InitialValue = '0';
in2.CoderInfo.StorageClass = 'Custom';
in2.CoderInfo.CustomStorageClass = 'Struct';
in2.CoderInfo.CustomAttributes.StructName = 'input';

out = Simulink.Signal;
out.InitialValue = '0';
out.CoderInfo.StorageClass = 'Custom';
out.CoderInfo.CustomStorageClass = 'Struct';
out.CoderInfo.CustomAttributes.StructName = 'output';
```

再在 Signal Properties 对话框中选中 Signal name must resolve to Simulink Signal object 复选框以实现数据对象与信号线的绑定,绑定了数据对象的信号上有一个蓝色右向三叉标记,如图 14 - 104 中的方框所示。

选中该复选框也可以通过 M 语句来实现。首先找到模型中信号线的句柄,然后再将每条线的 MustResolveToSignalObject 属性设置为 1:

```
line_h = find_system(gcs, 'findall', 'on', 'Type', 'line');
set(line_h, 'MustResolveToSignalObject', 1);
```

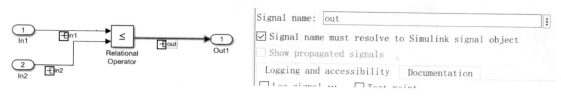

图 14-104　信号线绑定同名数据对象

取消绑定通过"set(line_h,'MustResolveToSignalObject',0);"来实现。此处,line_h 虽然是一个向量,但是 set()函数可以支持向量参数的输入,将其作为一个参数整体使用。

GetSet 存储类型的使用则有些特殊,它需要 Data Store Memory 模块与 Data Store Read/Write 模块共同配合使用。Data Store Memory 模块定义一个变量名指向一片存储区域,在同一层模型或其子层模型的 Data Store Read/Write 模块都可以对这块存储区域进行读/写操作。Data Store Memory 中的信号名与 Base Workspace 中定义的信号数据对象绑定之后,可以设置代码生成中读取/写入此信号的接口函数。当数据对象的存储类型被设置为GetSet 之后,CustomAttribute 属性有 3 个子属性用于设置生成代码时的函数接口,详见表 14.2.12。

表 14.2.12　GetSet 存储类型的接口设置属性

属性名	功　能
GetFunction	读取存储地址的函数名
SetFunction	写入存储地址的函数名
HeaderFile	可选项,设置需要包含的头文件全名,该头文件中应声明上述两个参数中配置的函数原型

使用 M 语言定义一个信号数据对象 A,将其存储类型设置为 GetSet,并设置 GetFunction 和 SetFunction. 属性:

```
A = Simulink.Signal;
A.CoderInfo.StorageClass = 'Custom';
A.CoderInfo.CustomStorageClass = 'GetSet';
A.CoderInfo.CustomAttributes.GetFunction = 'DataRead';
A.CoderInfo.CustomAttributes.SetFunction = 'DataWrite';
```

其中,GetFunction/SetFunction 的功能是使用数据读入/写出的接口函数形式生成端口的代码,而不再使用全局变量的形式。GetFunction/SetFunction 中输入的函数声明以及定义需要用户在自定义代码中提供,将声明函数原型的头文件设置到 CustomAttributes.HeaderFile 中。建立模型时必须在 Data Store Memory 内输入信号名,再通过选中图 14-105 中的 Data store name must resolve to Simulink signal object 复选框来与同名的数据对象绑定。

建立的模型中 in 与 out 信号使用 ExportedGlobal 存储类型,该模型与其生成的 model_step()函数如图 14-106 所示。

mpt 包是 Simulink 软件提供的另一个内建类,它也提供信号与参数两种数据对象,使用 mpt.Signal 和 mpt.Parameter 来创建,属性的配置方式同 Simulink 包的数据对象。它提供比Simulink 包更多的存储类型,如 Global 和 StructVolatile。当选择 mpt 包下的 Global 存储类型时,"mpt.Signal:out"对话框如图 14-107 所示。

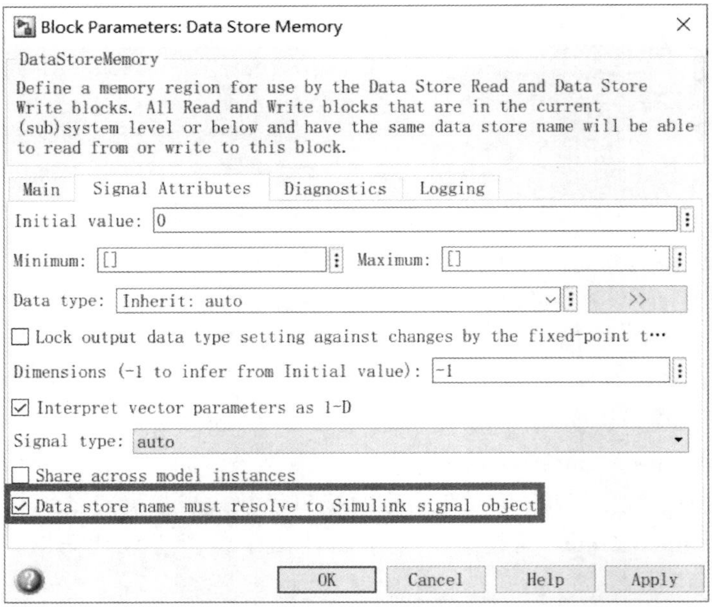

图 14-105 在 Signal Attributes 选项卡中设置数据对象的绑定

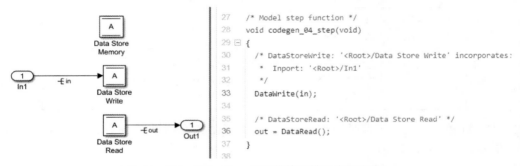

图 14-106 Data Store 系列模块建模及代码生成

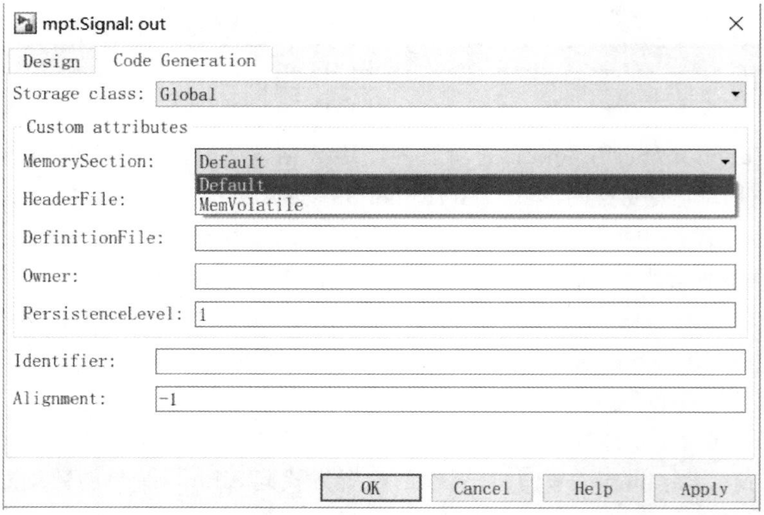

图 14-107 "mpt.Signal：out"对话框

Global 存储类型是将信号或参数数据对象作为全局变量声明及定义在生成代码之中。HeaderFile 和 DefinitionFile 两个属性即为声明全局变量和定义它们的文件名。全局变量声明时以 extern 作为限定符。MemorySection 中提供了数据对象生成代码时的限定符，Default 表示声明数据对象生成的对象时不生成类型限定符或 pragma 命令，MemVolatile 表示声明数据对象生成的对象时生成 Volatile 限定符。

例如，一个简单的增益模型（由一个 In 模块、一个 Gain 模块和一个 Out 模块直连构成），输入/输出信号分别为 in、out，Gain 模块的增益变量为 k。3 个变量都使用 mpt 包的数据对象进行定义并绑定到模型中：

```
in = mpt.Signal;
in.InitialValue = '0';
in.CoderInfo.StorageClass = 'Custom';
in.CoderInfo.CustomStorageClass = 'Global';
in.CoderInfo.CustomAttributes.MemorySection = 'MemVolatile';

out = mpt.Signal;
out.InitialValue = '0';
out.CoderInfo.StorageClass = 'Custom';
out.CoderInfo.CustomStorageClass = 'Global';
out.CoderInfo.CustomAttributes.MemorySection = 'Default';

k = mpt.Parameter;
k.Value = 6;
k.CoderInfo.StorageClass = 'Custom';
k.CoderInfo.CustomStorageClass = 'Global';
k.CoderInfo.CustomAttributes.MemorySection = 'MemVolatile';

line_h = find_system(gcs,'findall','on','Type','line');
set(line_h,'MustResolveToSignalObject',1);
set_param(gcs,'InlineParams','on');
```

运行上述代码之后的模型及模型生成的代码如图 14-108 所示，生成的代码紧凑简明。

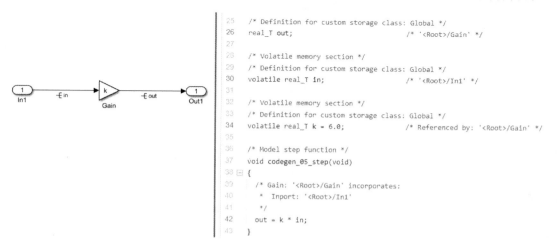

图 14-108 Global 存储类型作用下的增益模型及模型生成的代码

VolatileStruct 存储类型将在生成的结构体变量前面增加 Volatile 限定符。对于上述增益模型,通过 M 语言创建数据对象绑定到信号线及参数中去,代码如下:

```
in = mpt.Signal;
in.CoderInfo.StorageClass = 'Custom';
in.CoderInfo.CustomStorageClass = 'StructVolatile';
in.CoderInfo.CustomAttributes.StructName = 'VolaStruc';

out = mpt.Signal;
out.CoderInfo.StorageClass = 'Custom';
out.CoderInfo.CustomStorageClass = 'StructVolatile';
out.CoderInfo.CustomAttributes.StructName = 'VolaStruc';

k   = mpt.Parameter;
k.CoderInfo.StorageClass = 'Custom';
k.CoderInfo.CustomStorageClass = 'StructVolatile';
k.CoderInfo.CustomAttributes.StructName = 'VolaStruc';

line_h = find_system(gcs, 'findall','on','type','line');
set(line_h, 'MustResolveToSignalObject', 1);
set_param(gcs, 'InlineParams', 'on');
```

再对模型进行编译和代码生成,从生成的代码中可以看到定义结构体变量带有 Volatile 限定符,变量名即为上述代码中 StructName 设置的名称,如图 14-109 所示。

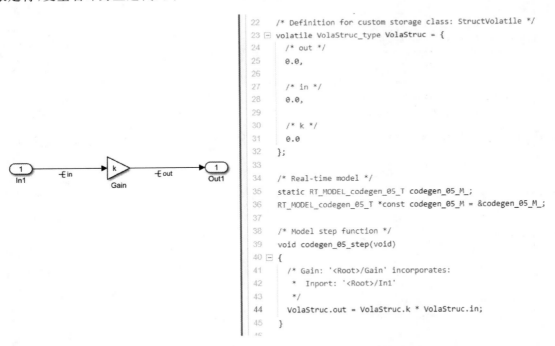

图 14-109 StructVolatile 存储类型作用下的增益模型及模型生成的代码

数据对象的创建和设定既可以通过上面介绍的 Signal Properties 对话框、Data Store Memory 模块的参数对话框或 M 代码来创建和管理,也可以使用 Model Explorer 来创建和管理。启动 Model Explorer 有以下 3 种方式:

① 在 Command Window 中输入 sfexplr 命令；
② 在模型中单击工具栏中的 图标；
③ 在选中模型后使用 Ctrl＋H 组合键启动。

Model Explorer 为 Simulink 模型、模块、信号、工作区的变量和数据对象提供了一个集中管理和编辑的场所，可以方便地新建一个对象，修改编辑其参数。在变量列表中选中一个变量后，其详细的属性通过 GUI 显示到右侧属性栏中。Model Explorer 窗口如图 14－110 所示。

图 14－110　Model Explorer 窗口

① 通过图 14－110 中方框 1 中的图标按钮新建一个变量、信号数据对象或参数数据对象。

② 图 14－110 中的方框 2 所示为 Model Hierarchy 模型层次结构图，从 Simulink Root 开始到 Base Workspace 以及各个模型的层次结构列表。选择某一项目，方框 3 将显示所选项目的子对象或自变量，而方框 4 将显示所选对象的默认属性说明。

③ 方框 3 中显示 Model Hierarchy 中所选项目的内容，即其子成员——普通变量、数据对象或配置页面对象；

④ 将方框 3 中选中项目的属性或内容通过内嵌 GUI 对话框（见方框 4）的形式提供。对于数据对象，其 GUI 格局与在工作区里双击变量弹出的 GUI 基本相同；对于配置项目，与独立的 Configuration Parameters 对话框也基本相同。

下面使用 Model Explorer 来创建上述增益模型所需要的数据对象。

在 Command Window 中输入"sfexplr"按回车键，则自动打开 Model Explorer 窗口，选择 Model Hierarchy→Simulink Root→Base Workspace 之后，单击菜单栏中的 Add Simulink Parameter 图标，则"Contents of：Base Workspace"中将出现一个名为 Param 的参数，选中其后右侧属性栏将显示出"Simulink.Parameter：k"对话框，如图 14－111 所示，然后将对应属性设置进去即可。

图 14－111　利用 Model Explorer 创建数据对象的实例

设置好参数对象的属性后，打开 MATLAB 主界面，可以看到工作区里已经存在这个参数对象了，在 Workspace 中双击该参数对象将弹出其属性对话框，如图 14－112 所示。

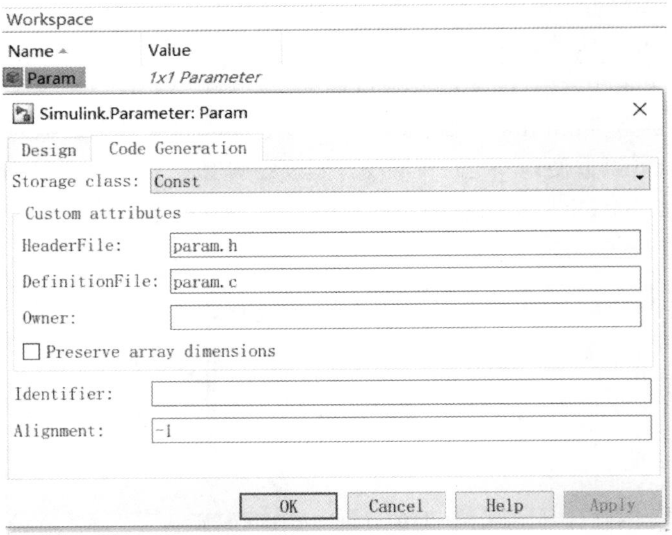

图 14 - 112　利用 Model Explorer 创建的参数对象及其属性

14.2.4.5　Simulink 其他数据对象

除了 Simulink.Signal 与 Simulink.Parameter 这两个数据对象以外，Simulink 这个类还有 AliasType、NumericType 和 Bus 等子类。其中，Simulink.Bus 和 Simulink.BusElement 用来配合 Bus Creator 模块创建和管理 Bus 变量对象及其成员，这在 3.2.14 小节中已经讲解过。而 Simulink.AliasType 则是为一个数据类型定义别名的类，Simulink.NumericType 则实现了定义一个数据类型的功能。首先来看 Simulink.AliasType 的功能以及代码生成时的作用和使用方法。通过下述语句可在 Base Workspace 中创建一个别名类型对象：

```
custom_float = Simulink.AliasType;
```

双击 Workspace 中的 custom_float 变量将弹出别名类型对象的属性对话框，如图 14 - 113 所示。

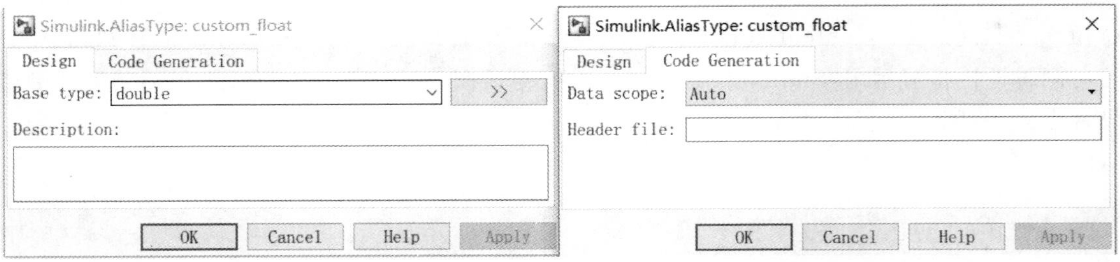

图 14 - 113　"Simulink.AliasType：custom_float"对话框

Base type 是别名类型对象的基础类型，它本质上是 Base type 所表示数据类型的一个别名。在 Base type 下拉列表框中可以选择 Simulink 所有的内建数据类型，默认是 double。

Data scope 是代码生成相关的属性，表示这个别名数据类型的定义所存放的位置。

① Auto：如果 Header file 文本框没有设置，则将数据类型定义生成到 model_types.h 文件中；如果在 Header file 文本框中输入了一个文件名，则在这个文件中生成数据类型别名的定义。

② Exported：如果 Header file 文本框没有设置，则将数据类型定义到 aliastype.h 中，aliastype 为这个别名类型对象的名称；如果在 Header file 文本框中输入了一个文件名，则将此别名类型定义的代码生成到该头文件中。

③ Imported：如果 Header file 文本框没有设置，则从 aliastype.h 中导入数据类型的定义；如果在 Header file 文本框中输入了一个文件名，则从指定文件中导入数据类型的定义。

如果 Header file 文本框中输入定义数据类型别名的头文件名（带不带有.h 均可），则 Data Scope 无论何种设置，都会在 model_types 中生成 #include 这个头文件命令。

Description 文本框中可以添加此别名类型对象相关的文本信息，这对模型的生成没有影响。

Simulink.AliasType 数据对象生成的 C 代码为 typedef 命令行，如图 14-114 中定义的信号数据对象都将其数据类型设置为 custom_float（custom_float 为 double 数据类型的别名），设置 Data scope 为 Exported。定义这些数据对象及绑定到模型的 M 代码如下：

```
custom_float = Simulink.AliasType;
custom_float.HeaderFile = 'custom';
custom_float.DataScope = 'Exported';

in = mpt.Signal;
in.CoderInfo.StorageClass = 'Custom';
in.CoderInfo.CustomStorageClass = 'StructVolatile';
in.CoderInfo.CustomAttributes.StructName = 'VolaStruc';
in.DataType = 'custom_float';

out = mpt.Signal;
out.CoderInfo.StorageClass = 'Custom';
out.CoderInfo.CustomStorageClass = 'StructVolatile';
out.CoderInfo.CustomAttributes.StructName = 'VolaStruc';
out.DataType = 'custom_float';

A = Simulink.Signal;
A.CoderInfo.StorageClass = 'Custom';
A.CoderInfo.CustomStorageClass = 'GetSet';
A.CoderInfo.CustomAttributes.GetFunction = 'DataRead';
A.CoderInfo.CustomAttributes.SetFunction = 'DataWrite';

line_h = find_system(gcs,'findall','on','type','line');
set(line_h,'MustResolveToSignalObject',1);
set_param(gcs,'InlineParams','on');
```

启动代码生成之后，在 model_types 中生成输入/输出的结构体，成员变量数据类型均用 custom_float 取缔 real_T 数据类型，定义此数据类型别名的 typedef 语句生成到 custom.h 中，如图 14-114 所示。

模型在 ert.tlc 下的 Configuration Parameters 对话框中的 Code Generation 选项卡中的 Data Type Replacement 选项组中开启数据类型替换之后，即可使用数据类型别名定义的功能。将 Simulink.AliasType 定义过的数据类型别名输入到 Replacement Name 列中的文本框中，这样模型生成代码时就不再使用默认数据类型名，而是生成自定义的数据类型别名，如图 14-115 所示。

```
/* Type definition for custom storage class: StructVolatile */
typedef struct VolaStruc_tag {
  custom_float out;                  /* '<Root>/Gain' */
  custom_float in;                   /* '<Root>/In1' */
} VolaStruc_type;
```
model.h

```
#ifndef RTW_HEADER_custom_h_
#define RTW_HEADER_custom_h_
#include "rtwtypes.h"

typedef real_T custom_float;
typedef creal_T ccustom_float;

#endif
```
custom.h

图 14 - 114　Simulink.AliasType 生成的代码

Simulink Name	Code Generation Name	Replacement Name
double	real_T	FLOAT64
single	real32_T	FLOAT32
int32	int32_T	INT32
int16	int16_T	INT16
int8	int8_T	INT8
uint32	uint32_T	UINT32
uint16	uint16_T	UINT16
uint8	uint8_T	UINT8
boolean	boolean_T	BOOL
int	int_T	INT
uint	uint_T	UINT
char	char_T	CHAR
uint64	uint64_T	UINT64
int64	int64_T	INT64

☑ Replace data type names in the generated code

图 14 - 115　Simulink 代码生成数据类型名的替换实例

这样做的好处是方便代码移植。当模型生成的代码用在不同字长的平台上时，如果不使用数据类型别名，就必须修改代码中大量变量名声明和定义时的数据类型限定符，因为有些数据类型在不同平台上所代表的长度是不同的，如 int；反之，如果使用数据类型别名对象，则不管数据别名内部引用的是什么类型，生成的代码中声明或定义变量都是以这个别名为限定符，移植时只要重新设定它所引用的数据类型即可，方便简洁。

那么用 M 脚本创建这些数据类型别名对象时，若仍然像之前的例子那样逐个顺次使用 M 脚本创建，则是编写重复的代码，枯燥乏味。此时可以采取适当的手段来优化代码，使代码简短精悍：

```
replaced_type = {'FLOAT64','FLOAT32','INT32','INT16','INT8','UINT32','UINT16','UINT8','BOOL','INT',
'UINT','CHAR','UINT64','INT64'};
    base_type = {'double','single','int32','int16','int8','uint32','uint16','uint8','boolean','int',
'uint','char','uint64','int64'};
```

```
type_num = length(replaced_type);
for ii = 1:type_num
eval([replaced_type{ii},' = Simulink.AliasType;']);
eval([replaced_type{ii},'.BaseType = base_type{ii};']);
assignin('base', replaced_type{ii}, eval(replaced_type{ii}));
end
```

执行上述代码之后,可以在 Base Workspace 中查看这些定义好的数据类型别名对象,如图 14-116 所示。

8 行左右的代码就定义了 14 个数据类型别名对象,比起一个一个定义的代码要简短很多;并且当数据类型别名对象存在于 Base Workspace 中时,可以直接在模型的信号或参数的 Data type 中使用它们,如图 14-117 所示。

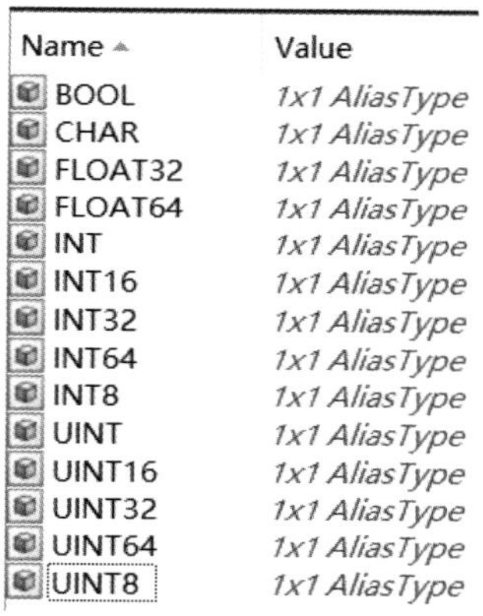

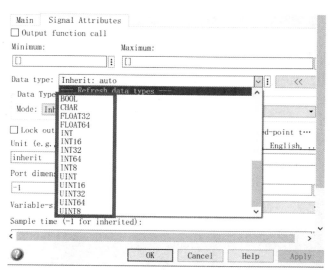

图 14-116 通过循环生成的数据类型别名对象

图 14-117 自定义的数据类型别名对象可以在 **Data type** 下拉列表框中使用

数据别名定义设置 Data scope 为 Auto 时,生成代码中这些数据类型会定义到 rtwtypes.h 文件中;若设置 Data scope 为 Imported,则需要用户提供一个定义了这些别名的头文件。注意,不允许设置 Data scope 为 Exported。

Simulink.NumericType 比 Simulink.AliasType 更多一些,它不仅可以创建一个数据别名对象继承既有数据类型,还可以创建一个全新的数据类型。下面使用 M 语言创建一个 Simulink.NumericType 对象,定义一个新的数据类型 fixdt32_8 作为 uint32 类型的别名,规定它以二进制定点类型作为数据类型基础模型,并配置为 32 位无符号整数,其中低 8 位表示小数部分。生成代码时将此数据类型作为导出类型生成到 custom.h 中。代码如下:

```
fixdt32_8 = Simulink.NumericType;
fixdt32_8.DataTypeMode = 'Fixed-point: binary point scaling';
fixdt32_8.Signedness = 'Unsigned';
fixdt32_8.WordLength = 32;
fixdt32_8.FractionLength = 8;
fixdt32_8.IsAlias = 1;
```

```
fixdt32_8.DataScope = 'Exported';
fixdt32_8.HeaderFile = 'custom.h';
fixdt32_8.Description = 'This data type is created by Simulink.NumericType.';
```

运行上述代码后,可以在 Base Workspace 中看到变量 fixdt32_8,双击该变量打开其属性对话框,如图 14-118 所示。

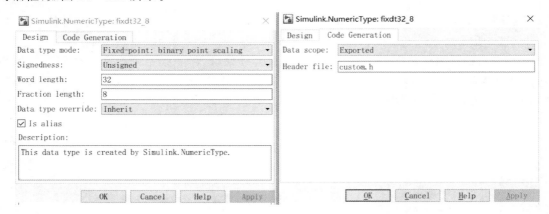

图 14-118 "Simulink.NumericType:fixdt32_8"对话框

将这个自定义的数据类型应用到模型中去,模型中 Data Store Memory 信号对象的定义以及 in、out 信号数据对象的定义请参考前面的例子。模型及自定义数据类型生成的代码如图 14-119 所示。

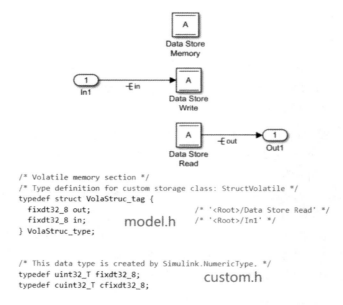

图 14-119 模型及自定义数据类型生成的代码

请注意,上述示例中是将 Simulik.NumericType 数据对象作为数据类型别名使用,如果取消选中 Is alias 复选框,那么生成代码中则直接使用该数据类型的 Data type mode 属性对应的类型。本例中设置的无符号 32 位字长的类型即 uint32_T 类型,生成代码时不再生成 custom.h 文件。

14.2.4.6　为 Simulink 模型创建数据字典

14.2.4.5 小节所述例子中的模型所包含的 Simulink 包和 mpt 包的数据对象个数较少，可以通过双击工作区中的数据对象在弹出的属性对话框中进行手动创建，或者在 Model Explorer 中进行创建。当一个模型结构复杂，包含成百上千个信号和参数时，如果仍然一个一个手动编写代码或配置属性对话框，则工作量之大、效率之低下实在让人难以忍受。对于这种信号量和参数量都比较大的模型，其数据对象的创建和存储可以通过数据字典（Data Dictionary，DD）来管理。它伴随模型存在，模型作为系统的骨架，数据字典作为系统的血脉，使得模型能够进行仿真和代码生成。数据字典的优势还在于它能够帮助在模型的设计者和模型的使用者之间建立一个渠道，使双方在对设计规格的理解上能够更容易地达成一致。

数据词典可以说是 Simulink 的一个数据库，它包含 Signal、Parameter 以及其他描述模型行为的数据对象。每个数据对象作为一条条目，每个条目中都包括数据对象的各个属性（名称、最大值、最小值、数据类型、存储类型、单位、分辨率等）。为了模型仿真而设计的输入数据以及模型仿真得到的输出数据不属于数据字典的范畴。

根据数据字典中项目条数的多少可以使用 MATLAB 的 Base Workspace、Excel 或其他数据库软件等介质作为建立数据字典的基盘。这里将通过 Excel 文档来介绍一个简单的数据字典的建立和读取方式。

数据字典的内容包括信号量和参数量，可以将信号/参数数据对象的属性作为数据字典的表头，内容包括变量名、变量规模（行数、列数）、变量描述、最小值/最大值、初始值、单位、数据类型以及存储类型等。一种 Excel 版的数据字典如图 14-120 所示。

	A	B	C	D	E	F	G	H	I	J
1	Name	Row	Column	Description	Min	Max	Initial value	Unit	DataType	Storage Class
2	Sig1	1	1	This is a demo signal	0	10	0	s	double	ExportedGlobal
3	Sig2	1	1	This is a demo signal	-5	20	1	m	double	SimulinkGlobal
4	Sig3	3	5	This is a demo signal	5	10	8	kg	double	Auto
5	Sig4	2	1	This is a demo signal	-100	100	0	mg	int8	ImportedExtern
6	Sig5	1	1	This is a demo signal	0	90	60	kPa	uint8	SimulinkGlobal
7	Sig6	2	2	This is a demo signal	0	1	0		boolean	ExportedGlobal
8	Sig7	3	4	This is a demo signal	0.1	0.6	0.5	g	double	ImportedExternPointer
9	Sig8	5	2	This is a demo signal	-1000	1000	0	km	int16	ExportedGlobal
10	Sig9	10	2	This is a demo signal	0	100000	0	N*m/s	uint32	SimulinkGlobal
11	Sig10	5	3	This is a demo signal	0	6000000	0	kW	uint32	ImportedExternPointer

图 14-120　Excel 版的数据字典

数据字典中可以将信号量与参数量分别保存在不同的表格中，以便于区分和管理。参数量的属性与信号量基本一致，只不过没有初始值这个属性，取而代之的是常数值，如图 14-121 所示。

	A	B	C	D	E	F	G	H	I	J
1	Name	Row	Column	Description	Min	Max	value	Unit	DataType	Storage Class
2	Param1	1	1	This is a demo parameter	0	10	0	s	double	ExportedGlobal
3	Param2	1	1	This is a demo parameter	0	1	0	m	boolean	SimulinkGlobal
4	Param3	3	5	This is a demo parameter		2000	50	kg	double	Auto
5	Param4	2	1	This is a demo parameter	-100	100	0	mg	int8	ImportedExtern
6	Param5	1	1	This is a demo parameter	0	90	60	kPa	uint8	SimulinkGlobal
7	Param6	2	2	This is a demo parameter	5	10	8	m	uint8	Auto
8	Param7	3	4	This is a demo parameter	0.1	0.6	0.5	g	double	ImportedExternPointer
9	Param8	5	2	This is a demo parameter	-1000	1000	0	km	int16	ExportedGlobal
10	Param9	10	2	This is a demo parameter	0	100000	0	N*m/s	uint32	ImportedExternPointer
11	Param10	5	3	This is a demo parameter	-1	6000000	0	kW	int32	ExportedGlobal

图 14-121　数据字典参数量样例

数据字典的属性列数可以根据用户的应用场景和实际需要进行增减或合并,例如针对不支持浮点运算的 MCU 时,可以增加 Q 数据类型转换的分辨率属性;Simulink 提供的数据对象中有一个常用而特别的 Lookup Table,作为一个表格对象,它同时是一个数据对象的复合体,它的轴对象 Axis 和表对象 Table 分别可以用一个 Simulink.Parameter 对象来表示。

那么具备了数据字典和模型之后,如何让二者联合起来工作呢?M 语言可以进行数据字典的解析,批处理创建数据对象存放于 Base Workspace 中并绑定到模型上去。代码如下:

```
% 读取数据字典
[sig_data, sig_str] = xlsread('DataDic.xls',1);
sig_name = sig_str(2:end, 1);
sig_dimensions = sig_data(:,1:2);
sig_description = sig_str(2:end,4);
sig_min = sig_data(:,4);
sig_max = sig_data(:,5);
sig_initval = sig_data(:,6);
sig_units = sig_str(2:end, 8);
sig_datatypes = sig_str(2:end, 9);
sig_csc = sig_str(2:end, 10);

% 获取信号数量
sig_num = size(sig_data, 1);

% 创建信号对象
for ii = 1: sig_num
    eval([sig_name{ii}, ' = Simulink.Signal;']);
    eval([sig_name{ii}, '.Dimensions = [', num2str(sig_dimensions(ii,:)),'];']);
    eval([sig_name{ii}, '.Description = ''', sig_description{ii},''';']);
    eval([sig_name{ii}, '.Min = ', num2str(sig_min(ii)),';']);
    eval([sig_name{ii}, '.Max = ', num2str(sig_max(ii)),';']);
    eval([sig_name{ii}, '.InitialValue = ''', num2str(sig_initval(ii)),''';']);
    eval([sig_name{ii}, '.DocUnits = ''', sig_units{ii},''';']);
    eval([sig_name{ii}, '.DataType = ''', sig_datatypes{ii},''';']);
    eval([sig_name{ii}, '.CoderInfo.StorageClass = ''', sig_csc{ii},''';']);
end
line_h = find_system(gcs, 'findall', 'on', 'Type', 'line');
set(line_h, 'MustResolveToSignalObject', 1);
```

运行上述代码之后,数据字典中所有的信息都被自动导入 Base Workspace 并创建为数据对象(见图 14-122),模型中如果有同名的信号线,将会自动绑定数据对象。

对于数据字典中的参数也是使用同样的手法来完成自动导入。

14.2.4.7 Simulink 中的实时任务调度及代码生成

应用于嵌入式代码生成的 Simulink 模型在 ert.tlc 系统目标文件的作用下,特别是在没有 OS 的应用场合下,如何能够满足嵌入式 MCU 执行任务(task)的实时性和周期性呢?这就要靠 ert.tlc 下生成的 rt_OneStep()函数与 MCU 的中断回调函数或者实时操作系统的任务调度回调函数联合作用来实现了。

rt_OneStep()函数是 ert.main.c 文件中实现的一个函数,正如它的名字所示,它通过调用模型生成的算法函数 model_step()实现一次实时运行。为了适应嵌入式系统或应用的特点,同时兼顾 Simulink 模型中多个子系统所描述的任务,可以以不同的周期来执行,

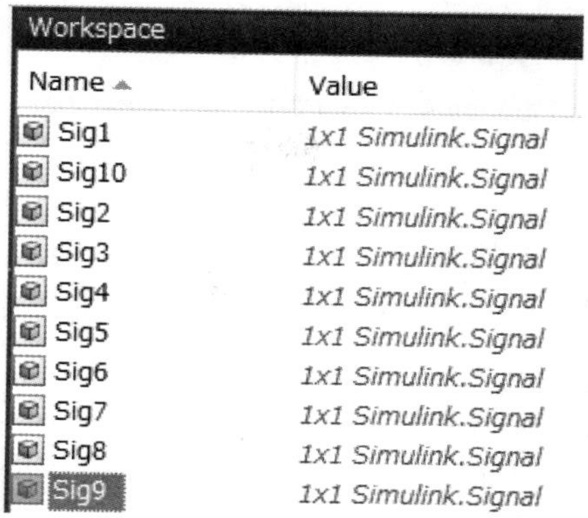

rt_OneStep()函数将根据模型本身子系统执行速率(rate)的不同来采取不同的代码生成策略。

14.2.1小节中也提到了,为了生成嵌入式 C 代码的模型,其定步长求解器的步长 step0 作为系统的基采样率,每个子系统或模块的采样时间必须是 step0 的正整数倍。这是由于作为运算核心驱动的求解器都采样不到的时间点,是无法进行解算的。当模型中所有的模块都按照同一个采样时间设置时,称为单频率(single-rate)系统;当存在多个不同的采样时间时,称为多频率(multi-rates)系统。在单频率系统中,只需要 rt_OneStep()函数作为 MCU 内核或外设中任意定

图 14 - 122 数据字典被自动转换为数据对象

时器的中断服务函数即可周期执行。为了与模型仿真的运行周期一致,需要对求解器的步长进行换算,根据 MCU 晶振频率和所使用的定时器的分频系统共同计算出计数值,以使这个定时器的中断周期与模型求解器的步长一致起来。而在多频率系统中,上述操作也是必要的,但更为复杂的是模型中的每一个频率都需要进行判断,当基频的采样时间到来时,是否应该调用采样时间为基频倍数的各个子频的函数。

除了频率的个数不同之外,一个模型中还可以存在任务个数的区别,分为单任务系统(single-task)与多任务系统(multi-tasks)。所谓任务,在模型中由不同的子系统来表现。存在完成不同功能的子系统的模型称为多任务系统,仅存在一个子系统的模型称为单任务系统。

当将执行速率与任务个数结合起来考虑时,Simulink 模型可以划分为 3 种类型:单速率单任务系统、多速率单任务系统以及多速率多任务系统。之所以没有单速率多任务类型是因为 Simulink 的单速率求解器不支持多任务。Simulink 对速率与任务的支持情况如表 14.2.13 所列。

表 14.2.13 Simulink 对速率与任务的支持情况

模 式	单速率	多速率
单任务	支持	支持
多任务	不支持	支持

1. 单速率单任务系统调度代码生成

首先来看单速率单任务的调度代码,这种情况下的 rt_OneStep()函数将在每一个采样时刻(同时也是定时器定时周期)调用 model_step()函数一次。model_step()函数内包含了这个模型中唯一的任务所生成的代码。Rt_OneStep()的伪代码如下:

```
rt_OneStep()
{
//关闭中断
//检查中断 overrun 以及其他错误
if(OverrunFlag){
    return;
}
OverrunFlag = TRUE;
```

```
    //使能 rt_OneStep 的定时器中断
    model_step()    -- 整合输出、数据记录、状态量更新的函数
OverrunFlag = FALSE;
}
```

当 rt_OneStep()函数被 MCU 的定时器中断调用时，进入中断服务函数要先关闭中断，并检查定时器是否存在溢出或其他错误情况。如果有这些错误，则立即返回；如果一切正常，则说明溢出标志为假，在内部将其设定为真并开启定时器中断，然后再调用子系统生成的任务代码 model_step()。只有当 model_step()未发生任何异常地执行完毕之后，才再次将溢出标志清空。也就是说，在开启中断之后执行 model_step()函数的过程中，如果此中断再次产生，是要被 rt_OneStep()函数视为溢出错误的，因为此段时间内溢出标志始终为真。所以，如果子系统的内部模块数量过多，生成的 model_step()代码的执行时间超过了 MCU 定时器的定时间隔，就有可能造成实际 MCU 运行时的周期与仿真周期不一致。这时，需要用户根据情况修改模型或者修改 rt_OneStep 中断溢出检测的策略。

2. 多速率多任务系统调度代码生成

在多速率多任务系统中，生成的代码采用一种优先化的可抢占式的机制。模型中假设包括 NumTask 个任务，模型的定步长求解器设置的步长为任务的基速率(base rate)，其他任务的执行周期都是基速率的整数倍，称为子速率。基速率的子系统生成的代码为 model_step0，其余子速率的任务按照执行周期的快慢生成的代码为 model_step1～model_stepNumTask-1，统称为 model_stepN，$N=0～NumTask-1$。当模型中具备 4 个不同的速率时，每个速率的任务模型的生成代码在 model.c 中的声明如下：

```
void my_model_step0 (void);
void my_model_step1 (void);
void my_model_step2 (void);
void my_model_step3 (void);
```

在 NumTask 个任务中，基速率的任务是周期最短、执行频率最高的一个，同时具有最高的优先级；其他子任务则按照执行周期从短到长依次具有逐渐降低的优先度，即 Task NumTask-1 周期时间最长，具有最低的优先级。

多速率多任务模型中生成的 rt_OneStep()函数的伪代码如下：

```
rt_OneStep()
{
    static BOOL OverrunFlags[NumTask] ; /*模型有 NumTask 个任务,每个任务均有一个 Overrun 标志
                                          变量*/
    static BOOL eventFlags[NumTask];
    static INT32 taskCounter[NumTask];
    //关闭"rt_OneStep"中断
    //检查基速率中断是否发生 Overrun
    //使能 "rt_OneStep"中断
    //决定哪个速率需要在当前步长里运行
    model_Step0()                    //执行基速率的 Step 函数
    For N = 1:NumTasks - 1           //遍历所有子速率的任务
    If (sub-rate task N is scheduled)
    Check for sub-rate interrupt overrun
        model_StepN()                //运行子速率任务的 Step 函数
    EndIf
    EndFor
}
```

rt_OneStep()函数中拥有与单速率单任务系统相同的定时器溢出检测,它为每一个任务都设置了一个 OverrunFlag。除此之外,还会决策当前步长是否需要执行每个子速率任务的 Step 函数,这些标志位存储在 eventFlags 数组中,数组中每个成员对应一个任务的执行标志,只有 eventFlags[n]为真时,才会在当前 rt_OneStep()函数中执行 model_StepN()。而是否将 eventFlags 中的数组元素置位,又取决于 taskCounter 数组对应的数组元素,它的元素表示各个任务的计数值。taskConter 在每次 rt_OneStep()函数被调用时对各个子速率对应的计数值进行+1 操作,当达到该子速率周期/基速率周期的值时,taskConter 被清零,接着 eventFlags 的对应位置 1,从而形成调用对应 model_StepN()函数的条件。

以一个双速率双任务的模型为例说明此种方式下任务调度的代码生成及原理,图 14-123 所示为一个双速率双任务模型。

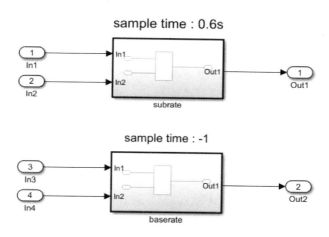

图 14-123 双速率双任务模型

图 14-123 中模型求解器的步长为 0.1 s,两个原子子系统的采样时间分别设置为 0.6 s 和表示继承求解器采样时间的-1,后者继承模型求解器的采样时间 0.1 s。故下面的子系统是基速率任务,而上面的子系统是子速率任务,执行周期为基速率的 6 倍。在 Configuration Parameters 对话框中的 Solver 选项卡中选中 Treat each discrete rate as a separate task 复选框,将不同采样事件在生成代码时处理成独立的任务。下面对 ert.tlc 作用下生成的 rt_OneStep()函数内容进行逐段讲解,首先是检测定时器中断溢出标志位数组 OverrunFlags,子系统对应的代码是否执行标志位数组 eventFlags、任务计数器数组 taskCounter,它们生成的代码如图 14-124 所示。

```
void rt_OneStep(void)
{
  static boolean_T OverrunFlags[2] = { 0, 0 };

  static boolean_T eventFlags[2] = { 0, 0 };/* Model has 2 rates */

  static int_T taskCounter[2] = { 0, 0 };
```

图 14-124 标志位及计数器数组的定义

这些数组都定义为静态类型,只需要在首次进入 rt_OneStep() 函数时赋予初值,之后在逻辑中更新值并保持即可。基速率任务在 rt_OneStep() 函数中每次都会执行,不需要对其进行计数或判断。OverrunFlags[0]是否为 TRUE 标志着基速率是否出现溢出,即是否正在执行中,检测代码如图 14-125 所示。

```
/* Check base rate for overrun */
if (OverrunFlags[0]) {
  rtmSetErrorStatus(codegen_06_M, "Overrun");
  return;
}

OverrunFlags[0] = true;
```

图 14-125 检测基速率是否有溢出

上述代码是用来判断基速率任务是否发生 Overrun 这样的问题。而对于子速率来说,子速率任务并非在 rt_OneStep() 函数内每次都会执行,所以需要判断其是否执行再进行子速率中断溢出等错误检测。如果没有溢出,则将溢出检测标志位设为 TRUE,表示接下来要进行 model_Step0() 函数的调用,调用结束之后再将 OverrunFlags[0]赋值为 False。代码如图 14-126 所示。

```
if (taskCounter[1] == 0) {
  if (eventFlags[1]) {
    OverrunFlags[0] = false;
    OverrunFlags[1] = true;

    /* Sampling too fast */
    rtmSetErrorStatus(codegen_06_M, "Overrun");
    return;
  }

  eventFlags[1] = true;
}
```

图 14-126 检测子速率是否有溢出

taskCounter[1]及模型子速率对应的计数器为 0 时有两种情况:一种是模型在刚运行时初始值为 0,此时 eventFlags[1]也为 0;另一种是当计数值达到 6 时清零,这时 eventFlags[1]为 TRUE。如果是前者,模型刚刚初始化,子速率任务需要执行但尚未执行,将 eventFlags[1]置为 1;如果是后者,说明子速率对应代码正在执行中且尚未执行完毕,此时再次进行检测,必然是溢出。任务计数器达到子速率/基速率执行周期的值时,清零的代码如图 14-127 所示。

对于子速率来说,子速率任务计数器 taskCounter[1]在每次 rt_OneStep() 函数执行时都增加 1,当达到 6 时(子速率执行周期除以基速率执行周期的倍数),说明当前这次中断应调用子速率的代码,故将对应计数值清零。

接下来是基速率任务的 step() 函数被调用,如图 14-128 所示。

```
taskCounter[1]++;
if (taskCounter[1] == 6) {
  taskCounter[1]= 0;
}
```

图 14-127　子速率的计数操作

```
/* Step the model for base rate */
codegen_06_step0();

/* Get model outputs here */

/* Indicate task for base rate complete */
OverrunFlags[0] = false;
```

图 14-128　基速率任务的 step() 函数被调用

基速率对应的函数 model_step0() 被调用，并在调用结束之后设置溢出标志位为 FALSE。接下来处理子速率的任务函数调用。由于优先级的存在，当某个高优先级任务的代码仍然在运行过程中时，较低优先级的任务是不能执行的。若在代码中判断 Overrun 标志位为 TRUE，则使用 return 阻断代码继续运行，使如图 14-129 所示的低优先级任务的代码不会被执行。

```
/* If task 1 is running, don't run any lower priority task */
if (OverrunFlags[1]) {
  return;
}
```

图 14-129　检测溢出的代码

rt_OneStep() 函数的最后就是对子速率的判断，eventFlags[1] 为 TRUE，就将子速率的中断溢出标志位置为 TRUE，然后调用 model_step1() 函数，执行完毕之后再清除中断溢出标志位以及子速率执行标志位。调用子速率 step() 函数的代码如图 14-130 所示。

```
/* Step the model for subrate */
if (eventFlags[1]) {
  OverrunFlags[1] = true;

  /* Set model inputs associated with subrates here */

  /* Step the model for subrate 1 */
  codegen_06_step1();

  /* Get model outputs here */

  /* Indicate task complete for subrate */
  OverrunFlags[1] = false;
  eventFlags[1] = false;
}
```

图 14-130　调用子速率 step() 函数的代码

如果模型中不同任务的不同速率数目达到 3 个以上（即存在两个以上的子速率），在最后根据 eventFlags 判断是否执行子速率的代码则以 switch-case 语句的方式生成。例如，在上例模型中增加 0.2 s 的原子子系统，则整个模型将具有 3 个不同的速率，其中子速率 2 个，生成的代码中判断是否执行子速率函数的代码如图 14-131 所示。

```
/* Step the model for any subrate */
for (i = 1; i < 3; i++) {
  /* If task "i" is running, don't run any lower priority task */
  if (OverrunFlags[i]) {
    return;
  }

  if (eventFlags[i]) {
    OverrunFlags[i] = true;

    /* Set model inputs associated with subrates here */

    /* Step the model for subrate "i" */
    switch (i) {
     case 1 :
      codegen_06_step1();

      /* Get model outputs here */
      break;

     case 2 :
      codegen_06_step2();

      /* Get model outputs here */
      break;

     default :
      break;
    }

    /* Indicate task complete for sample time "i" */
    OverrunFlags[i] = false;
    eventFlags[i] = false;
  }
}
```

图 14 - 131 调用多个子速率任务的代码

3. 多速率单任务系统调度代码生成

多速率单任务系统实际上是指系统具有多个不同的采样速率，每个采样速率都是模型求解器步长的整数倍。由于任务数目是一个，所以不用对 model_step() 函数进行编号，生成的 rt_OneStep() 函数中调用 model_step() 函数，rt_OneStep() 函数在基速率下被调用。Rt_OneStep() 函数内部调用 model_step() 函数之前判断 overrunFlag，是为了防止发生函数重入 re-entry。

那么如何构建一个多速率单任务的模型呢？对于原子子系统来说，它是一个非虚拟子系统，不能具有多个采样时间，必须是单速率的。但是，连接原子子系统的外部输入端口 In 模块可以具有不同的采样速率，如图 14 - 132 中粗方框部分所示。

其中，In1 的采样时间是 1 s，而 In2 的采样时间是 2 s，二者的 Sample time 参数设置如图 14 - 133 所示。

为了在模型中省去 Rate Transition 模块，需要在模型的 Configuration Parameters 对话框中设置模型的周期采样时间约束，采样时间属性设置为[[1,0,0];[2,0,1];]，每个采样时间由一个三元向量表示，格式为[period, offset, priority]。其中，前两个参数表示离散采样时间

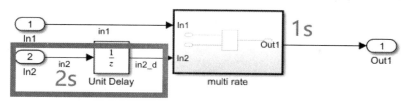

图 14-132　多速率单任务模型

图 14-133　输入端口的采样时间

的周期和偏移量。第三个参数是任务的优先级,数字越小,优先级越高。当在同一个步长中要执行多个任务时,优先级高的先执行,设置如图 14-134 所示。

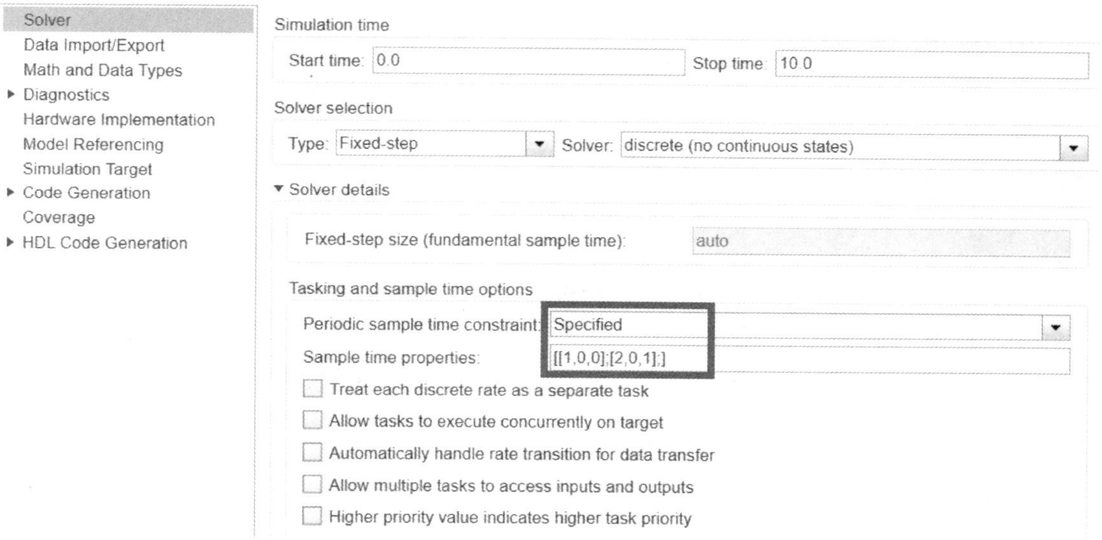

图 14-134　设置周期采样时间约束

上述模型生成的代码中 rt_OneStep() 函数的代码与单速率单任务的相似,如图 14-135 所示。二者的区别在于 model_step() 函数的内部,关于不同速率的调度代码在内部生成。Model.h 中会定义一个调度计数器的数据结构,如图 14-136 所示。

代码通过 Timing.TaskCounters.TID 数组对多个子速率分别进行计数,当计数达到阈值后被清零并执行对应的子速率代码。这里,model_step() 函数中仅对 TaskCounters 中的 TID 进行判断,当其值为 0 时执行相应的代码,如图 14-137 所示。

由于此模型只有两个速率,每次执行 rt_OneStep() 函数时都应该执行基速率任务,故不用做计时及判断,即 TID[0] 不使用。TID[1] 中是对采样周期为 2 s 的子速率进行计数。model_multirate() 函数中就原子子系统生成的函数,每一秒都进行计算;Unit Delay 模块与 In2 相连并作为 In2 的下游模块,继承了其采样时间,故也是 2 s 计算一次,所以 delay 到 in4_d,in4 到 delay 的数值传递都是每 2 s 更新一次,通过 TID[1] 是否因计数大于阈值后被清 0 来判断是否执行相应的子速率代码。而 TID 数组的计数在 rate_scheduler() 函数中实现,如图 14-138 所示。

```
void rt_OneStep(void)
{
    static boolean_T OverrunFlag = false;

    /* Disable interrupts here */

    /* Check for overrun */
    if (OverrunFlag) {
        rtmSetErrorStatus(codegen_07_M, "Overrun");
        return;
    }

    OverrunFlag = true;

    /* Save FPU context here (if necessary) */
    /* Re-enable timer or interrupt here */
    /* Set model inputs here */

    /* Step the model for base rate */
    codegen_07_step();

    /* Get model outputs here */

    /* Indicate task complete */
    OverrunFlag = false;

    /* Disable interrupts here */
    /* Restore FPU context here (if necessary) */
    /* Enable interrupts here */
}
```

图 14 - 135　多速率单任务的 rt_OneStep( ) 函数代码

```
struct tag_RTM_codegen_07_T {
    const char_T * volatile errorStatus;

    /*
     * Timing:
     * The following substructure contains information regarding
     * the timing information for the model.
     */
    struct {
        struct {
            uint8_T TID[2];
        } TaskCounters;
    } Timing;
};
```

图 14 - 136　多速率单任务的调度计数器数据结构的代码

rate_scheduler( ) 函数作为调度控制器，每次在 rt_OneStep( ) 函数中都会被调用，并对 TaskCounter.TID[1]增加 1，TaskCounter.TID[1]初值为 0。当其值大于阈值 -1（阈值：某个子任务的执行周期/定步长（基速率任务的执行周期）得到的值）时，就将其 TID 位清 0。之后再交给 model_step，根据 TID 是否为 0 来决定其对应的代码是否在当前这次 rt_OneStep( ) 函数的调用中执行。

```
/* Model step function */
void codegen_07_step(void)
{
    /* UnitDelay: '<Root>/Unit Delay' */
    if (codegen_07_M->Timing.TaskCounters.TID[1] == 0) {
        codegen_07_B.in2_d = codegen_07_DW.UnitDelay_DSTATE;
    }                      每2 s运行一次

    /* End of UnitDelay: '<Root>/Unit Delay' */

    /* Outputs for Atomic SubSystem: '<Root>/multi rate' */
    codegen_07_multirate();  每一秒运行一次

    /* End of Outputs for SubSystem: '<Root>/multi rate' */

    /* Update for UnitDelay: '<Root>/Unit Delay' incorporates:
     *  Inport: '<Root>/In2'
     */
    if (codegen_07_M->Timing.TaskCounters.TID[1] == 0) {
        codegen_07_DW.UnitDelay_DSTATE = codegen_07_U.in2;
    }                      每2 s运行一次

    /* End of Update for UnitDelay: '<Root>/Unit Delay' */
    rate_scheduler();
}
```

图 14 - 137　model_step( )函数的代码

```
static void rate_scheduler(void)
{
    /* Compute which subrates run during the next base time step.  Subrates
     * are an integer multiple of the base rate counter.  Therefore, the subtask
     * counter is reset when it reaches its limit (zero means run).
     */
    (codegen_07_M->Timing.TaskCounters.TID[1])++;
    if ((codegen_07_M->Timing.TaskCounters.TID[1]) > 1) {/* Sample time: [2.0s, 0.0s] */
        codegen_07_M->Timing.TaskCounters.TID[1] = 0;
    }
}
```

图 14 - 138　rate_scheduler( )函数的代码

第 15 章 TLC 语言

Simulink 模型在 Simulink Coder 和 Embedded Coder 的支持下可以生成嵌入式 C 代码，应用于 MCU、DSP 等芯片。模型生成代码需要靠系统目标文件与模块目标文件的支持，这两个等级的目标文件（.tlc 格式）都由 TLC（Target Language Compiler，目标语言编译器）负责分析并翻译为 C 语言。TLC 语言作为代码生成流程中的重要环节，拥有目标语言转换的能力，本章将通过原理和实例来说明其语法、组织结构方法、所支持的数据类型、访问范围、编写方法以及执行及调试方法；并介绍如何使用 TLC 进行文件流控制，如何访问和添加 rtw 文件中的记录，以及如何为 S 函数提供代码生成用的 tlc 文件等。

TLC 语言是一种为转换为目标语言而存在的解释性语言，目的就是将模型编译出来的 rtw 文件转换为目标代码（C/C++等）。它与 M 语言类似，既可以写成脚本文件，也能够作为函数存在，并且都是解释性语言，更相似的是，它们都提供具有强大功能的内建函数库。在第 14 章中已经稍微展示了 TLC 语言访问 rtw 文件或修改其内容的本领，TLC 语言在代码生成及工具链定制过程中起到了至关重要的作用。所以，作者将以单独的一章节来充分讲解 TLC 语言的语法、编写方法和调试方法等。

15.1 TLC 的作用

TLC 语言最根本的作用就是将模型编译出来的 rtw 文件转化为支持某种平台或硬件的代码。Simulink 提供的模块中之所以有一些支持代码生成，也是因为 MathWorks 已经为这些模块编写好了 tlc 文件，用户在建模并生成代码时已经潜移默化地使用了它们。但是，在以 MATLAB 为工具进行基于模型设计开发的今天，很多用户已不满足于 Simulink 提供的模块，他们希望既能够定制自己的模块（如算法模块、硬件驱动模块），又能够定制一些自动化工具链将开发流程自动化。在这种情况下，TLC 逐渐显示出它的强大作用：

① 支持模型针对通用或特定目标硬件的代码生成功能；

② 为 S 函数模块提供代码生成功能，可以让用户自己增加支持代码生成的模块；

③ 在代码生成过程中生成不依赖 S 函数模块的自定义代码。

Simulink 中提供了很多 tlc 文件，如果妄加修改，可能会导致 Simulink Coder 功能性错误，所以 MathWorks 一直提倡用户尽量不要涉及 TLC。可是话又说回来，在需求多样化的现在，如果能熟练掌握 TLC 的运行机制和编写方法，则不仅不会伤害 Simulink Coder 的功能，而且能够巧妙地利用 TLC 语言来实现更多的自动化代码生成功能。下面请跟着作者一起看一下 TLC 是怎样炼成的吧。

15.2　TLC 的语法

TLC 是一种以单个"%"打头的关键字为命令,空格之后跟参数的脚本语言,它自身包含流控制语法、内建函数、关键字和常用命令,支持脚本和函数两种编程方式。它的语言风格与 M 语言很接近。

15.2.1　基本语法

TLC 语言的基本语法包括以下两种:
(1) [text | %＜expression＞] *

上述语法中,text 表示字符串,它将原原本本地展开到输出流中;而在 %＜＞之中的是 TLC 变量,通过 %＜＞的作用将其执行结果显示到输出流中。

(2) %keyword [argument1,argument2,…]

上述语法中,%keyword 表示 TLC 语言中的命令符;[argument1,argument2,…]表示该命令符所操作的参数。例如:

```
% assign Str = "Hello World"
```

上述语句中,%assign 表示其后的语句是对变量赋值,这里就是将"Hello World"这个字符串赋值给 Str 这个变量。%assign 指令既可以创建一个新变量,也可以改变既存变量的值,如对上述变量更改其所表示的字符串值:

```
% assign Str = "I Love MATLAB"
```

又如%warning、%error 与%trace 指令,可以将其后所跟变量或字符串的内容输出,如:

```
% warning Simulink User
```

将上条语句保存在文本文件中,命名为 text.tlc,保存在 MATLAB 的当前路径下或搜索路径中,然后在 Command Window 中输入"tlc text.tlc",即运行了此 tlc 文件。执行结果如下:

```
tlc text.tlc
Warning: Simulink User
```

tlc xxxx.tlc 是运行脚本 tlc 文件的方法,脚本 tlc 文件是指可以直接运行的 tlc 文件。

%error 命令与%warning 命令的使用方法基本相同,只是在输出内容前自动增加 error,并非 warning 的字样,并且之后会给出 TLC 报错信息,如图 15-1 所示。

如果使用%trace 命令代替%warning 命令显示信息,那么在执行 tlc 文件时需要在最后增加-v 或-v1 才能够将%trace 的命令显示出来。追加与不追加-v 的区别如图 15-2 所示。

为了输入命令方便,之后的信息输出都使用%warning 来实现。

TLC 语言有两个内建宏,分别为 TLC_TRUE=1,TLC_FALSE=0,在 TLC 语言的编写中会经常用到。

```
Error: Type is Vector.
Main program:
==> [00] text.tlc:<NONE>(10)

Error using tlc_new
Error: Errors occurred - aborting

Error in tlc (line 85)
  tlc_new(varargin{:}):
```

图 15-1 %error 命令的报错

```
>> tlc text.tlc -v
Warning: File: text.tlc Line: 1 Column: 7
%trace directive:   Simulink User
>> tlc text.tlc -v1
Warning: File: text.tlc Line: 1 Column: 7
%trace directive:   Simulink User
>> tlc text.tlc
>>
```

图 15-2 追加与不追加-V 的区别

15.2.2 常用指令

在掌握了基本语法之后,可以进行常用指令的了解及应用,常用的这些指令都掌握之后就基本上能够了解 TLC 语言的全貌了。

15.2.3 注 释

TLC 语句可以通过"%% comment"来进行单行注释:

```
%% trace Simulink User
```

可以通过"/% comment %/"来进行块注释,块中内容可以是单行的或多行的:

```
/%
% include "test.tlc"
% assign Str = "Hello World"
%/
% assign Str = "I Love MATLAB"
% trace Simulink User
```

15.2.4 变量值扩展符

所谓变量值扩展符,即将 TLC 变量通过%< >操作符将其内容扩展到输出流中。例如,将两个数值类型作加法并将其输出:

```
% assign input1 = 3
% assign input2 = 5
% warning % <input1> + % <input2> = % <input1 + input2>
```

上述脚本文件执行后,%< >中的变量以及变量的计算结果都将自动扩展为结果值:

```
Warning: 3 + 5 = 8
```

请注意,%< >不能嵌套使用,否则会报错:Expansion directives %< > cannot be nested。

15.2.5 条件分支

TLC 语言中条件分支的格式如下:

```
% if expression
% elseif expression
% else
% endif
```

与 M 语言很相近的是,每个 if-else 语句一定要使用 end 来结束。expression 的执行结果一定要是一个整数。例如,判断一个变量是否为 1,如果不为 1 则输出警告信息:

```
% if ISEQUAL(var, 1)
    % warning everything is OK
% else
    % warning var should be 1 but now there's something wrong
% endif
```

每个%if 仅对应一个%else,如果出现多个%else 则会报错。ISEQUAL(expr1,expr2)是 TLC 语言的一个内建函数,用来判断变量是否相等。expre1 和 expre2 两个参数可以是数值型数据,也可以是字符串(string)或者记录(record)。在 ISEQUAL()函数中不需要使用%<>,通过变量名即扩展为变量的值。

15.2.6 开关分支

TLC 语言中的 switch–case 语句使用如下格式:

```
% switch expression
% case expression
% break
% default
% break
% endswitch
```

expression 必须是一个能够使用==操作符来比较是否相等的数据类型。而每个%case 分句后面如果不跟%break 语句,则%swtich 语句将无视接下来的%case 语句,而执行下一个%case 之后的语句。开关语句使用如下:

```
% assign data = [1,2,3,4,5]
% switch TYPE(data)
% case "Number"
% warning Type is Number
% break
% case "String"
% warning Type is String
% break
% case "Vector"
% warning Type is Vector
% break
% case "Matrix"
% warning Type is Matrix
% break
% endswitch
```

运行上述 tlc 文件的结果如下:

Warning: Type is Vector.

如果将上述%break语句全部删除之后再次运行，则显示：

```
Warning: Type is Vector.
Warning: Type is Matrix.
```

这说明从第三个case语句开启之后，由于没有%break语句，所以第四个%case语句不做判断直接执行第四个%case之后的语句。建议读者为每个%case语句都配上一个%break语句。

15.2.7 循 环

相对于M语言中的for循环，TLC语言提供了多种循环控制方式，例如%foreach、%roll以及%for三种常用方式，三者既有相似之处又有区别。

1. %foreach

%foreach命令实现循环，格式如下：

```
% foreach loopIdx = iterNum
xxxxx
% endforeach
```

上述语句将loopIdx作为循环体句柄变量控制循环进行，它从0开始，每次增加1，一直循环到iterNum −1为止。每个%foreach都需要使用%endforeach来终止。例如使用循环打印一个数组中的值：

```
% assign data = [1,2,3,4,5]
% foreach idx = 5
    % warning data[% <idx>] = % <data[idx]>
% endforeach
```

运行结果：

```
Warning: data[0] = 1
Warning: data[1] = 2
Warning: data[2] = 3
Warning: data[3] = 4
Warning: data[4] = 5
```

在循环体中可以使用%continue终止当前循环，从下一个循环再开始；或者使用%break直接跳出循环。例如，在循环体中输出warning信息之前加入条件判断，如果当前循环idx变量为1，则直接开始下一次循环：

```
% assign data = [1,2,3,4,5]
% foreach idx = 5
    % if ISEQUAL(idx,1)
        % continue
    % endif
    % warning data[% <idx>] = % <data[idx]>
% endforeach
```

运行结果：

```
Warning: data[0] = 1
Warning: data[2] = 3
Warning: data[3] = 4
Warning: data[4] = 5
```

将上述代码中的%continue换为%break,那么运行结果就变为

```
Warning: data[0] = 1
```

在循环变量变为1之后,遇到%break就立刻跳出循环体。

2. %roll

TLC中提供%roll这种循环方式主要用于Simulink模块端口及参数生在代码过程的自定义。当模块的输入/输出信号维数是多维时,需要通过%roll对信号的每一维进行同样的操作,使其生成的代码与在Simulink环境中进行仿真时具有相同的作用。它的格式如下:

```
% roll
% endroll
```

比如"y=2*u"这样一个表示输出为输入乘以k的模块,为了使其支持代码功能,需要为其编写模块tlc文件,在描述输入/输出端口的关系时就需要使用%roll命令:

```
/* %<Type> Block: %<Name> */
% assign rollVars = ["U", "Y"]
% roll sigIdx = RollRegions, lcv = RollThreshold, block,…
"Roller", rollVars
% assign y = LibBlockOutputSignal(0, "", lcv, sigIdx)
% assign u = LibBlockInputSignal(0, "", lcv, sigIdx)
% <y> = %<u> * 2;
% endroll
```

现在,对这个看起来有点复杂的循环逐一分析其要素,首先"%assign rollVars = ["U","Y"]"表示要将输入/输出信号作为循环对象,对于带有参数的情况,需要增加一个参数P,表示也要将模块参数作为循环对象,代码写作:"%assign rollVars = ["U","Y","P"]"。根据rollVars设置的循环对象,在下面的roll命令中启动对每个循环对象每个维度的扫描。

"%roll sigIdx = RollRegions"这条语句定义了循环体的循环变量sigIdx,RollRegions则是自动计算出来的模块输入/输出或参数的维数向量。例如20维的输入信号,其RollRegions为[0:19],sigIdx就按照这个向量逐一循环。

"lcv = RollThreshold",lcv(loop control variable,循环控制变量)是从RollThreshold获取的值,它表示当信号维数小于此数值时不生成for循环语句,而是逐条生成。只有当信号或参数的维数等于或大于此数值时才生成for循环。RollThreshold这个TLC全局变量的值可以在Configuration Parameters→Code Generation→Optimization中通过设置Loop unrolling threshold参数来获得,默认值为5。

某个子任务的执行周期/定步长(基速率任务的执行周期)得到的值如下:

```
% assign y = LibBlockOutputSignal(0, "", lcv, sigIdx)
% assign u = LibBlockInputSignal(0, "", lcv, sigIdx)
```

LibBlockInputSignal(portIdx, ucv, lcv, sigIdx)函数包含4个参数,其中,portIdx表示

模块输入端口的索引号(对于使能或触发端口,可以使用字符串 enable 和 trigger 来获取),ucv 通常为空,lcv 和 sigIdx 都在前面已定义。

上述两条语句是使用 TLC 库函数获取模块的输入/输出和参数中第 sigIdx 维所对应的变量,再通过"%<y> = %<u> * %<k>;"进行代码生成的变量展开。

循环体结束使用%endroll 作为终止符。使用上述 TLC 代码所描述的模块建立的模型,在输入/输出信号为 5 维时,代码生成如图 15-3 所示。

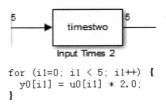

图 15-3 维数为 5 时生成循环代码

当%roll 命令使用在 tlc 文件中自定义向量的循环时,需要在生成的代码中使用指针指向向量(假设使用 DWork 存储)的地址:

```
datatype * buf = (datatype * )% <LibBlockDWork(name,"","",0)
% roll sigIdx = RollRegions, lcv = RollThreshold, block,...。
"Roller", rollVars
* buf ++ = Customization Code;
% endroll
```

如果希望自定义循环变量所遍历的维数,那么可以使用以下方式定义 sigIdx 的循环数据向量:

```
% roll sigIdx = [ 1 2 3:5, 6, 7:10 ],……
% endroll
```

3. %for

%for 的使用方法与%foreach 基本相同,并且加入了循环体分段控制功能,使用户可以在循环体中实现逻辑控制语句段和循环控制语句段的组合。其格式如下:

```
% for ident1 = const - exp1, const - exp2, ident2 = const - exp3
    Code section 1
     % body
    Code section 2
     % endbody
    Code section 3
% endfor
```

当 const-exp2 为非零值时,Code section 1、Code section 2 和 Code section 3 就会执行一次,并且 ident2 会接收 const-exp3 的值;而当 const-exp2 为 0 时,仅执行 Code section 2,其他段不执行,并且对其进行以 ident1 为循环变量的循环,ident2 为空值。例如:

```
% for idx = 3, 1, str = "yes"
    % warning OK?
    % body
        % warning Answer is % <str> .
    % endbody
    % warning Over
% endfor
```

运行结果如下:

```
Warning:  OK?
Warning:  Answer is yes.
Warning:  Over
```

若将%for的第二个参数从1改为0,则执行此脚本的结果如下:

```
Warning:  Answer is  .
Warning:  Answer is  .
Warning:  Answer is  .
```

可见,str为空,并且%for与%body之间,%endbody与%endfor之间的代码都被忽略,且%body与%endbody之间的代码被循环了3次。

15.2.8 文件流

TLC语言使用%openfile创建文件流缓存或打开一个文件,使用%selectfile选中或激活一个存在的文件流缓存或文件,使用%closefile关闭一个文件流缓存或文件。格式分别如下:

```
% openfile streamId = "filename.ext" mode {open for writing}
% selectfile streamId {select an open file}
% closefile streamId {close an open file}
```

在使用%openfile打开文件时有第二个参数mode,它可以是a或者w,表示以"追加"或"重写"的方式创建文件或缓存块。缺省时则默认以重写的方式写入streamId变量或其表示的文件中。当双引号内的文件不存在于硬盘上时,系统会创建该文件,并使用streamId代表词文件对象,进行文本缓存的相关操作。在%openfile与%closefile之间的内容将被写入buffer这个缓存块中作为变量保存起来,并且可以使用%<buffer>将其展开到生成代码中去。这个buffer称为"流"。代码如下:

```
% openfile buffer
text to be placed in the 'buffer' variable.
% closefile buffer
```

例如,使用文件流控制方式创建一个名为my_flow_control.txt的文档:

```
% openfile buffer = "my_flow_control.txt"
This is the first time flow control is used.
% closefile buffer
```

将上述代码存储为xxxx.tlc文件,再在Command Window中使用"tlc xxxx.tlc"命令,在当前文件夹下就会生成一个my_flow_control.txt文件,内容就是上面buffer中的内容。

StreamId所表示的参数有两个内建流变量:NULL_FILE和STDOUT,分别表示无输出和使用终端输出文件流内容。当%selectfile与STDDOUT联合使用时,会将此语句之后的字符串输出到MATLAB的Command Window中去。例如:

```
% selectfile STDOUT
text to be placed in the 'buffer' variable.
```

运行上面的语句后将会把下面的语句显示到Command Window中。

15.2.9 记　录

记录(record)这种类型相当于M语言或C语言的结构体类型,但形式上并不相同,它是构成 rtw 文件的基本元素,格式为:record_item{ Name Value}。其中,Name 是字符串格式,按照字母顺序进行排列;Value 既可以是字符串也可以是数据类型,这个数据可以是标量、向量或矩阵类型。

(1) 创建一个新记录

使用%createrecord 命令创建一个新记录,其格式为

```
% createrecord NEW_RECORD { foo 1 ; SUB_RECORD {foo 2} }
```

其中,NEW_RECORD 为新创建的记录名,{}内为嵌套的子记录。同一层次的子记录之间使用";"隔开,子记录再创建子记录时使用 record_item{ Name Value}方式。可以通过最上层记录名访问其子记录内容:

```
% assign var  = NEW_RECORD.foo
% assign var2 = NEW_RECORD.SUB_RECORD.foo
```

也可以创建具有全局访问权限的记录:

```
% createrecord ::NEW_RECORD { foo 1 ; SUB_RECORD {foo 2} }
```

(2) 追加记录

%addtorecord 命令可以向已经存在的记录中追加新的子记录,其格式为

```
% addtorecord OLD_RECORD NEW_FIELD_NAME NEW_FIELD_VAL
```

%addtorecord 命令后跟三个参数,第一个参数为追加记录的对象,第二个和第三个参数表示子记录的名字和值。使用方式如下:

```
% createrecord NEW_RECORD { foo 1 ; SUB_RECORD {foo 2} }
% addtorecord NEW_RECORD str "I love Simulink"
% warning % < NEW_RECORD >
```

运行上述代码之后得到的结果如下:

```
Warning:  { SUB_RECORD { foo 2 }; foo 1; str "I love Simulink" }
```

追加的结果在同一层次中按照首字母顺序排列,两个子记录之间使用";"分隔。

(3) 合并记录

对于既存的两个记录,可以进行内容的合并。%mergerecord 命令就提供了合并记录的功能,其格式为

```
% mergerecord OLD_RECORD NEW_RECORD
```

合并之后的内容将会保存在第一个参数 OLD_RECORD 这个记录中,例如:

```
% createrecord NEW_RECORD { foo 1 ; SUB_RECORD {foo 2} }
% createrecord NEW_RECORD2 {str "I love Simulink"}
% mergerecord NEW_RECORD NEW_RECORD2
% warning NEW_RECORD = % < NEW_RECORD > NEW_RECORD2 =  % < NEW_RECORD2 >
```

合并之后的结果保存在 NEW_RECORD 中,而 NEW_RECORD2 的内容不变。运行上述代码的输出如下:

```
Warning:  NEW_RECORD = { SUB_RECORD { foo 2 }; foo 1; str "I love Simulink" } NEW_RECORD2 = { str
"I love Simulink" }
```

当新旧两个记录中同样层次下存在相同名的记录时,保留这个记录各自的值不合并,例如:

```
% createrecord NEW_RECORD { foo 1 ; SUB_RECORD {foo 2} }
% createrecord NEW_RECORD2 {foo 12}
% mergerecord NEW_RECORD NEW_RECORD2
% warning NEW_RECORD = % < NEW_RECORD >  NEW_RECORD2 =  % < NEW_RECORD2 >
```

运行上述代码之后生成的结果如下:

```
Warning:  NEW_RECORD = { SUB_RECORD { foo 2 }; foo 1 } NEW_RECORD2 = { foo 12 }
```

(4) 复制记录

记录也可以使用%copyrecord进行复制,格式为:

```
% copyrecord NEW_RECORD OLD_RECORD
```

其中,OLD_RECORD 是一个既存的记录,NEW_RECORD 则是 OLD_RECORD 的一份拷贝。例如:

```
% createrecord NEW_RECORD { foo 1 ; SUB_RECORD {foo 2} }
% copyrecord NEW_RECORD2 NEW_RECORD
% warning NEW_RECORD = % < NEW_RECORD >  NEW_RECORD2 =  % < NEW_RECORD2 >
```

运行上述代码后可以看到,输出结果中 NEW_RECORD2 的内容与 NEW_RECORD 是完全一样的:

```
Warning:  NEW_RECORD = { SUB_RECORD { foo 2 }; foo 1 } NEW_RECORD2 = { SUB_RECORD { foo 2 }; foo
1 }
```

(5) 删除记录

当需要对记录中的域或整个记录进行删除时,使用%undef命令。格式为

```
% undef var
```

其中,var 表示一个 TLC 变量、一个记录名或一个记录中的域名字。

下述代码将展示创建一个新记录 NEW_RECORD,然后将其内容复制到 NEW_RECORD2,然后再删除记录 NEW_RECORD。

```
% createrecord NEW_RECORD { foo 1 ; SUB_RECORD {foo 2} }
% copyrecord NEW_RECORD2 NEW_RECORD
% undef NEW_RECORD
```

这样再次访问 NEW_RECORD 会报错。如果要删除记录中的一个域成员,可以借助%with 进行范围指定,然后在此范围内进行变量的删除,如删除 NEW_RECORD 的 foo 1 这个子记录:

```
% createrecord NEW_RECORD { foo 1 ; SUB_RECORD {foo 2} }
% with NEW_RECORD
% undef foo
% endwith
% warning NEW_RECORD =  % < NEW_RECORD >
```

运行之后的结果为 NEW_RECORD,仅剩下 SUB_RECORD 的值：

```
Warning:  NEW_RECORD = { SUB_RECORD { foo 2 } }
```

直接使用"."操作符删除记录的域会造成语法错误：

```
% createrecord NEW_RECORD { foo 1 ; SUB_RECORD {foo 2} }
% undef NEW_RECORD.foo
```

执行上述代码会报出错误,如图 15-4 所示。

```
Error: File: record_text.tlc Line: 2 Column: 18
syntax error
Error using tlc_new
Error: Errors occurred - aborting


Error in tlc (line 88)
    tlc_new(varargin{:});
```

图 15-4 %undef 直接删除记录的域时会报错

15.2.10 变量清除

在基本语法部分已经说明了 TLC 变量的定义方法,即使用%assign 命令。相对地,如何删除 tlc 文件中既存的变量呢,就像 MATLAB 中的 clear 一样方便？答案是,使用%under 命令即可删除 TLC 变量。例如以下语句中,在 foreach 循环之前将定义的数组变量 data 删除再进行输出：

```
% assign data = [1,2,3,4,5]
% undef data
% foreach idx = 5
    % warning data[ % < idx > ] = % < data[idx] >
% endforeach
```

执行之后报错：

```
Error: File: for_each.tlc Line: 4 Column: 31
Undefined identifier data
```

15.2.11 语句换行连接

当 TLC 语句内容过多,全部写在一行里看起来比较吃力时,可以考虑换行编写,并使用换行连接符将上下行的语句连接起来以表示完整的操作意义。TLC 换行连接符包括两种：C 语言的换行连接符"\"和 MATLAB 的换行连接符"…",经常使用在%roll 命令这种后面所跟参数众多的语句中：

① %roll sigIdx = RollRegions, lcv = RollThreshold, block,…
"Roller", rollVars
② %roll Idx = RollRegions, lcv =RollThreshold,block,\
"Roller", rollVars

上面两种情况都等效于"%roll Idx = RollRegions, lcv = RollThreshold, block, "Roller"", rollVars 不换行的情况。

注意：在字符串中使用换行连接符是非法的。

15.2.12 访问范围

变量的访问范围 Scope 是一个值得关注的问题，使用"%assign str = "I Love Hyowinner's Simulink Course""建立的 string 型变量 str 是局部变量，如果定义是在 TLC 脚本里，那么只有此脚本里的语句可以访问它；如果定义是在函数里，那么仅此函数能访问该变量；特别地，如果定义是在 for 循环等语句块内部，那么其访问范围也只在这个语句块内部。例如，在下面的一段代码中，foreach 循环之外已经定义了 idx_i 变量，但是在 foreach 循环体内也使用它作为循环变量：

```
% assign idx_i = "original string"
% assign data = [[1, "good"]; [3, 4.5F]]
% foreach idx_i = 2
    % foreach idx_j = 2
        % warning The element of data[% < idx_i >][% < idx_j >] is…
% < data[idx_i][idx_j] >
    % endforeach
% endforeach
% warning The original is % < idx_i >
```

上述代码的执行结果如下：

```
Warning: The element of data[0][0] is 1
Warning: The element of data[0][1] is good
Warning: The element of data[1][0] is 3
Warning: The element of data[1][1] is 4.5E+0F
Warning: The original is original string
```

可以看出，在循环体内外虽然使用同样的变量，但其值却不一样，这就是作用域的作用。

如果希望一个变量可以在任意处被访问，并且内容都是同一个值，则应将其定义为全局变量，如"%assign ::str = "I Love Simulink""。其中，"::"即为 TLC 的全局变量标识符。

上述例子中，由于 idx_l 既作为字符串又作为向量下标，强行使用全局变量的话会报错。

%with/%endwith 命令可以锁定记录数据类型的范围，方便其内部 TLC 语句以子记录名字方式直接访问其值，无需从最上层记录逐层域访问。例如，在 rec 中包含 3 个域，分别为 field1、field2、field3，为了访问它们的值通常需要使用 rec.field1，而使用 %with 限定范围之后，在 %with/%endwith 内部的 TLC 代码可以直接使用子记录名 field1 来访问其值。例如：

```
% createrecord rec {field1 1 field2 2 field3 3}
% with rec
    % warning filed1 = % < field1 >
% endwith
% warning rec.field1 = % < rec.field1 >
```

在层次众多的记录文件中，这种方法能体现出更大的方便之处。

15.2.13 输入文件控制

输入文件控制包括两种方式："%include string""%addincludepath string"。其中"%include string"将在搜索路径下寻找名为 string 的文件,并在%include 语句出现的地方将此文件内容内联展开。"%addincludepath string"中的 string 是一个绝对路径或相对路径,%addincludepath 将这个路径添加到 TLC 的搜索路径中,%include 语句出现的地方,TLC 将会在%addincludepath 设定的搜索路径中搜索%include 语句后面指定的目标文件。比如:

```
% addincludepath "C:\\folder1\\folder2"    % % 添加一个绝对路径
% addincludepath ".\\folder2"              % % 添加一个相对路径
```

提到 TLC 搜索路径,它搜索时依照以下几种顺序进行:
① 当前路径;
② 代码中存在多个%addincludepath 时,按照从下往上的顺序搜索;
③ 命令行中通过-I命令添加的路径。
%include 的功能类似于 C 语言的 #include,%addincludepath 的功能类似于 MATLAB 的 addpath 命令。

15.2.14 输出格式控制

TLC 中使用%realformat 命令来控制输出实变量所显示的格式。例如使用 16 位精度的指数显示:

```
% realformat "EXPONENTIAL"
```

或者使用无精度损失和最小字符数格式(为 S 函数提供生成代码功能的模块级 tlc 文件就使用此种格式):

```
% realformat "CONCISE"
```

例如 real32 类型的数据 4.5F,在两种输出格式下的输出分别见表 15.2.1。

表 15.2.1 不同格式下 real32 类型的显示方式

EXPONENTIAL	CONCISE
4.5E+0F	4.5F

15.2.15 指定模块生成代码的语言种类

Simulink 中支持代码生成的模块的 tlc 文件中都需要指定该模块生成代码的语种,%language 就是指定模块 tlc 文件的命令。如果自定义支持嵌入式代码生成的模块及其 tlc 文件,那么在 tlc 文件中就可以选择使用"%language "C""指定语言类型为 C 语言。对于 Simulink 模块的 tlc 文件,其中必须包含%implements 指令,它的格式为

```
% implements "Block-Type" "Language"
```

其中,Block-type 是该模块的 S 函数名,tlc 文件也是此名字;Language 表示其生成的目标代码的语种类型。对于自定义的为了生成嵌入式 C 语言的 MCU 芯片驱动中断控制器模块,其 tlc 文件开头必须包含以下命令:

```
% implements Interrupt "C"
```

紧接着此句的应该是%function 的函数定义,来实现 S 函数的具体功能。

另外,%generatefile 提供一个匹配关系,将 Simulink 模块与它的 tlc 文件联系起来。它的格式为

```
% generatefile "Type" "blockwise.tlc"
```

其中,Type 为 rtw 文件中模块记录中的 Type 参数的值,例如:

```
% generatefile "Sin" "sin_wave.tlc"
```

15.2.16 断 言

%assert 命令为 TLC 提供断言功能,其格式为

```
% assert expression
```

当 expression 结果为 TLC_FALSE 时,那么 TLC 将进行堆栈追踪。为了开启 TLC 的断言功能,必须在 Configuration Parameters 对话框中的 Code Generation 选项卡中选中 Enable TLC assertion 复选框,如图 15-5 所示。默认此复选框是取消选中的。

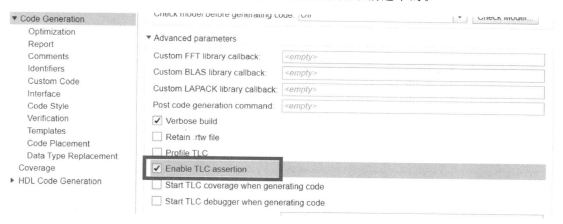

图 15-5 开启 TLC 断言功能

15.2.17 函 数

TLC 语言支持脚本与函数定义两种方式。使用 %function 为开头定义函数原型,以 %endfunction 为终止符结束函数体。其格式如下:

```
% function name(optional - arguments) void
% return
% endfunction
```

其中,name 表示函数名字,optional - arguments 表示函数的参数列表,其后可以跟 void 表示函数没有返回值,也可以跟 Output 表示函数有返回值。当函数设置为 Output 时,函数体中需要 %return 命令来返回变量作为函数的输出。例如:

```
% function LibGetMathConstant(ConstName,ioTypeId) void

    % assign constInfo = SLibGetMathConstantInfo(ConstName,ioTypeId)
    % if !ISEMPTY(constInfo)
```

```
        % return constInfo.Expr
    % else
        % return ""
    % endif

% endfunction
```

15.2.18 变量类型

TLC 语言使用的变量类型与 MATLAB 变量所使用的内建类型有所不同，在 TLC 语言中不仅是数据的类型，甚至是数据的组织方式都被作为一个单独的类型，如 Matrix、Vector、Range 类型等，具体请参考表 15.2.2。

表 15.2.2 TLC 变量类型表

类型名（数值类型简写）	表现形式举例	说 明
Boolean(B)	0 == 0	返回值为 TLC_TRUE（真）或 TLC_FALSE（假），由逻辑比较或其他逻辑操作返回
Number(N)	100	整型数
Real(D)s	3.14159	浮点数
Real32(F)s	3.14159F	32 位浮点数
Complex(C)	1.0+2.0i	64 位双精度浮点复数
Complex32(C32)	1.0F+2.0Fi	32 位单精度浮点复数
Gaussian(G)	1+2i	32 位整型复数
Unsigned(U)	100U	32 位无符号整数
Unsigned Gaussian(UG)	1U+2Ui	32 位无符号整型复数
String	"I Love MATLAB"	包含在双引号中的字符串
Identifier	abc	此类型仅出现在 rtw 的记录中，不可直接在 TLC 表达式中使用。如果希望比较其内容，可以直接与 String 类型比较，Identifier 将自动转换为 String 类型
File	%openfile out= "xx.c" %openfile buffer	使用 %openfile 打开的字符串缓存或者文件
Function	%function my_func …	TLC 的函数类型，需要使用 %endfunction 结束
Range	[1:10]	表示一组整数序列，如 RollRegions 使用在 roll 循环体中表示循环变量遍历的值
Vector	[1, 2.0F, "good"]	向量类型，每个元素的类型可以是 TLC 的内建类型，但不能是 Vector 或 Matrix 类型
Matrix	%assign a = [[1, "good"]; [3, 4.5F]]	矩阵类型，矩阵中每个元素类型可以不同，但不能为 Vector 或 Matrix。每行各个元素使用","分开，每列使用";"分开
Scope	System { …. }	范围类型，如 rtw 中的 CompiledModel、block 记录的范围
Subsystem	<sub>	子系统标识符，作为语句扩展的内容
Special	FILE_EXISTS	特殊内建类型，如 FILE_EXISTS

其中，Boolean、Real、Real32、Complex、Complex32、Gaussian、Number、Unsigned 和 Unsigned Gaussian 类型又称为数值（Numeric）类型。Boolean、Number 和 Unsigned 三种数据类型被统称为整数类型。对于 Matrix 或 Vector 类型，内部所包含的元素数据类型可以不相同，在 TLC 代码中可以使用两层 for 循环将元素一一输出：

```
% assign data = [[1, "good"]; [3, 4.5F]]
% foreach idx_i = 2
    % foreach idx_j = 2
        % warning The element of data[% <idx_i>][% <idx_j>]
        is ... % <data[idx_i][idx_j]>
    % endforeach
% endforeach
```

运行结果如下：

```
Warning:  The element of data[0][0] is 1
Warning:  The element of data[0][1] is good
Warning:  The element of data[1][0] is 3
Warning:  The element of data[1][1] is 4.5E + 0F
```

★ 数据类型提升

当 TLC 对不同数据类型进行操作或运算时，它会对结果进行数据类型的提升。通常提升之后都是使用表示范围较广的一个类型存储输出值。提升之后的数据类型详见表 15.2.3。

表 15.2.3　混合类型运算后的输出数据类型

类型2 \ 类型1	B	N	U	F	D	G	UG	C32	C
B	B	N	U	F	D	G	UG	C32	C
N	N	N	U	F	D	G	UG	C32	C
U	U	U	U	F	D	UG	UG	C32	C
F	F	F	F	F	D	C32	C32	C32	C
D	D	D	D	D	D	C	C	C	C
G	G	G	UG	C32	C	G	UG	C32	C
UG	UG	UG	UG	C32	C	UG	UG	C32	C
C32	C32	C32	C32	C32	C	C32	C32	C32	C
C	C	C	C	C	C	C	C	C	C

15.2.19　操作符和表达式

TLC 语言使用的操作符号和表达式方式，与 MATLAB 中的各种操作符有相同之处也有相异之处，详细请参考表 15.2.4。

表 15.2.4　TLC 操作符号及表达式

表达式	作用说明
::variablename	全局变量，当出现在函数中时，告诉函数该变量的访问权限是全局的，不使用函数的局部访问权限
expr[indx]	数组或矩阵的下标索引访问方式，indx 必须是 $0 \sim N-1$，N 为数组长度或矩阵某一维的长度

续表 15.2.4

表达式	作用说明
func([expr[,expr]...])	函数调用，func 为函数名，expr 为函数的参数列表
expr.expr	域访问符，第一个 expr 为记录类型，第二个 expr 为其内部的一个参数名
(expr)	括号，括号内的表达式优先度高
!expr	逻辑取反，expr 必须是 Boolean 或数值类型，返回值为 TLC_TRUE 或 TLC_FALSE
-expr	一元操作符，取负，expr 必须为数值类型
+expr	一元操作符，取正，expr 必须为数值类型。一般表达式默认为＋，不写出
~expr	按位取反，expr 必须是一个整数
expr * expr	乘法运算符，expr 必须是数值类型
expr / expr	除法运算符，expr 必须是数值类型
expr + expr	＋运算符，可以用于 Scalar、Vector、Matrix 和 String 等多种数据类型，并且作用不同。用于 Scalar 数值时表示两个数相加，此时 expr 必须是数值类型；用于 String 类型时，将两个字符串拼接起来返回。当首个 expr 是 Vector 类型而第二个 expr 是数值类型时，第二个数追加到 Vector 中去；当首个 expr 是 Matrix 类型而第二个 expr 是 Vector 类型时，如果 Vector 与 Matrix 的列数相同，则追加到 Matrix 中作为新的一行元素；如果第一个 expr 是 Record 类型，则第二个 expr 作为一个参数追加到该 Record 记录类型中去，其值为第二个 expr 的当前值
expr - expr	减法运算符，expr 必须是数值类型
expr % expr	求余数运算符，expr 必须是整数类型
expr << expr2	左移操作符，将 expr 按照二进制位向左移动 expr2 个位
expr >> expr2	右移操作符，将 expr 按照二进制位向右移动 expr2 个位。">>"不能直接在"%<>"中被识别，需要使用"\"进行转义，即"%<expr \>> expr2>"
expr < expr2	比较 expr 是否小于 expr2，expr、expr2 都必须是数值类型
expr > expr2	比较 expr 是否大于 expr2，expr、expr2 都必须是数值类型。使用时需要进行转义，即"%<expr \> expr2>"
expr <= expr2	比较 expr 是否小于或等于 expr2，expr、expr2 都必须是数值类型
expr >= expr2	比较 expr 是否大于或等于 expr2，expr、expr2 都必须是数值类型。使用时需要进行转义，即"%<expr \>= expr2>"
expr == expr2	比较 expr 是否等于 expr2
expr != expr2	比较 expr 是否不等于 expr2
expr & expr2	将两个操作数进行二进制按位与操作，它们必须是整数类型
expr | expr2	将两个操作数进行二进制按位或操作，它们必须是整数类型
expr ^ expr2	将两个操作数进行二进制按位异或操作，它们必须是整数类型
expr && expr2	将两个操作数进行按逻辑与操作，结果返回 TLC_TRUE 或 TLC_FALSE。expr 和 expr2 可以是数值类型或 Boolean 类型
expr || expr2	将两个操作数进行按逻辑或操作，结果返回 TLC_TRUE 或 TLC_FALSE。expr 和 expr2 可以是数值类型或 Boolean 类型
expr? expr1:expr2	当 expr 值为 TLC_TRUE 时，返回 expr1，否则返回 expr2
expr1, expr2	逗号分隔符，返回后面的变量 expr2。多个逗号分开时也是返回最后一个

注意：当在"%< >"中使用>,>=,>>之类带有>符号的操作符时,不能直接使用,需要在前面加一个"\"操作符进行转义。

15.2.20 TLC 内建函数

TLC 语言提供了一些内建函数,虽然没有 M 语言的内建函数那样丰富,但是也十分实用,方便了代码生成时必需的操作。TLC 提供的内建函数全部都使用大写字母书写,本小节将其中经常用到的内建函数通过讲解和举例进行说明。

15.2.20.1 数据类型转换

CAST 函数是 TLC 语言中负责数据类型转换的重要函数,其格式为

```
CAST("DataType", variablename)
```

其中,第一个参数表示第二个参数转换的目标类型名,如"Number""Real32""String"等,第二个参数是进行转换的操作数。例如:

```
% assign data = [[1, "good"]; [3, 4.5F]]
% assign cast = CAST("Real32", %< data[0][0] >)
% warning %< cast >
```

运行上述代码,1 将被转换为 1.0F。

15.2.20.2 变量的存在性

通常为了避免语法错误,在访问记录的某个参数前需要确定它是否真正存在。这时就需要 EXISTS 函数,其格式是:EXISTS(Var)。其中,Var 是一个变量名或一个记录的参数,其返回值为 Boolean 型。例如,在打印记录的某个成员之前先将%if 与 EXISTS 联用来确定其存在性:

```
% createrecord record {foo 1 subrec{foo 2}}
% if EXISTS(record.foo)
    % warning record has a parameter which value is %< record.foo >.
% endif
```

另外,对于文件的存在性判断需要使用 FILE_EXISTS(expr)函数,其中 expr 为表示文件名的字符串。判断一个文件是否存在于当前目录的代码如下:

```
% if FILE_EXISTS("text.tlc")
    % warning text.tlc is on the path.
% endif
```

15.2.20.3 记录的域操作

%ISFIELD、%GETFIELD、%SETFIELD 以及%REMOVEFIELD 函数都是与记录的域相关的内建函数。通过%ISFIELD 判断某个字符串表示的参数名是否为记录的域,再通过%SETFIELD 和%GETFIELD 来设置/获取记录中该参数的值。它们的格式为

```
% ISFIELD(record, "fieldname")
% GETFIELD(record, "fieldname")
% SETFIELD(record, "fieldname", value)
% REMOVEFIELD(record, "fieldname")
```

四者联用,可以先查询记录中是否存在某个参数,如果存在则获取其值,然后再改变这个值,再次获取并打印这个参数值,最后删除此参数并判断它是否还存在于记录之中。代码如下:

```
% createrecord record {foo 1 subrec{foo 2}}
% if ISFIELD(record, "foo")
% warning record has a parameter foo which value is % < GETFIELD(record, "foo") > .
% < SETFIELD(record, "foo", 12) >
% warning parameter foo value is % < GETFIELD(record, "foo") > now.
% < REMOVEFIELD(record, "foo") >
% warning parameter foo of record now is existed? Ans: % < ISFIELD(record, "foo") >
% endif
```

上述代码运行之后得到的结果如下:

```
Warning:  record has a parameter foo which value is 1.
Warning:  parameter foo value is 12 now.
Warning:  parameter foo of record now is existed? Ans: 0
```

除上述 4 个函数之外,还有一个%FIELDNAMES 函数可以查询一个记录中包含的内一层的记录名。对于上述代码创建的记录,此函数将返回作为参数的记录中次层的记录名:

```
% createrecord record {foo 1 subrec{foo 2}}
% warning % < FIELDNAMES(record) >
```

运行上述代码后得到的结果如下:

```
Warning:  [foo, subrec]
```

15.2.20.4 相等判断

%ISEQUAL 函数可以判断两个变量是否相等,其格式为:ISEQUAL(expr1,expr2)。当 expr1、exrp2 都为数值类型时,即使不是同一个数据类型,只要表达式运算的值的大小相同即返回 TLC_TRUE,否则返回 TLC_FALSE。如果 expr1、expr2 不是数据类型,那么二者的变量类型和内容必须完全一样才返回 TLC_TURE。例如下面的代码返回"1 1 0"。

```
% warning % < ISEQUAL(TLC_TRUE,1) > % < ISEQUAL(3, 3.0F) > % < ISEQUAL("Str", "St") >
```

15.2.20.5 空值判断

判断一个变量是否为空的 TLC 函数为%ISEMPTY,它可以判断的数据类型为 String、Vector、Matrix 和 Record 等。如定义一个名为 MM 的记录,然后将其唯一的参数 Name 删除,这时再判断其是否为空。返回 TLC_TRUE(1)表示为空。

下述代码先创建一个包含内容的记录,再将记录内的内容删除,使其变为空的记录,再使用 ISEMPTY()进行判断。

```
% createrecord MM {Name "Hyo"}
% with MM
% undef Name
% endwith
% warning % < ISEMPTY(MM) >
```

返回值为 1。同样地,直接对一个空矩阵或向量判断也返回 1,例如:

```
% warning % < ISEMPTY([]) >
```

15.2.20.6 判断变量类型

%TYPE 函数可以返回一个变量的类型,格式为:TYPE(expr)。例如判断下列变量的变量类型:

```
% warning % < TYPE("Str") > % < TYPE([1,2;3,5]) > % < TYPE(10.3F + 6.71Fi) >
```

运行上述代码之后的返回值为

```
Warning:   String Matrix Complex32
```

15.2.20.7 判断空格

判断空格与判断为空值不同,当一个变量内仅仅包含空格,如\n, \t, \r 等时返回 1,否则返回零。WHITE_SPACE() 函数就是判断参数是否为全空格的函数。其格式为:WHITE_SPACE(expr)。例如,将各种空格表达方式组成一个字符串再使用该函数来判断,结果返回 1:

```
% warning % < WHITE_SPACE(" \t \n \r \r") >
```

15.2.20.8 调用 MATLAB 函数

虽然 TLC 本身不具有 MATLAB 那么强大的函数库,但是它可以方便地调用 MATLAB 的内建函数。调用时有两种方式:一种是当调用没有返回值的 MATLAB 函数时使用 %MATLAB 命令,另一种是当调用有返回值的 MATLAB 函数时使用%FEVAL 命令。但是,对于有多个返回值的函数,TLC 只能接收首个返回值。

%MATLAB 是少见的以小写字母方式使用的 TLC 命令。其格式为:%MATLAB fun (agr),如调用 MATLAB 的 disp 函数:

```
% MATLAB disp("TLC calls MATLAB function")
```

运行上述代码之后,Command Window 中显示的结果为:TLC calls MATLAB function。%FEVAL 函数的使用格式为

```
% assign result = FEVAL( MATLAB - function - name, rhs1, rhs2, …, rhs3, …);
```

FEVAL 函数的首个参数为 MATLAB 函数名,使用双引号括起来,其后参数为这个 MATLAB 函数的参数列表。返回值只能接收 MATLAB 函数的首个返回值,且其数据类型会自动转换为 TLC 内建数据类型。例如使用 FEVAL 调用 MATLAB 的正弦函数 sin 来计算一个输入向量的点对应的正弦值,并显示返回结果的值和 TLC 数据类型:

```
% assign data = FEVAL("sin", [0;9])
% MATLAB disp(data)
% warning The data type of variable "data" is % < TYPE(data) > . And the element data type is
% < TYPE(data[0]) > .
```

运行上述代码之后,得到以下结果:

```
     0    0.8415    0.9093    0.1411    - 0.7568    - 0.9589    - 0.2794    0.6570
0.9894    0.4121
    Warning:   The data type of variable "data" is Vector .And the element data type is Real .
```

又如使用 FELAL 调用 MATLAB 中的正则表达式函数 regexp 来进行字符串中的字串位置查找：

```
% realformat "CONCISE"
% assign pos = FEVAL("regexp", "I love Simulink", "Simu")
% assign pos = CAST("Number", pos)
% warning The index of Simu is % < pos >
```

运行上述代码之后，显示信息为

```
Warning: The index of Simu is 8
```

15.2.21 TLC 命令行

在 Command Window 中调用 TLC 编译器运行 TLC 脚本文件的命令行是 tlc 命令，它负责 TLC 编译器的调用，格式为：tlc [switch1 expr1 switch2 expr2 …] filename.tlc。之前的例子中已经多次使用到 tlc filename.tlc 这样的命令，此处将对关于 [switch1 expr1 switch2 expr2 …] 的开关命令展开讲解。这些命令可以有多个，顺序随意，switch$n$ 表示开关符号，expr$n$ 表示前面开关的参数。如果同一个开关符号出现了多次，那么最后一个被认为是有效的。TLC 开关命令见表 15.2.5。

表 15.2.5 TLC 开关命令

开 关	意 义
-r filename	读取数据文件并将其载入 TLC 中，如 rtw 文件
-v[number]	设置输出信息的详细级别为 number，不设置时默认为级别 1
-Ipath	增加特定文件夹路径到 TLC 搜索路径中
-Opath	指定输出文件的存放路径。输出文件包括 %openfile 和 %closefile 生成的流文件或者日志文件
-m[number]	指定最大的报错数为 number，不设置时，默认报出前 5 个错误。如果只写 -m 不写 number，则认为 number 为 1
-x0	仅解析 tlc 文件而不执行它
-lint	进行一些简单的性能检查
-p[number]	设置 TLC，每执行 number 个操作输出一个

-d[a|c|f|n|o]	启动 TLC 的 debug 模式。
	-da 使 TLC 执行 %assert 命令，但是当使用 rtwbuild() 或 Ctrl+B 快捷键启动模型代码生成时，忽略 -da 命令，因为这时断言是否有效是根据 Enable TLC assertion 这个选项来决定的。
	-dc 启动 TLC 命令行调试器。
	-df filename 将启动 TLC 调试器并运行名为 filename 的 TLC 调试脚本文件。所谓调试脚本文件，就是包含调试命令的文本文件。tlc 仅在当前路径下搜索有效脚本文件。
	-dn 将为所执行的 tlc 文件产生代码行覆盖统计日志，告知哪一行执行了，哪一行没有执行。
	例如：
	  1: % if 0
	  0: % assign at = "gsd"
	  0: % endif
	-do 表示停止调试行为

-dr	检查是否存在环形记录文件，这种文件彼此互相引用，会造成内存泄露

续表 15.2.5

开 关	意 义
-a[ident]=expr	为一个变量 ident 设置一个初始值 expr。与 %assign 命令功能相同
-shadow[0|1]	设置是否开启遮蔽警告功能,当记录中的参数覆盖了一个局部变量时, -shadow0 关闭警告; -shadow1 开启警告

例如,使用命令行运行一个名为 test.tlc 的 TLC 脚本读取一个 rtw 文件中模型的名字,并打印输出信息。假设这个 rtw 文件已经创建完毕,该 test.tlc 文件仅有一行内容:

```
% warning CompiledModel.Name = % < GETFIELD(CompiledModel, "Name") >
```

在 Command Window 中输入以下命令:

```
tlc test.tlc -r untitled.rtw -v
```

输出信息为

```
Warning: File: test.tlc Line: 1 Column: 9
% warning directive:  CompiledModel.Name = untitled
```

15.2.22　TLC 调试方法

TLC 语言的调试不像 M 语言那样方便,直接选中行号即可打上断点,单击 run 按钮之后,程序跑到打了断点的行号即可停下,之后可以进行 step、step in、step out、continue 等操作,并且可以在工作区查看当前语句所在的工作控件里面的各个变量的值。

TLC 语言的调试由 TLC Debugger 掌控,必须开启它之后才能够在运行模型的代码生成时进入调试模式。TLC debugger 的开关在 Configuration Parameters 对话框中的 Code Generation 选项卡中的 Advanced parameters 选项组中,如图 15-6 所示。

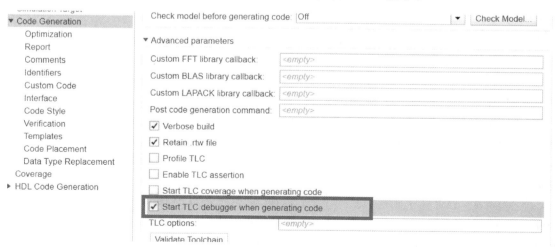

图 15-6　TLC debugger 的开关

对一个配置好生成代码(定步长求解器,系统目标文件设置为 ert.tlc)的模型,开启 TLC debugger 选项。按下 Ctrl+B 快捷键启动代码生成编译过程,Command Window 上会动态显

示编译过程信息,当显示如图 15-7 所示的信息时便进入了 TLC debug 模式:

```
-dc switch
00001: %% SYSTLC: Embedded Coder TMF: ert_default_tmf MAKE: make_rtw \
TLC-DEBUG>
```

图 15-7 TLC debugger 启动后进入 TLC debug 模式

这时,可以使用命令行进行 tlc 文件的调试。可以使用 whos 查看当前访问范围(scope)中存在的变量以及变量的 TLC 数据类型。在 TLC-DEBUG 命令行中输入"whos"之后按回车键,将显示如图 15-8 所示的信息。

```
TLC-DEBUG> whos
Variables within: <GLOBAL>
    BlockCommentType              String
    CombineOutputUpdateFcns       Number
    CompiledModel                 Scope
    ERTCustomFileBanners          Number
    ERTCustomFileTemplate         String
    ExtMode                       Number
    ExtModeStaticAlloc            Number
    ExtModeStaticAllocSize        Number
    ExtModeTesting                Number
    ExtModeTransport              Number
    FoldNonRolledExpr             Number
    ForceBlockIOInitOptimize      Number
    ForceParamTrailComments       Number
    GenCodeOnly                   Number
    GenFloatMathFcnCalls          String
    GenerateASAP2                 Number
    GenerateComments              Number
    GenerateErtSFunction          Number
    GenerateFullHeader            Number
    GenerateSampleERTMain         Number
    INT16MAX                      Number
    INT16MIN                      Number
    INT32MAX                      Number
    INT32MIN                      Number
```

图 15-8 使用 whos 命令查看当前访问范围下的变量及其类型

其中,能观察到具有全局访问权限的 CompiledModel 记录名。如果希望将某个变量的值打印出来观察,可以使用 print 调试命令将其显示到 Command Window 中。例如,使用如图 15-9 所示的代码打印出变量 ExtMode 的值。

```
TLC-DEBUG> print ExtMode
0
```

图 15-9 使用 print 命令查看变量值

在 print 命令后也可以调用 TLC 内建函数,如输入"print TYPE(LaunchReport)"再按回车键便可以得到其数据类型 Number 作为返回值。如果希望观察此后的代码情况,则可以输入 list 命令,它将返回当前程序之后的 10 行代码。输入"list"按回车键之后将显示如图 15-10 所示的信息。

list 命令后面可以跟两个非负整数,使用逗号隔开,如"list 10,20",意义是显示当前 tlc 文件的第 10 行到第 20 行的代码。使用 next 命令或简易命令 n 和 step 命令可以进行单步执行,next 是同一层次的单步执行而 step 命令等同于普通调试器的 step in 功能,当程序所停留的

```
TLC-DEBUG> list
00001: %% SYSTLC: Embedded Coder TMF: ert_default_tmf MAKE: make_rtw \
00002: %%     EXTMODE: ext_comm
00003: %% SYSTLC: Create Visual C/C++ Solution File for Embedded Coder\
00004: %%     TMF: RTW.MSVCBuild MAKE: make_rtw EXTMODE: ext_comm
00005: %%
00006: %%
00007: %%
00008: %%
00009: %% Copyright 1994-2016 The MathWorks, Inc.
00010: %% Abstract: Embedded real-time system target file.
00011: %%
```

图 15-10　使用 list 命令查看代码

语句是一条函数调用语句时，step 命令会使得程序向函数内部进入并运行函数内部的一条语句。使用 continue 或 cont 可以使 TLC debugger 全速执行，只有遇到断点和错误才会停止。断点的设置也是通过 TLC debugger 命令 break 或简易命令 b 进行的，并且可以制定断点所在的文件以及行数。其中，文件全名及行数使用"："分隔，如"break ert.tlc:14"将断点打在 ert.tlc 的第 14 行，再输入 cont 命令全速运行即会停止在离开始运行语句最近的一个断点处，停止到断点后的显示信息如图 15-11 所示。

```
TLC-DEBUG> cont
Breakpoint 1
00014: %assign CodeFormat = "Embedded-C"
```

图 15-11　使用 cont 命令运行到断点

如果 break 命令后面的数值所对应的行没有代码（全部为空或全部为注释），那么 TLC debugger 将会把断点自动转移到其后最近的有效代码行，并给出 warning 提醒，如图 15-12 所示。

每次设置断点之后并运行到断点处停下来时都会将断点的序号显示出来，这个序号就是断点的标识符，可以用 clear 命令来清除这个断点（clear 1），或者当模型编译生成代码全过程执行完毕时，断点也会自动清除。clear all 也可以清除已经设置的所有断点。对于断点，也可以使用 Disable 来关闭，再次使用时用 Enable 来使能。

在调试模式下，可以省略%直接使用 TLC 命令 assign 进行操作，如图 15-13 所示，但是其他 TLC 命令不能在调试模式下使用。调试结束后，可以输入 cont 命令跑完代码生成流程，或者输入 quit 命令退出 TLC debug 模式。其他的调试命令还有：condition、up、down、finish、ignore、loadstate、savestate、stop、thread、threads 和 where 等。可以使用 help 来查询调试，命令的格式和用法，如图 15-14 所示。

```
TLC-DEBUG> break ert.tlc:23
Warning: File: Debugger Command Line Line: 1 Column: 1
Breakpoint number 5 was set on the next valid line (27)
```

图 15-12　断点自动转移到有效行

```
TLC-DEBUG> assign str = "Let me try TLC"
TLC-DEBUG> print str
Let me try TLC
```

图 15-13　在调试模式下定义新变量

```
TLC-DEBUG> help disable
  disable [<breakpoint number>] - Disable a breakpoint
    Disable the specified breakpoint. If no breakpoint is specified, DISABLE disables the last created breakpoint

TLC-DEBUG> help finish
  finish - Break after completing the current function
    Continues execution from where it is stopped, and re-enters the debugger after
    the current function has exited, or some other reason to enter the debugger
    (e.g., a breakpoint or error) is encountered, whichever comes first.
```

图 15-14　使用 help 查询调试命令的格式和用法

15.2.23 tlc 文件的覆盖度

软件测试中的单元测试就是着重测试 case 的覆盖度,100%的覆盖度测试是保证软件质量品质的基础。开启代码生成时的覆盖度检测功能,如图 15-15 所示。

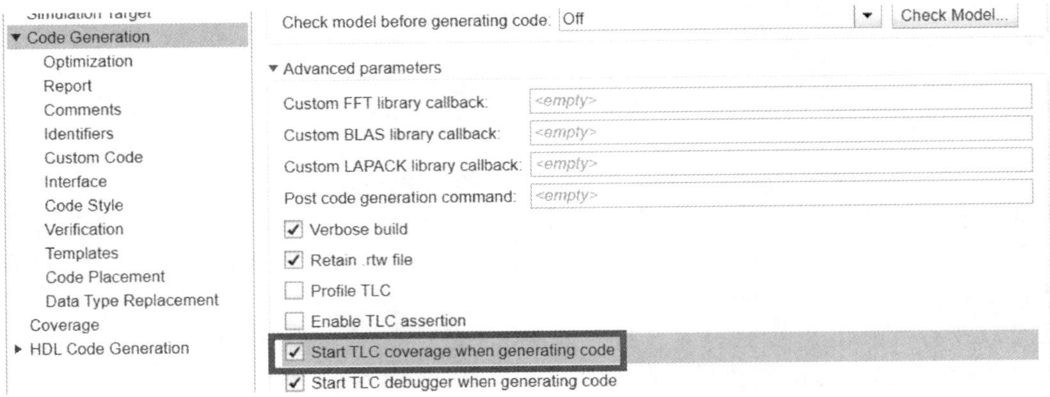

图 15-15 启动覆盖度检测

选中 Start TLC coverage when generating code 复选框之后,在启动代码生成过程中 TLC 编译器会为每个被执行的 tlc 文件生成一个 log 文件,并存放在 model_ert_rtw 文件夹中,该文件夹下的文件列表如图 15-16 所示。

图 15-16 覆盖度 log 文件

这些 log 文件对 TLC 的每行语句在代码生成过程中的执行次数都做了统计,0 表示没有执行过,1 表示执行 1 次。ert.tlc 的 log 文件如图 15-17 所示。

请注意,TLC 编译器将下列命令认为是不执行的语句,它们的执行次数都是 0,也不产生时间消耗:

```
Source: D:\MATLAB21B\rtw\c\ert\ert.tlc
    0: %% SYSTLC: Embedded Coder TMF: ert_default_tmf MAKE: make_rtw \
    0: %%      EXTMODE: ext_comm
    0: %% SYSTLC: Create Visual C/C++ Solution File for Embedded Coder\
    0: %%      TMF: RTW.MSVCBuild MAKE: make_rtw EXTMODE: ext_comm
    0: %%
    0: %%
    0: %%
    0: %%
    0: %% Copyright 1994-2016 The MathWorks, Inc.
    0: %% Abstract: Embedded real-time system target file.
    0: %%
    1: %selectfile NULL_FILE
    1:
    1: %assign CodeFormat = "Embedded-C"
    1:
    1: %assign TargetType = "RT"
    1: %assign Language   = "C"
    1: %assign PreCodeGenExecCompliant = 1
    1:
    1: %if !EXISTS(AutoBuildProcedure)
    1:    %if EXISTS(GenerateSampleERTMain)
    1:       %assign AutoBuildProcedure = !GenerateSampleERTMain
    0:    %else
    0:       %% This is for the targets that use ert.tlc and are required to work
    0:       %% without Embedded Coder. This is to enable auto build procedure since
    0:       %% the GenerateSampleERTMain is always set to true for these targets.
    0:       %assign AutoBuildProcedure = TLC_TRUE
    0:    %endif
    0: %endif
```

图 15-17 ert.tlc 的 log 文件

```
% filescope
% else
% endif
% endforeach
% endfor
% endroll
% endwith
% body
% endbody
% endfunction
% endswitch
% default
Comment: % % or / % text %/
```

根据上述 log 文件,开发者能够很快发现哪些分支语句没有被执行过,并根据这个分支语句的判断条件进行新的测试 case 的设置,然后再度执行并分析覆盖度,不断改进使 tlc 文件编写得更加可靠、高效。

15.2.24 TLC Profiler

TLC 代码的执行时间是怎么样的取决于 TLC 脚本、宏、函数和内建函数,这些构成了 TLC 代码元素的执行时间。TLC Profiler 可以在执行过程中收集 TLC 代码各个元素的执行时间,并汇总到 HTML 的报告中,让开发者更容易分析并找到代码生成过程中最花费时间的代码的瓶颈。

启动 TLC Profiler 是通过在 Configuration Parameters 对话框中的 Code Generation 选项卡中选中 Profile TLC 复选框来实现的,如图 15-18 所示。

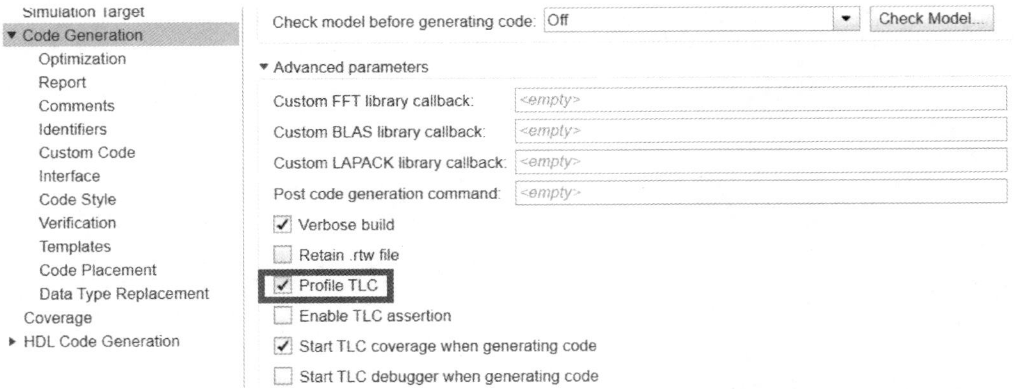

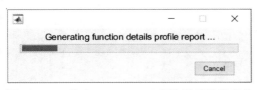

图 15-18 启动 TLC Profile

选中 Profile TLC 复选框之后,在代码生成的最后阶段将启动 TLC Profile 功能,分析过程将由如图 15-19 所示的进度条显示。

图 15-19 选中 Profile TLC 复选框后的进度条

进度条满之后,将会生成一个 HTML 报告,存放在当前目录的子目录 model_ert_rtw 文件夹下。它的首页主要包括两方面:TLC Profile Report:Summary(TLC profile 报告摘要)和 Function List(函数列表)。报告摘要中详细列出了所监测的 TLC 代码中包括的脚本数目、函数数目、时钟频率等信息;而函数列表中则列出了 TLC 函数的表格,这些函数按照函数名的字母顺序排列,对于调用到的 TLC 函数,将列出其自身执行时间(self-time,不包括调用其他函数的时间)、所调用子函数的执行时间以及两个时间的百分比和每个 TLC 函数的被调用次数等信息,如图 15-20 所示。

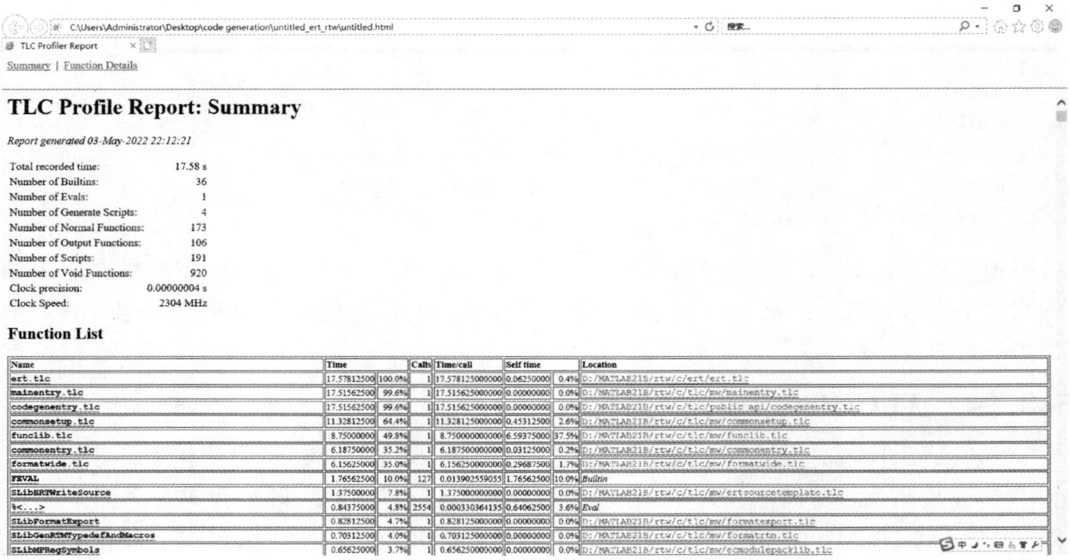

图 15-20 TCL Profile 报告摘要和函数列表

当单击了函数列表中的某个函数(蓝色函数名自身即为超链接)之后,将打开被单击函数的详细概要信息,除了调用次数、执行时间之外,还会给出该函数的父函数和子函数列表,如图 15-21 所示。

图 15-21 单击某个函数后所展示的函数详细概要信息

另外,在图 15-21 所示表格的下方,还会给出文字信息,用以告知用户最耗时的函数是哪些。这样在用户自己开发 TLC 代码(如支持代码生成的自定义 S 函数模块)的过程中就可以立刻知道哪些函数是提高运行速率的关键对象。例如,尽量少用 TLC 函数 EXISTS,它对于一个变量或域的存在性的确认是十分耗时的;再如,尽可能多地内联简单的 TLC 函数,对于行数少(特别是单行)的 TLC 代码,将其直接内联在程序中要比函数化省时得多。当然,要综合考虑可读性在内的因素,进行综合判断后再决定 TLC 程序的编写方案。

15.3 为 S 函数编写 tlc 文件

Simulink 中提供的模块虽然种类繁多且功能强大,但有时也不能完全满足用户在各个行业应用中的需求。为了满足用户自定义模块的需求,Simulink 提供了 S 函数,这样一种能够直接被 Simulink 引擎驱动的自定义接口,能够使用户自定义模块并将其用于仿真模型,并且能够使用 TLC 语言编写该 S 函数的模块目标文件(又称模块 tlc 文件),以支持其生成代码的功能。

15.3.1 支持代码生成的 S 函数

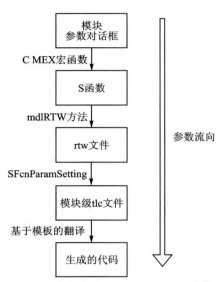

图 15-22 带有参数的 S 函数数据流程图

第 10 章已经明确说明了只有 C MEX S 函数和 Level 2 M S 函数才支持代码生成功能,并且该功能要求 S 函数要有配套的 tlc 文件。这个 tlc 文件就是代码生成流程中所需的模块级 tlc 目标文件。为了使 S 函数支持代码生成,在为其编写模块级 tlc 文件之前,先了解一下 S 函数应该如何做好数据中转工作,如何提供数据接口,以便让TLC 能够接收 S 函数的参数。本小节以使用更为普遍的 C MEX S 函数为例。

带有参数的 S 函数首先从 GUI 上获取用户的输入作为参数,通过 C 语言的宏将 GUI 控件上的值读入 S 函数,然后再通过 S 函数的子方法mdlRTW 将参数值写入模型的 rtw 文件,进而使得 tlc 文件能够获取这些参数的值,最终展开到生成代码中的合适位置去。代码生成流程及参数数据的流向如图 15-22 所示。

15.3.1.1 C MEX S 函数获取 GUI 参数的宏

利用 GUI 制作的参数对话框作为 S 函数的最前端能够提供给使用者方便简洁的操作方式。常用的 Simulink Mask 控件包括 edit、popup、radiobutton、check-box 和 pushbutton 等(请参考第 11 章)。不同控件所容纳的数据类型也是不同的,Edit 控件中可以输入数值也可以输入字符串,而从 popup、radiobutton 控件中既可以提取表示所选项目的编号也可以提取所选项目的字符串内容。读者可以根据使用场景的不同,有选择地提取数据类型。在 C MEX S 函数中,首先定义能够直接或间接获取 GUI 控件的宏,现在主要介绍以下几种方式:

(1) 获取 edit 控件中的数值

```
#define PARAM(S) (mxGetScalar(ssGetSFcnParam(S,g_param)))
```

其中,g_param 为 Edit 控件的参数在 GUI 控件中的索引号,首先通过 ssGetSFcnParam 宏函数获取指向 Edit 控件中参数的指针,再使用 mxGetScalar 宏函数获取指针指向地址的数值。

(2) 获取 edit 控件中的数组

```
#define PARAM(S) mxGetNumberOfElements(ssGetSFcnParam(S, g_param))
```

在使用 ssGetSFcnParam 宏函数获取 Edit 控件的指针之后,使用 mxGetNumberOfElements 获取此数组的数据长度,以传递相同长度的数据到 rtw 文件。

(3) 获取 edit 控件中的字符串

```
#define Param(S) (ssGetSFcnParam(S,g_param))
```

仅在宏定义中获取指向参数的指针,在 S 函数的 mdlRTW 函数中再进行字符串传递。

(4) 获取 popup、radiobutton 控件所选项目的字符串

```
#define Param(S) (mxArrayToString(ssGetSFcnParam(S,g_param)))
```

在使用 ssGetSFcnParam 获取控件的指针后,使用 mxArrayToString 宏函数获取此参数内容的字符串。注意,此时不要选中 g_param 所代表的控件的 Evaluate 属性,否则有可能引起 MATLAB 崩溃。

(5) 获取 popup、radiobutton 控件所选项目的索引号

与(1)相同。

(6) 获取 check-box 控件的值

与(1)相同。

15.3.1.2　C MEX S 函数的 mdlRTW 函数

仅用于仿真的 C MEX S 函数并不具有 mdlRTW 函数,mdlRTW 函数是专为支持代码生成的 S 函数而存在的,mdlRTW 函数的主要功能是将 S Function 模块的参数对话框中的参数传递到 rtw 文件中(这些参数必须被设置为 not tunable)。它必须被包含在以下预处理语句中:

```
#if defined(MATLAB_MEX_FILE)
#endif
```

则函数定义体呈现为

```
#if defined(MATLAB_MEX_FILE)
#define MDL_RTW
static void mdlRTW(SimStruct * S)
{
}
```

函数内要实现两个作用:一是通过上面定义的宏获取 GUI 上的数据;另一个是将这些输入写入 rtw 文件。将 S 函数中通过宏获取的参数数据写入 rtw 文件使用函数 ssWriteRTW-ParamSettings,格式如下:

```
int_T ssWriteRTWParamSettings(SimStruct * S, int_T nParamSettings,  int_T paramType, const char_T * settingName,…)
```

参数说明:
- SimStruct * S:SimStruct 结构体指针,指向当前模块;
- int_T nParamSettings:要写入 rtw 文件的参数的个数;
- int_T paramType:参数的数据类型;
- const char_T * settingName:参数名,当存在多个参数时,paramType 和 settingName 按顺序成对书写,对数与该 S 函数的参数个数相同;
- …:针对不同类型的参数,其后需要跟着一些不同的设置参数,如写入 rtw 后以什么类型存储等信息设置,多个参数可以通过一个 ssWriteRTWParamSettings 函数实现。

此处将例举一些不同数据类型参数传入 rtw 中的实例(仅将 paramType、settingName 及之后的设置参数列出),GET_PARAM 表示 15.3.1.1 小节中讲述的获取 GUI 参数数据的宏,GET_PARAM(S)宏函数的作用是从参数对话框中获取参数值。

(1) 将一个整数以 uint8 类型写入 rtw 文件

```
uint8_T  c_int = GET_PARAM(S);
SSWRITE_VALUE_DTYPE_NUM,"r_int",&c_int,DTINFO(SS_UINT8, COMPLEX_NO),…
```

上述代码将 S 函数内 c_int 变量的值作为无符号 8 位整数写入 rtw 文件,变量名为 r_int。SSWRITE_VALUE_DTYPE_NUM 表示写入的是一个复数形式,此处仅使用了实数部分,虚数部分未使用。此方式同样适用于其他数据类型(如 double、int6 等)的写入操作。

(2) 将一个字符串以字符型写入 rtw 文件

```
char_T   * c_str = (char_T *)malloc(mxGetNumberOfElements(GET_PARAM(S)) + 1);
boolean_T flag = mxGetString(GET_PARAM(S), c_str,
mxGetNumberOfElements(GET_PARAM(S)) + 1);
SSWRITE_VALUE_STR,"r_str ",c_str,…
```

上述代码首先开辟新的存储空间,然后通过宏函数获取用户输入 GUI 的字符串并复制到新开辟的空间中,同时用指针 c_str 指向此字符串数组。最后一条代码将 c_str 字符串写入 rtw 文件,变量名为 r_str。其中,SSWRITE_VALUE_STR 表示以字符串类型写入 rtw 文件。

(3) 将一个数组(数组元素类型以 int8 为例)写入 rtw 文件

```
int8_T   * c_vec = mxGetData(GET_PARAM(S));
SSWRITE_VALUE_VECT,"r_vec",c_vec,mxGetNumberOfElements(GET_PARAM(S)),…
```

上述代码首先使用 mxGetData 函数结合获取参数的宏函数返回一个指向 edit 框中数组的指针,再将这个指针指向的数组元素以向量形式写入 rtw 文件,变量名保存为 r_vec。

以上 3 种写入 rtw 的方式适用于 edit、popup、checkbox、radiobutton 等带有参数的控件。这 3 种方式用于完成将参数从参数对话框中取出并写入 rtw 文件的过程,以备 tlc 文件取用。如此便完成了数据的传递,存储在 rtw 中的数据只等 tlc 文件来获取。

15.3.2 模块 tlc 文件的构成

模块 tlc 文件用于具体实现一个 S 函数是如何生成代码的,它与 S 函数的构成类似,也由多个执行顺序有先后的子方法构成。模块级 tlc 函数包括以下 5 种子方法,如表 15.3.1 所列,按照执行顺序依次排列。

表 15.3.1　模块级 tlc 函数的子方法

子方法	输出	功能说明
BlockInstanceSetup(block, system)	不产生输出	当同种类的模块存在多个时,每一个模块都会执行一次此函数,可以将模块共同的操作或特例的操作写入此函数中
BlockTypeSetup(block, system)	不产生输出	同类模块即使存在多个也只执行此函数一次,可以将同一类模块的多个实例共同的且执行一次的操作写入此函数,也可以不实现此函数
Enable(block, system)	产生输出	为模型中非虚子系统创建 Enable 函数,并将使能某功能的代码生成在该函数中
Disable(block, system)	产生输出	为模型中非虚子系统创建 Disable 函数,并将禁用某功能的代码生成在该函数中
Start(block, system)	产生输出	为模块中仅执行一次的函数,内部代码会生成到 model_initialize() 函数中,通常将模型各变量、状态或硬件外设初始化的代码写在此函数中,因为它们不需要重复执行

续表 15.3.1

子方法	输出	功能说明
InitializeConditions(block, system)	产生输出	此函数里的代码通常也用于初始化某个子系统的状态变量,但是它不一定仅执行一次,而是在当前模块所在子系统每次被使能时都会执行
Outputs(block, system)	产生输出	用于编写模块计算输出的代码,并将其生成到 model_step() 函数中
Update(block, system)	产生输出	用于编写每个步长更新模块状态变量的代码,其内容生成到 model_update() 中
Derivatives(block, system)	产生输出	用于计算模块连续变量的函数,其内容生成到 model_Derivatives() 函数中
Terminate(block, system)	产生输出	此函数用于自定义代码,可以进行存储数据、释放内存、复位硬件寄存器等操作。此函数内的代码将生成到 MdlTerminate() 中

每个模块 tlc 文件并非必须囊括上面所有的子函数,用户可以根据需要选择其中部分函数来实现。每个子函数都有两个参数——block 和 system,分别表示当前函数所属的模块名和该模块所属的子系统名。每一个 S 函数的 tlc 文件都拥有相同的函数名,即使多个这样的 tlc 文件同时存在也不会出现访问冲突,这是因为这些子函数都是多态的,它们在执行时才由 TLC 决定调用哪个模块的子函数。

产生输出的函数不需要用户指定即可将内部代码创建成文件流生成到特定的位置去;而不产生输出的函数中则需要用户编写代码创建文件流再指定其生成的位置。产生输出的函数在其函数参数列表后会有 output 标注,不产生输出的函数参数列表后则以 void 标注,例如:

```
% function BlockTypeSetup(block, system) void
% function Start(block, system) Output
```

每个模块 tlc 文件都以 %implements 命令开头,其后注明 S 函数名及生成代码的目标语言。例如:"%implements sfun_c_filter "C""。

c 文件的开头通常是头文件包含、宏定义以及函数声明。这些内容可以写入 BlockTypeSetup(block, system) 或 BlockInstanceSetup(block, system),用以生成预处理内容或函数声明,例如:

```
% function BlockTypeSetup(block, system) void
% < LibAddToCommonIncludes("mcu.h") >
% % Place a #define in the model's header file
% openfile buffer
#define A2D_CHANNEL 0
% closefile buffer
% < LibCacheDefine(buffer) >
% openfile buffer
extern real_T mydata;
% closefile buffer
% < LibCacheExtern(buffer) >
% % Place function prototypes in the model's header file
% openfile buffer
```

```
void start_a2d(void);
void reset_a2d(void);
% closefile buffer
% < LibCacheFunctionPrototype(buffer) >
% endfunction
```

上述代码中，LibAddToCommonIncludes("mcu.h")将头文件包含语句生成到 model.h 中，如图 15-23 所示。

```
#ifndef RTW_HEADER_one_order_filter_h_
#define RTW_HEADER_one_order_filter_h_
#ifndef one_order_filter_COMMON_INCLUDES_
#define one_order_filter_COMMON_INCLUDES_
#include "rtwtypes.h"
#include "mcu.h"
#endif                              /* one_order_filter_COMMON_INCLUDES_ */
```

图 15-23 头文件包含的代码生成

LibCacheDefine(buffer)将文件流中宏定义内容生成到 model_private.h 中，LibCacheFunctionPrototype(buffer)将 buffer 表示的文件流内容生成到 model_private.h 中，其内容通常为函数的外部声明；LibCacheExtern(buffer)将文件流中的外部变量声明代码也生成到同一头文件中，如图 15-24 所示。

```
#ifndef RTW_HEADER_one_order_filter_private_h_
#define RTW_HEADER_one_order_filter_private_h_
#include "rtwtypes.h"
#define A2D_CHANNEL                 0

extern real_T mydata;
void start_a2d(void);
void reset_a2d(void);

#endif                      /* RTW_HEADER_one_order_filter_private_h_ */
```

图 15-24 头文件包含宏定义及函数声明生成

Start 子函数体中写入在程序运行过程中仅执行一次的代码，如全局变量的初始化、硬件外设寄存器的初始化等。如以下代码：

```
% function Start(block, system) Output
    /* Initialize the extern variable and hardware */
    mydata = 0.0;
    mcu_init();
% endfunction
```

上述 TLC 代码生成的 C 代码会存放在 model_initialize()函数的自定义代码段，如图 15-25 所示。

Start 函数体中写入的 C 代码可以是直接调用函数，也可以直接编写对寄存器的操作。Start 函数内部直接写入的文本（一般是 C 代码及其注释语句）会被 TLC 生成到模型的初始化

```
/* Model initialize function */
static void one_order_filter_initialize(void)
{
  /* Start for S-Function (sfun_c_filter): '<Root>/filter cmex' incorporates:
   *  Inport: '<Root>/In1'
   *  Outport: '<Root>/Out1'
   */

  /* Initialize the extern variable and hardware */
  mydata = 0.0;
  mcu_init();
}
```

图 15 - 25　自定义代码

函数 model_initialize()中的自定义代码段区域,除此之外的代码段是由 Simulink Coder 决定的。model_initialize()函数中的用户代码段(user code)又可以细分为 4 个子段,按照顺序从前到后依次为 header、declaration、execution 和 trailer,详见图 15 - 26。

使用 TLC 函数 LibMdlStartCustomCode(buffer, section)可以将文件流 buffer 生成到 model_initialize()函数用户代码段中对应的子段中去。如果不使用 LibMdlStartCustomCode 进行指定,则默认将代码追加到 execution 段中去。例如:

```
% function Start(block, system) Output
    % openfile buf
    /*初始化外部变量与硬件*/
    % closefile buf
    % < LibMdlStartCustomCode(buf, "header") >
    % openfile buf
    mydata = 0.0;
    % closefile buf
    % < LibMdlStartCustomCode(buf, "declaration") >
    % openfile buf
    mydata = 1.0;
    % closefile buf
    % < LibMdlStartCustomCode(buf, "execution") >
    % openfile buf
    mydata = 2.0;
    % closefile buf
    % < LibMdlStartCustomCode(buf, "trailer") >
    mcu_init();
% endfunction
```

上述 Start 函数生成的代码如图 15 - 27 所示。

Update 子函数与 Derivates 子函数的功能与 S 函数的 mdlUpdate、mdlDerivates 函数类似,能够对离散/连续状态变量进行计算和更新。

Output 子函数基本上是每个用于计算功能的模块 tlc 文件都必需的,它负责采集模块输入/输出端口、参数以及工作向量的数据并生成算法代码,用于目标平台或硬件。Output 子函数的代码生成在 model_step()函数中。代码如下:

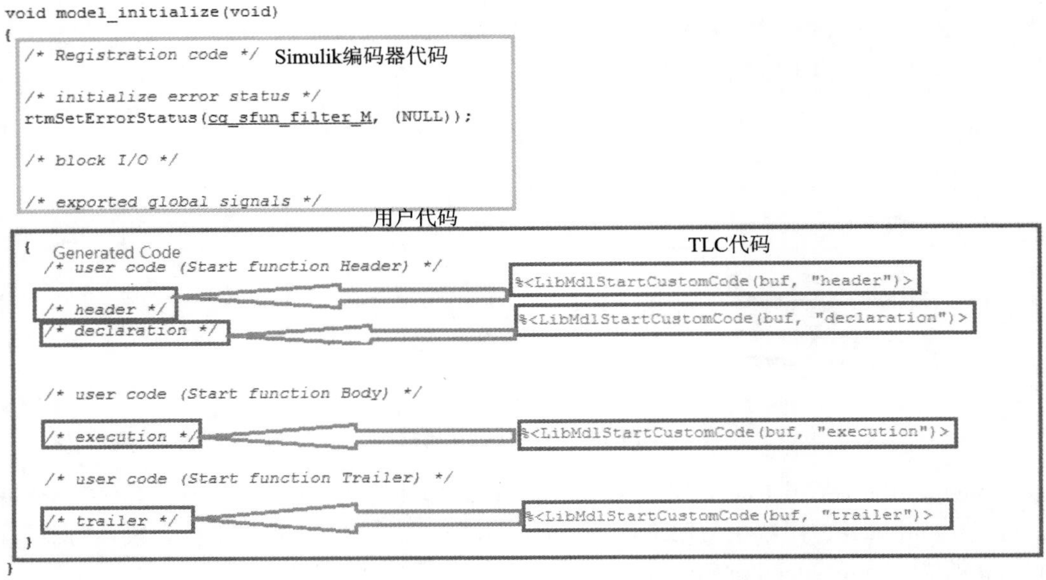

```
void model_initialize(void)
{
    /* Registration code */          Simulik编码器代码

    /* initialize error status */
    rtmSetErrorStatus(cg_sfun_filter_M, (NULL));

    /* block I/O */

    /* exported global signals */
```
用户代码   TLC代码
```
{ Generated Code
    /* user code (Start function Header) */
                                          %<LibMdlStartCustomCode(buf, "header")>
    /* header */
    /* declaration */                     %<LibMdlStartCustomCode(buf, "declaration")>


    /* user code (Start function Body) */
                                          %<LibMdlStartCustomCode(buf, "execution")>
    /* execution */

    /* user code (Start function Trailer) */

    /* trailer */                         %<LibMdlStartCustomCode(buf, "trailer")>
}
```

图 15-26　model_initialize()函数的用户代码段划分

```
/* Registration code */

/* initialize error status */
rtmSetErrorStatus(one_order_filter_M, (NULL));

/* states (dwork) */
(void) memset((void *)one_order_filter_DW, 0,
              sizeof(DW_one_order_filter_T));

/* external inputs */
one_order_filter_U->In1 = 0.0;

/* external outputs */
one_order_filter_Y->Out1 = 0.0;
```

```
{
    /* user code (Start function Header) */

    /* Initialize the extern variable and hardware */
    mydata = 0.0;

    /* user code (Start function Body) */
    mydata = 1.0;

    /* Start for S-Function (sfun_c_filter): '<Root>/filter cmex' incorporates:
     *  Inport: '<Root>/In1'
     *  Outport: '<Root>/Out1'
     */
    mcu_init();

    /* user code (Start function Trailer) */
    mydata = 2.0;
}
```

图 15-27　model_initialize()函数内用户代码段指定实例

```
% function Outputs(block, system) Output
    /* call existed function to calculate    */
    mydata = custom_algorithm(signal_in);
% endfunction
```

生成的代码如图 15 - 28 所示。

```
/* Model step function */
void one_order_filter_step(RT_MODEL_one_order_filter_T *const one_order_filter_M)
{
  /* S-Function (sfun_c_filter): '<Root>/filter cmex' incorporates:
   *  Inport: '<Root>/In1'
   *  Outport: '<Root>/Out1'
   */
  /* call existed function to calculate    */
  mydata = custom_algorithm(signal_in);
  UNUSED_PARAMETER(one_order_filter_M);
}
```

图 15 - 28 tlc 文件的 Output 子函数代码反映到生成 C 代码的 model_step( )函数中

Output 子函数中通常都会用到模块的输入/输出端口数据、参数数据和工作向量数据等，这时就需要使用 TLC 内建函数：LibBlockInputSignal、LibBlockOutputSignal、LibBlockDWork、LibBlockParameter 等。它们的参数列表相同，以 LibBlockInputSignal 为例进行说明：

```
LibBlockInputSignal(portIdx, ucv, lcv, sigIdx)
```

参数说明：
- portIdx：端口的索引号（LibBlockDWork 中此处为工作向量名）；
- ucv：用户自定义循环控制变量，通常为空""；
- lcv：生成循环代码的阈值控制变量；
- sigIdx：信号的维数索引号。

roll 循环的相关内容请参考％roll 命令的讲解内容。上述 4 个函数的使用方式如下：

```
% assign u = LibBlockInputSignal(0, "", lcv, sigIdx)
% assign y = LibBlockOutputSignal(0, "", lcv, sigIdx)
% assign x = LibBlockDWork(dwork, "", lcv, sigIdx)
% assign k = LibBlockParameter(gain, "", lcv, sigIdx)
```

例如将 Output 子函数的内容书写为以下形式，调用 custom_algorithm 函数实现模块的输出计算：

```
% function Outputs(block, system) Output
    % assign u = LibBlockInputSignal(0, "", "", 0)
    % assign y = LibBlockOutputSignal(0, "", "", 0)
    /* call existed function to calculate    */
    % < y > = custom_algorithm(% < u >);
% endfunction
```

按 Ctrl＋B 组合键启动代码生成，生成的 model_step 函数如图 15 - 29 所示。

这样生成的代码中输入/输出信号都以模型中输入/输出端口的信号名作为变量进行了展开，可以通过对信号存储类型的选择来优化生成代码的变量形式，此处不作赘述。

```
/* Model step function */
void one_order_filter_step(RT_MODEL_one_order_filter_T *const one_order_filter_M,
  ExtU_one_order_filter_T *one_order_filter_U, ExtY_one_order_filter_T
  *one_order_filter_Y)
{
  /* S-Function (sfun_c_filter): '<Root>/filter cmex' incorporates:
   *  Inport:  '<Root>/In1'
   *  Outport: '<Root>/Out1'
   */
  /* call existed function to calculate  */
  one_order_filter_Y->Out1 = custom_algorithm(one_order_filter_U->In1);
  UNUSED_PARAMETER(one_order_filter_M);
}
```

图 15-29 输入/输出端口为模型端口名

Terminate 子函数的有无受模型 Configuration Parameters 对话框中 Code Generation 的 Interface 选项卡中的参数控制,参数设置情况如图 15-30 所示。

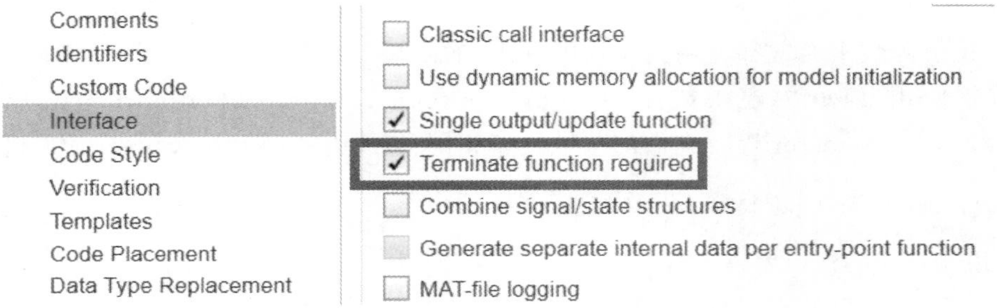

图 15-30 在 Interface 选项卡中设置相应参数

选中 Terminate function required 复选框之后,可以在 Terminate 子函数中定义用户代码,这里的代码主要用于用户执行程序结束前的数据保存、硬件状态复位、内存清除等操作。Terminate 子函数内部也划分为 header、declaration、execution 和 trailer 四个子段,使用 LibMdlTerminateCustomCode(buffer, location)函数将自定义代码的文件流定位到四个子段中。四个子段及其对应的 TLC 代码如图 15-31 所示。

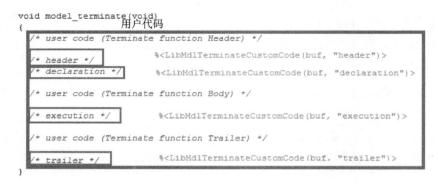

图 15-31 Terminate 子函数的用户代码段

15.3.3 模块 TLC 函数实例

以第 10 章的自定义滤波器 S 函数为例,为其编写模块 tlc 文件,以生成具有同样算法功能的 C 代码。filter cmex 模块图标上标注有滤波器算法的计算公式,双击模块可以打开其参数对话框对滤波系数进行编辑或修改。输入/输出端口为 In/Out 模块,以简化模型,在生成代码时便于观察自定义 tlc 文件的功能。滤波器模型及"Block Parameters: filter cmex"对话框如图 15-32 所示。

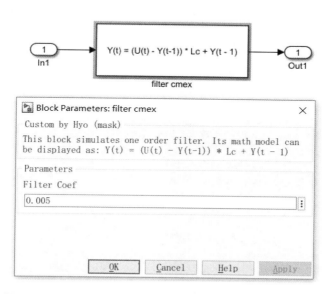

图 15-32 滤波器模型及"Block Parameters: filter cmex"对话框

上述模块的 C MEX S 函数中增加了获取 GUI 参数的宏以及将其写入 rtw 文件的 mdl-RTW 函数,设置 Dwork 变量的名称之后,其 C 代码变为

```
#define S_FUNCTION_NAME  sfun_c_filter
#define S_FUNCTION_LEVEL 2

#include "simstruc.h"

#define COEF_IDX 0
#define PARAM_NUM 1
#define COEF(S) mxGetScalar(ssGetSFcnParam(S,COEF_IDX))

/* Function: mdlInitializeSizes
 ===============================================
 * Abstract:
 *    Setup sizes of the various vectors.
 */
static void mdlInitializeSizes(SimStruct *S)
{
    ssSetNumSFcnParams(S, 1);
    if (ssGetNumSFcnParams(S) != ssGetSFcnParamsCount(S)) {
        return; /* 参数不匹配问题将会由 Simulink 报错 */
    }
```

```c
    if (!ssSetNumInputPorts(S, 1)) return;
    ssSetInputPortWidth(S, 0, DYNAMICALLY_SIZED);
    ssSetInputPortDirectFeedThrough(S, 0, 1);

    if (!ssSetNumOutputPorts(S,1)) return;
    ssSetOutputPortWidth(S, 0, DYNAMICALLY_SIZED);

    ssSetNumDWork(S, 1);
    ssSetDWorkWidth(S, 0, DYNAMICALLY_SIZED);
    ssSetDWorkName(S, 0, "dwork");       /*离散工作向量名称*/

    ssSetNumSampleTimes(S, 1);

    /*设置参数不可调*/
    ssSetSFcnParamNotTunable(S, 0);

    /*指定仿真状态为默认状态*/
    ssSetSimStateCompliance(S, USE_DEFAULT_SIM_STATE);

    ssSetOptions(S, (SS_OPTION_EXCEPTION_FREE_CODE |
            SS_OPTION_DISALLOW_CONSTANT_SAMPLE_TIME));
}


/* Function: mdlInitializeSampleTimes
 ===========================================
 * Abstract:
 *    Specifiy that we inherit our sample time from the driving block.
 */
static void mdlInitializeSampleTimes(SimStruct *S)
{
    ssSetSampleTime(S, 0, INHERITED_SAMPLE_TIME);
    ssSetOffsetTime(S, 0, 0.0);
    ssSetModelReferenceSampleTimeDefaultInheritance(S);
}

#define MDL_INITIALIZE_CONDITIONS
/* Function: mdlInitializeConditions
 =========================================
 * Abstract:
 *    Initialize both discrete states to one.
 */
static void mdlInitializeConditions(SimStruct *S)
{
    real_T *x = (real_T*) ssGetDWork(S,0);
    x[0] = 0.0;   // initial to 0.0
}
/* Function: mdlOutputs
 ==========================================================
 * Abstract:
 *     y = (u - x) * coef + x
 */
static void mdlOutputs(SimStruct *S, int_T tid)
```

```c
{
    int_T               i;
    InputRealPtrsType uPtrs = ssGetInputPortRealSignalPtrs(S,0);
    real_T              * y     = ssGetOutputPortRealSignal(S,0);
    int_T               width = ssGetOutputPortWidth(S,0);
    real_T              * x = (real_T *) ssGetDWork(S,0);
    real_T              Lc = COEF(S);   //floating point datatype

    for (i = 0; i < width; i++)
    {
        y[i] = (*uPtrs[i] - x[i]) * Lc + x[i];
    }

    /*保存当前输出为 Dwork 向量*/
    for (i = 0; i < width; i++) {
        x[i] = y[i];
    }
}

/* Function: mdlTerminate
 =========================================================
 * Abstract:
 *    No termination needed, but we are required to have this routine.
 */
static void mdlTerminate(SimStruct *S)
{
}


#define MDL_RTW
void mdlRTW(SimStruct *S)
{
    /*获取参数*/
    real_T c_coef = COEF(S);
    /*将参数写入 rtw 文件*/
    if (!ssWriteRTWParamSettings(S, 1,
         SSWRITE_VALUE_DTYPE_NUM,"r_coef",&c_coef, DTINFO(SS_DOUBLE, COMPLEX_NO)))
         return;
    /*dwork 自动写入 rtw 文件*/
}


#ifdef  MATLAB_MEX_FILE      /*当前 C 文件是否编译为 mexw64 文件类型*/
#include "simulink.c"        /*MEX-File 接口机制*/
#else
#include "cg_sfun.h"         /*代码生成注册函数*/
#endif
```

Dwork 变量自动写入 rtw 文件,无需再编写 C 代码实现,其值可以直接在 tlc 文件中获取。有了上面讲述的知识,可以编写此 S 函数的 tlc 文件,如下:

```
% implements sfun_c_filter "C"
%% Function: blockTypeSetup
```

```
%%=======================================================
%%
%% Purpose:
%%          Add some macro defines.
%%
%function BlockTypeSetup(block, system) void

%endfunction

%% Function: Start
%%=======================================================
%%
%% Purpose:
%%
%%       these code will appear at model.c initialization function
%%
%function Start(block, system) Output
    /*用户可以在此处添加自定义初始化代码*/
%endfunction


%% Function: Outputs
%%=======================================================
%%
%% Purpose:
%%
%%       these code will appear at model.c step function
%%
%function Outputs(block, system) Output
    %assign t_coef = SFcnParamSettings.r_coef
    %assign rollVars = ["U", "Y", "DWork"]
    %roll sigIdx = RollRegions, lcv = RollThreshold, block, "Roller", rollVars
        %assign u = LibBlockInputSignal(0, "", lcv, sigIdx)
        %assign y = LibBlockOutputSignal(0, "", lcv, sigIdx)
        %assign x = LibBlockDWork(dwork, "", lcv, sigIdx)
        /*Calculate the filter result*/
        %<y> = (%<u> - %<x>) * %<t_coef> + %<x>;
        %<x> = %<y>;
    %endroll
%endfunction
```

在 ert.tlc 的系统目标文件作用下,编译如图 15-32 所示的模型,生成代码如图 15-33 和图 15-34 所示。

可见,参数 0.005 直接内敛展开在代码中,而输入/输出端口以及 Dwork 变量都生成了 Simulink Coder 内部的结构体变量,视觉上多少显得烦冗。接下来对它们进行 Exported Global 存储类型的设置。输入/输出信号在信号属性对话框中设置即可;Dwork 变量在 S 函数——mdlInitializeSizes() 函数中使用 SimStruct 宏函数设置,设置 Dwork 变量的代码如下:

```
ssSetNumDWork(S, 1);
    ssSetDWorkWidth(S, 0, DYNAMICALLY_SIZED);
    ssSetDWorkName(S, 0, "dwork");
```

```
/* 识别符 */
ssSetDWorkRTWIdentifier(S, 0, "x");
/* 类型修饰符 */
ssSetDWorkRTWTypeQualifier(S, 0, "volatile");
/* 存储类型 */
ssSetDWorkRTWStorageClass(S, 0, SS_RTW_STORAGE_EXPORTED_GLOBAL);
```

```
/* Model step function */
void one_order_filter_step(RT_MODEL_one_order_filter_T *const one_order_filter_M,
    ExtU_one_order_filter_T *one_order_filter_U, ExtY_one_order_filter_T
    *one_order_filter_Y)
{
    DW_one_order_filter_T *one_order_filter_DW = one_order_filter_M->dwork;

    /* S-Function (sfun_c_filter): '<Root>/filter cmex' incorporates:
     *  Inport: '<Root>/In1'
     *  Outport: '<Root>/Out1'
     */
    /* Calculate the filter result */
    one_order_filter_Y->Out1 = (one_order_filter_U->In1 -
        one_order_filter_DW->filtercmex_dwork) * 0.005 +
        one_order_filter_DW->filtercmex_dwork;
    one_order_filter_DW->filtercmex_dwork = one_order_filter_Y->Out1;
}
```

图 15 - 33　一阶滤波器生成 step 函数代码

```
/* Model initialize function */
void one_order_filter_initialize(RT_MODEL_one_order_filter_T *const
    one_order_filter_M, ExtU_one_order_filter_T *one_order_filter_U,
    ExtY_one_order_filter_T *one_order_filter_Y)
{
    DW_one_order_filter_T *one_order_filter_DW = one_order_filter_M->dwork;

    /* Registration code */

    /* states (dwork) */
    (void) memset((void *)one_order_filter_DW, 0,
                sizeof(DW_one_order_filter_T));

    /* external inputs */
    one_order_filter_U->In1 = 0.0;

    /* external outputs */
    one_order_filter_Y->Out1 = 0.0;

    /* Start for S-Function (sfun_c_filter): '<Root>/filter cmex' incorporates:
     *  Inport: '<Root>/In1'
     *  Outport: '<Root>/Out1'
     */

    /* If need user can add custom initialize code here */
}
```

图 15 - 34　一阶滤波器生成代码

再次使用 mex 命令编译 c 文件生成新的 cmex 文件,然后按 Ctrl＋B 组合键启动模型编译,再次生成的代码的可读性就增强很多,如图 15－35 所示。

```c
/* Model step function */
void one_order_filter_step(RT_MODEL_one_order_filter_T *const one_order_filter_M)
{
  /* S-Function (sfun_c_filter): '<Root>/filter cmex' incorporates:
   *  Inport: '<Root>/In1'
   */

  /* Calculate the filter result */
  out = (in - x) * 0.005 + x;
  x = out;
  UNUSED_PARAMETER(one_order_filter_M);
}

/* Model initialize function */
void one_order_filter_initialize(RT_MODEL_one_order_filter_T *const
  one_order_filter_M)
{
  /* Registration code */

  /* initialize error status */
  rtmSetErrorStatus(one_order_filter_M, (NULL));

  /* block I/O */

  /* exported global signals */
  out = 0.0;

  /* states (dwork) */

  /* exported global states */
  x = 0.0;

  /* external inputs */
  in = 0.0;

  /* Start for S-Function (sfun_c_filter): '<Root>/filter cmex' incorporates:
   *  Inport: '<Root>/In1'
   */

  /* If need user can add custom initialize code here */
  UNUSED_PARAMETER(one_order_filter_M);
}
```

图 15－35　一阶滤波器各变量提高可读性后的代码

第 16 章 基于模型设计

基于模型设计(Model Based Design,MBD)在国内的普及是从 2013 年开始的,随着我国新能源汽车的快速发展而迅速普及。最早的一批 MBD 工程师几乎都出自美国大牌汽车电子供应商——德尔福。而从世界范围看,ECU 产品基于 MBD 进行研发和验证的国家主要是日本和美国,早在 20 世纪,他们的工程师就已经使用模型进行概念设计与早期验证,甚至在部分车型上开始了量产的尝试。经过十年经验的积累,目前我国汽车行业几乎全面采用 MBD 的研发方式来做 ECU 软件的设计与验证,掌握 MBD 常用工具链的工程师也因此被培养出来了,规模在 10 万上下。即使是这样,也无法满足当前持续扩大的专业人才需求。国产品牌整车厂的迅速崛起、ADAS 的渗透、传统关键零部件的国产化替代,都在呼唤着 MBD 人才。一提起 MBD,行内人士想到的肯定是 Simulink,因为它是整个中国汽车行业内 ECU 的研发不二工具平台,该工具是经历了几十年的时间和用户反馈,一点一点改进出来的,好用且相对稳定,中国的汽车电子行业绝对为它贡献了大量的实用需求。所谓的好用,并不是容易用,如此复杂的 ECU 研发过程助力软件,不可能抽象到让非专业人士也可以简单上手的程度,因为这里头包含太多的技术细节和产业规范以及经验。它的好用是对专业工程师来说的易用性,举一个例子,左键按下执行一个从某模块输出端口拖曳出连线的动作,Simulink 已经能够预判工程师的预判,提前将目标端口的连接线以最优化的方式呈现出虚拟链接示意,工程师只需要释放鼠标左键即可实现端口到目的端口的连接。这就是基于需求的设计优化,不是从主观的角度,而是充分考虑了客户的需求,对于工具软件,其客户就是工程师,预判他们的预判就能够实现业界霸主的地位。作为行业从业者,我们能做的也许不仅仅是为国外的工具软件积累需求以及知识产物(模型),也许我们能够深挖其设计的内涵,用创新型思维加持,应用到我们自主研发的产品中去。

Simulink 是一个基于模型的控制系统设计与验证平台工具,MBD 的思想就是整个开发流程都基于模型,过程产物都可以从模型衍生而出,这么做的好处有许多,主要包括以下四点:

- 模型从架构阶段开始生成,与需求条目做匹配,针对性地架构设计,更快速高效;
- 模型本身就是可执行的软件规范,根据需求可早期进行设计验证;
- 验证后的模型可以自动生成产品级嵌入式代码,无需人工,避免引入编码 bug;
- 模型的表达方式和接口都是统一的,便于多人异地并行设计。

具备上述优点的 MBD 软件设计方法,应用到 V 字模型上更能体现出工作产物的追溯性、一致性,使得 V 字模型左右两个分支的过程配合得相得益彰,开发出来的产物也是更加稳健可靠。基于 MBD 的 V 字模型图如图 16-1 所示。

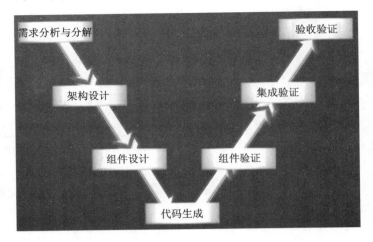

图 16-1 基于 MBD 的 V 字模型图

本章将以垂直起降飞行器为例，来讲解如何采用 MBD 方式设计和验证控制策略软件。

16.1 垂直起降飞行器

MBD 是当代人们解决复杂系统工程问题时越来越受到广泛关注和实践的设计方法。MathWorks 为 MBD 方法提供了丰富的工具，如 Requirements Manager、System Composer、Model Advisor、Embedded Coder、Test Harness、Simulink Test 等，这些工具的配合使用形成了完整的、系统的、可追溯的 MBD 工作路线。本章以垂直起降飞行器（Vertical Taking Off and Landing，VTOL）的全自主控制器设计为例，使用 MATLAB/Simulink 提供的工具链，介绍一种可行的 MBD 工作流。

16.1.1 特点概述

VTOL 因其兼备优秀的垂直起降性能和高效的平飞续航性能，同时得益于控制、电机和电池行业的关键技术突破，在民用航空领域掀起了一波研究热潮，从而衍生出 UAM（Urban Air Mobility，城市空中交通）概念。UAM 是一种安全和高效的城市空中交通系统，包括载人和载物场景，这比常见的多旋翼无人机市场要广泛得多。它在高度 100 m 以下的超低空或 100～1 000 m 低空空域飞行，飞行器的驾乘人员为 1～5 人，城市内飞行基本采用电池（锂电池或燃料电池）供电。电动垂直起降飞机、全自动驾驶和机群管理的发展有望彻底改变城际和城内的交通方式，是资本市场近年来追逐的热点。图 16-2 所示为几种典型的垂直起降载人飞行器。

但是，由于 VTOL 要兼顾多种状态下的安全稳定飞行，所以从初始的总体设计、气动设计、结构设计到详细的算法设计，都要为保证各种状态下的操稳特性和飞行性能进行设计上的折中和权衡，进而使其操纵机构和控制系统与常规固定翼或旋翼飞行器相比更加复杂。

VTOL 中，倾转旋翼相对非倾转旋翼的方案来讲，效率更优，航程更大；同时，机械设计和控制难度也更大。倾转旋翼构型 VTOL 的全自主飞行控制器设计主要存在下列难点：

① 建模。旋翼和机翼间的气动干扰、旋翼间气动干扰、旋翼桨叶的摆振和挥舞运动、旋翼倾转带来的陀螺效应以及多刚体运动和动力学问题等都是构建数学模型时难以精确建模的部分，工程

图 16-2 典型的垂直起降载人飞行器

上常常通过一些近似的方法估计或者直接忽略,这为控制器的实际验证引入了不确定性。

② 倾转过渡段控制逻辑。飞行器从旋翼模态过渡到固定翼模态的过程中,倾转旋翼的倾转角不断改变,整机的气动效应、重心位置、操纵效能也都在时刻改变,优秀的过渡控制逻辑要能保证飞行器在过渡段全程保持足够的系统稳定裕度和平稳快速的状态变化。

③ 全自主飞行管理逻辑。众所周知,一个成熟可商用的全自主飞行控制器要具备多控制模态管理、多飞行任务调度、多传感器数据融合、多风险场景下安全保护等相关逻辑和算法,它们的设计、验证以及迭代的工作相当繁杂且容易发生工作逻辑冲突,而若这些冲突在系统集成测试阶段才被发现,可能会引起大量设计返工,从而造成人力和时间的浪费。这一难题一定程度上可以通过 MBD 方法解决。

16.1.2 案例飞行器介绍

这里以小型倾转旋翼机的一种典型构型为例进行介绍。该构型包含 3 套动力系统,其中 2 套位于机翼,1 套位于尾部机身。位于机翼的动力能够连续倾转;位于尾部机身的动力,其拉力方向固定向上,不可倾转。图 16-3 所示为案例飞行器示意图。

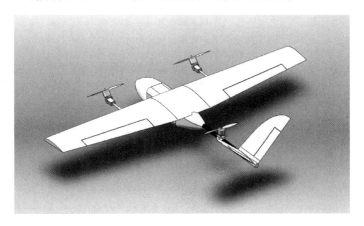

图 16-3 案例飞行器示意图

(1) 飞行器构型及参数

气动布局：平直机翼＋V形尾翼。机翼后缘有一对副翼，最大偏转范围为±30°，V形尾翼后缘有一对V形尾舵面，最大偏转范围为±30°。

旋翼布局：三旋翼。当前部两旋翼的拉力方向与 x 轴正方向相同时，定义倾转角为 0；当前部两旋翼向上倾转时，角度为正，倾转范围为 0～120°。

飞行器参数如表 16.1.1 所列。

表 16.1.1　飞行器参数

参　数	值	单　位
质量 m	3.2	kg
翼展 b	1.68	m
翼面积 S	0.4	m^2

(2) 顶层用户需求

此部分只展示对控制逻辑/算法的功能和性能需求，如表 16.1.2 所列。飞控硬件与地面站软件已选用常州正曜航空技术有限公司（简称"正曜航空"）提供的成熟产品，该飞控硬件已在大量飞行器项目上验证，可满足用户的可靠性需求。图 16-4(a) 所示为桌面开发板飞控，图 16-4(b) 所示为验证机的机载飞控。

表 16.1.2　顶层用户需求(仅取部分展示)

ID	类　型	需　求	描　述
Req(1.1)	功能需求	控制律需求	设计速度指令位置保持(Velocity Command Position Hold, VCPH)控制律实现飞行器的定速、定高、定点控制。设计姿态指令/保持(Attitude Command Attitude Hold, ACAH)控制律作为 VCPH 控制律的安全备份，可在空速计和 GPS 信号质量差或者无空速计和 GPS 的情况下仅依赖 IMU 和气压计完成稳定飞行
Req(1.2)	功能需求	倾转过渡段控制策略需求	设计倾转控制策略实现飞行器从多旋翼模式到固定翼模式的稳定过渡，要求速度变化稳定，高度变化小。该策略要兼顾空速计和 GPS 信号不可用的情况
Req(1.3)		自主飞行需求	可实现一键起飞、一键返航、定点悬停、航线跟踪等常用自主飞行任务
Req(1.4)		安全保护需求	针对低电量、遥控器失联、数传失联、GPS 信号质量差等可能的突发风险设计保护功能，用户可自行选择关闭，或者开启并定义保护行为
Req(2.1)	性能需求	时域响应需求	指令跟踪调节时间小于 2 s，稳态误差小于 5%，超调量小于 5%
Req(2.2)		频域稳定性需求	幅值裕度大于 8 dB，相位裕度大于 50°
Req(2.3)		扰动抑制需求	传感器噪声或大气紊流引起的速度变化量不超过 0.5 m/s，姿态变化量不超过 2°
Req(2.4)		飞行性能需求	旋翼模式下速度控制范围为 −3～3 m/s，固定翼模式下空速控制范围为 14～22 m/s，爬升率控制范围为 −4～4 m/s，最小滚转半径为 50 m，最大法向过载限制为 2 g，最大迎角限制为 14°

(a) 桌面开发板飞控　　　　　　(b) 验证机的机载飞控

图 16 - 4　桌面开发板飞控和验证机的机载飞控

16.2　需求分析

需求分解的目标是为了得到清晰的架构组件,同时梳理架构组件之间的关系,为下一步的架构设计建立基础。基本过程是对具有一定概括性的顶层用户需求进行分解和补充,进而形成可用于指导开发工作的详细设计需求集。分解和补充的过程既是对需求的整理,减少因需求描述的模糊而造成的理解偏差,同时也是对需求的完善,保证用户需求本身可以被正确实现。用户的每一条顶层需求都可以通过设计需求集中的某几个需求实现,需求集中的每一个需求又都直接对应到控制系统中的一个或多个组件或模块,这种自上而下的需求链接关系保证了每一条顶层需求的正确性和完整性。

在 Simulink 中,我们可利用需求编辑器(requirements editor)来编辑和管理需求,为后续需求驱动下的开发工作实现系统性和可追溯性管理。编辑的方式可以选择手动输入,也可以选择从已有文件导入。以 Word 文档形式的导入为例,首先在需求文档中设置需求的大纲级别,设置完成后如图 16 - 5 所示。

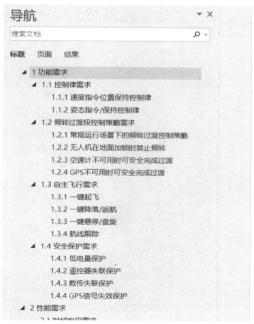

图 16 - 5　需求文档设置

然后在需求编辑器中单击导入,再选择文档导入即可,如图 16-6 和图 16-7 所示。

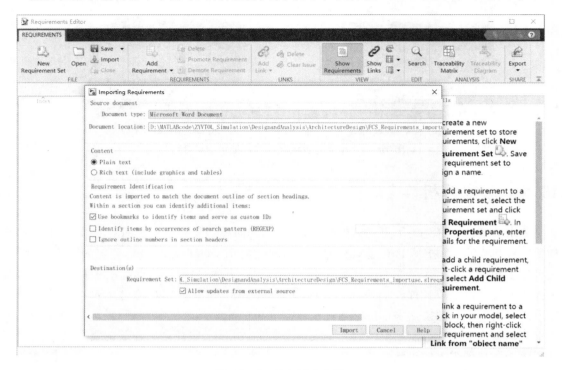

图 16-6 导入需求文档

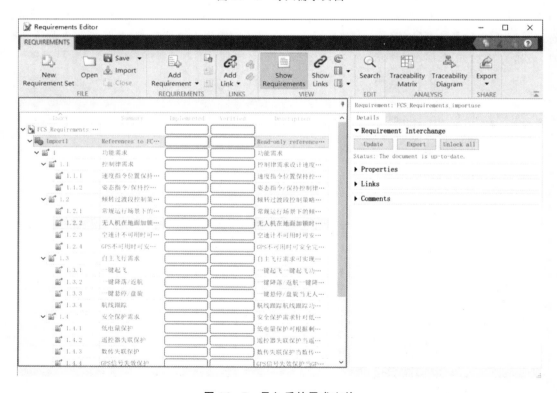

图 16-7 导入后的需求文件

16.3 架构设计

控制系统架构的主要组成要素是功能组件,建立系统架构的过程实际上就是定义功能组件输入/输出和梳理功能组件层级关系的过程。这里以倾转过渡段控制策略为例。该功能的输出包括控制倾转舵机的倾转角指令、多旋翼控制和固定翼控制的分配权重、飞行器当前的过渡状态标志,输入包括用于过渡状态迁移判定的空速和地速信号、空速计和 GPS 信号可用的标志、倾转过渡的触发指令。根据输入和输出可以容易地确定该功能与传感器信号输入、多旋翼控制律、固定翼控制律、控制权重分配、倾转舵机信号输出等功能或外部信号间的连接关系。

梳理完成所有功能并合理划分组件层级之后,可以开始建立控制系统架构。图 16-8 所示为建立的控制系统顶层架构框图。

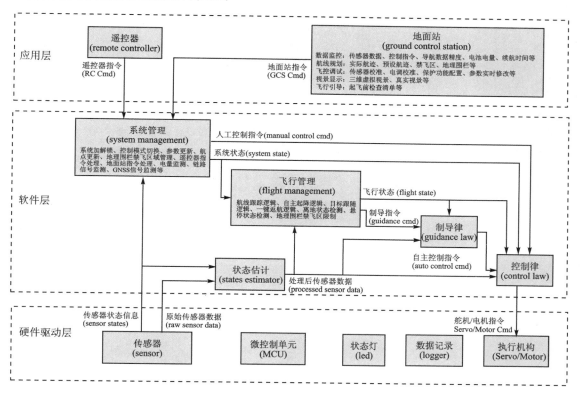

图 16-8 控制系统顶层架构框图

依据架构框图,我们可利用 Simulink 中的 System Composer 工具对上述架构中的软件层建立系统架构模型,如图 16-9 所示。

在架构模型中,右击某个功能模块,在弹出的快捷菜单中选择创建 Simulink 行为模型即可开展模块的功能设计,Simulink 模型的输入/输出可直接从架构模型中继承,如图 16-10 所示。

此外,还可以通过 Requirements Manager 工具打开之前创建的设计需求集,将需求链接到对应的功能模块上,如图 16-11 所示。

当需求到功能模块的链接全部完成之后,可以在需求编辑工具或需求管理工具中查看需求被实施的进度,如图 16-12 所示。

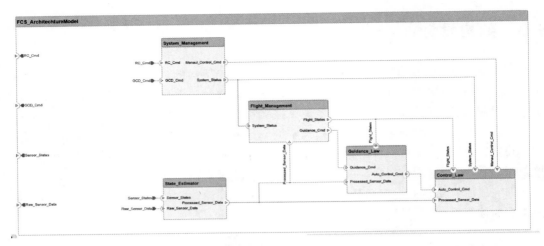

图 16-9　控制系统架构模型

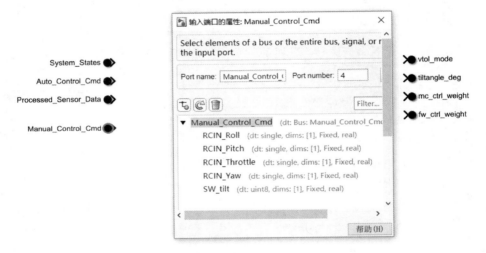

图 16-10　模型输入/输出的继承

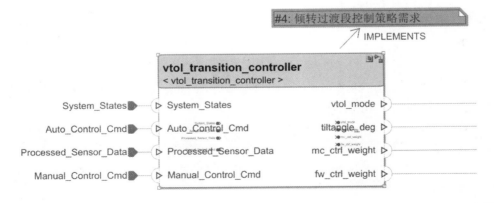

图 16-11　需求链接到模型

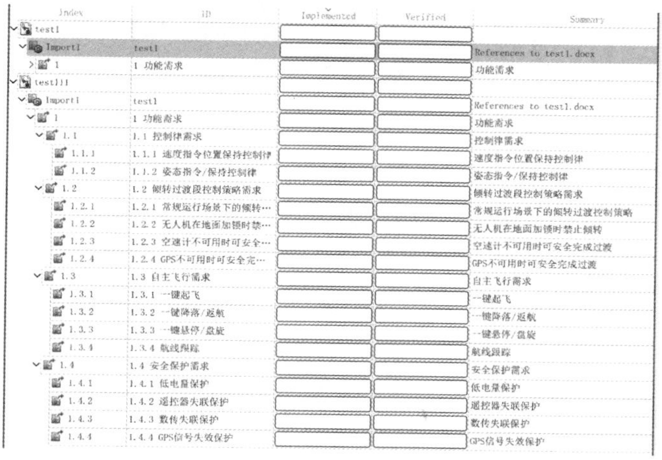

图 16 - 12　查看需求被实施的进度

16.4　功能设计

以倾转过渡段控制策略为例,首先建立功能逻辑框图,如图 16 - 13 所示。

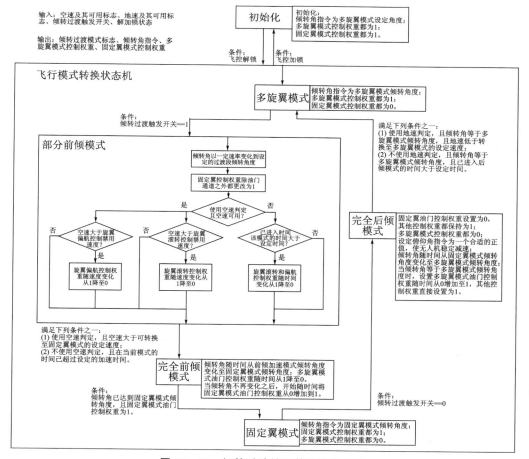

图 16 - 13　倾转过渡控制策略逻辑框图

根据图 16-13，在 Simulink 的 Chart 模块中搭建倾转过渡控制策略状态机模型，如图 16-14 所示。

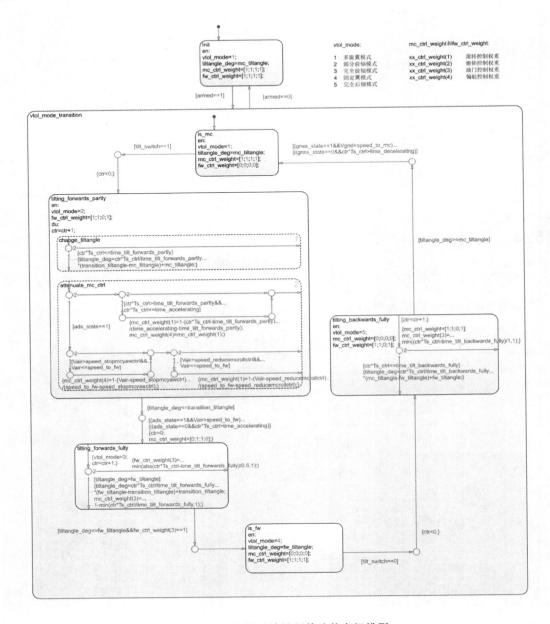

图 16-14 倾转过渡控制策略状态机模型

16.5 代码生成

控制器模型设计完成后，可以利用 Embedded Coder 工具将控制器模型自动生成为 C 语言的控制算法代码。除了控制算法代码之外，飞控代码还包含底层驱动代码，这部分代码由于与硬件相关程度高，不适合放在 Simulink 仿真环境中参与虚拟仿真，因此通常不在 Simulink 中模型化，而是以

C/C++代码的形式与自动生成的控制算法代码结合,然后一同编译为飞控固件代码。

这一过程的具体实现方式并不唯一。正曜航空为自己的飞控硬件开发了专用的 Simulink 平台目标硬件支持包,自动化水平较高。安装该硬件支持包后,仅需对模型作几步设置,然后在快捷菜单中选择编译选项,即可在 1 min 内一键完成飞控固件代码 HEX 文件的生成,如图 16-15～图 16-17 所示。

图 16-15　选择飞控硬件的系统目标文件

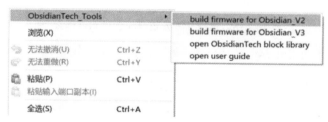

图 16-16　一键编译生成固件

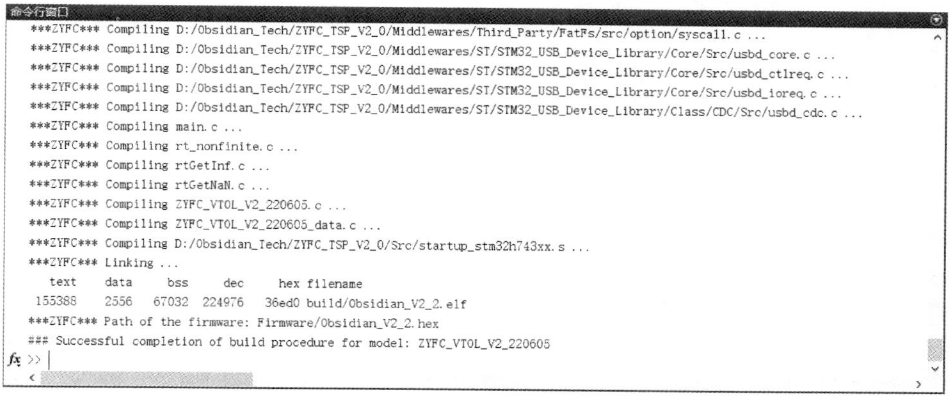

图 16-17　命令行窗口中实时显示生成过程日志

编译结束后,可将 HEX 文件通过 USB 的 DFU 模式或仿真器的模式,烧录到 MCU 存储器中,并测试运行。

16.6 功能验证

验证工作的思路是先进行组件级的功能验证,确保每个功能能够将对应的设计需求正确实现,然后进行系统级的集成验证,确保控制系统对用户需求的符合性,最后通过代码生成和交叉编译得到固件并烧录到飞控硬件中,进行实际试飞验证。本节同样以倾转过渡段控制策略为例,详细展示利用 Test Harness、Simulink Test、Test Sequence 等工具进行功能验证的过程。

16.6.1 设置测试模型

在设计模型文件中,右击要测试的功能子系统模块后,在弹出的快捷菜单中选择测试框架,选择为当前模块创建,在弹出的对话框中设置完成模型的初始信息后,即可自动创建测试模型,如图 16-18~图 16-20 所示。

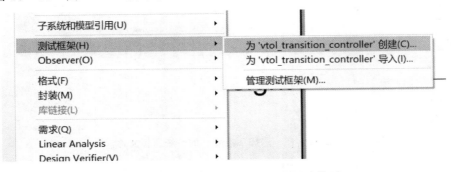

图 16-18 选择从子系统模块创建测试模型

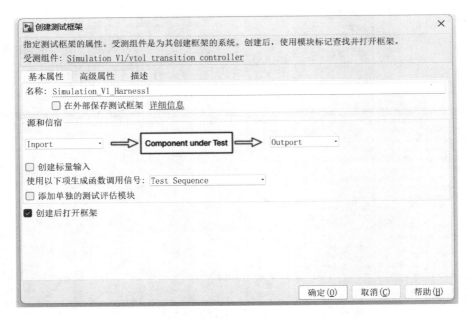

图 16-19 设置测试模型初始信息

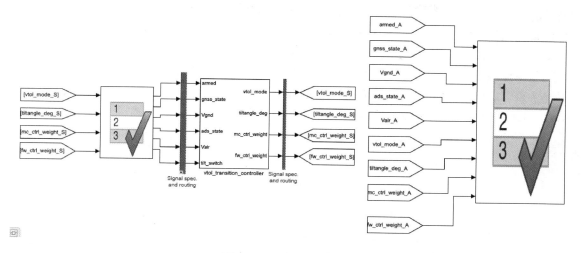

图 16-20　初始测试模型

测试模型的输入可以在图 16-19 所示的对话框中配置为多种模块,如 Chart、Inport 和 Signal Builder 等,本例选择 Test Sequence,目的是利用其可定义多个场景的特点设置多个并列的测试输入场景,如图 16-21 所示,后续可以在 Test Manager 中将这些测试输入场景自动导入同一个测试项目中,然后作为同一次测试的不同轮次(iteration)方便管理。

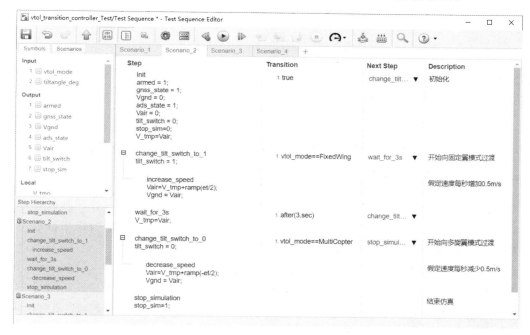

图 16-21　在 Test Sequence 模块中编写测试输入程序

输出建议选择 Test Assessment 模块,原因是,可在该模块中利用 verify 函数编写测试评估条件,当测试结果不满足评估条件中的逻辑表达式时,会判定此次测试不通过,导致场景 1 测试不通过的条件和发生时刻会在 Test Manager 中显示出来以便分析原因。评估条件本质上是对需求以及飞行安全限制的量化,编写人员须具备一定的工程经验和理论认识才能保证测试的有效性和完备性。例如图 16-22 中的"verify_fw_mode"条件,其来源于需求描述的符合性条件,通过判定控制权重和倾转角指令值保证飞行器处于固定翼模式时控制输出和倾转状态与当前模式相匹配;再如"verify_NoStepInTiltAngleCmd"条件,其来源于工程经验的安全限制条件,通过判定倾转角指令的变化率确保倾转角指令不出现高频变化,从而防止飞行器因倾转角阶跃而产生状态突变,同时也能防止倾转舵机因偏转指令幅度过大而产生较大瞬时电流,带来执行机构或线路损伤的潜在风险。

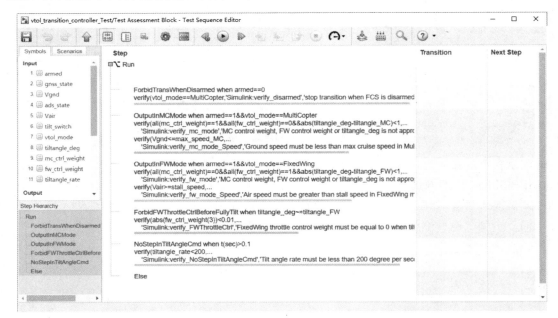

图 16-22　在 Test Assessment 模块中编写测试评估程序

在 Test Sequence 模块和 Test Assessment 模块中分别编写测试输入程序和测试评估程序,并依需要对测试模型作一定修改后得到可用的测试模型,如图 16-23 所示。

16.6.2　设置测试文件

单击测试模型 HARNESS 菜单栏最右侧的 Simulink Test Manager,打开测试管理工具箱。新建一个测试文件,单击新测试用例,在 SYSTEM UNDER TEST 选项组中设置与此用例链接的原设计模型和测试模型,设置好后如图 16-24 所示。

然后设置测试迭代轮次(ITERATIONS)。首先在 INPUTS 栏中的 Test Sequence Block 下拉列表框中选择测试模型中的 Test Sequence 模块,然后在 ITERATIONS 选项组中单击 Auto Generate 按钮,在弹出的对话框中选中 Test Sequence Scenario 复选框,单击 OK 按钮,即可完成测试场景的导入,设置完成后的界面如图 16-25 所示。

接下来将测试场景链接到对应需求。首先单击 TABLE ITERATIONS 选项组最右侧的加号将需求栏加入窗口,然后单击 None 按钮,跳出一个空窗口等待加入需求,此时先打开 Requirements Editor 窗口并选中待链接的需求,如图 16-26 所示。

接着回到 Test Manager 窗口选择链接需求,如图 16-27 所示。

第 16 章　基于模型设计

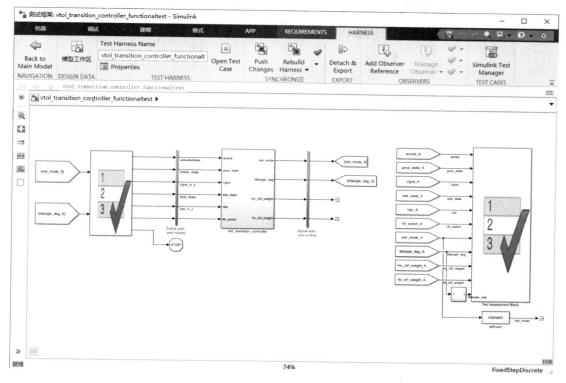

图 16-23　修改后的测试模型

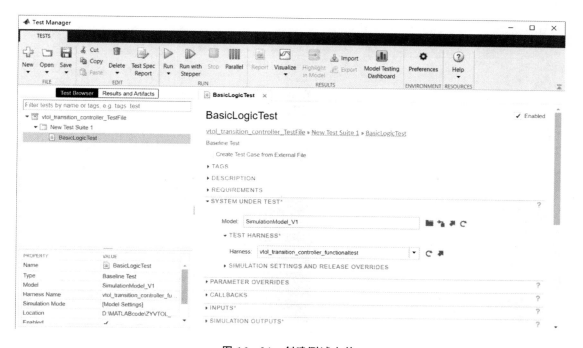

图 16-24　创建测试文件

将所有测试场景链接完成之后的窗口如图 16-28 所示,在 Requirements Editor 窗口中可以看到已链接到测试的需求的 Verified 栏变为黄色,表示待测试状态,运行测试之后可以在

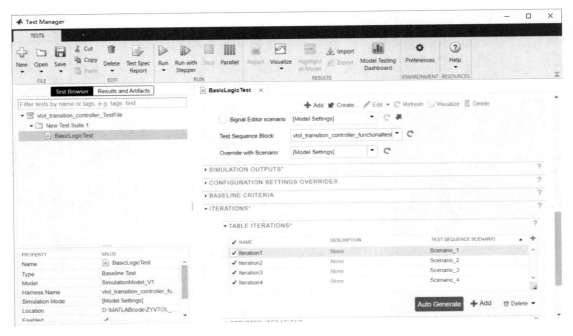

图 16-25 导入测试场景

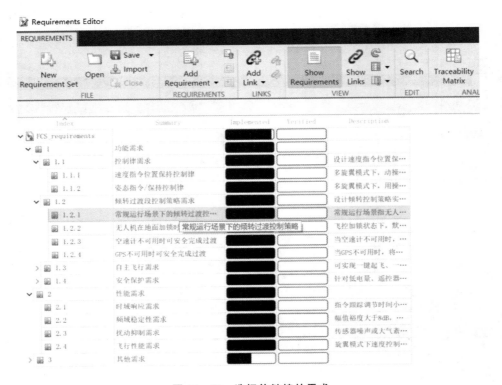

图 16-26 选择待链接的需求

此栏查看需求验证的结果和进度。

第 16 章 基于模型设计

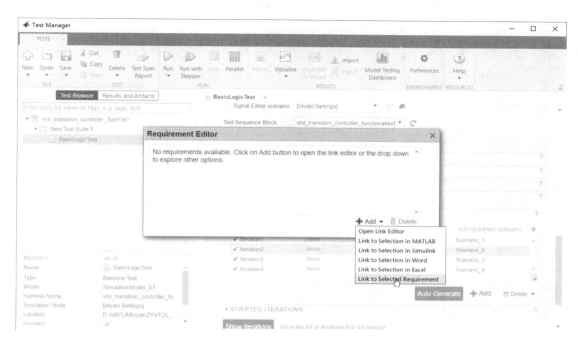

图 16-27 选择链接的需求

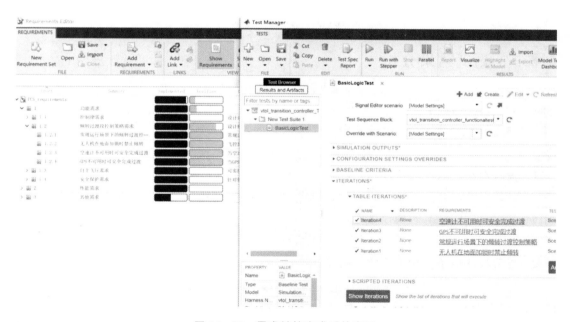

图 16-28 需求链接完成后的窗口

最后一步是添加监控的信号。在 SIMULATION OUTPUTS 选项组中单击 Add 按钮，然后在测试模型中选中要监控的信号即可。添加完成后的窗口如图 16-29 所示。

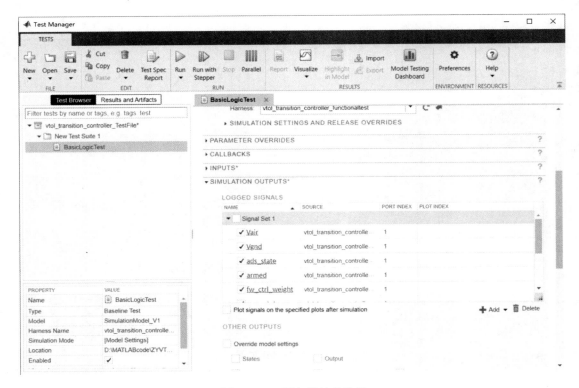

图 16-29 添加监控的信号

16.6.3 测试结果分析

测试运行结束后,可在 Results and Artifacts 栏中查看测试结果,可以看到有 2 个测试场景通过,2 个测试场景未通过,如图 16-30 所示。这是为了演示如何修改特意加入了若干设计错误,使部分测试不通过。接下来就结合未通过的第 4 个测试场景介绍分析测试结果的常用流程。

1. 查看未通过的评估条件

在 Verify Statements 中查看所有评估条件的通过情况,可以发现未通过的评估条件为 verify_fw_mode_Speed,回到评估模块(Test Assessment)中查看,如图 16-31 所示。该条件的要求是,当飞行器倾转过渡进入固定翼模式时,空速必须大于失速速度(13 m/s)。

2. 查看与评估条件相关的信号曲线

在图 16-32 中,可以发现飞行器进入固定翼模式时的速度仅为 3.5 m/s,小于失速速度,因此该评估条件的值在固定翼模式全程中都为 Fail 的状态。

之所以飞行器会在如此低速就进入了固定翼模式,是因为当前测试场景为空速计不可用的测试场景,此时倾转过渡的方式是一种以时间为判定条件的开环方式,即判定飞行器已进入部分前倾状态的时间超过一定阈值,就立即完全前倾,然后进入固定翼模式。本例中有意减小了飞行器速度增加的速率,使得此例中设置的时间阈值不够飞行器加速到失速速度以上,从而导致评估条件不通过。虽然该测试设置的飞行器加速度不甚合理,但仍然指示出一种实际飞行中可能存在的风险:在开环倾转过渡的逻辑中,时间阈值若与飞行器实际加速特性不匹配,

第 16 章　基于模型设计

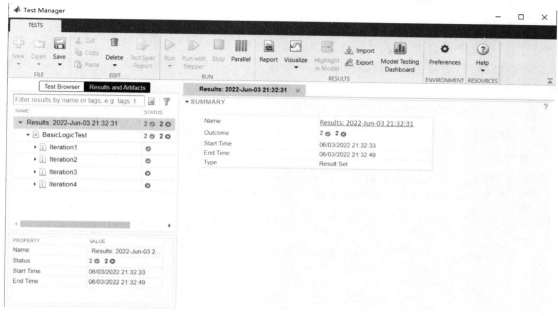

图 16-30　查看测试结果

```
OutputInFWMode when armed==1&&vtol_mode==FixedWing
verify(all(mc_ctrl_weight)==0&&all(fw_ctrl_weight)==1&&abs(tiltangle_deg-tiltangle_FW)<1,...
    'Simulink:verify_fw_mode','MC control weight, FW control weight or tiltangle_deg is not appropriate in FixedWing m
verify(Vair>=stall_speed,...
    'Simulink:verify_fw_mode_Speed','Air speed must be greater than stall speed in FixedWing mode');
```

图 16-31　未通过的评估条件

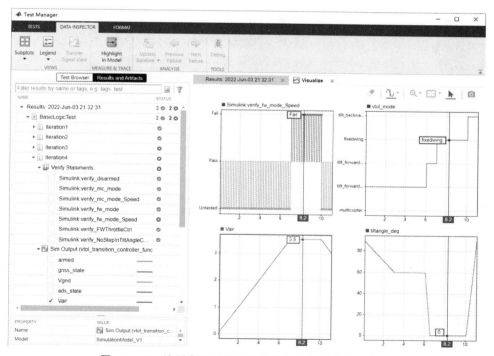

图 16-32　绘制未通过的评估条件和部分相关信号曲线

可能导致飞行器在无空速计的场景下进入固定翼模式时发生失速而坠毁。而规避该风险的方式有：在没有确认时间阈值选取是否合适的情况下，禁止在无空速计的场景下让飞行器进行倾转过渡，建议安装空速计，先了解飞行器的加速特性，然后修正时间阈值，再尝试该场景下的倾转过渡功能；修正倾转过渡判定逻辑为，无空速计时使用GPS的地速信号进行判定，不过要注意不能在机头方向为顺风的情况下启动该逻辑，否则同样存在失速的风险。除以上所述之外，还有很多其他可靠的方案，在此不再赘述。

3. 自动生成测试报告

选中测试用例文件，单击TESTS菜单栏中的Test Spec Report图标，可自动生成关于当前测试文件的详细配置文件，如图16-33所示。选中测试结果，单击TESTS菜单栏中的RESULTS部分的Report图标，可自动生成记录当前测试结果的报告，如图16-34所示。

图16-33 自动生成的测试配置报告的部分页展示

图16-34 自动生成的记录当前测试结果的报告部分页展示

16.7 集成验证

根据仿真中涉及的系统环节的不同,通常将仿真方法分为以下几种:

① 模型在环仿真(Model In the Loop,MIL)。将控制模型输出的控制量作为飞行器数学模型的输入,将飞行器模型输出的可测量的物理量作为控制模型的输入,从而形成闭环系统进行任务级的仿真测试。

② 软件在环仿真(Software In the Loop,SIL)。将控制算法模型通过 Simulink 提供的 Simulink Coder/Embedded Coder 工具自动生成为 C 语言代码,然后检查算法模型和算法代码运行结果的一致性。

③ 处理器在环仿真(Processor In the Loop,PIL)。在 SIL 的基础上进一步将 C 语言代码交叉编译为可在飞控硬件中运行的固件并烧录入硬件,并且在上位机与硬件之间搭建通信,测试激励通过 Simulink 信号源产生,同时喂给上位机模型以及硬件中的固件,固件的计算结果通过硬件回传给 Simulink 和算法模型,计算结果集中处理,检查算法模型和固件运行结果的一致性。

④ 硬件在环仿真(Hardware In the Loop,HIL)。将飞控硬件中固件输出的控制量作为飞行器数学模型的输入,用飞行器模型输出的可测量的物理量替换飞控硬件的传感器输入,从而形成半物理的闭环系统进行仿真测试。为提高仿真的真实度,同时降低实际试飞的风险和成本,通常也会考虑将传感器、舵机、电机等外设部件作为硬件实体加入仿真的闭环回路中,确保硬件自身的动力学、物理限制、噪声、随机误差等特性对控制系统的影响在实际试飞之前得到评估确认。

16.7.1 MIL 仿真

1. 建立飞行器数学模型

飞行器的数学模型通常在控制律设计之初就要建立。设计人员需要使用配平线性化方法将非线性的六自由度动力学模型简化为横纵向解耦的四阶或二阶线性小扰动模型,并表示为系统传递函数或状态空间方程的形式,然后进一步利用经典控制理论或现代控制理论的方法分析系统特性并设计控制律及参数,最后在功能验证阶段通过非线性仿真的时域响应验证控制性能是否符合设计需求。精确的飞行器模型能够极大地保证控制律设计性能与实际控制性能的符合程度,但是准确的气动数据、舵面和发动机动态特性、传感器测量误差、机体安装制造误差等模型不确定性都是精确模型获取的阻碍,克服这些阻碍需要投入大量的财力和时间。为了解决这一问题,工程上通常采用多种假设和近似估计的方法,如用刚体假设去除动力学方程中机体弹性变形的影响、用 CFD 计算结果代替风洞数据、用带纯延迟的典型一阶或二阶系统模拟执行机构动态特性等。更详细的公式推导及飞行动力学原理建议阅读相关专业书籍和文献进行深入了解。

本案例建立的倾转旋翼飞行器数学模型能够表现飞行器的刚体动力学和运动学特性,气动模型可描述飞行器的正常空气动力学特性和大迎角失速现象,动力模型支持模拟旋翼倾转过程以及旋转部件转动带来的陀螺效应,起落架模型支持模拟地面起降任务,舵机、电机和传感器模型可模拟实际部件的常见特性。

倾转旋翼飞行器模型如图 16-35 所示。

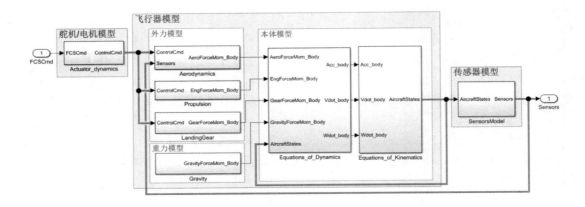

图 16-35 倾转旋翼飞行器模型

除了飞行器模型和飞控模型以外,还可以加入一些 Simulink 提供的模块以丰富仿真模型的功能。比如加入摇杆输入模块用于手动生成控制输入指令,如图 16-36 所示。

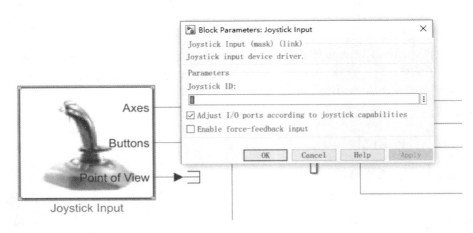

图 16-36 摇杆输入模块

可以通过 FlightGear 接口模块将飞行器的状态数据发送到 FlightGear 开源飞行模拟软件中生成虚拟仿真视景,如图 16-37 所示。也可以加入仪表盘模块模拟地面站进行数据监控和任务指令发送,如图 16-38 所示。

最终得到完整的仿真模型,如图 16-39 所示。

2. 准实时仿真设置

运行仿真时建议设置 Simulation Pacing 以实现准实时仿真(见图 16-40),即仿真时间增加的速度与实际一致,从而保证仿真数据的实时变化和虚拟视景中飞行器的运动更加真实。

3. 运行仿真

这里同样以倾转过渡控制策略的验证为例。

任务流程为:飞行器初始时刻在地面,待地面站发出起飞指令后,飞行器自动起飞离地,竖直上升至预设起飞高度,然后自动开始向固定翼模式倾转过渡,过渡完成后保持平飞。一小段时间后,地面站发出着陆指令,飞行器开始向多旋翼模式过渡,过渡完成后自动降落直到

第 16 章　基于模型设计

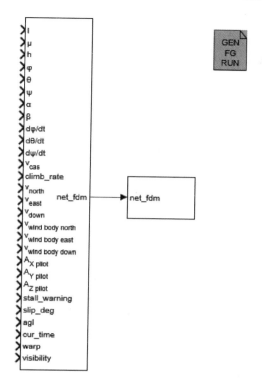

图 16-37　FlightGear 接口模块

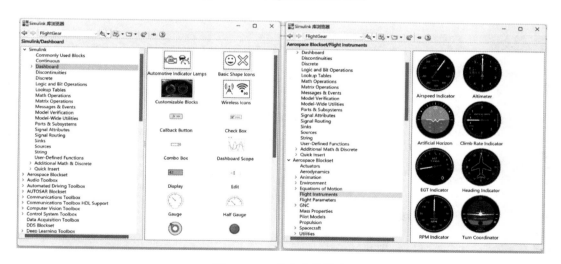

图 16-38　仪表盘模块库

接地。

仿真过程中,通过 FlightGear 软件虚拟视景监控飞行器的运动,如图 16-41 所示。

仿真结束后,打开数据检查器(Simulation Data Inspector)查看记录的信号曲线,分析仿真结果,如图 16-42 所示。

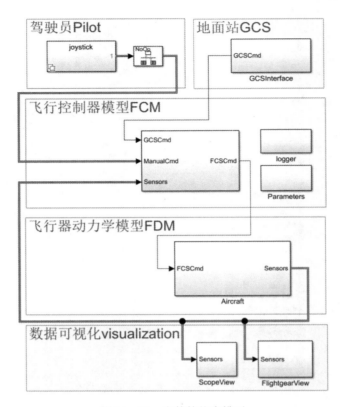

图 16-39 完整的仿真模型

图 16-40 准实时仿真

向固定翼模式倾转过渡的过程中,高度从 10 m 最低降到 8.9 m,速度从 0 以约 4 m/s^2 的加速度稳定增加,过渡全程耗时约 5.4 s。向多旋翼模式倾转过渡的过程中,高度从 10 m 最多增加至 14.7 m,速度从 18 m/s 以约 −2.3 m/s^2 的加速度稳定减少,过渡全程耗时约 7 s。仿真结果表明,当前倾转过渡控制策略符合安全稳定过渡的需求。

图 16-41 飞行器在地面等待起飞

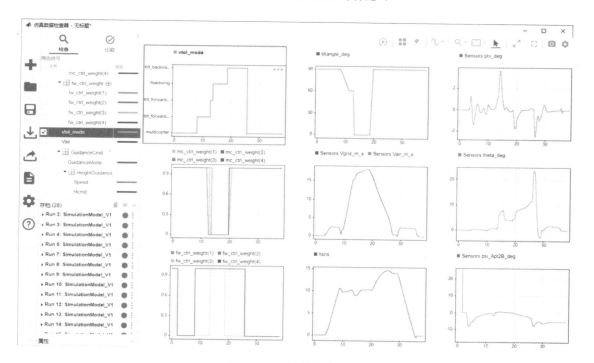

图 16-42 查看仿真结果

16.7.2 SIL 仿真

自动生成 C 语言代码

首先打开模型配置界面,在代码生成的验证中,将"高级参数"选项组中的"创建模块"设置为 SIL,如图 16-43 所示。

然后回到模型中,右击飞行控制器模型,在弹出的快捷菜单中选择"C/C++代码"→"编译此子系统"命令,如图 16-44 所示。

图 16-43 配置模型参数

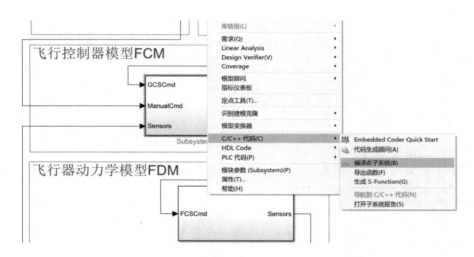

图 16-44 将子系统模块编译为 C 代码

编译完成之后,会出现用于 SIL 仿真的封装模块,如图 16-45 所示。进入该封装模块的内部可以发现,这实际上是一个调用了 C 代码的 S-Function 模块。

回到顶层模型,将原来的子系统模块替换为自动生成的 SIL 模块,如图 16-46 所示,就可以开始 SIL 仿真测试。

SIL 仿真是一种等效性测试,所以需要设定完全相同的仿真输入,接着先后运行原本的仿真模型和替换了 SIL 模块之后的仿真模型,最后在数据检查器中对比两次仿真的信号曲线,如图 16-47 所示。可以看到,两次仿真的信号曲线完全重合,表明 C 代码的运算输出和控制模型的仿真输出完全一致。

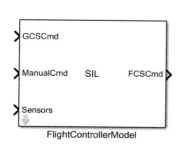

图 16-45 自动生成的 SIL 仿真模块

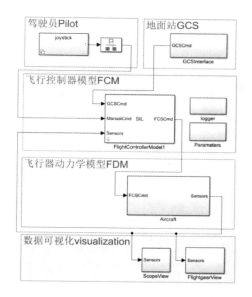

图 16-46 加入 SIL 模块后的顶层模型

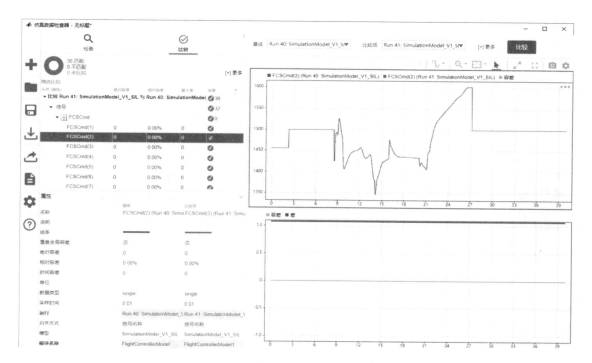

图 16-47 检查两次仿真结果的一致性

16.7.3 PIL 仿真

1. 配置目标硬件支持包

以正曜航空 Obsidian A3 飞控为例,飞控处理器为 ARM Cortex-M7。Simulink 提供了对 ARM Cortex-M 系列处理器的支持包,可以在附加功能资源管理器中查找 "Embedded

Coder Support Package for ARM Cortex – M Processors",如图 16-48 所示,然后按提示安装。

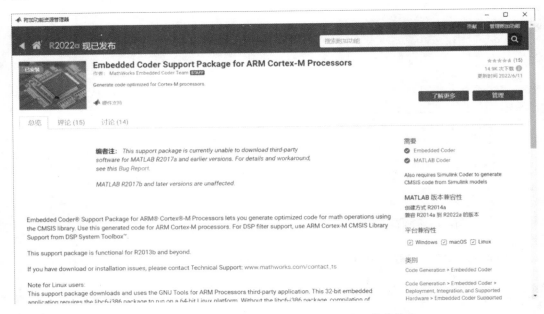

图 16-48 ARM Cortex-M 系列处理器的硬件支持包

2. 配置 QEMU 仿真器

Simulink 中 PIL 仿真可不连接实际硬件,而是将固件代码部署在 QEMU 仿真器中运行,这种方式与在硬件中运行的 PIL 仿真等效,同时更易操作。首先在附加功能资源管理器中查找"Embedded Coder Interface to QEMU Emulator"并安装,如图 16-49 所示。

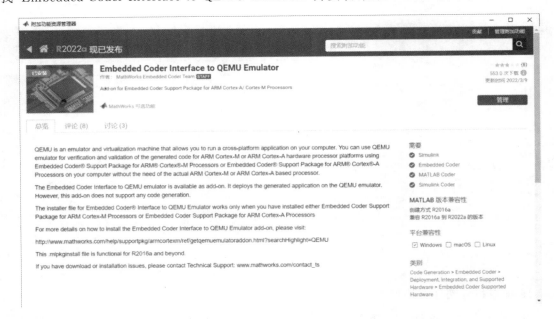

图 16-49 安装 Embedded Coder Interface to QEMU Emulator

安装完成后,按照设置引导完成 QEMU Emulator 2.5.0 版本的下载和安装,如图 16 - 50 所示。

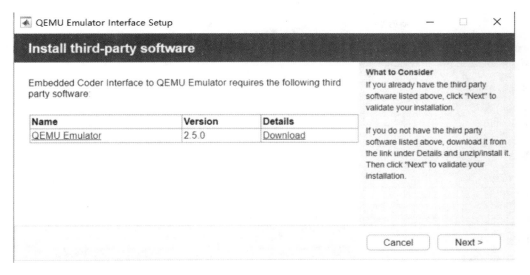

图 16 - 50　下载并安装 QEMU Emulator 2.5.0 版本

3. 自动生成测试固件

打开"配置参数"对话框,在"硬件实现"中设置"Hardware board"为"ARM Cortex - M3(QEMU)",如图 16 - 51 所示。

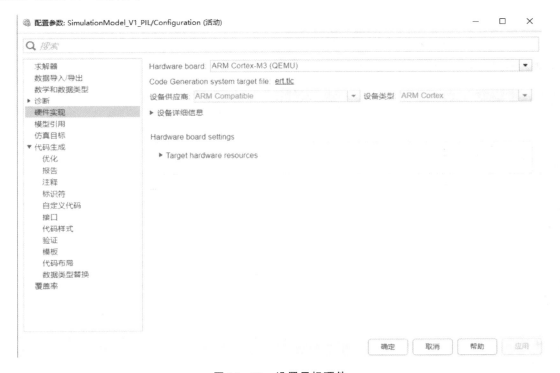

图 16 - 51　设置目标硬件

然后与 SIL 仿真相同,在"代码生成"→"验证"选项组中,设置"高级参数"选项组中的"创建模块"为 PIL,如图 16-52 所示。

图 16-52　配置模型参数

回到顶层模型中,右击子系统模块,在弹出的快捷菜单中选择"C/C++代码"→"部署此子系统到硬件"命令,如图 16-53 所示。

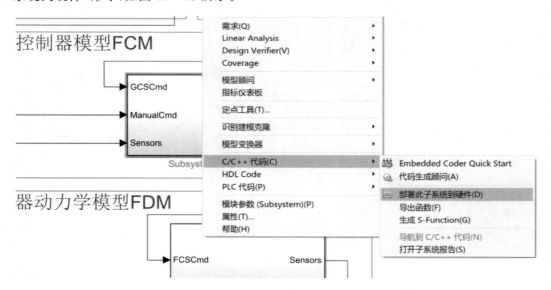

图 16-53　选择"C/C++代码"→"部署此子系统到硬件"命令

编译结束后,可以得到控制器模型对应的 PIL 仿真模块,如图 16-54 所示。

第 16 章 基于模型设计

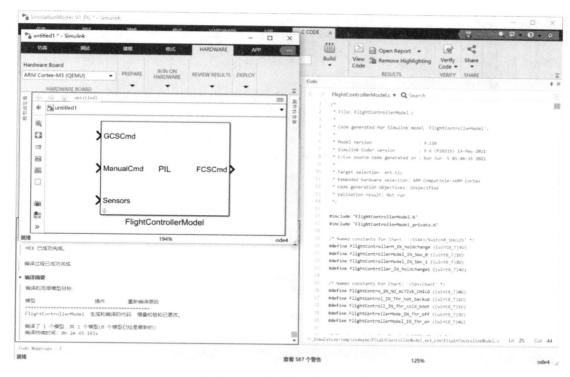

图 16-54 自动生成的 PIL 模块

之后的流程与 SIL 仿真相同,用 PIL 模块替换原来的控制器模型,然后运行仿真,检查模块输出与控制器模型仿真输出的一致性。

16.7.4 HIL 仿真

完整的 HIL 仿真流程通常需要飞控、地面站主机、仿真机、数据链路融合站、飞行器执行机构、三轴转台等设备的协同运行,以实现对飞控软硬件、通信数据链、地面站软件、执行机构、传感器等部件的联调联试。

正曜航空飞控产品除支持标准完整的 HIL 仿真流程之外,还提供了一种简易的 HIL 模式:将飞行控制代码和飞行器模型代码分别部署在一主一从两个 MCU 中,飞控在 HIL 模式下运行时,飞控输出从飞控内部传至飞行器模型,飞控所需的传感器数据则由飞行器模型实时解算。这种简易的 HIL 流程能够方便高效地测试飞控软件逻辑、硬件计算性能、通信链路和地面站软件,从而将部分外场试飞才能发现的系统性风险提前在实验室确认排除。

16.8 试飞验证

经过以上的设计验证流程,并对控制器模型进行迭代完善后,就可以开始进行全部控制系统功能的试飞验证了。完整的试飞视频可进入正曜航空官方网站观看。试飞使用的倾转旋翼验证机如图 16-55 所示,试飞视频截图如图 16-56 所示。

图 16-55　试飞使用的倾转旋翼验证机

图 16-56　试飞视频截图

写在最后的话

如果读者看到这里,仍然觉得意犹未尽,还想学习更多的 MBD 工程技术以及编程与建模案例,可以到以下网址报名学习:https://study.163.com/provider/480000002307577/index.htm?share=2&shareId=480000002307577。

参考文献

[1] 佚名. Embedded Coder Documentation[M]. MathWorks Inc,2021.
[2] 孙忠潇. Simulink 仿真及代码生成技术入门到精通[M]. 北京:北京航空航天大学出版社,2015.
[3] Lqbal Husain. Electric and Hybrid Vehicles:Design Fundamentals[M]. 2nd ed. Beijing:China Machine Press,2012.